谨以此书献给我的妻子

海伦·格里斯·勒尔顿

[她积极生活的态度曾广为传颂]

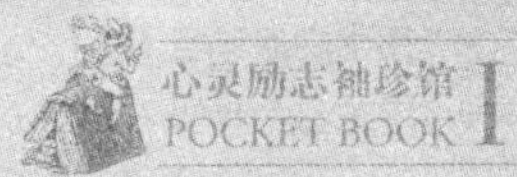

不抱怨的世界

The Power of *Positive Living*

【美】道格拉斯·勒尔顿 著
韩晓秋 译

图书在版编目（CIP）数据

不抱怨的世界 /（美）道格拉斯·勒尔顿著；韩晓秋译. —哈尔滨：哈尔滨出版社，2009.12（2025.5重印）

（心灵励志袖珍馆）

ISBN 978-7-80753-175-3

I. 不… II. ①道… ②韩… III. 成功心理学-通俗读物 IV. B848.4-49

中国版本图书馆CIP数据核字（2009）第107576号

书　　名：不抱怨的世界
　　　　　BU BAOYUAN DE SHIJIE

作　　者：【美】道格拉斯·勒尔顿 著　韩晓秋 译
责任编辑：李维娜
版式设计：张文艺
封面设计：田晗工作室

出版发行：哈尔滨出版社（Harbin Publishing House）
社　　址：哈尔滨市香坊区泰山路82-9号　**邮编：**150090
经　　销：全国新华书店
印　　刷：三河市龙大印装有限公司
网　　址：www.hrbcbs.com
E-mail：hrbcbs@yeah.net
编辑版权热线：（0451）87900271　87900272
销售热线：（0451）87900202　87900203

开　　本：720mm×1000mm　1/32　**印张：**43　**字数：**900千字
版　　次：2009年12月第1版
印　　次：2025年5月第2次印刷
书　　号：ISBN 978-7-80753-175-3
定　　价：120.00元（全六册）

前 言

本书通俗地讨论了一个简单的道理，这个道理有时对我们来说显而易见。注意这里我说的是“有时”！有时我们认识到，只要我们积极地思考和行动，就能得到肯定的和理想的结果。如果你早已认识到这种人生态度的神奇力量，那么你是幸运的，这本书对你来说可能就不重要了。但是，对于那些还没有树立积极生活观的人来说，探索积极的生活方式，满怀希望地生活，把握生活的细节……都意义重大。如果能从中学到这些，他们的生活就会告别沉重和平庸，从此将变得更加充实而富有意义。

可是，正因为这一道理听起来如此简单，甚至有点儿可笑，才有那么多人没有注意到它持久的魅力。下面，我们来读一个小故事，看看这个道理是不是这样简单。

20世纪初，有一个6岁大的小男孩，他做事谨慎，眼睛下面长满了雀斑，这让他看起来像一只四眼猫头鹰。此刻，在中西部地区一个小镇的一条狭窄街道上，他光着脚在暖洋洋的沙子里犹犹豫豫地走着。他慢慢走近镇上最大的一家杂货店。他来到店门前四次，但四次都逃走了。在他拿不定主意的时候，他眼睁睁地看着别的孩子走进那道门，出来时戴着皮尔斯伯里牌子的宽边帽。这家店正在赠送这种帽子，“小四眼儿”也想要一顶。他父母是这家店的老主顾。只要他肯进去，开口说想要一顶那样的帽子，肯定没问题。在他幼小的生命历程中，他从来没有这么迫切地想得到一件东西，他不想要一根新钓竿，也不想要一双崭新的滑冰鞋，他只想得到一顶别的孩子已经拥有的、同样的帽子。

“你是怎么拿到帽子的？”小男孩儿问一个淡黄色头发的伙伴，这个孩子头上的帽子斜向一边，这让他看上去像一个铁路工程师，或者一个棒球运动员什么的。

“走进去向那人要就行了。”黄头发男孩回答道，“你最好自己进去要一顶。帽子快送光了。”

“四眼儿”走进了门，实际上，这次是他自己开的门。发帽子的人微笑着。“四眼儿”看到柜台上只剩下一顶帽子，他没拿帽子转过身就走了出来，一副心烦意乱的样子。

“你没拿帽子？”黄头发问道。

“没有。”“四眼儿”回答，“没有要。”

这个男孩是个处事消极的胆小鬼。那你是怎么知道这个故事的呢？因为我就是那个长了“雀斑”的男孩子。很久以来，我对此事记忆犹新，每次想起来就有想哭的感觉。那是全世界最美的帽子。再也不会有另一顶帽子让我那样动心了——当然，商场橱窗里那种第五大街霍姆贝格牌子的帽子除外。

从这个小男孩没得到帽子那天算起，作为一名记者、作家和出版商，我已经工作许多年了。这些年来，我分析了许多知名人士和臭名远扬的人的人生经历，其中包括议员和恶棍、谋杀犯和被谋杀者、科学家和吝啬鬼、教授和妓女，等等，我发现，他们都曾通过积极的思考和行动取得过辉煌的成就和丰厚的人生回报，也曾因为一时的消极，遭受过惨痛的人生挫折。但无一例外的是，生活中勇于争先者和创纪录式的人物都明白这条具有神奇魔力的道理，或者在偶然间，或者是遵从了别人的教导，或者是通过自己的分析，但不管怎么说，他们做到了。明白了这一道理，他们也就知道了在生活中何时需要被动，何时需要主动。

磕磕绊绊，一路走过来，我越来越深信这是一种并不寻常的生活方式。生活中，很多美好的东西因为失败而流失，但一个人一定要抱定积极的心态，努力争取。如果采取积极的心态，你可能就有收获。而消极退让，让我错失了梦寐以求的东西——其中包括那顶皮尔斯伯里牌子的帽子。

在过去的工作中，积极和消极两种人生态度曾经让年轻时的我起伏不定。当时我还不明白其中所包含的道理。那时，在刚刚工作了两年后，我辞掉了一家发行量很小的报纸的记者和编辑工作，来到一家都市报工作。不久，总编说要任命我做地方新闻总编。这时年轻人消极的性格又开始出现了。我坚决反对，说自己太年轻，还没作好升职的准备。总编比尔·罗伯森为人积极，就像一台奋力前行的压路机，当时他有点儿被激怒了。他有力而简洁的言辞，不容我反驳。这样，作为全国发行量最大的报纸之一——《明尼阿波利斯每日新闻报》，出现了一位业界最年轻的地方新闻总编。

由此可见，积极的态度总能战胜消极的态度。还有一个很好的例子。作为一个未婚的年轻人，我爱上了一个女孩，她是社会版编辑，那时我已经是一个值班编辑了。可消极的性格又让我退缩了。我想到了好多自己不为女孩接受的原因，这些原因似乎都很合理而且也很不利，我甚至觉得自己根本就没有机会分享天下最美好的东西。但积极的意识像一束微弱的光，驱使着我努力去争取自己想要的，最终，我得到了那个姑娘的爱。

在得到第一个地方新闻总编的职位五年后，我又在另一家都市报找到了一份工作，但也只是原地踏步，薪水刚好和不断增加的生活支出相当。可这五年来，工作中的责任不断地加大。我错误地认为，报纸办得越来越好，自己一定会得到一份公平的报酬——情况最后怎样呢？——也就那个样子罢了。此时，一个清晰而明确的想法从我迟钝的脑海中钻了出来：我打算怎么应付这种局面呢？有什么建设性的行动吗？为了增加个人收入，我凭借以前打拼的基础，开始了为多家杂志撰稿的全新生活安排。正是在这段时间，我懂得了运用积极的生活态度努力赢得成功的道理。此后，无论面临什么情况，我都一直坚持在自己可以控制的、积极的人生轨道上前行。有时，可悲的失败主义者消极的态度会孕育一个愚蠢的头脑，使整个人生混乱不堪，可我发现，积极的生活态度总是能赶走消极的念头。

就在几年前，消极畏缩的红灯在我前面再次亮了起来。我需要在出版项目上得到更多的资金支持。我知道自己在哪里可以搞到这笔钱，但消极的态度告诉我不要尝试。然而，积极的生活态度却催促我要主动寻求帮助。最后，我还是成功地得到了金融支持。

分析自身的经历和任何一种职业，都能揭示出这样的道理：积极的生活态度对于幸福的人生将起到决定性的作用；而消极的生活观则会起相反的作用。一个人只要有了积极的生活态度，他就拥有了抵御外来操纵力量的最好武器。因此，你也不妨花些时间来阅读和研究一下本书，这本身就是一种积极的行动。

道格拉斯·勒尔顿

目录

*The **Power** of Positive Living*

C O N T E N T S

第 1 章

要敢于争取

它有那么好吗？那是你所要的吗？你准备好了怎样得到它吗？那就去争取吧！请保持这种积极的人生态度，向生活索取你梦寐以求的东西吧。

听起来似乎很简单，但这一建议充满了某种积极的、神奇的力量。既然什么都可能得到，你可要想好自己到底想要得到什么。迈达斯曾奢望点石成金，希望把自己心爱的女儿变成一尊金像。仔细想一想，你就会明白，你曾经有过许多愿望、许多理想，但是你没有去争取。其实只要你敢于追求、不放弃，你最终会获得成功的。

去追求吧。但首先要考虑一下，它有那么好吗？那是你想要的吗？你是否做好了——出于良好的动机——拥有它的准备呢？

生活中许多丰厚的回报，无论是精神上的还是物质上的，永远都不可能唾手可得，因为人们从没有提出过要求。还因为这一道理是如此的简单，你我几乎都没有注意到这一点。然而，它的确是生活中的一个基本原则。婴儿则深谙此道，他们用哭闹换取自己想要的一切。可是，随着年龄的增长，偶尔的失败和挫折却让怀疑和否定一切的情绪慢慢扎根于我们的心中。

珍妮·弗罗曼，哥伦比亚布罗道演员协会的歌星，就从未放弃过童年时期形成的、积极求胜的法宝。她曾回忆起自己在密苏里大学就读时的一件小事。按照校方规定，学生不能旷课前往圣路易斯听歌剧。而任何人若想离开校园，或是外出探望亲朋好友，就必须事先获得校方的批准。珍妮在圣路易斯根本没有朋友。于是，她就直接去找系主任，说明自己的想法。系主任马上肯定地告知她，他不会为了珍妮一己之便而修改学校的规章制度。其实，系主任早已为珍妮热切的恳求所打动，他随后微笑着邀请她作为他和他太太的贵客，一起去欣赏歌剧。她就这样得到了自己想要的东西。

也许这只是可能发生在任何人身上的一次幸运的例外。可能吧，但珍妮·弗罗曼并不是这么认为的。她领悟到了积极生活的力量。她开始争取自己想要的一切。二战期间，珍妮在葡萄牙里斯本附近的一次撞机事件中身心备受伤害。她渴望回家，可是当时交通不畅。她面前所有的门似乎都关上了。后来，她给当时的总统罗斯福写了一封简短的信，信中描述了自己身处的困境，请求总统想办法能让她回家治疗。最后，她连收拾行李的时间都没有就坐上了总统专门为她预定的飞机。

是的，那也许仅仅是一次幸运的例外！可你又作何解释呢？回到家乡后，珍妮经历了一系列的手术，身体康复后她又开始想要买一辆汽车。别人告诉她，这个想法真是太疯狂了，要知道有成千上万的人都在等着买车，而且出价要比实际价格高出好几百美元。珍妮找到那家汽车生产厂商总裁的名字，给这位素昧平生的人写信说，她想要买一辆该公司生产的汽车。她得到了什么回复呢？只有一个问题——您喜欢什么颜色的车？

珍妮·弗罗曼知道，一个人可以通过请求的方式得到自己想要的东西。她一贯坚持这种“我一定能赢”的积极向上的人生态度。假设她是一个否定自我或者是一个消极的人，那她就听不成歌剧，也不能幸运地回到家中并及时医治身上的伤痛，更买不到自己想要的轿车了。她没有说“我不行”，尽管人们常常这样说，也许他们本意并非是说，我不行，我真的不想自找没趣。

任何人偶然间都可能得到自己想要的东西。但有时候，我们的要求太多，而有些时候的要求又有些过分，然而一旦放弃了我们又心有不甘。很显然，我们不能指望自己想要什么就得到什么。可是，如果我们像珍妮·弗罗曼当年一样，像那些屡有成功经验的人们一样，抱着积极的人生态度，放手一试，我们就完全有可能拥有生命中最美好的事物。

奥斯卡·奥德·麦克泰厄，一位著名的专栏

作家，更深地体会到了敢于争取自己想要的东西在他早年事业起步阶段的重要性。当年，他来到纽约，没有人知道他是谁。他立志要出人头地。他年迈的父亲很为他的儿子骄傲。有一天父亲给他写信说，你一定认识大名鼎鼎的埃文·S.考伯，信中还说，想请考伯在密苏里旅行期间稍作停留，这样他就可以和考伯见上一面。

奥德不想让父亲失望。可在此之前，他从来没有见过考伯，也不认识什么可以给他引见的人。但他又不想向父亲坦白自己与这位幽默大师并不认识。于是，他就给考伯写了一封信解释事情的原委。"考伯先生，"他写道，"如果您来到密苏里的普兰兹堡做巡回演讲，不知您是否愿意到我家做客以让我的父亲也高兴一回？他一直非常敬仰您的大名。"

世上的事情就是这么让人惊奇。无论你是达官显贵还是平头百姓，总有人愿意接受看起来是毫无理由的请求。

埃文·考伯为奥德·麦克泰厄的请求所感动，他改变了行程，以便能在普兰兹堡停留。他来到老麦克泰厄家做客，奥德和朋友们则无比欢欣，听他面对面地讲述自己在纽约的生活经历。普兰兹堡人都羡慕老麦克泰厄，奥德也给自己开了个好头。可故事并未就此打住，邀请考伯去他家做客之后，奥德后来又见到了考伯，二人很快就成为了莫逆之交。

生活中，有时我们会把要求降得很低，但实际上，那是另一种失败。安德鲁·卡内基把自己的钢铁厂出售给J. P. 摩根股份的时候，开口就报价 4 亿美元，他如愿以偿了。这一价格比摩根的代表给出的报价要高得多。就这样，庞大的美国钢铁公司建立起来了。后来，在一次横越大西洋的旅行中，这位矮个子苏格兰老人对摩根说:“我现在真后悔当初没向你多要 1000 万。”摩根点点头说道:“如果当时你开口要的话，就可能多得到 1000 万了。”

波希·威廉姆斯来自曼哈顿，是一位魅力四射、满头银发的编辑。生活中，他从不过多地要求回报，也可能正因为如此，当年他才错失了一夜成名的机会。20 多岁时，他完成了一部质量非常不错的剧本，但是许多年后才在明尼阿波利斯市出版。此前很久，波希曾积极地争取过早日出版。他把剧本送给举世闻名的维克多·赫伯特审阅。如果赫伯特对作品感兴趣的话，那就意味着名望和财富。据说，当时这位著名的作曲家对剧本印象很好，也很乐意为它谱曲。他计划在之后几周内的旅行中，取道明尼阿波利斯市，与波希把合作事宜敲定下来。

波希·威廉姆斯如坐针毡。他计算着日子，就等着伟大的赫伯特来到明尼阿波利斯市。不料，作曲家的计划忽然发生了变化，旅行也取消了。“噢，那您当时是怎么做的呢？”我问这个当时只要开口争取就可以打开名誉之门的人。“我什么也没有做，”波希·威廉姆斯说，“我很失望。可我当时不想给维克多·赫伯特太大的压力。”

“你就不能赶到纽约去谈谈这事儿？”我问道，“无论如何，他说过对你的作品印象很好，愿意谱曲的啊。”波希微笑中带着悔恨：“我本可以那么做的，可我没有，我常常想。”

波希用积极的态度开启了名誉之门，可门只是静静地虚掩在那里等待他的进入，而年轻人羞怯的性格却让他半途而废，那扇门也就此“砰”地一下关得严严实实了。如今，波希是一名商会总监、作家和编辑，事业蒸蒸日上，可 23 岁时，他还没有领悟到积极的人生态度在实现个人愿望中所特有的价值，也没有意识到消极的态度可以让一切付之东流。

迈克尔·法拉第是一位一文不名的年轻的书籍装订工人，他一直梦想着从事科学研究工作。但这是在英格兰，这是一个只有伟大的智者和富人才能购买得起的设备，并从事类似研究的年代。法拉第写信给当时国内最杰出的科学家之一汉弗来·戴维爵士，希望他能提供一些设备来帮助自己实现人生梦想。结果，这个小小的请求为他换来了面谈的机会。会见使汉弗来爵士很快就下定了决心，他邀请法拉第做自己的助手。以后的几年中，法拉第在电学领域声名鹊起。长期以来，正是法拉第的这一次坦率直接的争取，全世界一直在受益着他的发明创造。

不仅在事业上，生活中也是如此，尤其是那些看似不起眼的小事，都有赖于这样简单而直接的当面请求。对于美好的事物，不论大小，只要我们认为它应该属于我们，就应该开口去争取，这种为人处世的原则一定会得到尊重和回报。人们之所以没有勇气这么做，大多数情况下是没有采取积极的行动，或者过于粗心，或者为人腼腆害怕听到别人原本微不足道的拒绝。讲演家、作家和管理咨询师莱司特·F. 迈尔斯讲述过一件不敢直接提出请求的可笑事情。

在火车离开纽约中央车站大约一个小时之后，我叠起正读着的报纸，放在膝头。

过道对面椅子上的那个男人，正带着浓厚的兴趣扫视我报纸上的大标题。我第一个想法就是把报纸借给他看（我早就注意到他手上没什么可读的书报）。可是，我想我得和他玩个游戏，看一下他到底会不会向我提出借阅的要求。

为了让事情来得更有意思，我看了下手表开始计时。接下来的 30 分钟里，我的旅伴一直在偷看我手中的报纸。有好几次他就要斜身穿过过道来跟我说点儿什么，可是很明显，他最后还是没有那么做。我几乎看得见他的脑海中，思考的轨迹像车轮子一样转来转去，怎么开口求人的主意似乎在接二连三地闪现。

从他第一眼扫视我的报纸开始算起有 40 分钟

了，他终于说话了："对不起，先生，您在读那份报吗？"

一个人会花40分钟才下决心去问这样简单的一个问题，由此来看，我们就不难理解为什么有那么多人羞于开口争取对他们的幸福来说重要得多的事情。

人们似乎一听到别人的拒绝便不寒而栗，于是便想尽借口避免冷遇。比如这个人会想，对面的那个人会不会因为我没有自己买报纸就认为我是个小气鬼呢；或者他会暗想，我宁愿这样呆坐着也不要开口向别人借东西。诸如此类的念头都不过是掩盖自己害怕听到"不"的事实罢了。

我们都很容易疏忽生活中那些显而易见的事物。我们拥有生命中最顺手的工具，却把它置之一旁，并在非常需要的时候，忘记使用它。几年前，我就是这样，几乎错失了人生最重要的机遇。那时，我厌倦了为别人修修改改的编辑工作，一直酝酿着成立一家自己的出版公司。妻子反对我几次后，我终于想通了，要成立一家出版公司还需要他人的融资。当时我认识对这次投资肯定会有帮助的一个人，可是……

如今，自寻烦恼的人都知道，聪明的妻子尽管口吻上总是令人沮丧，可她们三言两语之间就会帮助丈夫跨越思想上的障碍，拿定主意。我的太太也是这样，可能她早已厌倦了我这个大男人拐弯抹角的行事风格。她轻描淡写地对我说："你为什么不去找他呢？"

就这样，我再一次成功了。所以生活中一定要去争取！

一位专栏作家曾间接报道了这次不到半个小时的谈判。实际上，5分钟内，富有的出版商威尔弗莱德·芳客就答应提供出版公司初步运作的资金。于是，没用几个月，《你的生活》杂志就成功面世了。

直接请求的神奇之力甚至可以让火车为你停下来。新泽西标准石油公司副总裁 F. W. 莱弗卓艾的经历就证明了这一点。很久以前的一个夜晚，他刚刚结束了一次阿尔图纳的商务旅行，随即来到火车站准备前往芝加哥。还是让他自己来讲述这个故事吧：

"十分不巧，"一位上了年纪的火车站工作人员对我摇摇头说，"你已经错过了7点钟的火车，下一班两点才有呢。"

我大吃一惊，转而问他，"你的意思是说，在阿尔图纳从下午7点到早晨两点之间再没有火车了吗？"

这位身材矮小的工作人员点了点头："而且两点的那班车在这儿从来都没有停过。不知道为什么。在我工作的这17年里从来就没有停过。"

"你的意思是说，17年里你从来就不知道为什么火车少之又少，或者两点钟的那一趟为何不停？”我用抱怨的口气追问道。

他只是点点头，说：“不知道，它们从来就没有停过。”

对此我说：“那好，我想赌一把。你能打电话问一下上级看看能否让火车在这站停一下吗？”

他诚惶诚恐地给上级打了电话，很快回来说：“不知道怎么回事，这怎么可能呢，可是两点钟的火车答应在这站停一下了。”

很快，两点的时候火车鸣着笛停靠了下来，我也一切准备停当。在我登上火车的那一刻，一位列车员高声向我喊道，“你不能上车……我们在阿尔图纳站从来没有上过旅客。”

我马上告诉他，我不是唯一一个在这一时刻等车的人，可我是唯一一个让火车在这一站停下来的人，几经周折，他还是同意让我上了车。

几分钟之后，火车徐徐开出车站。忽然，列车乘务员回头对我说：“你知道么，我在这列火车上工作了 27 个年头，这是唯一一次在阿尔图纳站停车，你呢，是唯一在这儿上车的人……算是给你压惊，我打算给你安排这趟车上最棒的食宿。”

也许，莱弗卓艾先生要火车靠站的做法并不见得每一次都能成功，可想想看，有多少退缩怯懦的人就因为自己不敢开口要求他想要的东西，结果只好白白地在阿尔图纳站浪费了一夜的时光！

消极的人总是不愿适当地应用一下我们这里推荐的处事原则。在我身为总经理的很长一段时间里，多次收到员工加薪的请求，尽管并不是每一次这种要求都能得到满足，可通过这种交流，彼此的立场都更清楚了。大约一年前，一位职员的情况就是这样。她首先承认自己的薪水并不低，甚至比许多人还要高些，但还是希望公司能多给她一些薪水。她并没有考虑自己的要求是否合理，这方面的准备她做得还不够。我告诉她，如果她懂速记，可以做速记员的话，那就完全有可能得到更多的报酬，我还帮她选修了一门课程。但她认为，她不会为了加薪而多做任何事。她所想的是加薪，仅仅是加薪。然而，和她不同，我亲身经历了许多人在进行类似的沟通之后却积极地工作，并获得了加薪的机会。

很显然，一个人不可能总会马上就能得到自己想要的东西。还记得我在一家报纸做本地新闻总编辑的时候，手下有一位才华出众的年轻记者，名叫奈特·芬尼。他几乎每天都要完成两名记者的工作。他提出加薪的要求，可是我当时资金恰好比较紧张。我跟他讲明了真相。事情就是这样，奈特的要求一点儿也不过分，他也为一切做好了充分的准备。可是财力不足的现实就摆在面前。奈特是个乐观积极的年轻人，他辞了工作，很快赚到了比运营状况好的报纸的主编还要多的薪水。后来，我用以前的报酬还临时雇用过他几次。之后的几年里，他获得过一次让人羡慕的普利策新闻奖。

我们已经看到：横渡战争期间封锁的大海，创立公司，拦下火车，一切都成为了可能。这就是积极的人生态度所具有的神奇力量。谈到这里，我们用无可辩驳的证据证明了努力争取的巨大价值，这是消极的人生态度根本无法比拟的。只要你能像《底特律新闻报》上报道过的那个伍德华德市公交车上的小女孩一样，抱着坚定的信念去面对一切，你就再也不会失去什么，相反却可以坐拥整个世界。

一位穿着入时的妈妈带着自己 4 岁的女儿走进车厢。她发现孩子丢失了自己的钱包，就开始大声训斥，所有的乘客都为此感到十分尴尬。眼泪汪汪的小姑娘忽然脱口而出："可是妈妈，你总是告诉我丢了东西时要向上帝祈祷。他会归还给我的。"妈妈沉默了，车厢里的人一时间也都默不作声。这时，公交车在红灯前停下来，一辆小轿车大声鸣着喇叭在它旁边停下。开车的人递给公交车司机一个红色的钱夹。"看，妈妈！"孩子没有丝毫惊奇，灿烂的笑容绽放在她的脸上，"上帝来还钱包了！"

√ 它有那么好吗？

√ 那是你所要的吗？

√ 你准备好了怎样得到它吗？

√ 那就努力争取吧！

“努力争取”会改变你的生活，并远离忧愁、失败、犹豫和怀疑、告别压抑和过分的自我克制、优柔寡断和孤独无助，一步一步走向胜利和成功的人生。你会轻而易举地赢得爱、友谊、希望和感激，获得激励人心而且不断成熟的信念和内在的宁静；更让你惊喜的是，还有很多的物质奖励呢。

第2章

做一个积极向上的人

The **Power** of Positive Living

不抱怨的世界

幸福生活需要的日常心理学

当我们相信自身的力量，坚持用积极的思考和行动去支撑自己的生活理念，我们就开始踏上成功的道路了；而当我们任由消极的态度肆意蔓延，或者只是一味被动地接受生活餐桌上滑落的残渣剩饭，我们离失败也就不远了。这是一条广为人们接受的普遍性生活原则。

对自己、朋友和他人的生活稍加研究，你就会清楚地发现，人们的生活态度基本上可以分成积极的和消极的两种。积极的态度会促使我们满怀信心地向上、向前看；消极的态度则会让我们提心吊胆地向下、向后看。有时，我们会混用这两种生活观，可大多数情况下，其中一种会起着主导性的作用。

当然，从某种意义上来看，所有的行动都具有两面性。就像阿尔伯特·爱德华·维盖姆博士所说的积极侵略性和消极侵略性。维盖姆博士是一位知名作家，也是报业辛迪加特别栏目《探索你的心灵》的作者。他的这种区分十分必要，因为即使是消极的行动也是富于侵略性的。这一点和哈佛–耶鲁的约翰·多拉德博士在一项著名的研究中所指出的如出一辙。这项由心理学家和社会学家共同完成的研究表明，所有挫折都会导致侵略性行为，有时这种侵略性会用错了地方。我们不妨举个例子简单地说明一下：安先生在职位升迁上受到一位大人物的阻挠。安先生感到这次挫折将会影响他今后事业的发展，可自己对此无能为力。回到家后，他的侵略性发生了迁移。他对着太太大喊大叫，说汤太热或者太凉了。安太太于是责备儿子小吉姆以释放情绪上的压力。小吉姆成了别人挫折的出气筒，他生气地踢狗，借口说那狗溜出去咬了猫。是的，即使是动物们也有类似人类的挫折感。康奈尔大学就有这样一项长期以来没有间断过的实验。研究中，一头叫"阿喀琉斯"的猪经不住一系列的挫折，最后得了神经过敏症。

生活中，我们必须面对磨难和挫折，很清楚，正是我们反应的方式决定了我们是消极的、有破坏性侵略倾向的人，还是将成为一个善于自我调节、生活态度积极、富于建设性侵略品格的人。这种品质还包括在情感和行动之间做出平衡。这里应遵循两个原则，每个原则我们举一个例子来说明：

我是一个外乡人，心怀畏惧
身在一个不属于我的世界

——A. E. 豪斯曼

年轻时的迪林杰总是想着不劳而获、贪图享受，可他没受过教育，胆小懒惰，胸无大志——是一个游走在不属于自己的世界中的局外人。敌视社会的态度使他最终变成了一个强盗、杀手和迫害狂，他把自己整个人生都毁掉了。这就是消极的人生态度带来的结果！

我是我命运的船长
我是我灵魂的主人

——**威廉·欧·亨利**

刚刚走出高中校门的哈瑞·多拉，腿部有残疾，也没学过什么技术，但他自学成材，创立了一家拥有百万资产的企业，企业员工多达上百人。为此，他克服了各种各样的挫折。这就是积极的人生态度的力量！

“积极”这个词传达了明确、自信、乐观、果断、肯定、认同、绝对、必然和建设性的价值观，它同怀疑主义态度、疑惑、否定、犹豫、拒绝、矛盾、抑制、中庸等正好相反。积极有时也可以表达为过于自信、独断专行。这就要求我们一定要明确真积极和伪积极之间的区别。伪积极的三种表现就是以自我为中心、独断专行和歇斯底里式的病态积极。实际上，在你熟悉的人中有这三种伪积极表现的人比比皆是。

生活中你肯定遇到过不止一个具有伪积极

心态的人。这种势利小人如出一辙，以自我为中心，装出一副无忧无虑、高人一等、非常自信的样子。可内心却很怕别人瞧不起他们。他们为人软弱，非常害怕失败，这让他们行事草率，一直在虚张声势地硬撑着面子。比如，有个绰号叫“名字保镖”的人，他喜欢拿名人的名字来吹嘘自己有本事。他一直说自己和名人一起吃过饭。实际上，那天他只不过是一次演讲的一百多位听众之一——他是一个典型的以自我为中心的伪积极者。一个真正积极自信的人是不会为了给人留下好印象而如此费心的。有这样一个例子：一位女士总是竭力要人相信，自己与坐落于豪华的、林荫大道上的、尊贵的利奇维奇家族的女主人关系非同一般。实际上，只要你给我一个吹嘘自己家财万贯、才华超群或者家族社会背景怎样的吹牛家，我就能给你还原出一个自卑怯懦、没有安全感的男人或者女人。这种人总是在无意间把他们吹牛的本性暴露出来。

“自命清高的人的最大的特点就是愚蠢，”密歇根省安阿博的心理学家亨利·福斯特·亚当斯说，“这种人一方面自我欺骗，同时也欺骗他人，希望别人相信他优秀，具有进取心。可在基本判断力、智力、对他人的理解力和幽默感上，他无不低于普通人的水准。紧急情况下，这类人更倾向于缺乏勇气，而且会乱发脾气。”

以自我为中心的伪积极心态有个亲兄弟，那

就是独断专行。有这种心态的人内心极度自卑。他们不是像吹气球一样把自己吹大，而是会想尽办法强迫他人服从他们的意志，并以此彰显他们的本事。过去的那些老板就是一些独断专行的伪积极者。他们利用手中的解雇权想方设法让下属听命于他。你还会注意到，这些人为了达到操纵他人意志的目的，总是试图迫使和恐吓别人，而从来不使用鼓励和引导的方法。这样的老板和上司从来都不会做得很久。狂暴的丈夫和父亲，专横的妻子和母亲，还有那些试图用鞭子来统治别人的怯懦者都可以归到这类人中来。你可以对这种人一笑置之，但生活中，他们的专制还是会深深地伤害到你。

壁纸工人希特勒就是一个典型的专横者的形象。他强迫整个民族服从他，或者流放人民，或者命令警察进行大规模屠杀。和希特勒相比，莫罕达斯·甘地也有众多的追随者，却从来没有使用过威胁和暴力的手段。

第三个伪积极心态是病态的积极。小约翰尼因为嫉妒新出生的小妹妹总是发脾气，拒绝吃东西，结果害得自己生了病，这就是一个病态积极的例子。不论男女，总有些人以生病为理由以达到控制局面的目的。这些人实际上也把自己变成了生活中的病人。

病历中这种情况并不少见，由于情感的原因所导致的疼痛和其他病理症状，往往跟真的没有什么区别，主治医生们对此都束手无策。不久前，来自纽约城的美国精神病学会成员西奥多·P. 沃尔夫博士曾描述过两个这样的案例。

有个女孩要求做阑尾切除术。可在手术过程中人们发现她的阑尾非常正常。精神分析学家们认为，女孩的疼痛感和各种症状，确切地说，各种阑尾炎的症状归根结底都来自于女孩对孤独、对在地铁和黑夜中行走的深度恐惧。

有一位未婚的女性在住院的第一周出现过三次濒死状态。病人血压非常高。可人们发现她的身体十分健康。实际上，这些病理特征来自于她潜意识中的怨恨。原因是这位女士多年来一直在照顾自己年迈的父母，从而被迫牺牲了自己的人生计划。

还有一些母亲会用生病的办法来控制自己的子女，也有一些人会在感到挫折或者不得不面对彻底的失败时生病，这样，他们就可以不去上班。有些终身瘫痪和失明的患者也都源于这种病态的积极行为。

消极性格的特征往往是抵制或远离建议以及各种刺激。消极的人总是背道而驰，持拒绝、不赞成、不信任和不忠实的态度。他拒绝正视问题，甚至常常在需要他这样做的时候，他偏要对着干。“消极”一词来自拉丁语中的negatio，意思是“否认、拒绝”。同纯粹的消极生活态度有着亲缘关系的是那种马铃薯特性。这种性格的人就像大家熟悉的蔬菜马铃薯一样，被动地接受被送上餐桌的命运，没有什么消极或者积极的反应，只是默默忍受和听命于外界的安排。

我们经常发现，孩子们总是不断拒绝别人的指导，他们不为别的，只是别人要求他们那样做，他们偏不想做。他们用消极的方式抗议成人的控制。对一个孩子来说，这可能是他唯一能够证明自己作为独立的个体的方式。

然而，对于孩子来说可以理解的事，如果发生在成年人身上，恐怕就会带来极大的破坏性。有的成年人，不愿听取他人的建议和指导，不是因为对方是错误的，而是因为他们幼稚地想证明自己并不比别人差。

下面几点建议可以帮你摆脱消极的思维习惯：

1. 通过读书或从专家那里寻求有力的外部帮助，学会用个人分析的方法识别类似的坏习惯；

2. 找出到底生活中哪些渴望和困难让你产生了消极的坏习惯；

3. 通过研究或者咨询，针对这些滋生消极习惯的内心需要，做出彻底调整的方案；

4. 学会积极地思考，通过每天的练习，培养积极的人生态度。积极的人生观会不断地战胜消极的生活态度。

真正积极向上的人是健全的乐观主义者。在生活中，他总是怀有希望，并富于建设性地思考。他总是说:“我能行。让我来试试。现在就来吧!”美好的事物蕴涵于艺术、科学、宗教和政治领域中,只要你乐于思考,勇于行动,你就有机会分享得到。

消极的人总是在不快与不安中度日。他会说:“我可不行。我连试也不想试。我一个人应付不来;我要崩溃了。我坚决反对。我害怕待在一个不属于我的世界里。”消极的马铃薯性格就像他的影子,总是这样对他说:“不论你经历了多少积极和消极的生活,我都会努力活在你性格的深处。”

√ 你能想象得出一个消极的爱迪生吗?

√ 你能想象得出一个消极的梅奥吗?

√ 你能想象得出一个消极的探险家吗?

√ 你能想象得出一个消极的运动明星吗?

当然,心理学领域中不分绝对的黑和白。不幸的是,所有人的生活中都有一些灰色的区域。清晨,消极的人可能一样会充满希望地起床,吃早饭,然后完成一天的家务,勉强地维持着生活,可他的生活态度却让他减少了获得更为丰厚回报的机会。

在我们中间,大多数人一开始都是生活态度积极的人,踌躇满志地叫嚷着一定要过上丰衣足食的生活。步入社会之初的年轻人大多是积极乐观的；后来，他们遇到了阻碍。一些人学会了积极地应对困难，而另一些人却变得消极起来。很多人在不知不觉间成了两种人生态度的复合体。积极和消极两种因素在他们身上你争我夺，人生也变得起起落落，直到有一天，其中一方占据了主导位置。实际上，成功人士都发现，积极的生活具有神奇的力量，于是，他们确信这就是他们所寻找的正确的生活方式。只要能像书中讨论的那样，重新接受一些合理的有关积极生活的教育，即便是一个过去对人生不满、不断失败、性格消极的人，也一定能够积极地面对生活。

第3章

积极地面对问题

The
Power of
Positive Living

不抱怨的世界

幸福生活需要的日常心理学

有时，我们必须在积极和消极的态度中做出选择。你可以战斗也可以撤退，你可以去征服也可以投降，你可以积极面对也可以选择逃避。具体选择和运用哪种方式面对我们的挫折和失败，可能在一定范围内取决于我们的个性和环境，而不是冷静的推理。但在很大程度上，正是我们的态度决定了结果。因此，想要占据一个把握自身命运的先机，我们需要充分地理解积极生活的力量和消极生活的危险。

心理学家们认为，面对问题的方式有四种。具体说来，两种积极的方式包括直接的积极和间接的积极。另外两种是消极的方式，以退却和逃避的形式出现。每个人都习惯以其中的一种方式处理问题。在生活中，当我们更多地以消极的方式应对问题时，遭受挫折的机会就会大大增加。多数情况下，消极的问题处理方式似乎最容易。可长此以往，我们就会陷入失败的泥潭。

你在处理问题时经常会运用以下五种方式中的哪一种呢？

1. 你运用直接积极的方式。

你径直来到问题的大门前。如果它上了锁，

你会想法打开它，或者选择走别的路进入这道门。这是一种自信的、也是自救和直接积极的解决方式，这种进攻方式实际上就是实事求是地面对和分析事实，认清障碍，并讨论、权衡或者解决问题，或者扫除一切阻碍。你明白自己想要什么，并且努力地争取。你采取直接的方式去追求成功。

当然，这种直接的方式往往需要辅以一定的谨慎。如果愚蠢和毫无判断力地运用它，那将是灾难性的。仓促地攻击占据强大优势的敌军的士兵十有八九都会战死。当然，有些人过于自负，自视过高或内心绝望，这使得他们与整个世界对抗，终于自取毁灭。这种情感发育不健全的偏执狂终究是不多见的。培养直接、有效而积极的自信是每个成熟者的目标。

积极直接的生活态度的价值在德怀特·D. 艾森豪威尔的生活中得到了证实。如果当初他向消极的态度屈服，在海外战争中他就不可能从小胜逐步走向最后的全胜。在《远征欧陆》一书中，艾森豪威尔记述了他在成为欧洲战区总司令后不久，首次致电罗斯福总统和丘吉尔首相，向他们报告战况时的故事。将军写道："当非洲沙漠地区的托布鲁克刚刚落入德军手里时，整个盟军陷入低迷状态。""然而，两位元首并没有表现出丝毫的悲观，让人感到高兴的是，他们考虑的是如何去进攻和取得胜利而不仅仅是防御和等待失败。”在这个例子中，我们把艾森豪威尔将军对于积极态度的评价和那些消极态度作了对比。这一点在他有关军事胜利的简单公式中得到了进一步的揭示。艾森豪威尔这样总结道:“计划的制订要缜密。然后决战到底。”

H. G. 威尔斯也非常重视这种积极的生活方式。在《自传实验》一书中，他引述了自己生活中的两条指导性原则。第一，“如果你十分想要得到什么，那么就去争取它，然后再诅咒发生的后果。”第二，“如果生活对于你来说还不够好的话，就去改变它；绝不要忍受任何单调沉闷的日子，因为如果你去拼争并且坚持到最后，哪怕是发生在你身上最糟糕的事情也会被战胜，况且最后的结果不一定就是死亡，也不会是世界末日。”

积极直接争取的价值对于伊丽莎白·阿登来说是不言自明的。她创立了自己的化妆品商业帝国，市值超过 1700 万美元。阿登在各种商务会议上都会对她的经理们一再灌输积极的生存方式观，她说:“要想在这个世界生存，你就必须战斗，战斗，再战斗！”

即使小孩子都能发现积极态度带来的回报。富兰克·莫塞雷讲述了他看见一个幼儿越过栅栏取球的故事。他说，虽然栅栏不高，但那孩子还不大，只有几百天，只能讲几句话，而且他对栅栏和其他的事情都没什么经验。

他说:“我要去帮他，但母亲抓住了我的胳膊。

“她轻轻地说：‘别管他。’

“‘嘘——栅栏太高了。’

“‘的确很高，但那孩子不知道这些，’母亲说，‘这就是孩子们的可爱之处——他们总是全力去做不可能完成的事，但有时他们却做成了。他们总是哭着要月亮，也许有一天他们当中的某一个就能得到月亮。’

“这时，婴孩已经把它的小椅子靠到栅栏上，开始向上爬了。看到这还不够高，他把一个盒子摆到了椅子上，呼哧带喘地站了上去，小脸蛋吓得红红的，接着‘砰’的一下跌落在栅栏的另一侧，捡起球，向我们咧开嘴，露出愉快的胜利的微笑。对他来说栅栏太高了，可他不知道。”

那些有勇气面对一切，对自己成熟的判断力、清晰的思考力和综合素质充满自信的人都会采取积极正面的方式解决问题。在追求理想和目标的过程中，直接面对的方式对于分析问题，做出建设性的计划具有特别重要的作用。同时，它还可以有力地防止顽固的消极情感破坏我们周密的计划。这种态度拒绝任何悲观主义招致的失败。积极主义思想者做事果断，常用直接的方式去达到他们追求的目标。要不是偶尔在人际交往中运用准积极的、间接的方式放慢了脚步的话，他们一定会获得更大的成功。

2. 你运用间接或替代性的、准积极的方式。

不是迎难而上直接去面对问题，你尝试着走

侧门和窗子；你运用多少可以消除敌意的间接策略；你一点点试探性地靠近，不是很自信，心中有些害怕；你努力赢得目标，可自己又不敢做，而是要别人替你打前阵，以此对问题做另一种形式的直接积极的应对。你暗示出了自己想要什么，此外，你一直在追求你想要的东西并寻求解决问题的办法。

有很多人非常善于间接解决问题。的确，这种处理方式自有很多好处。它的主要价值在于它机智灵活，较少树敌。间接的方式允许对方保有珍贵的自尊。直接的方式可能传达出对方正在被“操纵”或者接受指导或者被强迫的意思，而间接的方式能让他感觉到自己处于可以控制的地位。因为这些人都是否定主义者，他们希望得到别人的尊重。有很多人不愿意自己的思想和行为直接地接受其他任何人的影响和指示。如果你的问题常常要涉及他人，那么最好记住，间接的处理方式会把怨恨和对立的情绪最小化。

如果妻子直接说：“我的天啊，求你吃饭前刮一下胡子吧。”也许带来的只是一次争吵，最后无果而终。可如果她这样策略地说：“饭前你有很多时间可以刮一下胡子呢，你可不知道，刮了脸你有多帅气……”这样的沟通方式你会觉得怎么样呢?

有很多这样的男女：他们反应很慢，做事被动，胆子又小，老是认为稳妥才是最重要的，于是，差不多总是第一时间表明自己反对任何变化的立场。他们会不假思索地说“不”。情感也几乎总会凌驾于思考之上。真正积极和成熟的人懂得在情感和决定、行动之间做出权衡。最近，一个商人对我讲了他同合伙人之间发生的不愉快的事情。当时，他们随口讨论到一个善意的建议，合伙人马上翻了脸，第二天，那个人带着律师，非常粗俗地要求保护他的“权利”。合作的大门被“砰”地关上了。实际上，这中间根本不涉及应该严加保护的权利问题，也许稍微讨论一下就可能会给合作双方以及其他人都带来实惠。可局面使所有直接涉及的各方都遭受了无法挽回的也是令人惋惜的损失。那个商人对我说，他无法深入地理解这种根深蒂固的胆怯和不安全感，是它促使那个合伙人一下子发展到既不思考，也不听取提议就断然做出错误决定，并采取错误行动的地步。对此，他责备自己，因为他早就知道这位合伙人在做重大决策时花去两到三年的时间也是常有的事。消极行为过后，这位合伙人又拖了很久才主动反思事件的经过，终于意识到他非常粗鲁地、重重地关上了门，或许只有一个了不起的人才能慢慢打开它——可是他这样一个消极的人，是不够资格再一次打开那道门了。可见，消极的态度就是一个破坏者。

3. 你逃避，而退却是消极的表现。

这似乎是最简单的解决办法。不是有人这样

说过吗，“留得青山在，不怕没柴烧”？很明显，很多时候，除了傻瓜没人愿意选择逃避，因为逃避常常就意味着溃败，就是盲目逃窜，这样，一个人也就无法立足于积极的立场来处理问题了。

这种逃避的做法会逐渐演变成一种习惯。逃避剥夺了一个人的尊严和实际的安全感。受过惊吓的小兔子就算遇到最小的危险也会飞奔而逃。兔子习惯了逃跑，而逃跑也放大了它内心的恐惧，甚至常常在危险来临的时候，它会吓得僵直在那里，束手就擒。

有的人就像兔子，备受消极和恐惧的折磨，不断地躲避和逃跑，直到有一天浑身无力地僵直、颤抖，某一次致命的打击让他们尽失尊严。这些“兔人”躲避他人，拒绝面对生活中的问题。人也变得神经质，或者患上了恐惧症。他们背弃亲友，推脱责任，还沉湎于白日梦。这一点，后面章节将会详细地加以讨论。这些白日梦爱好者性格中消极的制动闸已被锁定，他们会感到自己的性格是无力争取成功的。这种人总是在不安中度日，玩一种叫“假装一切都好”的游戏，他们甚至会昂首阔步地走着，或者摆好姿势给人看，然后对自己说他正在愚弄别人，其实这根本就是自欺欺人。他们从来不敢面对事实。事实上，任何有一定智商的人都看得出他们在自欺欺人——一个自我欺骗者——人们会远远地充满同情地望过来一眼。这些两条腿的兔子甚至把逃避的技巧发挥到了极致——全线退守，最后再得上健忘症，或者躲在“疯人院”，假定自己就是拿破仑或者上帝。是的，消极的态度甚至可能比这个还要命！

有些现实问题的逃亡者会患上自己喜爱的疾病。弗兰德斯·邓巴博士在《精神和肉体》一书中把这些受宠的疾病称为“可爱的症状”。她说，即使伟大的政治家格莱斯顿，也常常会为了逃避在充满敌意的听众前作演讲而感冒。此事绝不是虚构。不只是孩子，成年人也同样会害上头疼、麻疹、胃痛，甚至是哮喘病以逃避诸如学校、不满意的商业合同以及恋人间的争吵等各种各样的麻烦。

逃跑者最终会变得完全服帖。他会高举无条件投降的旗子，连一场恶仗都不想打。他就是一块门口的擦鞋垫，而被动接受一切的态度在他的背上织就了一个欢迎的标志。他几乎不会想到，人们用它擦鞋，却从来不会尊重它。他是那种虚弱的、失败的和消极得几乎没有任何机会的胆小鬼。

4. 你吃酸葡萄，并逃避问题。这也是一种消极的态度。

你知道自己想要什么，可是你既不想直接也不想间接地完成这些愿望。你不过会说：“嘘，我不是很想得到它，总之，我觉得有没有都没关系。”

前面我总是用名人轶事作例证，这次我用亲身经历来阐述这一道理。当我还是一个少年的时候，我非常看不起一个人。那个人根本就是一个“聚会动物”，大家谈话聊天的时候，他是中心人物，而且他的表达能力也特别出众。那个人让我着迷，可我告诉自己：“我绝不能那样做人。”内敛——那就是我；谦恭——那就是我。不管怎样，我都不想让自己变成一个“聚会动物”。可当我深入理解了积极生活的力量，认识到消极态度不会结出果实之后，我才真正明白，其实，那时的自己正在一篮子接一篮子地吃着酸葡萄呢。

5. 你依恋地躺在别人的光辉中晒着太阳，一副完全顺从的样子。

你摇动着卑微而恭顺的尾巴讨好那些志得意满、积极生活的人。你是一个随从，一个马屁精，一个跟屁虫。你跟在别人左右，希望借着潜移默化的魔力，最终从明星们积极的性格中反射出的某些光芒中领受些东西。你曾看到过有些家喻户晓的人在剧院玩倒立，或者在夜总会把便鞋当酒具喝酒。如果你年龄够大，这类人的故事你就能有印象，而他们是最好的例证。他们拼命挤过去同握过约翰·苏立文的手的人握手，只是因为那个爱尔兰人是世界重量级拳击冠军。

在一个不属于你的世界中，你很无助。你用你的方式大声地抱怨：“我脆弱啊我无助。谁来给我一个属于我的世界？”你对周围的环境和它任何的改变都非常敏感。你是一个只会逢迎的怯懦者，把自己整个交给了那些强者。你还会使用向老婆或别人做出情感勒索的绝招。你耳根软，情绪化，可能还有点附庸风雅，耽于幻想。因为自己的依附心理，你感到内疚；虽然自己已经缴械投降了，但心中还充斥着敌对的情绪。你知道，如果自己不走积极路线，并同消极的心态一决雌雄，你就永远没有成就感可言。可你的姿态是你太弱小了，根本尝试不起。因此，你变得怪僻，并充满了敌意，你甚至害怕被人撕下你虚伪的面具，你希望自己醉生梦死的附属状态能为所有的人接受和尊重。可是你怀疑这个理想永远也不可能实现，你变得越来越没有竞争力，也越来越不自信。对你来说，消极的依赖心理已经完全主宰了你无能的生活。

这类人让一位积极的北方人回忆起首次美国最南部地区之行的经历。当时，他听到一条猎犬正在哀号，仿佛它的身心都在被撕碎一样。这位来访者大声地对一个当地人喊道：

“您没听到狗在叫吗？它肯定遇到了大麻烦。为什么没有人帮它？”

“哦，是的。”那个南方人耐心地解释着，没有丝毫的关心，“那狗根本不会有事的。它在仙人树树丛中，那个懒家伙不想自己出来。而且，谁要是帮它，它还有可能攻击谁。”

但生活中还是有很多积极追求美好事物的

人，弗雷德·弗里契就跟我说起过一个。当时他在菲律宾吕宋岛上。那天他正坐在帐篷外，一个当地小男孩走了过来。

"'你喜欢椰子吗，先生？'他问道。

"我告诉他我喜欢，于是他拿了我的刀，穿过马路走向附近的椰子林。我看到他选了最高的一棵树爬到了树顶，跟猴子似的非常敏捷。不久，他拿着三个大椰子回来了。

"当他蹲在地上开始砍椰子的时候，我问他：'所有的树上都长椰子，你干吗要爬到最高的那棵树上去呢？最好的椰子长在最高的椰子树上吗？'

"'哦，不是的，先生。'他回答说，'但那些最好的椰子在最高的树上留得更久。'"

生活中也是如此，美好的事物一直都在等待着那些崇尚积极鄙视消极的人来争取。甘甜芳洌的生活果实离我们其实并不遥远，它们一直在等待着你去采摘，只要我们积极行动起来，生活中最好的椰子也一样伸手可及。

生活中，我们得到的最美好的果实总是少之又少，只是因为我们习惯了失败。我们甚至认为别人争取他们的那一份天经地义，而轮到我们就踯躅不前了。这种自我默认应该为人所不齿。很大程度上，这主要归咎于我们对自己存在严重的偏见。

有时，年轻时遭受的情感挫折会无意间阻碍我们充分地发挥潜能。有些情况下，我们需要在心理学家或精神科医生的帮助下，才能看清束缚我们的消极枷锁是什么。但更多时候，我们可以自己找到根源所在。认真研究本章所列举的四种生活观，就会很清楚地揭示出这样的事实，其实我们在不知不觉中就已经陷入了消极的生活状态。回顾你过去的成功，毋庸置疑，只有在你运用了第一种或第二种积极的方法的时候，你才会取得成功。反思过去的失败和那些没能化解的挫折，你也同样会明白，那时候，你正被一种或两种消极的态度所主宰着。

下一次在你觉得沮丧，开始认为自己缺乏实现愿望的能力，并打算耸耸肩，承认它超出了自身的控制，要把它扔到一边之前，请先自问下面这些问题，然后给出清晰而可靠的答案来：

1. 我的这种无能感是否可能是自我强加的?

2. 我所看到的阻碍是否可能只是自我强加的敌对情绪呢?

3. 我是从什么时候开始觉得自己能力不足无法完成具体目标的? 是什么让我有了这种感觉和想法的? 有正当的理由吗?

4. 我真的尽力去做那些我认为做不到的事了吗? 我什么时候试过? 如果我没试过，不要没有开始就打败自己，现在试一试，真的试试会怎样? 如果我试了而且失败了，我能在纸上列出多少条失败的原因? 这些因素仍然存在吗? 它们当中的一些或所有的因素现在能被消除吗? 是不是尽管我没有成功，也曾经全力以赴地尝试着做过？或者我只是敷衍了事，希望好运气撞到我的怀里来？

5. 实现目标的想法会让我感到非常紧张和焦虑吗？如果真是那样的话，我真正害怕的又是什么呢？那些恐惧从何而来，它们真的有意义吗？或者都不过是些不值一提的借口，帮我推迟实际尝试的时间罢了？

6. 我不愿意认真地考虑这种主张，究竟是为什么？如果我履行了这个建议，会不会同我的夙愿、长期以来的信念以及安逸的生活状态发生冲突呢？它一定能提升我的自尊感吗？或者可能失败的想法使得我回避了这一问题？是否执行这一建议会给我增加不必要的负担和责任，并干扰我惯常的生活方式呢？

7. 我在回答上述问题的过程中是否真的在很大程度上抛开了自我强加的限制呢？到目前为止，我是否仍然没有全面而积极地考虑过找一个具体目标呢？积极地处理问题的方式是否真的有可能帮我找到理想的解决办法呢？

心理学家已经发现，你经常在日常生活中遇到各种困难，主要是因为你对自己的问题并不十分明确，根本无法合理地分析它，于是，你也找不到可行的解决办法。在芝加哥中西部心理学会的一次会议上人们达成共识，认为分析问题是朝着解决问题的方向迈出的第一步。

这条科学的方法很容易执行，它几乎可以帮你马上有效地解决生活中 50% 以上的难题，还能帮你逐步地合理解决不能马上处理的另外 50%。这样的好东西你愿拿什么来换？难道不是什么都行吗？因为你一旦拥有了它，你就拥有了一笔最珍贵的财富。是的，如果你读了下面的内容，它就是你的了。就是这么令人难以置信的简单！

分析和解决问题四步法是西北大学心理学系主任罗伯特·H. 希绍尔教授、心理学副教授 A. C. 范·杜森和他们的合作者——研究生李斯顿·塔德姆和 H. C. 克劳普共同献给大家的一份礼物。他们的研究表明，这一方法在化解麻烦的过程中非常有价值，同时，它还能有效地帮助一个人克服惰性，最终解决自身存在的问题。

你需要拿出一张纸，并把它分成四栏，在每一栏上方按照顺序写上：

1. 总目标
2. 困难和优势
3. 解决方法
4. 良好解决方法的标志

这样你就学会了。它很简单。心理学家建议，你“不要浪费时间到朋友那儿寻求帮助，也不要一个人坐在扶手椅里不知所措地反复考虑那件事”。

希绍尔教授报告中说，“西北体系”通过强迫测试者陈述自己的问题，可以马上帮助他们解决50%的问题。与其他三个步骤相比，这一体系可以最大限度地减少模糊答案的混乱思考，并最终找到解决问题的答案。

“既然那么多人没有安全感，也没有把握制定计划，早上起床也不自信，我们认为这种四栏式分析和个人行动计划可以帮助一个人找到自信。”范·杜森说，“这个方法可以起到一个互相参照的作用，它可以帮助人们打破解决问题的‘焦虑圈’。”

范·杜森教授援引了一个例子。一个夜班课上的成人学生找他咨询个人职业的问题。她觉得自己有能力做更多的事，而不单单是做现在的私人秘书的工作。

按照“西北体系”解决法，这位女士填好了四栏。在解决办法下面，她写道：“谨慎行事；听取其他导师的建议；选修人力资源课程。”有了明确的行动计划，她一一完成了自己列举的内容。这个过程让她得到了自信。接着，她先在公司申请了一份主管人员的职位，并且她也成功了。

这个体系真是奇妙！它为许多人带来了机会。你现在有什么困扰吗？那就请你赶快体验一下“西北体系”吧！

第 4 章

勇于做决定

The **Power** of Positive Living

不抱怨的世界

幸福生活需要的日常心理学

没有什么比积极做出决定并付诸行动更值得我们一试了。一个人生活和事业上是否成功，很大程度上取决于他是否做出了决定并立刻采取了行动，或者他的所谓决定不过是一纸空文。今天，仍有许多人因为不会做决定，而一直被性格中的怯懦任意摆布，也有数不清的人丧失了自控能力，或者处于这种危险的边缘。在英语中，Abulia这个词的意思是“意志力丧失”，它源自希腊语，原意为“没有”和“建议”，现在人们用它来指自制力丧失或者衰弱状态下的精神错乱。

十多天来，梅太太一直不能决定是否要买一套新礼服，她反复和丈夫、和一些朋友在电话中讨论这件事。就这样，她反反复复地变了几十次主意，最后，她来到了弗罗克里商业区。忐忑不安地试穿了十多件看上去很滑稽的小码礼服后，她又逛了好几家商店，但还是决定不了到底买哪一套，她不知道是那件肩上有毛绒装饰的好还是有蜡果图案的好，回到家时，她已经筋疲力尽了。她在电话里和好友安妮讨论，安妮觉得有蜡果装饰图案的更好些。她又和丈夫讨论。梅先生最后逼着她买了一套小巧的饰品，这能让她看上去不再像海伦·霍金森漫画中的胖女人原型那么滑稽。现在她默认了别人的决定。可这行吗？小码礼服的确很俏皮——但只是符合安妮和其他人的品味罢了！她们都喜欢！没过几天，梅太太把衣服退给了商家，穿起了去年那套黑色佩金饰的礼服，嗯，差不多是金色的。

生活中，她也经常表现出犹豫不决。在准备丰盛一点的晚宴时，她总会在买羊排和买羊腰子上发愁。出门去看别人给她选好的话剧时，她会回去两三趟以确定门锁好了没有。接下来，当看到《再见了，我的如意郎君》中美丽的马德琳·卡罗尔要为嫁谁做决定的时候，她会跟着痛苦万分。看啊，梅太太记不清离家出门时煤气关好没有、门锁好没有，我们真怀疑当初她是怎么做出嫁给邻家男孩的决定的？一定没有经过深思熟虑，而是出于某种原始的冲动。如果她能养成自己做决定的习惯并迅速地完成它，她的生活一定会发生翻天覆地的改变。这是夸大其词吗？不是，生活中像她这种人可谓不计其数。

老好人渥伯·托普先生差不多也是这样的。几年前，他下不了决心是去报社还是去爸爸的银行工作。是爸爸为他做决定去了银行工作。他爱朱迪，却娶了爱莉。爱莉觉得自己爱这个男人，于是就用女人的方式为他拿了主意。

托普是个好人，只是总看不到事情的对与

错，更做不到坚持自己的立场。现在，他在一个不属于他的环境中做着爸爸为他选择的工作。他和爱莉结婚，尽管那是一个好女孩，可他并不爱她。他曾有三个转行回到报纸行业的机会，但他爸爸都帮他做了决定，于是他继续留在了银行。另外两次机会来时，爱莉不同意，他就没有换工作。爱莉觉得她想嫁的是银行家。除非有一天托普学会了自己做决定，否则他会一直在这种困境中挣扎。

犹豫不决是幸福人生的破坏者。它是由疑虑、恐惧、粗心和冷漠引起的。实践证明，它在人们的心中堆积起的挫折感足以毁灭生命。无力做决定的人会被各种各样的消极行为困扰着，其表现形式中最糟糕的莫过于拖沓了——推迟做决定，逃避锻炼自己无力决定的肌肉。这种犹犹豫豫的人从来不会主动出击，总是希望决定都可以自动地形成。

每一个这样的人都唯恐自己被人证明是错误的。他可能犯错误。可是犯了错又怎样呢？每个人都会犯错。领袖和执行官们都热衷于做决定。他们之所以能成为执行官是因为他们有能力做出决定，而其他人却在逃避问题。执行官这一职位的准确定义就是能够做出决策的人，虽然并不总是正确的。但不管怎样，他做出正确决定的概率要更高些。任何领域中，那些跟班的和郁郁寡欢的人都是些害怕犯错或者不敢承担责任因而避免或不适当地延迟做决定的人。你能想象一个做不了决定的林肯吗？你能想象一个优柔寡断的艾森豪威尔将军吗？

就算你有时的确犯了错误，就算你大错特错又怎么样？没有人能永远是正确的。生活中美好的果实属于那些做出决定并努力执行的人，属于那些努力争取他们认为他和他的追随者们有权利拥有的人。

即使名人也会犯错。有时他们也害怕做错事，但这绝不会让他们变成不爱思考的人。著名科学家艾萨克·牛顿爵士就常常做错事。但是他正确的次数足以使他为全世界做出伟大的贡献。假设他因为下面的事情就平庸下去会怎么样呢？他坐在熊熊燃烧的壁炉前，陷入了沉思。火炉越来越热。他猛烈地按铃叫来了一个仆人，抗议说自己要被烤熟了。他命令仆人把火炉挪走。“您把椅子搬开不是更好吗？”仆人平和地建议。“老实说，”牛顿爵士大声说道，“我从来没这么想过。”很明显，有时他也很笨。

有一个爱默生和儿子赶牛的故事。那头小牛犊很犟。两人又是拖又是拉地想把它赶进牛棚里。那头牛伸开四蹄拼命抵抗。看到伟大的哲人爱默生先生似乎应付不了这种局面，一个牛奶场女工随即伸给小牛一个手指头，小牛吮吸着，就这样，女工一步一步退着把小牛引进了牛棚。

消极的人犯错之后，经常会尽可能地少做决

定。但积极的人会抛开那些错误，积极做出自己的决定，并从中吸取经验以便将来少犯错误。

大都市人寿保险公司的工业精神病学家丽迪亚·吉伯森博士证实了犹豫的严重后果。她在解决和处理私人问题方面，帮助过许多大公司的员工。

“一般来看，焦虑是犹豫不决的根源。”吉普森博士说，“我们在理财问题上有所担心，是因为我们不确定自己的情况到底怎样。我们在难缠的问题上担心，是因为我们不能决定首先从何入手。我们担心自己得了什么病，却讳疾忌医。一个人总是犹豫不决，挫折感就会达到峰值。而挫折感的最终产物就是神经崩溃。”

很多人精神上备受犹豫情绪的折磨，甚至无法正常思考。这时，他们就应该早日去家庭医生那里寻求帮助，医生会给他们推荐合格的心理学家或者精神科专家，帮助他们详细分析原因。其中有些原因是深层次的。而一旦这些原因被揭示出来并加以解释的话，他们的症状就可以得到有效的治疗。

纽约心理分析师、作家路易斯·E. 比斯奇博士援引了一个他熟悉的女性患者的病例。这位女士总是无法确定自己是否关掉了煤气，是否拔掉了电熨斗或者烤箱的插头。一旦在她的意识中出现了这种担心，她就会马上赶回家去确认一下。

“我在赶往费城的路上，”这个女士告诉他

说，“我开始想到我家，当然了，我就很自然地想到了煤气。我变得越来越焦急。当我到达特伦顿的时候，我能想象得到我的房子火舌四蹿，人们只能从窗口进进出出。而这一切都是我的粗心造成的。我必须下车返回纽约。”

比斯奇博士解释说：“压抑可能是这位女士对煤气灶和家用电器发生担心的原因。”他说，“我们注意到，家用电器都会引起火灾，而她却一直想着发生火灾。你可能早已猜到了，她是一个未婚女性。火几乎总是代表了爱情和性。当性本能得不到释放时，它就在心理上以玩火的形式找到了一个间接的发泄口。这位女性没能在一个男性身上点燃爱情之火，就只能想象给房子放火了。当然，抑制因素最终压制了这种愿望。这样，向上和向下的两种力量的相互作用导致了她在情感上犹豫、疑惑、反复无常和不能自主决定。”

上面引述的每一种复杂的情况，生活中都曾大量发生过。这些消极的人承受着轻微的心理恐惧和常常会诱发挫折的疑虑所带来的痛苦，因而无法做出决定。他们很可能在童年期受到家长和老师过分的控制，因此缺乏自己做决定的机会。正是因为这样，犹豫不决作为一种习惯，是可以通过自我分析和反复练习另一种不同的习惯给予纠正的。

如果你现在试图改变自己犹豫的性格，那么你大可放心，犹豫不一定是无知和智力上有问题。相反，多虑和多疑往往是造成一个人在简单的问题上犹豫迟疑、迟迟不能加以解决的原因。一个人越聪明，就越有可能在做决定前，迅速地联想到很多影响因素。如果你智力欠缺，或许就不会如此犯难，因为你可能根本想不到那么多的后果。你的困难可能在于积习难改，总是把大量微不足道的事情放在重要的位置上来考虑，所以，你最好学会重要的事情优先考虑。

社会上的各行各业中，正是那些善于做决定的人担任着领袖的角色。可是做决定并没有什么特殊之处。其实它的公式十分简单，企业管理者、军官、医生、隔壁的邻居、政治家、屠夫、艺术家、烛台制造商对此都深信不疑。但无一例外的是，任何一个领域里，优秀的人在他们的日常生活中都会经常运用这个简单的公式，并且用得积极而富有建设性。

这个公式其实也属于你，你早就体验过它在生活中的作用。有时，你在不知不觉中运用过它，有时，你自觉地运用了它，但也许不够经常，没达到几乎是自动化的程度。尽管这个公式根据情况不同需要做出一些细微的调整，它还是为各行各业的人们提供了做出决定的根据。

√ 你试图完成什么？
√ 你做好准备了吗？
√ 你可能采取哪些行动方案？

√ **哪种行动方案最接近完成你的愿望？**

√ **你会怎样做？什么时候做？**

这不仅是我的公式，这也是一个普遍的公式。如果你运用它，那它就属于你。我用它指导自己做出决策，创建和管理了好几家企业。我还曾用它成功地帮助他人解决问题。

可能在做很小的决定时你不会刻意运用这五点公式，但不管你意识到没有，你还是部分或全部地运用了它。当你要做一个非常重要的决定时，最好完全遵循这则公式，甚至最好把每个问题都简要地写到纸上，以便更为详尽地考虑细节。

你试图完成什么呢？如果你不能相当具体地回答这个问题，你肯定会徘徊在空泛而不确定的境地中，无法得出任何非常符合逻辑的结论。成功始于目标的确定性。如果你有问题，就应该在心里或在纸上尽量明确它。确定了问题是什么，那么，你的目的又是什么呢？你试图完成什么呢？最终的目标是什么？正像斟酌问题时一样，一定要专注于这一目标并继续前进！你的思想偏离目标越远，就越为自己做决定增加了难度和不确定性。如果你的决定对于你和你的前途极其重要，你很难明确最终目标，那就去找一位优秀的咨询师，让他来帮助你理清头绪。他们可以帮你找到重点。但要保证你找的是一个称职的顾问。

邻居大叔乔可能很了不起，而且有同情心，可他是否称职呢？在健康问题上，你的家庭医生可能会给出中肯的意见，但在理财或房地产方面，他们的建议可能是荒谬的。

你做好准备了吗？这个问题似乎很容易回答，可你要明白，如果你只是明确了一部分事实，并且其中有些不实，那么你的决定可能就会发生偏差。一个人不可能总是获得全部的事实，但一定要争取一切可用的部分。你可以通过采访、读书，通过给合适的信息源写信等方式来获取资料。没有足够的数据，你就不可能做出真正明智的决定。事实真实存在，但需要加以核实才可以使用。

街角杂货店的老板在出售店铺时可能会说，“其实我去年做了 7.5 万美元的生意，纯利润 1 万美元。”这只是一份简单的声明。事实是怎样的呢？他的账本可以证明他的业务量实际上只有 5 万美元，而且还没有做最后的成本核算。搜集事实时，你不要在一些私人意见、谣言和猜测上无谓地浪费精力。在这个国家里，还有人相信地球是扁平的；也有所谓“优秀人士”还会毫不犹豫地传播流言和空洞的猜测。能够给你真相的事实是什么呢？无论做什么，你都不要把个人情绪搀杂到追查事实真相的过程中来。它就像出错的线轴上的一根跳线，会把一切都搞得糟糕极了。

有哪些行动的方案呢？你已经确定了想要完

成的任务，收集了可以获取的相关事实。现在，在你考虑当前问题的时候，可能会仓促地得出结论：只有一个行动方案可行。你可能是对的，但请你千万要再考虑一下其他的方案。通往罗马的大道可不止一条。其中有一条可能更直接，但却最艰难；另一条可能会更漫长，但旅途中你可以收获更多的幸福。花去一小时、一天或者一周在纸上提纲挈领地写出你可能采取的行动计划可能会让你避免日后徒劳数月或数年的损失和付出。

你会怎样处理问题呢？现在你已经真正地接触到解决问题的关键了。很多消极的人经常在这儿半途而废。你可能做出了决定，但如果不积极行动起来支持你既定的目标，这和没做任何决定并没有什么不同。你何时才会积极行动起来呢？时机是至关重要的。也许分析问题的时间延误了行动。但这是一个信号！正是在这一点上，很多拖延者因为消极被动，害怕做出决定，害怕采取行动，推迟行动，最终错过了最佳时机。这种人还会为自己的拖拉找借口，以合理化他们的无所作为。他们害怕主动出击，于是，宁居人后，不为人先。

在做重要的决定时，我们应该刻意而坚决地执行上述计划。但是对于日常生活中微小的决定，却并不一定要完全照搬。孩子和大人都可以在5分钟内决定要红色的汽水还是要白色的汽水。快速决定的重要性到底在哪里呢？就在于当务之急。如果你口渴，你得在二者间做出选择。

许多人犹豫不决是因为不正确的做事习惯，这完全可以通过练习加以纠正。许多你所认识的具有决断力的人不过是在后天养成了快速做决定的习惯，尤其是在一些不重要的事情上他们从不浪费时间。一个报纸新闻编辑每天不得不做出几十次、上百次的快速决定，直到成为一个自动的过程。一个好的企业管理人员每天要求做出各种决定，而其中很多决定会不知不觉就做好了。他不可能做到总是没有偏差，但他会保持一个良好的平均成功率。

学会果断的最好方法就是练习果断。下面列举了一些练习法，你可以每天一有机会就勤加练习，一天可以进行一次，也可以反复操练：

用“是”迎接每一次公平的机会，不要说“不”。

把握每一次可能的机会，主动做决定。

不要争论是否应该去散步还是留在家中的火炉边，做个决定，然后立即照办。

不要为了吃羊排或者牛排冥思苦想，马上做决定。无论如何，你都得做一个决定。那为什么还要把它变成无聊的问题呢？

当有人问波普想来份冷烧还是杂烩，他不该推卸责任地说：“什么都行。”他应该做出选择，以免让服务员小姐为难。

今晚你有三部电影可以选择，最好闭上眼

睛，做一次即时的盲选，就算结果令人失望，也比 10 分钟还决定不了好得多。

下一次你买帽子或领带时，快速权衡各种选择，然后尽快做出选择。小错不断总比反反复复、犹豫不决要好得多。在大多数问题上磨蹭都没有任何好处。即使阅读，快速阅读的人比慢速阅读的人要理解得好。在我的办公室里，也可能所有的办公室情况都一样，那些尽快和尽早决定何时休假的员工都获得了最佳的休假时间许可。那些下不了决心的人只好等到其他时间了。

生活中，你可以找些小事训练自己快速做决定；做好决定后，即刻采取行动。打破以往那些看似不起眼的致命的做事思维。该给萨莉姑姑的信不是一直没有写吗？快放下手头儿的事儿，马上写！你已经完成了一个小小的积极之举，这可能会让你下一次主动对待问题变得更加容易。

去玩一个练习果断的游戏，随后你试着玩上一整天这样的游戏。假如你能不断地坚持下去，你会感到收获良多，于是，备受鼓舞地继续做下去，直到穿越心灵中那张犹豫与拖延的蛛网，获得更加积极的人生态度。

第5章

成功青睐积极的人

The Power of Positive Living

不抱怨的世界

幸福生活需要的日常心理学

对所有的行业来说，成功就像是一位迷人的姑娘，在那些有意无意间积极对待生活的人面前，从来都不会吝惜于展示她的妩媚。而对于消极生活的人，她却总是敬而远之。相反，失败天然地亲近消极的人，在它上面早就贴好了消极者们专属的标签。

数百年来，裙带关系带来的人浮于事的状况一直都存在，即便需要裁减人力，积极的人也总是能把握着最有利的时机。在工作中，他们升迁得最快，薪水拿得最高；或者，他们也一样从低工资做起，但后来却能卓有成效地开创自己的一番事业。

为什么会这样呢？

因为积极的人知道他们究竟想做什么。

因为他们为自己的目标早做了准备。

因为他们努力寻求自己想要的东西，并且会采取积极的行动来获取它。

因为，如果由于不可控制的原因没能马上赢得自己应得的部分，他们会积极地发展自己的事业，寻求在其他的和更为理想的情况下获得应有的回报。

而消极生活的人得到的只是别人的剩饭剩菜。

为什么会是这样的呢?

因为消极的生活态度把这些人变成了奴隶。当然，他们找得到勉强为生的工作。他们积极的程度只够保证他们在贫穷和平庸中生活下去。他们满足现状——或许也会感到有些不满。但是，他们不思进取，期待随着工龄的增加，老板会心血来潮给他们涨工薪。或者，他们等待上司主动找他们谈加薪的事儿。当然，必须承认，某种程度上，消极的人的确也得到了自己想要的东西——别人的残羹剩饭。

这不仅仅是一个关于消极态度妨碍员工成长的理论，这也是一个被很多科学研究证明的事实。企业中，只有10%到15%的员工有升职要求。研究还显示，正是这种负面的恐惧导致了员工无法达成自己的目标，不愿意主动承担责任。在我撰写的《把握好你的生活》一书中有详细的研究证明，消极者事业上失败的主要原因——消极的性格和生活态度——几乎是每个人都可以控制并得到改变的。

任何人都应该留意自己生活得是否消极，除非他心甘情愿地接受失败。企业管理者和人事主管们在各项工作中都十分注意自己不能消极被动。也有一些人在审视自我和查找自身弱点的时候察觉到了自己消极的方面——但即便是这样，他们还是深陷其中，难以自拔，难以鼓励自己抛弃那种生活观。

下面这些消极因素总是在阻碍我们事业的发展：

不合作，十分固执

旷工，不坚守岗位

制造麻烦，传播流言蜚语，无理取闹

粗心大意

难以相处

游手好闲

过于温顺随和

脾气暴躁，自控能力差

目标模糊

易冲动，做不到三思而后行

不能坚持职守

缺乏耐心

过分敏感

容易气馁

缺少灵活性

缺乏信心

没有可以引以为荣的工作成绩或个人成就

过于挑剔

办事拖拉

容易动摇

唠叨或者少言寡语

没有或者很少有首创精神

很少或者没有热情

通过对数千名员工的调查表明，因为基本工作技能不足被解雇和不能获得晋升机会的情况只占很小的比例。一个人在个人事业初期就遭到类似解雇这样的挫折完全是由一个或多个上述的消极性格特点造成的。只要更积极一些，数以万计处于这一阶段的人就可以免遭解雇，并得到晋升的机会。

最近，纽约大学推出了一本小册子，旨在帮助年轻人了解进入商界的资格要求，需要做哪些准备以及可以涉足的领域。其中四种必备的基本品质分别是：与人相处的能力、勤奋、愿意承担责任以及反应的敏捷性。

上述四点都是必要的品质，只具备其中两点或三点是不够的。几年前，我分析了一家走下坡路的企业。这家企业的经营者是我所见到的最可爱的一个人，因为他十分善于与人相处。有研究调查显示，成功等于大约 85% 的人格特质加上 15% 的个人能力。这名男子拥有几乎百分之百的人格魅力，但是他的能力值差不多为零。事实证明他是一个失败者。生活中有很多人像他一样，在个人特质上和与人相处方面高人一筹，却无法赢得成功。他拥有必要的勤奋，但是没有用到关键的地方。

他不仅承担了责任，而且承担了超出他能

力所及的责任，以至于女员工们会嘲笑他妄自尊大。在机敏性方面，他似乎抓住了机会，但是还不够，所以没有做好公司指定给他的具体工作。

上述品质都是积极的东西，但却总是被转换成消极的态度。作为一名企管人员，我常常会遇到下属断然拒绝承担部门职责的情况，尽管那会获得更高的薪酬。下属员工不愿接受高级培训也同样十分常见，这种事几乎每个办公室都有发生。要知道，那会使他们更有资格获取更多宝贵的机会。

对每一种职业和每一个行业的研究就是对工作中积极态度的真实解读。

例如，有一个17岁的小伙子名叫欧内斯特·E. 诺里斯，他辍学后参加了工作。他想成为一名铁路工人，但又认为对他来说最好是学习铁路电报技术。他说服了一个电报员教他摩尔斯电码和处理工作细节。他坚持阅读报纸，耐心地等待着机会的到来。当他注意到伊利诺伊州的阿灵顿高地地区有一个电报员自杀了，年轻的诺里斯就写信给站务管理员申请这个工作，并且成功了。这都得益于他此前为此做好了准备。后来，他一直坚持积极的生活态度，并最终成了南部铁路系统的总裁。

当查尔斯·R. 胡克父亲的公司在经济大萧条中倒闭后，他找了一份周薪12美元的勤杂工的工作。在读完函授的工程学课程后，他在轧钢厂找到了一份工作，每天下班后，他都留下来自学各个操作流程的知识。他积累了很多经验。后来，他担任了阿姆科钢铁公司董事局主席一职。

威廉·A. 佩特森只有 15 岁时就不得不辍学了。他在富国银行快递公司找到了一份月薪 25 美元的工作。他是一个积极上进的孩子。13年来，他一直坚持在夜校学习。从一个出纳员逐渐做到了美国联合航空公司的副总裁直到总裁的位子。

15 岁的少年大卫·萨尔诺夫为了帮助守寡的母亲不得不参加工作。他花了 2 美元买了一本电码本，又找来了一个电报键盘，闲暇时间里，他就躲在自己的房间里反复练习。他还总是随身带着一本字典学习识字。通过自学，他最后成了美国无线电公司的总裁。

从 12 岁开始，一个纽约小伙子开始做每周 3 美元的办公室勤杂工工作，这样，他就能帮助母亲养家糊口。这里是只有 7 年历史的通用电器公司的斯普拉格工厂。这个年轻人去夜校学习，之后他又读了函授课程，取得了相当于技术学院毕业文凭的资质。后来，这位积极的年轻人成了通用电气公司的总裁，他不仅解决了 20 万人的就业机会，还为 25 万股东赢取了红利。他就是查尔斯·E. 威尔逊。

威尔逊先生微笑着说：“生活中，一个人得不到自己想要的东西是因为想得到它的愿望还不够强烈，不足以使他勤奋地工作，也就是说，他的动力还不足。”

有一个看上去久经世面的人说：“那都是霍雷肖・阿尔基尔式的东西了——早过时了。”过时了？霍雷肖・阿尔基尔的精神就是在自己的岗位上始终如一地积极踏实工作。这难道会错吗？

上述有关工作中积极态度的讨论，都是从大量的个人经历中精心挑选出来的，虽然这些人没有受到良好的高等教育，却拥有领导人们创业的才能。如果我们认可《财富》杂志关于 1949 年毕业班的调查，也许将来他们还会有更多的类似的大学生。这肯定会成为该年度最重要的事件，甚至比俄国掌握了原子弹技术还要令人轰动。

这项颇具预示性的调查显示，全国 1200 所高校已经培养了 15 万名毕业生，其中 70% 是退伍军人，30% 已婚，98% 的人害怕冒险，强烈地渴望“安稳”，他们都认识不到只有自我不断发展才是唯一真正的安全这个道理。

这些人中，大多数是现役军人，也有不少人曾经勇敢地面对过坦克和机枪。《财富》的这份调查清楚地说明，有一点是他们绝对不希望发生的，那就是他们不想、也不打算去冒险。这些老兵中只有 2% 的人有自己创业做领导人的打算。他们希望在大公司找份工作，将来可以领取退休金。他们中大部分人在进入大企业后没有自己创业的想法。

有些学生认为，这些人缺乏创业精神是因

为他们先在家庭的摇篮中长大，后来来到部队服役，在那里，别人告诉他们吃什么，穿什么，早晨什么时候起床，紧接着，他们就像餐桌上的一道菜被转交给高校。他们已经变得乐于被别人供养着，爱上“摇篮式”的生活了。

他们拱手把未来最好的东西让给了少数心态积极的人。

指挥过70%的这类毕业生的将军对“安全第一”是怎么理解的呢？艾森豪威尔将军在给美国哥伦比亚大学的新生训话时告诉了我们他的立场。

“这些日子，这个时代，我们太多地听到有人说安全。”将军说，“安全，我们做的每一件事都要安全，永远不受冻、不被雨淋或者不挨饿。可我必须告诉你们，如果你们想要绝对的安全，那你来错了地方。实际上，我可以肯定地说，人类如果绝对安稳的话，就无法继续存在下去。生命只有在全力投入到为之奋斗的事业中去时才具有价值。没有奋斗就没有绝对的安全可言。”

“我希望到今年年底你们课程结束的时候，你们能把‘机遇’这个词牢牢地钉进生命之旗的旗杆上，并永远追随它前行。”

当代另一位才思敏捷的思想家、美国科学与研究开发局的战时总指挥万尼瓦尔·布什博士认为，过分强调安全会导致灾难。

布什博士声称“根本没有绝对的安全”，“在这个充满变数的复杂世界中，如果没有意愿和勇气去承担风险就没有真正的安全可言”。

“只有我们的人民保持和发展他们的想象力和主动精神，并愿意和能够抓住机遇，我们才有希望自保。”

现在 1949 年毕业班的学生怎么样了呢？去承担风险的积极的意愿和勇气在哪里呢？当然，这些大学生并不只是一人。明尼阿波利斯煤气公司的克利福德·贾古森对 3723 份工作申请进行分析时发现，申请的 10 个项目里，对工作的稳定性的要求居于首位，申请者没有提到报酬，也没有提到晋升机会，可是安稳被放到了第一位！当然，谁不想有一个稳定的保障是愚蠢的。但是，当这种欲望被消极态度包裹起来时，一个人的思想就会陷入困境，再想取得成就会变得更加困难了。

的确如此，他们在新事业中失败的记录令人吃惊，同时也令人失望。很显然，所有人都不想努力工作，最终他们的企业也将遭到倒闭的命运。1949 年毕业班学生的消极态度令人震惊，如果他们不转变态度，这一大批正值盛年的年轻人就会被经济和工业不景气的浪潮所吞没。几年以后，他们一定会对自己的“稳操胜券”的心态深感后悔，因为他们不为创业作好准备，丢弃积极的态度也就等于失去了晋升的机会。

与“稳操胜券”“安全第一”的态度不同，我们可以读一下埃尔默·惠勒的故事。故事中有三个年轻人，战争时期，他们在华盛顿的帕斯科原子能工程中相遇并共事。惠勒说："当工程竣工时，他们开始了'连锁反应式的思考'，这让他们都成为了成功的商人。"

托尼·鲁伯特在美国明尼苏达大学学习商务管理。约翰·拉比过去曾是一名技术工人，在制造机器和工具方面很有经验。赫伯·奥斯朋在经营机械修理店方面是个专家，在原子能工程中就是机械修理的负责人。

像其他成千上万的人一样，离开了政府工作以后，他们问自己：我们现在能做什么呢？开始，他们思考了一段时间，以三个人的个人经验和技能，最适合经营机器和工具方面的公司。许多人就走这么远，但他们走得更远。他们有勇气，对当前的企业制度也有信心，于是决定冒险尝试一下。钱不多，于是他们自己建店，虽然经历了各种起伏，但凭借着顽强的毅力，他们渡过了难关。除了蓬蓬勃勃的小店生意，他们还生产和销售全焊接房屋拖车，并在西海岸获得了很好的声誉。他们成功的秘诀很值得称道："不盲目莽撞行事，先要自我评价，审时度势，认真思考自己最擅长做什么，仔细规划，但一旦订立了计划，就立即用可以做到的最好的方式采取行动，从不等待'最成熟的条件'来了再动手。"

这不是"时代"的错误，不是资金缺乏的

原因，也不是因为缺胳膊断腿或者少一只眼睛或没有大学学位——主要是因为缺乏积极进取的精神，从而影响了个人事业的发展。三位拖车生产商有着积极的头脑，遵循着这条积极的处世良方，确立了自己在生意场上的地位。如果他们消极被动，可能早就有许多现成的逃避借口，比如说不应该、不能、也不会有什么成功的机会等等。这样，他们就永远都不会有起步。所以，最鲜美的果实只属于那些积极的人，消极的人得到的只能是别人挑剩的次等品。

在最近的一次讨论中，有位为人消极的邻居口若悬河地阐述说，当今时代，任何人都不可能有机会在没有大量资金的情况下像过去那样建立一家企业。他说，尽管在另一方面，政府有各种口头承诺，但是要开办一家小型企业极为困难，一旦企业经受了“时代”的种种考验，政府就会再来剥夺你的利润。他滔滔不绝地解释了一个小时，还辩称，如今没有大资本，小企业很难建立，也不可能再有机会成为大企业。他的许多说法今天很适用，就像一百年前一样适用。今天要取得进展会更难，但并非不可能。积极的思考方式总是把消极因素考虑在内，但它更强调积极因素，强调用积极的方法去克服消极因素。

看一看积极态度在理查德·哈里斯身上是如何起作用的。他 1936 年毕业于耶鲁大学，算不上很早。哈里斯本来可以轻易地利用家庭关系在父亲所从事的毛纺业里找到一份好工作。但他骨子里有一种积极的倾向，他希望证明不靠爸爸也一样可以自立。

他用借来的仅有的5000美元在克利夫兰买下了一家美容店。他看到电烫头发需要昂贵的设备和高昂的成本，于是着手制定了一套家居美容方案，这样，妇女就可以在家中烫发，从而省出一大笔钱。有很多人曾想推出这种业务，但没有取得出色的业绩。这并没有打消他的积极性，他制作了25美分的家用烫头机，但它在柜台移动起来很不方便，于是，他改进了机器和包装，提高了价格。尽管如此，女性还是可以节省很大一笔开支。现在消极的人可能会说，没有大笔的融资，你不可能做成此事，但在1944年，只用了50美元（是的，50美元）做广告，托妮家用电烫就开始向公众发售了。你一定了解这个产品。哪个女孩没有用过托妮家用电烫呢？数百万的妇女都在使用托妮产品。4年后，哈里斯以2000万美元的价格把公司卖给了吉列安全剃刀公司。

托妮事例是一个壮举，但它行得通，事实上，每个月都有深知“成功青睐积极的人”这一道理的人在筹建企业。在十年多的时间里，我参与建立了六家经营得很成功的企业。它们得到的投资都很有限。我还认识很多做着同样事情的人。比如，卡尔·F. 莫特莱特就是其中之一。他在亚特兰大一家银行担任初级执行官。他觉得柜台上应该放一个漂亮一点的手册架。于是，他发明了可以调整高度的塑料架，这引起了其他银行的兴趣。接下来的两年时间里，莫特莱特专门供应这种产品，利润十分丰厚。

多年来，分析积极的企业和企业管理者成功的秘诀已经成为我个人事业的一部分。这个工作令人着迷。无一例外，成功的企业都得益于积极态度释放出来的能量。几乎同样无一例外的是，对于那些失败的案例，分析其主要原因也无一不是消极态度在作怪。我至今还没有找到哪一个成功者人生观消极，也还没有找到哪一个失败者性格中积极多于消极，更找不到有哪一个高层主管或人事主管不同意我的这些研究结果。

记住，成功青睐积极的人。

第6章

不利条件是你一生的财富

也许你曾经认为，如果一个人只要身体没有残疾，果敢做事、积极生活就能成就一番事业。还有人认为残障人士不必具备积极的人格力量。可实际情况恰恰相反，身体的缺陷常常会激发一个人的进取心。这种生动的事例在我们身边比比皆是。不论在哪里，只要你看得到残障人士——男孩、女孩、女士或者先生——他们身上都有我们想要证明的东西。实际上，在某种程度上，每个人都有身体机能或器官方面的残疾。的确，我们现在都有缺陷。残疾人永远都应该感激身心的残缺，因为在我们运用积极心态迎战残缺的时候，残疾本身就成为我们生活中获得成功的直接原因。用真正积极的心态来面对你身体上的残疾吧，无须证明，成功一定会像夜晚的阴霾过后注定要迎来美好太阳一样降临。

当然，如果我们认为应该感谢身心障碍也许过于乐观，甚至有点残酷，但如果你忍耐几分钟，我一定会让你觉得这有道理。众多残障人士都是在用准积极的心态对待生活。他们会找一个改正自己错误或者平衡内心的办法。但在他们每个人的内心深处都会另外有一个同自身残疾做斗争的人，这种不断积极争取的行为就是心理学家所定义的过度补偿。在幸运的情况下，他们可能不会获得现在的成绩。残疾本身并不会送给你一个成功的礼包，任何激发积极斗志的身心障碍都会因你变得积极而给你献上一份大奖。完全有理由证明，虽然身体有障碍，但与消极态度相比，这要好得多。

让我讲讲哈里·多埃拉和约翰·多伊的故事来说明这一点吧。这是真人真事。马上你就会理解我为什么不太认识约翰·多伊了。作为年轻人，两人都因患过风湿热病而跛足——双臂、双手、双脚，扭曲得仿佛用大钳子夹着一样。人们为他们和他们的家庭感到惋惜。约翰也为自己感到难过，他从来没有学会如何摆脱消极的生活观。他成了一个絮絮叨叨的废人，成了家中经济上和精神上的负担。三十多年来，他过着不幸和贫穷的生活。当然了，我和他并不熟。

不过，我说服了多年的朋友哈利·多埃拉，让他告诉我他作为一名残疾人创下几百万美元企业的故事，以期鼓励其他人。哈利是一位周薪 8 美元的纺织工人的儿子。高中毕业不久，风湿热病无情地降临在他身上。他读大学专攻化学专业的人生规划就此破灭了，多埃拉家中等水平的安稳日子也一去不返，这个男孩离开轮椅时，不得不像婴儿一样被人抱来抱去。5 年来，可怕的疼痛始终折磨着他的身体，他不停地痛苦思索，却毫无所获。

又一阵疼痛发作了。“这种不幸为什么会发生在我身上呢？”

新的并发症后，他必须忍受常人难以忍受的饮食安排。“这不公平，别人有力气做事，可以自由地活动，我却必须年复一年地被限制在这里。”

更多的疼痛袭来，他不停地问自己：“我做错了什么？竟让我遭受如此的折磨？这不公平。为什么？为什么？这到底是为什么？”

巨大的孤独包围着他，因为父母不得不外出工作以换取微薄的工资，这样才能维持全家的生活。为什么？为什么？为什么？怨怒和仇恨给他的灵魂打上了深深的烙印。他没有意识到在他身上到底会发生什么。那天晚上，他的父母没有看出有什么不同。但是，哈利·多埃拉内心里实际正发生着微妙的变化。一个革命性的进程开始了。奇迹正在发生。他已经跌跌撞撞地朝着积极考虑问题的方向而来。

“一直以来，我的困惑对我、对任何人都毫无用处。”他承认，“所有这些问题都没有意义，我的问题在哪儿呢？”最后，他冲破了一直束缚着他的消极枷锁。他开始采取积极的生活方式，而其他问题也随之而来。“我是一个残疾人，一个坐着轮椅的人，我怎样才能做一个对别人有用的人呢？以我现在的状况和处境，做些什么才能对别人有用呢？我现在能做些什么赚钱分担家庭的负担呢？”正是这些问题唤起了他积极的答案、积极的决定和积极的行动。

他想到了许多能做的事，但考虑它们的可行性后，又都逐一放弃了。他也尝试着做些其他的事，结果都不理想。但他尽一切努力来改变现状。最后，简单地说，因为没有经过任何培训，也没有什么专门的技术，他只好靠给明信片着色出售赚钱。他卖掉了一些，但夜以继日的劳动赚到的利润却很微薄。一年下来他只赚了800美元。为此，他制订了一项新的计划，那就是购买成品卡，通过邮购的方式销售。他扩大了业务，现在有成千上万的人买他的贺卡。如今他拥有一家百万资产的企业。

我常常心怀敬意地去拜访哈里·多埃拉。几天前，我又去看他。他在马萨诸塞州费奇伯格的家中处理公司的业务，而在佛罗里达，更多时候他会让驾驶员驾驶他的私人飞机飞往纽约办公。我坐在他装修得十分高雅的、位于时尚而宜人的罕布什尔名宅区的私人住宅里，从他十三楼的住处向下面的中央公园眺望。哈利坐在轻便的轮椅上活动自如。电话铃响个不停，直到他把它们全都挂断了。铃声干扰了他的思路和谈话。他是我所见过的最有教养的人。他亲自理财和管理公司，兴趣广泛，朋友众多。“道格，”他说，“我给你看一样东西。”他把轮椅摇到了一架电风琴旁边，那架风琴几乎被遗忘在宽敞的房间的一个角落里。他的音乐美好动听。尽管很困难，他还是运用练就的技巧够到了风琴的踏板。他熟练地敲击着键盘。他没有去卡耐基音乐厅表演的想法，但哈利和他的积极态度做得足够出色了。但是，约翰·多伊怎么就不可以呢？

这种生活状态下的哈里·多埃拉因为身体残疾而成功——他并非没有考虑自己的实际情况。你很难找到一个有成就的人没有残疾，他们甚至可能多处患有身心障碍。事实上，身体残疾的人为数众多。你看到的只是他们在奋力拼搏和取得的成功，也许，你忽略了横在他们前进路上的障碍。稍微浏览一下相关数字，我们就会明白，作为人，我们每一个个体都可能正遭受着多重的身心障碍。美国医药协会的报告显示，有 1600 万人是聋人或有听力障碍，还有数百万人有其他方面的身体缺陷，数百万的精神残疾，数百万人受到情感自卑的折磨，数百万人在较轻的负担前屈服。尽管如此，积极的人往往会在常人中脱颖而出，而消极的人则会带着一颗消极的心加入到无能的啜泣者的行列，而且一直如此。历史的篇章里写满了克服困难最终成功的伤残人士的名字。这些人中，有些是我们熟知的，可能还有一些人是默默无闻的，但他们都一样勇往直前。

考考你对这些伟大而无畏的残疾人士了解多少，下面列举了他们的名字，可以想象，他们很可能也经历过平庸无为的日子，但他们没有抱怨上天不公，让他们无法过上正常人的生活。你能说出他们什么地方有残疾吗？

	残疾部位
1. 查尔斯·达尔文	________
2. 纳尔逊勋爵	________
3. 路德维希·范·贝多芬	________
4. 拜伦勋爵	________
5. 托马斯·A. 爱迪生	________
6. 弥尔顿	________
7. 德摩斯梯尼	________
8. 查尔斯·斯坦梅茨	________
9. 伊丽莎白·巴雷特·布朗宁	________
10. 彼得·施托伊弗桑特	________
11. 亚历山大·柏蒲	________
12. 富兰克林·D. 罗斯福	________

这份名单可以继续一直写下去，一本曼哈顿电话簿可能也写不下。名单中的残疾人士残疾情况如下：

（1）伤残；（2）一只眼睛失明；
（3）耳聋；（4）畸形足；
（5）自童年就有的耳聋；（6）中年时期失明；
（7）口吃，口齿不清；（8）驼背；
（9）伤残；（10）假肢；
（11）驼背；（12）小儿麻痹。

这些都是积极生活的人克服残疾的典型例子。军队中的情况怎样呢？退伍军人管理局的档案里记载了很多军人尽管身体受到了巨大伤害却重建新生活的事迹。

比如鲍勃·奥尔曼。读一下他在宾夕法尼亚大学生活的简介，假如你不知道他是个残疾人的话，请猜一猜是什么让他有勇气战胜了自己。他是大学摔跤队中的明星运动员，摔跤比赛中曾 44 次获胜 12 次失利。他获得了杰出奖。这个奖项是为即将进入宾夕法尼亚大学杰出运动员行列的高年级学生设立的，它是根据运动员的人格、品格、运动场上表现出来的勇气以及奖学金等方面来评定的。他还获得过PHIBETA KAPPA联谊会（美国大学优秀生和毕业生的荣誉组织）奖学金，荣誉加入社团领袖们的斯芬克斯社团，等等。那么，这位受人欢迎的摔跤者身体什么部位残疾呢？他接受过肋骨分离手术，肘部严重感染过，还有一个膝盖扭曲。同时，鲍勃·奥尔曼还是一位盲人！

在纽约大学，教练冯·艾林指导残疾学生学习如何跨栏。他让一个患过小儿麻痹的男孩把 5 英尺 9 英寸的跨栏调得再高些。没有患小儿麻痹的孩子试过那个高度吗？我想即使是健康人也最好从 3 英尺的高度练起。

在困难面前我们都在做些什么呢？

你是小说和电视剧《伴父生涯》的读者或观

众之一吗？这部作品是克拉伦斯·戴把铅笔绑在手指上完成的。他的手指在美西战争中受伤致残。

现在，你的困难在哪里呢？

困难阻止不了生活态度积极的人，它阻碍的只是那些消极者。

你有没有被困难压倒过？因为缺乏资金，缺乏正规的教育，缺乏时间，缺乏对于各种想到的东西的渴望，或者只是缺乏积极生活的态度。

10 岁的埃塞尔怀因·金斯伯里在吊床弹跳到最高时摔落到了地面，腰部以下瘫痪。她的母亲靠做一份护士工作来维持母女简朴的生活。白天，她一个人被留在家里。这位少女在家里自学了专业课并以优异的成绩从中学毕业。明尼阿波利斯商学院不愿录取她。当时人们认为，她的残疾将会剥夺她谋生的机会，可她最终还是出现在了这所学院里。后来，她成了院长秘书。

你阻止不了一个积极的人。埃塞尔怀因想当一名歌手。她用做秘书工作赚来的钱参加歌唱训练，并在美国哥伦比亚广播公司歌唱比赛中获奖。她在无线电网络的工作收入很可观。她还成了钢琴家考特雷斯·海伦娜·莫尔什藤的经理人，并担任了明尼苏达州联邦音乐协会的主席。

埃塞尔怀因·金斯伯里解释说：“我首先认识到，我能做的最糟糕的事，就是引起或期望别人的特殊关照，只因为我是残疾人。可没有什么比自哀自怜更糟糕的了。”

积极的态度总会战胜自我怜悯的消极态度的。

这里列举的事例都不是我刻意挑选的。你可以在成千上万的人中任意选择。比如，你可以在西部电气公司 700 名残疾工人中随便选一个。有一天，公司高层决定对 700 名没有明显缺陷的工人与同样数量残疾工人的工作情况进行对比分析。所有 1400 名工人从事同类工作。所有人的工作都会根据生产速度、劳动力流动率、旷工情况被打分。结果残障员工在这三项中每一项均优于健全员工。

当你想到那些没有受过教育和肢体残缺的人，通过他们积极的态度解决了自身的问题，就很难同情那些自怨自艾的人，他们总是会说："哦，我没有机会接受良好的教育啊，如果我上过大学，我会让全世界为我骄傲。”他们在等待什么呢？《美国名人榜》所列举的名人中，从未受过正规大学教育的男性和女性占了很大比例。他们都是自学成材的。

《福布斯》研究了 50 位美国商界杰出领袖的生涯。约半数的人没有接受过大学教育。贝尔电话公司绝大多数部门经理没有获得大学学位。鲍勃·戴文自己搞运输，经营一家小型汽车修理店。他没有接受过大学教育，已婚。他先是一名纽约市侦探。夜校毕业后被纽约大学录取。1949 年 6 月，他获得了法律硕士学位。拉斐尔 · 狄蒙斯，一位希腊移民，通过个人的努力，他从一个看门人成为哈佛博士，最后获得了哈佛大学奥尔福德学院自然宗教、道德哲学以及国家行政组织学的教授职位。

这些人没有胳膊，失去了双腿，双目失明，没有接受过正规教育，没有继承过财富和地位，也没有别的优势，但他们靠自己的不断努力达到了个人事业的理想高度。只因为他们有着积极的人生态度，他们超越了身体残疾带来的命运的不幸。

当谈到职业选择的时候，很多人不知道自己到底想要做什么。大多数人从来没有真正想明白自己适合做什么。他们随波逐流。他们的积极性只够维持温饱，于是，人生的航程也失去了方向。相比之下，那些残疾人在种种不利的条件下会分析自身实际，以一种积极的心态发挥他们的能力。而消极的人只会一成不变地工作，在社会生活的各个领域被动地为奋发向上的人们让路。

第7章

我们都渴望得到社会的接受

通过积极的态度获得物质上的成功固然重要，但满足人类三个深层次的需求更加重要。要满足这些需求需要一个人积极行动起来。正如心理学家们指出的那样，如果说食物、水和住所是人类的物质需要，精神信仰是内心需要的话，那么人类的三大需要则缺一不可，它们包括：

1. 为社会所接受的需要。每个人都强烈地希望自己被他所热爱的社会群体所接受。我们一定要加入某个群体，从而获得归属感。对于我们来说，最可怕的命运莫过于遭到放逐。一个人如果受到了排斥，这将是一笔巨大的代价。

2. 对满意的爱情生活的需要。仅仅在群体中得到接受是不够的。每个人都渴望在各方面均得到承认，从而证明他作为一名个体的价值。每个男人都渴望得到某个女人特有的青睐，每个女人都希望成为某个男人生命中不可缺少的一部分。

3. 肯定自我的需要。每个人都希望群体或社会接受他。这一群体会在他的心目中占据最重要的位置，但这还不够。每个个体都必须有一个存在的理由。他需要别人认可他作为一个个体是凭借自身的实力生存下来的。我们都渴望成为重要的个体。

如果我们想要生活得美满快乐，这三种需要就必须得到满足。一个人只要积极生活，就能够最大限度地实现它们，而这一点人人都能做到。对于理想的爱情生活和肯定自我的需要将会在以后的章节里谈到。这里我们首先探讨一下被社会接受的需要。

戴尔·卡耐基在《如何赢得朋友和影响他人》一书中针对这一点列举了很多非常生动的例子。世故的人一边嘲笑这本书，一边把它买回来认真地学习，并从中获益。在世界各地，这本著作用几十种不同语言出版，数百万男女老少都成了它的忠实读者。

前不久，我在泰德·马龙主持的一个电台节目上接受采访，顺便提到了“七天赢得新朋友”这句话，那是我在《把握好你的生活》一书中讨论过的一个话题。很快，电话铃声不绝于耳，邮差也不断把成袋的邮件送到泰德·马龙的办公室。在节目中，我对如何赢得朋友只是随口一提，想不到却引来人们上万次的咨询。收到的明信片、书信和电话，已达到 2.3 万多次（份）。节目播出后有好几周，我们还不断地收到这方面的垂询。这样说来，不只是你一个人非常渴望得到社会的认可，很多人都是如此。如果你能采取直接的方式来获得这种认可，你就不会觉得孤独。

你可能十分反感这个话题，但不论你觉得自己多么可爱，也不论你觉得自己属于哪一种社会角色，你几乎都必然处于某种社会交往的状态中。如果你不满意自己目前的社会接受度，那么你可以积极地策划并行动起来去改变它，但你应该马上了解一下自己的现状。

如果你觉得自己很孤独，在这个世界上一个朋友也没有，那是因为你消极和粗心。如果你所属的群体限制了你，使得你只能结识一两个同办公室的人，或者大厅对面部门里的人，或者只能在火车或公共汽车上结识朋友，你不必接受这种局面。如果你与一群酒鬼、舞迷在一起——那也只能说你心甘情愿如此。你一定读过科利尔兄弟把自己关在纽约混乱不堪的家里的故事，或者知道某个大城市里有个女人几年时间里一直把自己关在酒店的房间里，透过门缝接受食物的故事。这些都是消极的极端事例。没人强迫他们——他们自己选择并且接受了那种隐居生活，毫无疑问，他们纵容了内心的挫折感，但同时，他们又渴望为社会所接受，却从不懂得如何去获得它。

有两位新人来到同一个办公室工作。很快，其中一人结交了很多朋友，因为他为人积极，善于赢得朋友。另外一个可能独自就餐，一个人看电影，或者和其他几个离群索居的人为伍。你们也会看到新的家庭进入社区，一些家庭是活跃分子，受到了人们热情的欢迎；另外的家庭住上几个月，甚至几年，邻居们甚至都不知道他们的名字。行动上，你的邻居们也会分成积极的或消极的，可是每一家都有着同样的渴望——为社区群体所接受。

塞拉·萨姆特·温斯洛因为写作和电台工作而广为人知，她告诉了我们她的个人经历。她就是那种积极行动起来寻找性格相似的群体从而获得归属感的人。

她来自一个南部小镇，是一位对生活极为不满的年轻女性。她对祖母抱怨说，这里的人“心胸狭窄，愚蠢，令人厌倦；他们都很沉闷；胸无大志，没有理解力”。她不确定自己其实想要的是他们的理解。她没有意识到是自己消极的生活态度促使她做出这样的评价。祖母极力向她解释乡亲们人都非常好，家庭生活打理得井井有条，做着对社会有益的工作。但这对于年轻的塞拉来说还不够。她旁若无人地宣称，他们和她不是同一种人。

后来，她前往纽约，成了一名作家，在成功的作家、艺术家或者类似的职业人群中找到了归属。

现在，温斯洛小姐积极地行动起来了，但她心中感到十分不安。她找到了一个自己认可的群体并加入进去——那是一群“想法幼稚，而且十分激进的愚蠢的青年人。他们过于标新立异，放荡不羁，毫无教养；没有多少才华，却野心勃勃。这些人只不过是一群躁动不安、身心发育不健康的半拉子作家、艺术家和演员，他们的思想和反叛行为毫无可取之处”。

当意识到自己的态度可能有问题时，她开始用一种新的视野看自己的朋友，她体会到以往那些朋友身上也有真正的闪光点，于是，她开始同过去的圈子决裂，并用积极的态度分辨和选择可以接触的人。她发现，在纽约就像在其他地方一样，有很多真正值得她去结识的人——只要她有过人之处，就会有许多年轻人非常乐于与她交往。正是凭借这种自制力，她逐渐获得了目前的社交地位。许多令人尊敬的剧作家、作家和演员和她结下了深厚的友谊，而他们给她的生活赋予了全新的涵义。

的确，一个人不可能总是指望进入名人们的社交圈，但是，你可以在办公室、街道社区、教会以及其他地方选择志趣相投的朋友。你可以拒绝同那些偶然结识的朋友继续交往下去，不断地寻找与你志同道合的人们。你可以主动接触社会，广交朋友，正像其他人所做的那样。这里面没有什么秘密可言。

如果你完全满意自己目前的社会接受度，这一章的内容就不适合你了，除非你希望更为深入地了解他人的需要。但是，假如你想主动扩展和加强交友本领，你会发现这里提供的策略对你会有很大帮助。如果你有文中提到的逃避积极行动的倾向，那么你很可能是一个消极生活的人，并且一直固守着这种生活方式。

有些人过分地以自我为中心，对他人的言行毫不在意，除非那与他们密切相关。另外一些人则关注社会，关心他们所属的社交群体。对此，有些人很好地均衡了二者，而有些人则倾向于一方，但大多数人属于两种倾向的结合；如果你打算运用积极的策略，那么确定你是一个平衡型的人还是倾斜型的人是十分重要的。

善于社交和获得友谊之间有一定的联系。以自我为中心的人通常不受人们的欢迎，这是因为他总是消极处世，斤斤计较，固执己见，没有合作精神，难以与人相处，喜欢炫耀。而善于社交和社会认同度高的人则更加友好，有合作精神，易于相处，并且适度地谦虚。

所以，后者能赢得更多热情的友谊，在社交群体中也处于一个更受欢迎的地位，往往会成为更为积极的个体。

测试一下你在社会认可方面的品质：

	是	否
1. 你能轻松地结交新朋友吗？	□	□
2. 你能心态平和地对待自己在交往圈子中的地位并且表现得很优秀吗？	□	□
3. 你能始终为了保全他人的面子而		

不对他人做出评论吗？ □ □

4. 你总能顺利地避免争吵吗？ □ □
5. 你是否非常善于表达自己，知道如何让朋友知道他所热衷的事你其实也很关心？ □ □
6. 你是否会和你熟悉的人谈些对他来说很重要的事情，例如，周年纪念日和其他特殊事件，或者说，你对此有一定的了解？ □ □
7. 你会定期接受邀请参加男女两性的聚会吗？ □ □
8. 你是否尽可能多地参加你觉得应该参加的俱乐部和其他社团？ □ □
9. 你乐意并且会不失时机地向他人提起你的朋友的优点和成就吗？ □ □
10. 如果你卷入了一场争论，你能控制自己不发脾气，努力弄清对方的立场吗？ □ □
11. 你是一个能够充分融入谈话中的健谈的人吗？ □ □
12. 在所参加的俱乐部和其他组织中，你是否做到了尽可能地活跃？ □ □
13. 你是否能耐心地容忍他人的怪异习惯和不稳定的情绪？ □ □

14. 你是否有足够多的朋友让你觉得很满意？ □ □
15. 在有异性参加的活动中，你是否会感到局促不安？ □ □
16. 你是否会征求朋友和他人的意见和建议？ □ □
17. 即使在不方便的情况下，你是否能想方设法地帮助他人？ □ □
18. 你是否总能履行诺言？ □ □
19. 对你朋友的行为、孩子及相关活动，你是否表示认同？ □ □
20. 你是否始终避免使用嘲讽和贬低的表达方式？ □ □
21. 你是否自信自己是一个受异性欢迎的人？ □ □
22. 你是否能够尽量避免批评别人，就像你不愿被人批评一样？ □ □
23. 你是否总是对自己不满和抱有偏见？ □ □
24. 你是否能率先行动同那些你认为值得进一步交往的老朋友重修旧好？ □ □
25. 你能主动建议你的朋友参加你们或者大家都喜欢的活动吗？ □ □
26. 你能体谅地接受而从不刻意打听别人的隐私吗？ □ □

27. 你是一个快乐的人吗？在你不高兴的时候，你是否能在别人面前克制自己而不表现出忧郁和自我怜悯呢？ □ □
28. 你是否会很谨慎地从不把友谊强加给别人，或把友谊视为理所当然？ □ □
29. 当你喜欢他们，你会用言语、行为或者态度来表达你的想法吗？或者三者都有？ □ □
30. 你是否充分认识到了别人同你一样渴望得到感激——表达出来的感激，而不会把它视为理所当然，而且你也是这样做的？ □ □
31. 你会常常主动提议大家去看演出，去参加聚会或者去探险吗？ □ □
32. 你是小组中新活动的发起人或者发起人之一吗？ □ □
33. 听到好笑的事情，你能比大多数人先笑吗？你是否会常常最先讲出一个十分精彩的笑话呢？ □ □
34. 你是否会大胆地接受变化、新活动、新兴趣和不同寻常的事？ □ □
35. 你是否会成为建立某一组织、开创一项事业并努力把它办好的人呢？ □ □

36. 你是否愿意在小事上主动帮助他人？ □ □

37. 你是否自愿加入或者迅速接受委员会成员的身份？ □ □

38. 你是否非常热心地支持社团的活动，而不仅仅是抱着平静接受和温和合作的态度？ □ □

39. 你是否比你的同伴胆子大一点，更愿意冒险？ □ □

40. 在组织的会议或非正式团体会议上，你是否会第一个发言或者第一批发言？ □ □

肯定回答的数量多少表明了你获得的社会认可度的大小。这类测试不能说具有绝对的科学准确性，但这些问题是基于心理学家和人际关系专家们对社交品质方面的分析和实验得出来的。

如果你有18个否定答案，那么你可能刚好及格。你也许有某种领导者的潜质，但即便这样，你不是一个受欢迎的人，亲密的朋友很少，志趣相同的交往对象不多，这些都让你无法满意。如果你的否定回答只有10个，那么我要向你表示祝贺。

积极的人会仔细研究否定的原因，采取措施变否定为肯定。他们还会核查肯定回答，并通过具体的方式方法，保证回答是绝对准确的。

提醒：如果你恰巧有30多个问题选了“是”，也不要觉得你肯定已经赢得了很高的社会认可度，你可能对自己过于宽容了，或者还没有核准答案的准确性，获得有力的证据支持。

为什么有的人在社交中受欢迎，有的人却成为无足轻重的失败者呢？这方面的书籍和文章铺天盖地。在这些研究中，几乎一成不变地强调了持欢迎的、和蔼的、非对抗性的和友好的态度的可取之处，但都没能解释清楚为什么有些人可能具备了这些品质，仍然在社交群体中是一个不受欢迎的旁观者。我认为，在研究一个人如何能在社交场上更加成功的问题上，位于丹顿的北得克萨斯州立大学心理学家莫勒·E. 波尼博士在同代人中做出了最重要的贡献。

六年多来，波尼博士对社交场上成功者和失败者的性格特点进行了科学研究。研究表明，除非你的社交圈公认你是积极的，否则你很可能因循守旧，社交能力一般。

“很清楚，一个人为了赢得朋友必须友好。”波尼博士声称，这一点和阿尔伯特·爱德华·维格曼博士在他著名的研究报告《幸福的新技巧》中所说的一样。“有一则谚语说：‘如果你想拥有朋友，就要先成为朋友。’可这只是一个对了一半的真理。在我的研究中，有一些人十分友善，最后却被他们的朋友所抛弃。

“前面我说友善，意思是说，这些人都很慷慨，善良，助人为乐，急于讨好别人，礼貌和体贴他人，总之，他们是那种好人。不论孩子还是成人，他们的问题在于自身缺乏很强的个性，换句话说，一个人要想受到欢迎，必须首先把自己看作是一个圈内人。

“通过研究我发现，一个人容易被人接纳，不是因为他具有一种或几种通常被认为是必要的赢得友谊的性格特征，更多的是因为他这个人以及他对所属群体所做出的贡献。即使这个人在很多方面都让人讨厌，比如他飞扬跋扈或者不修边幅，可如果他有着强烈的进取心，对所属群体的成功具有很大的作用，他仍可能成为圈里一名受欢迎的成员。这绝不是在泛泛地空谈。”波尼博士继续说道，“以我两个学生为例来阐述这个观点吧。第一个是男孩唐纳德，智商只有 80。他可能根本无法读完高中，但我打赌他的人生一定会有所成就。

“他在校的成绩非常差，但在我的研究中，他连续两年位列最受欢迎学生组。的确，他性格开朗，为人友善，不过，这并不是全部，这还只是他受欢迎的、社交上很成功的原因的一部分。

“另一方面，他总是留意什么时候可以为周围的人帮忙。班级表演时，他拉窗帘；主动做跑腿儿的活儿；照顾班级里的公共宠物；在操场上出色地为班组服务；还时常为解决团队中出现的实际问题提出有用的建议。

“此外，唐纳德尽力影响其他儿童能够公平地做游戏，在节目时间保持安静，一起做好学生。他有令人愉快的个性。而且他为人正直，并为集体利益做出了自己的贡献。

“现在我来谈聪明的女孩海伦，这个例子非同寻常——她智商很高但社会认可度却很低。海伦是我第五档和第六档中人气最低的一个孩子。”

为什么像这样聪明的孩子不能赢得社会的认同呢？有时，他们性格中确实有拒绝社交的特点，但是海伦并不反对社会交往，她不过是缺乏社交的技巧和目的而已。她从来不会为集体做任何事。她的功课虽然做得很好，但很少在课堂讨论中发言。在操场活动中她很被动，其他事情上也从来不积极主动。她的老师提起她时说：“她对集体不感兴趣，其他人很少注意她。”

“现在，你们看到了，即使智商很低，唐纳德的生活可能永远都不会出问题，他也永远不会成为社交集体的累赘。可对于海伦来说，虽然智商很高，毫无疑问，生活中已经开始出现麻烦了。并且这样的人几乎总是如此。我们的社会可以从哪一种儿童身上获得更多的回报呢？难道不是唐纳德会获得更多的机会、更大的社会财富，成为更加幸福的人吗？

“我们必须放弃这样的想法：一个人要想成为对社会有用的成功者一定要善于交际，为人友好。我的几个孩子在社会认可度上连续 6 年排在前面，但他们并不善于交际。按照荣格的理论来定义的话，他们是内向的人。之所以他们会有很多朋友，在社会交往中获得成功，只是因为他们有积极的人格，例如，勇敢、进取精神、领导能力和真心为社交团体谋福利的兴趣。

“如果你对自己的社交圈不感兴趣，圈子中的人也不会对你感兴趣。不管你表现得多么善意，他们会干脆不理会你，因为你缺乏进取心。你没有敌人，但这不意味着你有很多朋友。很多和善的人既没有朋友也没有敌人。

“孩子，还有家长，都应该懂得赢得朋友的艺术并不在于几个简单的招数和姿态，而在于获得各种能力，并培养强大而积极的人格特质。一个人如果不积极地行动起来，让社交群体看到他在为共同的利益做事，他是不会赢得朋友的。在我看来，这将是家长、教师、专业咨询师乃至所有青年人最重要的一课。

“如果你希望受人爱戴，广交朋友，成为一个快乐的、善于自我调节的和有影响力的人，那么你一定要行动起来，其实做一个了不起的人并不难！”

第8章

造就理想的爱情生活

一个男人或者女人，可能会赢得社会认可，但同时，他还会非常渴望美满的爱情生活——无论对于一个男性还是女性来说，这种基本的渴求都不可或缺。假如这一愿望得不到切实的满足，他就失去了一半的生活意义。与获得社会认可一样，美满爱情这一人生最好的回报，在很大程度上有赖于积极的人生态度和方法。

订婚和结婚是一件积极的好事。

“你愿意嫁给我吗？”这是一种直接而积极的请求。

“我愿意。”这也是一个肯定的答案。（如果否定回答，那就无所谓订婚了。）

“你愿意嫁给这个男人……爱他……为他而骄傲吗？”这是在圣坛前或在证婚人面前一种直接的和正面的询问。

“我愿意。”这是一种肯定的承诺。（如果否定了，就结不成婚了。）

这些问题都很积极，通常也会得到肯定的答案。通常在结婚以后，夫妻中有一方或两个人都回到消极的态度上来，就会开始质疑他们的婚姻为什么会变得如此失败。可如果当初有一方哪怕只是在当时那一刻不积极主动，他们也决不会订婚或者结婚。

以约翰·奥尔登为例。这个腼腆而消极的男孩遇上了一个积极的女孩。他一直暗恋着迷人的女孩普里西拉·玛伦。他喜欢她站在“五月花”的甲板上时让风吹过的身形，喜欢她飘逸的秀发，闪烁的双眸，还有她沿着普利茅斯第一大街用力拖水桶的样子。他有着我们上面谈过的那种基本渴望，但消极的态度却在欺骗他。他没能做出积极的决定，开口争取自己想要的东西。约翰·奥尔登把这个秘密告诉了他的朋友绍提·斯坦迪什。

此刻，普里西拉那美丽又充满渴求的目光告诉我们，她已经下定了积极争取的决心。她喜欢这个个头比她高的小伙子——被动的年轻人奥尔登。她选择了积极决定、努力争取的简简单单的做事方式。“你自己为什么不说呢，约翰？”此时，他只好道出了心声。就这样，在第一轮的前30秒，积极的人教训了一下消极的人。

就那么简单。正是因为它如此简单，很多消极的男性碰巧遇到性格积极但自己又不满意的女人时会不知所措。所以，美丽的女孩嫁给一个平常男生也不足为奇。有时相遇的男女都很消极，那会怎么样呢？肯定什么都不会发生。

唐纳德·A. 莱尔德博士曾在他的《管理人的

技巧》一书中对消极者的相遇做出了颇有见地的评价——结果只能是“心动一下”而已。莱尔德博士如今已经成为全世界研究人际关系问题方面最著名的专家之一，同时也是一位杰出的心理学家和作家，但他也一样并非总是积极。

“我在中学三年级的时候，有一个矮胖的科罗拉多女孩佛罗伦斯欺骗了我，”他回忆说，“现在就我看来，她并没有设法那样做。对，我要承认，她根本没骗过我——是我自己骗了自己，和她无关。

“可能是她灿烂的笑脸，女孩子咯咯的笑声，还有她微红的鬈发骗了我吧。无论是什么，她的一切都让我发疯。很明显，她并没有意识到我的存在，于是，我决定用一个男孩子的方式让她感觉到我。

“一开始，为了引起她的注意，我精心地打扮自己。一个星期天下午，我借了一条白色长裤，配上漂亮的腰带。为了让裤腿够长，我不得不把它放下来。我还用两条深颜色的领带从同学那儿换了一条鲜艳的黄红相间带斜纹的领带。下午的大部分时间里，我就是这身引人注目的装扮，在女生寝室对面走来走去，希望她会注意到我。到星期一时我才知道，她周末是在得梅因市度过的。

“接着，我试着学习音乐，希望借此赢得她的芳心。我从芝加哥一家邮购机构订购了那儿最便宜的乐器和一本自学手册。她每周有三次在去健身房的路上一定会经过我窗前，这样，每次她经过时，我都会不管刮风下雨，满怀希望地站在敞开的窗前，演奏最高亢、最甜美的乐曲。可很显然，她的听力有问题。

“那年冬天，她对班上的一个篮球明星很感兴趣。因此，我决定在春天到来时和那个球星比试一下，也许最后佛罗伦斯会注意到我。我改掉了偷偷吸烟的习惯，开始进行环城跑步训练。我去吃饭、上课和做礼拜都是跑步往返。如果运动能赢得她的注意，我本应早就成功了。后来我们的一次相遇是在一个晴朗的下午，当时，她正在室外上植物学课。

“我匆匆地穿上了运动服，围着上课的同学开始狂奔，直到那个不知趣的指导老师命令我去别的地方收拾草地我才肯罢休。

“也许这不完全是偶然，20 年后，我在内布拉斯加州遇到了佛罗伦斯，我很失望地看到当年那个迷人的女孩现在已是中年发福了，但还是同样的笑容，同样的笑声，同样的一头微红的鬈发。

“我们谈起各自的家庭，也笑着谈起过去那些在学校里准备功课的时光。她至今还记得我如何在植物学课上围着班上所有同学狂奔的事，她说当时她对指导老师谴责我感到非常愤怒。提到这些，一丝尴尬的绯红爬上了我这个中年人安详的面庞，当时我没留胡须，无法掩饰这一切。

“她其实留意到了我青春期的怪异举动，但那时我好像还没有给她留下什么印象。为什么呢？现在我可以坦然地问她了，当时我真的问了，轮到她脸红了。

“她说，我似乎从来没有注意她，所以结果可想而知。我从来没有注意她！怎么会呢，我那么关注她，甚至还为她做下了荒唐事。可我却一直在犯傻，努力去吸引别人而忽略了她。我向她问好时总是越过她头顶向别处看；每当她看着我，我也总是害羞地看向一边，那时候，我的举止那么自然，好像看不出丝毫的羞怯。她还以为我从不在意她呢！”

年轻的莱尔德做出过一些多少算是古怪的积极之举，但更多的是，被动和害羞使他失去了机会，他也忘了主动开口争取其实是最简单的。

在寻求美满爱情的过程中，从彼此试探到订婚、结婚总有说不完的烦恼甚至导致悲剧的发生。实际上，态度才是主要原因。

研究一下恋爱和婚姻档案，我们可以清晰地发现，消极心态就是炸药，它会让一个人获得幸福爱情的时机化作云烟。在研究中，通过访谈恋人、已婚者、婚姻咨询师、离婚案件律师，我们都得到了同样明确的结论：无论男女，最有可能获得美满爱情的人都是那些有意无意地运用了积极态度的人。

“努力寻找，抓到什么就是什么”的婚姻恋

爱观是美国离婚率居高不下的罪魁祸首。

从根本上说，消极的女孩可能很可爱，但她退缩在消极的树荫下，等待着银盔亮甲的骑士意外地看到她，发现她还没有伴侣并最终爱上她；或者她在一个积极女孩挑剩下的男孩的陪伴下沿着长廊缓缓而行。这个男孩很可能也是一个听天由命的消极者。

积极的女孩是那种能够有所准备地在富产雉鸡的地方巡猎的人。她特意留在这儿，专心致志地默默努力寻找，眼睛里随时都会闪现出胜利的光芒。可她消极的姐妹，只会呆守在周边地区，最后心满意足地猎到一只老乌鸦，而绝不会是一只漂亮的雉鸡。

有很多谈话节目和大量文学作品谈到男人这种雄性食肉动物，他们常常漫不经心、温顺老实和到处游荡，不善于表达自己倾心于某个女孩子的想法，但真的要他们去落实婚姻问题，他们决不会含糊其辞。问一下你身边的已婚女性，她们的丈夫是怎样求婚的。她们会说，一定要当心男人们躲躲闪闪地不想说。尽管他们的经历也许给不了你太多启示，但他们都明白，多数情况下，他们必须策略地采取行动。

积极的人一定是那种会在感情的化学反应大爆炸——爱情——来到之前客观地寻求和选择的人。消极的人常常会伪装起来，似乎所有这些根本不值得一做，但他们往往最有可能第一个在离婚法庭的头痛中警醒，或者，成为一个在生活中麻烦不断的不幸的人。

我们一直在空谈科学的时代和它所创造的奇迹。我们享受了电冰箱、汽车旅行、搪瓷、电烤箱、电视等等发明，但却无情地在这种发展中忽视了积极客观、科学智慧地获得成功婚姻的方法。

也许有一天，为了避免上百万的已婚者和上百万伴有情感缺陷的儿童遭受精神上的痛苦，为了避免消极者们愚蠢的行为给无辜者带来伤害，我们有充分的理由要求颁布全国性的相关法规。

可为什么要等到婚姻问题成为全国性的问题时才去解决呢？

几乎任何生活态度积极的夫妇只要稍微做出一点努力就可以避免婚姻破裂，确保自己的婚姻成功和稳定。

为什么这么说呢？

保罗·波普诺来自洛杉矶，是一位博学的理学博士。他除了担任《遗传杂志》编辑外，还是美国社会卫生协会执行秘书、人类改良基金会秘书，在政府里也担任过各种要职。多年来，他一直在从事美国家庭关系方面的研究工作。数以千计的年轻人来到他的研究所，希望学会积极而智慧地处理自己的婚姻问题。数以千计在婚姻的地狱中挣扎的老年人也曾来到这里请教摆脱困境的办法。

我们来看一下一对年轻夫妇对幸福婚姻所采

取的积极行动。他们来到接待室。女性顾问负责接待年轻的女性，男子则由男性顾问负责接待。恋爱的时候，二人可能都曾想尽办法向对方表现自己最优秀的一面。咨询顾问会私下里向他们提问，而提问的方式也将影响到他们的回答。

年轻女性首先讲述了她的个人经历和家族史。之后，她和咨询师一起讨论了许多可能发生的问题。接着，她做了一个确定情感成熟度以及各种其他因素的性格测试，这些都将直接影响到未来的婚姻。最后，她作了身体检查预约，第一次讨论就此结束。那名年轻男子也进行了同样的程序。整个过程花去了约一个小时的时间——比选一只狗、买一台洗衣机、汽车或其他商品的时间长一点点。

几天后，他们再次来到研究所，考虑到二人身体检查的结果，咨询师把二人分开以进一步讨论可能出现的思想问题。测试结果也要进一步分析。年轻夫妇得到了性和谐方面的小册子，并与顾问讨论了在性关系方面可能出现的问题。对于夫妇俩未来的收入、家庭预算和财务方面的具体问题也一一进行了探讨。波普诺博士的专业咨询团队不过是根据广义上的研究结果进行简单的询问，和年轻人讨论，帮助他们面对事实。这一切听起来是不是相当沉闷呢？所有这些工作到底有什么神秘之处呢？

毫无奇特之处。这只不过是积极对待婚姻罢

了。而消极对待的话就会忽略这一切。咨询服务的成效令人吃惊，经过这样积极计划的婚姻几乎不可能走向破裂。

美国家庭关系研究所坐落在洛杉矶县，此前那里的离婚率大约是百分之五十，但在咨询开始后的 8 个月的时间里，所有参与调查的夫妇还没有一例离婚。随着时间的流逝，开始有一些离婚案件——但也为数极少。这说明咨询的成功率非常高。

积极的年轻人遵循这种方法来减小婚姻最后走向失败的可能，因为他们不想拿生命中最美好的年华去赌博，也不想陷入婚姻的死胡同让孩子作为无辜的第三方受苦。

类似的组织在全国各地都有，这一方法也适用于所有的人。现在，越来越多的牧师在他们所在的教区也建立起了类似的组织。近年来，数百所学校应积极的青年人的要求开设讲座探讨性格和婚姻问题。很显然，解决离婚问题最有效的办法莫过于直接面对它。

不管满意的爱情生活的重要性如何，25 年前有关不幸婚姻的研究就已经开始了。在过去的 10 年中，专业人士进行的真正意义上的科学研究不断取得了显著进展，通过这些研究，积极和消极两种态度的重要性显而易见。

来自斯坦福大学的刘易斯 · T. 特曼博士和他的助手们做出了许多非常突出的贡献。他们研究了 1500 名已婚者。在糟糕妻子和差劲丈夫身上出现的各种行为中，消极态度需要马上得到纠正。在一份简明研究报告中，最令人担忧的行为最先列出来，其他行为根据它对婚姻干扰的程度依次排列。

糟糕的妻子	差劲的丈夫
唠叨；	自私，不体贴；
不温柔；	事业上一事无成；
自私，不体贴；	不诚实；
抱怨；	抱怨；
干涉别人的个人爱好；	不表达爱慕；
形象邋遢；	有事不商量；
性情急躁；	对孩子苛刻；
管教孩子无方；	易怒；
狂妄自大；	对孩子没有兴趣；
不真诚；	对家庭没有兴趣；
感情容易受到伤害；	粗鲁；
指责丈夫；	缺少抱负；
心胸狭窄；	神经质，没有耐心；
忽视子女；	指责年龄小的妻子。
糟糕的家庭主妇。	

以下测试是为了解妻子和丈夫在婚姻状态方面是消极还是积极的态度而特别设计的。不要过于宽容，只用中听的回答安慰自己。请记住，完

美往往会受到很多小事的破坏，在破坏家庭关系和谐方面，小事比大事更具有杀伤力。

你是否是一个完美的妻子？

	是	否
1. 你的所作所为是否让你的丈夫感到自信，让他觉得自己作为一个男人非常成功，能嫁给他你感到无比幸福？	□	□
2. 你是否清楚地了解自己的家庭经济状况，能够务实地处理家庭支出和储蓄？	□	□
3. 你是否是一个好的家庭伴侣：开朗守时，在微不足道的小事上不唠叨不抱怨，自己能处理好的就不会去打扰丈夫？	□	□
4. 你是否从不或很少批评丈夫？	□	□
5. 你是否能让所有亲戚不给丈夫添麻烦，并拒绝他们过分干涉你的家事和其他私事，并礼貌、周到地对待他的亲属？	□	□
6. 即便他不愿经常把你一个人留在家里，你是否经常鼓励他去参加俱乐部和“男性”的一些活动，让他觉得他随时都可以和男性朋友在一起？	□	□

7. 你是否认识到，多数丈夫在工作中是默默无闻的，但同时也面临着非常激烈的竞争，你努力让家成为一个充满吸引力的、快乐舒适的避难所了吗，那样，丈夫就能够在这里得到休息和放松？ □ □
8. 你是否能保持在家里和在外参加活动时一样，尽可能穿戴整洁，完美无瑕，魅力十足，让你的丈夫以你为自豪？ □ □
9. 对丈夫的事业，你是否很有见地地给予关注，帮他出谋划策，减轻压力，而从来不会乱发表意见或像同事那样批评他？ □ □
10. 你是否培养了对他的朋友和娱乐的兴趣，这样，在业余生活中，你同样是他理想的伴侣？ □ □
11. 你是否参加社会工作、俱乐部、家长—教师协会、田园俱乐部或其他个人爱好的组织、团体，这会让你在社会生活中获得一席之地，同时又不会忽略家庭、子女或丈夫？ □ □
12. 你是否在各方面都尽可能无私地合作，促进家庭群体利益的最佳发展？ □ □

13. 你是否努力成为一位胜任的母亲？ □ □
14. 你是本能地还是通过咨询医师和阅读的方式使自己成为一个好的性伴侣的？ □ □
15. 你相信自己是一个优秀的女主人吗，不管客人们受不受欢迎，都感觉很放松？ □ □
16. 即使你丈夫把烟灰撒了一地或者到处乱扔文件，他是否可以随便使用家里的任意一个房间？ □ □
17. 即便你讨厌做家务劳动，你能做一个令人满意的好厨师吗？ □ □
18. 你是否尽量避免成为一个专横、占有欲极强的妻子？ □ □
19. 当你的丈夫疲惫而沮丧地回到家时，你是否能亲切地接受他，给他宣泄情感的空间，让他感到自己有爱、有人安慰、拥有自我并且有一个珍贵的值得为之奋斗的避风港？ □ □
20. 你很少抱怨还是从不抱怨？ □ □

完美的妻子能回答上述 20 个问题中的每一道题，所有这类问题潜在的答案都应该是肯定的。如果一个妻子 12 个问题都回答了“是”，她很可能就已经拥有了自己的丈夫，但还需要其他问题来印证答案的准确性。明智的妻子会仔细考虑每一个否定答案，制订和执行计划，变否定回答为肯定回答。

你是否是一个完美的丈夫？

	是	否
1. 你从来不会在子女或他人面前批评你的妻子，在私下里也从来都不或者很少批评她？	□	□
2. 就算妻子不开口向你要零用钱你也能定期给她？	□	□
3. 你每天都会认真地说爱她吗？	□	□
4. 你尽到了管教孩子的那一半责任吗？在这方面你和你的妻子立场一致吗？	□	□
5. 你是否会像对待自己的亲戚一样悉心而礼貌地对待她的亲属？你是否会阻止你的亲戚不适当地介入你的家务事？	□	□
6. 在庆祝周年或纪念活动中，你会出乎意料地或偶尔送给妻子鲜花或其他礼物吗？	□	□
7. 你对她的精神生活、俱乐部及业余爱好和各种团体活动感兴趣吗？	□	□

8. 你是否理解做饭、做清洁和照顾孩子等工作十分纷杂劳累，知识型女性不一定感兴趣？ □ □

9. 你能悉心地体察到妻子在管理家庭和膳食等方面的魅力——慷慨地赞美她吗？ □ □

10. 在参加社交活动时你能否携妻子一同前往？ □ □

11. 作为东道主或在别人家做客时你能否留意你的妻子，赞美她，关注她？ □ □

12. 你在女性心理方面的知识是否能保证你理解妻子的情绪变化和心理需求，而不会感到困惑？ □ □

13. 你是否承认你妻子是一个平等独立的个体，而不是想当然地把她看成一个伴侣—母亲—管家婆？ □ □

14. 你的收入能满足养家糊口的需要吗？不只是现在，你有保险和储蓄的计划来确保家庭长远的经济安全吗？ □ □

15. 你能理智地体贴和理解她，做一个完全满意的性伴侣吗？ □ □

16. 你能把妻子当做一个处理家庭事务上的成年伙伴，和她一起

讨论你在商业和金融上的事务吗？ □ □

17. 无论在家里或是在外面，你乐意陪伴在妻子和孩子身边吗？ □ □
18. 你会注意把自己收拾得干净整洁，让你妻子为“她的男人”而骄傲吗？ □ □
19. 你是一个讲义气、重礼节的人吗？ □ □
20. 你是一个乐观开朗、珍视友谊的人吗？ □ □

一个好丈夫会毫不犹豫地都回答“是”。回答了12个“是”的丈夫测验及格，但他还应该谨慎地研究自己为什么回答了“否”，然后，积极行动起来，可以变否定为肯定。

家庭关系出现问题的人们最好首先认真反思一下自己的态度，然后再研究一下伴侣的态度，确定自己消极的地方，也许它就是破坏二人幸福、制造麻烦的元凶。也许，这些正在经受痛苦的人们应该要求彼此在强调优点的基础上用这份测试来相互评估一下。毕竟在很多时候，我们过于相信自己，也高估了自己的理想人格。

处理离婚案的律师和婚姻咨询师们不断地面对各种婚姻问题，他们发现，很明显，这类问题完全是由当事者一方或者双方的消极所导致的。令他们吃惊的是，许多人甚至还没有意识到其中的真正原因。也正是因为缺少这种基本认识，身陷婚姻困境的人们在进入法律程序之前，如果还想做一些努力来挽救濒临破碎的家庭的话，一定要先到家庭医生或者称职的婚姻咨询师那里寻求帮助。

第 9 章

肯定自己

The
Power of
Positive Living

不抱怨的世界

幸 福 生 活 需 要 的 日 常 心 理 学

你可能已经赢得了一定的社会认可和美满的爱情，却仍然感到不满意，因为你非常需要肯定自我。无论你承认不承认，你非常渴望做一个伟大的人。或许你也知道，美国总统亚伯拉罕·林肯意识到了这一点，他在平生第一次演讲中就对选民们说："我没有其他什么大野心，我只想要我的男同胞真正地爱戴我。"

弗朗西斯·培根爵士也认识到了这一点，他说："当一个人爱上了自己，这将是终身浪漫的开始。"因此，我们最好能明白，肯定自我的需要常常会受到自卑和自我意识的破坏，最佳的解决方法就是积极地行动起来，建立强大的自尊。

拿破仑用军队来证明他的个人价值。埃米尔·路德维希告诉我们，这个小个子下士在流亡地圣赫勒拿岛上临终前说："我真希望鲍尔先生能知道我已经获得了成功。"由此来看，你能想象得到，拿破仑临死前依然渴望别人的肯定。如果那个普通的数学老师能相信他全世界闻名，他的这种渴望或许不会那么强烈。当年，布莱尼陆军军官学校这名教师曾经看不起拿破仑，而波拿巴一直对此耿耿于怀。

渴望足够的自尊不是伟大的人和接近伟大的人的特权，虽然毫无疑问的是，他们是更加积极地为争取自尊而斗争的人。在每个人的生活中，渴望尊严的火焰或者微弱如豆或者烈焰漫卷，但不管一个人的社会地位卑微还是高贵，这是每个人心中的渴求。孩子们夸海口说家里有大房子，自己的父亲比别人的父亲更强壮或更富有——实际上，他们是在试图建立自尊。他的父亲可能不顾有限的财力，开着一部宽敞的汽车，费心地求得吉祥数字车牌号，目的也是在提高自身价值。而他的妻子很可能试图在琐事上表现得比邻居更有面子。

甚至那些害羞的和非常谦虚的人也会用自我优越感来肯定自己。和其他人可能为了“变得非常重要”满足虚荣心不同，这些人不会屈尊去做那些事情。但在获得尊重的问题上，事情不论大小，无论个人还是国家，都想要满足其“做伟人”的欲望。可是，除非决定并采取直接的行动，否则光有渴望是毫无意义的。

那些努力活得谦卑和无私的人常常因为某种消极因素遭受挫折，不管他们的动机如何。为了阐明这一点，奥伦·阿诺德，一位杰出的作家和咨询师给大家举了一个例子。

“一天下午，我去拜访一个朋友。他 15 岁的正上中学的女儿朱迪一阵风似的走进来，郑重地告诉我们，她刚刚当选所在二年级的一个重要职位。”

“到底怎么回事？”她的父亲问道。

“就那样呗，”朱迪露出顽皮的笑容，“我有 7 个竞争对手。还有啊，爸爸，他们在发言时说了很多废话！他们做得太过火了。”

“她吹着口哨走开了。我感到，朱迪在生活中一定会取得更多成就，她的这次经历对她来说可能是最好的一课，而且，来得也正是时候。那天晚上，我拜访了那所学校的校长，我了解到，朱迪得到的选票比其他 7 个对手的总和还要多。那些同学在什么事上做过头了呢？”

“他们表现得过分谦虚，不知道是真的还是假的。”校长回答我，“这个工作对朱迪来说，并不比任何其他女孩男孩更有优势，除了一种无价的品质——激情。凭借那种激情，她放下架子，出尽了风头，她希望得到那个职位，然后就说出来了。她发言踊跃，又十分巧妙，告诉大家如果她当选可以为班级做些什么。总之，她压倒了所有其他强有力的对手，他们几乎在不知不觉中就举手投降了。当他们意识到这一点的时候，朱迪已经巧妙地成为闪光灯下的焦点人物了。”

这里，我们看到了8个活生生的年轻的自我，每一个都企图赢得自尊。积极的朱迪最后征服了另外 7 个消极的对手。

朱迪是积极的，她知道自己想要什么并且开

口争取它，她采取了积极的步骤，还主动承诺将来她会如何积极行动。她是 1/8。根据著名人类学家厄内斯特·A. 胡顿的估计，大约每 4 名普通男性中就有一人自我意识太强，他们总是静静地考虑自我；每 5 人中就有一个人害羞而内向；而每 4 人中只有 1 人天生善于交际和充满自信。

由于不同研究中所涉及到的各种情感因素不同，上述数据也会有所不同，但研究结果都一致揭示出，那些积极的人正是可以在人生中得到丰厚回报的人。

经过多年的调查和研究，教授哈利·W. 赫普纳在报告中指出，通过对男女大学生各 500 名的分析，结果显示，每 5 名学生中就有 1 人在控制自卑心理上存在困难。

斯迈利·布兰顿博士经过对大量高校学生进行调查后说，3/4 的大学生有无能感、不安全感或自卑感。

美国明尼苏达州大学的安妮·F. 范拉逊和海伦·罗思·赫兹在对 2342 份学生问卷调查后认为，只有 10% 的学生认为他们的个性是均衡的，不会成为他们未来成功的障碍。这些学生中，902 人不满意自身性格中存在的自卑心理。

那么请问：自卑心理是怎样渗透到我们性格中来的呢？这是范拉逊小姐和赫兹小姐的研究报告《心理卫生》中的一些发现，其中写道：

你有哥哥或者姐姐吗？如果你有一个哥哥，

你可能自卑。如果你有姐姐，你可能有优越感。

请问你是家庭中最年轻的成员吗？如果是的话，你很容易自卑。而家中“最大的孩子”自卑情绪相对较低。

你是来自城镇还是大城市？小城镇的男生和女生比大城镇的学生更容易自卑。和那些来自大城市的学生相比，来自少于1万以下人口的城镇的学生更容易自卑。

你父亲的职业是什么呢？职业的社会地位和经济地位越低，你就越容易感到自卑。

虽然这项研究完全基于大学生，但他们所代表的是不同社会背景下一个相对广泛的横截面。顺便说一句，感到自卑的学生比那些没有自卑感的同学每周较少时间用在娱乐上。另外，较少结识新朋友的学生通常感到自卑，但那些在大学里结交了25个或者更多朋友的同学不会对自己的麻烦或对遭受到的尴尬耿耿于怀。

科学家、心理学家、神经病学医生向我们保证说，来到这个世界之初，我们都是积极的人——赤裸裸的，没有任何情感上的自卑。我们为何会变得自卑呢？因为那是“忘却”以往生活方式所迈出的第一步。这种摇摆不定的情感通常是在我们早期生活中由父母和其他家庭成员，或者通过自身的经历，或者由教师和牧师们灌输给我们的。

纽约河畔教会特聘心理学家玛利亚·布里克夫人在研究中发现，在工作中，一些教师和传教士影响我们的迹象依然存在。布里克夫人参与了对两个神学院的学生主体进行的罗尔沙赫氏人格测验。布里克夫人的报告中说："有证据表明，大部分神学学生在社会交往中有障碍。"同时还表明，在大多数情况下，最为普遍的模式是"缺乏或无力控制情感生活""有强烈的冲动倾向""害怕权威和无能感""极度焦虑"。

在对教师群体进行测试时，他们同样表现出这种普遍存在的情况。化学家、药剂师和工程师群体并没有表现出这种权力渴望。这种渴望在基督教广大教职人员和教师身上非常明显。

大多数社区的教职人员和教育工作者人格良好，也受过良好的教育，可我们不能基于类似的报告就仓促地下结论。但在许多社区，教师和牧师确实是高度情绪化的个性上的失败者，他们不能容忍任何人对他们的话语或动机有所质疑，显然，他们的消极态度很可能影响到大众的生活。

在家庭中，父母往往用消极的命令和尖刻的话语批评孩子，告诉他们不要这样做不要那样做，并不假思索地提出批评，以至于把他们幼小的自尊击成了碎片。正确的做法是给予他们以赞誉、认可和积极的指导。

针对 6 ~ 10 岁儿童我进行了一次调查，其中有一个问题需要私下回答，"你最不希望你父亲做的是什么？”调查结果令人震惊，长辈们失信、欺骗、大声讲话和其他不好的性格特征都暴露无遗。比如“爸爸总是说我傻”之类的语言让儿童情感上受到极大的打击，除非其母亲和其他人能够弥补父亲这种不经考虑的粗野言行。有一个孩子说：“我很开心我爸爸教我做每一件事，不管怎么样，他都认为我是‘了不起的人’。”试想，这样的孩子做起事情来是不是更有信心呢？

前美国哥伦比亚大学艾拉·S. 怀恩博士，是行为和个性失常研究机构的一位讲师，他曾讲到一个十分突出但绝非孤立的案例。在这个案例中，整个家庭都参与了对6岁大的克拉伦斯的迫害过程。家人把这个孩子带到了怀恩博士这里，因为他们认为他发育迟缓。这个孩子有4个兄弟姐妹，因为他不会读写，他们不但不耐心地教导他，还把他当成了嘲笑、辱骂和讥讽的对象，于是，可怜的小淘气开始相信兄弟姐妹们说的都是真的。

让怀恩博士简单扼要地给你讲这个故事吧。当他第一次看到克拉伦斯时，这个男孩“垂着头，眼睛不敢看人，反应迟钝，沉默寡言，对于新环境，他没有任何表示，也没有表现出一点好奇心”。

“当着克拉伦斯的面，他母亲说他蠢，不跟其他孩子玩耍，也很少在家中说话，她试图强迫这个男孩接近我，孩子却固执地反抗。可是，当我们要求孩子的妈妈留下他单独和我相处，允许他自愿地过来和我接近时，他慢慢地、满腹狐疑地接近我，最后，在我的帮助下，坐在了我的大腿上。

“我尝试了许多温和的办法，后来他承认，他喜欢狗，我给了他一本关于狗的书。近乎友好又充满疑问的神情在他的眼中闪烁了一下，继而又消失了。但不一会儿当人们告诉他母亲他是一个健康的孩子时，他的目光又变得游移不定起来。之后的两个星期里，他变成了一个健谈、活泼和开朗的孩子。”

测试显示，克拉伦斯有着超人的智力而不是家人所说的傻瓜。男童非常健康，但这个家庭仍需要精神科医师进一步的关注。两个星期后，克拉伦斯又变成了一个正常和快乐的孩子。

心理学家唐纳德·A. 莱尔德认为，在很多案例中，问题出在教师或学校的课程设置上，并非出在那些自卑的年轻人身上。他引用以下的例子来说明这个观点：

“保罗是一个智力正常的16岁男孩，可他的功课很差，显得很孤独。一个富有的家庭收养了他，不光给了他优越的物质环境，也很喜欢他。上中学时，家里想让他学习一般课程，而保罗只对店铺管理和那些实用课程感兴趣。他只要一上不感兴趣的课程，就会表现得很糟糕，因此，他感到非常自卑。

“精神科医生创造了一个奇迹。做法很简单，让他的养父母允许他选择自己感兴趣的店铺管理课程。于是，他表现得非常优秀，并且很快就赢得了自信。这种自信发自内心。

“自卑感的产生就是如此简单。在发展初期它很容易被治愈。一旦变得根深蒂固，随着时间的流逝真正的原因被隐藏起来后，治疗起来就更加困难了。”

路易斯 · E. 比希奇博士列举了一个有趣的例子。在这个例子中，他挖出了埋藏已久的自卑情感的诱因，最终治愈了一个严重的神经症患者。虽然这种个案需要专业人士的心理分析，比希奇博士还是认为，在大多数情况下，自我意识可以为受害者本人所征服。他给我们讲述了小玛丽的故事。

玛丽是个 23 岁的女孩，她拥有人们希望拥有的一切东西——健康、智慧、美丽、财富、社会地位、风度、艺术修养和打扮自己的能力，但她缺少获得幸福至关重要的品质之一——社交。对她来说，其他人几乎都不存在。她是我见过的最可怜的女孩。

“当我应邀走出来，”她几乎是在歇斯底里地大叫，“一发现自己身在社交聚会场所，就非常怯场。离可怕的聚会还有很久的时候，我一想到它，就开始感到喉咙干涩、疼痛。所以，现在我拒绝一切邀请。我最难忍受的就是会见陌生人，那是一种折磨。最近，我一直在观察自己的眼睛，它们看起来很奇怪。博士，你觉得我会疯吗？”

在最后的充满恐惧的道白中，玛丽崩溃了，像个孩子一样哭泣着。正如许多同类案例一样，在她身上，自我意识的发生没能得到控制并发展成了其他症状。现在，她已经患上了严重的神经症。如果这种自我意识能及时给予引导，多年来的痛苦是可以避免的。

虽然症状比较明显，但玛丽的案例并不典型。首先，有一个事实我们可以注意到，她认为自我意识并不是根本原因；第二，从这个立场出发，如同其他人一样，自我意识的发生是基于她无意识地怀疑别人知道她故意隐瞒什么的想法。

“玛丽小姐认为，她的自我意识完全是因为她的母亲。自童年时代起，母亲就过分挑剔她的穿着、举止行为、俚语的使用、男女同伴的选择，等等。母亲会说：‘你不想长大了做一个贵夫人吗？’或者说：‘注意你的步态，我的孩子，不要给人造成不好的印象。’”

“这些都是在病人的自我意识的发展中不可否认的因素。另一方面，他们只是起到了促进作用。如果小玛丽尚未准备好自我意识，可以这么说，她母亲的警告就毫无作用了。”正如俗语所说：“水过无痕。”但适合幼苗萌发的土壤是事先准备好了的。这样，玛丽就变成了现在的样子。

“我们知道我们要告诉孩子什么——我们努力教导他们的是什么，但是我们不知道他们是如何在自己内心阐释这些信息的。

“具体地说，这是出于对某些无意识的性行为的想法和做法的担心，玛丽所做的是正常的——当然了，这非常无辜，她当时还是个孩子。但这给她造成了羞耻感。

“她可能认为：‘即使父母没有发现我的罪过，但我知道我不能欺骗上帝。’

“她会照着镜子检查自己的表情是否会泄密，尤其是眼睛。她相信，如果人们发现了真相，人们就会躲避她，她也就沦为了一个社会的弃儿。

“随着时间的流逝，玛丽忘记了这些童年的磨难。17年里，她一直从事体育运动，而隐藏的性行为也被克服了。

“但羞愧的元素仍然持续着。她已经成功地把它从有意识层面压抑到了无意识层面中。她忘记了这一切。无论如何，她从不怀疑自己对于童年行为的反应是她自我意识的根本原因，因为毕竟这种习惯在很多年前就已经克服了，事实上，她一直有意识地使自己忘记童年的这种羞耻，试图把它留在更深的无意识的地方，希望它不再出现。

“另一方面，无意识地想摆脱自身耻辱的阴影，使它产生了自我意识的症状。实际上，这种症状本身代表了无意识的自救，因此，它变成了一种心理上的吁求。

“当玛丽意识到问题的根源后，她的自我意识就很容易被克服。现在，她已经认识到，隐秘的性念头和性习惯在儿童的发育过程中是完全正常的。从一个成年人的角度来看这个问题，她意识到担心自己会给别人留下坏印象的想法是非常愚蠢的。她完全治愈了。很快，在社交场合她成了一个举止得体、能歌善舞的快乐女孩，第二年，她订了婚，开始准备婚礼了。”

比希奇博士认为，虽然并非所有自我意识的病例都与玛丽的情况一样，但很可能大部分是这一病例的一种或另一种变体形式。他建议有自我意识的人应该查找导致这种情感上低落的深层次原因。他敦促说，我们应该无所畏惧地去探究童年期的心理问题，以便早发现这些问题并及时根治。

在大多数情况下，一旦问题的根源被揭示出来，治愈病人就成为一个相对比较简单的过程。这种努力的成果是非常令人欣慰的。“一切真正的优越感都是从自卑感发展而来的。”亨利·C.林克博士是一位我们熟知的知名心理学家，他说：“承认自己具有自卑心理并努力克服它的人才会有优越感。”比希奇博士向我们保证说，自卑心理的不良影响是可以克服的，他还鼓励大家说，自我意识也是一个人拥有良好品质的一种补充，而且只有高度自觉的人才会拥有它。

让我们停下脚步观赏一下巡游队伍经过我们面前时的场面吧。队伍里的人都曾经因为过分害羞、强烈的自我意识和自卑感无法正常工作和生活。看吧，这里有海伦·海斯、凯瑟琳·康奈尔、塔卢拉·赫班海德、科尼莉亚·欧提斯·斯金纳、雷蒙德·马赛、艾尔·卓尔森、弗雷德·艾伦，以及其他名人的身影。在帝王方阵中，英王乔治、维多利亚女王和大公爵夫人玛丽位列其中。华尔街方阵中以小亨利·摩根为代表，而美国总统方阵以卡尔文·柯立芝为代表。这支游行队伍差不多是没有尽头的。但是，那个白胡子的家伙一定是乔治·萧伯纳吧，他几乎是那个时代中脸皮最厚、最善于搞恶作剧的人，他和这个私密大游行有什么关系吗？让他用自己拜访伦敦泰晤士银行的朋友时说过的话来道出真相吧：

“我深受害羞的折磨，有时甚至会花 20 分钟或更长时间在马路边走来走去，才壮起胆子去敲别人的房门。事实上，逃跑最容易不过了，我本来可以什么都不干，回家一个人自问一下，这么折磨自己有用吗？但是，我本能地知道，世上任何人真想有所作为的话，就绝不能逃避。很少有人年轻时像我这么深切地受到羞怯的困扰，或者像我这么耻于提到这些经历。”

在这里我们看到，消极态度和积极态度之间就像在玩一场拔河比赛——消极态度会催促一个人用最容易的方式后退，直到把他的一生都彻底毁了；积极态度则会朝着精神自由的方向往回拉。这是一场艰苦的斗争。最后，萧伯纳发现了戴尔·卡耐基所说的“最好的、最快捷的，也是最可靠的征服胆怯和恐惧的方式”。他参加了一个辩论社团，学会了在公开场合发言。

头几次他站起来发言的时候，双膝发抖，面部肌肉抽搐，喉咙发干，紧张得没法阅读手中颤抖的笔记；没有笔记，他就记不清自己想要说什么。每次他总是在混乱和屈辱中中止讲演，回到自己的座位后，他觉得自己是自取其辱；但他下决心要征服这种害羞和自我意识，于是，他参加了伦敦举办的每一次会议，哪里有公开讨论，他都会出席并参加辩论。

直到 26 岁那年，萧伯纳的积极策略才为他赢得了信心，最终成为了 20 世纪最杰出的演说家和历史上最大胆自信的人之一——当然，他也是一个充分获得了自尊的人。

如果你正在被自我怀疑、缺乏自信、胆怯、猜疑、自卑等这些消极的白蚁从内部慢慢啃食的话，你永远也无法获得真正意义上的自尊。心理专家能给你许多积极的要诀，帮你战胜这些内心的敌人，让你朝着自我肯定的方向前进。当然，立刻采纳所有建议是不现实的，合理选择你马上可以实施的方案，制订特殊的改进计划，然后从今天就开始执行。

1. 大胆地在记忆中搜索童年期的恐惧、羞愧和沮丧的事件，可能，你今天的心理障碍正是那些东西造成的。这不是在5分钟之内就可以完成的，也不是糖衣肠溶胶囊——灵丹妙药可以解决的事情。每天要留出几分钟的搜索时间，从你最早的记忆开始，一个小场景，或者冲突，或者与人接触都可能促使你洪水一般的记忆泛滥开来。也许你愿意试着为你的私人传记写下些提示性的笔记，那就赶快拿来一张纸和一支笔吧。

2. 加入讨论组或辩论社团。如果还没有的话，在你的朋友和熟人中组织一个。

3. 仔细地分析自己和自己从事的活动，确定自己什么方面做得最好，然后采取一些措施，把它做得更好，直到你成为这方面的专家；或者选择一些你相信你可以学会并能掌握到精通程度的活动，然后努力地学习，直到精通它。能够超出平均水平地做好一件事会使你获得那种精通、自信和自尊的感觉。

4. 环顾你周围的人，确定他们身上有哪些弱点，你会发现他们有那么多可能比你严重得多的缺陷、不足和不利条件，由此推算，你一定会有所成就。然后，多想一想你自己身上的长处，想一想怎样才能让你的这些优点更加突出。

5. 重新审视你的价值观。造成自卑的一个共同原因是由于你父母不断地给你灌输你无法实现的目标，他们希望你成为国家的总统、将军、一个知识渊博的人，或者其他职业的佼佼者。你的梦想可能超出了你的能力，或者你希望比任何人都更有成就。

6. 如果你的问题看上去很大，不可能找到解决的办法，那就不要想着征服群山，你可以从山脚下开始。把大问题分解成一个个你有能力应付的小问题。不要只盯着问题本身，要注重可能的解决方案并逐步实施。

7. 如果你为一些小事情所困扰，你要为此制定一个计划，然后去执行。比如你受到的教育不够，那就到图书馆去，也可以去上夜校，或者学习函授课程，这会填补你在这方面的空白。如果你没有朋友圈，或者圈子很小，就把内心的恐惧踢到窗外去吧，想办法结识更多的朋友。这就要看你自己的了。

8. 你是否认为自己是个自卑的人？为什么这样认为？你的朋友或熟悉的人有同样的感觉吗？他们曾被自己的感觉打败过吗？记住，感觉自卑和实际的自卑之间有很大的不同。人人身上都有缺点，但不要放大这些缺点。再说有缺点又能怎样呢？我们都会犯错。为什么要自己击败自己呢？

第 10 章

放弃对他人的敬畏和恐惧

一个人如果试图培养强有力的人格就必须摆脱对他人的恐惧和敬畏之心。

你一定犯过错，也失败过！如果你能从中得到经验和教训，那些经历就能使你成为一个优秀的人。失败会让你在朋友圈中出类拔萃，因为没有一个有成就的人不曾跌倒过，失足过，而且不是一次，是很多次。然而，在社会的各个领域中，那些杰出的和成功的人都会积极面对问题，他们拒绝被性格中丑陋的一面所困扰，没有敬畏和恐惧他人的情绪，反而会让那些诽谤他们的人自取其辱。此外，虽然消极的人们总是吹毛求疵，但是，除非他们自曝丑事，否则很少能留下什么让人难忘的惊人之语。

是谁曾经认为上学时的沃尔特·斯科特爵士是个差等生？又是哪个老师曾因为作文得了最低分而训斥过亨德里克·易卜生，易卜生后来却成了那个时代最伟大的剧作家？你能说出那个尖刻评价托尔斯泰兄弟的教师的名字吗？当时他说：“谢尔盖想做、也能做一些事情，蒂米特里是想做、但做不成什么事情，而利奥是既不想做、也做不成什么事情。”

如果说历史上那些消极的、只会挑剔别人的人有什么值得回忆的话，那也只是他们在积极的伟人们的丰碑上留下的一点痕迹。他们之所以能被人们记住，仅仅是因为他们触动了那些不平凡人的心灵，用消极激励了后者，让伟人们变得更积极起来。

你一定犯过错误！误用洗手的碗喝水的时候，你的脸红吗？记住，马克·吐温说过一句被人称道的名言——人是唯一会脸红的动物或者说需要脸红的动物。想一想那么多名人也有脸红的时候，你肯定会感到安慰的。

玛杰里·威尔逊著有《新礼仪》等作品，是纽约最优雅和最知书达理的女性之一。但是，她承认自己也一样免不了偶尔会发生口误。有一次，她在一位上了年纪的人家里做客。晚宴的时候，主人提到不久他打算离开这里去看望住在弗吉尼亚州的母亲。

“我不知道怎么搞的，”威尔逊小姐说，“当我说完‘什么！您母亲还健在？’后就连自己都感到非常震惊。”

男主人有点儿不知所措，过了好一会儿，他一脸轻松地说道：“是的，我刚好比上帝的年纪大了那么一点点，这难道不是一个奇迹吗？”他笑了起来。“来吧，玛杰里，让我们为长辈——为我们的长辈，为我的长辈，为每一个人的长辈干杯！”

可以用切身经历作证的人不仅仅是几位宴会上的客人。在一个星期天，利物浦的约翰·D. 克雷格医生正要前往圣坛布道，这时，一个新入伍士兵的妻子交给他一份声明，上面这样写道：“蒂莫西·华西要去服役当水兵，他太太希望在布道时为他的安全祷告。”克雷格医生看过这封短信后，郑重地宣布：“蒂莫西·华西要出海去看他的妻子了，他希望布道时为他的安全祷告。”

有时，这种令人面红耳赤的口误就发生在大规模的听众面前。电台播音员鲍勃·埃尔森面对着数百万的听众曾把一则“写得非常清晰，便于阅读”的“商业广告”给读错了。本·格奥尔则这样告诉电台听众：“姑娘们，如果你在一个肮脏的工厂里卖力地工作，请在刮脸或者洗澡时使用‘布兰克’牌洗发水。”雷蒙德·史温一向播音流利，在一次播音中他说：“法案被空邮给总统签名，而总统正在佛罗里达海边垂钓。”提到总统，我们还会想到另一位女士。大选前几个月，她应邀来到白宫参加宴会。参加总统私人鸡尾酒会的人不多，她是嘉宾之一。对此，她感到非常紧张。届时，总统会亲手调好鸡尾酒送给每一位来宾。这位恐慌的女士穿过房间，从总统本人的手上接过了酒杯。当她拿起酒杯时，总统的脸上浮现出那份举世皆知的笑容，那一刻，她整个人都要崩溃了。她的手颤抖着，以至于鸡尾酒把总统陈列着各种物品的书桌溅得到处都是。

“真的很抱歉……”她说，“我只是太敬畏您了……”

像一个出色的酒吧服务员那样，总统亲自清理着桌面，轻松地对客人微笑着说道：“我真希望某些我认识的共和党人见到我时也能这样。”

那时候，她意识到，总统毕竟是一个人，敬畏的感觉顿时消失了。

现在有一种趋势，人们一见到那些声名显赫的大人物时，就忘记了他们虽然有着伟大的一面——往往是不真实的——不仅是克隆娜家族夫人，还包括约翰·奥格雷迪和朱迪·奥格雷迪小姐和上校，但是，实际上他们都和常人没什么不同。见多识广的记者们有很好的理由让人们相信——你不需要畏惧任何人。

作为一个年轻的记者，我一直非常敬畏一位著名的银行家——留着一头高贵的银发。我前往他办公室例行采访时，足足花了 15 分钟才鼓足勇气走进去。我非常感激他能那么亲切地接待我。他给我讲了一件事，可我根本没有听懂。很快我就发现，他其实是众多喜欢哗众取宠的人之一。

几年来，作为一名记者，我看惯了大亨们不堪入目的形象，于是，我摆脱了心中不真实的敬畏。为什么不呢？我看到选举落败的参议员有一个泪流满面，另一个则是暴跳如雷。我看到威廉·詹宁斯·布莱恩嘴里塞满了食物，吃到再也吃不下，还打着惊人的饱嗝。我还看到国会议员们用火柴梗剔牙。我曾报道过有些好莱坞明星酗酒成性、黯然离开舞台的故事。我还经历过某个很有地位的警司企图阻止对有关强盗子女的报道，某部长纵容某些新闻上头条，某社交女性热衷于拍照，自爆自编家世的故事——这些只不过是从太平间验尸官的冷藏柜里拖出来的耸人听闻的故事，或者是从政界和商界里传出来的试图欺骗公众、常常也欺骗后人的令人齿寒的故事而已。

下一次，如果你对某个人感到敬畏，就回想一下沃尔特·吉尔曼，一个国际记者的经历，看看他到底是怎样摆脱敬畏感的。在他还是一个不知名的记者时，被指派去采访前总统威廉·霍华德·塔夫脱。他心里非常害怕。主编知道这一点。

“我来教你怎么做，”聪明的主编说，“你见过你父亲穿着红色法兰绒内衣的形象吗？”吉尔曼的父亲非常喜欢灰色，而不是红色，记者点点头。“这并不让人感到害怕，对吗？”

的确如此。

总编继续说道，“你父亲和威廉·霍华德·塔夫脱看上去没什么两样——事实上，我觉得你父亲比他还要好些。你遇到塔夫脱时记住这一点。记住，在那套量身定做的西装底下，在威望和地位的背后，塔夫脱不过是一个常人。把他放在红色绒布内衣里——放在你心里——你就不会感到紧张了。”

这样，吉尔曼去见了威廉·霍华德·塔夫脱。“正像我预料的那样，我的双膝一直在发抖，我的喉咙发干。”吉尔曼回忆说，“威廉·霍华德·塔夫脱站在那儿，身上穿着红色法绒布内衣，我笑着看他的照片；他也笑着——尽管他并不知道我为什么发笑——就这样采访任务出色地完成了。”

此后，在吉尔曼眼中，他和来自世界各地的知名的与不知名的人都一样穿起了红色法兰绒内衣，而他已经永远不会再畏惧任何人了。

你在心中建立了敬畏他人之心，并觉得这是自己性格中的缺陷造成的，却忘记了所有人其实同样具有致命的弱点。其他人也有缺点，也有失败，很可能也有很多鲜为人知的丑事。许多年来，作为一名戏剧评论家和戏迷，除了查尔斯·拉各斯用他那无法模仿的方式插科打诨换来的笑声，我从来没有听过有人那么自然持久地放声大笑过。

拉各斯夫人一直努力在台上用她大名鼎鼎的长辈，以及全方位的社交热情来营建气氛。拉各斯不愿配合她，随口迸出了一句很简单的台词，让这个趾高气扬的女士震惊之余彻底气馁了：“……别忘了给你那个印第安姑妈安妮留个座。”很明显，观众们会想，这里每个座位都可能是给一个叫安妮姑妈的人占的。

在好莱坞，有很多著名演员比爱德华·埃维雷·特霍顿薪酬更高、更出名，可即使在这些人中也有人敬畏他，因为爱德华在东部正统剧院里演出，而他们却一直局限于电影领域。反过来，有的舞台剧演员敬畏好莱坞的名人们，因为电影的拍摄对于他们来说十分陌生。

你可能听说过并且十分敬畏某个纽约职业人士，那是因为他的事业和社会关系的缘故。可是如果你看到这个人像喝水一样泡在马丁尼酒里，你的敬畏之情会马上消失。有时，他太太看起来很尊贵，承袭来的家族背景更是荣耀，可如果你看到她酒气熏天，一只手搭在她丈夫某个富商客户的肩膀上，你对她也就敬畏不起来了。

你可能暗暗觉得，一个人的优越性体现在银行账户的多少上。翻阅报纸社会版上那些有关这些所谓的排他性集团的各种活动的报道，你会觉得他们永远都是光芒四射的。可有一个事实你忽视了，这个群体中通常包括这片国土上最无能的一些人。你忘记或者忽略了，或者没有认识到，他们中许多人只会空洞和毫无创见地喋喋不休，无聊的程度甚至让自己落泪，他们非常害怕有人在交谈中提出新话题，因为那会让他们彻底发懵。

你会发现，在风光无限的背后，他们中有很多人笨得只玩红心、突袭和纸牌游戏，因为他们根本学不会打桥牌，也学不会流行的、人们业余时间里消遣的简单游戏。那么，既然人人都有致命的弱点，为什么你要敬畏别人呢？为什么要那样害怕别人“想什么”和“说什么”呢？

大多数情况下，一个人对别人不自信时，都是因为他反复在想“人们会怎么说我？”或者“人们会怎么想我？”当然，人们常会说些闲话，有时甚至很恶毒，但 100 次里有 99 次，“他们”都在忙着谈论他们自己，没空理会你和你可能做过什么或你没有做什么。

你总是怀疑“他们”谈论你什么事，这种模糊的内疚感和自卑心理很可能是你在童年时期经常受到家长和教师的训斥造成的，他们试图给你披上一件文明的外衣。那时，你对别人的批评很敏感，就这样，恐惧逐渐地建立起来了，现在它依然在困扰着你。但是，如果你觉得别人正投入很多时间谈论你和你的事情，你应该牢记，你独有的自我意识在一定程度上夸大了别人对你关注的程度，你含糊的内疚感促使你认为别人的讨论永远对你不利，事实上，那些谈论说不准就是对你的赞赏。

这些感觉挥之不去，容易让我们敬畏他人。这种情绪往往可以追溯到过去某些强烈的失败感。然而，谁说过你或我应该是完美的人？你认识的人中有完美的吗？你认识从没犯过错的人吗？著名的通用汽车公司研发主任 C. F. 凯特灵说：“一项研究充其量是 99% 的失败加上 1% 的成功，唯有这 1% 是我们想要的。”1906 年，当爱迪生被问到无线电话发明的可能性的时候，他简短回答说，根本不可能。20 年后，爱迪生再次犯了错，当时在生日聚会上，他在接受采访时坦率地说出了自己的想法，他认为应该放弃有声电影的实验。

你有权犯错误。但如果你有积极的态度，那些错误就会为你换来丰厚的回报。许多商人用一大笔钱换回来的是代价高昂的错误，但他们却有计划地培养了自己良好的平均成功率。哲学家拉尔夫·沃尔多·爱默生每存一笔钱准备旅游时，都会准备出一定数量可能“被强盗抢走”的钱。

当代最有影响力的牧师之一罗伊·A. 伯克哈特博士，一直没有忘记多年前从两次混乱的经历中得来的教训。这些经历在他后来的咨询工作中起了很大的作用。通过咨询，他帮助了许许多多的人避免了婚姻的不幸，修补了他们濒临破碎的生活。

第一次，因为他的一次错误的犯规输掉了一场势均力敌的足球赛。“我是打后卫的，”他回忆说，“我得到了球，过了几个人，马上就要触地得分了，接着我犯了规。一个对方队员在我们的得分线后扳平了比分。我感到非常不安和羞耻。当时我不想看到任何人。

“比赛结束后，我躲了起来。我没有和其他队员一起沿着街道往回走，我一个人穿行在胡同里。我远远地离开大家，深深地陷入自责中。

“这种状态持续了好几天，在训练中也体现了出来。最后教练找到我，用一只手托起我的下巴，狠狠地揍了我一拳，然后说：‘现在我们来把这事儿弄清楚。宾夕法尼亚州所有后卫中，我还是看好你。犯规只能有一个用处——从中吸取经验教训，然后再重新回到赛场，拼命打好比赛！’

“这才是我们对待错误应该采取的态度。我们应该学会从中汲取一切有用的东西，然后把它们忘掉。”

“我们需要养成多朝好的方面思考的习惯——即便我们处于悲观或者是失败的境地，任何事情总有好的一面。”伯克哈特博士说，“一次去野营的途中，和我同行的几个年幼的孩子中有一个男孩死了。那是一次可怕的经历。对此我负有责任。认识到了自己的责任之后，我开始考虑立刻辞去教区牧师的工作。但是，当我和家长们见面的时候，他们原谅了我。我还为这个男孩主持了追悼仪式。

“尽管悲剧十分可怕，但我还是看到了其中非常可贵的东西。我和孩子父母的关系更加紧密了。不仅如此，他们还为在战争中失去孩子的家长作心理咨询。正因为被他们宽恕过，我也变得更加仁爱。

“悲剧有多么悲惨或者错误有多么严重实际上没有什么不同，如果我们坚持积极的思考和坚定的信仰，我们就会发现我们所追求的终究美好。”

从本质上看，你没有任何问题；如果你稍微训练一下自己，学会用积极的态度驱逐自我意识，你就可以摆脱对他人那种不安的敬畏和恐惧。的确，你不可能耸耸肩就摆脱了这种根深蒂固的生活态度。你不可能重塑你的社会背景，但是你应该认识到，你基本上是一个健全的人，同别人没有什么不同；你需要弄明白，那些把你的个性变得混乱不堪的担心是什么；这样，你才可以让过去的都过去，从今天开始，从自身中寻找自己最值得赞赏的一面。这样，你就可以放松地同他人在一起，真正实现积极生活的愿望。

这里有一些可以给你帮助的建议：

1. 冷静思考，要了解你缺乏自信和敬畏他人主要是自我强加的，是你自己想象出来的。

2. 记住，你很可能过高地估计了自己以至于让人畏惧。

3. 要相信，如果在生活中从不犯错误，你会完美得令人无法接受，大多数人恐怕要躲避你。感激那些错误吧，它们告诉了你什么不可以做，让你从各种经历中获得了各种能力。

4. 你不必成为一个超人。没有那样一种动物。你可能很有竞争力，与别人也相处得很好，但是，为什么一定要一鸣惊人呢？对你现有的进步感到满足吧。剩下的事情会逐渐地得到改善的。不要在精神上自己打败自己。

5. 做一个真实的自我。你不必赢得每一个人的关注，不必牺牲自己的个性，不必同意每一个人的看法，你也不必去打动每一个人。

6. 放松。让其他人为了寻求改变而努力打动你吧。如果你能放松自己，把兴趣点放在其他的男女身上，你就会分散对自己的注意力，从而获得放松的心态。如果其他人不能打动你，事实上常常是这样的，你也不要因为暂时的平静而责怪自己。

7. 适度地挑剔。下一次，当你开始畏惧某个人的时候，稍事休息，擦亮眼睛，仔细观察他；考虑一下是什么促使这位令人敬畏的先生或者太太做出了这些惊人的成就。稍微开动一下你的智慧，你就会明白，毫无疑问，他们为了打动你和其他人一直在努力工作。因此，宽容些，在这种无声的评价中获得信心。

8. 放松一点。故意给别人一个大显身手的机会。如果他没有做好，那么你努力争胜；假如你也失败了，不要责怪自己。如果你提前行动，你可能会因为把同伴抛在后面而感到后悔；但如果你努力和他在一起，可是他落后了，这是他自己的错。因为大部分的生活和谈话应该是基于双方各 50% 的基础上，如果你做了你应该做的，这是任何人都有权期待的，也应该是你对自己所期待的。

9. 尝试从你犯的每一个错误中汲取教训。那是成功者在生活中积累经验、树立自我的重要的教育方式。

10. 防止重蹈覆辙，并设法把犯错误的几率降到最低。如果你的态度是，认为自己战胜不了自己，所以觉得犯错误并不重要，那么，你就纯粹是在练习怎样成为一个失败者了。

11. 不让错误阻挡你前进的脚步。当你摔倒了，请站起来，尝试用一种不同的方式走路。不要对自己的错误耿耿于怀。把心思和精力放在争取成功上。

12. 你犯过错误或失败过吗？如果是不重要的错误，不妨一笑置之。如果可能的话，收拾起记忆的碎片，把它们拼凑到一起。如果做不到，那就保留经验，相信其他人也有失败，你可以从头再来。

13. 采取积极的态度，多在公众面前展示自己，你就会永远或者很少再畏惧别人了。

第 11 章

永远不要自欺欺人

如果你不当心，找借口的习惯就会把你变成一个消极的人，甚至会把你变得神经质或者精神上不正常的人。人类自我愚弄的本事几乎是无穷无尽的。一味消极地拒绝接受和面对事实，常常会使我们编造和运用各种各样的借口和辩解。这种做法一旦积习太深，我们就会迷失在自我欺骗的迷雾之中。

托辞分为两种。一种是诚实的和合理的托辞，另一种是不诚实的托辞。它是从现实中衍生出来的。如果你扭伤了手腕，并以此为借口不和俱乐部里的冠军比赛保龄球，这是诚实的托辞。可是如果你在手腕愈合之后仍然声称手部僵直疼痛，以避免比赛可能导致的失败，或者因为其他原因不想打保龄球，那你的托辞就是不合理的了。

如果你知道自己为什么要逃避，那么“我要做论文，今晚不能去看电影了”这样巧妙的借口可能是最得体而且也是行得通的欺骗了，最好不要直白地说：“你和电影都让我烦透了。”但事实上，许多消极的人已经养成了编造圆滑借口的习惯，甚至在这些人心中，托辞可以起到现实性和合理性的作用。

我认识一个消极的、不善于自我调节的人，实际上，自我欺骗就是他的全部。他过得并不幸福。他除了仅有的一两个密友以外，多数是在经济上靠他施舍度日的人。可是，他自欺欺人地认为，这些人围在他左右是因为他个人的魅力。他给许多人施加影响来为自己的行为找借口。可能除了在自我欺骗方面的天分以外他也有过辉煌的事业。他继承了一份财产和一家著名的企业。他的经济地位允许他做做样子管理企业，也允许他寻找借口以掩盖不断的失败。他把财产交给信托机构管理，这样他就不至于一无所有，可他的所谓企业早已经蜕变成一个影子公司了，而他仍然装作自己是一个成功的总经理的样子。他让自己和一些人相信，公司的失利完全归因于副手的错误。要不是他非常忙（打高尔夫球，没完没了地讲话），不得不依靠别人的话，他的管理就不会出问题。他的副手和竞争者们都了解他只是一个一味责备的人，但是他从没有想过这一点，因为在温和而消极的自我欺骗术上他做得堪称一绝。

托辞和借口是让我们麻木，让我们隐藏自己的缺点、失败和挫折之痛的良药。它让我们变得越来越远离理性。仔细研究一下 J. P. 摩根这个人你就会发现，他做一件事或者不做一件事不外乎两个原因：一是听起来合理，二是具有现实性。

随便看一下那些多少有点儿老套的谎言：

辩解：我横穿十字路口时，交通信号灯是绿色的。

实情：交通信号灯正在变色。你匆匆忙忙地想冒一次险。

辩解：一个人在公司必须有人关照才行，我没有人关照所以我没有得到升职的机会。

实情：事实上竞争根本没那么“激烈”，你忽略了大多数人的成功根本不靠关系这个事实。

辩解：我没有读过多少好书。我想读，可是没有时间。

实情：你觉得那些书太枯燥，你更喜欢读推理小说，听广播，看电视。

辩解：诡异的发牌让我们上了三次当。

实情：你的错误很明显，五个黑桃叫得没有一点儿道理。

辩解：我不知道猎枪上了膛。

实情：你太粗心了，所以才犯了错，可你从内心不肯承认。

辩解：如果在我的公司里给那个笨亲戚谋一份差事，我就能保护他的利益。

实情：他根本干不了那个工作，可是你的亲戚们一直给你压力，要你帮忙。而且你也清楚，自己付给他的高薪都是股东和政府的钱，目的很清楚，这样你就可以不必再在经济上接济他了。

辩解：男人都是跟屁虫。我不一样，我比他们聪明，我有辨别力，所以不会和他们一起玩笑打闹，不像有的女孩为了讨人喜欢做别人的玩物。

实情：你以自我为中心，害怕见人，而且嫉妒那些被人喜欢的女孩。

辩解：周日我不会去教堂做礼拜。因为作为一个孩子，我去得够多了；不仅那位牧师让我烦，他们还总要钱，而且做礼拜的人中有太多的伪君子。

实情：你懒惰，觉得去教堂麻烦，想在周日早上睡个懒觉，而且，你还认为教堂那种环境不舒服。

辩解：我丈夫满脑子想的都是性，我想的可远不止这些。我是一个好母亲、好厨师、好管家。他有什么权利说话呢？

实情：你首先想到的是你自己、你的孩子和你自己的安逸。你是一个不合格的妻子，你是一个骗子，你只期望丈夫做你的支票簿。

辩解：我喝酒是因为我不得不应酬生意上的往来。

实情：你嗜好喝酒。

辩解：光线太刺眼，否则我可以打出一记全垒打。
实情：你的球飞出一里以外了，其实你根本不擅此道。

辩解：你看，老板，弗兰克催着我做其他的报告，我没时间。
实情：你把它给忘了！你做事太拖拉！

辩解：记账员给我的数字就是错的，所以我没有想到自己的估计也错了。
实情：你从没用心核对过数据，甚至没有意识到其中的错误。

辩解：我一直在船上，而且火车也晚点了。
实情：你错过了船期，因为你没有及时出发。

辩解：我真的必须做些什么来改变体形了，可是我实在太饿了，更何况，我必须吃些东西保证体力。一定是我的腺体在作怪。
实情：哦，你吃得太多了！你是个贪吃狂，与其说你想变苗条，不如说你想增肥。

辩解：我真想存点儿钱，可我花钱也是实际需要。
实情：你只顾着花钱，根本没想过存钱。

辩解：我有许多事想做，却没时间。
实情：你每天有 24 小时。

辩解：我的书是该领域中最好的，而且也得到了很好的评价，出版方要是适当促销的话，它很可能会成为一本畅销书。

实情：这本书不怎么样。初期推广已经很下工夫了，其实，这部作品不值得投更多的钱。

建议：写下一些你和你认识的人特别喜欢的借口。实事求是地分析这些借口以及为什么喜欢使用借口的人会成为怯懦的逃避者。

许多男女并不用心改变目前的局面，而是花大量时间考虑如何制造借口。“借口男人”和“借口女人”都是消极的人，有时他们能愚弄别人，但更多时候，他们愚弄的仅仅是自己。

找借口的艺术被发挥到极致的时候，一个人就会处在神经过敏症的边缘，很有可能最终变成一个神经病患者。这种人主观上不会承认自我心理与他人有什么不同，以达到自我欺骗的目的。

精神病学专家告诉我们说，神经病患者完全意识不到他正在建立假想的自我形象。这一事实对任何一个有辨别力的人来说都是相当明显的，但是，神经病患者绝不会挑战他为自己勾勒的意识中的形象的真实性。他意识不到，这种自我欺骗使他崇拜的是一个虚假的和不堪一击的自尊形象，而一旦这一形象被错误地建立起来，它就在精神上替代了真正的自尊和真实的自我。

这些脱离现实的病态被弗洛伊德称做是自

我的理想主义、自恋和超自我；阿德勒则把它称为努力争取优越感；侯梅博士称之为理想化的意象，这一意象对病人来说常常是唯一真实的部分。克伦·侯梅博士认为："它可能是唯一让病人获得某种自尊、不再自卑的元素。"

很明显，不经过专业的治疗，我们会习惯使用各种借口和合理化的方式欺骗自己，并试图使用虚假的面具愚弄他人。我们不愿意别人看我们时只是看到我们人格的碎片，而不是一幅完整的图像。人格的缺陷可能会导致性格的缺损。

"崇高的你"看自己以及希望别人看到的你可能是这样的：

谦虚　　值得信赖
体贴　　让人佩服
心态平和　　富有同情心
宽阔的胸襟　　大度豁达
能干　　令人尊敬的形象
受人欢迎　　开明

哇！简直是高尚极了，总的来看，你高尚得都可以看出自己的缺点了：

过于敏感　　太仁慈
过于慷慨　　太善良

这些错误像是用摄像机录下来的一样，看上去十分典型。但是等一下！别人看到的却常常是另一个你：

你为人卑鄙——	你对他人存有偏见甚至虐待成性
你嫉妒他人	你甚至想杀人
你鄙视别人	如果可以蒙混过关的话，你甚至不惜伤害自己的身体
你憎恨别人	你自私
你很易怒	你没有理性
你做可耻的事	你沉迷于色情
你心胸狭窄	你很圆滑
你多疑	

你确定自己不是那种人吗？是的，可能不是你我，而是其他的人！心理学家向我们保证说，无论如何，这是人性中全部或者部分天然成分的反映，只是程度不同罢了。我们都看到图表中这些被忽视的缺点——但是很模糊。因此，这里不妨使用有弹性的表达来说明我们想要指出的缺点。好吧，让我们用语言游戏来把它变通一下：

你是：	他人是：
理智	固执
谨慎	多疑
有权利享受应得的东西	贪心
忠诚	狡猾（如果他质疑你的良好动机）

慷慨	自私（如果他想得到你的奖金）
足智多谋	一个幸运的傻瓜

实际上，我们会通过歪曲我们仇恨或恐惧的人的形象以欺骗自己，反过来也一样，我们也会把美德赋予那些我们崇拜的人——包括我们自己。

一些人天真地相信说话可以代表一切，而且只相信说话。他们认为话语中存在着某种魔力，如果字字句句重复足够多的次数，就可以改变和代替现实。他们没有认识到，含糊不实地使用语言代表着精神失调，而疯子的特点之一就是他们无法说清自己到底哪儿出了问题。

很多人都知道，有些原始人分不清现实和假想。但很多人却不知道，在你我生活的社区当中，有许多大学毕业生现在同样有这种原始人思想上的模糊性，他们用想象代替事实。这样的人还有“半吊子”艺术家、自吹自擂者、势利小人，以及那些沉迷于“一切都好”的生活游戏中的伪装者。

一个人调节得越好，越聪明，生活态度越积极，在用词上就越精确和切中要害。你越是愚弄自己，试图以滥用词语的方式迷惑他人，就越容易伤害自己和他人，也就越说明你的消极无能。

我们来看几个很平常的使用欺骗性表述的例

子。这种表述经常被人们用来不恰当地夸奖大家本来很熟悉的人。

“小珍妮难道不漂亮吗？——快看她——真是美呀！”沉浸在爱怜中的母亲大声地说。她常常使用这些肯定的词语。可你看，那个女孩斗鸡眼，纠结的头发，短鼻子，还有龅牙，无论从哪个角度上说长相都很一般，甚至是丑陋的。只有一个母亲自我欺骗的时候才会说这个孩子长得漂亮。这个母亲不断地这样表达，试图改变或者欺骗自己无视这些事实，如果总是说一些赞美的话，她就会有理由相信这些话已经改变了现实。她耽搁了孩子去配眼镜、去矫正牙齿的最佳时机，最终也就伤害了孩子。

“约翰尼很有才华——他是镇上最聪明的男孩。”爸爸说，妈妈立刻表示同意。他们异口同声地说：“这些教师都是哑巴，为什么不说句公道话呢？要不然，约翰尼应该可以升到高一年级的。”他们常常这样说，以至于自己都开始信以为真了。尽管事实上，约翰尼多次坚持不留级已经很万幸了。几乎任何一个私立学校的老师都可以证明，恰恰是班上那些比较笨的孩子家长最苛刻，麻烦最多，并且总是不断地批评教师。学校不能改变约翰尼的遗传基因和家庭背景。而家长，正如他们全力去做的那样，也不能用语言来改变一切。但不断重复某些话语让他们相信一切都“真实”发生了，而没有积极想办法为约翰尼提供就业方面确实需要的培训。

“同任何其他的品质相比，我认为忠诚更重要。”一个企业主管反复说。当我听到有人提到“忠诚”这个词时，我都会不寒而栗。我认识一个企业主管，他不断使用这个词。实际上这个人不仅对美丽的妻子和可爱的独生女不忠，对自己的哥哥也不忠。过去，哥哥除了给他大量公司股票，还给他有生以来最高的薪酬。可他却掠夺哥哥的财产，通过分公司进行欺诈，还用公司的资金而不是自己的钱进行赌博。在一个圣诞节的前几天，他在没有提前通知的情况下断然下令辞退了一名忠诚的员工，而这名员工有一大家子人需要供养。他对朋友和同事不忠，同时也背叛了自己。他似乎在用空谈忠诚的方式作为烟幕，我深信，他内心也许相信自己是一个忠诚的和被许多人误解了的人。

“贪婪是一种恶习，而贪婪的人总会要求多一点，再多一点，直到丧失一切。”这是我所认识的最贪婪的一个人经常重复的说教之词。他为人极其自私。而他对名利的贪求让人们对他非常反感，同时也把他当成了当地人尽皆知的笑话，因为无论如何，他的所作所为多少还会引来人们宽容的笑声。他那样表白自己就像一种催眠术。很显然，他确信自己很慷慨。

“我非常独立，你看……”一个年轻男子说。他已经快 30 岁了，十分唠叨。至今，他还没有足够的收入养活自己。父亲和朋友们都非常希望他能做些有益的工作，而他却辞掉了人们为他担保的一份份工作。你看，他就是这样“独立的”！

我们都十分熟悉那些自欺欺人的人，他们抱着一种“蚱蜢心态”，把活动错当成积极的进展，就像小狗追自己的尾巴一样；又和棒球投手差不多，向自己的手套上吐唾沫，掸手上的灰尘——玩弄棒球，准备动作看上去永远都是令人激动的，但并不真的往外掷球。

你一定很容易看出这些絮絮叨叨的通常有些神经质的男女，其实他们都是你的熟人，而且说个不停，很显然，他们不仅仅在言语上自欺欺人，还觉得这样反复谈论一件事就像在做这件事。

“半吊子”艺术家是精于唠叨的专家。作家，特别是那些不成功却自称为作家的人，常常通过大说特说的方式来蒙骗自己。日常生活中，你所见到的那些无能者往往是那些太多、太快、太贪婪地说着他们不甚了解的东西的人。

这些人中，有些人害怕安静，因为他们本性恐惧真空。另一些人一开口话语就像决堤的洪水，希望借此建立自尊并强迫别人接受他的观点。还有一些人仅仅是希望通过不断地说下去以证实自己认为正确的事情。他们很少能看到自己的问题，也很少能够解决任何问题，而是以隐藏和合理化的方式，就像是用一堵墙把现实封锁起来一样。

用类似的方式，消极者在生活中欺骗自己，也欺骗他人。他们是失败的和屡经挫折的无能者。相反，那些积极生活着的人，积极评价和面对现实，避开言语的迷雾、迷宫、阴霾和沼泽。当那些消极的人们仍盲目地在黑暗中原地打转的时候，他们早已勇敢地穿越了阳光和暴风雨，大步朝前进发了。

第 12 章

如何让梦想成真

无论你是积极的还是消极的，做白日梦都不失为一件快事。我们都离不开白日梦。看这个可怜的小职员，在白日梦里，他继承了一笔财产并悄悄买下了公司。有一天，他来到可恨的老板面前，幽默地来了一个布朗克斯式的敬礼，毫不客气地告诉他已被新老板解雇了——新老板就是小职员本人。罗伊·霍华德，斯克利普斯-霍华德报业连锁机构的天才领袖，一度曾是一个身无分文的报童，在大街上卖《印第安纳每日新闻报》。自从他进入这个行业的那一天起，他就一直梦想着靠卖报纸发财。女孩多丽幻想坐在一个帅气的男孩的车上——一辆光芒四射、崭新的带天窗的凯迪拉克。这个男孩开着车在她身边戛然停下，她弯下腰，他给她戴上沉甸甸的钻石项链，披上白金般的貂皮大衣，还邀请她一起坐私人飞机前往阿拉伯旅行，下榻在里兹-卡尔顿酒店的套房里。前不久，这个清秀的无名女孩——一个矿工的女儿真的就站在圣坛上同一位百万富翁喜结良缘了。

在白日梦中，每一个男人都可以做超人，每一个女人也可以做她最想做的那种人。令人惊奇的是，有许多男女，像罗伊·霍华德和那个矿工的女儿一样，他们把白日梦完全地或者很大一部分地都变成了现实。更多的人——可能也包括你——如果愿望足够强烈的话，也可以让美梦成真。那些培养了积极生活态度的人是可以把梦想变成现实的。那些神经麻木、消极生活的人则不敢做白日梦。他们不知道没有实际行动的幻想不过是一种威力巨大的自我欺骗，甚至比所有时代的鸦片和烈酒都更具破坏性。

在生活中，有两种截然不同的空想家：

积极的空想家。他为了实现愿望会积极采取行动，非常明确地、一步一个脚印地让梦想成真。他总是从细节入手来解决实际问题。

消极的梦想家。他不会主动采取行动去实现愿望，总是幻想着问题能奇迹般地得到解决。他们仅仅坐在那儿，用空想代替行动。

如果你是一个空想家，这没有关系，重要的是你要知道自己属于哪一种，要分清空想和积极行动以努力实现愿望之间的不同。在生活中，你让某些事情发生——具体发生什么，什么时候发生，在哪儿发生，如何发生，这些都有赖于你是消极的还是积极的，有赖于你在二者出现冲突时采取的解决办法。

这样的例子不胜枚举。尼娜·威尔科克斯·帕特南是一名家喻户晓的女作家，她周游过世界各地。当她还是一个少女的时候，就梦想着成为一名作家，于是，她努力工作以实现梦想。她相信美好的梦想值得为之奋斗，她必须为自己努力争取，而不能顾及消极的人们的反对。

“家里每一个人都反对我，”她告诉我们，“我的父母抢走了我写作用的必需品，我就从邻居那儿借，然后把自己锁在地窖里写。”由此可见，我们需要积极地追求梦想，以消除某些时候消极因素对我们产生的影响。

后来，尼娜开始写系列小说，这时，一个生病的亲戚住在她家。“当时家里的经济来源主要靠我。”她回忆说，“可我是一个女人，因此，家人觉得应该由我来照顾病人。我也想过留在家里，但我知道那会让我很伤心的，因为如果我想要成功，就必须写完小说。于是，我搬到旅馆去住，在那儿没有人打扰我，直到作品全都完成。

“家人激烈地反对我。我自己也怀疑这部备受指责写成的作品究竟会得到怎样的命运。但是我认为我做得正确。最后小说卖得很好，我用挣得的钱还清了医疗费。”

这样做是不是很无情？不是！如果尼娜不是为了实现梦想而拼搏，她就不会在年轻的时候就成为家庭的主要经济支柱。其他人在她成功的道路上设置了障碍，要她照顾生病的亲戚，可最后正是积极的尼娜付清了医疗费。她绝对不是无情的人。她赚到了钱，又把大部分钱花在了别人身上。可见，积极的行动不仅赚到了财富还让她的梦想成真。

做白日梦其实就是逃避现实——一次遁入虚构的乐土的逃避。当我们做白日梦的时候，我们在精神上的游乐园里追求快乐。想象如坐过山车一样，开始了欢闹的旅途，或者直上云霄，或者沉湎于情感的烂漫，这时，事业常常也会获得神话般的成功。人们每一次令人瞩目的成功都源于幻想，可是白日梦却有一个灰暗的名字。之所以如此，是因为失败也往往会追溯到白日梦和对成功的幻想，在空想中，许多人为了逃避，也有许多人沉迷其中，以至于梦想超越了现实，而且其思维已经变成了一种难改的积习。

在推演出相对论或原子分裂公式之前很多年，爱因斯坦一直沉湎于数学的美梦中。吉索斯在巴拿马海峡建成之前就梦想过有这样一条运河。莱特梦想驾驶着比空气重的机器飞行。米切切尔在创作《乱世佳人》之前，一直梦想着过去的南方。正是因为爱迪生一直梦想着电器装置发明的可能性，全世界的夜晚才会变得一片光明。莫扎特或贝多芬在名留史册之前也曾梦想着写出经典的曲目。

但是，在所有这些例子中，做着白日梦的都是那些能够采取积极行动把梦想变成现实的人。作为一个年轻人，乔治·凯特·马歇尔的梦想不仅仅是做一名普通的士兵，而是要成为一名伟大的战士。他努力争取进入西点军校学习，但是没有如愿。于是他来到了弗吉尼亚学院。不久，在一次偶然事件中，他被人用刺刀捅伤了，几乎死掉，他的梦想也几乎要化为泡影。但他康复了，他的梦想于是也复活了。终于，他成了美国陆军参谋总长和美国“冷战时期”的国务卿。在这个国家的历史上，每一位伟大的领袖都是一个有梦想的人，同时，他们还把梦想和积极的思考与行动紧密地联系了起来。

许多无能者的白日梦则是模糊不清和随心所欲的。他们只是在一个圈子中不停地转悠，就像一条狗追逐自己的尾巴，结果什么也得不到，却把自己累得筋疲力尽。对于上面说过的以及所有在现实生活中实现了的白日梦，都是做梦的人从思想的迷雾中一点点发掘出来，放在刺眼的检视灯下经过实际考虑和分析才最后确定了可以实现的。这样来看，我们需要积极地对待白日梦。积极的人每个白日梦都鲜活真实，而消极的人则让梦想胎死腹中。

积极的梦想家可能也一样常常会临时花点时间阅读别人的情感故事来逃避现实，比如看电视，欣赏戏剧，阅读精彩的小说，等等，或者干脆斜靠在扶手椅里，任凭思绪随意游走。但是，他会回到现实中来，关掉电视，离开剧院，把小说扔到一边，从椅子上站起来，回到工作中来。白日梦成瘾的人则不然，从未认真考虑过自己的梦想。宽慰的催眠曲说不定什么时候就会响起来阻碍他正视现实。一个梦破碎了，他会马上捡起一个新的来，他只是为了做梦而做梦。神话中保罗·班扬巨大的步伐在他面前相形见绌，真实生活中，他们犹豫的步伐纯粹是为了维持自身继续存在下去。为什么会这样呢？因为现实总是让他遍体鳞伤，而在梦中他便可以稳坐王中之王的位子。

一个人长期过度地沉湎于消极的白日梦，原因是多种多样的。

心理学家告诉我们说，每一个白日梦都是一个没有实现的愿望。每一个白日梦都代表了一个没有满足的欲望。沉睡时的梦境和白日梦本质上并没有区别，夜晚的梦有时候帮助我们明确思想和找到解决问题的办法。通过认真研究白日梦，人们可以获得它的价值所在，因为其中包含了愿望的成分，白日梦可以为人们带来宁静和快感。会做白日梦，实际上对身体也有一定的益处。

精神病学家告诉我们，经常失败的人之所以频频白日做梦，几乎总是和他们内心深深的自卑感联系在一起的。这种自卑的情绪，无论对错与否，都根源于他们羞怯和过于敏感的个性。这种性格的人会从这个敌意而友好的世界的各种竞争中退却，在斥责和拒绝的压力下退缩，白日做梦是他们弥补没有认真地对待冷酷的现实的方式。在白日梦里，他可以在摇曳的幻想火苗的温暖中感受到一些舒适，他可以虚构出一个世界，而这正合他异想天开的口味。

心理学家和精神病医生告诉我们，挫折是白日梦多产的父亲。一个童年时期被专横的父母管得过严或屈从于兄弟姐妹操纵的男孩，可能渐渐会觉得自己不如别人优秀和强大，也不如别人聪明。这样，他会非常沮丧和不满。但当他躲进白日梦中，自己就变成了胜利者和冠军，一切都会变得那么令人愉快。于是，他会越来越多地进入白日梦状态，这种痴心妄想成了他的慢性病。爱做白日梦的女孩可能梦想着在舞会上为众人所瞩目，获得那位全校知名的明星运动员的青睐——可在舞会上，那个男生甚至连看都没看过她一眼，而实际上，很多时候，她甚至不去参加舞会。她觉得没有合适的衣服与她的魅力相配。她感到自己完全是个失败者。她回到自己的房间里，躺在那儿，凝视着天花板，那些对于浪漫爱情的幻想让当红的好莱坞明星都显得青涩。这是快乐的体验。可如果白日梦成了逃避挫折的慢性病，等待她的就可能是失望的一生。由于个人的局限性和消极的态度，失望的妻子、犹豫的丈夫总是在他们事业受挫的时候来到白日梦的鸦片中寻求慰藉。

如果你有做白日梦的习惯，可能会自问，我要怎么对付那些白日梦呢？答案要取决于这个习惯形成了多久，促使它形成的早期经历到底有多么根深蒂固，你摆脱它的决心有多强烈。但有一件事是确定的：你不可能一边培养它，一边摆脱它；你必须积极地进攻它、打败它和控制它。

有些人长期活在白日梦中，如果没有别人的帮助，很难找出自己躲在梦中寻求安慰的原因。因此，他们一定要去专业人员那里寻求帮助，探究无意识记忆，从而挖掘出这种习惯养成的根源。

路易斯·E. 比斯奇博士引述了一个 36 岁的妇女的案例。这位妇女对以往的婚姻极其绝望，因为感到自己备受挫折，一无是处，在精神上一直处于抑郁状态。

“告诉我你想做什么。”比斯奇博士这样指导她说。

“你是指我的白日梦吗？”她羞怯地问，“很多，也很牵强，大多数都和爱情与婚姻有关。我早先提到过，我会做饭，缝纫，我还会洗盘子——就这些。”

比斯奇博士接着提问：“你很清楚这些你都不喜欢。让我们来看看你的白日梦有没有实现的可能。”

是的，这位年轻的女性曾以为自己想拥有一部车，想要旅行，渴望别人羡慕她的舞技，希望自己有一双褐色的眼睛，体重再减轻 15 磅等等。很自然，那是很多平平常常的白日梦，梦想着一个高大、俊朗、富有和完美的恋人，她能成为他的妻子，梦想着一起住进一所漂亮的房子，那里有仆人，各种东西应有尽有。

可是，这些似乎没有一项可以马上实现，满足她个人的愿望。因此，比斯奇博士催促她往前追忆，努力回想一下过去的那些白日梦，可能10多岁或者20岁早期时候的梦想。

“我一度想成为一名服装设计师。”最后她说道。

“为什么不呢？”心理治疗师追问道。

“我父母没钱供我上学，当时我也太小，没有经验，不懂得亲身尝试一下。”

“如果在你年轻时那种做设计师的愿望非常强烈，我敢说现在仍然如此。”

“是这样的，”她叫起来，“真是奇怪了，过去我怎么没有想到这个呢？现在我付得起学费，我想我真会去学的。”

无须赘言，即使过了许多年，即使这个女士已经忘了这个愿望，但这仍是她压抑的根源。于是在白日梦里，她希望实现各种各样的愿望。也许直到有一天，她学会了选择具体的梦想，并且积极地实现它们她才会快乐起来，否则，失败会一直这样困扰她。

白日梦的力量是众神给我们的礼物。正是误用了白日梦，我们才连续受挫和失败。大梦想家错就错在想把美梦一下子全部实现。他们梦想得到更多的权力和财富，这实际上超出了他们的能力，因为一个人能做的实在有限。

万特比·比格奎克先生在一家汽车制造公司里做一项不重要的工作，他不注重学习和处理工作中的细枝末节，日子只是勉强过得去。他总是认为这些小事不重要。每一次他申请做部门领导都会被拒绝，因为他根本没有为此作好准备，他反而责怪上司，他幻想着有一天自己成了公司的主管，朋友们就能看到他是一个多么优秀的人了。

尼古拉斯·德雷斯达和万特比·比格奎克在同一个部门工作，23 岁，是一个在乡下长大的移民。作为一个积极工作的年轻机械师，他有梦想，但是目前，他还是安心地做好本职工作，学习处理每一个部门工作上的环节。

尼克拉斯适度地去梦想未来，特别是具体到个人问题上，他不会要求所有的梦想立即全都实现。他被聘为凯迪拉克芝加哥地区销售经理，后来这个年轻人又被选调到底特律的总部办公室，成为通用公司的副总裁。后来，57 岁的他受聘掌管全世界最大的汽车生产商雪佛兰汽车公司。而万特比·比格奎克，至今仍是一个令人失望的机械工，仍在梦想着有一天成为一个大公司的领导人。

有时，人们会到精神病专家或者心理学家那里寻求帮助，其实医治白日梦很简单，常见的自我分析法就可以奏效。如果你认为自己的生活被扭曲了，长期以来你一直被消极的白日梦控制着，无论如何，你都应该到一位优秀的专业人士那儿接受帮助。可如果你怀疑自己完全陷入了太多的毫无意义的白日梦，就应该做一些自我分析，并如实回答下面的问题，这会对你有所帮助。阅读和回答每个问题时，务必冷静和客观。记住，你没有必要把答案给谁看。这是你自己的问题，你自己的分析，所以请你不要自己骗自己。

1. 生活中我是否有非常明确的目标？为了实现这个目标，我采取过什么具体行动吗？

2. 如果我想实现全部目标，我下定决心通过四步或五步具体措施争取尽快实现其中最迫切的一个目标了吗？

3. 如果我确定了具体步骤，我尽全力争取了吗？或者我只是蜻蜓点水式地试过几次？

4. 在实现最迫切的目标的过程中，每次在我遇到障碍的时候，我真的全力以赴了吗？或者我心甘情愿地接受了一切，弃械投降了？

5. 我努力地尝试过完成那些自以为无望的事吗？

6. 我什么时候努力地尝试过——那是多久以前的事？

7. 如果我失败了，确切地说，为什么输掉了？是因为有些事情我根本无法掌控，还是因为我没有积极地做好准备？

8. 我是否有实现某一目标的强烈愿望？

9. 我第一次认为自己没有能力实现目标是在

什么时候？（现在你要诚实，因为你可能总是降低对自己的要求，早早地举起投降的旗子。）

10. 为什么我会确信自己无法实现目标？

11. 我深信的理由有合理性吗？或者说，如果我积极行动，努力争取，有没有可能克服它呢？

12. 我是否有理由相信那个原因或者那些原因现在仍然真实存在——或者说，其中某些原因其实早就消失了？

13. 与他人竞争的想法和现实是否使我感到苦恼和焦虑？

14. 如果的确如此，具体说来，我害怕什么呢？为什么？如果我所担心的事情应验了，是不是就意味着我彻底完蛋了，或者对我也不会有什么损失，不过是暂时的尴尬而已呢？

15. 阻碍我实现愿望的担心是否仍然存在？

16. 如果我的目标很容易地实现了，它会不会同我过去的信念发生冲突？无论怎样，我会感到内心不安吗？我能满怀信心地面对它吗？（我认识一个人，月薪 1 万美元，在成为分部总经理的时候，他觉得很犹豫，要知道，2500 美元的周薪是他梦想已久的。在他看来，他和妻子会因为新工作的责任太大而不开心，正是出于这种自我强加的限制，他拒绝了那个职位。）

17. 有多少限制是自我强加的？即使不能克服这些限制，只要我积极行动，有没有可能克服其中的一部分？

18. 我多长时间做一次成功梦，但却不积极地采取行动？

19. 我有多长时间没有主动争取自己值得争取的，并且也是完全有资格获得的东西？

20. 除了日常工作，我是否花了很多时间在做白日梦，却没有准备好去实现它们？（很多人梦想着成为一名成功的作家。有些人脚踏实地地干了五年，理所当然地成功了，与此同时，另一些人只是幻想着有一天能成为文学家茶会上的荣誉嘉宾。著有《战云约旦》一书的简·史特瑟斯在世界各地都受到盛情的款待。她说，她真的十分享受这种写书成名的生活，但是实在不喜欢写作。空想家愿意享受功成名就的幸福，却从来不愿全身心地投入到写作的实际工作中去。）

21. 我多久才表白一次自己的白日梦，把我打算好的要做的事说出来让大家知道，可是也只是那么一说，最后，几乎总是光说不做？

22. 我是否太渴望获得巨大的成功，于是，忽视和放弃了微小的成绩，实际上，要想获得成功需要一点点地从头做起？

23. 我是否梦想着得到一个更好的工作，更高的薪水，除了日常工作以外不做任何努力？（大多数人最高的追求是在当前的职位上继续混下去，被动地等待加薪和升职的机会。他们不思进取，给多少薪水就拿多少，多半是因为自我强加的限制和消极的思维方式。）

24. 我是否从心理上就不想努力，等待着梦想成真？（心理学家威廉·莫尔顿·马斯顿用了两年时间调查了 3000 人。他非常震惊地发现，同样是回答“你为什么而活”的问题，94% 的人表示他们在忍受现在等待将来；等到某人过世；等待“那件大事”的到来；等待孩子长大离家；盼望明年；等待梦想已久的旅行；他们等待明天，可是这样回答的人却没有意识到每一个人只有今天，昨天已经过去，而明天永远不会到来。）

结合你的实际情况仔细反思一下。毫无疑问，你也需要认真地对待其他类似的问题。通过这次自测，你就能清楚地明白，一个人除非积极地行动起来，否则梦想永远都无法成真。

按照下面的步骤来做，你就会开始一个更加积极的生活。

第一步：当白日梦不断地侵扰你时，你要抓住它的耳朵，盯着它的眼睛，检查它的牙齿，全面地分析它。

如果你的梦想太大或者超出了你目前的能力，那就把它打成可以应付的碎块。接着，关掉胡思乱想的开关，计划如何完成当前可能做好的工作。如果你梦想成为一国的总统——其概率微乎其微，你可以谋求在自己所在的社区或者村子的管理工作中做一点事情。先让梦想中的一部分成真，这样，你就会在实现它的过程中感到快乐，而不是像过去那样期待着实现全部的梦想。

如果你的梦想是“赚一百万”呢？那也一样，积极地行动起来，先赚上第一个 100 块，然后赚上第一个 1000 块。除非继承了一大笔财产，大多数百万富翁都是这么走过来的。你还等什么？

第二步：做更多的美梦吧，可你要下定决心，积极行动起来让美梦成真或者争取应得的部分。

如果梦想太多，从来也没有积极地去实现哪一个，那就忘记它们，用可以实现的、能给你带来机会的梦想取而代之，然后行动起来。

塞姆·布利斯基是一个移民的孩子，17 岁，住在特拉华州的威尔明顿。他去找工作时，工头说：“每周 5 美元。”男孩说：“好的，我可以马上开始。”他梦想着有一天自己做老板。于是，他开始存钱。在芝加哥，他遇到了贝蒂·普罗斯克，一个朋友的妹妹。塞姆后来说：“当我第一眼见到她时，我就知道我注定要娶她。”的确是这样，他告诉她自己的梦想。还说，如果有一天，她打算嫁给老板，他就是那个能为她赚钱的老板。这条路对他来说的确艰难。一次，医生告诉他只能活 6 个月了，这可不属于他的梦想。1923 年，他创立了自己的公司。10 年后，他成了一名出色的置换散热器生产商。他还生产汽车加热器。他在芝加哥的公司专门生产照相机和摄像机——那是一家了不起的企业。他的工人收入很好，因为他给的薪水高。工人们都很爱老板，都是他的朋友。就这样，他非常积极地、一步一个脚印地走过来，把梦想变成了现实。也有数不清的人却没有这样做。你还在等什么?

第三步：要想清楚，白日梦不过是想象，它像小马一样在原野上疯跑。

仔细地观察它，悄悄地爬到它的背上，给野马一样的白日梦套上缰绳，驾驭它，就像其他有创造力的人一样，你完全有能力做到这些，从一些较为重要的工作开始做起，为建设性的变化打下坚实的基础，努力追求生活为我们留下的财富。你争取你应得的那一份了吗?

你做好决定了吗?你真的采取过连你都认为有必要的积极行动吗?

阿尔伯特·维格曼，20 世纪最受人爱戴的演讲家。也许你聆听过他五千多次演讲中的某一次，或者读过他无数颇具影响力的书籍中的某一本，或者看过他撰写的报纸专栏《探索你的心灵》。当阿尔伯特还是一个孩子时，他就梦想着成为一个演讲家和作家。至今他还记得第三次上台演讲的情形，演讲的开头是“亚当斯和杰弗逊已经成为过去”。阿尔伯特走上台，鞠躬施礼，表情严肃地开始演讲:“亚当斯和杰弗逊已经成为过去，”然后他就变得结结巴巴再也说不出一个字。他又鞠了一个躬，在喧闹和羞辱的掌声中坐了下来。可他依然心怀梦想。抱定了这样一份决心，他终于成了全国最受欢迎——也是报酬最高的演讲家。你的梦想是什么?你又打算如何实现它呢？

第四步：只留下一个可实现的梦想。

毫无意义地做白日梦可能已经成了你的一个快乐的习惯。在每个白日梦进入你的意识时，要下定决心让它止步，分析一下现在有没有实现的可能。如果没有，就赶走它。你心里一次只能容下一个梦想。赶走其他白日梦，认真考虑怎样积极地行动起来才能解决当前的问题。微笑着面对那些空洞的幻想，如果你愿意，你可以宽容地，也可以愤怒地警告它们，你现在很忙，有很多重要的事要做，没有时间搭理它们。它们不受欢迎。告诉这些渺小的来访者，你在思想上已经彻底改过自新。每次当它们来敲你的心灵之门时，你要用积极的心态去面对它们，迅速地把它们堵在门外，“今天有什么积极的新礼物带给我吗？没有吗？那么请出去……”这样做有点儿蠢，是吗？不是的。这可以帮助你彻底去除徒劳地做白日梦的习惯，否则，那才是愚蠢呢。

苏珊是一个事业心很强的女孩。因为工做出色，她得到了晋升的机会，可是因为同异性交往受挫，她开始做白日梦。她表现得十分懒散，不愿与人交往，日复一日，整个人完全沉迷在白日梦中，不愿去面对现实中的一切。在幻想中，她是一个完美而美丽的神话中的公主，那些骑着雪白的战马、身着闪亮盔甲的骑士们纷纷追求她。工作实际和梦境之间形成了鲜明的对比，她抵触改变现状和纠正自己。于是，她被解雇了。糟糕的处境加上后来一位精神病专家的话使她明白，做白日梦是愚蠢的。她彻底告别了梦中来访的白马王子们，重新找到了工作，并且还加入了两个社会团体。实际上，她很善于装扮自己，作为一个销售人员，苏珊看上去非常得体。虽然，她没有经历过教堂婚礼的仪式——有十多个伴娘的陪伴，缓缓地走过教堂的过道，但在证婚仪式上，她真切地说出了“我愿意嫁给你”的话。如今，现实中的她有了一个小宝宝，照顾孩子让她忙个不停，甚至累得满嘴胡说，可正是这种生活方式，让她开始更多地憧憬着自己的未来。

第五步：找到值得你坚持的梦想，并为之努力奋斗，争取成功。

第13章

赞赏的积极魔力

The
Power of
Positive Living

不抱怨的世界

幸 福 生 活 需 要 的 日 常 心 理 学

我认为赞赏是词汇表里最重要的一个词。当我们理解并且积极地运用了它，赞赏就是最美的和最有力的一个词，同时，它也是所有词语中最容易被忽视和滥用的一个词。我想，在人们追求和谐而满意的生活方式中，不可能再有另外一个词比它具有更神奇的力量了。

如果你真正充分领悟到了赞赏的宽度、高度、深度和质量，你就抵挡得住生活中的任何打击，你就可以飞得更高，实现心中所有的愿望。一旦你完全学会了赞赏，你就拥有了一个尽在掌握之中的最美好的世界。因为在这个词语中，蕴含着美好的信念，伟大的理想，仁爱之心，以及所有的成就—— 一个有影响力的人的要素——成为一个可以赢得最广义的爱，反过来也有能力去爱别人的人。

你最深的渴望就是得到赞赏。没有了赞赏，其他的基本渴望对你来说实际上都没有意义。没有了赞赏，食物便失去了它的美味，饮品也不再提神醒脑，栖身的地方没有了舒适感。就如前面各章谈到的一样，没有了赞赏，你就无法满足自己在社会认可、美满爱情和自我肯定三方面的需要。正是赞赏赋予了你生活的真谛。对你的赞赏只能来自别人，吸收这种养分的最好方式是，你要慷慨地赞赏他人，正如你我一样，他人也渴望得到赞赏。

赞赏不单单是一个词。如果你猜透了它，它会具有一种神奇的魔力。几百年前，罗马人造了appretiare这个词，意思是“评判”、“评定价值”，从pretiare（评价），到prize(奖赏)，和pretium（价格）、price(价格)，从这些拉丁词语中，又派生出了英语单词“appreciate”，意思是“确定一种事物的价值，充分尊重某种价值”。现代词典编纂者们这样界定它：“表示赞赏的行为——赞许的判断和评价……”

这里，我们从正反两方面来探讨这个词。请注意“赞赏”这个词的正面意义，它的同义词有：尊重、评价、奖赏、重视、赞赏。而它反面的同义词有：贬低、轻视、愚弄、错误地判断、轻蔑、低估。

你、我以及我们接触到的每一个人都与生俱来地渴望受到尊重，渴望他人的评价能够真实反映我们的价值，我们需要的是正面的赞赏。我们不是凝视水晶球的预言家。我们需要反复地证实自己。慷慨地表达感激和善意，你对赞赏的领会力、表达力和运用能力可以被最大限度地激发出来。自我赞赏不过是一份未经调味的食物。我们需要别人的赞赏。作为一条深入指导我们积极生活、思考和行动的原则，赞赏他人是我们赢得他人赞赏的最好办法。

伟大的诗人海伦·亨特·杰克逊写下了发自内心的最美好的充满激情的诗句："如果你爱我，请你告诉我；安静的国度无边无际，胜似来生。"这里，你不需要精妙地想象，就能听到"如果你爱我，就把它告诉我"这种世世代代以来一直回荡在千百万人心里的呼唤——直到今天，仍然是无数人心灵的渴求。

你不可能直接地走到乔或者珍妮·多克斯面前说："请你赞赏我吧。"但是，你可以在恰当的时机表达你对他们的赞赏之情，然后非常明确地表达你希望得到对方的赞赏。有时，这会使得接受者感到羞怯，不会立刻做出反应，但往往这种表达方式会融化对方的含蓄和缄默，你期待的善意的赞赏也会随之而来。

似乎世人都害怕表达感激之情。也许这种不情愿被那些愚钝的人解释成温柔、软弱，或者我们害怕赞赏别人破坏了肯定自我的需要和自尊感。其实大可不必如此。赞赏是良好的性格之花。只有那些未经教育、没有教养、情感不正常的粗鄙之人才会没有表达赞赏的能力。

不过，许多人在展示出色自我上多少有些笨拙，尽管他们渴望自己出色的一面为人承认。詹姆斯·奥尔德雷奇在一个故事里给我们描述了这种笨人，这个故事至今在伯克利社区里仍为人们津津乐道。

有一个人刚从城里搬来不久，家里的烟囱就着火了。正当他无助地盯着穿过墙壁的火舌的时候，传来了一阵敲门声。他的邻居来了。

“有麻烦，嗯？”这个邻居问。“给我取一把斧子来吧！”

邻居迅速地帮他砍开了烟道口处的灰泥，让烧焦的支撑架裸露出来。“马上给我拿一桶水！”这个邻居命令说。

大火被扑灭了。这个当地人一句话没说就离开了，城里来的人以为他不会回来了呢。可是几分钟后，他回来了，还带来了一袋灰泥、一卷壁纸和一些铁丝织网。他精心地把织网罩在烟道口上再抹好灰泥。

“晚上我再来。”他说完就离开了。

那天晚上，他又帮忙贴好了壁纸，并微笑着说：“我家的房子是我自己裱的壁纸。你真够幸运，还剩下一卷没有用，不是吗？”

不到 10 分钟，所有的工作都做完了。可就在他要离开的时候，主人直奔主题，问道：“我该付给你多少钱？”

这个当地人轻蔑地看着他。

忽然他说：“一分都不要！难道一个人想做个好邻居还不行吗？”

说完之后，他重重地带上了房门，回家去

了。这个城里人没有忘记这一友好的举动，他等待着表达感激的时机。

冬天到了。有一天，外面很冷，他的机会终于来了。那天早晨气温在零度以下，从窗户向外望去，他注意到这位邻居正想发动汽车。可是车子怎么也发动不起来。

这个城里人很快从车库里把自己的汽车开到了邻居的院子里，挂好拖车用的绳子。两个人谁也没有说一句话。车子启动以后，城里人收拾好绳子，开车离开了。

第二天早晨，邻居站在他的门口，问道："我要付你多少钱？"

这正是城里人等待已久的。他回击道："一分都不要！难道一个人想做个好邻居还不行吗？"

"猜你会这样说。"这个当地人说道，然后微微一笑就回家了。

善意和感激这种积极的行为早晚会得到回报的。即使这种回报你没有觉察到，你也不应该不思感恩。你可以好好反思一下几个世纪前明智的观察家马可·奥勒留的哲学思想，他在日记中写道："今天，我要会见一个人，此人厚颜无耻，忘恩负义，还夸夸其谈。很显然，这些人就是这样，所以我也没有什么好惊讶和困扰的。"

当我们获得别人的赞赏时，可能会告诉别人这种充实感有多好，但很多时候，我们想当然地认为慷慨的人们会理解我们的感受。有些妻子从没听过爱人亲口对她们说："我爱你。你是善良的。你是慷慨无私的。"这些强壮而沉默的男人也许情愿为他们爱着的人去死，而对他们所爱的人来说，他们需要的不是死而是爱——正是这种口头上的表达能让生活充满阳光。

我们应该这样生活，这也正如大卫·格雷森所做的，在晚年时我们不会说："回顾过去，很多时候我爱过，却没有讲出来，为此我追悔莫及。"

没有人伟大到不需要别人的赞赏并从中受益。威尔逊总统的秘书约瑟夫·P. 图摩尔第谈到了发生在白宫的一件事。那时候，威尔逊正处于权力的顶峰。西部一家地方报纸的一个无名编辑寄给他一封信，在信中那个人表达了他对总统所做的一切的赞赏之情。图摩尔第描述说，当时威尔逊总统眼里含满了泪水，说："这个人理解我所付出的一切努力。"

表达赞赏是善良的精髓，以往，我们总是有与众不同的事发生时才肯开口称赞，其实，日常生活中，在小事上的赞赏之情包含了丰富的内容。有一个酗酒成性的人表达了强烈的自杀愿望，他做了自己该做的一切，努力拼搏，为妻子和孩子提供漂亮的房子，还有汽车、乡村俱乐部和奢侈的花销，可是他确信家人都看不起他，只不过把他当做一个支票簿而已。"他们总是不断地向我伸手要钱，"说话的时候，他一口气喝光了一大杯威士忌，"可是上帝啊，请你帮帮我吧，一年到头他们连一句赞赏的话都没对我说过。难道他们中就没有一个人能说一次，哪怕只说一次——停下手中的事，对我说，哦，爸爸，你真的很棒？”

不要等着去表演惊人的赞赏之举，微不足道的小事就值得你做，就像无名诗人的短诗《小事情》中所写的那样：

如果我的只言片语
会让你的生活更加灿烂
如果我随口哼唱的小曲
会让你忘记忧烦
上天啊，请你帮我把那只言片语
还有点滴的歌声
带进某个孤寂的山谷
让回声从此传扬

如果我微薄的爱
会让生活更加甜美
如果我的一点关怀
会让一个朋友心情愉快
如果我无意间的援助之手
可以减轻别人的负担
上帝啊，请赐予我爱、关怀和力量吧
我要去帮助我辛劳的兄弟

如果你爱他们，就告诉他们！
如果你喜欢他们，就告诉他们！
如果你赞赏他们，那就告诉他们！
但说的时候你要认真！

查尔斯·施瓦布因为不理解别人而没能一年赚到上百万的利润。他懂得人们渴望他人的赞赏的道理。他说："要学会衷心地去赞许，慷慨地去夸奖。"

著名作曲家汉德尔·M.丽贝卡·佩里理解同样的原则。他给我们讲述了宗教剧《救世主》在伦敦表演时彩排的情况。合唱部分结束了，到了女高音独唱叠句部分的时候了——"我知道，我的救世主永生……"她的技巧无可挑剔——呼吸节奏合理，精确的音准，完美的诠释。可是当她完成了最后一个音符时，汉德尔止住了乐队，难过地说："我的孩子，你不知道救世主是永生的，对吗？"

"怎么啦，不是的。"独唱演员结结巴巴地说，"我想我知道！"

"那就唱出来吧！"汉德尔斩钉截铁地说，"唱出来，这样我以及所有听你演唱的人都将知道你感受到了内心充满的力量和喜悦。"

接着，他指挥乐队重新演奏了一遍。这一次，她唱出了心中饱含的情感。没人关心掌声的多少，只有优美的歌声，听众们忘记了这是歌唱家在演绎作品，在乐曲传达出来的思想的神韵中全都流下了眼泪。表演结束了，伟大的作曲家眼里噙满了欢乐的泪水，走到她的面前，亲吻了她的额头。“你真的知道，”他低声说，“因为你已经告诉了我！”

善良从赞赏的灵魂中迸射出来，那一束光芒消除了任何蒙羞和失败的传染病原。只有善良的心灵才是真正伟大的，因为这个世界永远亏欠他们。马来西亚有一条谚语说，一个人可以偿清黄金的债务，但却到死也亏欠那些善良的人。

赞赏的善行是博爱的一课，也是礼节的第一要则。罗伯特·勃朗宁理解这一点。一次，他的儿子，一位艺术家，举办个人作品展。这期间有一天，儿子不在，诗人亲自接待贵宾并带领他们参观展览。有一会儿，他丢下这些客人去迎接一位不速之客。

勃朗宁伸出手问候的时候，刚到的这位客人很尴尬，结结巴巴地说：“哦，对不起，先生，我实际上是一个厨师！巴雷特先生要我来看看他的画。”

“很高兴见到你，”诗人热情地笑着说，“挎上我的胳膊，我来带你参观。”

另一个善于理解他人的人是好莱坞著名的电影巨头路易斯·B. 梅耶，他因为拍摄“六分钟电影”而享誉世界。可是，在电影帝国里，很多人都知道他在伟大的女演员玛丽·德莱斯勒罹患重病的最后日子里几乎每天都过来看望的事迹。为了鼓舞玛丽，给她希望，每次探视他都带着剧本过来，和她一同讨论这部戏将来可能会如何表演。他知道，她离开病床的机会几乎为零，可他还是没有因为忙碌而忘记这个善意的苦差事。

一个人单单有骑士风度，可能还是会被淹没在人群之中，但如果他用善良把自己武装成骑士就很容易被人认出来了。巴特尔·弗里尔爵士就是那样的人。当他还是孟买总督的时候，他太太在男仆的陪伴下，去拥挤的车站迎接他远道归来。她让男仆去找一下巴特尔。

“可是我怎样才能认出他呢？”仆人问道。

“只要你看到一个高个子先生在帮助别人，就找到了。”她说。

仆人淹没在人群中，不需别的识别方式，他很快发现有一个高个子男子正在帮助一位上了年纪的女性从汽车里走出来。于是他找到了巴特尔爵士。

赞赏的善行就是高尚地付出。正如马克·吐温所说的，那是一种聋人可以听到、盲人可以阅读的语言。伟大的女演员萨拉·博哈德特理解这种语言，无论它变成什么形式。在客厅的一张不为人注意的桌子上，她放着一个装满硬币的碗。一天，一位访客注意到有些客人临走时会静静地走到那儿取走一些硬币。这个善于观察的客人迟迟不走，等到客人走光了，他向博哈德特询问碗的事。

“我所有的朋友，特别是那些需要帮助的朋友都知道碗就摆在那儿。”艺人解释说，“他们明白我为什么把碗放在那儿。这样，他们就会得到一些必要的帮助，而不必尴尬地求我。”

但是一个人不必为了追逐名利而醉心于这门优雅的艺术。马里昂·希姆斯给我们讲了一个小朋友的故事。小女孩似乎天生就懂得这一点。她的零花钱花光了，没有钱给姐姐买生日礼物，可她找到了一个好办法。

当姐姐打开生日礼盒的时候，发现了一个系着丝带的信封。打开信封，里面有三张纸，上面工整地写着礼单：

> 洗碗——两次有效；
> 铺床——两次有效；
> 擦洗厨房地板——两次有效。

在接下来的日子里，姐姐享用了她精心设计的礼物。

沃尔特·彼特琴给我们讲述了另一个聪明人无私付出不计回报的例子。王海普在内华达矿区的一个小镇上经营着一家小店和一家餐馆。战争到来的时候，镇上所有的人都离开了这里。尤其是青年人，很多都要被征调入伍，所有的生活服务设施也都要被征做战时工厂。以前，镇上每个人在王海普这里购买生活用品和肉类时都赊账。因此，人们突然间离开肯定会毁了他的事业。当地人都在猜测他到底会怎样处理这种局面。

王海普为朋友和顾客们举行了一次告别宴会。镇子里的人都确信他会巧妙地暗示客人们还钱。实际却不是那样的。

这顿中国式的晚宴令人赞不绝口。吃过了甜品，王海普走到门旁，同离开的客人一一握手，送上临别祝福的一刹那，他巧妙地塞给每个人 5 美元。

“可是，王海普，”一个老前辈说，“你这是为什么呢？所有人都欠你很多钱，如果收不回来，你会破产的。你为什么还要送给每个人 5 美元呢？”

“这让我脸上有光。”王海普回答。

你最近做过什么让你脸上有光的事呢？

什么也没有做过？

为什么呢？

是因为你很久没有得到别人的赞赏吗？塞缪尔·利博维茨是一位伟大的刑事律师，他从电椅的极刑下救下过 78 个人，可这些人没有一个送他一份圣诞贺卡。退役水兵阿特·金建立的“广播就业中心”广播电台帮助过 2500 名退伍军人觅得高薪职位，人均年薪多达 1.2 万美元，他本人却只收到过其中 10 个人的感谢。有一个名叫拿撒勒的男子治愈了 10 个麻风病人，也只有一人真诚地向他表达过谢意。

不愿用言行表示赞赏，似乎是人性中最顽固的一部分，这同人们渴望得到赏识一样。不要期待赞赏，请表达你的赞赏吧。如果你有一颗智慧的心，你就会懂得去赞赏。赞赏的面包送给饥饿的心灵会得到什么样的回报呢？它将帮助你积极地生活。它会让你容光焕发！

第 14 章

世界上最重要的事情

The
Power of
Positive Living

不抱怨的世界

幸福生活需要的日常心理学

世上最重要的事情就是信念。信念是内在的积极性。世上没有消极的信念，这一点绝对不容置疑。找遍整个世界，怀疑和消极的黑暗都不足以扑灭积极而勇敢的信念之光，哪怕后者非常微弱。

究竟什么才是世上最重要的事？我们应该如何定义它呢？

据说哪里有知识，哪里就有信念。

据说信念会让你相信现实中总有奇迹发生，超乎想象。

韦伯斯特字典里解释说，信念就是“把精神现实和道德原则看作至高无上的权威和价值”。

约翰·韦斯利问一群朋友什么是信念，没人能给出令人满意的答案，他向一名很有灵性的女子请教：“什么是信念？”她只回答说：“按上帝说的做。”于是这位著名的牧师答道：“那么我们所有人都有信念。”

从这些或其他的定义中选择一个适合你自己的。但不管你是否意识到，日常生活中你的思想和行动都基于某种信念——相信定时钟一定能唤醒我们，相信打了包的早餐是卫生的，相信汽车启动装置可以正常工作，相信火车是安全可靠的，基本上信任朋友、同事和所爱的亲人都是诚实可靠的，没有平凡的信念和勇气，生活将会失去意义。

至于我，我笃信“信是所望之事的实底，未见之事的确据”。

所望之事，未见之事！我有一个崇尚科学的朋友，他对信念的力量持怀疑的态度。尽管不做礼拜，在日常生活中，他表现得比那些基督徒还要虔诚。但是，他盲目崇拜“科学证据”。作为业余爱好，他种花，还养了一些鳞茎植物，几个月后鲜花都盛开了。很久以来他一直想买一台电视。他填了一张支票买了电视机——这张支票本身就是看不见的现金。现在，他旋转按钮，就能证明演播室播出的节目现在在起居室就可以看得到。在信念的支配下，这个人所崇拜的科学证据出现了——信念先于现实。首先要对看不到的所望之事抱有信念和幻想，然后就会诞生由该信念的力量所产生的科学证据。昨晚，这个善良的人自豪地给我看一束精选的海棠，这束海棠是在培植过程中无意间被留下的丑陋的小鳞茎发出来的。他觉得这花很漂亮，我表示同意。他信心十足地说，花很美是不存在异议的。我表示赞同。我没让他拿出科学证据证明花是美丽的。他的妻子在珍爱的钢琴前熟练地弹奏，我没让他给出科学证据证明音乐是美好的。无论他去哪儿，他 10 岁的女儿总是用崇拜的目光望着他，要他抱她亲吻她，跟他说晚安。幸福让他双眼发亮。我并没要他拿出科学证据证明孩子非常地爱他。

不知怎么，这位崇尚科学的朋友回忆起路易十三的掌玺大臣沙托纽的故事。沙托纽以对宗教虔诚而著称。在他只有 9 岁时，同一个可笑的贵族讨论宗教问题，那家伙用一些具有挑战性的问题难为他，最后说："如果你能告诉我上帝在哪儿，我给你一个橘子。"

"先生，"男孩回答说，"如果你能告诉我上帝不在哪儿，我给你两个橘子。"

我拿不出科学的证据证明信仰是装在口袋里的真钱，但我可以给你讲一个真实的故事。有一个很瘦弱的小伙子，过着食不果腹的日子。他给格林威治村晚餐表演写短剧，每天得到的只是一顿饭的工钱。即便如此，因为就算观众很容易应付，这顿饭钱也很难挣下去。他的早期工作就是这么不尽如人意。

那家餐厅的老板决定给这个年轻作家一点忠告。他说："现在我供你吃，如果你没有一份真正的工作，实实在在地赚钱，总有一天，你会挨饿的。"

短剧作家说："我已经拿到实实在在的钱了。"说着，他把手放在口袋里，好像真的有硬币发出叮当声。

"呸，哪有实实在在的钱！"老板说。

"我相信自己，信念就是我口袋里的钱。"小伙子说，"相信自己——那就是你口袋里的钱！总有一天，我会成功的，那些大人物会邀请我去最好的地方吃饭，我也会让他们来你这里用餐，因为你是我的朋友。"

餐厅主人耸耸肩没有再说什么。年轻人笑着谈到了信念之币，后来的他仍然按自己的方式生活着。几年过去了，有一天晚上，英格兰著名外交官安东尼·伊登来到了这里。记者们错过了他，在许多大宾馆里都没有发现他的行踪。可是一位很敬业的记者还是发现了他。尊贵的安东尼·伊登夫妇正在一家小餐馆就餐。他和餐厅主人谈到，是他们非常珍视的朋友、著名作家诺埃尔·考沃德让他们来这里用餐的。这正是考沃德几年前曾经答应过这位老板的。

诺埃尔·考沃德不是唯一坚持信念的人。很久以前，施莱戈尔就说过："在现实生活中，每一个大企业起步阶段首先要考虑的就是信念。"作为美国心理学的先祖，威廉·詹姆斯的智慧惠及了几代人，他有一句名言："正是对刚刚起步的前途未卜的事业的信念保证了我们的冒险得以成功。"

没有人会拒绝内心的宁静以及信念的积极力量。信念等待你去索取。如果今天你就能拥有信仰，它马上就会发挥神奇的作用。因为信念是积极的，它能消除消极的疑虑，它是积极心态的基本点。爱尔兰诗人和编辑乔治·罗素深知这一点，他说："我们习惯于沉思。"马克·奥勒留说："人的生命是由思想组成的。"拉尔夫·沃尔多·爱默生也说："我们存在于思考之中。"经过多年的研究和观察，西北大学前校长沃尔特·迪尔·斯科特认为："事业的失败或成功不取决于心理能力，而取决于心理态度。"

著名的精神科专家斯迈力·布兰顿博士说过，如果你缺乏或丧失信念，那就意味着你生命本身的终结。

布兰顿博士在他的《坐标》一书中这样记述道："最近，我遇到一个女性，她刚做完大手术，恢复得也很好。她认为自己的婚姻很美满。但大约术后一个星期，她的丈夫来到医院通知她离婚。突然之间，她的信念化为乌有，沉重的打击摧毁了她的生活，她开始发烧并拒绝进食，几天后，她开始长时间昏迷，后来去世了。"

没有发现导致她死亡的任何生理上的原因。但她的信念已经被摧毁了，没有了信念，努力活下去对于她来说也就毫无价值了。

当我们对自己缺乏信念，放弃生存权一样会致人于死地。大卫·哈罗德·芬克博士，《消除神经紧张》一书的作者，向我们讲述了一个年轻的高尔夫球手的故事。他是这项运动的高手，但是他对待自己的态度有问题，因此从未赢得一项重大赛事。在自己练习或者与朋友一起玩时，他多次打破记录，但在赛场上他总是失败。

芬克博士把失败归因于高尔夫球手的心态。他的出身不好，在一家豪华地方俱乐部当球童时，学会了打球。后来他成长为一名高手并被聘为俱乐部的职业球员，但他从来没能摆脱昔日的球童是不应该战胜大人物的想法。芬克博士说，在这位年轻的高尔夫球员的内心深处有一种感觉，就是俱乐部成员的球技都胜过他，因为有这种心态一直作怪，比赛时他总是无法获胜。

精神科医生声称，如果你认为自己“应该”是一个奴隶，那么你就会像奴隶一样做事，一旦不那样做，就会感到内疚。如果你认为自己“应该”是一个皇后，那么你就会像女王一样去感受和行事。

让我们来看看信念的神奇力量在市长与强盗之间是如何起作用的。在成为威尔逊总统内阁战事部长的几年前，牛顿·D.贝克时任克利夫兰市市长。那期间，他有过被抢劫的经历，后来，他向威廉·丁伍狄道出了这个秘密。

一天晚上，贝克市长在市郊一个人坐在车里，一只左轮手枪伸进了窗口，接着，一名年轻男子大叫：“抢劫！”

“我当时十分害怕——但我不能犯错，”贝克先生回忆说，“我第一个念头是把钱夹给他，于是那么做了。但年轻的面孔吸引了我的注意，我想，他可能不是一个职业抢劫犯。”

贝克问道：“你不打算告诉我你为什么这么做吗？”

“好吧，先生。”强盗说，“没人肯给我一份工作，我正在挨饿。”

“假如我给你一份工作，”贝克说，“假如我给你一些钱——比如说一笔贷款——直到你改邪归正，怎么样？”

“你的话当真，先生？”年轻人满脸怀疑。

“我每句话都是认真的，我保证。”

“好的，先生，你为什么要帮我？”他问道。

贝克把自己的名片递给他，还有一张 10 元的钞票。强盗划着了一根火柴，看了看名片。

“天啊，先生，您是市长？”他问贝克，贝克点头称是。

“您的承诺可靠吗？您不是要骗我吧？”他不敢相信。

贝克市长向这个年轻人保证他一定会守信用，年轻人才慢慢地离去。当天晚上晚些时候，朋友们都嘲笑市长居然答应给那个青年找一份好工作。第二天，小伙子焕然一新，冒着被逮捕的危险，过来证实市长是不是真的守信。他得到了一份工作。而且后来，还逐渐地被提拔到了重要的岗位。

在这里，我们已经看到了诚信在别人的生活中发挥着魔力，毫无疑问，如果你回想一下自己的生活，就会发现，你能获得各种成绩都是因为你坚持诚信，加之积极争取。消极的人在生活的道路上不遵守诺言，像婴儿一样匍匐，眼睛是向下看的。积极的人则凭借着信仰和发自内心的无畏向前的力量和勇气，坚信生活中有值得为之奋斗的美好事物，举目远眺，风景无限。

这里有 5 条指南，可以帮助你获得信念：

1. 无论在怎样绝望的情况下，你都要认识到，打开信念的开关永远都不会太迟，也许它能帮你释放出几近神奇的威力。

如果你有这样一种勇气，就可能拥有一切。这种勇气在《安德鲁·巴顿爵士的民谣》中描述得很明白：

> 奋斗吧，男人们，安德鲁爵士说，
> 我受了一点点伤，但尚未被杀死；
> 我躺在地上，流了一点血，
> 但我还能站起来，还能重新投入战斗。

对于那些被消极的生活态度主导着的人来说，信念不可能来得那么容易。如果他们的确有一点点斗争精神的话，他们应该明白：信念就像暂时歇口气，会帮你恢复身心的力量。

心理学家威廉·詹姆斯在他《人的力量》一文中说："振作精神是一种现实的信念，只有在需要时，人们才能发现和使用它。"他继续说道，

“我们会发现在疲惫的第一阶段上我们需要它。振作精神可以最有效地阻止我们继续循规蹈矩的生活。这种非凡和必要的力量能够推动我们去拼搏，创造奇迹。疲劳积累到了一定程度，它就会忽然消失，我们的精神会比以前更加饱满，精神状态也不断地得到恢复。这样，新能量水库的闸门就被打开了，此前，它一直被疲劳的障碍物隐藏起来，人们往往都顺从地接受下来了。紧接着，这样的能量会一个接一个地出现。”

作家约瑟夫·高勒姆声称他相信威廉·詹姆斯。年轻的时候，有一次高勒姆跑步到离家一英里以外的地方去。下面就是当时发生的事：

大约跑到 3/4 英里时，我感到腿上和腰上的每一块肌肉火烧一样的疼痛，胸部上也像是放了块烙铁，心和肺都好像要爆炸了。

我踉踉跄跄地向前奔，像威廉·詹姆斯提到的一样，我感觉到的是“疲惫”，他的表述的确很“恰当”。

突然，奇迹发生了。我肌肉上和胸口上的灼痛感都消失了，有生以来我第一次感到呼吸如此顺畅、深切和香甜。不是用腿在走，我好像生出了翅膀。我快步跑过了一英里的终点，继续跑，继续跑，直到我知道这不只是梦想，而且我冲破了我原以为会永远封闭住我的障碍。

在欣喜若狂中，我确信我明白了罗伯特·勃

朗宁字里行间的意思——

瞬间最糟糕的局面变成了最好的，
黑暗即将结束，
本能的愤怒，魔王的声音在咆哮，
但在逐渐衰弱，
正从痛苦中衍生出宁静……

信念，是你精神上的一个喘息的机会，只要你索取就能得到。

2. 充分认识到没有信念，你就无法获得力量。

文森特·皮尔博士敦促我们进行一次自我发现的冒险之旅。他说，我们需要认识到信念是隐藏在我们身体里和我们身后的力量。我们需要依靠它、借鉴它。他说，我们“不知道自己的实力”。他还坚持认为，虽然我们都是巨人，我们却认为自己是矮子，结果我们做起事来就像个矮子。我们根本不会相信这种可支配力量的存在，于是不断地用消极的思想和生活态度限制自己。

皮尔博士说，打开自我发现和自信的金钥匙在于领悟到我们的强大，这种强大不是说我们自身强大，而是相对于那些比我们更强大的事物而言的。皮尔博士坚信，自己想象的强大只会让你自负，最终遭受挫败。但是他也宣称，对自己的信念可以用做一种工具式的东西去战胜强于自己的对象，一个人就可以释放预料之外的力量，同时，也培养了谦虚的品质。

3. 每天给自己留出一段安静的时间。

在时代的重压中，你需要几分钟或者更久的独处时间。关掉收音机和电视，忘记那些头条新闻的喧嚣，享受静思的奢侈。在这样一个时段里，你就能得到一次切实的身心放松。

著名物理学家爱因斯坦，与其他高智商的男女一样，了解这种安静的精神堡垒的好处。一天，爱因斯坦正在出席一个十分烦琐枯燥的会议，一个科学家走到他面前，轻声说："这种沉闷一定很可怕吧，爱因斯坦教授？"

"哦，不，"教授否认道，"有时我会想自己的心事，我还是很开心的。"

近代，一位伟大的领导人——圣雄甘地，深刻地领悟了平静期的价值。在静思中，他获得了成为人民领袖的真知灼见——他没有诉诸原子弹或机关枪。

在这种平静的时刻，一个人可以迎来镇定，打开心灵，理解信念的含义，可以驱逐犬儒主义的生活态度，抚慰随波逐流的过去无意间留给你的创伤。所以，请抛弃自我欺骗吧，一颗安静的心会召唤信念，而信念会带给你伙伴——宁静、力量和希望。

4. 向他人寻求帮助。

如果消极的生活观已经浸染了你，它所带来的挫折感彻底击垮了你，以至于你无法主动建立属于自己的信念，那就去找一位称职的心理医生，或者求助于社会上越来越多的牧师，听听他们的讲座，一定会有帮助，因为他们都专门学过日常心理学，有这方面的专业知识。

5. 逐渐理解“消极就是拒绝信念”的道理。

坚持这个道理，信念会成长为更强劲的和更积极的心智力量。真正的信念会给你希望和力量——那是一种荣耀。这种荣耀不是供人坐着的垫子，而是一顶胜利的王冠，一个超越平庸、满怀自豪和自信的王冠。

第 15 章

积极生活态度的模式

The **Power** of Positive Living

不抱怨的世界

幸 福 生 活 需 要 的 日 常 心 理 学

一个人更为积极的生活模式形成于真正成熟起来的心态和日常的教育体验，它可以作为一种参考，用来衡量我们面对生活中的各方面的态度。

当然，我们不可能消除所有的消极因素，但重要的是，一个人要有积极的心态，积极的人生观以及可以克制那些必然存在的消极因素的积极目标。编辑在策划一份杂志时，为了选择一份满意的文稿不得不主动放弃上千份其他文稿。为了做出最好的薄脆饼，一位家庭主妇不得不把坏草莓挑出去。积极的态度将产生积极的目标。

改变你的生活

把这些消极因素	转变为以下积极的因素
恐惧	充满勇气
失败	有成就感
怀疑	乐观
犹豫	果断
压抑	履行职责
刻薄的想法	热情

挫败	克服困难
沮丧	感激
混乱	头脑清醒
孤独	重视友谊
压抑	勇敢
怀疑	忠实
回避性地合理化	面对现实的态度
托辞	富有创造性
玩世不恭	满怀希望

如果你现在是一个成熟的或者正在走向完全成熟的人，那么，为了培养充实地生活所必需的能力，你一定非常渴望更加充分地理解这种神奇的力量。

1. 满怀信心地思考和行动，努力争取你想要的东西。

自问一下："它够好吗？我这个要求正当吗？我准备好了吗？"测试一下你的愿望。如果答案是"是"，你就有资格得到它，你就找准了愿望，并不断实现它们。但是，如果在实现它们的过程中，你受到了其他人或者环境方面的消极因素的阻碍，你根本控制不了，最好立刻看清形势，积极通过其他的方式来达成愿望，千万不要犹豫不定，以免最终失去了时机。

如果你没有确定自己想要什么——实际上，你已经具备了拥有和把握梦想之物的能力，只是不想要而已——别人就有理由相信你满足于现状。

我认识一个人，他运用了这个测试，经过缜密的推理和积极筹划，他积极行动起来努力争取自己想要的东西，结果很快就得到了晋升，收入增加了一倍。我还认识一个企业主管，三年来，老板一直用诺言鼓励他工作。他运用了这一测试，并且要求对方履行承诺。遭到拒绝后，他立刻辞职了，建立了属于自己的事业，赚到的钱远远超过先前老板所提供的薪水，同时也赢得了独立和幸福，这完全超出了他以前的期望。令人称奇的是，正确运用这种能力，积极思考和行动可以使奉献者和索取者共赢。在生活的各个阶段，这个原则都是广泛适用的，正确地运用它总是富有成果。睿智的人们注意培养这种能力，满怀信心地思考和行动起来，只要是值得的、正当的和自己想要的，就努力去争取。

2. 积极地接受任务，并且以首创的精神主动承担责任，做出决定并将之付诸行动的能力。

个体有效性指数建立在一个人每天管理的任务量和执行任务过程中取得的成绩基础上。明显消极的人通常会墨守成规地做些没人愿做的杂活儿。你越积极，承担的责任就越大，就能更好地主动承担更多的职责。你越消极，就越容易举棋不定，等着积极的人来做决定。拥有积极态度的人是那些身肩重任、主动采取决策并付诸行动的人。

3. 按需工作的能力。

出于需要，即使工作与你的直接愿望暂时不相干你也要乐意去做。如果有必要，真正积极的人会去完成那些即使很枯燥的工作，而且不会感到气馁和没有成就感。不过，在做这些必要的但不会给人以灵感的工作时，他会制订方案，酝酿希望，尽可能避免把这些工作变成日常生活中的单调乏味之举。

4. 坦然面对失败的能力。

如果你是一个成熟的和积极的人，你就会经得起生活中困难的考验，你会借助自己内在的力量抵制和反抗强加于你的不合理的东西——愚蠢的领导和生活中的打击，避免成为一个心理上压抑的和自我挫败的人。积极的人会发挥潜力，超越现状，制定积极的计划和目标，坚持不懈地努力以达到目标。

5. 无私地对他人表现出欣赏、热情和爱，投身于有益的事业的能力。

仅仅用心欣赏和爱是不够的，一定要发自内心，并通过积极的言行去实践它。消极抑制它们不会产生任何效果，正是积极的言行所展现的无私才使我们得到了真爱。

6. 摆脱孤独，结交朋友，维持友谊的能力。

只有积极行动起来，主动发展友谊才能远离孤独。孤独地静坐，而只在内心渴望别人主动与你结交的消极态度，会像一面墙一样堵住我们心底的愿望。

没有消极的友谊。朋友不能像礼物一样打包放在家里。人们希望自己受欢迎并积极地塑造这种品质。研究一下你认识的那些受欢迎的人的生活态度，你很快就会清楚地看到，他们能够主动伸出友谊之手，而且不见得有什么绝招。如果能采取积极的方法，每个人都可以获得友谊。任何社会中，都是那些追求友谊的人更受欢迎。他们并不只是坐等和内心渴望。他们与朋友同甘共苦，互通书信。他们去拜访他人，也会举办会议。他们做出许多不显眼的热情善良的小事。他们给朋友打电话。他们总是微笑着，仿佛很关注对方。他人取得成绩时，他们会表示祝贺。他们对他人和他人所做的事情都表示感兴趣。他们记得他人的生日和其他纪念日活动和事件，并且会有所表示。他们知道物以类聚。积极的人受欢迎，消极的人独享寂寞，实际上这是一个普遍的公理。

7. 具备超越如嫉妒、悔恨、自我怜悯、忧虑和玩世不恭等情感的能力。

这些都是破坏自信和增加自卑的消极因素。有这种性格的人和与他们接触的人生活得都很沉重。

8. 热情合作，甚至在最困难的情况下也能分担责任的能力。

一个成熟和积极的人绝不会逃避责任，也

从不会成为寄生虫。他运用自己的才能积极有效地、无所畏惧地完成目标。他重视自己并且充分承担自己的责任，从不逃避和抱怨。他在自己的领域做值得做的工作，并不一定是了不起的工作。值得完成的工作一定会得到好的结果。

9. 不过分地理想化和自我欺骗，现实地面对生活并能解决日常问题的能力。

发展这种能力是通过采取积极的心态，拒绝消极的期望来实现的。消极的期待，如失败、不满、排斥、麻烦等，往往是由于你的过分期待造成的，二者就像磁铁一样彼此牢牢相吸。临床心理学家已经发现，有成功型和失败型两种性格的人。积极的人被成功的愿望主宰，而消极的人为失败的念头所支配。卡尔·曼宁格尔博士，是一名著名的精神科医生，他宣称有很多人其实“害怕成功”。

10. 为维护尊严和正直的品格，你可以在无足轻重的事情上让步，但是在这方面要具有誓死决战的精神。

真正积极的男女完全有能力超越小事的争吵；通常，轻微的妥协无关紧要，但如果是涉及尊严等重大问题，你就要坚持到底。

有一个人，满怀敬意地读了三遍我写的那本《把握好你的生活》，非常赞同我书中的这一段文字：

回想以往生活中的偶然事件，张大你诚实而

敏锐的双眼，你会发现，你最大的困难是你自身的缺点造成的。一旦你表现得很软弱，没能坚守信念和内在的品格，你就失败了，但那是你自找的。坦诚地说，如果你能放弃轻易的借口，重新审视一切，你几乎可以在思想的日志上标出来：正是在你放弃信念的时候，你失败了。应该注意的是，那时你没有努力，也不再争取，成了一名客观环境的牺牲者。你心里当然知道，什么时候你的信仰曾经动摇过，举起了致命的妥协或投降的白旗。

我有一个读者完全赞同我的看法，他也是一个善于总结过去的人。他年轻时曾同一位有经验的老商人合作。他觉得那个人有些不择手段。有一次，他们一起讨论给寡妇和其他闲置股东分红的问题，年轻人认为股息应该分配给股东，但老商人在利益的驱使下，声称“如果我们拿出丰厚的红利，公司就会永远失去对股权的掌控”。由于年轻、消极和优柔寡断，年轻人完全违背了自己的良知，默许了这个决定。尽管老商人这个做法值得商榷，但它完全合法合理。于是，红利没有被分配下去。后来老商人收购了那些失去信心的股东的股份并掌控了公司，进而通过“完全合法的”方式踢开了这位年轻的合伙人，尽管这种“管理”有些不择手段，那个人达到了目的。直到今天，正是这种令人遗憾的屈服，而不是经济上的巨大损失，一直困扰着我的这位朋友。可见，消极态度会使附庸者付出高昂的代价。

对于任何人来说，发展这些能力多半能赢得积极生活的力量，这是最佳的也是切实可行的获胜机会。

√ 摆脱恐惧和忧虑

√ 摆脱懊悔

√ 摆脱自我怜悯

√ 摆脱孤独

√ 摆脱羡慕和嫉妒

√ 摆脱自我憎恨

√ 摆脱玩世不恭

√ 摆脱情绪不安

√ 摆脱自卑

√ 摆脱优柔寡断和逃避

√ 摆脱以任何形式破坏良好人际关系的消极言论

积极生活的艺术要求我们必须具体化，知道自己想要什么并努力争取。我们要有切实可行的计划和明智的决定，同时要坚持不懈地行动。我们还要乐观，避免消极的言行。我们应该用积极的态度去生活，直到它成为自主的生活方式。积极生活的力量是无限的。

心灵励志袖珍馆 POCKET BOOK I

How to Win Friends and Influence People

【美】戴尔·卡耐基 著

徐 磊 译

图书在版编目（CIP）数据

人性的弱点 /（美）戴尔·卡耐基著；徐磊译. —哈尔滨：哈尔滨出版社，2009.12（2025.5重印）

（心灵励志袖珍馆）

ISBN 978-7-80753-175-3

I. 人… II. ①戴… ②徐… III. 人间交往-通俗读物 IV. C912.1-49

中国版本图书馆CIP数据核字（2009）第115041号

书　　名：人性的弱点

RENXING DE RUODIAN

作　　者：【美】戴尔·卡耐基 著　徐　磊 译

责任编辑：李维娜

版式设计：张文艺

封面设计：田晗工作室

出版发行：哈尔滨出版社（Harbin Publishing House）

社　　址：哈尔滨市香坊区泰山路82-9号　**邮编：**150090

经　　销：全国新华书店

印　　刷：三河市龙大印装有限公司

网　　址：www.hrbcbs.com

E-mail：hrbcbs@yeah.net

编辑版权热线：（0451）87900271　87900272

销售热线：（0451）87900202　87900203

开　　本：720mm×1000mm　1/32　**印张：**43　**字数：**900千字

版　　次：2009年12月第1版

印　　次：2025年5月第2次印刷

书　　号：ISBN 978-7-80753-175-3

定　　价：120.00元（全六册）

CONTENTS

第三篇
让人同意你的十二种方法

第四篇

怎样改变别人才不会招致抵触

前言

戴尔·卡耐基的成功

罗威·汤姆士

纽约一个寒冷的冬夜里，近两千五百名不同衣着打扮的人簇拥着挤进宾雪凡尼亚饭店的大舞厅。还没到七点半，舞厅中就已座无虚席，直到八点仍然有很多情绪高涨的人向里面涌去。座位、过道无不人满为患，就连楼厢里，如果稍迟一步，也很难找到一个站立的地方。

为什么，在忙完一整天工作后，他们还要拖着疲乏的身体到这里来辛苦地站一个半小时呢？是为了看时装表演，还是有哪位大明星的实况演出？

都不是，他们是被一则广告吸引而来的。一天前，他们从纽约《太阳报》上看到这样一则整版广告："怎样增加你的收入？怎样流利地表达你自己？怎样做个成功的领导者？请来……"

似乎很老套的广告，但信不信由你，在这繁华的国际大都市里，虽然有百分之二十的人在社会经济萧条中失业，但还是有两千五百人在看到这则广告后，决定到宾雪凡尼亚饭店去听研究会。

这则广告为什么会具备这样大的效力？

首先，这不是普通报纸上的广告，而是登在纽约市最有资格的《太阳报》上。须知，《太阳报》的读者大多为一般高级职员、公司老板和企业家等，他们的年收入从两千元到五万元不等。

其次，则是研究会本身的影响。那些被广告打动的人，是来听一个最实用而现代的“学习有效力讲话，在事业上影响他人”的演讲，主办单位是有效力讲话及人类关系讲习会，主讲者正是著名的戴尔·卡耐基。

也许你会想，不过是场演讲研究会，真的值得去听吗？那两千五百位工商界人士为什么一定要去参加，难道是由于社会不景气而产生的求知欲望？当然不是。事实上，在纽约市像这样的研究会每一季都会举办，到如今已经二十四年了。

二十四年中，有超过一万五千名商人和专业人士接受过戴尔·卡耐基的训练。而像西屋电器公司、白罗克商会这种规模宏大却墨守成规，又不愿轻易相信别人的机构，甚至为了方便自己职员接受训练，就直接在机构中举办卡耐基演讲研究会。这样的机构还有马克意尔出版公司、白罗克联合煤气公司、美国电气工程师协会和纽约电话公司等。

很多接受过训练的人已经离开学校十多年了，甚至还有的毕业二十多年，现在他们重返课堂，自愿来接受这项训练，这无疑揭示了我们教育制度上一个明显而又惊人的欠缺。他们要研究学习的是什么？这是一个重要问题。

为了找出答案，芝加哥大学、美国成人教育协会和联合青年会学校曾花费两年时间，以两万五千元的代价在社会上作了一次调查。调查的结果显示，成年人最关注的是健康，其次是想知道更多关于人际交往方面的技术。换句话说，他们要学习的正是人际交往和影响他人的方法。他们并没有要成为一个演说家的“野心”，也不想听那些神乎其神、过分离谱的心理学，他们只希望听到立即可以在社会、家庭中应用的务实建议。

这个结果没有想象中复杂，但恰恰就是人们想要研究学习的。负责调查的人决定为这些人提供他们需要的服务，但当他们真正去各处搜寻此类书籍时，却发现从未有人写过这样的书。

很奇怪，为什么人类社会历史悠久，关于古希腊、拉丁文和高等数学这些深奥的著作有很多，却独独缺失了人际交往这一方面的？事实上一般读者更想阅读的正是后者。

这就回答了我们，为什么两千五百多人会在那个寒夜，迫切地挤进宾雪凡尼亚饭店舞厅中去听研究会——显而易见，这里有他们曾经寻觅很久而不得的东西。

学生时代的他们曾经相信，只要掌握书本上的知识就可以解决一切问题。可是离开校园后，他们在事业中经历了多年的挫折，心中的失望越来越深。他们发现，很多人事业成功并非获益于书本知识，他们更擅长的是在谈吐讲话之中移转或影响别人的思想。打个比喻，一个人若想戴上船长的帽子，驾驶一艘事业之船，那么他的人格魅力和交际能力，比之于勤读拉丁文动词和领取“哈佛”文凭来得更加重要。

正如《太阳报》上那则广告指出的，参加宾雪凡尼亚饭店集会是极有意义的——事实也确实如此。

纽约，宾西法尼亚饭店舞厅。

十五位在研究会学习过的人被请到演讲台上，在规定的七十五秒内讲出他们以往的经历。时间一到，主持人便会击槌，然后说：“时间到，换下一位！”

这些演讲进行之迅速，如同一群水牛瞬间奔过一片平原。而当晚在那里或坐或站一个半小时的观众们，便观赏了这些精短的演讲。

这十几位演讲的人，几乎构成了美国商业界的横断面：其中有连锁商店高级职员、面包商、商业公会会长、银行家、卡车推销员、化学品推销员、保险商、造砖公会秘书、会计师、牙科医生、建筑师、威士忌酒推销员，以及从印第安纳保力司斯来纽约专修卡耐基演讲课程的药剂师，当然，还有一位从哈佛纳专程赶来做演讲的律师。

第一位演讲者是爱尔兰人奥海亚。奥海亚只读过四年书，来到美国后从事机械方面的工作，后来为了挣更多钱来维持生活而改行售卖卡车。然而自卑心理让他每进一间办公室之前，都要在外面徘徊很久才鼓起勇气推门进去。正当灰心的奥海亚想要回到机械工厂做他原来的工作时，有一天他接到一封来信，请他去参加卡耐基“有效力讲话课程”的研究会。奥海亚本不想参加这个研究会，他担心跟那些拥有大学学历的人交往会令他坐立不安。可是在妻子的坚持下，奥海亚还是去了，只不过，在进入会场前他又足足站在人行道上五分钟。

课程要求学员上台做演讲，开始几次奥海亚都害怕得头脑发昏，可几星期后，他不但消除了面对听众的羞怯，甚至已经喜欢上演讲了，而且期待有更多听众听他演讲，这连他自己都不敢相信。就这样，消除了自卑和恐惧心理的奥海亚终于如鱼得水地做起了推销，月收入骤然增加，而今他已是纽约市一位“明星推销员”了。

就在那个冬夜，在两千五百人面前，奥海亚愉快地讲述自己成功的故事，感染了在场所有听众，会场爆发出一阵阵会心大笑。能够如此成功地调动现场观众的情绪，就算是位成名演说家也未必能和眼前的奥海亚相比。

第二位演讲者梅雅是一位白发苍苍的银行家，也是十一个孩子的父亲。梅雅生平的第一次演讲并不高明，然而在卡耐基研究会学习过之后，梅雅在那晚不但演讲得十分自如，而且，更学会了如何成为一个领袖。

梅雅在华尔街工作，居住在新泽西州克里夫顿已有二十五年，然而很少参加各项活动的梅雅却只认识大约五百人。

在参加卡耐基的课程研究会后不久，有一次梅雅接到了镇上的催税单，他发现这种税并不合理，因此十分愤怒。如果是以前的梅雅，对此的反应不过是坐在家中生闷气或者最多跟邻居发发牢骚。可是这一次，梅雅却一把拿起帽子，自信地戴在头上，到镇上的集会向公众指出税单上的不合理，发泄自己的愤怒不平。

这次“演说”后，克里夫顿镇上的人都力劝他去竞选镇上的参议员。梅雅接受了镇民的建议，连续几星期到各公共活动的集会场所进行演讲，指出当局奢侈、浪费的现象。

那次参议员的候选人有九十六个之多，但公开票数时，梅雅的票数竟然是第一名。这一天，梅雅在这个生活着四万人的镇上成了一位名人。这几星期的演讲，使他得到的朋友比他过去二十五年中得到的朋友还要多上八十倍。而梅雅做参议员后的收入，与他过去的投资相比，比例达到了近百分之一千。

接下来的演讲者，是一位会长，主管着规模庞大的全国食品制造公会。面对两千五百位听众，这位会长讲述了自己的经历。就在进卡耐基演讲研究会学习后不久，他被选为公会的会长。这个位置要求他必须在全国各集会中演讲，但绝不能随意乱说，因为他演讲的摘要，要由美联社发布，刊登在全国各报纸和商业刊物上。研究会的学习使他很快适应了会长的角色，并且在后来的两年中，他为他的公司和产品所做的免费宣传，比过去耗费二十五万做的广告的效果还大。这位演讲者说，他过去打电话到曼哈顿，邀请那些商业界重要人士吃午饭时，他内心会感到不安。可是，自从他自己到各地去演讲后，现在这些人给他打电话邀请吃饭时，会为占用他的时间而道歉。

良好的演讲口才，是一个人通向成功、成名

的捷径。良好的演讲口才可以引起别人注意，从而鹤立鸡群。生活中我们发现，那些说话受人欢迎的人，总能获得意想不到的效果。这并非是肤浅的没有技术含量的饶舌，而恰恰是基于演讲者本人的真才实学。

现在的成人教育运动已经遍及全国，大家都使出浑身解数，各显神通。然而在从事成人教育的各家当中，拥有最多支持者、力量最为可观的，就是本书的作者戴尔·卡耐基。

卡耐基曾经听过或是批评过的演讲比任何人都要多。据漫画《你相不相信》的作者——漫画家力波黎创作的一幅画上指出，卡耐基曾批评过的演讲达十五万次之多。如果这个数字无法给人留下一个直观的印象，那么现在不妨赋予这个数字以另外一种解释，那就是：从哥伦布发现美洲到今天，几乎每天都有一次演讲。再作一个比喻，如果让人在卡耐基眼前做只有三分钟的演讲，这些人连续不断一个接一个地出现，也要花整整一年的时间——当然，卡耐基要日夜不停地去听，才能把所有人的话听完。

这些知识及经验的积累，来自于卡耐基自己丰富的人生经历。他的事业中曾充满危机与挑战，但他以坚强的意志成就了这个惊人的事业，并以自己的奋斗，为世人证明了一个人在充满创造意识和炽烈热忱的时候，可以成就怎样的事业。

卡耐基的故事从头说起的话，起点在一个名叫密苏里的乡间，这里距离铁路有十英里之远。如果对比起来，十二岁以前的卡耐基从来没有见过一辆电车，而今，四十六岁的他则几乎走遍世界各地，甚至有一次还差点到达北极。这个曾以捡杨梅、割野草为生的密苏里孩子，从当时每小时只赚五分钱，发展到现在每分钟收获一元，而这只是他组织研究会、学习班，训练大公司高级职员演讲所得到的报酬。

这些话说起来容易，但其中的过程却饱含辛酸。卡耐基少年时期一度在南达柯脱西部做赶牛的牧童，来到英国后得到威尔士亲王的赞助，得以在公众面前进行他的演讲表演。然而众目睽睽之下，卡耐基的六次演讲都失败了——完全的失败。后来他做了我的私人经理，而我在许多方面的成功，就是多亏了卡耐基的训练。

在密苏里，年轻的卡耐基家境贫寒，又屡遭挫折。他们的船被河水冲走，玉米和稻谷又被河水淹没；喂养的肥猪因瘟疫而死，牛骡的市场又极度低迷，与此同时，银行又前来催债，于是卡耐基的爸爸不得已而变卖了田产，另在密苏里华伦斯州立师范学校的附近购置了一个农场。当时只要花一块钱就可以在镇上获得食宿，可是年轻的卡耐基却付不起这个费用。他只好住在乡间，每天骑马走三英里远的路程来去学校。他在农场中要挤牛奶、伐木、喂猪，又要在煤油灯的光亮下学习拉丁文动词。有时卡耐基在子夜之后才入睡，但他依旧把闹钟拨到翌晨三点——因为他父亲饲养了一种品种优良的猪，可是小猪禁不起冬夜的寒冷，必须把它们放在篮子里，盖上麻袋放在厨房炉灶的后面，而且还要在凌晨三点给它们喂食。每当闹铃响起来，卡耐基就会立即从被窝里爬起来，把篮子里的小猪带到它们母亲那里喂奶，然后再把它们带回到厨房炉边温暖的地方。

在州立师范学校的六百多名学生中，卡耐基是少数在镇上住不起的人，并且他为自己置办不起体面的新衣而感到羞耻。久而久之，他产生了一种自卑心理，但同时也促使他渴望寻求成名的捷径。他发现学校里有这样两种人享有权力和声望：要么是足球队员、棒球队员，要么就是辩论和演讲比赛的优胜者。

卡耐基知道自己并无运动方面的才能，因此他决意要做一个演讲比赛的优胜者。几个月里，他几乎无时无刻不在练习——马鞍上，挤牛奶时，卡耐基就是这样不浪费哪怕一分钟的时间。他曾经爬上谷仓，在一堆稻草上大声演讲，讲述“制止日本移民的必要”。他激昂的声音，惊散了谷仓上一群悠闲的鸽子。

虽然卡耐基准备得很努力，可还是一再失

败，这使他几乎丧失勇气。可是事情慢慢有了转机，他开始获得优胜，而且不止一次，几乎每一次他都是优胜者，就连那些请他帮忙指导、训练的学生，也都获得了优胜。

从学校毕业后，卡耐基向尼白雷斯加西部和华敏东部沙山中的农牧者教授课程。可谁知，命运再次和他开了个玩笑。尽管卡耐基付出了无限的精力和热忱，可事业上却没有任何进展。失望至极的卡耐基有一次回到旅馆，躺在床上失声痛哭。他想回到学校，可是却不能，于是卡耐基决意到奥玛哈去谋职。由于身上没有买车票的钱，他只得搭乘货车前去，而车费则以在路上喂两车野马作为代替。

在奥马哈南部，卡耐基找到了一份工作，是替亚马公司兜售咸肉、肥皂和脂油。他负责的地区在达柯脱西南部，那里是印第安人村落之间的畜牧地。在这里工作，卡耐基经常要搭载货车、火车和长途马车，有时甚至要骑马往返。晚上，他住宿在简陋的小旅馆中，每间套房只用一块布来间隔。

为了做好工作，卡耐基开始研究推销的书籍，就和他在学校时一样刻苦。即使是骑在野性未驯的马上，或是跟当地土著人玩扑克牌时，卡耐基也在学习怎样收账。有一次一个从内地来的店主不能付咸肉或火腿的货款，卡耐基便从他的橱柜里取出一打鞋子，卖给了铁路员工，然后将款项缴送亚马公司。

卡耐基经常搭乘载货火车行上一百英里的路程，在车子停下卸货的时候，他向市镇赶去见三四个商人，得到他们的订货后，又在火车汽笛声响起时匆匆赶回来。有时他跳上火车时，车身已经在移动了。

在那两年的工作中，卡耐基的表现非常令人满意，可就在亚马公司要晋升他职位的时候，卡耐基却辞职了。辞职后，卡耐基在纽约戏剧艺术学院深造，然而他知道，自己并不适合在戏剧方面发展，于是他又重新做回推销工作，替展克特汽车公司推销卡车。但这一次，对机械方面一无所知的卡耐基却无心再做专门研究。那段时间里，他情绪不佳，每天只是强迫自己去工作，而内心深处则希望把时间用在撰写书籍上。于是他再次辞职，专心写书，以在夜校教书来维持生活。

然而，在夜校到底要教些什么呢？卡耐基回忆并评估了一下自己在大学里的成绩，他发现自己曾在演讲术方面的训练，不但在当时给了他自信和勇敢，也使他增强了在事务上应对别人的能力，这比大学其他所有课程所供给他的还多。于是他劝说纽约青年会学校给他一个机会，让他为社会各界人士开设一门演讲术的讲习班。

什么？让生意人成为演说家？在学校看来，这十分荒谬可笑。他们曾经想过并且尝试过开设这类课程，可是始终没有成功过，因此这个“亏本买卖”看上去并不划算，他们拒绝付给卡耐基每晚两块钱的酬劳。但卡耐基却提出愿意按佣金的方式来教授课程——如果真有利润的话。但三年下来，学校按这种计算方式支付给卡耐基的报酬达到了每晚三十元，而不止两元。

后来卡耐基的研究会课程规模越来越大，连别处青年会和其他城市在听说后也纷纷邀请他前去授课。就这样，卡耐基成为一位享有盛誉的巡回讲师，往返于纽约、费城和白地玛等地，乃至于后来又去了伦敦、巴黎。接着他写了一部名叫《演讲术及如何影响商界人士》的书，直到现在，这部书仍然是所有青年会、美国银行公会和全国信用人协会的正式教本。

现在，每季去卡耐基那里接受演讲术训练的人数，比到纽约市二十二个学院和大学同类演讲术课程学习的学生还要多。

卡耐基在演讲方面有独特的见解。他认为，任何人一旦生气激动都会变得言辞机敏。比如在大街上一拳击倒哪怕是最笨嘴拙舌的人，他也马上会站起来理论一番，其口才、神情一点儿也不会亚于大演说家。透过这个现象，卡耐基解释说任何人只要有充分的自信，又有一股表达内心见解的意念，那么他就能在公众面前作一次动听的演讲。

卡耐基认为，培养自信的最佳方法，就是做自己害怕做的事并由此获得成功经验。因此卡耐基上课时会强迫每个学生都说话。学生之间不会相互嘲笑，反而会同病相怜，因为他们也都有着同样的情形。通过不断训练，他们大大增强了勇气、自信和演讲的热忱，并自然地将这些精神融入到私人谈话中。

卡耐基并不是靠这门训练课维持生活，用他自己的话说，他更主要的工作是帮助人们克服内心的恐惧，启发他们的勇气。这门课程后来也有了些变化。参加这门课程的很多是工商界人士，其中不少人有三十年不曾见过教室了。他们中的很多人抱着尝试的心态，以分期付款的方式交付学费，想在短期内学到更快速实用的演讲术，以便他们在第二天的业务洽谈或是当众演讲中运用。基于此，卡耐基开创了一种特殊的训练方式——将口才训练、推销、为人处世和实用心理学融为一体，教会学员怎样处理好人与人之间的关系。

这门课程丝毫不刻板，是那么有效，有些人要驾车五十英里到一百英里才能到集会的地点，甚至还有人每周从芝加哥专程赶到纽约。有时卡耐基教的课程结束后，班里的学生就会自发组织一个俱乐部，每隔一星期集会一次。费城有一个十九人的小组，在冬天每月集会两次，如今已经有十七年之久了。

哈佛大学的教授威利姆·贾姆士说，普通人只运用了自己十分之一的潜能，而卡耐基则帮助人们启发了更多的潜能，在成人教育中创造了一次极为重要的运动。

原 序

这本书的完成

三十五年来，美国的出版商出版了二十多万部不同的书，其中大部分的书枯燥乏味，许多都亏了本。

“许多”？不错，是许多。最近，有一位世界一流出版公司的负责人对我这样说，尽管他的公司拥有七十五年的出版经验，可是每出版八本书，仍有七本是亏本的。

既然如此，我为什么还敢冒险来写这本书呢？而且在我写好之后，你又为何要费事读它呢？这两个问题都很值得重视。

为了解释清楚完成这本书的经过，我在这里还要简略重复罗威·汤姆士在前言中所写的几桩事实。

从 1913 年起，我在纽约替商界和其他各专业人士举办一项演讲术方面的课程，目的是用自己的实际经验，帮助别人在商业洽谈和当众演讲中，按照自己的思路更加清晰有效地表达观点。

可是经过几季的课程后，我发现学员们虽然渴望有效力的讲话训练，但更加迫切的则是在日常生活以及交际上与人相处的方法。后来连我自己也觉得需要这种训练，以至于在回顾从前的经历时，对自己在这方面的欠缺而感到不安。假如二十年前我手里能有一本这样的书，那它的价值真不可估量。

如何应对与别人的交往，那是摆在你面前一个最大的问题，如果你是一个商人，这个问题便尤为重要。即使你不是商人，而是会计师、家庭主妇、建筑师或工程师，这个问题仍同样重要。

一项由卡耐基基金会资助，并由卡耐基技术研究院所证实的调查中显示，一个人事业上的成功，有百分之十五来自于他的技术和知识，而其中的百分之八十五，则是出于“人类工程”——即人格和领导才能。

多年前我每季都同时在费城工程师协会和美国电机工程协会分会举办课程，总计约有一千五百位工程师去过我的讲习班。根据多年的观察和经验，我最后发现能够获得工程最高酬劳的人，往往并非是那个懂得工程学最多的人。

我们可以付出每周二十五元到五十元的代价，雇用工程、会计、建筑或其他专业的技术人员，这些人力资源永远都可以在积满各类人才的市场中找到。但如果这些人能够在技术、知识以外，还有能发表见解的能力，或能够领导其他人、激发别人能力的话，那么他的收入就会有所提高了。

约翰·洛克菲勒在他事业鼎盛时，曾向白罗雪这样说过："应对别人的能力，也是一种可以购买的商品，就像糖和咖啡一样。"他又说："我愿意为那种能力付出报酬，它的代价比世界上任何东西都要高。"

芝加哥大学和青年会联合学校曾联合作了一次花费二万五千元和两年时间的调查，询问"你究竟需要什么"。调查的最后部分是在典型的美国市镇梅立顿举行的，访问了镇上的每一个成年人，向他们询问了一百五十六个问题。

这些问题类似于：你的职业或专业是哪一行？你的教育程度有多高？你的志愿是什么？你需要解决哪些问题？你怎样利用闲暇时间？你的收入是多少？你有哪些嗜好？你最喜欢的学科是什么等等，调查人员所提出的都是这一类问题。

那项调查的结果显示出健康是人们最关注的，排在其次的则是如何了解别人，如何与人相处，如何让别人喜欢你，如何令别人同意你的想法。

调查委员会后来决定在梅立顿镇开办这方面的课程。可是当他们努力寻找需要的实用书籍时，却连一本也找不到。最后，他们去拜会一位世界著名的权威成人教育家，请他推荐这样的书籍。然而，那位教育家的回答是这样的：“我虽然知道那些人需要什么，可是这种书却从未有人写过。”我自己也曾找过很多年，根据我的经验，他的话是对的。

正是因为很多人都希望看到这样的书，我才尝试性地写了这本，既是为我的讲习班所写，同时也希望你能够喜欢它。

为了撰写这本书，我读了所有我能找到相关题意的资料，包括迪克斯报纸信箱回答，甚至还有法庭上的离婚记录、双亲杂志之类，当然还有很多其他著述。同时，我还专门雇用一位受过训练的人帮我研究、探索。在一年半的时间里，他到各图书馆中阅读我遗漏的资料，研究各种心理学的专集，浏览多种杂志文章，探索无数的伟人传记，目的只有一个，就是找出各时代大人物如何应对别人。

我们读的诸多伟人传记，记载了自恺撒到爱迪生等杰出人物的生平记事，譬如罗斯福的传记我就收集了超过一百本之多。我们决定不论花费多少时间和金钱，都要找出自古以来杰出人物们所用的关于交友和影响他人的务实方法。我也曾亲自访问过世界著名的成功人士，尽量从他们身上发现他们在人与人关系上所运用的技术。

综合这些资料，我准备了一篇简短的题为

“如何交友和影响他人”的演讲稿，后来经过充实，现在这篇稿子需要演讲一个半小时。这些年来，我每季在纽约的研究会课程中都会把这篇讲稿说给他们听。

课程中我向学员教授演讲术，要求他们在事务和社交中进行实验，然后回到讲习班说出他们的经验和成就。这非常有趣，学员们急于自我改进，对这种新式研究会的“实验室”十分热衷——这是为成人所设的第一个，也是唯一的一所人类关系研究的实验室。

这本书并不是一般写作出来的书，而是像孩子一样成长起来的——它在实验室中生长发育，由数千人的经验浇灌而长大。

许多年前，我们曾把一套演讲规则印在明信片一样大的卡片上，下一季便印在稍大的卡片上。然后是印一本小册子，再然后是一套小书。每次尺寸、范围都加以扩大、充实，而今经过十五年的试验和研究，才有了这本书的出现。

我们这里所定的规则不只是理论或者揣测，它效力神奇，听起来似乎无法采信，但这些定例、原则的应用，确实改变了不少人的生活。

举一个例子，曾有一位拥有三百多名员工的老板，在参加研究会之前毫无顾虑、不加限制地驱使、斥责员工，却从未说过仁慈、道义和鼓励之类的言语，但在研究过这本书之后，这位大老板骤然改变了他的人生观。在他负责的机构中呈现出热忱、合作的精神，原来那三百多个“仇敌”后来都成了他的朋友。

他在一次讲习班的演讲中得意地说：“从前我在机构中巡走时，不会有人向我打招呼，员工们看到我走近都会马上把脸转过去，而现在他们都是我的朋友了，甚至连外面守门的人也会叫我的名字向我招呼！”这位老板现在有更多的盈利和余暇，更重要的是他在业务上和家庭中获得了更多的快乐。

很多推销员在运用研究会学到的方法后，销售记录都会骤然提高，就连以前无法获得的客户现在也跟他们有了合作。而公司机构的高级职员，在学习后不但获得了更大的职权，而且薪俸也提高了。上季一位高级职员来讲习班报告说年薪增加了五千元，另一位费城煤气公司的高级职员在研究会学习后，不但解除了因不能招揽客人招致的降职危机，还有所擢升。在课程结束时的聚餐会中，许多夫人说自从她们的丈夫参加这项训练后，她们的家庭更加美满和谐了。

哈佛大学著名教授威利姆·贾姆士曾说：“相比于我们应有的成就，我们只利用了自身一小部分的能源，相当于朦胧半醒。在极限之内，我们的更多能量被习惯性地闲置。”

这部书的唯一目的，就是帮你开发利用潜伏在你自身那些被习惯性闲置的能量。如果你看完这本书的前三章后，它仍没有对你的演讲和人际交往方面产生些许帮助，那么至少对你来说这本书是完全失败的。因为，教育最大的目的不只停留在知识层面，更在于实际行动。

这就是一本教人实际行动的书！

或许这篇序言稍长了些，那么现在我们就言归正传，请看下一章——如何从这本书里获得最大效益。

如何从这本书里获得 最大效益

这本书告诉你的原则，必须由衷才会有效。我不希望人们用奸诡的骗术去欺骗别人，而我所讲的只是一种新的生活方式。

一、如果你要从这本书里获得最大收益，有一个必须具备的、比任何定律或技术都重要的基本条件，否则你再如何研究也没有用。如果有这种天赋，你甚至可以不用去看那些书中教益最多的建议，便可收获奇迹。这个奇妙的条件，就是一种不断向前的学习欲望，一个增加你应对别人能力的强烈决心。

要触发这个愿望，就要经常提醒自己这些原则如何重要，想象自己将它们运用自如后，会接触到多姿多彩的环境，会在经济酬劳上有更多帮助。你要一次次对自己说："我之所以受人欢迎，我的快乐和我收入的增加，都是由于我懂得应对他人的技巧。"

二、我希望你不要在迅速阅读每一章并得到一个概念后，就急于想看下一章，除非你只是为了消磨时间而阅读。假如你是为了掌握人际关系的技巧，那么请你详细研读这本书，这才是最省时和最有效的办法。

三、在你阅读的时候，不妨偶尔稍停，思索你阅读的是什么，并问自己在何时何地如何来运用书中的建议。

四、阅读这本书时，手里拿一只红墨水钢笔或红色圆珠笔，遇到一项对你有用的建议时，就在字的下面画一道线；若是一项极好的建议，则画出着重标记的符号。这些画线和符号不但使你阅读时更有趣，也可以帮助你迅速有效地温习，使你得到更大收益。

五、我认识的一个人，在一家极具规模的保险公司担任了十五年经理。他每月都会看一遍公司发出的保险单——每年每月，他都会看同样的保险单。他为什么要这么做？因为经验告诉他，这是使他记住保险单上条款的唯一办法。有一次，我花费了差不多两年时间，写一部演讲术的书稿。我发现自己必须反复重读，才能把书稿的内容记忆清楚。

所以，你如果要从这本书里获得真实持久的益处，不能以为草率地看过一遍就够了。你要详细阅读这本书，每月抽出一些时间温习，还要把它放在你的书桌上不时翻看。只有恒久的温习才能习惯运用这些原则。

六、萧伯纳曾说:“如果你教一个人什么事,他永远也学不会。”萧氏说得很有道理,学习是一种自主过程,并且只有切身运用过的知识才会深深地留在脑海里。所以,如果你想运用好这本书中的原则,就要抓住机会实践,否则你会很快把书上的内容忘干净。

你也许会觉得随时随地实施相应的原则是件难事,的确,我自己偶尔也会有同样的感觉。但在你读这本书时,有一点不要忘记,你不只是要获得书中的知识,同时要养成新的习惯。你是在尝试一项新的生活方式,需要花费时间和精力来每天实施。所以你要常读这本书,把它看做是如何与别人沟通关系的使用手册。无论什么时候,在你遇到某些常会遇到的特殊问题,诸如如何管理小孩子、如何说服妻子以及如何满足一个气愤的顾客时,你翻开这本书,试着按照其中的某项提议去做,说不定会有奇迹般的发现。

七、这或许是个新奇的尝试:当你的妻儿或是同事,找出你违反某一项原则时,你不妨向他们付出一角或是一元,作为对自己处罚的罚款。

八、华尔街一家极具声誉的银行,有一次它的一位经理在讲习班的演讲中介绍了一项如何有效改进自己的办法。这位银行经理只受过短期的正规学校教育，可现在他却是美国一位极受重视的理财家。他认为他今天的成就，得益于他自己构思出来的方法：

“这些年来，我有一本约会记录簿，记录所有约会的时间。我的家人从来不替我在星期六订约会，因为他们知道我要利用星期六晚上来自我检讨、反省。那天晚饭后，我独处在房间里，翻看约会记录簿，回忆这一星期所经过的会谈、讨论和各项集会。我问自己：‘那回，我做错了些什么？’‘怎样做才是对的，怎样做才能改进自己？’‘从那次经历中，我得到了些什么教训？’

“每周这样的反省并不愉快，可我经常对自己的错误感到惊讶。这样过了数年后，我的这些错误逐渐减少，终于不再发生了。这个自我分析、自我教育的方法，对我来说比其他任何方法都更为有效，这种方法已帮我改进了决断能力，使我跟别人接触时得到极大的益处。”

如果试着用这个方法来检讨你对书中原则的实行程度，你会获得两种结果：第一，你会发觉自己在从事一项有趣而又宝贵的教育课程；第二，你会发现你应付他人的能力，在逐渐地伸展和成长。

现在不妨再加上一本记事簿，把你实施这些原则后的效果清楚地写进去，比如日期、效果，以及对方的姓名。使用这样一本记事簿可以激励你更加努力，这是一项既有趣又有意义的工作。

为了使你从这本书中获得更多益处，你必须：

1. 培养一种不断发展的对人际关系原则运用自如的欲望。
2. 在你看下一章前，先把这一章仔细地看两遍。
3. 阅读时常停下来自问，你如何才能实行书中的每一项建议。
4. 在重要的文句下面画上横线或其他符号。
5. 按月温习这本书。
6. 遇到机会就实施这些原则，把这本书视为“活用手册”，帮你解决问题。
7. 当朋友发现你违反其中某项原则时，付给他一元钱，把学习当做游戏。
8. 每星期检讨一次，问自己犯了什么错误，哪些需要改进，以后怎么做。
9. 不妨再加上一本记事簿，写明什么时候、如何运用这些原则。

第一篇

为人处世
的基本技巧

提要：怎么让别人喜欢你

- 不要批评、责怪或抱怨。
- 献出你真实、诚恳的赞赏。
- 引起别人的渴望。

1. 不要批评、指责或抱怨

批评就像家鸽，总会飞回来的。我们想矫正或谴责的人，也会为自己辩护而反过来谴责我们。如果你以后想激起别人对你十年乃至一生的怨恨，只要对他批评得刻薄一些就可以了。

1931年5月7日，纽约市民在大街上亲眼见到一起前所未有的骇人格斗。被围捕的凶手名叫克劳雷，是个有“双枪”之称的烟酒不沾的罪犯。

在西末街克劳雷情人的公寓里，一百五十名警方人员把他包围在顶层，并通过凿出的洞口释放催泪毒气，试图把克劳雷熏出来。建筑的附近遍布着警方人员的机枪，在随后的一个多小时里，这个纽约市原本清静的住宅区响起了一阵阵刺耳的枪声。克劳雷藏在一张堆满杂物的椅子后面，用手中的短枪向警方人员射击。上万人激动地观看了这幕警匪格斗的场面，因为之前纽约从来没发生过这样的事情。

当克劳雷被捕后，警察总监马罗南称他是纽约治安史上最危险的一个罪犯。这位警察总监又说:“克劳雷杀人就像切葱一样……他会被判处死刑。”

可是,“双枪”克劳雷又认为自己是一个什么样的人呢?就在被围捕的时候,克劳雷写了一封公开信,纸上还留下了他伤口流出的血。在信中,克劳雷这样写道:“在我衣服的下面是一颗疲惫的心,一颗仁爱而不愿伤害别人的心。”

在此之前,克劳雷曾驾车在长岛的一条公路上跟女友调情,这时一个警察走到车旁要求看他的驾照。克劳雷没说一句话,掏出手枪就朝那警察连开数枪,导致警察倒地死亡。接着克劳雷从车里跳出来,捡起警察的手枪又朝地上的尸体放了一枪——这就是克劳雷所说的那颗疲惫的心,“一颗仁爱而不愿意伤害别人的心”。

经过审判,克劳雷被判死刑。当他走进受刑室时,你猜他会说“这是我杀人作恶的下场”?不,他说的是:“我是因为要保卫我自己才这样做的。”

这个故事里,克劳雷对自己没有丝毫责备。但这是不是罪犯的一种常见态度?想作出判断,不妨再听听下面这段话:

“我将一生中最好的岁月给了别人,使他们获得幸福,过上了舒服的日子;而我所得到的只有侮辱,成了一个遭到搜捕的人。”

这是卡邦曾说过的话——那是美国的第一号

公敌，一个横行在芝加哥一带最凶恶的匪首。可是，他认为自己是有益于公众的人，但却是一个没有受到褒许并被人误会的人。

休士在纽约被枪击倒前，也曾有类似的表示。在接受新闻记者的采访时，他说自己是一位有益于群众的人，但事实上他在纽约是个令人发指的罪犯。

我曾经和"星星监狱"负责人华赖·劳斯有过一次有趣的通信。他写道："在星星监狱中，很少有罪犯承认自己是坏人，他们就跟常人一样有着这样、那样的见解和解释。他们会告诉你为什么要撬开保险箱，或者接连开枪伤人，甚至还为他们反社会现实的行为辩护，并坚称不应该囚禁他们。"

如果克劳雷、卡邦、休士和监狱中的其他暴徒完全没有自责，根本不把罪恶归咎于己，那么我们接触的别人又如何呢？

已故的华纳梅格有一次这样说："三十年前我就明白，责备别人是件愚蠢的事。我不抱怨上帝没有均匀分配智能，可是对克制自己的缺陷，我感到非常吃力。"

华纳梅格很早就悟出了这一点，可是我在这古老的世界上却盲目行走了三十多年才豁然了悟。一百次中有九十九次，不管事情错到怎样的程度，都没有人会为此自我批评。

批评没有任何作用，只会让人提高警惕并竭力为自己辩护。批评也是危险的，它会伤害人的自尊，甚至激起那个人的反抗。

在德国，军队里的士兵们在发生冲突后，不准立即申诉，而要怀着满腔怨气去睡觉，直到这股怨气消失，否则会受到处罚。在我们日常生活中，这个规矩似乎也很必要——就像唠叨埋怨的父母、喋喋不休的妻子、斥责怒骂的老板，以及其他一些吹毛求疵、令人讨厌的人。

从上千页的历史书中，你可以找出很多很多“批评无效”的例子。罗斯福和塔夫脱总统那著名的争论，分裂了共和党，令威尔逊入主白宫，使他在世界大战中留下了勇敢、光荣的一页，并且改变了历史趋势。

我们现在快速追述当时的情形：

1908 年，西奥多·罗斯福离开白宫时，他使塔夫脱做了总统，自己则去非洲狩猎狮子。而在他回来时，争执就此发生。他指责塔夫脱守旧，组织勃尔摩斯党，想要自己连任第三任总统。这个举动几乎毁灭了共和党，就在那次选举中，塔夫脱领导下的共和党只获得佛蒙特和犹他两州的选票——这是共和党历史上最大的一次失败。

罗斯福责备塔夫脱，可是塔夫脱有没有自我批评？当然没有。塔夫脱两眼含泪说：“我不知道自己哪里做得不对。”

究竟是谁的错？我不知道，也不关心。不过我要指出的是，罗斯福的批评并没有让塔夫脱意识到自己的错误，却让他为自己竭力辩护，含泪反复说：“我不知道自己哪里做得不对。”

还记得茶壶盖油田舞弊案吗？这件事令舆论愤怒了很多年，震荡了整个国家。在人们的记忆里，美国的公务中还从未发生过这类情形。这桩舞弊案的经过是这样的：

哈定总统任上的内政部长阿尔伯特·福尔，当时被委任主管政府在阿尔克山和茶壶盖地区的油田出租事宜。那块油田，是政府为未来海军用油预备的保留地。

福尔有没有公开投标呢？没有。福尔干脆把这份丰厚的合约给了他的朋友图海尼，而图海尼则把所谓十万美金的“贷款”给了这位福尔部长。

接下来，福尔用高压手段命令美国海军进驻该地区，赶走邻近油田的竞争者，以免阿尔克山的财富被别人分享。而保留地上那些竞争者，被赶走后却并不甘心，他们在法庭上揭发了茶壶盖十万美金的舞弊案。这件事发生后，全国一片哗然，影响之恶劣，几乎毁灭了哈定总统领导的政府，共和党也几乎垮台，福尔则被判入狱。

福尔被骂得焦头烂额——在美国的公务中很少有人被这样谴责过。那他后悔了吗？没有，根本没有!

几年后，胡佛在一次公共演讲中暗示，哈定总统的死是由于过度的刺激和忧虑，因为有一个朋友曾经出卖了他。当时福尔的妻子也在座，听到这些话后立刻从椅子上跳起来，失声痛哭，攥紧拳头大声说道:“什么，哈定是被福尔出卖的?不，我丈夫从未辜负过任何人。即使这间屋子堆满黄金，也诱惑不了他。他是被别人出卖，才被钉到十字架上成了牺牲品。”

由此你可以明白，这就是人类的天性，出错时只会埋怨别人，而不会责怪自己，我们每个人都如此。所以我们明天要批评别人的时候，就想想卡邦、克劳雷和福尔这些人。

批评就像家鸽，总会飞回来的。我们应该知道，我们想矫正或谴责的人，也会为自己辩护而反过来谴责我们。即使像塔夫脱那样温和的人，也只会这样说:“我不知道自己哪里做得不对。”

1865 年 4 月 15 日，那个星期六的早晨，林肯奄奄一息地躺在福特戏院对面一家简陋的公寓中。他瘦高的身体斜躺在床上，床的上面挂着一幅罗莎波南名画《马市》的复制品，一盏煤油灯闪着昏暗惨淡的光。

林肯即将去世的时候，陆军部长斯坦顿说:“躺在那里的是世界上最完美的元首。”

林肯为人处世的秘诀是什么？我花了近十年时间研究林肯的一生，用三年撰写了《你所不知道的林肯》。我自信以人所能达到的极限，详尽透彻地研究了林肯的人格和家庭生活，特别是林肯待人接物的方法。林肯也曾批评过别人？不错，还在印第安纳州鸽溪谷时，年轻的林肯不但会批评，还会写信作诗去讥笑别人。他把写好的东西扔到当事人肯定能捡到的路上，其中一封信甚至引起了别人对他的终身厌恶。

林肯在伊利诺伊州挂牌做了律师后，还在报纸上公开发表文章攻击对手，但是这样的事他只做了一次。

1842 年秋，林肯在春田的报纸上发表一封匿名信，讥笑爱尔兰政客西尔兹自大好斗，使全镇的人都哄然大笑。敏感自傲的西尔兹被这件事激怒，在查出是林肯写的这封信后，跳上马便去找林肯决斗。

林肯平生不喜欢打架，更反对决斗，但此时为了面子却不能退缩。西尔兹让他自己挑选武器，林肯臂长，便选用了马队用的大刀，而且以前他曾和一位西点学校毕业生学习过刀战。到了指定日期，他和西尔兹在密西西比河的河滩上准备一决生死。这场决斗直到最后一分钟才被双方助斗者阻止。

那次经历对林肯来讲，是最惊心动魄的一

次，对他以后的处世方式是个极其宝贵的教训。此后，林肯再也不写信凌辱他人，再也不讥笑他人，甚至几乎从不为任何事而批评任何人。

内战期间，林肯屡次任命新将领统率波多马克军团，可是每次都遭遇惨痛失败，这曾使林肯怀着失望而沉重的心情，独自一人在屋子里踱步。全国几乎半数人都在指责这些不能胜任的将军，只有林肯保持着一贯的平和——他最喜欢的一条格言是：“不要评议人，免得为人所评议。”

当林肯的妻子和别人批评南方人时，林肯总是这样说：“不要批评他们，我们在相同情形下也会和他们一样。”

但是，林肯是有机会批评的，我们看下面这个例证：

1863 年 7 月初，盖茨堡战役打响了，到 7 月 4 日晚，南方军队在罗伯特·李的指挥下开始后撤。当时全国雨水泛滥，当李带领败军到达波多马克河时，被面前暴涨的河水阻挡，而乘胜追来的联军就在后面。李和他的军队一时间进退维谷，无处脱身。

林肯知道这是个天赐良机，只要一举歼灭李的军队，便可立即结束战争。林肯满怀希望命令格兰特不要召开军事会议，要立即发起进攻。林肯先发电报，然后又派出特使要格兰特马上采取行动。

可这位将军是怎么处理的呢？格兰特采取了跟林肯命令完全相反的行动。他违反命令召开军事会议不算，还迟疑不决的延宕下去。格兰特在复电中利用各种借口拒绝进攻李的军队。最后河水退却，李带领军队顺利逃过波多马克河。

“格兰特为什么要这么做？”林肯知道这件事后勃然大怒，对着儿子罗伯特大声说，“老天爷，这是什么意思？敌军已在我们掌握之中，唾手可得，彼时无论谁都能带兵击败他们，如果是我自己去，早已经把他捉住了。”

沉痛失望之余，林肯提笔向格兰特写了封信——在林肯一生中的这段时间，他在为人处世方面极端保守，用字非常谨慎，所以 1863 年的这封出自林肯之手的信，该是他最严厉的斥责了。这封信是这样的：

“亲爱的将军：我想你可能领会不出由于李的逃脱而引起的不幸是多么严重。那时他被我们轻易掌握，如果能将他及时捕获，再加上我们最近获得的其他胜利，当下便可以结束这场战争。可是照现在的情形来推断，战事将会无限期地延长下去。上星期一你没有顺利攻击李的军队，以后你又哪里会有这样的机会？我没有期待你现在会取得多大成功，因为你已经放过了黄金般的机会，这使我感到无比沉痛。”

你能否猜想一下，格兰特看到信后会如何呢？

事实上，格兰特却始终没有看到这封信，因为林肯根本没有寄出去。信是在林肯去世后从他遗留的文件中发现的。

我曾想过当时的情形——只是我的猜想——林肯在写完信后，望着窗外喃喃自语：

“且慢，也许我不该这样匆忙。在宁静的白宫里向格兰特命令进攻是轻而易举的，可如果我也在盖茨堡看到遍地血腥、听到战场上的哀号和呻吟，如果我也和格兰特一样懦弱，也许我也不会急于向李的军队进攻。木已成舟，事情已经无法挽回，这封信不过是发泄一时不快，而格兰特也会为自己辩解。那时，他会谴责我、反感我，并且这也会损害他作为司令官的威信，甚至会迫使他辞职。”

在我想象的那件事发生后，林肯就把信放在一边了。因为林肯从痛苦的经验中知道，尖锐的批评与斥责是永远不会有效果的。

西奥多·罗斯福总统曾说，他在总统任期中遇到棘手的问题时，会靠在座椅上仰起头，朝墙上林肯的巨幅画像看去，然后问自己：“如果林肯处在眼前的情形，他会怎么做，怎样解决这个问题？”

以后我们如果想要批评别人时，不妨从口袋

中掏出一张五元钞票，看看钞票上林肯的头像，然后自问："如果林肯遭遇这件事，他会如何处置呢？"

你希望你所认识的人改变、进步吗？当然，如果可以的话最好不过了。可为什么不从你自身开始调整呢？自私地说，改进自己比改进别人获益更多。

鲍宁曾说："当一个人与自己争论、激辩时，他在很多方面已是不寻常的。"

我年轻时很想出名，于是写信给美国文坛上颇负盛名的作家戴维斯。当时我准备给一家杂志社写些有关文坛作家的文章，所以我请教戴维斯他的写作方法。

几个星期后，我接到一封信，信上附着一句："信系口述，未经重读。"这两句话引起了我的注意，感觉写这信的大人物一定很忙。而我虽然一点也不忙，但我急于引起这位大作家的注意，就在回信的后面也加上同样两句："信系口述，未经重读。"戴维斯不屑再给我回信，而是把我的信退了回来，下面还潦草地写着几个字："你的无礼简直无以复加。"

是的，我咎由自取，或许应该得到这斥责。可是，人性使然，我对戴维斯始终怀恨在心，甚至十年后得知他去世的消息时，仍没有丝毫减少，因为他确实伤害了我。

如果你想激起别人对你的怨恨，让他痛恨你十年甚至一生，那么只要批评他刻薄一些就可以了。

请记住，我们所要应付的人，不是理论的动物，而是感情的动物。

批评是通向危险的导火线，一种能引爆“自尊”这个火药库的导火线。这种爆炸，有时会置人于死地。人们的批评和一条不准带兵到法国的禁令使胡特将军几乎缩短了寿命；苛刻的批评使敏锐的英国作家托马斯·哈代永远放弃写小说。

富兰克林年轻时并不比别人伶俐，可是后来待人处世却极有手腕和技巧，甚至担任美国驻法大使。他的成功秘诀就是“不说任何人的不好”，并且“说我所知道的每一个人的好处”。

即使愚蠢的人也会批评、斥责和抱怨，同时多数时间也是愚蠢的人才会这样做。但若要宽恕、理解别人，则需要在人格、克己方面下工夫了。

托马斯·卡莱尔曾说：“一个伟大的人，以如何对待卑微者来显示自己的伟大。”正如强森博士所说：“在末日之前，上帝还不打算审判人！”

那我们又为什么要批评人呢？

因此，**不要批评、责怪或抱怨。**

2. 坦诚、直率地赞赏他人

能让人自愿去做任何一件事的办法，就是真诚地赞赏他人。多研究别人的优点，忘掉恭维、谄媚的话语，给人以由衷、诚恳的赞赏。

世间只有一个办法能让人自愿去做任何一件你希望他做的事。那办法是什么，你是否静下心来想过？确实，只有这个办法才行得通，除此以外再也没有其他方法。

当然，你可以拿一支左轮手枪对着一个人的胸膛，他自会乖乖地把手表给你。你也可以用恫吓解雇的方法命令下属做事，甚至鞭打或恫吓让一个孩子做你要他做的事。但这些粗笨的方法都会引起不良反应。

我所谓叫你自愿去做一件事的方法，那就是把你需要的给你。

你需要些什么？

20 世纪维也纳最享盛誉的心理学家弗洛伊德认为，人们所做的事都来源于两种动机，即性冲动和成为伟人的欲望。

美国著名哲学家杜威教授的见解稍有不同，他说人类天性中最深切的冲动，是“成为重要人物的欲望”。

请记住“成为重要人物的欲望”这句话，它很重要，你将多次在这本书中看到它。

你需要的也许并不多，可有些你会不容拒绝地不懈追求。每个正常的成年人，差不多都想要这些：一、健康和生命的保障；二、食物的供给；三、充足的睡眠；四、金钱和金钱所能买到的一切；五、生命的后顾；六、性生活的满足；七、子女的健全；八、自重感。

所有这些几乎都可以满足，可是其中有一种欲望跨越了食物、睡眠等，既深切又难以满足，那就是弗洛伊德所说的“成为伟人的欲望”，也就是上面那句“成为重要人物的欲望”。

林肯有封信的开头就说：“每个人都喜欢被恭维。”威利·詹姆斯也说过：“人类天性中最深的本质，就是渴求被人重视。”注意那并不是“希望”、“欲望”或者“渴望”，而是说——“渴求”，被别人重视。

这是人类痛苦而亟待解决的别样“饥饿”，如果能真正满足人们的这种渴求，就可以掌握他们。

对自重感的欲望是区别人类和动物的一个重

要差别。我亲身经历了这样一件事，那时我还是个农家少年，我父亲饲养了一种优种猪和一种白脸牛，因为有了它们，我们在地方牲畜展览会中获得了几十次头奖。父亲用针把蓝缎带的奖章别在一条白布上，当有亲友们来我家时，他就拿出这条白布来，我们各握一端，展示在亲友面前。猪、牛并不会意识到那些蓝缎带是它们赢得的荣誉，可这对父亲来说却很重要，因为这些奖品使他获得一种自重感。

假如我们的祖先没有追求自重感的强烈冲动，我们就不会有文化流传，也就和其他动物没什么区别了。

自重感的欲望曾激起一个贫困的杂货店店员发奋读书——他没有受过良好的教育，但在自重感的驱使下，他从堆满杂货的大木桶中找出了五毛钱，买来法律书籍刻苦研读。你也许听说过这个店员，他叫林肯。

同样是自重感的欲望，激发狄更斯写出不朽名著，令华伦完成他的伟大设计，让洛克菲勒积攒了一辈子都花不完的钱。这个欲望能让富翁花费巨资建造豪宅；能让你穿上最新潮流的服装，驾驶最豪华的轿车，谈论你那聪明伶俐的孩子。

可也就是这种欲望，让许多青少年沦为了盗匪。纽约警察总监马罗南曾提起过这样一件事，许多年轻罪犯盲目追求虚荣，他们在被捕后的第一个要求就是要看那些把他们写成英雄的小报，并为自己的照片能跟科学家、政治家、影视明星同样占去许多版面而高兴，至于进受刑室坐电椅，则好像是另外一回事。

你想如何得到你的自重感？由此可以确定你是怎样的人，确定你的性格，这对你来说非常重要。譬如，洛克菲勒在中国北京投资建造现代医院，照顾许多他不曾见面也永远不会见面的贫民，由此获得他的自重感。反之，狄林克以抢银行、杀人来满足自己的欲望，直到被警方逮捕，逃入农舍里的他仍自豪地大声叫道："我是狄林克！我不会杀害你，但我是狄林克！"对他来说，"人民公敌"就是一项"荣誉"。

如何获得自重感，这就是狄林克和洛克菲勒最大的差别。

历史上有许多趣事，都源于名人对自重感的追求。拒绝第三次连任的华盛顿，并不拒绝被称为至高无上的美国总统；哥伦布向皇家请求授予海洋上将和印度总督的头衔；女皇凯瑟琳从不拆阅没有"女皇陛下"称呼的信件；而林肯夫人在白宫也当了一回"母老虎"，她向格兰特夫人吼道："在我没请你之前，你怎敢坐在我面前！"

1928年，伯德将军去南极探险时得到了一些百万富翁的资助，但要满足他们的附带条件，即用他们的名字命名那些冰山。维克多·雨果希望把巴黎改为他的名字，就连莎士比亚也想获得徽章为自己的名字增辉。

有时人们故意装病来获得别人的同情和注意，变相满足自重感。麦金莱夫人就强迫她丈夫，放下作为美国总统而要处理的许多国家重要事务，几个小时地依偎在自己床边，直到她睡着，由此获得自重感。此外，她还坚持要麦金莱陪她一起看牙医，目的是她医牙疼痛时被丈夫注意。有一次麦金莱因和国务卿海·约翰有约，不得不留她一个人在牙医处，这位夫人便大发脾气。

作家玛丽·罗伯茨·林哈特有一次跟我讲了一个年轻能干的少妇，曾为得到自重感而装病的故事。有一天，这个少妇忽然“发现”一个现实问题，岁月不饶人，孤独的晚年已离她不远，于是感觉生活没有希望了。就这样，她躺在床上病了十年。这期间，她年迈的母亲每天要上下三楼，端着盘子去照顾她，直到有一天，这位母亲终因过度疲惫而去世，而床上的这个病人，沮丧了几个星期后却穿衣起床，身上的病也消失了。

一些专家宣称，为了在幻境中得到现实世界中得不到的自重感，人甚至会发疯。在美国的医院中，精神病患者比其他所有患者加在一起还多。如果你已超过十五岁，又住在纽约这个地方，那么你就有百分之五的机会在疯人院住上七年多。

是什么导致了精神错乱？

这么笼统的问题，没有人能回答出来，不过据我所知有许多别的疾病会伤害脑细胞，从而导致癫狂。事实上，约有半数以上的精神病可以归源于这类的病因。可是，另外那一半患者呢？那令人惶恐的半数，患者的脑细胞却没有任何病态——在这一类患者去世后，通过解剖，在最高性能的显微镜下发现，其脑细胞组织完全跟我们一样健全。

他们到底是怎么疯的？我曾向一位精神病院的主治医师询问过这方面的病理知识，他的回答是：他也不知道人们为什么会精神错乱。不过，他也作出了这样的解释，许多精神病人，在疯癫中找到了现实世界所无法获得的自重感。

这位医师给我讲了一个真实的故事。一个女患者遭遇了婚姻的悲剧，她向往爱情、孩子和一定的社会地位及声望，可是现实却没有满足她的幻想。她丈夫不爱她，甚至不愿跟她一起用餐，还强迫她服侍自己在楼上房间吃饭。她没有孩子，没有社会地位，终于精神错乱。现在，在她的幻想中已和她丈夫离婚，并恢复了少女时的姓名。她现在相信自己已嫁给一位英国贵族，因此坚持要人家称她是史密斯夫人。当然，孩子在她的幻想中也有了。她每次会对去为她诊病的医生说她前一晚生了一个孩子。

这故事悲惨吗？我不知道。那位医师对我说："即使我能治愈她，让她再次清醒，我也不想这样做，因为她现在才似乎真正获得了期盼中的快乐。"

整体说来，精神失常的人似乎比你我都更快乐。既然疯狂能带来快乐，那么为什么不呢？精神病人已经解决了他们曾经的问题。他们现在可以轻而易举地签张百万元的支票给你，或者给你一封介绍信去见一位名人。在幻境中，他们找到了期望已久的自重感。

如果人们对自重感真能迫切渴望到精神失常的地步，那么，试想在他尚未疯狂前就给他真诚的赞扬，会产生怎样的奇迹……

有史以来，年薪百万的只有克莱斯勒和施瓦布两人。其中的施瓦布，为什么会从安德鲁·卡内基那里得到年薪百万元也就是一天三千元的收入呢？因为他是天才，还是他在钢铁制造业方面有特长？都不是。

施瓦布对我说，他许多属下在钢铁制造方面知道的比他要多，但这不重要，他的高薪是来自于他待人处世的特殊能力。什么能力？下面是他亲口所说的情形:“我认为我能激发人们的热情，那是我所具有的最大资源。我激发每一个人充分发挥才能的方法，就是赞赏和鼓励！”他还说，世界上最易摧毁人志向的就是上司的批评，因此他从不批评任何人，只会激励。“我急于称赞而迟于挑错，如果说我喜欢什么的话，那就是真诚称道，不吝啬赞扬。”

这些话应该刻在铜牌上永久保存，并悬挂在每一个家庭、学校、商店和办公室里，让人们记住，甚至应该在儿时就背下来。如果我们真能按照这些话来做，那么我们的生活就会发生很大变化。一般人所做的与这些话完全相反，他们不喜欢什么，就会尽量挑剔，即使对喜欢的也会一句话都不说。

施瓦布又说:“在我一生的阅历和阅人中，无论谁，不管他如何伟大、地位如何崇高，无不是赞许比批评更能成就其伟大事业。”

的确，他所说的正是安德鲁·卡内基取得惊人成就的一个原因。卡内基公开称赞他的同仁，甚至在墓碑上这样写道:

埋葬在这里的，是一个知道怎样和比他更聪明的人相处的人。

真诚的赞赏也是洛克菲勒待人成功的一条

秘诀。当他的伙伴贝德福德在南美搞砸了一桩买卖而使公司亏损一百万时，洛克菲勒没有任何批评或指责。他知道贝德福德已尽了最大努力，何况这件事已经结束了，所以他真诚地恭贺贝德福德，说他幸而保住了百分之六十的投资。洛克菲勒说："这已经不错了，我们不可能每件事都能称心如意。"

齐格飞，这位在百老汇成就最惊人的歌舞剧家，就是依靠称赞而获得了成功。凭此他能把别人不愿多看一眼的女子改变成舞台上神秘动人的明星。他知道赞美和信心的价值，因此他诚心赞美女性，让她们相信自己的美丽，从而激发她们的热忱。但齐格飞并不只是空泛的称赞，他很实际地为歌手增加薪金，从每周三十元到一百七十五元。他也很重义气，福利斯歌舞剧开幕的当晚，他给剧中的明星发贺电，并向每一个出演的女子赠送一朵美丽的玫瑰花。

我有一次迷上了近来兴起的绝食，整整六天不吃东西——这并不难，因为第六天比第二天还更加不饿。不过我们知道，法律上让家人或雇员六天不吃东西是一种犯罪。可是，如果六天、六周乃至六十年不给予他们期盼中的赞美，那又会如何呢？事实上赞美和食物同样重要。当年，著名演员艾尔弗雷德·伦特在《维也纳的重聚》中担任主角的时候，曾经这样说过："比起别的，我最需要自尊的滋养。”

我们能为孩子、朋友和雇员提供牛排、薯片等食物，补充他们体内必须的营养，可是却忽略了对他们温言赞赏，所以给予他们自尊所需要的营养是很匮乏的，如果这些“明日之星”将来在被赞赏的记忆上有所缺失，那是一件多么遗憾的事情。有些读者看到这里可能会想：不就是老套的恭维、阿谀么，这对受过教育的人来说根本没用，我都尝试过……

这是当然，拍马那一套那么肤浅、虚伪的招术是骗不了明白人的，它本就该失败，而且事实上也经常失败。诚然，有些人也会对此渴望到接受任何东西的地步，就像一个饥饿的人甚至会吃青草。英国首相本杰明·迪斯雷利就曾说女王维多利亚会接受奉承，所以他多少会在这方面下些工夫，以便处理好和女王的关系。但人与人不同，他所要做的并不是我们一定要做的。长远来看，奉承对你弊大于利，因为奉承是虚伪的，和假币一样花不出去。

赞赏和奉承有何不同？一个是真诚的，一个是虚伪的；一个发自内心，一个口是心非；一个是无私的给予，一个是自私的图谋；一个为人钦佩，一个令人不耻。至于怎样对号，相信读者会有这个辨别的能力。

最近我在墨西哥城的查普尔特佩克宫看到他

们的英雄奥伯利根将军的半身像，下面刻着他的名言："别怕攻击你的敌人，提防谄媚你的朋友。"

我在这里绝不是让人去奉承、谄媚，我讲的是一种新的生活方法。

在白金汉宫书房的墙上，悬挂着英皇乔治五世的六条格言，其中一条说，"教我既不要奉承也不要接受廉价的赞美"。卑贱的赞美，这就是所谓的谄媚。我曾经看过一句关于谄媚的话，很值得写在这里："谄媚明白地告诉别人他是怎么想他自己的。"

拉尔夫·瓦尔多·爱默生曾说："你要说的任何言语，总离不开自己。"如果我们只要恭维、谄媚就够了，那么所有人都可以学会，都能成人类关系学专家了。事情可没那么简单。我们在思考某些特定问题之外，会用百分之九十五的时间思考自己。可如果停下来一会儿，去想想别人的优点，那么再和别人说话时，就不必说些违心话，连自己都能发觉那是谄媚。

爱默生还说过，"我见过的每个人都有胜过我的地方，我向他们学习这些优点。"这个见解非常正确，值得我们重视。

少想一些自己的成就和需要，多研究别人的优点，忘掉恭维、谄媚的话语，给人以由衷、诚恳的赞赏。人们会珍视你的话，甚至牢记一生，即使你自己已经忘却，但他还会记得：曾经有一个人诚恳地赞美过我。

所以，**请坦诚、直率地赞赏他人。**

3. 唤起别人内在的渴望

如果有一个成功的秘诀，那就是永远站在别人的角度设想，并由其观点来观察事物的趋势，激起对方某种迫切的需要。

夏天我常去梅恩钓鱼。我自己喜欢吃杨梅和奶油，可是鱼却喜欢吃虫。所以我钓鱼的时候，不能以我爱吃的杨梅或奶油做饵，而要拿一条小虫或一只蚱蜢放在鱼儿眼前，问:“你想不想吃这个？”

为什么不以同样的方法来“钓”一个人呢?

有人问英国首相劳合·乔治，在其他一战领袖都退休之后，他如何能仍然身居要职？他回答说如果将这归功于一件事的话，那么就是他在钓鱼时放对了鱼饵。

为什么我们只谈论自己的需要呢？那是错误的，也很孩子气。你当然会注意自己的需要，而且永远都会注意。可是，要知道别人都和你一样只关心自己，所以他们对你需要什么并不在意。因此，影响对方的唯一办法，就是谈论他需要什么，而且告诉他怎样才能得到。什么时候你想要别人替你做什么时，你就要想起这句话。比如，你要阻止你的孩子吸烟，你不用教训他，只要告诉他吸烟就不能参加棒球队，或是赢不了百米赛跑，他就不会再吸了。

不论你应付孩子还是一头小牛、一只猴，这都是你要注意的一件事。有一次，爱默生和儿子一起驱赶一头小牛进入牛棚，他们犯了一般人都会犯的错误，只想自己所想，而忽略了小牛的感受。因此无论他们怎么推拉小牛，小牛都始终不动。旁边的爱尔兰女佣看到这种情形，虽然她并不会作文章，可她了解牲畜的感受和习性，她知道这头小牛需要什么，于是这个女佣把她的拇指放进小牛嘴里，让小牛吮吸她的拇指，然后温和地引它进入牛棚。

从你出生起，你所有举动的出发点都是为了你自己，都是满足你的需要。那么给红十字会捐款，又是为什么呢？那其实也并不例外，为红十字会捐款，是因为你要做一件善事、一件神圣的事，或者是你不好意思拒绝某种请求才捐的。但有一件事可以确定，你捐款仍然是为了满足你的需要。

哈里·奥弗斯特里特教授在他那本《影响人类行为》中说，行动来源于我们的基本欲望，对于想要说服别人的人，最好的建议是无论在哪里，都要先激起对方某种迫切的需要，做到这一点就可以左右逢源，否则就会到处碰壁。

安德鲁·卡内基早年是个苏格兰童工，每小时只有两分钱的报酬，可是他后来捐献的款项却有三亿六千五百万美元之多。他早年间就悟出了影响人的唯一方法，虽然他只在学校接受过四年教育，可是他自己学会了如何应对他人。

有一件事很有启发。卡内基的嫂子为了两个儿子忧虑成病，那两个孩子在耶鲁大学读书，也许是因为忙碌而忽视了给家里写信，没有注意家中挂念自己的母亲。卡内基知道后，给两个侄子写信闲谈，但在最后说要给他们每人寄一张五元钞票——但他并没有把钱放进信封。很快，回信来了，两个侄子感谢叔父，但在信上写了一句“钱没有收到”。

因此你要劝说别人去做事时，在你开口前先想一想：怎样让他想做这件事？这样可以阻止我们匆忙间和人见面，避免毫无结果的讨论。

我租用纽约一家饭店里的舞厅举行演讲研究会，每一季需要二十个晚上。有一季研究会已经开始了，我突然接到饭店加付两倍租金的通知。而这时，通告早已公布，入场券也已印发。

我当然不想付那么多租金，可是，跟饭店说这些有什么用呢，他们只注意他们需要的。所以过了两天，我去找那家饭店经理时是这样说的：“我接到你的信有点惶恐。我当然不会怪你，如果我换成是你也会这么写的。你作为经理当然要考虑怎么使这家饭店盈利，如果你不这样做就会被撤职。不过你要坚持增加租金的话，我们现在不妨在纸上写出你的利与害。”

我拿出一张纸，画了一条中线，在上下分别写上“利”、“害”。我在利的那边写上“舞厅空闲”，然后对他说：“你可以自由出租舞厅，用来跳舞及各类聚会，这会带来很大一笔收入，显然比租给演讲集会的研究会收入更多。如果我占用一季中的二十个晚上，你肯定会失去那些盈利。”然后我又说：“现在我们来谈另一面‘你的收入因我无法接受加租要求而减少’。在我来讲，我不想付那么多租金，就只好到别处演讲。不过有一个事实我想你会注意到，我这个研究会来的人中很多是上层社会知识分子，这对你来说是不是相当于免费的广告？事实上，即使你付出五千元的广告费也不会来那么多人。这其实对你来说是很有价值的，是不是？”我一边说一边写，写完后把那张纸交给了经理，说希望他考虑一下，再作最后决定。

第二天，我收到那家饭店的信，告诉我租金加一半，而不是原先说的三倍。要知道，我没有只字片语说我要减租，我所说的都是对方的需要和他怎样得到。

如果按一般的做法，我闯进饭店经理的办公室找他理论："我入场券都印好了，通知也发出去了，你现在突然要增加我三倍的租金，什么意思？这太荒唐了，没道理，我不付！"

如果是这样，之后会怎么样呢？无疑，接下来争论就要开始了，办公室里即将沸腾。即使饭店经理也觉得不对，可是出于自尊也绝不会承认。

这里有一个很好的关于人际关系艺术的建议。亨利·福特说过，如果有一个成功秘诀的话，那就是站在对方立场上从他的角度出发，像用自己观点看问题一样来看待事情。那看起来很简单、很明显，仿佛谁都能看出这个道理。可是，世界上百分之九十的人，在百分之九十的时候，都把它抛诸脑后了。

想看些例子么，很容易，翻一翻近期你收到的来信，你就可以发现很多人都忽视了这个道理。拿下面这封信来说，它来自一家分公司遍布全国的广告公司，是其广播部主任写给全国各广播电台负责人的信。（编者按：后文括号中内容是作者的分析。）

"约翰·布兰克先生，布兰克维尔先生，印第安纳先生——亲爱的布兰克先生：

“我公司希望能在广播界保持广告业务的领袖地位。（谁关心你公司希望什么？我正为自己的事情发愁呢：银行要取消我房产抵押的取赎权；害虫在吃我种的花草；交易市场混乱；早晨我误了八点一刻的火车；昨晚乔恩斯家里舞会没有请我；医生说我有高血压……）

“本公司在全国的广告客户是营业网的保障，我们多年来始终保持超过其他各家公司的广播时间。（你自大，你炫耀，一切都比别人领先是吗？那又怎样，就算你有全国汽车公司、全国电气公司、美国陆军总部合起来那么大，那对我有什么用？我只关心我怎么做大起来，而不是你。）

“我们希望以广播电台最近的消息服务我们的客户。（你希望，又是你希望！我不想听你希望什么，就算美国总统希望什么那又有什么关系？坦白说，我只想听我希望的，在你这封荒唐的信里，对此只字不提。）

“你将本公司列入首选名单，凡广告公司在交易时有用的每个项目会每周供给电台消息。（首选名单？你那么自吹自擂，让我觉得自己被忽略了。你要我将你列入首选名单，却连个“请”字也不说。）

“即刻复信，告诉我们你最近在做些什么，将会互益。（你寄给我一封普通油印信，这种像秋天落叶一样分发各地的东西，怎么好让我在房产抵押、血压升高的时候还坐下来心平气和地给你回信？而且还要我即刻回复，什么意思？难道就只有你在忙？谁给你权力这样来吩咐我？直到最后的“互益”，你才开始提到我，可对我怎么有益却说得含混不清。）

“敬上，广播部经理约翰·度。附启，随信附上布兰克维尔的采访复印本，供你在电台广播。”（最后附启中你提到了一个帮我解决问题的事，为什么不写在信的开头，不过这又有什么用呢。任何一个广告公司的人像你一样寄来一封愚蠢的信，脑子一定不正常。你不需要我们最近在做什么的信，你需要为你的甲状腺买一夸脱碘盐。）

一个一生致力于广告事业的人自以为可以影响他人，但写出这样一封信，我们怎能给他更高的评估呢？

我这还有一封信，是一位大货运站总监写给我一个研究会学员夫姆雷先生的。这封信让收信的人怎么想呢？来，先看看信的内容吧：

首雷格公司，前街二十八号，
布鲁克林，纽约

致爱德华·夫姆雷先生：

由于很多交运货物的客户送货时间在傍晚时分，引起货运停滞、延迟员工工作时间以及影响

卡车运送效率等诸多问题，极大困扰了我处外运收货工作，进而引起了交货缓慢的结果。

11月10日我处收到贵公司交运的五百一十件货物，送达时间是在下午四点二十分。

为减少货物迟交带来的不良影响，我们希望贵公司能充分配合我们。今后如交运大批货物时，可否尽量提早交货时间，或在上午先期送来一部分?

该项措施有益于贵公司的业务，可使你们载货卡车迅速驶回，同时我处保证在收到货物后立即发出。

总监某某谨启

而夫姆雷先生在看过这封信后，写上他自己的看法交给我:“这封信起到了和原意相反的效果。开始部分说货运站的困难，一般来讲我们不会注意这些。接着对方要求我们合作，可是他们丝毫没有想到这对我们会不会带来不便。信的最后说如果我们合作，可以使卡车迅速驶回并且保证我们的货物会立即发出。换句话说，我们最注意的事在最后才提到，起到了相反的作用，所体现的并不是合作精神。”

现在我们看看能否把这封信改写一下，我们不需要浪费时间谈自己的问题，就像亨利·福特说的那样，“站在对方的立场，用他的观点来看事物，正如用我们的观点看事物一样。”

下面是一种修改方法，也许不是最好，但效果是不是有所改善呢？

首雷格公司转交夫姆雷先生，
前街二十八号，布鲁克林，纽约

亲爱的夫姆雷先生：

贵公司十四年来一直是我们欢迎的好客户。非常感激你们对我们的照顾，并非常愿意为你们提供更迅速有效的服务。可是我们很抱歉，今后贵公司的卡车不能再像11月10日那样在傍晚时交下大批货物。为什么呢？因为很多客户都会在傍晚时交货，这样就会发生停滞现象，贵公司的运货卡车也难免受阻。

这很不好，但是可以避免。如果可以的话，请贵公司尽量在上午交货，这样运货卡车就可以迅速驶回。你们交运的货物我们会立即处理，这样我处员工也可以提早回家，品尝贵公司出品的鲜美面食。看过这封信后请勿介意，我处并不是向贵公司建议改善业务方针，而是为了对贵公司提供更有效的服务。

贵公司货物无论何时到达，我们仍愿竭力迅速地为你们服务。你们处理业务很忙，不需费时回信。

某某谨启

现在成千上万的推销员疲倦、沮丧地徘徊在路上，他们没有足够的薪酬，是什么原因造成的呢？因为他们从来只想着他们自己的需要，却没有注意他们推销的东西别人是否需要。

如果我们要买需要的东西会自己去买，因为我们知道自己需要什么。假如推销员带来的服务和货物确实能帮我们解决问题，那他用不着喋喋不休向我们推销，我们也会买下来。顾客喜欢“主动”买东西，而不是由于推销才买的。有很多人一生的时间都在做销售，却从不站在买主的立场看事情。

我住在纽约中心的林丘小区。有一天，我正向车站走去，碰巧遇到一个经营房地产的代理人，他常年在长岛一带买卖房地产，对我住的那个小区也很熟悉。所以我问他那里的房子的建材是什么，可他说不知道，让我去问小区的服务机构，然后还说了些其他我知道的事。

第二天早晨，我收到他的来信。难道他是特地告诉我建材的事？可那不用写信，只要一分钟的电话就够说了。结果打开信一看，他只是要我在他那办理保险业务。他并没想如何帮助我，只是想他自己需要什么。

世上充满了这种只会索取的自私的人，而另外那些不自私的、能服务他人的人则不可多得，也往往能获得更大利益。著名律师，同时也是一位大企业的领导，欧文·杨曾在他的书中说：“一个能设身处地为他人着想的人，不用担心自己将来的前途如何。”如果你能从书中获得这样一个观点，即永远站在别人的角度设想，并由其观点来观察事物的趋势，那么你就获得了这本书的真谛，这会成为你事业转折的关键。

许多人受过大学教育，但在机械地学习深奥知识的同时，却从未注意自己的意识如何能起作用。有一次我为一家冷气装置公司新招收的大学毕业生举行演讲研究会，有个人想劝别人打篮球，他这样说道：“我希望你们去打篮球，我喜欢篮球。可是前几次去的人太少，没法分队对垒。所以那天晚上我们几个人投掷篮球，我的眼睛不小心被打紫了。尽管如此，我希望你们明晚能来，我想打篮球。”

他没有说你需要什么，你当然不想去一个没人去的体育馆，而且，你不关心他要什么，更不想自己眼睛也被打紫。但是，他本可以告诉你，去体育馆能得到什么，比如，激发精神、清晰头脑、快乐、游戏，还有篮球本身。

这里我重述一下奥弗斯特里特教授的卓见：“若能先激起对方某种迫切的需要，那么就能左右逢源，否则到处碰壁。”

研究会中有一位学员忧虑自己的孩子，因为那孩子不肯好好吃饭，体重很轻。孩子的父母通常总在责骂他——妈妈要你吃这个吃那个，爸爸要你快快长大。

孩子会听这些话吗？当然不，就像你不愿去赴一个跟你毫不相关的盛宴一样。

这个父亲没有一点儿常识，他希望三岁的孩子理解三十岁父亲的见解，幸好他最后觉察出来这是不合情理的。所以他思索：孩子需要什么？如何将我的需要和他的需要连结起来？

他这么想，问题就容易解决了。他的孩子有一辆三轮童车，喜欢在屋前人行道上踩着这辆三轮车玩，但每天都会被一个邻居家的大孩子推下来。这时孩子就会哭着跑回家告诉自己的母亲，然后他母亲就会把抢走三轮童车的大孩子推下去，再让自己的孩子坐上来。

孩子需要什么？这问题并不费解，用不着福尔摩斯来解惑。孩子需要自尊，需要自重感，愤怒这种强烈的情绪促使他要报复、痛击那个大孩子。当这个父亲对孩子说，只要吃妈妈要他吃的东西就会很快长大，将来就能把那个大孩子一拳击倒之后，孩子的饮食就不成问题了。现在他什么都爱吃，菠菜、白菜、咸鱼……他希望快快长大，去还击那个一再欺侮他的“暴徒”。

可是这个问题解决后，另一个问题又困扰了

这位父亲——这小男孩有尿床的坏习惯。

孩子跟祖母睡在一起，早晨祖母醒来后会摸摸床单，然后对孩子说："小男孩，昨夜你又干了些什么？"孩子总是这样回答："不，我没有，那是你干的。"父母常为此责骂他，无数次告诉他不要这样，可是孩子却始终没有改掉这个坏习惯。所以孩子的父母自问：如何能让这孩子改掉尿床的坏习惯？

孩子需要什么呢？第一，他想穿父亲穿的那种睡衣，而不是祖母穿的那种睡袍。祖母因每晚不能舒服入睡，已经受够了这种打扰，所以如果孩子能够改掉坏习惯，她愿意为他买套睡衣。第二，他要一张属于自己的床，对此祖母也毫不反对。

于是孩子的母亲带他去一家百货公司，对柜台前的女售货员使眼色，说这位小绅士要买些东西。女售货员领会了她的意思，便尊重地询问小男孩："年轻人，你要买些什么？"孩子踮着脚站高些说："我想给自己买张床。"当孩子看到一张他母亲希望他买的床时，孩子妈妈又向女售货员使了个眼色，女售货员就劝说孩子买下它。

床送到的那天晚上，父亲回家时，孩子奔到门口大声喊："爸爸，快上楼来看，我自己买的床！"父亲看到那张床，想起施瓦布那句话，就对孩子点头赞许，并说："小男孩，这回你不会再弄湿这张床了吧？”

孩子连说“不会”。出于自尊心，孩子遵守诺言，再也不尿床了，因为这是他为自己买的床，他想做一个大人。现在这个穿起睡衣的小男孩真的像个“小大人”了。

另外，有个叫特许门的电话工程师，也是我研究班里的学员，他遭遇的困扰是他三岁的女儿不肯吃早餐，无论责骂、请求还是哄骗，都没有任何效果。

但小女孩喜欢模仿她的母亲，总觉得自己已经长大了。所以有一天早晨，他们把她放在椅子上让她做早餐——这正是这个小女孩心理上的需要。当正在做早餐的她看到父亲走进厨房时，就对他说:“爸爸，你看，我在做早餐呢！”

那天早晨，小女孩乖乖吃了两大碗早饭。没有人哄骗她，只是因为她对这件事发生了兴趣，在做早餐时找到了自我表现的机会，满足了自重感。

威廉·温特说过:“表现自己是人性最主要的需要。”在我们事业中，为什么不利用这种心理呢？

所以，让别人做一件事，就要**唤起别人内在的渴望**。

第二篇

怎样让别人喜欢你

How to Win Friends and Influence People

人性的弱点

提要：使人喜欢你的六种方法

- 真诚地对别人发生兴趣。
- 微笑。
- 记住你所接触的每一个人的姓名。
- 做一个善于静听的人，鼓励别人多谈谈他们自己。
- 就别人的兴趣谈论。
- 使别人感觉到他的重要——必须真诚地这样做。

1. 到处都受欢迎的方法

要别人对我们感兴趣，我们先要对别人感兴趣。真诚地关心别人，两个月内得到的朋友，会比那些等别人对自己感兴趣的人在两年里交的朋友还要多。

你现在读这本书是要学习如何交友，而实际上，我们可以向世界上最善此道的动物学习这个技巧。那是什么动物？你在街上就能看到它——当你走近它时，它就会摇动它的尾巴；如果你停下来轻轻抚摸它，它就会高兴得跳起来，并且对你表示它喜欢你。你知道，它对你这样亲密并没有什么企图，它不是想卖你一块地皮，更没打算跟你结婚。

你有没有想过，狗是唯一不用为生活而工作的动物？母鸡要下蛋，奶牛要付出奶水，金丝雀要唱歌。可是狗却不用付出什么来维持生活，它只要有“爱”就够了。

我五岁时，父亲花了五十美分给我买了只小狗，给我的童年带来了欢乐。每天下午四点半左右，提比坐在庭院前望着院外的小路，听到我的声音或是看到我经过那片灌木丛时，便箭一般冲过来欢迎我。可惜这个好朋友，在五年后一个令我永远也忘不掉的悲惨夜晚，被雷电击中——那对我来说真是童年的一幕悲剧。

提比从来没有读过心理学，也不需要去读。由于它懂得真诚关心别人，所以两个月比那些等别人对自己感兴趣的人在两年里交的朋友还要多。重复一遍，你时刻关心别人、对别人感兴趣，和只让别人关心自己、对自己发生兴趣相比，两个月比两年交的朋友还要多。但是有人终生都在犯只让别人关心自己、对自己发生兴趣的错误。这当然不会有结果，人们对任何人都不会感兴趣，他们从早到晚所关心的，只有他们自己。

纽约电话公司曾作过调查，发现在 500 个电话记录中，用到了 3900 个“我”字，也就是说，人们最常用到的字就是“我”。比如，一张有你在内的合影照片，你会先看谁？

如果你以为人们会关心你，对你有兴趣，那么请问，如果你今晚死了，会有多少人参加葬礼？除非你先关心别人，否则别人为什么要关心你？请把下面的话记下来：

如果我们只想引人注意，让人对自己有兴趣，那么我们永远不会交到挚友。朋友，尤其是真正的朋友，不是那样得到的。

拿破仑和约瑟芬最后一次相聚时说："约瑟芬，我曾是世界上最幸运的人，然而现在我在世上唯一信任的人只有你了。"但在历史学家的眼里，拿破仑是否真正信任约瑟芬，还是个疑问。

维也纳著名心理学家阿德勒，在《生活对你应有的意义》中说："一个不关心别人、对别人不感兴趣的人，生活必遭受重大挫折，并给别人带来极大伤害，所有人类的失败都是由于这些人才发生的。"

也许你在很多深奥的心理学书籍中并未意识到这句话的重要，但阿德勒的话确实非常有意义。如果可以，希望你能再看一遍上面的话。

我曾在纽约大学选修短篇小说写作的课程，期间有一位著名杂志的编辑为我们演讲，他说他每天可以从桌上数十篇小说中随便拿起一篇，只要看上几段就能觉察作者是否喜欢别人。如果那作者不喜欢别人，别人也不会喜欢他的作品。

这位饱经世事的编辑，在演讲过程中有两次停顿，为他的跑题而道歉。他说："现在我要告诉你们的，和你们从牧师那里听到的一样，但是不要忘记，你如果要做一个成功的小说家，就必须先对别人感兴趣。"

如果写小说都要如此，那么为人处世就更该

如此了。

萨斯顿是位成功的魔术家，四十年来走遍世界各地，约有六千万以上的观众看过他的表演，他的收入有二百万美元之多。有一次他在百老汇演出，我和他在化妆室里谈了一个晚上。他说他的成功跟他在学校受到的教育完全没有关系，也并非是因为他有高人一等的魔法造诣——当今在魔术方面和他造诣相同的有数十人。但是有两件事是他有而别人没有的：

他有高超的表演技能和良好的艺德。他举止敏捷，反应灵活，动作姿态和说话声调都经过事前的严格预习。

除此以外，萨斯顿对别人有浓厚的兴趣。他告诉我许多魔术师会把观众看成是傻瓜、乡下佬，抱着要好好“骗”的心态表演。而萨斯顿则这样认为：我要感谢前来捧场的观众，是他们让我舒服地生活，我要尽最大努力为他们表演一场精彩的魔术。每当他走向台前时，就对自己说：“我爱我的观众，我爱我的观众。”可笑吗？你可以随意评价，我只是把这位最著名魔术家的为人处世技巧提供出来。

对人有深切兴趣，是西奥多·罗斯福总统的成功秘诀之一，这使他获得了惊人的成就，受到人们的广泛欢迎，甚至他的仆人也都敬爱他。他的黑人侍从阿摩斯在《西奥多·罗斯福——心中的英雄》里写了这样一件感人的故事：

“有一次，我妻子问总统，美洲鹑是什么样子？因为她从没见过这种鸟。罗斯福总统不厌其烦地给她描绘。过些时候，他打电话到我家（阿摩斯一家住在罗斯福牡蛎湾住宅内一所小房子里），在电话里告诉我妻子，现在窗外正有一只美洲鹑，她向窗外看去，就能看到美洲鹑的样子了。

“细心周到正是罗斯福总统的特点之一。无论何时，只要他经过我们屋子外面，哪怕有时他并没有看到我们，我们仍然能听到他亲切的招呼声。”

像这样一位主人，谁能不喜欢呢？

有一天罗斯福去白宫见继任的塔夫脱总统，正值塔夫脱和夫人外出。真诚爱人的罗斯福，对白宫里所有的旧役佣人甚至做杂务的女仆，都还能叫出名字，并向他们问好。阿尔奇·巴特曾经记述了这样的事：

“他在厨房里看到女佣爱丽丝时，问她现在还做不做玉米面包。爱丽丝告诉他偶尔做那种面包，也是给佣人们吃的，楼上的人都不吃了。罗斯福听了大声说：‘那是他们没有口福，我见到总统时会把这件事告诉他。’

“于是爱丽丝拿了一块玉米面包给罗斯福，他一边吃着一边向办公室走去，途中与经过的每一个园丁、工人招呼谈话，就和他做总统时一样。有个老佣人含着泪水说：‘这是我这两年最快乐的一天，就是有人拿一百块钱来我也不换。’”

根据我自己的经验，我发现真诚地关心别人，能够获得哪怕是美国最忙的人的帮助。

多年前我在布鲁克林学院举办一门关于小说写作的课程，我们希望当时的著名作家诺利斯、休斯能够到班上讲述他们写作的经验。于是我们给他们写信邀请，在信上有一百五十名学生的签名，并说：我们知道他们很忙，也许没有时间来演讲，所以我们在信里附上一张问题表，请他们写下自己写作方法等项目后，把这张表寄还我们。他们很喜欢这封信，所以真的从很远的家中赶来，为我们作演讲。我们用同样的方法邀请到了西奥多·罗斯福总统时期的财政部长、塔夫脱总统时期的司法部长及很多其他名人来演讲。

所有人，不论是屠夫、面包师，还是宝座上的国王，都喜欢别人尊敬他。德皇威廉就是一个例子。第一次世界大战结束后，世人无不指认威廉是战争祸首，憎恨他的人何止千百万，甚至有人要把他碎尸万段。然而有一个小男孩给他写了一封诚挚的信，表达钦佩之情。威廉看了这封信后十分感动，就邀请小男孩去见他。这个孩子不需要学习如何交友，也不用看如何影响他人这类书籍，他天生就知道该怎么做。

如果我们想交友，就该先为别人做些需要花费时间、精力和需要无私、体恤的事。爱德华公爵还是皇储时，在他周游南美之前，花费了一段时间特地去研究西班牙语，就是为了和南美各国人士直接对话，所以他受到了那里人们的特别欢迎。

我收集了好多朋友们的生日，当然不是为了“星相学”占卜，不过询问时却说：你是否相信人的生日跟性格有关？然后我便请他告诉我出生日期，然后牢牢记住，等他转身时，我就把姓名、生日悄悄记下，回家后再写在一本生辰簿上。每年年初，我把这些生日写在台历上，等有人过生日时，我就给他发一封贺卡或贺电。自然，接到祝贺的人都非常高兴。除了他的亲人，我是唯一知道他生日的朋友。

我们交友时要用最热诚的态度欢迎他们。比如有人给你打电话，你也应以同样的心情和欢迎的语气说一句：“你好！”纽约电话公司举办训练班培训接线生，要求他们在接电话时加上一句“很高兴为您服务”。以后我们接电话时也应该记住这个。

表示出真正关心他人不仅会为你赢得朋友，

也可以令客户对你的公司产生好感而保持长期性合作。在纽约北美国家银行出版的期刊上，印着一位客户玛德兰·罗森戴尔夫人的信：

“我非常感谢你们的工作人员，他们每人都这么礼貌而乐于助人。他们令人高兴的是，在我们排很长队伍时，会安排出纳员客气地接待。去年我母亲住院 5 个月，我在银行经常由出纳员玛丽接待业务。她十分关心我母亲，每次都询问她的身体情况。”

现在，你是否会怀疑罗森戴尔夫人要不要继续在这家银行里存款？

查尔斯·沃尔特斯在纽约一家声誉极佳的银行里工作，他被安排调查一家公司的业务情况。沃尔特斯知道有家实业公司的经理对此很清楚，可以为他提供材料，于是他就去拜访那位经理。正当他走进经理办公室时，一个年轻女子探头进来对经理说，她当天没什么好邮票可以给他。经理向她点点头，又向沃尔特斯解释说：“我在替我十二岁的孩子收集邮票。”

沃尔特斯坐下说明他的来意并请求帮忙，但经理含糊其辞地应付他，明显是不愿意说。沃尔特斯用尽办法也无济于事，因此这次谈话枯燥乏味，不得要领。

沃尔特斯后来在研究会说：“我当时真不知该怎么办才好，后来我突然想起来女秘书对他说的话，想起邮票和十二岁小孩的事，同时我又想到我们银行的国外汇兑部常和世界各地通信，信封上有不少平时少见的外国邮票，现在正好派上用场。

“第二天下午，我又去拜访那位经理，我请人传话说我特地带来了许多邮票，于是我受到了热烈欢迎——经理紧握我的手，十分高兴，脸上满是笑容。他看着邮票不停地说：‘我的乔治一定喜欢这张……那张更好，很少见……’

“我们谈了半小时的邮票，他还给我看了他儿子的相片。然后不用我开口，他用一个多小时帮我找出需要的资料，向我说完他自己知道的情形后，又把公司里的职员叫来问，接着还给几个朋友打电话。他为我指出那家公司财产状况的各项报告和函件，使我收获极大。”

克纳夫是费城一家煤厂里的推销员，他一直想把煤推销给一家联营百货公司，可是却屡次失败，那家公司仍只向市郊一家煤厂购买。这还不算，更使他咽不下这口气的是，那家煤厂每次送煤时都正好经过他的办公室。为了这件事，克纳夫在讲习班上大发牢骚，甚至批评联营百货公司对国家、对社会都是有害的。他这样讲说明他还是对此不甘心。

我劝他尝试一种不同的方法。我把讲习班里

的学员分成两组进行一次辩论会，主题就是克纳夫提出的：联营百货公司业务发展对国家弊大于利。

克纳夫按我的建议参加了反对组，同意为那家公司辩护，然后我要他去见那家一直不肯买他煤的公司负责人。见面后，克纳夫告诉他不是来推销煤的，而是有件事请他帮忙。于是他说明来意，接着说："我很想在辩论会中获胜，希望你能帮我提供更多资料。"

下面是克纳夫叙述的当时情形：

"负责人听到传话后答应见我，在我说明来意后，他请我坐下，结果我们谈了近两小时。负责人打电话给另外一家连锁机构中一位写过相关论题的高级职员，他联系全国连锁性联营百货公司公会，为我找来很多这方面的辩论记录。他觉得，他的公司已经做到了服务社会的宗旨，这令他非常满意，并且他为自己的工作而自豪。他说到这些的时候两眼几乎是放光的。这使我看到了做梦都想象不到的事，大开眼界，令我改变了对他原先的看法。我离开时，他亲自把我送到门口，拍拍我的肩膀，预祝我在辩论会上获胜。最后他说：'春季结束后，你再来找我，我愿意订购你们厂生产的煤。'

"这对我来说，几乎是个奇迹，我没有提起这件事，也没央求他什么，可这次他却要买我的煤。由于我对他的问题真正发生了兴趣，因此两小时的进展比十年还要多。我过去只关心我和我的煤，现在我关心的是他和他切身的问题。”

克纳夫发现的并不是一条新的真理，早在很久以前罗马著名诗人塞勒斯就曾经说过：“要别人对我们感兴趣，我们先要对别人感兴趣。”

所以你要使别人喜欢你，必须遵守的第一条规则是：

真诚地对别人感兴趣。

2. 给人留下好印象的简单方法

微笑意味着:“我喜欢你,你让我感到愉快,我很高兴见到你。”真正的微笑、温暖的微笑有着良好的市场价值。

最近纽约的一次宴会上,有位打扮得花枝招展的妇人。她刚得到一笔遗产,急于想给人留下好印象,便买了貂皮外衣、钻石和珍珠装扮自己,却没注意到要改变一下自己脸上的表情——刻薄而自私。她不明白,男士们赏心悦目的是女士表情中自然流露出来的气质、神态,而不是雍容华贵的打扮。

施瓦布曾说他的微笑价值一百万,或许就暗示了这个道理。施瓦布今日的成功就归功于他的人格魅力和他那种特殊能力,而他人格中最可爱的因素就是他令人倾心的微笑。

行动比话语更响亮,一个微笑意味着:“我喜欢你,你让我感到愉快,我很高兴见到你。”那就是为什么狗受欢迎的原因,它们看到我们时那么高兴,所以我们也喜欢它们。微笑是发自内心的，不真诚的微笑机械而呆板，也就是所谓“皮笑肉不笑”。那实际上欺骗不了谁，也为人所憎恶。我要谈论的是真正的微笑、温暖的微笑，这样的微笑有着良好的市场价值。

密歇根大学心理学教授詹姆斯·麦康奈尔对微笑的见解是这样的：“微笑的人，往往能更有效地进行教育和推销，让自己的孩子更加幸福。微笑比皱眉有着更多的信息，鼓励比惩罚更有效。”

一位纽约大百货公司的人事部主任曾说，他宁愿雇用一个有着可爱微笑但哪怕小学还没毕业的女孩子，也不想雇用一个表情冷若冰霜的哲学博士。

美国最大的橡胶公司的董事长认为，一个人的事业能否取得成功，不是靠苦干，而在于他是否对这项事业感兴趣。他认为，有些人怀着极大的兴趣开始做一项事业，并对此充满希望，那段时间内他能获得一些成就；但当他们对这项工作失去了原有的兴趣而感到厌烦后，他的事业就开始走下坡路，直至失败。

如果你想别人对你神情欢快，那么你自己就要先做到这一点。我曾在研究会上建议学员们每日每时都保持轻松的微笑，然后一周后说出各自的心得及效果。果然，一位名叫斯坦哈特的学员写信介绍了他保持微笑后的效果——他并非特例，而是有普遍代表性的，并且要知道，斯坦哈特是一位饱经世故、聪明绝顶的股票经纪人，他以在纽约证券交易所买卖证券谋生，如果没有足够的学识，一百个人中可能有九十九个人会失败。

斯坦哈特的信是这样写的："结婚十八年来，从我起床到上班，我妻子很少看到我笑，两人也很少说话。听取了你的建议后，我尝试着保持微笑一周，第二天早晨我洗漱时，从镜子里看到自己那张紧绷的脸，便对自己说：'比尔，你今天一定要把石膏像般的面孔松下来，从现在起保持微笑。'早餐时，我带着一脸笑意向妻子打招呼：'亲爱的，你早！'你说过她一定会惊讶，没错，她一下子就愣住了，那么意外而高兴。我对她许诺以后每天都会保持微笑，后来我也确实是这样做的。

"现在我会对电梯员、司机微笑，会对柜台前的服务员微笑，即使是股票交易所里素昧平生的人，我面对他们时脸上也会带着一丝笑容。这样没多久，我发现每个人见到我时都会对我微笑。我微笑着倾听人们说话，发现解决问题更加容易了。微笑给我带来了财富，很多很多财富。

"我和另一个经纪人合用一间办公室，他雇用了一个年轻职员，那可爱的年轻人渐渐对我有了好感。我很自豪我所取得的成就，所以就和他提起了'人际关系学'。那年轻人告诉我，他初来办公室时以为我脾气不好，但最近对我的观感已彻底改了过来，还说我微笑时很有人情味。我也把对别人的批评换成了赞赏和鼓励。我不再说我需要什么，而是尽量接受别人的观点。这些改变使我的生活完全不一样了，使我比过去更快乐、更富有。”

可是你笑不出来，怎么办？两个办法，首先强迫自己微笑，譬如独自一人的时候可以吹口哨、唱歌，让自己感觉好像真的很高兴，这样就能真的高兴起来。哈佛大学已故教授威廉·詹姆斯认为：“行动本该追随人的感觉，可事实上行动和感觉背道而驰。所以你需要快乐时，可以强迫自己快乐起来。人们都想知道怎样快乐，这里有条通向快乐之境的途径，那就是让自己知道，快乐是发自内心的，不需要向外界寻求。”

不管你是谁、在什么地方、拥有什么，或者你做什么工作，只要你想快乐，你就能快乐。眼前有个例子，有两个同等地位的人，他们做同样的工作，收入也一样，可是其中一个轻松愉快，另一个却整天愁眉苦脸。为什么呢？很简单，他们的心情不一样。

莎士比亚的名言：“事无善恶，思想使然。”林肯也曾说，多数人的快乐跟他的意念相差无几。这话不错，我曾亲眼见到，三四十个残疾儿童拄拐在纽约长岛车站艰难地爬上阶梯，有些还需要人抱上去，可是他们仍然那么快乐，对此我十分惊讶。

后来，我和这些孩子们的老师说到这件事，他说：“的确，一个孩子会为终身残废而难过不安，但之后就只有听天由命，寻求属于他们的快乐。现在他们比一般正常儿童还要快乐。”

我很想向那些残疾儿童致敬，他们给了我一个永远无法忘却的记忆。

人们以为，毕克馥特准备和范朋克离婚时心境会很凌乱，但事实上，我和她一起度过一个下午，发现她仍然安详而愉快。她让自己愉快的秘诀是，事已至此，就不要再自寻烦恼，而要从心底去寻找快乐。

曾经做过棒球队三垒手的白格，现在是一位成功的保险商。经过多年研究，他总结了自己的一套成功秘诀：微笑永远受人欢迎。在他进办公室之前总要在外面停留片刻，回想一件高兴的事，让自己脸上露出微笑后才进去。他相信微笑虽然看似微不足道，但却帮他更好地完成保险业务，从而使他获得极大成就。

我们再看看哈巴德的建议——当然你必须真正去实行，而不只是看，只看不做是没有用的。他的建议是：当你外出时，收起下巴，昂首挺胸，让胸部充满新鲜空气；遇到朋友要跟他握手，并且要全神贯注；不必担心误会，也不要想不愉快的事，不要让那些不快占据意识的主流。

在心目中确定自己喜欢做什么，然后集中精神、坚定不移地做下去。这样日后回想起来会发现，你曾经渴望的机会自己都已把握住了。

你要时刻把自己想象为待人诚恳、有能力、有益于社会的人，这样你就会不断地向好的方向完善自己，使自己的人格渐渐靠近这种典型。要知道，一个人的思维能形成极大的力量影响人本身。

要保持正确的心态：勇敢、诚实和乐观。正确的思想能启发创造力，很多事情都是因理想和欲望而产生，真诚的祈求往往会应验。我们只要把希望获得成就的意念蕴涵在心中，就一定会有收获。

智慧的中国古人有一句格言，“不笑莫开店”，你应该写下来贴在帽子里。

提起开店，不妨说说弗雷克·伊文为考林公司作的广告，广告中有几句发人深省的话：

圣诞节中笑的价值：

它不耗费什么，却能收获很多；它使收获者受益，也无损于施予者；它发生在刹那间，却给人以永存的记忆；富人需要它，穷人因它而致富；它令家庭气氛欢乐，为交易营造好感，是朋友间善意的招呼；它使疲惫者得以休息、失望者获得光明、悲哀者迎向阳光、无助者解除困扰；它无处可买，无处可求，无法去借，无处去偷。

在你未得到它时，它对谁都没有用。而在圣诞节最后一分钟的忙碌中，我们的店员或许会疲倦到无法给你一个微笑，那么你能不能留下一个微笑？

没有给人微笑的人，更需要别人给他微笑。

所以，如果你希望人们喜欢你，第二项规则是：

微笑。

3. 如果你不这样做，就是自找麻烦

一种最简单、最明显也最重要的获得好感的方法，就是记住别人的姓名，使之感觉到自己的重要性。

1898 年，纽约洛克雷村发生了一桩悲剧。在一个孩子出殡的日子，村里人都准备去送葬，老吉姆·法利也在其中。他从马棚里牵出一匹马准备上路。当时正是冬天，地上积了一层厚厚的雪，那匹马在马棚里关了很久，因此出马棚时十分兴奋，马腿高举起来玩耍，老吉姆·法利不小心被马蹄踢到，倒地而亡。那一周，洛克雷村又多举行了一次葬礼。

老吉姆·法利的去世，留给他妻子和三个孩子的除了悲痛，还有仅仅数百元的保险金。老吉姆·法利的长子吉姆当时只有十岁，为了养家，不得不去一家砖厂工作——他把沙土倒进模子中压成砖瓦，再拿到太阳底下晒干。吉姆没有机会接受更多教育，但他秉承了爱尔兰人达观的性格，因此人们都很喜欢他，愿意跟他接近。所

以，他参政多年后，渐渐养成了一种特殊才能，就是善于记住别人的名字。吉姆甚至没有进过中学，但到他四十六岁时已有四个大学赠予他荣誉学位。他当选过民主党全国委员会主席，也担任过美国邮务总长。

有一次，我专程去拜访他，并请他告诉我他成功的秘诀。他的回答很简短："努力工作。"我对这个回答当然不会满意，所以摇头说："吉姆先生，请不要开玩笑。"于是他反问我认为他成功的原因是什么，我说道："吉姆先生，我知道你能叫出来一万个人的名字。"

"不，你错了，"吉姆纠正我说，"我大约可以叫出五万个人的名字。"

不要惊讶，吉姆就是因为有这种本领，才能帮助罗斯福在1932年赢得大选进住白宫。

在吉姆做一家公司的推销员和他担任石溪点镇书记员时，他养成了记住别人姓名的习惯，形成了他独特的记忆方法。其实这套方法并不困难，他每遇到一个新朋友就会问清楚对方的姓名和职业，以及家里都有什么人、对当前政治的见解等。他问清楚后就牢记下来，下次再遇到那个人，哪怕隔了一年多，他还能拍着那人的肩膀，问候他家里的妻子儿女，甚至于还能聊一聊那个人家里后院里种植的花草。

在罗斯福竞选总统的前几个月，吉姆每天都

要写数百封信分发给美国西部和西北部各州的朋友。然后，他乘坐火车，花了十九天，走遍了美国二十个州，行程有一万两千英里之遥。其间，他除了火车，还搭乘过马车、汽车、轮船等交通工具。吉姆每到一个城镇，都去找熟人吃一顿饭，早餐、午餐、茶点、晚餐，不放过任何一个和他人谈话的机会，然后再赶往下一段行程。回到东部后，吉姆立即给各城镇的朋友们写信，请他们把曾经谈过话的客人名单寄来给他。名单上的人不计其数，但他们后来都得到了吉姆亲密而礼貌的复函。

吉姆早就发现，人们对自己的姓名比世界上所有姓名都更看重、更关注。如果能把一个人的姓名记住，并且很自然地叫出口来，表示你对他多少有些恭维、赞赏的意味。反之，如果把人家的姓名忘记或者叫错，不但对方难堪，对你自己也是一种损害。

我在巴黎曾经举办过演讲讲习班，用复印机复印出信函发送给住在巴黎的美国人。我雇用的那个法国打字员英文很差，填写姓名时就发生了错误。讲习班中有个学员是巴黎一家美国银行的经理，后来给我发来一封责备的信，就是由于那个法国打字员把他的姓名拼错了。

有时有些名字确实很难记住，尤其是难于发音的名字。许多人没想过要记住它、了解它，而是忽略或者在打电话时用一个简单的昵称。希德·利维拜访过一位名叫尼科迪默斯·帕帕都拉斯的客户，许多人只简单地叫他尼克。利维说："我特别记忆了一下他的名字，当我问候'尼科迪默斯·帕帕都拉斯先生'时，他感到十分震惊，甚至几分钟说不出话来。最后，他流着泪说，十五年来都没有人叫过他真正的名字了。"

安德鲁·卡内基是如何成功的？那位被称做"钢铁大王"的人，其实对钢铁懂得并不多。而上千个为他工作的人，对钢铁制造方面的了解都比安德鲁·卡内基更内行。

安德鲁·卡内基懂得如何处理人际关系，这是他致富的原因。正如前面所说，早在他十岁的时候，就已发现人们对自己姓名十分重视的事实，并立即加以利用。

在他的童年记忆中，有这样一件事：这个苏格兰男孩得到了一只母兔。母兔后来生下一窝小兔，可是却找不到喂小兔吃的东西。于是聪明的安德鲁·卡内基想到一个办法，他跟邻居家的孩子们说，谁能采到小兔吃的东西，就用谁的名字命名那只小兔。这个办法很见效，孩子们不但采到了小兔们吃的食物，也使安德鲁·卡内基深切体会到了名字的重要性。

多年后在经营各项事业时，安德鲁·卡内基

运用同样的技巧获得了数百万元的收入。比如他要把钢轨卖给宾西法尼亚铁路局时，就在匹兹堡建造一个“汤姆逊钢铁厂”——汤姆逊正是这家铁路局的局长。你可以想象一下，宾西法尼亚铁路局会向哪一家工厂采购钢轨？

还有一次，当卡内基和布尔姆竞争小汽车、小客车的生产权时，又想起了兔子的事。

安德鲁·卡内基经营的中央运输公司，和布尔姆的公司争夺太平洋铁路小汽车、小客车业务，双方互相排挤、竞相减价，几乎威胁到他们的利润，于是卡内基和布尔姆都去了纽约太平洋铁路局董事会。在圣尼古拉大饭店中，卡内基和布尔姆相遇了，他向布尔姆招呼道：“晚安，布尔姆先生，我们两个人是不是都在愚弄自己？”

布尔姆问：“你这话是什么意思？”于是卡内基严肃磊落地提出希望双方业务合并的想法，并说明双方不竞争的话，可以获得更多利润。

布尔姆虽然仔细听他说，但并没有表示同意。最后他问：“这家新公司，你准备怎么命名？”卡内基马上回答说：“当然用‘布尔姆皇宫小汽车、小客车公司’了。”

顿时，布尔姆那张紧绷的脸便轻松了下来，他邀请卡内基道：“卡内基先生，请到我房里来，我们详细谈谈这件事。”就是这次谈话为企业界写下了一页新的历史。

安德鲁·卡内基高超的记忆能力和他对别人姓名的重视，都是他成为领袖人物的秘诀。他以自己能叫出很多人的名字为傲，还很得意地说，在他亲自主管公司业务的时候，公司从没有过工人罢工的情形。

得克萨斯州商业银行的董事长本顿·拉夫认为，一家公司越大，人情就越冷，能让公司温暖一点儿的办法就是，“要记住别人的名字。如果有经理告诉我他记不住别人的名字，就等于说他记不住一项重要工作，等于是在流沙上做工作。”

加利福尼亚州一位名叫凯伦·柯希的环球航空乘务员，由于能够记住旅客的名字并在服务时正确称呼他们而备受赞许。一名乘客说：“我很久没有搭环球航空的飞机了，但现在开始我要一直坐环球航空的飞机。你们的公司让我感觉很个人化，这对我很重要。”

同样，彼特华斯基为了让他专车上的黑人厨师感觉到自己的重要，因而一直都称呼他“古柏先生”，使古柏先生很高兴。

人们都重视自己的名字，希望能流芳千古，甚至愿意为此付出任何代价。即使是饱经世故却又脾气暴躁的巴纳姆先生，也会因为没有儿子继承他的名字而遗憾。所以他情愿出价两万五千元，要他的孙子西雷改名叫“巴纳姆·西雷”。

从两百多年前起，富人就常付钱给作家，要作家以他的名义出书。

图书馆、博物馆都有各种丰富的收藏，在那些陈列品的上面都写着捐赠者的姓名，这是因为那些人希望自己的姓名能够以这种方式永远流传。

多数人不去记忆别人的名字，一个最简单的原因是他们觉得没有必要花费时间和精力去记住那一串名字，他们给自己找的借口是——他们太忙了。然而，一般人应该不会比富兰克林·罗斯福总统更忙，可是他却能精细到牢牢记住一个技术工人的名字。事情是这样的，克莱斯勒汽车公司为罗斯福先生特别制造了一辆汽车，张伯伦和一位技工把车送到白宫。在张伯伦给我的信上，他讲述了当时的情形：“我教罗斯福总统怎么驾驶这辆有许多特别装置的车，而他则教给我许多待人处世的艺术。”

接着，张伯伦在信上写道：“我到白宫的时候，总统心情非常愉快，他直呼我的名字，让我十分欣慰。他给我留下特别深刻的印象是，在我介绍这辆车的每个细节时，他都认真听着。这辆车子设计很特别，可以自动驾驶。罗斯福总统对围观的人们说：‘这辆车太完美了，简直是一个奇迹，只要一按键，它就能自动驾驶。这样的设计太奇妙了，我不清楚这里面的原理，真希望能有

时间拆开看看是怎么制造的。’

“当罗斯福的朋友们和白宫官员们赞美这辆车的时候，他又说：‘张伯伦先生，我很感谢你花费那么多时间和精力设计成这辆车。这个设计太完美了。’他赞赏冷却器、特殊后镜和照明灯、椅套、驾驶座的位置以及为他特制带有他姓名的行李箱。也就是说，罗斯福总统注意了车里的每一个细节。他知道我下了不少工夫，所以特意把那些设备指给罗斯福夫人和劳工部长以及他的女秘书波金斯，还向旁边的黑人侍从说：‘乔琪，你要好好照顾这些特殊设计的衣箱。’

“在我介绍完有关驾驶方面的事项后，总统对我说：‘好了，张伯伦先生，我已经让联邦储备委员会等了半个小时了，现在我该回去工作了。’

“我带了一位技工去白宫，并把他介绍给罗斯福总统。那技工没有和总统谈过话，罗斯福只听了一次他的名字。技工是个腼腆的人，总躲在后面。当我们要离去时，总统特意和这个技工握手，叫出他的名字，感谢他来到华盛顿。我可以察觉出来，总统对他的致谢绝不是做做样子，而是真心实意的。我回到纽约后不久，就收到了有总统亲笔签名的相片和一封感谢信。他怎么抽出来时间做这件事，这令我感到十分惊讶。”

富兰克林·罗斯福总统知道一种最简单、最明显也最重要的获得好感的方法，就是记住别人的姓名，使之感觉到自己的重要性。然而在我们当中，能有多少人做到这样？当别人给我们介绍一个陌生人时，虽然当时还能聊上几分钟，但告别时差不多已把对方的姓名忘得干干净净了。

作为一个政治家，第一堂课就是要“记住选民的姓名”，这方面的能力在事业和交际甚至在政治上都是同样重要的。

法国皇帝，也就是伟大的拿破仑一世的侄儿拿破仑三世，曾经自夸说，虽然他国事繁忙，但他照样能记住他所见过的每一个人的名字。

他有什么技巧吗？有，很简单，就是如果他没有听清对方名字时，会直说：“对不起，我没有听清楚。”如果是个罕见的姓名，他还会询问怎么拼写。谈话时，他会不厌其烦地把对方姓名念几遍，同时在脑海里把这人的姓名和他的面貌、神态、特征联系在一起。如果这人对他很重要，拿破仑三世就会更下工夫记住他。他独自一人时，会把这人的名字写在纸上，然后在心里默记，再把纸撕掉。这样一来，他眼睛看到的印象就和他耳朵听到的名字结合起来了。

这些都要花费时间，但正如爱默生说的那样，好的礼貌是由一些小小的牺牲组成的。

所以，如果你要人们喜欢你，第三项规则是：

你要记住你所接触过的每一个人的姓名。

4. 轻松养成优美并给人好感的谈吐

成功的交谈，需要安静地倾听。即使最爱挑剔的人、最激烈的批评者，都会在沉着、忍耐而同情的聆听者面前软化。

我最近应邀参加一处桥牌聚会。我是不会玩桥牌的，巧的是在场有一位漂亮小姐也不会玩桥牌。通过聊天，她知道我曾做过罗维尔·汤姆斯进入无线电事业之前的经理，也知道我在他于欧洲各处演讲时帮他录下沿途见闻。这位小姐说："卡耐基先生，能否请你给我讲讲你去过的名胜和你见过的那些美丽景色？"

我们在旁边的沙发椅上坐下后，她提及她最近跟她丈夫去了一次非洲。我说，"非洲，那里多有意思！我一直想去一趟非洲，可是至今除了在阿尔及尔呆过二十四小时外，再也没有去过非洲其他地方。你有没有去过值得记住的地方？真的！你真幸运，我很羡慕你，你能给我讲一讲非洲的情形吗？"

那一次谈话足有四十五分钟，她没有再问我

去过什么地方、见过什么景色，她对我的旅行不再感兴趣；她现在需要的是一个认真的倾听者，可以让她感到自己被尊重着，从而讲述她所到过的地方。

她很特殊、很与众不同吗？不，每个人都和她一样。

比如我最近在一次纽约出版商举办的宴会上，遇到了一位著名植物学家。我以前没接触过植物学学者，不过我觉得他说话极有吸引力。当时我坐在椅子上专注地听他讲大麻和园艺学家路德伯班克，以及室内花园的布置等，此外他还跟我讲了马铃薯的一些惊人事实。后来我说起自己有个小型室内花园时，他非常热情地告诉我怎么解决我提出的几个问题。

当时宴会上在座的还有十几位客人，但几个小时里，我只和这位植物学家谈话。午夜我向大家告别的时候，这位植物学家当着主人的面赞美我，说我非常有激励性，最后还说我是一个风趣健谈的人。

健谈吗？我？和他聊天时，我几乎没怎么说话！如果不把我们刚才的谈话内容改变，即使我想健谈也无从谈起，因为我在植物学方面的知识太匮乏了。

不过我知道，尽管我没有“健谈”，但我能做到仔细而安静地听，并且确实被他所讲的内容吸引了，他能够感受到我发自内心的兴趣，所以十分高兴。这样的聆听是对他人一种尊敬和恭维的表现。伍福特曾在他《异乡人之恋》中说："很少人能拒绝专心致志下面的谄媚。"

我对那植物学家说，我非常高兴能得到他的款待和指导，希望自己也能有如此丰富的学识——我确实希望如此。我告诉他，我希望能和他一起去田野散步，并说希望还能再见到他。

正是这些话令他觉得我是个健谈的人，其实，我只不过善于聆听并鼓励讲话而已。

谈生意成功的秘诀是什么？笃实的学者依烈奥脱说过，一件交易的成功，没有什么神秘的诀窍，重要的是专心聆听对方的讲话，除此以外没有更重要的了。

这很明显，不是吗？这个问题不需要你花上四年去哈佛大学研读。现在很多商人舍得租用豪华店面，降低进货成本，装饰新款橱窗，花费巨额广告费，可是却雇用了一些不愿听顾客讲话的员工。那些店员随意打断顾客，甚至还会反驳，似乎把顾客赶出去才甘心。

胡顿在我的研习班里讲了他经历过的一件事。他在新泽西州纽华城的一家百货公司买了套糟糕的衣服，上衣褪色，把衬衫的领子都染黑了。他把这套衣服拿回那家百货公司，找到当初交易的那个店员，跟他说起这件事。可是他根本没法把详细情形告诉那店员，因为他想说的话都被那个口才不错的店员打断了。

那店员反驳说："这衣服我们卖出去几千套了，这还是第一次有人说不好。"这就是那店员的话，他说的时候声音很大，意思分明是："你在说谎，你以为我们可欺吗？我给你点儿颜色看看！"

这边还在激烈争论，另外一个店员又插话说："所有黑色的衣服开始都会褪一点儿颜色，这无法避免。这价钱的衣服都会如此，这是料子的事。"

胡顿先生说："我当时怒火中烧，第一个店员怀疑我的诚信，第二个店员说我买的是次等货。我很生气，正当要责骂他们时，那家百货公司的负责人走了过来。

"这个负责人非常专业，他让我的态度完全改变了，把一个愤怒的人变成了一个满意的顾客。他是怎么做的？下面是他的三个步骤：

"第一，他让我从头到尾讲出事情的经过，他在一边仔细静听，没有插一句话。

"第二，我说完之后，那两个店员又要与我争辩，可是负责人却站在我的角度跟他们辩论。他说我的衬衫领子明显是这套衣服污黑的，这种让顾客不满意的东西是不该卖出去的。

“第三，他表示不知道这套衣服会这么糟糕，坦诚对我说：‘你认为我们该怎么处理这套衣服，你尽管吩咐，我们完全可以依照你的意思办。’

“几分钟前，我还想把这套衣服退掉，可是现在我却回答：‘我接受你的建议，我只想知道衣服褪色的情形是不是暂时性的。或者你们有什么办法能让这套衣服不再褪色。’

“他建议我把这套衣服带回去再穿一星期看看怎么样，他说：‘如果到时你还不满意的话，请过来换一套满意的。我们为增添了你的麻烦而感到抱歉。’

“于是我满意地离开了那家百货公司，经过一星期后，那套衣服再没有发现任何毛病，因此我对那家百货公司的信心也就恢复过来了。”

难怪那位先生是那家百货公司的负责人，而那些店员也只能终身做店员罢了，或者应该把他们降到包装部，永远不再跟顾客见面。

世上最爱挑剔的人、最激烈的批评者，都会在忍耐而同情的聆听者面前软化。而这位聆听者必须要有过人的沉着，可以在寻衅者张牙舞爪的时候还能够静听。

有一个例子，几年前纽约电话公司遇到一个蛮不讲理的顾客。这顾客刻薄地责骂接线生，后来还说电话公司账单造假，所以他拒绝付款。他说要写信给报社，还要向公众服务委员会投诉。这位客人曾和电话公司有数起诉讼。

最后，电话公司派出一位富有经验技巧的调解员去拜访这位不讲理的客人。调解员到客人的所在处，静静地听他发牢骚。他尽量让这位好争论的老先生发泄不满，而他则简单地回答“是！是！”，并且表示对他的同情。

这位电话公司的调解员后来在我的研习班上说：“他连续不断地高声抱怨，我安静地听了差不多三个小时。后来我又去他那里，听他讲完上次没发完的牢骚。我一共拜访他四次。在第四次访问结束时，我成为了他始创的一个叫‘电话用户保障会’的会员，直到现在也是。可是据我所知，除了这位老先生自己，我是会里唯一的会员。

“在最后这次访问中，我还是静静地听他说，并对他所举的每件事都持以同情。他说电话公司里从没有人这样跟他说过话，而他对我的态度也渐渐友善起来。我对他的需求在前三次访问中只字不提，而在第四次我却了结了整件事。他付清了所有的欠费，并且第一次撤消了在公众服务委员会对电话公司的投诉。”

无疑，这位老先生表面上看是为了社会公义，保障公众权益不受侵犯，可实际上他需要的是自重感。他以挑剔抱怨来获得这种自重感，但当他从电话公司代表的身上获得这份自重感后，就不必再说那些不切实际的委屈了。

几年前的一个早晨，有一位愤怒的顾客闯进第脱茂毛呢公司创办人第脱茂的办公室。第脱茂先生说："他欠了我们十五元钱。虽然这位顾客不肯承认，但我们知道错的是他，所以我们信用部坚持要他付款。他接到我们信用部的几封信后，来到芝加哥，匆忙地闯进我的办公室告诉我，他不但不会付以前的费用，而且我们公司以后也别想再从他那拿一块钱。

"我耐着性子听他说完，有好几次我差点忍不住打断他，要和他争辩，但我知道那不是最好的办法。所以我尽量让他发泄，最后他这股气焰慢慢降低，我平静地说：'感谢你特意来到芝加哥告诉我这件事，你帮我做了一件极有意义的事。如果我们公司信用部得罪了你，想必他们也会得罪其他人，那情形就不堪设想了。'

"他没想到我会这么说，可能这令他有些失望。他来芝加哥的目的是跟我交涉，可是我却反而感谢他，并不跟他争论。我心平气和地告诉他，我们会取消账目中那笔十五块钱的账款，同时把这件事忘掉。我还说，他是个细心的人，只处理这一份账目，而我们公司的职员则要处理成千上万的账目，所以他应该不容易弄错。

"我告诉他我很理解他，如果我遇到和他同

样的问题，也会有他这样的想法。由于他不再买我们公司的货物，我向他推荐了其他几家毛呢公司。

“以前他来芝加哥，我们就常一起吃午餐，所以那天我仍请他吃饭，他勉强答应了。但在午餐结束后，我们回到办公室里，他订了比以前都要多的货物，然后平静地回去了。由于我的接待和处理，这位顾客回去仔细查找了一下，终于找出那份账单，原来是他自己放错了地方。于是他把那笔十五块钱的账款寄来，还附了一封道歉信。后来他妻子生了个男孩，就以我们公司的名称命名为‘第脱茂’。他始终都是我们公司的好主顾兼好朋友，这种亲密的关系一直保持到二十二年后他去世的时候。”

许多年前，有个荷兰籍的小男孩在放学后为一家面包店擦窗户，每周可赚五毛钱。他家里非常贫困，所以除打工之外，他还经常提着篮子到水沟去捡煤车掉下来的煤块。这个孩子的名字叫爱德华·波克，一生中接受的教育不超过六年，可是后来却成为美国新闻界最成功的杂志编辑之一。他是怎么做到的？整个过程说来话长了，但他事业的起步却可以简单叙述一下。

他十三岁辍学，在西联充当童工，每周薪水是六元二角五分。虽然极度贫困，但他从没放弃过追求教育的想法，时刻追求接受教育的机会，甚至还自我教育。他从不搭乘公交车，省下午餐费，把这些钱积攒起来买了一部《美国名人传记》。后来他做了一件出乎人们意料的事——爱德华·波克详细钻研美国名人传记后，就给传记上的每一位名人写信，请他们多讲述一点儿童年的情形。从这件事可以看出，波克有一种善于聆听的本领。

他写信给当时正在竞选总统的詹姆斯将军，问他是否真的做过运河上拉纤的童工，并得到了詹姆斯的复函。波克又写信给格雷将军，询问传记上记叙的一次战役的详细情形。格雷将军在回信中画了一张地图解说，还邀请这个十四岁的小男孩吃饭，那晚他们聊了整整一个通宵。波克还写信给爱默生，希望爱默生讲一些他自己的故事。这个在西联传信的童工，就这样和全美名人如爱默生、布洛克、奥利弗·霍姆斯、休曼将军和杰弗逊·戴维斯等通信。此外，他在放假时还会前去拜访他们，成为他们的座上客。这种经验使他养成了无价的自信。这些成名的人物激发了他的理想，进而改变了他以后的人生。所有这些，我再说一遍，都是由于实行了我们正在讨论的这个原则——聆听。

记者马可逊访问过不少风云人物，他认为

有些人不能给别人留下好印象，是因为他们不注意倾听别人说话。“这些人只关心自己想说什么，却从不打开耳朵听别人说话。很多名人都曾跟我说，他们喜欢的不是善于谈话的人，而是善于静听的人。这样的人比任何好性格的人似乎都少见。”其实不只是大人物才喜欢善于静听的人，即使一般人也愿意别人听他讲话。正如《读者文摘》所说的：“很多人找医生，所需的不过是个倾听自己的人。”

南北战争最黯淡的时期，林肯给伊利诺伊州春田镇的一位老朋友写信，请他来华盛顿，说有问题要跟他讨论。这位老朋友来到白宫后，林肯跟他谈了很久关于解放黑奴的问题。林肯逐个研究对这项行动赞成和反对的理由，然后分析报纸和信件上的文章，指出有些人谴责他不解决黑奴问题，而有些人则怕他解放黑奴。这样谈了几小时后，林肯和这位老朋友握手道别，并没有征求他的意见，所有的话都是林肯自己说的。这位老朋友后来描述：“林肯跟我谈话后，神情畅快了不少。”的确，林肯并不需要他的建议，需要的是友谊和同情，尤其是一个倾听他说话的人，借以发泄他内心的苦闷。这也是我们在苦闷和困难的时候需要的。

如果你想让人躲你很远，在背后笑你甚至轻视你，这里有一个好办法，就是你永远都不要仔细听别人说话，一直谈论你自己。如果别人正在说一件重要的事，而你恰好有自己的见解，那就不要等对方把话说完，马上提出来。在你看来，他并不比你聪明，为什么要花费时间去听他那些没用的话？对，马上插嘴，就用一句话制止别人的高论。

你曾遇过这种人吗？很不幸，我遇到过。奇怪的是，他们当中有一些还是社交界“名人”。不过他们是以令人厌恶而闻名的，他们陶醉于自己的自私和自重感，却被他人所憎恶。

只谈论自己的人永远都只为自己着想。哥伦比亚大学的校长白德勒博士曾说：“只为自己设想的人是无药可救的，是没有受过教育的——无论他曾接受过什么样的教育，仍然还跟没有受教育一样。”

所以，如果你想做一个谈笑风生、受人欢迎的人，你就要倾听别人说话。正如查尔斯·诺山李所说的那样：“要让别人对你感兴趣，你就要先对别人感兴趣。”询问别人愿意回答的问题，鼓励别人多谈他自己的经历和成就。

记住，一个正在跟你说话的人，在他内心里，他自己的需要和问题，比你的问题重要百倍。对他自己来说，他的牙痛比天灾夺走数百万人的生命还更重要；相对于大地震，他会更注意自己头上一个小小的疥疮。

所以，你如果要别人喜欢你，第四条规则是：

做一个善于倾听的人，鼓励别人多谈谈他们自己。

5. 如何提起别人的兴趣

深入人心的最佳途径，就是和他谈论他知道最多的事物。找到他人的兴趣所在，让自己受到欢迎。

每一个到牡蛎湾拜访过罗斯福的人，都会惊讶于他的学识之渊博。勃莱福特曾说过："不管是牧童还是骑士，政客抑或外交家，罗斯福都知道应和他说什么。"他是怎么做到的呢？很简单，在接见客人之前，罗斯福就已准备好了那位客人感兴趣的话题和他感兴趣的事。

和其他具有领袖才能的人一样，罗斯福知道这个道理：深入人心的最佳途径，就是和他谈论他知道最多的事物。

前任耶鲁大学文学院教授费尔浦很早就懂得了这个道理，他讲过一件事："我八岁时的一个星期六，我去姑妈家过周末。那天晚上有个中年人也去我姑妈家，他跟姑妈寒暄后，就跟我聊天。当时我非常喜欢帆船，而那位客人似乎对这话题也很感兴趣，于是我们谈得非常投机。他走后，我对姑妈说这人真好，他也喜欢帆船。姑妈却跟我说，他是位律师，对帆船应该不会有兴趣的。于是我问：‘可是他为什么一直跟我说帆船的事呢？’

“姑妈对我说：‘因为他是个有修养的绅士，他使自己受人欢迎，所以才会跟你谈你感兴趣的话题，陪你聊帆船。’”

费尔浦教授说：“我永远不会忘记姑妈说过的那些话。”

在我写本章节时，我面前有一封查利夫先生寄来的信，他很热心童子军活动。他在信上写道：“有一次我要找一个人帮忙，因为欧洲将举行一次童子军大露营。我想请一家美国大公司为一个童子军资助旅费。在我见那位董事长之前，听说他曾签出过一张百万元支票，支票兑现后就被他装入镜框当成纪念。

“因此我走进他的办公室后，第一件事就是请他领我看那张支票。我说我从没听说有人开出百万元的支票，我要跟我那些童子军讲，我的确见到这样一张百万支票了。所以他很高兴地拿出来给我看，我赞不绝口，然后就请他谈谈开出这张支票的经过。”

你注意到没有，查利夫先生一开始并没提童子军的事和他的来意，只是谈对方最感兴趣的事。结果怎么样呢？查利夫信上又说：“那位经理随后问我找他有什么事，于是我就说了自己的来意。

“出乎我的意料，他不但立刻答应了我的要求，而且提供的比我所要求的还多。我原本只希望他赞助一个童子军去欧洲，而他则愿意资助五个，而且还包括我自己在内。他给我一笔一千美元的外汇银行支付凭证，足够我们在欧洲住七周。他还为我写了几封介绍信给欧洲各分公司经理，嘱咐他们妥善照顾我们。随后他自己也去了欧洲，在巴黎带领我们参观。最后，他还帮几个贫困的孩子介绍工作。这位董事长现在还在尽其所能为童子军提供帮助。

“我知道，如果事先没有找到他的兴趣所在令他高兴，也许事情就不会这么顺利了。”

在商场上这个方法也同样有效吗？

举个例子，纽约一家面包公司的经理杜维诺先生，希望向一家大旅馆出售自己公司的面包。四年来他几乎每周都去找那家旅馆的经理，假如那位经理去了什么地方，杜维诺知道后也会跟着去，甚至他还在那家旅馆租房，只为有个见面的机会谈生意，可是他都失败了。

杜维诺先生说：“我研习了人际交往的方法后才知道要改变策略，想方设法找到他感兴趣的事。可是怎么才能引起他的注意呢?

“我打听到他是美国旅馆公会的成员，而且不只是会员，由于他对这个组织的业务十分热心，所以被选为主席，同时还兼任国际旅馆业联合会会长。不论在何处开会，他都会乘飞机去开会，哪怕要飞越千山万水。所以我次日见到他的时候，就问他关于公会的事，果然这次我得到了积极回应——他跟我谈了半小时之久。他兴高采烈的样子让我明显看出那个组织正是他兴趣所在，是他生活中一个重要部分。在我跟他告别前，他邀请我加入他们的组织。

“我当时并没有提到面包的事，可是几天后，他旅馆里的大厨给我打了个电话，要我把面包的价目表和样品送过去。我走进那家旅馆，那大厨向我打招呼，说:‘我不知道你对那老头儿下了什么工夫。可是真的，这次你搔到他的痒处了。’

“我说:‘你为我想一想，我花了四年时间想和他做生意，如果这次不煞费脑筋找出他的兴趣所在，不知道还要费多少时间呢。’”

所以，如果你要别人喜欢你，第五项规则是:

就别人的兴趣谈论。

6. 怎样才能使人立刻就喜欢你

凡你遇到的人，都有某个优秀的地方值得学习。永远让对方感觉到自己的重要。

有一次，在纽约三十三号街和八号路交叉的邮局里，我排队等着要发一封挂号信。我发现那个管挂号的职员对工作十分不耐烦：称信件，递邮票，找零钱，发收据——单调的工作年复一年地重复着。

所以我想，我要过去试一试让那个人喜欢我，我要跟他说些有趣的事，是关于他的而不是我的。我问自己："他有什么地方可以值得称赞呢？"这似乎并不容易找出答案，尤其对方是一个素昧平生的陌生人。可是我却立即发现了这个职员身上的一件值得称赞的事。

在他为我称信的时候，我热情地说："我真希望我的头发和你一样好！"

他抬起头，神情惊讶而高兴，谦虚地说："不如以前那样好了。"我确信地告诉他或许没有以前的光泽，但现在仍然很好看。他非常高兴，和我愉快地谈了几句，最后他对我说："很多人都称赞过我的头发。"

我敢打赌，那位职员吃午饭的时候，脚步一定如腾云般轻松，甚至晚上回家后也会跟妻子提起这件事，并且对着镜子说："嗯，我的头发确实不错。"

我曾公开讲过这个故事，后来有人问我："你想从那个职员身上得到什么？"

我想得到什么？从那个邮局职员的身上，我想得到些什么呢？

如果我们是这样自私，不从别人身上得到些什么，就不愿给人家一句真诚的赞赏，气量比一个酸苹果还小，那我们所遭遇的必定是失败。

我确实想从那个人身上得到些什么。我要得到一件无价的东西，并且已经得到了：我让他感觉到，我为他做了一件不需要回报的事。这件事，即使过了很久，仍会在他的记忆中闪光。

人们的举止有一项绝对重要的法则，如果我们遵守法则，几乎永远不会遇到麻烦。事实上，遵守这项法则，会为我们带来无数朋友和无限快乐；而违反了它，我们就会遭遇无休止的困难。这项法则就是"永远让对方感觉自己的重要"。

杜威教授认为："自重感是人的天性中最迫切的要求。"詹姆斯博士说："人类天性中最深的本质是希望得到重视。”人与动物的不同就在于是否有自重感，人类的文明也由此产生。

几千年来，哲学家一直思考人类关系的规则，从各类思考中最后总结了一句箴言。这句箴言并不新颖，它和人类历史一样悠久。2600多年前，琐罗亚斯德就把它教给拜火教徒了。2500多年前，孔子在中国宣扬了它，道家的老子也以此教育他的门徒。这也许是世界上最重要的一项规则：“你希望别人怎样待你，你就该怎样待人。”

你希望跟你来往的人都赞赏你，希望他们承认你的价值，你想在你的世界里得到自重感。但你并不渴望虚伪的奉承，你希望你的朋友能像施瓦布所说的那样，“诚于嘉许，宽于称道”。其实每个人都是这样的。所以，我们遵守这条金科玉律，以期待别人待我之心而待人。

怎么做？什么时候做？在什么地方做？答案是，随时随地。

比如有一次，我向无线电城询问处的职员打听亨利·苏文的办公室的门牌号。那个穿着整洁制服的职员清晰地回答：“亨利·苏文（停顿），十八楼（停顿），一八一六室。”

我走向电梯，然后一个想法使我又走了回来。我对那个职员说：“你回答问题的方式很高明，清晰而得当，你就像一个艺术家一样，不简单。”

他脸上现出愉快的神情，他告诉我为什么他会在回答中间停顿，为什么每句话的声调是那样。我的几句话令他十分高兴，他挺胸昂首，又把领带往上拉了拉。当我坐电梯到十八层时，我觉得我又为他人增加了一点儿快乐。

你不需要等到当上驻法大使或是某个大俱乐部委员会的主席时才去称赞别人，这几乎是你每天都可以做到的。

譬如，我们要的是法式炸洋芋，而女服务员却端来了洋芋泥，这时我们不妨对她说："抱歉，麻烦你，我比较喜欢法式炸洋芋。"她会说"一点儿也不麻烦"，并且很乐意帮你去换，因为你尊重她。

平时的礼貌用语，如对不起、劳驾、请你、谢谢、你介不介意……之类的话，不但减少人与人之间的纠纷，也很自然地表现出人格的高贵。

再举个例子，你是否读过霍尔·凯恩的《基督徒·裁判官·曼岛人》？他的小说非常受欢迎。霍尔·凯恩原是铁匠的儿子，尽管只接受过八年教育，可是他去世时却是世界上最富有的作家。

事情的经过是这样的。凯恩喜欢诗词，所以他遍读罗赛提的诗，后来还写了一篇演讲稿，赞颂罗赛提在诗歌上的成就，并把一份演讲稿送给了罗赛提。罗赛提很高兴，他表示："一个年轻人对我的才学能有如此高超的见解，一定很聪明。"

于是罗赛提请这个铁匠的儿子到伦敦做他的秘书，这成了凯恩一生的转折点。他由此得以见到许多当代大文豪，并得到他们的指导和鼓励，顺利地开启自己的写作生涯，从而名扬宇内。

凯恩拥有二百五十万遗产，他的故乡格利巴堡现在已是旅游胜地，可如果他没有写过那篇演讲稿，谁知道他还是否会有后来的成就呢？很可能就会默默无闻，终此一生。

这就是真诚赞赏的力量。

罗赛提觉得自己很重要，那一点儿也不奇怪，几乎每个人、每个国家都觉得自己是最重要的。

你是否觉得你比日本人优越？可是事实上日本人也觉得他们比你优越得多。当一个守旧的日本人看到一个白种人跟一个日本女人跳舞时，他会非常气愤。

你觉得你比印度人更优越？你完全可以这么想，可是印度人则跟你完全相反。或者，你还觉得你比爱斯基摩人优越？你当然可以随意想，可是你知不知道爱斯基摩人对你又会怎么看呢？在他们那里，管好吃懒做、游手好闲的人叫做“白人”，这是他们鄙视人时最刻薄的话。

每个国家都觉得比别的国家优越，由此产生了爱国主义和战争。

有一条真理显而易见，就是你所遇到的几乎

每个人，都觉得自己有些地方比你更强。如果你想深入他的心底，就要肯定他是他那个范围里十分重要的人——真诚的肯定。

别忘了爱默生的话："凡我遇到的人都有比我优秀的地方，在那些方面我要向他学习。"

有些人刚取得某些成就便自满，结果引起了别人的反感和厌恶。

莎士比亚曾说："人，骄傲的人，借着一点儿薄力，便在上帝面前胡作非为，使天使为之落泪。"

我研究会里的三个学员由于运用了这条原理，获得了他们意想不到的效果。第一个是康涅狄格州的律师，由于他不愿公开自己的名字，因此我们这里便称他为R君。R君参加研究会不久，有一天，他驾车陪夫人到长岛探亲，他夫人让他陪着自己的姑妈聊天，自己则去探望其他亲戚。R君想把研究会上学到的方法实际应用一下，以便将来完成报告，于是他就从这位姑妈开始。他四下里看了看，努力寻找值得赞赏的地方。

他问："这栋房子是1890年建造的吗？"

"是，"姑妈回答，"就是那年建的。"

他又说："这让我想起了我出生时的那栋房子，很漂亮，建筑也好。可惜现在的人都不讲究这些了。"

姑妈点点头，说："是啊，现在的年轻人都不讲究住好看的房子了，他们只需要一所小公寓和一台电冰箱，再就是一辆汽车。”

姑妈似乎回忆着什么，轻柔地说：“这幢房子很不错，是用‘爱’建造而成的。我和我的丈夫在建造这幢房子之前梦想了好多年。我们没请建筑师设计，完全是我们自己构想的。”

于是姑妈领着R君去各个房间参观，在那里R君看到了姑妈收藏的各种珍品，如法式床椅、英国古式茶具，还有意大利的名画以及一幅曾经挂在法国大革命前宫殿里的丝帷等。R君对这些都加以真诚的赞美。然后姑妈又带他去车库，里面停着一辆崭新的派凯特汽车。

她轻声说：“这辆车是我丈夫去世前不久买的，自从他去世后，我就再也没有坐过——你懂得审美，所以我要把这辆车送给你。”

听到这话，R君十分意外，便加以婉拒，说：“姑妈，我感激你的好意，可是我不能接受。我自己已经有了一辆新车。你有很多更亲的亲人，他们肯定会喜欢这辆车的。”

“亲人！”姑妈提高了声音说，“是，我是有很多亲人，可他们巴不得我快点儿离开这个世界，他们就可以得到这辆车。可是，他们永远也得不到了。”

R君说：“姑妈，既然你不愿意留给他们，那可以把车卖掉。”

姑妈叫了起来："卖掉！你看我会卖这辆车吗？我能忍心看着陌生人驾着这辆车行驶在大街上？这是我丈夫特地为我买的，我绝不会卖掉它。我愿意把它给你，因为你懂得审美。"

R君本不愿接受她的赠予，可是他不能伤了姑妈的感情。

这位老夫人独自一人住在这栋宽敞的房子里，对着屋子里所有精致而珍贵的陈设，怀念她从前的美好记忆——在她那段黄金年华中，她美丽动人，后来和她丈夫一起建造了这栋"爱"的房屋，并且从欧洲各地搜集各种珍品来加以装潢。而现在，这位老人风烛残年，孤苦伶仃，渴望着能得到人世间的关爱，得到一句真诚的赞美——可是却没有一个人给她。于是当她忽然间找到的时候，就像沙漠中忽逢甘露，使她打心底感动，以至于会以车相赠。

再举个例子，主人公是纽约一位园林设计师麦克乌霍：

"在我参加研究会后不久，我为一位著名法官设计园景，他提出一些建议，在什么地方种些什么样的花。我说：'法官，你有很好的业余爱好——你的那几只狗都很可爱，我听说你的狗曾得过很多次赛狗会中的优等奖。'

"这句话果然有效果，那位法官说：'是的，我喜欢养狗，你要不要参观我的狗舍？'他花了差不多一个小时带我去看他的狗和他的许多奖状。他拿出那些狗的血统系谱，告诉我每条狗的血统——正是由于有着优秀的血统，所以他养的狗都很活泼、可爱。

“最后他问我：‘你有没有小男孩？’我告诉他有。他接着问我：‘你孩子喜不喜欢小狗？’我说：‘嗯，我想他一定会喜欢。’法官点头说：‘那太好了，我送他一只。’

“他教我怎么养小狗，顿了顿他又说：‘我现在说的恐怕你很快就会忘，我写下来给你。’于是法官进屋把他要送给我的小狗的血统系谱和喂养方法，用打字机打了出来，然后给我一只价值一百美元的小狗，这些总共花费了他一小时又十五分钟的宝贵时间。那是我对他的爱好和成就表示真诚赞赏所获得的结果。”

柯达公司的伊斯曼发明了透明胶片后，电影的摄制才真正获得了成功，这使他获得了上亿的财富，成为世界上一位著名商人。虽然成就卓越，可是他仍然渴求着别人的赞赏。

比如几年前，伊斯曼在洛贾士德建造凯本剧场用来纪念他的母亲，纽约优美座椅公司经理爱达森希望能承办该剧场里的座椅工程，他打电话给建筑师，约定到洛贾士德见伊斯曼。

爱达森如约到了那里，建筑师说：“我知道你想得到座椅的订货合同，不过伊斯曼工作很忙，如果你占用他五分钟以上的时间，你就别打算再做这笔生意了。他不但忙，脾气也大，所以你快速跟他说明来意后，就马上离开他的办公室。”

爱达森听后便准备那样做。他被引进一间办公室，看到伊斯曼正在处理桌上的一堆文件。伊斯曼见有人进来，抬起头对建筑师和爱达森说：“两位早，有什么事吗？”

建筑师做了简单介绍，爱达森说：“伊斯曼先生，我很羡慕你的办公室，如果我有一间你这样的办公室，我会很高兴在里面工作。你知道我是做室内木工行业的，但我从没见过这样一间漂亮的办公室。”

伊斯曼回答说：“谢谢你提醒我，差点儿忘了，这间办公室是不是很漂亮？当初刚布置完时，我确实非常喜欢。可是现在，由于我工作太忙，根本不会注意到这上面了。”

爱达森过去摸摸办公室的壁板，说：“这是不是英国橡木？它和意大利的橡木品质上稍有不同。”伊斯曼回答说：“是的，这是进口的英国橡木，是一位专门研究橡木的朋友特别为我挑选的。”

接着，伊斯曼陪他一一鉴赏了自己设计的室内陈设，包括木门、油漆色彩和雕工等。

在一扇窗前，他们停了下来。伊斯曼和蔼地表示，他要捐钱给洛贾士德大学和公立医院等，为社会尽一点儿心意，爱达森恭贺他说这是古道热肠的慈善义举。伊斯曼打开玻璃橱，取出他买的第一架摄影机——那是从一个英国人手中买下的发明品。

爱达森问他当初是怎样开始做商业的，伊斯曼颇为感慨地回忆了他曾经的坎坷：他那单身母亲开了家小公寓出租，而他自己则在一家保险公司做每天只赚五毛钱的小职员，他渴望摆脱贫困，所以立志要刻苦奋斗，让母亲不至于劳累。

然后他们又说到别的话题，但爱达森却始终只听伊斯曼说。爱达森上午十点一刻进伊斯曼办公室时，建筑师曾劝他最多只能用五分钟，可是，两小时过去了，他们还在谈着。

最后，伊斯曼还把自己漆的椅子拿给爱达森看——那些椅子每把不会超过一块五毛钱，而拥有上亿财富的伊斯曼却十分自豪，因为那是他自己漆的。

凯本剧场座椅的订货总额为九万元。你猜谁得到了合同？当然是爱达森，甚至，从那时起直到伊斯曼去世，他们两人一直保持着良好的友谊。

我们从什么地方实施这种奇妙的试金石呢？为什么不从你自己家开始？我不知道还有什么地方更为妥当，总之，我相信你夫人一定有她的长处，至少曾经有过，不然你也不会娶她。可是，你有多久没有赞美过她了？

有一次，我在纽白伦斯维克的米拉密契河钓鱼，当时我单独居住在加拿大森林的一个帐篷里，每天只能读到镇上出版的一份报纸。或许是太空闲了，我把报上的每一个字都详细看过。有一天，我从报上狄克斯婚姻指导一栏里看到她的文章，写得非常好。她那篇文章上说，她厌烦了人们对新娘的规劝，而应把新郎拉到一边，给他一些建议。

她的建议是："不会甜言蜜语的人不要结婚，结婚前赞美女人似乎是必然的，可是结婚后给她赞美，也是一种必须具备的职责，婚姻不只是讲诚实，还需要有外交的手腕。"

如果你想每天都快乐，千万别指责你妻子不擅治家，或拿她和你母亲作毫无意义的比较。

反之，你应该赞美她治家有方。而且还要表示自己很幸运，得到了一位贤内助。即使她把饭菜做坏了，你也不要抱怨，不妨暗示她今天的饭菜不像以前那样可口。你妻子得到这样的暗示，一定会不辞辛劳，直到使你满意为止。

不过，不要突然就开始这么做，那样会使你妻子起疑心的。

就这两天晚上，不妨给她买束鲜花，或是一盒糖果——不能只是嘴上说"我应该这样做"，这需要你去实际地做：给她一个温柔的微笑，说上几句甜蜜的话。如果丈夫和妻子都能如此，我不相信每六对夫妻中有一对会离婚。

你想知道怎样让一个女人爱上你吗？这里有一个秘诀，保证有效。这不是我想出来的，这是那位狄克斯女士说的。

有一次，狄克斯女士去监狱访问一位已成为新闻人物的重婚者。这人曾获得了二十三个女人的芳心以及她们银行里的存款。当狄克斯询问他获得女人爱情的方法时，他说并没有什么诡计，只要对女人谈论她自己就行了。

同样的技术用在男人身上也一样有效。英国最聪明的首相之一迪斯雷利说："对一个男人谈论他自己的事，他会静静地听上数小时。"

所以，你要使别人喜欢你，第六项规则是：

使别人感觉到他的重要——必须真诚地这样做。

这本书你已经读了不少，现在合上这本书，马上对你距离最近的人实施这门哲学，你会看到神奇的效果。

第三篇

让人同意你的十二种方法

提要：让人同意你的十二种方法

- 在辩论中，获得最大利益的唯一方法就是避免辩论。
- 尊重别人的意见，永远别指责对方是错的。
- 如果你错了，迅速、郑重地承认下来。
- 以友善的方法开始。
- 使对方很快地回答“是”。
- 尽量让对方有多说话的机会。
- 使对方以为这是他的意念。
- 要真诚地以他人的观点去看事情。
- 同情对方的意念和欲望。
- 激发更高尚的动机。
- 使你的意念戏剧化。
- 提出一个挑战。

1. 你不可能在争论中获胜

争论解决不了误会，一个成大事的人不能斤斤计较，消耗时间做无谓的争论，那不但会损害自己的性情，还会丧失自制力，所以要尽可能对别人谦让一点。

一战结束后不久，我在伦敦得到了一个极宝贵的教训。当时我是澳洲飞行家史密斯的经理，战争期间他曾代表澳大利亚在巴勒斯坦承担飞行的工作，战争结束后没多久，史密斯以在三十天中飞行地球半周震惊了全世界，澳洲政府颁给他五万元奖金，英王则授予他爵位。

这期间，史密斯爵士在英国成为了一个备受瞩目的人物。有一晚，我应邀参加了一个欢迎史密斯爵士的宴会，我旁边的一位来宾讲了一段很幽默的故事，还引用了一句名言。他误以为那句话出自《圣经》，但我知道不是。那时我为了满足自重感，并且显示知识丰富，毫无顾忌地纠正那人。结果他坚持己见，“那句话是莎士比亚说的？不可能，绝对不可能。那句话明明出自《圣经》。”他认为他才是正确的。

他坐在我右边，而我的老朋友贾蒙则坐在我左边。贾蒙研究了很久莎士比亚，所以我们都同意让贾蒙来决定谁对谁错。贾蒙静静听着，用脚在桌下踢了我一下，然后说：“戴尔，是你错了，那句话是出自《圣经》。”

回家的路上，我问贾蒙：“你明知那句话的出处，为什么说我不对呢？”

贾蒙回答说：“是，一点儿也不错。出自莎翁的作品《哈姆雷特》，第五幕第二场。可是，戴尔，我想你应该知道，我们都是宴会上的客人，为什么一定要找出证据指证人家的错误呢？你这样做能让他喜欢你吗？你为什么不给他留一点面子？他没有征求你的意见，也不要你的意见，你又何必去跟他争辩呢？最后我要告诉你，戴尔，永远不要正面冲突。”

“永远不要正面冲突！”说这句话的人虽然已经去世了，可是我仍牢记这教训。

那个教训对我产生了极大影响。我原本是个固执的人，小时候就喜欢跟兄弟们争辩，进入大学后我研究逻辑和辩论，并经常参加各项辩论比赛，后来又在纽约教授辩论，甚至还计划写一部辩论方面的书——而几年后的今天，我则对此羞于承认。

从那时起，我便静听各类批评和辩论，并注意事后的影响，最后我得出一个结论，也是一条真理：天下只有一个方法能获得辩论的最大胜利，就是尽量避免辩论。避免辩论，就像避开毒蛇和地震一样。

一场辩论之后，辩论的人十有八九会更加坚持己见，相信自己是绝对正确的。

你辩论没有获胜，那你是真的失败了，可即使你获胜，也还是跟失败一样。为什么呢？假如你辩胜对方，把他的见解找出种种漏洞，结果又怎么样呢？你也许会很高兴，可是却使对方感到自卑，你伤了他的自尊，他会对你的胜利不满。

你要知道，当一个人的意见被别人“说服”时，他仍然会坚定地认为自己是对的。

巴恩互助人寿保险公司有一条规则，就是“不要争辩”。

一个成功的推销员决不会跟顾客争辩，哪怕小小的争辩也会避免。但对一般人，争辩的习惯却不是那么容易改变的。

几年前，我的研究班来了一位喜好争辩的爱尔兰人奥哈尔，他教育水平不高，非常喜欢和人争辩，挑剔人家。他当过司机，后来在汽车公司里做推销员，但由于他的业务表现并不理想，因此来参加研究班。我跟他谈过之后，发现他推销汽车时常常和顾客发生口角，坚决不承认顾客的批评。他说：“我不服气，教训了那家伙几句，他就不买我的东西了。”

我没有教奥哈尔怎么争辩，而是教他如何减少讲话，避免与人辩论，而现在奥哈尔已经是一位成功的推销员了。他是怎么做的？请看他自己的讲述：

“假如我现在走进人家的办公室，听到对方说：‘怀特汽车太差劲了，就是白送我也不要。我要买胡雪公司的卡车。’我绝不会反对他说这些，相反还会顺着他说：‘老兄，你说得不错，胡雪卡车确实很好，你买他们的不会有错。那是大公司的产品，推销员也很能干。’

“这样他就无话可说了，即使想争论也无从论起。他说胡雪牌卡车如何好，我毫不反对，他就不得不把话题收起来，不会一直说下去。这样我就有机会向他介绍怀特牌车的优点。

“如果在过去，我遇到这种情形时一定会火冒三丈，说那家公司的汽车不好，可是对方则会争论说好，这样争论越来越激烈，对方就决心不买我的汽车了。

“现在回想起来，我真不知自己过去是怎么推销货物的。这样的争论不知让我失去了多少宝贵的时间和金钱。现在我学会了避免争论，这使我得到了许多好处。”

老富兰克林常说：“辩论、反驳或许会使你得到胜利，可是那胜利是空泛的，你却因此失去了对方的好感。”

你不妨衡量一下，你要得到的是虚无的胜利，还是他人对你的好感？这二者不可兼得。

波士顿的一本杂志刊登了一首意义深刻的诗：“这里躺着德皇威廉，他死时认为自己是对的，他死得其所，但他的死和他的错误是一样的。”

辩论时或许你是正确的，可是当你要改变别人的意志时，你就算正确，那也是错误的。

拿破仑的管家时常和约瑟芬打台球。在他的《拿破仑私生活回忆录》中记有这样一件事：“我知道自己球艺不错，但我总是让约瑟芬胜过我，这样会令她高兴。”

我们要让顾客、爱人、丈夫或妻子，在小节上的争论胜过我们。

林肯说：“一个成大事的人，不能斤斤计较，消耗自己的时间做无谓的争论，那不但会损害自己的性情，还会使自己丧失自制力，所以要尽可能对别人谦让一点儿。与其跟一只狗抢路，不如让狗先走一步。如果被狗咬了一口，你即使把它打死，它也毕竟咬过你了。”

所以，让别人同意你，第一项规则是：

在辩论中，获得最大利益的唯一方法，就是避免辩论。

2. 永远不要说别人是错的

不要跟对手争辩，不要指摘他的错误，打击他的自尊，而要用点儿外交手腕，巧妙一些。

罗斯福在白宫时曾承认，如果他每天有 75% 的时候正确，就已达到他的最高标准了。

如果这个最高标准是 20 世纪一位最受瞩目的人所向往的，那么我们又该如何呢？

你如果确定在你的一天里，有 55% 的时间是正确的，那么你便可以到华尔街去赚高额报酬了。如果你不能确定你能有 55% 的正确率，你又凭什么指摘别人的错误呢？

你可以用神态、语调或者手势告诉一个人他错了，这和我们用话语一样有效。可是他能感激你吗？当然不会。因为你打击了他的自尊与自信，他不但不会改变想法，还可能会反击你。

你千万别说："你不承认有错，我可以拿出证据来证明。"这等于说你比他聪明，你要用事实纠正他。这种挑衅会引起对方的反感，他不必等你再次开口，就已经做好准备接受你的挑战了。

所以，为什么要让事情发展到这一步？为什么不克制你自己呢？

如果你要纠正别人的错误，要巧妙一些才不致得罪他。就像吉士爵士对他儿子说的那样："我们要比别人聪明，可是你却不能告诉他你比他聪明。"

人们的观念会随着时间而改变，二十年前我认为对的事，现在看来却似乎并不那么正确，再过二十年，也许我现在在这本书上写下的东西，我也会怀疑。现在我对所有事都不像从前那样敢于肯定。苏格拉底多次对门徒说："我所知道的只有一件事，那就是我什么也不知道。"

我当然不比苏格拉底更聪明，所以我避免说别人错了，同时这么做确实对我有益。

如果有人说了一句你认为错误的话，那么用下面的语气来说或许会好一些："好吧，我们来讨论一下……我有另一种看法，当然也许是不对的，我也常会把事情弄错，如果我错了的话我愿意改正……让我们看看究竟是怎么一回事。"人们是决不会责怪你这样说的。

可是如果你直率地告诉别人他错了，那会产生什么样的后果？举个例子，S君是一位年轻的律师，最近在美国最高法院为一件重要案子辩护。

在辩护过程中，一位法官向S君说："海军法的申诉期限是六年，是不是？"S君先是沉默了一下，注视了法官片刻后，说："法官阁下，海军法中并没有这样的条文。”

S君后来在研究班中叙述了当时的情形，并说：“在我说完这句话后，整个法庭顿时安静下来，屋子里的温度仿佛刹那间降到了零度。我是对的，法官是错的，我指出了这一点。可是他会不会对我友善？不，虽然我有法律根据，而且我那次比以前辩护得都好，但是我并没有说服那位法官。我犯了大错，我直接告诉一位著名人物：他错了。”

我们中很少人会有逻辑性，大多数的人都怀有成见。我们都会嫉妒、猜疑和傲慢，所以很多人不愿改变他的意志，甚至于他的发型。所以，假如你要告诉别人他们有错，请你每天早餐前把鲁滨逊教授写的一段文章读一遍：

“我们有时发现自己会毫无抵抗地改变自己的意念。可是，如果有人指出我们错了，我们却会懊恼和愤恨。我们不会特别关注一种意念，可是当有人要抹去它时，我们对这种意念却突然执著起来。事实上并非是我们偏爱那份意念，而是由于我们的自尊受到了伤害。

“‘我的’两字在人与人之间是最重要的措辞，运用好这两个字便是智慧的开端。我们不愿听别人说我们的表走错了时间，或是说我们的汽车太旧，其实我们是不愿意别人纠正我们的任何错误。我们总是愿意继续相信一件我们认为是正确的事，如果有人怀疑，便激起我们的强烈反感，从而想尽方法来辩护。”

有一次，我请一位室内装潢师为我配置一套窗帘，但当他把账单送来时，我吓了一跳。

几天后，一位朋友在我家看到了那套窗帘，问起价钱，幸灾乐祸地说：“这太不像话了，是不是你不小心被人家骗了吧！”

她说的是真话，可是人们就是不愿意听实话。所以我竭力为自己辩护说，贵的东西总是有贵的道理。

后来又有一个朋友到我家里诚恳地赞赏我的窗帘，于是我的反应跟昨天完全不同。我说：“说实话，这窗帘太贵了，我现在有点儿后悔。”

我们自己的错误，我们会对自己承认。对方能给我们自己承认的机会，我们会非常感激；可如果有人硬让我们承认，我们是无法接受的。

富兰克林曾说：“我替自己订了一项规则，我不让自己在意念上跟任何人有不相符的地方，我不固执己见。凡是肯定的字句，什么当然、无疑之类的话，我都改用‘我猜测’或者‘我想’来替代。当别人肯定地指出我的错误时，我立刻就放弃反驳对方的想法，然后婉转回答他一种情形下他所说的是对的，但是现在可能有点儿不同。

“不久，我就感觉到我改变态度所带来的好处。我和任何一方谈话的时候，都会感到更融洽、更愉快了。我谦和地提出自己的见解，他们会很快接受，很少有人反对。别人指出我的错误时，我也不会懊恼。而我正确的时候，我更容易劝阻他们接受我的见解。

“起先我尝试这种做法时，‘自我感’会很激烈地反抗，但后来就形成习惯了。五十年来或许没有人听我说过一句武断的话，我想那正是由于这种习惯的养成，使我每次提出建议时，都得到人们热烈的支持。我不善于演讲，没有口才，但我的见解大部分都能得到人们的赞同。”

富兰克林的方法用在商业上又如何呢？

纽约自由街114号的玛霍尼长年出售煤油业专用的设备。长岛的一位老主顾向他订制一批货。就在那批货的机件制造过程中，发生了一件不幸的事。

买主跟他的朋友们商谈这件事时，朋友们对机件图纸的各种评议使他烦躁不安，便立即打个电话给玛霍尼，说拒绝接受那批正在制造中的机件设备。

玛霍尼后来回忆说：“我细心查看后发现我们并没有错误，而是他和他的朋友们不清楚这些机件的制造过程。可是，如果我直率地说出来，会很不恰当，对业务的进展有害无益。所以我去了

一趟长岛。我走进他的办公室，他马上从座椅上跳了起来，指着我声色俱厉，好像要打架一样。最后他说：‘现在你打算怎么办？’

“我心平气和地问他有什么打算，我都可以照办。我说：‘你是投资方，当然要给你适用的东西，你可以再给我一张图纸。我们先前在这项工作上已花去两千元，但我情愿牺牲两千元重新开始做起。不过我必须把话先说清楚，如果我们按你现在给我的图样制造，有任何错误的话，那责任在你，我们不负任何责任。而现在按照我们的计划进行制造，如有差错，我们会负全责。’

“他听我这样说，火气逐渐平息下来，最后说：‘照常进行好了，如果有什么差错，希望上帝能帮助你。’结果，还是我们做对了，现在他又向我们订了两批货。

“当那位主顾侮辱我甚至指责我不懂自己的业务时，我克制了自己，尽量不跟他争论。这需要极大的自制力，但我做到了，这很值得。如果我当时告诉他那是他的错，并和他争论，说不定这件事会闹到法院，结果不只是双方交恶和经济上的损失，我们还会失去一个重要的主顾。我深深地体会到，直率地指出别人的错误是不值得的。”

赶快赞同你的反对者，换句话说，别跟你的顾客或者敌手争辩，不要指责他的错误，而要用点儿外交手腕。

埃及国王曾对他的儿子说："一定要用外交手腕才能帮助你达到你的目的。"

所以，如果你要让人们同意你的观点，第二项规则是：

尊重别人的意见，永远别指责对方是错的。

3. 如果你错了，就勇敢地承认

在别人责备你之前，找机会承认自己的错误，将对方想要说的话提前说出，你就会有百分之九十九的机会获得他的谅解。

我差不多住在纽约的地理中心区，可是从家步行不到一分钟就能见到一片树林。春天树林里百花盛开，松鼠在那里筑巢，马尾草长得有马头那么高。人们称这块完整的树林为“森林公园”。

那真是一座森林，可能跟哥伦布发现美洲时的情形没有多大区别。我经常带着自己的波士顿哈巴狗雷克斯去公园散步，那是只可爱而驯良的小狗，由于公园里很少看到人，所以我并不给雷克斯系皮带或口笼。

有一天，我和雷克斯在公园中看到一个急于显示权威的骑警，他向我大声说：“你让那只不戴口笼的狗在公园乱跑，难道你不知道那是违法的吗？”

我平和地回答道：“我知道，不过我想它不至于会在这里伤害人。”

那警察梗着脖子说："你想？法律可不管你怎么想。狗能伤害这里的松鼠，也会咬伤这里的儿童。这次我宽容你，下次要是看到你的狗不拴链子、不戴口笼，你就得去跟法官说了。"

我点头表示答应他所说的话。

我遵守了那警察的话，但只是几次，原因是雷克斯不喜欢在嘴上套上一个口笼，我也不愿意给它戴上。我们决定碰碰运气，起初安然无事，可是我终于碰了一次钉子。我带雷克斯到一座小山上，我一眼看到前面的那个骑警。雷克斯当然不知道是怎么回事，它在前面蹦蹦跳跳地冲向警察那边。

这次我知道坏了，所以不等警察开口，干脆自己说了："警官，我愿意接受你的处罚，因为你上次说过在这公园里，狗不戴口笼是触犯法律的。"

警察则柔和地说："哦。没有人的时候，带狗来公园里走走蛮有意思的。"

我苦笑了一下，说："是的，蛮有意思。只是我已触犯了法律。"

那警察反替我辩护道："这样一只哈巴狗是不会伤害人的。"

我却显得很认真地说："可是，它可能会伤害松鼠！"

那警察对我说："你把事情看得太严重了。其实你只要让狗跑过山，别让我看到，这事也就算了。”

这个警察具有一般的人性，他需要得到自重感。当我自己承认错误时，他唯一能获得自重感的方法就是以宽容来显示出他的仁慈。

如果那时我跟他争论，结果就会跟现在完全相反。我不跟他辩论，我承认是他对而我错，并迅速、坦白地承认错误，也就圆满地结束了。这个警察上一次用法律来吓唬我，而这次却宽恕了我，就是吉士爵士恐怕也不会像他那样仁慈。

假如我们已经知道会受到责罚，何不先责备自己，找出自己的缺点，那岂不是比从别人口中听来的要好受一些？

你如果在别人责备你之前，很快找个机会承认自己的错误，那么对方想要说的话你已经替他说了，他就无话可说，你也就有百分之九十九的机会获得他的谅解。

任何一个人，不管有多愚蠢都会竭力为自己辩护过失。而一个能承认自己错误的人，则可出类拔萃，显示一种尊贵和高尚。当年美国内战，南方的李将军所做的最完美的事，就是他把匹克德在葛底斯堡战役的失败责任引咎到自己身上。

匹克德风度翩翩，十分英俊，长发及肩。可是就跟拿破仑在意大利战役中一样，他每天在战场上都忙着写情书。

在七月那个惨痛的下午，匹克德骑马奔向联军阵线，他那英武的姿态赢得了所有部下的喝彩，并追随他向前挺进，就连北方军队看到这样的队伍，也禁不住一阵低声赞美。

匹克德带领军队迅捷前进，越过草地，穿过山峡，敌人的炮火也挡不住他们的步伐。

突然间，埋伏在隐蔽处的联军从后面蜂拥而出，向没有准备的匹克德军队进攻，几分钟内，匹克德带领的五千大军几乎有五分之四的士兵都倒了下来。

这时匹克德用刀尖挑起军帽大声喝道："弟兄们，杀啊！"

残余的军队顿时士气大增，他们越过石墙，和北军短兵相接。一阵肉搏后，终于把战旗竖立在那座山顶上。战旗在山顶飘扬的时间虽然很短，但却是南方军队战功的最高纪录。

这场战役虽然使匹克德获得了人们的赞誉，却也是他好运结束的开始——李将军的失败使他无法深入北方，从而最终惨败。

李将军受到沉重打击，怀着悲痛的心情向南方同盟政府总统戴维斯提出辞呈，请求另派别人来带军。如果李将军把匹克德的惨败归罪到别人身上，他可以找出几十个借口——军队长官不尽职、马队后援太迟等等，这不是，那不对，总之可以找出很多理由来。

可是李将军没有责备别人，当匹克德带领残军回来时，李将军只身去迎接他们，令人敬畏地自责道："这都是我的过错。这次战役的失败，我应负全部责任。"

在名载历史的名将中很少有人有这种勇气和品德，敢于承认自己的错误。

贺巴特的作品有很强的煽惑性，他讥讽的文风常引起人们对他的反感和不满。可是，贺巴特却有一套特殊的待人技巧，他可以将一个敌人变成朋友。

比如，如果有愤怒的读者写信去批评他的作品，贺巴特会回答说："我仔细想过之后，自己也无法完全赞同，我昨天所写的今天也许就不以为然了。我很想知道你对这个问题的看法，下次你到这附近来的时候，欢迎你到我这里谈谈，我会跟你紧紧地握手。"

如果你接到这样一封信，你还能说什么？

如果我们对了，我们就巧妙婉转地让别人赞同我们；而当我们错误的时候，就要迅速、坦白地承认错误。这种方法不但能获得惊人效果，而且在很多时候比为自己辩护更加有趣。

别忘了这句话："用争夺的方法，你永远无法得到满足。可是当你谦让的时候，你得到的可能比你所期望的更多。"

所以，你要获得人们对你的同意，就要记住第三项规则：

如果你错了，迅速、郑重地承认下来。

4. 用友好的方式开始

对你有成见的人，你无法强迫他接受你的意见，但如果我们能用温和的言语，便可以慢慢引导他同意。

如果你在盛怒之下对人发了脾气，对你来说固然是发泄了一时之气，可是那个人会怎么样？他能分享你的轻松和快乐吗？他能受得了你那挑衅的语气和仇视的态度吗？

威尔逊总统说过："如果你握紧了两个拳头来找我，我可以告诉你，我的拳头会握得更紧。但你在我这若是这样说：'让我们坐下一起谈谈，如果我们意见不同，不妨找找原因，看看主要症结是什么？'我们不久就能发现彼此的意见相差并不大。也就是说只要忍耐，加上彼此的诚意，我们就可以更接近了。"

洛克菲勒对威尔逊总统这句话中所含的真理极为佩服。1915 年，洛克菲勒因一桩美国工业史上流血最多的工潮而在科罗拉多州声名狼藉，备受人们轻视。

愤怒的矿工要求洛克菲勒旗下的科罗拉多州煤铁公司提高工资，结果最后发展到流血冲突，很多矿工死在枪口下。于是仇恨的气氛萦绕在每个角落。但洛克菲勒最后却获得了矿工的谅解。他是怎么做到的呢？事情的经过是这样的：

洛克菲勒花了几星期的时间去结交朋友，然后他对工人代表们演说。那篇演讲稿产生了惊人效果，把工人们的愤怒完全平息下来。在这篇演说中，洛克菲勒表现了极度的友善，让那些罢工的矿工一个个都回去工作。其中最重要的一件事就是加薪的问题，可是工人们却没有在这件事上提到一个字。

在这篇演讲中，有着这样的语句：你们能来这里，我感到很荣幸……我拜访过你们的家庭，见到你们的妻子和孩子们……我们在这里见面，就像朋友一样，彼此并不生疏……我们彼此友好互助……为着我们大家的利益……蒙你们厚爱，我才能到这里来……

这篇演讲是洛克菲勒成功的杰作，更是化敌为友的一个经典事例。

如果洛克菲勒和那些矿工们辩论，用可怕的事实痛责、威胁他们，同时指出他们所犯的错误，结果又将是如何呢？那必定会激起更多的愤怒和仇恨。

如果有一个心中已对你有成见的人，你就是

找出所有理由也不能让他接受你的意见，强迫更不会有效。但如果我们能用温和的言语，便可以慢慢引导他同意。

林肯曾说："一滴蜂蜜比一加仑胆汁，可以捉到更多苍蝇。"对人也是如此，如果要人们同意你，就要让他相信你是位可靠的朋友，用"蜂蜜"黏住他的心，你就走上理智的大道了。

韦伯司脱是一位成功的律师，他相貌像天神一样，说话则像耶和华。他只提出自己有力的见解，从来不作无谓的争论，他能运用温和的措辞引述最有力的理由。他平时常用的语句，就像"这情形似乎有研究的必要"、"诸位，这几项事实，我相信你们是不会忽略的"，或者"我相信你们在人情上的了解，可以很容易看出这些事实的重要"。

韦伯司脱的话没有胁迫，不会将自己的意见强加在别人身上，这种轻松、友善的方法使他成名。

上面的事你可能不会遇到，可是这办法或许在你希望降低房租时能够帮助你。工程师司托伯希望自己住的房子房租降低些，可是他知道房东是个食古不化的老顽固。司托伯说："我写信给房东，告诉他我租约期满就要搬出去，其实我并不想搬，如果能降低房租的话，我会继续住下去的。可是我知道情形并不乐观，希望渺茫，因为别的房客也曾试过，结果都失败了。他们告诉我房东很难应付。

“房东接到我的信后，带了秘书来看我。我在门口用施瓦布那种热烈欢迎的方式迎接他。我并没有一上来就说房租的事，而是先说我喜欢这间公寓，我赞扬了他管理房子的方法，并说我非常愿意继续住下去，可是我的经济能力无法负担。

“我想他可能从没受到房客的如此欢迎，几乎手足无措。然后他告诉我他的许多困扰：他说有些房客一直向他埋怨，一个房客曾经写了十四封信给他，有的简直是侮辱；还有位房客恐吓他说除非上一层楼的人睡觉不打鼾，否则就立即取消租约。

“房东说：‘有你这样一位好房客，在我来讲是再好不过了。’然后不等我开口，他主动减少了一点儿租金。我希望租金再低一些，我说出了自己能负担的数目，他没说什么就接受了，临走时还问我房间里有没有地方需要装修。

“当时，我如果用其他房客的方法要求降低房租，肯定会遭遇同样的情形。是友善、赞赏和同情让我获得了成功。”

伊索是希腊克洛赛斯宫中的奴隶，他编著的

《伊索寓言》是流传至今的不朽名著。他对人性的教育，在2500年前的雅典就和现在的波士顿、伯明翰一样。太阳比风更能让你脱去外衣，慈爱与友善能使人改变原有的心意，比暴力进攻更加有效。

记住林肯的那句话:“一滴蜂蜜比一加仑胆汁可以捉到更多苍蝇。”当你要获得人们对你的同意时，别忘了第四项规则:

以友善的方法开始。

5. 从让别人说“是”的问题开始

一次谈话开始的时候，如果能得到更多“是”的回答，会让我们的见解更容易博得对方的注意。说话有技巧的人，开始即能得到很多“是”的反应，唯有如此，才能将听者的心理导入正向。

跟别人谈话时，不要一开始就谈意见相左的事情，不妨先谈一些有着共识的事。你要尽可能提出你的见解，告诉对方你们所追求的是同一目标，只是方法不同而已。让对方开始时连说“是”，如果可以的话，尽量不要让他说“不”。

奥弗斯特里特教授在他的《影响人类行为》一书中说过：“‘不’字是最难克服的障碍。一个人说了‘不’后，为了尊严，他不得不坚持到底。事后，他或许会觉得自己是错的，可是他必须考虑到自己的尊严。他所说的每句话必须坚持到底，所以让人在一开始的时候就往正确的方向走，那是非常重要的。”

说话有技巧的人，开始的时候能得到很多

“是”的反应，唯有如此，他才能将听者的心理导入正向。

从人们的心理状态讲，当一个人说“不”时，他在心中便埋下了这份意念，集结起他所有的器官、腺体、神经和肌肉形成一个拒绝的状态。反之，当一个人回答“是”的时候，体内的器官是不会产生收缩动作的，因而使人处在接受、开放的状态。所以，一次谈话开始的时候，如果能得到更多“是”的回答，会让我们以后的见解更容易博得对方的注意。

得到“是”的反应其实并不难，可是却常被人忽略。人们好像一开口就要反对别人，似乎只有这样才能突出他的重要。如果这样做只是为了感官上的快感，或许还可理解，可要是想完成一件事，就不合适了。

纽约一家储蓄银行的出纳员运用“是”的方法，拉住了一位阔绰的客户。

爱伯逊描述说：“他来银行存款，我按规定把存款申请表格交给他填写，有些他会马上填写，但有些就拒绝回答。如果是在以前，我会告诉那位顾客如果他不肯填完表格我就只有拒绝他存款。很惭愧，我原来一直这么做，在说出那些具有权威性的话后，我会感到很得意。

“今天上午，我运用了学到的知识，决定不

谈银行的需要，而谈顾客的需要，我决定让他说‘是’。因此我表示跟他意见一样，既然他不愿填上表格，我也认为那并不必要。

“可是，我对那位顾客说：‘若是你去世后，你存在这个银行的钱是否愿意让银行转交给你最亲密的人？’他马上回答：‘当然愿意’。我接着说：‘那你按我们的办法做如何？你把最亲近的亲属的姓名和情况填在表格上，假如你不幸去世，我们会立即把存款移交给他。’那位顾客又说：‘是的。’

“那位顾客态度的软化是他知道了填表完全是为他打算，所以他不但把表格填满，并且还接受我的建议，用他母亲的名义开了个信托账户，有关他母亲的情形也详细填在了表格上。

“我一开始就让他说‘是’，他便忘记争执，愉快地按我的建议去做了。”

古希腊大哲学家苏格拉底是个风趣的老顽童，他一向光脚不穿鞋，四十岁时秃顶，可是却跟一个十九岁的女孩子结婚。以对世人的贡献来说，有史以来能与苏格拉底相比的人不多，他改变了人们的思维途径，直到今天，他还被尊为最能影响世界的劝导者之一。

他运用的是什么方法？是指责别人的过错？当然不。他的处世技巧，现在被称为“苏格拉底辩论法”，就是以“是”作为他唯一的反应观点。

他问反对者的问题，都是对方能够接受并同意的，在连续不断地获得对方同意后，苏格拉底让反对者在不知不觉中接受了几分钟前还坚决否认的结论。

下次当我们要指出别人的错误时，我们要想一想苏格拉底，并且问一个能够获得对方给予“是”的反应的缓和问题。

中国人有一句充满了东方智慧的格言：“轻履者行远。”他们花了五千年的漫长时间研究人类天性，那些有学问的中国人积累了很多类似于“轻履者行远”的智慧名言。

所以，如果你要获得人们对你的同意，第五项规则是：

使对方很快地回答：“是！是！”

6. 让他人多说，自己少说

让对方尽量说出自己的意见，耐心、安静地听他说，并且诚恳地鼓励他，让他把话完全说完。

很多人需要人们赞同他时，说话过多，尤其推销员更容易犯这个毛病。你应该让对方尽量说出自己的意见来，他对于自己的事情要比任何人知道得都多。所以你应该问他问题，让他回答你一些事。

不要在不同意他的观点时立刻插嘴，那是很危险的。当他还有很多意见要说时，他不会注意你所说的。所以你要有耐心，怀着舒畅的心情静静地听着，并且诚恳地鼓励他，让他把话完全说完。

费城电气公司的范勃在宾夕法尼亚州时，访问了一个富庶的荷兰农民区。他经过一户整洁的农家时，问该区代表："他们为什么不爱用电？"

那代表似乎很是烦恼，说："这些人都是守财奴，你不可能卖给他们任何东西。他们很讨厌电气公司，我曾跟他们谈过，毫无希望。”

范勃相信区代表说的是实话，可是他想再尝试一次。他轻轻地敲开这家农户的门，年迈的特根保夫人探出头来，发现是电气公司代表，迅速地又关上了门。于是范勃先生再次敲门，对她说：“特根保夫人，很抱歉打扰了你，我不是来向你推销电气的，我只是想买些鸡蛋。”

她把门开得大了些，但仍怀疑地望着门外的人。范勃说：“我看你养的都是多米尼克鸡，所以我想买一打新鲜的鸡蛋。”

她把门又拉开了些，好奇地说：“你怎么知道我养的是多米尼克鸡？”范勃说：“我自己也养鸡，可是从没见过比这里更好的多米尼克鸡。”

特根保夫人问：“那你为什么不用你自己的鸡蛋？”

范勃回答说：“因为我养的是来亨鸡，下的是白蛋。你懂得烹调，自然知道白鸡蛋做蛋糕不如棕色的好。我妻子做蛋糕很拿手，所以我要买些鸡蛋回去让她做。”

这时，特根保夫人才大胆走出来，态度也温和了许多。这时范勃发现院子里有座很好的牛奶棚。他说：“特根保夫人，我敢打赌，你养鸡赚的钱比你丈夫的牛奶棚赚钱更多。”

夫人十分高兴，便邀请他们去参观她的鸡房。范勃便在那时真诚地称赞她养鸡的技术，还向她请教了很多问题。特根保夫人忽然提起她的邻居的鸡房里都装着电灯，因此便询问范勃电灯的效果。于是，范勃便将电灯的好处向她介绍，并达成了一笔交易。

事后，范勃自己这样说："这种人不能让她买，而要让她自己来买。"

法国哲学家洛希夫克曾说："如果你想得到仇人，你就胜过你的朋友；如果想获得更多的朋友，就让你的朋友胜过你。"

这怎么解释呢？很简单，当朋友胜过我们时就可以满足自重感，而我们胜过朋友时，他会感到自卑，并因此产生疑忌。

德国人有句俗语："我们猜疑、妒忌的人遇到不幸的事时，我们会有一种恶意的快感。"

是的，有些朋友，看你遭遇困难比看到你成功更为快乐。

所以，不要表现出太多的成就来，而要虚怀若谷，处处谦让，使人永远喜欢你，愿意跟你接近。名作家考伯就有这样的技巧，曾有位律师在证席上询问考伯："考伯先生，我听说你是美国一位著名作家，是不是？"

考伯回答："实在不敢当，那是我太侥幸了。"

我们应该谦虚，因为我们都没有什么了不起，百年之后，我们都会被人遗忘。生命是短暂的，不要把不值一提的成就作为谈资，仔细想想，我们实在没有什么可以夸耀的。我们应该鼓励别人多说话。

你没有成为白痴的原因是什么？很简单，在你甲状腺里藏着碘。如果有个医生剖开你颈中的甲状腺，取出那一点儿碘，你就会变成白痴了。你可以花一点儿钱，补点儿碘，你就可以远离精神病院的。一个人的意识和智能，就值那么一点钱，你还有什么可值得夸耀呢？

所以，你要获得对方对你的同意，第六项规则是：

尽量让对方有多说话的机会。

7. 怎样让别人与你合作

人们都喜欢按自己的心愿做事，同时希望谈谈他们自己的愿望和需要。让他感觉到那是自己的意见，使他产生兴趣，并让他自己去思索。

你是不是相信自己的意见胜过别人代替你说的？如果是的话，那么你把自己的意见硬生生塞给别人，是不是错误呢？那么提出意见，启发别人自己去得出结论，不是一个好方法吗？

我研究班的一位学员，费城的赛尔兹先生，突然要给一群意志涣散的汽车推销员灌输一些热情和信心，于是就召开了一次推销员会议。他让员工告诉他希望获得些什么，他在会议上把员工们的意见都写在黑板上。然后说："我可以给你们希望得到的，可是希望你们告诉我，我在你们身上能获得些什么？"他很快有了满意的答案，忠诚、诚实、乐观、进取、合作，还有每天八小时的热忱工作，甚至有人愿意每天工作十四小时。这次会议使员工们得到了激励，充满了朝气，而且公司的销售量激增，业务蒸蒸日上。

赛尔兹说："我和他们做了一次精神上的交易。我尽我所能对待他们，所以他们也尽了最大的努力。跟员工谈他们的需要，是他们非常愿意接受的。"

没有人喜欢自己被强迫买一样东西，或是被派去做一件事，都喜欢按自己的心愿做事，同时希望有人跟我们谈谈我们的愿望和需要。

罗斯福做纽约州州长的时候，取得了一项特殊功绩——他和政坛上的重要人物相处极好，令他们同意了原先反对的议案。他是这样做到的：

当有重要职位需要补缺时，他就请那些政党要人推荐。罗斯福说："起初他们推荐的人选并不受党内欢迎。我就跟他们说，如果想在政治上表现得令人满意，这个人选并不适合，会受到民众的反对。后来他们又选了一个出来，那人虽然并没有可挑剔的地方，可是也没有什么优点。我就跟他们说任用这样的人会有负众望，所以请他们再选出一个更适合的人选。

"等到他们第三次推荐，人选还不是十分理想。于是，我对他们表示感谢，并让他们再试一试。第四次，他们推荐的人正是我所需要的，因此我感谢他们的协助，并任用了这个人。我以让他们分享任命这个人的名义，借机对他们说，我已经做了令他们愉快的事，现在请他们顺从我的意见做几件事。我想那些政要们也愿意这样做，因为他们支持政府作重大改革，比如选举权、税法及市公务法案等。”

罗斯福每次遇到重要的事，都会认真征求别人的意见，并尊重那些人的建议。当罗斯福任命重要官员时，他令那些政要感觉那是他们所挑选的人，他是按照他们的意见任命的。

威尔逊总统任内，郝斯上校在内政和外交上都有很大影响，威尔逊十分依赖郝斯上校，很多重要的事都跟他商量。因此郝斯比内阁成员还要受到威尔逊的重视。

为什么会这样，郝斯上校究竟用的什么办法？一次偶然的机会，郝斯上校对史密斯透露了他得到总统信任的方法，就是：“我认识总统后发觉，使他相信一种见解的最好办法，就是漫不经心地将这见解移植到他心中，使他感兴趣，并让他自己去思索。这个办法第一次起作用完全是出于意外。我去白宫劝他采取一项政策，他当时对此并不十分赞同。可是几天后的一次聚会上，我惊讶地发现威尔逊总统居然说出我那项建议，并表示那是他自己的意思。”

郝斯上校有没有立即打断总统，指明那是他提出来的而不是总统自己的意见呢？没有，郝斯上校绝不会那样做。他不在乎意见是谁提的，只要事情得以解决就行。所以他继续让总统感觉那是自己的意见，并且称赞总统十分睿智。

记住，我们明天接触的人，也许就像威尔逊总统那样，所以我们要用郝斯上校的方法。

几年前，纽勃伦司维克的一个人用这个方法成功地令我光顾那里。那时，我计划去纽勃伦司维克划船钓鱼，便写信给旅行社，打听相关情形，顺便请他们帮我安排。

这样，我的姓名、住址已被列入一份公开的名单中，所以我立刻接到该地野营主任和向导给我的信件及小册子等。但我不知道该选择哪一家才好。后来，有一位聪明的野营主任，送给我几个他曾经招待过的家住纽约人士的姓名和电话号码。他请我给他们打电话，调查野营时的服务情形。

我惊讶地发现名单中有我认识的一个人，就打个电话向他打听他野营的情形。得到答案后，我立刻打电话给那位野营主任，告诉他我的行程日期。

虽然别家的野营主任同样以真诚的服务希望我光顾，可是只有那位野营主任令我感觉到这是自己的想法。

所以，你要让别人同意你，第七项规则是：

使对方以为这是他的意念。

8. 一个创造奇迹的公式

当我们希望别人做一件事的时候，不妨从对方的角度出发，真诚地以他的观点看待事情，减少摩擦和不愉快。

一个人不承认有错时，你不要斥责他是错误的。只有愚蠢的人才会责备，聪明的人不会如此，他会去试着了解对方、原谅对方。

人们的思想和行动都有自己的理由。我们探索这个隐藏的理由，便可对他的行动和人格作一个清楚的了解。

你让自己处在他的立场上，思考自己会有怎样的感受，会作怎样的反应。之后便可省去许多时间和烦恼——由于你已知道了他所作所为的原因，就可以接受这个结果了。

古德在《如何将人变成黄金》一书上说："停下一分钟，把你对自己事的热情和对别人事的冷漠比较一下，就会发现，世界上的人都是如此的。然后，你可以跟林肯、罗斯福一样把握事业的稳固基点。也就是说，交际上的成功依靠了解别人。”

我常年在离我家不远的一座公园里散步、骑马来消遣，对树木渐渐爱护起来，如果我听说树林被烧的消息，心里会十分难受。这些火灾，不是由于吸烟者的不小心，多半是孩子们在林间野炊造成的。

在公园的边上本有一个警告火灾的牌子，可是它立在很偏僻的地方，很少有人看到。那位骑马的警官，对此也并不认真，所以公园里经常起火。因此我常自己骑马来公园，负起保护公共财产的职责。

起初，我从未想过孩子们的观点，所以看到他们在树下生火做饭时，十分不高兴，立刻骑马去他们那边严肃地说，树下生火是要被拘禁关起来的，并让他们把火熄灭，还说如果他们不听，我就马上把他们抓走。我只是发泄自己的恼火，却没有想过他们，所以结果就是，孩子们虽然一时遵从，可是心里并不服气，在我离开后就又生起火来，甚至想把整个公园烧掉。

几年后，我学会了用别人的观点看待事物，于是我不再命令他们。所以现在我在公园里看到孩子们玩火时，就会这样说：“小朋友，你们玩得高兴吗？你们的晚餐打算做些什么？我小时候也喜欢野餐，现在想起来还很有趣。可是你们要知道，在公园里生火是很危险的。不过你们都是好孩子，不会惹出什么麻烦的。可是别的孩子可能就不会像你们这样小心了。他们看你们生火，也会跟着玩起火来，回家时又忘了把火熄灭，就很容易把枯叶烧着，结果连树也烧了。假如我们再不小心，爱护这些树木，这个公园就没有树了。你们知不知道公园里禁止玩火，甚至要坐牢的。我不是干涉你们，我希望你们玩得高兴。只是你们最好别把火靠近干的树叶，等你们回家时，别忘了在火堆上盖些土。如果你们下次再想玩时，我建议你们去那边沙堆生火，那里不会有危险。小朋友，谢谢你们，希望你们玩得开心。”

这些话有着惊人的效果，孩子们很乐意跟我合作。他们没有抱怨，没有感到是有人强制他们服从命令。这种方法保住了他们的面子，让他们很满意，我也满意，因为我考虑到了他们的观点，妥当地处理了这件事情。

当我们希望别人做一件事的时候，不妨闭上眼睛想一想整个情形，从对方的角度出发，问问自己：“他为什么要那么做？”这是比较麻烦的，可是，这样做会获得更多友谊，减少摩擦和不愉快。

哈佛大学商学院院长陶海姆说：“我跟一个人会谈前，会在那人办公室外面的走廊上来回走两小时。我要把我想说的话思考得更有条理，并设想他会如何回答。我不会贸然闯进他的办公室。”

在你阅读这本书后，能令你学会遇事处处替别人着想，而且以对方的观点观察这件事情。虽然你只得到这些，但它会影响到你终身事业的成就。

所以，你如果要获得人们对你的同意，第八项规则是：

要真诚地以他人的观点去看事情。

9. 学会支持和同情别人

把仇视化为友善。你遇到的人中四分之三渴望得到同情，如果你同情他们，他们就会喜欢你。

你是不是想听到一句神妙的语句，一句可以停止争辩、消除怨恨、引人专注听你谈话的话？

不错，有这样一句话，让我告诉你——你对人开始要这样说：“对你感觉到的情形，我丝毫不会责怪你，如果我是你的话，我也会有同样的感觉。”

就这样一句简单的话，会让世界上最狡猾、最固执的人软化下来。可是你必须真诚地说出这句话来。就以匪首卡邦来说，假如你遗传下来的身体、性情以及思想都与卡邦完全相同，而你也处在他的环境下，并有着他的经验，那么你就会成为跟他一样的人，因为那些便是使他沦为盗匪的原因。

你不是一条响尾蛇的唯一原因是，你的父母不是响尾蛇。你不会跟牛接吻、不会认蛇为神明的唯一原因是，你没有生在布拉马普特拉河岸的一个印度家庭中。

你之所以会成为你，你自己可居功的地方甚少。而那个使你愤怒的、固执的人，他之所以会成为他，他自己的过错也很少，你应对这可怜虫表示惋惜、同情。约翰柯常说的一句话，你必须牢记在心——当他看到街上一个摇摇晃晃的醉汉时，说："如果不是上帝的恩惠，我会和他一样走在道路上。"

你日后遇到的人，可能其中的四分之三都渴望得到同情，如果你同情他们，他们就会喜欢你。

有一次，我做播音演讲，说到《小妇人》的作者亚尔可德女士——我当然知道她是在麻赛其赛斯的康考特成长，并著述了她的不朽名作，但我却一时不小心，说自己曾到纽海姆彼雪的康考特拜访过她的老家。假如我只说了一次纽海姆彼雪，也许还可以原谅，可是我却接连说了两次。

随后，有很多信函、电报纷纷质问我、指责我，有的几乎是侮辱，就像一群野蜂围绕在我无法抵抗的头上。其中有一位现居费城、成长在麻赛其赛斯的康考特的老太太，对我发泄了满腔盛怒。我看到她那封信时对自己说："感谢上帝，幸亏我没有娶那样的女人。"

我打算写封信告诉她虽然我弄错了地名，可是她却连一点儿礼貌也不懂。当然，这是我对她最不客气的批判。最后我还要撩起衣袖告诉她我对她的印象是多么恶劣。可是，我并没有那样做，我尽量约束自己、克制自己。我知道只有愚蠢的人才会那样做。

我不想同愚蠢的人一般见识，所以我决定把对她的仇视化为友善，我对自己说："如果我是她的话，可能也会有同样的感觉。"所以，我决定同情她。后来我去费城时，打了个电话给这位老太太，我在电话里说："夫人，几星期前你写了一封信给我，我多谢你！"电话中传出她柔和而流利的声音，问道："你是哪一位？很抱歉，我听不出声音来。"

我对着话机说："对你来讲，我是一个你不认识的陌生人，我叫戴尔·卡耐基。几星期前，你听我的电台广播，指出了我那个无法宽恕的错误。我把《小妇人》作者亚尔可德女士的出生地点弄错，那是愚人才会弄错的。我为这件事向你道歉，你花费时间写信指出了我的错误，我向你表示谢意。"

她在电话里说："抱歉，卡耐基先生，我在信里对你粗鲁地发脾气，请你包涵、原谅才是。"

我坚持地说："不，不该由你道歉，该道歉的是我，即使小学生也不会犯我那样的错误。那件事，我于第二个星期就在电台更正过了，现在我亲自向你道歉。”

她说：“我生长在麻赛其赛斯的康考特，两百年来我的家庭在那里一直很有声望，我以我的家乡为荣。当我听你说亚尔可德是纽海姆彼雪人时，我真的很难过。可是那封信使我感到歉疚不安。”

我说：“说实话，你的难过不及我的十分之一。我的错误对那个地方并没有损伤，可是对我自己却有伤害。像你这样一位有身份、有地位的人，很难得给电台播音员写信。以后在我的演讲中，如果再出现错误时，我希望你再写信给我。”

她在电话里说：“你这种愿意接受别人批评的态度，让人愿意接近你、喜欢你。我相信你是一个很好的人，我很愿意认识你。”

从电话内容来看，当我以她的观点对她表示同情和道歉时，我也同时得到了她的同情和道歉。我对自己能控制住激动感到很满意，我用友善交换了对方给我的侮辱，这一点也使我感到满意。由于能够令她喜欢我，我得到了更多的快乐。

盖茨博士在他的《教育心理学》里写道：“人类普遍追求同情，孩子们会迫切显示受伤的地方，有的甚至自己故意割伤、弄伤，以博得大人的同情。”

成年人也会有类似的情形，他们会到处向人显示他的伤处，说出他们遭遇的意外事故，或者所患的疾病，特别是开刀手术后的经过。

自怜实际上是人普遍的习性。所以，你要获得别人对你的同意，第九项规则是：

同情对方的意念和欲望。

10. 唤起人内在的高贵动机

将他人看作诚实的人。要改变一个人的意志，就要唤起人们内在的高贵的动机。

我的故乡在密苏里州的一个小乡镇，附近的卡梅镇就是当年匪首奇斯·贾姆斯的故乡，我曾去过那里，当时奇斯的儿子还住在那儿。

他妻子告诉我当年奇斯怎样抢劫银行、火车，然后又怎样把抢来的钱布施给贫穷的邻居，让他们赎回典押出去的田地。

奇斯的心目中可能自认为是个理想家，正如以后的盗匪苏尔滋、“双枪”克劳雷和卡邦一样。事实确实是如此，凡你见到的人，甚至你照镜子时看到的那个，都会把自己看得很高尚，对自己的评估都希望是良好的，而不是自私的。

银行家摩根在他的一篇分析文稿中说：“人每做一件事，都有两种理由，一种是好听的，一种是真实的。”

人们会时常想到那个真实的理由，而我们都是自己心中的理想家，喜欢好听的动机。所以要改变一个人的意志，就要激发他高尚的动机。

已故的诺司克力夫爵士看到一张报纸上刊登了一张他不喜欢的相片，就写信给那家报社的编辑。他在信上没有说不要再刊登那张相片，而是想激起高尚的动机。他知道每个人都敬爱自己的母亲，所以他在那封信上，以另外一种语气说："由于我母亲不喜欢那张相片，所以希望贵报以后不要刊登出来。"

当洛克菲勒阻止摄影记者拍他孩子的相片时，他也激起一个高尚的动机。他不说不希望孩子的相片刊登出来，而是从每一个人内心中不愿伤害孩子的潜在意识出发，说："诸位，我相信你们之中有很多都已经做了爸爸，孩子们并不适宜成为新闻人物。"

也许有人怀疑，这种手法用在通情达理的人身上或许会有效，可是这种方法用在我要追账的那些不可理喻的人身上，还会有效吗？

不错，的确没有一样东西能在任何情形下产生同样的效果，没有一样东西可以在所有人身上都产生效力。假如你认为不满意的话，不妨请试验一下。

我想你应该会喜欢我以前一个学员汤姆斯所讲的一个真实故事：有一家汽车公司，六个顾客拒绝支付修理费用，并且都不承认那个账目，认为是写错了。可是每一个账单上都有他们的亲笔签字，所以公司认为这些账是不会有错的。

下面是那家汽车公司信用部的职员去索款时采取的步骤，你看会不会成功：

一、拜访每一位顾客，坦白对他们说自己是公司派来索取积欠的账款的。

二、清楚表示公司在这方面绝不会弄错，所有的错误都该是顾客负责。

三、暗示公司在汽车业务上显然要比顾客内行得多。

四、所以，不需要作无谓的争辩。

可是，结果他们却争论了起来。

采取这些方法能让顾客心甘情愿付钱吗？你不妨自己想一想得出答案。事情闹到这一步，那位汽车公司信用部的主任，只好派出法律人才去应付，还好后来总经理知道了这件事，他查看了那几位顾客的付账记录，发现他们过去都是按时付款的。于是总经理相信错处一定是出在公司方面，是收账的方法不对。所以，总经理让汤姆斯去收那些“烂账”。

下面是汤姆斯先生所采取的步骤——

“一、我去拜访每一位顾客，同样我也去索取一笔积欠很久的账。但我对此只字不提，我解释说我是来调查一下公司对顾客的服务情形。

“二、我明白地表示在尚未听完顾客所说的

情况前，我不会发表任何意见。我告诉他们公司也不是绝对没有错误的。

“三、我告诉他们，我只是关心他们的汽车，而他们对自己的汽车比谁都了解，所以在这个问题上，我要先听从他们的意见。

“四、我让他们尽量倾诉意见，我静静听着，对他们表示同情。当然，他们也希望我如此。

“五、最后，那些顾客似乎心情缓和了下来，于是我这时要他们把这件事客观地想一想，然后我想激发他们高尚的动机，所以说：‘首先我希望你知道，我也觉得我们对这件事的处置方法并不妥当，使你因我们公司前一位代表带来的困扰而受到诸多不便。那很不应该，我代表公司向你道歉。我听了你刚才所讲的话，不能不为你的忍耐和客观而感动。由于你的宽容，我想请你帮我做点事。这件事对你来说，会比别人做得更好、更合适。同时，你最清楚这个是我给你开的账单，请你细细查看一下，什么地方记错了，就像你是我们公司的总经理在查账一样，我请你全权做主，你说怎么样就怎么样。’

“他有没有看那账单？看了，并且十分高兴地查看那从一百五十元到四百元不等的款数。最后六人中只有一位顾客拒付这笔争执款项一分钱，而另外五位顾客都作出了让步。这件事最精彩的是，在以后的两年中，那几位顾客先后买了本公司的新汽车。”

汤姆斯先生说：“经验告诉我，在你应付顾客而不得要领时，最好的办法就是在你心里要先有这样一个观点，你要当那位顾客是诚实可靠的，而且是愿意付账的。一旦让他相信账目是对的，他会毫不迟疑地付款。也就是说，人都是诚实的，而且愿意履行义务，例外的人很少。我相信，如果真是很为难的人，如果你能让他感觉到你认为他是诚实正直的，大多数情形下，他也会给你同样的反应。”

所以，如果你要获得人们对你的赞成，请遵守第十项规则，这是一件很好的事：

激发更高尚的动机。

11. 让你的想法生动起来

把意念戏剧化，生动表现出来，引起别人的兴趣。

那是多年前的事了，费城晚报受到恶意谣言的攻击。有人指摘那家晚报广告多于新闻，内容贫乏，资讯太少。这些指责令读者真的失去了兴致，并引起不满，同时还影响到了该报的发行销路。于是这家晚报立即采取措施，设法阻止恶意谣言的传播。

可是怎么采取行动呢?

这里就是他们所使用的方法：这家晚报将一天中各项阅读资料剪下，再加以分类，汇编成一本书，书名就叫《一天》。这本书竟有三百零七页之多，和一本价值两元的书页数相仿，而该报只售两分钱。

这本书出版后，把费城晚报新闻资料丰富的事实具体地展现出来，比用图表、数字和空谈更生动清楚，给人留下了深刻印象。

美国周刊的波恩顿要做一篇很长的市场报告。他的公司为一个名牌润肤霜做了一篇详细研究，发现别的润肤霜制造厂商正在压低价格，准备跟他们竞争。这个事实，他必须向该厂主人说明。

波恩顿先生承认第一次接洽失败了，他说："第一次我觉得自己走错了路，走上了那条讨论调查方法的路，那是没用的，我们辩论起来，对方指责是我错了，可是我尽力证明自己并没有错。最后，虽然我的理由占了上风，自己也颇为满意，可是我的时间到了，会谈结束，我没有获得任何效果。

"第二次，我没有去理会那些数字和资料，而是把事实戏剧性地表演出来。我进入他的办公室时，他正忙着接电话。等他放下电话筒，我才打开手提箱，从里面拿出 32 瓶润肤霜放到他桌子上。他知道这些东西都是同行业的竞争品。我在每个瓶子上都贴了一张纸条，写着调查的结果，那些纸条上，也简明写着该产品过去的情形。

"结果如何呢？这次没有再争辩，反而发生了奇迹。他拿起一瓶又一瓶润肤霜，看上面的签文。然后，我们展开了友好的谈话，他问了很多问题，而且对那些情况也非常感兴趣。他本来只给我十分钟的谈话时间，可是十分钟过了，二十分钟、四十分钟，快到一个小时了，我们还在谈。

“这次我所讲的跟上次一样，可是这次我把事实戏剧化，还用了些表演方面的技术。然而所得的结果却是多么不同啊！”

所以，你要得到人们对你的赞同，第十一项规则是：

使你的意念戏剧化。

12. 给人一种挑战

挑战蕴涵着极大力量，激发人的热情，因为那是表现他自己、证明他能力和价值的机会。

施瓦布麾下的一家工厂，厂长无法让他管理的工人达到标准化的生产量。于是在日班快结束、夜班将开始的时候，施瓦布找到厂长，问他到底是怎么回事，为什么像他那样能干的人，却不能使工人达到工厂预定的生产量？

厂长回答说："我也弄不清楚是怎么回事，我温和地鼓励他们，偶尔不得已才去斥责他们，甚至用降职、撤职来恐吓他们，可是工人们就是不肯辛勤一点儿。"

施瓦布说："你给我一只粉笔。"他拿着粉笔走向临近的工人聚集处，问其中一名工人："你们这班今天完成了几个单位？"工人回答说："6个。"

施瓦布便用粉笔在地上写了一个大大的"6"，然后离开了。

夜班工人接班时看到这个"6"，就打听是什么意思，日班工人如实回答。第二天一早，施瓦布去工厂时发现夜班工人已把“6”改成了“7”。

日班的工人看到地上的“7”，感到夜班工人的工作效率比自己更强，于是便激发了他们要有更好工作表现的热情，便勤快地工作起来。结果当天，他们留下了一个大大的“10”。

这家工厂便这样走上了竞争的良性循环，没过多久，原本生产率落后的这家工厂反而比其他任何一家工厂的生产量都多。

这是什么原因？

用施瓦布自己的话解释，就是：“如果我们想要完成一件事，必须鼓励竞争，那不是说争着赚钱，而是要有一种超越别人的欲望。”

争胜的欲望加上挑战的心理，对一个正常的有上进心的人来说是最有效的激励。

同样，如果没有这个挑战，罗斯福也不会入主白宫坐上总统宝座。这位勇敢的骑士刚从古巴回来，便被推举为纽约州州长的候选人。可是他的反对派指摘罗斯福不是纽约州合法居民。这情形几乎使他准备退出，但党魁伯拉德用了激将法，他对罗斯福大声说：“难道圣巨恩山的英雄竟然这样软弱而不堪一击？”这句话激起了罗斯福的斗志，他挺身跟反对党对抗，后来种种事迹在历史上都有详细记载。挑战不只改变了罗斯福自己的一生，对美国的历史也产生了极大影响。

施瓦布知道挑战蕴涵的极大力量，伯拉德也

知道。

菲司顿橡皮公司的创办人菲司顿曾说过："别以为用高额的薪金就可以聚集人才为你工作，只有竞争才能激发他们的工作效能。"

那是任何一个成功的人都喜爱的比赛，因为那是表现他自己、证明他的能力和价值的机会。由此也产生了种种古怪的比赛，比如唤猪比赛、吃馒头比赛等等，这些都能满足他们争强好胜的欲望，满足他们对自重感的渴望。

所以，如果你要得到人们对你的赞同，尤其是那些精神饱满、积极向上的人赞成你，就一定要记住第十二项规则，就是：

提出一个挑战。

第四篇

怎样改变别人才不会招致抵触

How to Win Friends and Influence People
人性的弱点

提要：改变人而不触犯或引起反感的九种方法

- 用称赞和真诚的欣赏做开始。
- 间接地指出人们的错误。
- 在批评对方之前，不妨先谈谈你自己的错误。
- 发问时，别用直接的命令。
- 顾全对方的面子。
- 称赞最细微的进步，而且称赞每一个进步。
- 给人一个美名让他去保全。
- 用鼓励，使你要改正的错误，看来很容易做到；使你要对方所做的事，好像很容易做到。
- 使人们乐意去做你所建议的事。

1. 如果你必须批评，就要以赞赏开始

当我们听到别人的赞美后，再去听一些不愉快的话，就会比较容易接受了。所以在批评之前，以赞赏开始。

柯立芝总统执政时，我朋友曾在一个周末应邀到白宫做客。当他走进总统私人办公室时，正好听到柯立芝对他的一位女秘书说："你今天穿的衣服很漂亮，真是个年轻漂亮的女孩子。"

平常沉默寡言的柯立芝，一生很少赞美过别人，这次却对他女秘书这么说，使得那位女秘书的脸上顿时红起来。总统接着说："别难为情，我刚才的话是为使你感到高兴。从现在起我希望你稍微注意一下公文的标点。"

他对那位女秘书的方法虽然比较明显，可是所用的心理学却很巧妙。当我们听到别人的赞美后，再去听一些不愉快的话，就会比较容易接受了。

理发师在给人修面时会先敷上一层肥皂水，麦金莱在 1896 年竞选总统时就运用了这项原理。

共和党一位重要人物绞尽脑汁撰写了一篇演讲稿，他觉得自己写得非常成功，便很高兴地在麦金莱面前朗诵了一遍。他认为这是他的不朽之作。这篇演讲稿虽然有可取之处，但并不尽善尽美，麦金莱听后觉得有些不妥，如果就这样发表出去，可能会招致批评的风波。麦金莱不愿辜负他的一番热忱，可是他又不能不说这个“不”字。

最后，麦金莱是这样说的：“我的朋友，这真是一篇少有的精彩绝伦的演讲稿，我相信没有人比你写得更好了。就许多场合来讲，这确实是一篇非常适用的演讲稿，可是，如果在一些特殊场合，这篇演讲稿会不会也同样适用呢？从你的立场来讲，这篇稿子是非常合适而慎重的，可是我必须从党的立场来考虑演讲稿发表带来的影响。现在请你回家，按照我特别提出来的那几点再撰写一篇送给我。”

他照办了，第二次草稿交给麦金莱后，麦金莱用蓝笔在上面加以修改。结果那位共和党员在竞选中成为了麦金莱最得力的助选者。

林肯一生，最著名的第一封信是写给毕克斯贝夫人的，为她五个儿子牺牲在战场而表示哀悼。而第二封最著名的信，是林肯在 1863 年 4 月 26 日内战最激烈期间所写的。那时已是内战开战的第十八个月了——林肯的将军们带着联军屡遭惨败，全国一片哗然，人心惶惶，数以千计的士兵临阵脱逃，就连参议院里的共和党议员也起了内讧。更严重的是，他们要逼林肯离开白宫。林肯说："我们现在已走到毁灭的边缘——我似乎感觉到上帝也在反对我们，我看不到一丝希望的曙光。"这封信就是在这样的黑暗、混乱时期写出来的。

这是林肯就任总统之后措辞最为锐利的一封信，但你仍然可以发现，林肯在指出他严重的错误前，先称赞了信中的这位霍格将军。

那是霍格的错误，可是林肯却没有那样严厉措辞，他落笔稳健，用高超的手腕加上外交的词汇写道："有些事我对你并不十分满意。"

下面是这封信的摘录：

我任命你为包脱麦克军队的司令官，当然，我这样做有着充分理由。可是我希望你也知道，有些事我对你并不十分满意。我相信你是一个睿智善战的军人，对此我感到欣慰。同时我也相信，你不至于把政治和你的职守搅混在一起，这方面你是对的。你对自己有坚定的信心，那是一种可贵的美德。

你的野心在某些范围内有益而无害，可是在波恩雪特将军带领军队的时候，你放纵你的野心而阻挠他，在这件事上，你对你的国家、对一位极有功勋而光荣的同僚军官犯下了极大的错误。

我曾听说，并且相信，你说军队和政府需要一位独裁的领袖。我交给你军队指挥权并非出自这个原因，而且我也没有想到那些。

只有战争中获得胜利的将领，才有资格当独裁者。我当前对你的期望是在军事上的胜利。到时，我会冒着危险授予你独裁权。

政府将会尽力赞助你，就像赞助其他将领一样。我担心你灌输给军队和长官那种不信任领导的思想，会最终落在你自己身上。所以我愿竭力帮你平息这种危险的思想。

军队中如果有这种思想存在，即使拿破仑在世，他又能从军队中得到些什么呢？现在切莫轻率，也不要过于匆忙，而要小心谨慎，一心一意争取我们的胜利。

你不是柯立芝，不是麦金莱，更不是林肯，你想知道这条真理在日常商业上是否对你真的有用。我们现在以费城华克公司卡伍先生为例，卡伍先生就像我们一样是普通人。华克公司在费城承包建筑一座办公大厦，而且指定在某一天必须竣工。这项工程每件事都进行得十分顺利，眼看建筑物很快就要完成了。突然，承包外面铜工装饰的商人却说不能如期交货。于是整个工程都要停顿下来，无法如期完工，需要支付巨额罚款，导致这样惨重的损失，只因为那个承包铜工装饰的商人。

长途电话、激烈争辩都没有半点儿用处，于是卡伍被派往纽约，当面找那个人交涉。卡伍走进这位经理的办公室，第一句话就说：“你知道你的姓名在布鲁克林中是绝无仅有的吗？”这位经理对此感到惊讶和意外，他摇头说：“我不知道。”

卡伍说：“早晨我下了火车，查电话簿找你的地址，发现布鲁克林里只有你一个人叫这个名字。”

那经理说：“我从来没注意过。”于是他很感兴趣把电话簿拿来查看，果然一点儿也不错。那经理很自傲地说：“我的姓名不常见到，因为我的祖先原籍是荷兰，搬来纽约已有两百多年了。”然后就谈论起他的祖先和家世的情况。

卡伍见他把这件事谈完了，换了个话题，赞美他拥有这样一家规模庞大的工厂。卡伍说：“这是我所见过的最整洁、完善的一家铜器工厂。”

那经理说：“是的，我花费一生的精力经营这家工厂，我以此为荣，你愿意参观我的工厂吗？”

参观时卡伍连声称赞这家工厂，指出哪一方面比别家工厂优良，还赞许了几种特种机器。这位经理告诉卡伍，那几项机器是他自己发明的。他花了很长时间说明这类机器的使用方法和特殊功能。他坚持请卡伍一起吃午餐。直到此时，卡伍对于他这次的目的仍只字未提。

午餐后，那位经理说："现在言归正传。我知道你来的目的，可是没想到我们见面后会谈得这样愉快。"他脸上微笑着继续说："你可以先回费城，我保证你订的货会准时送到，即使牺牲别的生意我也愿意。"

卡伍并没有提出任何要求，可是他的目的却很顺利地达到了。果然，那些材料全部如期运到，而工程也没有受到任何影响，如期完工。假如当初卡伍和那位经理激烈地争辩，还会不会有这样圆满的结果呢？

所以，不要使对方难堪、反感，成功改变一个人的意志，第一项规则是：

用称赞和真诚的欣赏做开始。

2. 不要直接谴责别人的失误

劝阻一件事，要永远躲开正面批评。如果有必要的话，不妨旁敲侧击，暗示对方。

有一天中午，施瓦布偶然走进他的一家钢铁厂，发现几个工人正在“禁止吸烟”的牌子下面吸烟。施瓦布没有指着牌子对工人说：“你们是不是不识字？”不，施瓦布不会这么做的。他走到工人面前，拿出烟盒，送他们每人一支雪茄烟，并且说：“兄弟们，不必谢我给你们雪茄，如果你们能到外面吸烟，我就更高兴了。”那些工人知道自己犯了错误，但他们钦佩施瓦布——他不但没有丝毫的责怪，反而送他们每人一支雪茄当礼物，这令工人们觉得他很宽容。

这样的人，你能不喜欢他吗？

费城一家大百货公司的老板范纳梅克同样擅长运用这个方法。范纳梅克每天都去他的百货公司看看，有一次他看到一位女顾客站在柜台外面想买东西，可是没有人招呼她。

售货员呢？他们都聚在柜台远处一角谈笑。

范纳梅克一声不响，悄悄走进柜台里，亲自招呼那位女顾客。售货员这时匆忙走来，范纳梅克便把货物交给他去包装，自己则走开了。

1887 年 3 月 8 日，布道家皮却牧师去世了。下一个星期日，爱保德牧师被邀请替代皮却登台讲道。他想在这次讲道中表现完美，因此尽其所能，事前准备了一篇讲道的稿子，准备到时应用。他不停地修改、润色，最终把稿子完成，读给他妻子听。可是这篇演讲稿并不理想，和普通演讲稿没什么两样。

如果他妻子没有足够的修养和见解，一定会对他说："爱保德，这篇演讲稿糟透了，没法用，你按这个去讲的话，听的人一定会困倦，它读起来就跟百科全书一样乏味。你讲道这么多年，应当很明白。你为什么不像平常一样讲话，自然一些？"

她当然可以这么说，可是如果她这样说的后果又会如何呢？

爱保德太太没有这么说，她巧妙地暗示丈夫，如果把讲道的演讲稿拿到《北美评论》去发表，确实是一篇极好的文章。也就是说，她虽然称赞丈夫这篇演讲稿是杰作，但同时巧妙地示意丈夫，他这篇演讲稿并不适合在讲道时用。

爱保德明白了妻子的暗示，便撕碎了他那篇绞尽脑汁才完成的演讲稿，然后什么也不准备，便去讲道了。

我们要劝阻一件事，必须记住要永远躲开正面的批评。如果有必要的话，不妨旁敲侧击，暗示对方。对人的正面批评会伤害其自尊，而旁敲侧击之下，对方知道你是善意的，不但会接受，而且还会感激你。

所以要改变人们的意志而不引起对方的反感，第二项规则是：

间接地指出人们的错误。

3. 批评别人，不妨先说出自己也有失误

批评别人，先谦虚地承认自己也不是无可指责的，然后再指出别人的错误，就会比较容易让人接受了。

多年前，我侄女约瑟芬离开了她在堪萨斯城的家，到纽约来做我的秘书。那时她十九岁，三年前毕业于一所中学，只有一点点办事经验，而现在她是一位很能干的秘书了。

刚开始的时候，她确实有待改进。有一天我想要批评她，先对自己说："且慢，等一等，戴尔·卡耐基，你比约瑟芬的年纪大一倍，你处事的经验比她高一万倍，你怎能要求她具有你的观点、你的判断力和你的见解呢？戴尔，在你十九岁的时候，你又做了些什么？还记得你那些蠢笨的错误吗？"

真诚、公平地想过这些后，我发现约瑟芬比我当年实在是强了许多。所以从此以后，每当我提醒约瑟芬她的错误时，我总是这样说："约瑟芬，你犯了一点儿错，可是上天知道，你并不比

我所犯的错误更糟。人不是生下来就会判断一件事的，那需要从经验中得来。而且，你比我在你现在这个年纪的时候要强得多、乖得多了。我自己犯过很多可笑的错误，我决不想批评你，或者其他任何人。可是，如果你按照这样去做，不是更聪明一点儿吗？”

如果批评的人，开始先谦虚地承认自己也不是无可指责的，然后再指出别人的错误，就会比较容易让人接受了。

1909 年时，圆滑的布洛亲王就已深深感觉到利用这种方法的必要。当时在位的是目空一切、高傲自大的德皇威廉二世，他建设陆军、海军，打算与全世界为敌。

于是，发生了一件惊人的事——德皇说了一些令人难以置信的话，震撼了整个欧洲甚至影响到世界各地。最糟的是，德皇把这些自傲、荒谬的言论，在他到英国做客时当着众人的面发表了出来，还允许“每日电讯”按原意在报上发表。

比如，他说他是唯一对英国感觉友善的德国人；他正在建造海军以对付日本。他还表示，只有靠他一个人的力量才能使英国不至于屈从于法、俄两国的威胁。他又说，英国洛伯特爵士在南非战胜荷兰人是出自他的计划。

在那一百多年的和平时期，欧洲没有一位国

王会说出这些惊人的话来。当时欧洲各国一片哗然。英国非常愤怒，而德国的政治家们则更为之震惊。

在这阵惊慌之中，德皇也渐渐感到事态的严重而有些慌张。他向布洛亲王暗示，要他代为受过。不错，德皇要布洛亲王宣称那一切都是他的责任，是他建议德皇说那些荒唐的话。

可是，布洛亲王则这样表示说："但是，陛下，恐怕德国人和英国人都不会相信是我建议陛下说那些话的。"

布洛亲王说完这话后立刻发觉自己犯了一个严重的错误。果然，这句话激起了德皇的愤怒。他咆哮说："你认为我是一头笨驴，连你都不会犯的错误，我却做了出来？"

布洛亲王知道应该先予以称赞，然后才指出他的错误，可是为时已晚，他只有加以补救，做第二步的努力——在批评后再加以赞美。结果，奇迹立刻出现了，其实称赞经常会这样。

布洛亲王恭敬地说："陛下，我绝对不是那个意思，在许多方面陛下都远胜过我，不只是海军知识上，特别是在自然科学方面我更是不如陛下。陛下每次谈到风雨表、无线电报等科学理论时，我总为自己感到羞耻，感觉自己知道得太少了。我很惭愧，我对各门自然科学都不懂，化学、物理更是一窍不通，连极普通的自然现象我也不能解释。但略可补偿的是，我在历史知识方面稍微知道一些，还有一点儿政治才能，尤其是外交才能。”

德皇脸上现出了微笑，因为布洛亲王称赞了他。布洛抬高了德皇而贬低了自己。经布洛这番解释后，德皇宽恕了他。德皇热忱地说：“我不是常跟你说，我们以彼此的相辅相成而著名，我们需要赤诚的合作，而且我们愿意这样做。”

他不止一次同布洛握手，而是很多很多次。就在那天下午，德皇紧紧握着布洛的手说：“如果有人对我说布洛不好，我就用拳头打在他的鼻子上。”

布洛亲王及时挽救了他自己，可虽然他是个手腕灵活的外交家，却在那时做错了一件事。他应该开始就说自己的短处，而不能暗示德皇智力不足，是个需要别人保护的人。

如果只用几句贬低自己抬高对方的话，就可以把盛怒中的高傲德皇变成一个非常热情的朋友，那么试想，谦逊和称赞在我们的日常生活中，能对我们产生何等效果？如果我们对此运用得当，在人际关系上就真能发生不可思议的奇迹。

所以要改变一个人的意志而不激起他的反感，第三项规则是：

在批评对方之前，不妨先谈谈你自己的错误。

4. 没有人喜欢接受命令

没有人喜欢被人命令，所以不对任何人发出命令，不说支使别人做事的话。

我最近荣幸地和美国著名传记作家泰白尔女士一起用餐。当我告诉她我正在写这本书的时候，我们开始讨论到人与人相处的重要问题。她告诉我，在她撰写杨欧文传记的时候，曾经访问过一位跟杨欧文先生共处同一间办公室达三年的人。

那个人说，在这三年的时间中，他从没听过杨欧文向任何一个人发出命令，说出一句支使别人去做事的话。杨欧文的措辞始终都是建议式的，而不是命令。

比如杨欧文从没有说过“做这个”“做那个”，或者是“别做这个”“别做那个。”他平时对人常说的话是“你不妨考虑一下”或者是“你认为那个有效吗？”

在他拟完一份信稿后经常会这样问：“你以为如何？”当他看过助理写的一封信后，他会说：

“或许我们这样措辞会更好一点儿。”他总是给别人自己做事的机会，他决不告诉他的助手应该怎么做，而让他们自己从错误中学习经验。

像杨欧文的这种方法，可以很容易使人改正原来的错误。他由此保住了对方的自尊，而且使对方得到一种自重感。这个方法也很容易获得对方的真诚合作，而不会让对方有任何反抗或是拒绝。

所以要改变一个人的意志而不触犯或引起他的反感，第四项规则是：

发问时，别用直接的命令。

5. 让对方保全他的面子

顾全别人的面子很重要，花一点儿时间想想，说几句体恤的话，就可以解除很多误会。

几年前，美国奇异电气公司有一件不易实施的事，就是他们打算撤掉斯坦米滋的部长职位。

在电学方面，斯坦米滋可以算上是一等人才了，可是他担任会计部的部长却相当于废物。由于斯坦米滋在电学方面的造诣，为人又很敏感，因此公司不敢轻易得罪他。所以，公司特别给了他一个新的头衔，请他担任奇异公司顾问工程师，而另派别人担任了会计部部长。

斯坦米滋对此很高兴，奇异公司的主管人员也很满意。由于他们平和地调动了有着怪癖的高级职员，因此在他们之间并没有发生任何不愉快的事，这是因为他们顾全了斯坦米滋的面子。

顾全一个人的面子十分重要，可是我们之间却很少有人想到。我们随意蹂躏别人的感情，不留一丝余地挑剔别人的错误，甚至加以恐吓。我们当着别人的面批评他的孩子，或是他雇用的员工，丝毫不顾虑别人的自尊。

其实，我们只需花一点儿时间想一想，说几句体恤的话，体谅对方，就可以解除很多误会。

下次如果我们要辞退用人或是雇员时，要记住怎样做。

会计师格雷琪给我的信上写道："辞退雇员不是一件有趣的事，被辞退的人当然更不会觉得有趣。我负责的业务是有季节性的，所以每年三月我都需要辞退一批雇员。

"在我们这个行业中，有一句俗话'没人愿意拿斧头'。结果就形成了一种习惯，越迅速解决越好。我解聘雇员时总是这样说：'请坐，现在季节已过，我们似乎已经没有什么工作可以给你做了。当然，我相信你事前也知道，我们只是在忙不过来的时候才请你们来帮忙。'

"我这些话对这些人的影响是一种失望，一种被人辞退的感觉。他们当中多数是一生都要在会计行业中讨生活的。他们对这种草草便辞退他们的机构并不喜欢。

"但最近我要辞退那些额外雇员时，就会用上一点点手腕，我把每个人在这一季中的工作成绩细看过后，才召见他们，对他们说：'某某先生，你这一季的工作成绩非常好。上次我派你到纽瓦克城办的那件事的确很难，但是你却办得有声有色，公司有你这样的人才实在幸运。你很能

干，你的前途远大，无论到什么地方都会受到欢迎。公司很信任你，也很感激你，希望你有空常来玩！’

“于是这些被辞退的人心情便舒服了许多，他们不再觉得是受了委屈。他们知道以后如果这里再有工作时，还会请他们来的。当我们第二季请他们来时，他们对我们的公司会感觉更加亲切。”

已故的马洛先生有一种奇妙的才能，他能劝解开两个水火不容的生死仇家。他的做法是，首先很仔细地找出双方都有理的事实，并对此加以赞许，直到双方满意为止。并且不论最后如何解决，他决不说任何一方有错。

每个仲裁者都懂得保全别人的面子。

世界上真正伟大的人物，不会只注意自己某方面的成就。比如，经过数百年的敌对和仇视，土耳其人在 1922 年决定把希腊人驱逐出境。

土耳其总统凯末尔，沉痛地向士兵说：“你们的目的地就是地中海。”就是这句话开启了近代史上最激烈的战争。这场战争的结果是土耳其获胜，当希腊的两位将军铁考彼斯和狄阿尼向凯末尔请降时，受到了沿途土耳其民众的辱骂。

可是，凯末尔却并没有以胜利者自居，他握着降将的手说：“两位请坐，你们一定感到疲倦了！”凯末尔谈过战争情况后，为了减轻他们心理上的痛苦，便说：“战争就像一场竞技比赛，有时候高手也会失败。”

凯末尔虽然获得了胜利，但是他仍然记得这项重要的规则，便是：

顾全对方的面子。

6. 学会赞赏别人的每一次成功

赞赏别人的进步，激励我们接触的人，让他们知道自己潜藏的才华。

我很早就认识巴洛，他把毕生精力都用在马戏团和技术表演团上，对狗、马的性情十分了解。我喜欢看他训练小狗做戏，我注意到狗在动作上稍有进步时，巴洛就会拍拍它，夸奖它，还会给它肉吃。

那不是什么新鲜事，训练动物的人几百年来都运用这种技巧。

我很奇怪，我们想改变别人的意志，为什么不用训练狗那样的技巧呢？我们为什么不用肉来替代皮鞭呢？也就是说，为什么不用称赞来替代责备呢？哪怕只有稍许进步，我们也要称赞，从而鼓励别人继续进步。

就有这样的一个例子：五十年前，一个十岁的孩子在那波尔斯一家工厂里打工，那孩子从小就怀着将来成为一个歌唱家的理想，可是他的第一位老师却打击他说："你不能唱歌，你的嗓子不好，声音很难听。”

可是那孩子的母亲，一个出身贫苦的农家妇女，则搂着自己的孩子称赞他，说他能唱歌，她已经看出他的进步了。母亲赤足去做工，为的是省下钱来给儿子交音乐班的学费。那位母亲不断地鼓励、称赞自己的儿子，终于改变了这孩子的一生。你也许听说过这孩子的名字，他就是当代杰出歌王卡罗沙。

以前伦敦有个年轻人，渴望能成为一位作家。可是他的遭遇却事与愿违，老天爷好像处处和他作对。他所受到的学校教育不到四年，他父亲因无法还债而入狱，使这个年轻人饱尝辛酸。最后，他找到了一份工作，在一间老鼠遍地跑的货仓里粘贴墨水瓶上的标签。

夜晚，他跟另外两个来自伦敦贫民窟的孩子同住在楼顶的一小间暗房里。他缺乏写作的自信心，当他第一篇稿子完成时，生怕被人讥笑，只得在夜间悄悄把稿子投入邮箱。他不停地写稿、投稿，也不断地被退回来。

但是，光明的那一天终于来到了，他的一篇稿子被采用了。虽然他连一先令的稿费也没得到，但采用他稿子的编辑赞许他的作品，令这位年轻人激动地流着泪，漫无目的地走在街上。

那篇稿子和编辑几句赞许的话，改变了这个年轻人的一生。你也许知道他，英国文学家狄更斯。

要改变他人的意志，如果我们激励我们接触的人，让他们知道自己潜藏的才华，那我们所做的就不只是改变他的意志，而是改变了他们的一生。

这句话一点儿不过分。已故的哈佛大学名教授，同时也是美国最负盛誉的心理学家、哲学家威廉·詹姆斯说过："与我们应当完成的事业相比，我们不过是半醒着。我们只利用了自身资源的一小部分。也可以说，每个人远在他应有的极限之内生活着，他有着各种力量，却不会利用。"

是的，我们具有各种潜在的能力，但却不会利用。这些潜能中的一项，就是称赞别人、激励别人，让别人知道自己也存在这股潜在的能力，知道这股潜力所蕴藏的神奇效力。

所以，要改变一个人的意志，而不触犯他，或是引起他的反感，第六项规则是：

称赞最细微的进步，而且称赞每一个进步。

7. 高抬别人不是坏事

如果你想改善一个人某方面的缺点，就应该表示出他已具备了这方面的优点。

我的朋友琴德太太雇了一个女佣，要她下周一开始工作。之后，女佣的前一任女主人打电话来说她的不好。于是女佣来上班的时候，琴德太太便对她说："妮莉，前天我打电话给你以前做事的那家夫人，她说你诚实可靠，会做菜，会照顾孩子，不过她说你平时有些不拘小节，房间整理得不太干净。我想她说的是没有根据的，你穿得很整洁，谁都可以看出来，我可以打赌，你收拾房间一定和你的人一样整洁干净。我也相信我们一定会相处很好。"

是的，她们后来相处得非常好，妮莉不得不顾全她的名誉，所以真的做到了琴德太太所讲的那些。她把屋子收拾得干干净净，她宁愿自己多费些时间，多辛苦一些，也不愿意破坏琴德太太对她的好印象。

包德文铁路机车工厂总经理华克伦曾说："如

果你得到一个人敬重，并且对他的某种能力表示肯定，他一般都会愿意接受你的指导。”

我们也可以这样说，如果你想改善一个人某一方面的缺点，你应该表示出他已经具有这方面的优点了。莎士比亚说：“如果你没有某种美德，就假设你有。”

假设对方有你所要激发的美德，便赋予他一个好的名声，让他去表现，他一定会尽其所能，不会令你失望的。

雷布利克在《我和梅脱林克的生活》中曾叙述了一个比利时女佣的巨大转变。她写道：“隔壁饭店有个女佣，每天帮我送饭菜，人们都叫她‘洗碗的玛丽’。她长相很古怪，一对斗鸡眼，两条罗圈腿，身上骨瘦如柴，整日无精打采。

“有一天，她端着一盘面给我，我对她说：‘玛丽，你不知道你的内在财富吗？’玛丽平时习惯了约束自己的感情，生怕招来什么祸事，不敢表现出一点儿喜欢的样子，她把面放到桌子上，叹了口气说：‘夫人，我是从来不敢想那些的。’她没有任何怀疑，也没有提什么问题，只是回到厨房，反复思索我的话，内心却深信这不是在开她的玩笑。

“从那天起，她自己似乎也考虑到这件事了，在她卑微的心中已起了神奇的变化。她相信自己有着隐含的光彩，她开始修饰自己的面部和身体。就这样，原本枯萎的花朵现在又逐渐散发出青春的气息。

“两个月后，当我要离开那里时，她突然告诉我，她要跟厨师的侄儿结婚了。她悄悄地告诉我：‘我要去做人家的妻子了。’她向我道谢，而我只用这么一句简短的话，就改变了她的人生。”

雷布利克给了“洗碗的玛丽”一个美好的希望和名誉，从而改变了她的一生。

当利士纳想影响远征法国的美国士兵时，也用了同样的方法。哈巴德将军，这位最受人们欢迎的美国将军曾告诉利士纳，在法国的美国士兵，是他所接触过最理想、最整洁的队伍。

这赞许中有没有夸张？或许有，但我们看利士纳是怎么应用它的——利士纳说：“我从未忘记把哈巴德将军所说的话告诉士兵们，我从没怀疑过这话的真实性，即使并不那么真实，但当士兵们知道哈巴德将军的意见后，也会努力达到那个标准的。”

有一句古语：“如果不给狗取个好听的名字，不如勒死它算了。”

无论是富人、穷人、乞丐还是盗贼，每个人都愿意竭尽所能保持别人给予他的诚实美誉。星星监狱的狱长洛斯说：“如果你必须去对付一个盗贼或骗子，只有一个办法可以制服他，那就是像对待一个体面诚实的绅士一样对待他。如果他是位规矩的正人君子，他会感到受宠若惊，会很骄傲地认为有人信任他。”

这句话十分重要。所以，你要影响一个人的行为而不引起他的反感，请记住第七项规则：

给人一个美名让他去保全。

8. 使错误看起来容易改正

多给别人一些鼓励，让对方知道你对他有信心，而他自身也有尚未发挥的才能，那他就会付出最大努力争取胜利。

我有一个四十来岁的朋友，不久前才订婚。他的未婚妻劝他学跳舞，这对他来说，或许有些太迟了。他跟我说:“天知道我需要学跳舞。我现在跳起来还是跟二十年前刚开始学跳舞的时候一样。我请的第一位老师或许说的是实话，她说我的舞步完全不对，必须从头学起。这使我很灰心，无心继续学习，所以我辞退了她。

“第二个老师说的也许不是实在话，可是我却很高兴。她冷淡地说，我跳的舞有点儿旧，但是基本步伐是对的，她说我不难学会几种流行的新舞蹈。

“第一个老师打消了我的兴趣，而第二个老师则相反，她不停地称赞我，减少了我的错误。她肯定地对我说:‘你有一种很自然的韵律感，你有当舞蹈家的天赋。’可是我知道，自己只有一个四流舞蹈者的资质。但在我心里却希望她说的也许是真的。或许是我付了学费，她才说那些话。但无论如何，我现在跳舞比她没说我有一种“自然韵律感”之前要好得多了。我感谢她，她那句话鼓励了我，给了我希望，促使我自己愿意改进。”

告诉孩子、丈夫或者一个员工，他在某件事上愚蠢至极，没有一点儿天赋，他做的完全错误，那你就破坏了他的进取心。可是，如果运用一种相反的技巧，多给他一些鼓励，让对方知道你对他有信心，而他自身也有尚未发挥的才能，那他就会付出最大努力争取胜利。

那就是汤姆士采用的办法——他是人类关系学史上一位伟大的艺术家。他能够成全你，用勇气和信任来鼓励你，给你信心。最近一个周六晚上，我同汤姆士夫妇一起玩桥牌。可惜我对此一窍不通，感觉这游戏就像一个神秘的谜题。

我不得不说：“不，不，我不会！”

汤姆士说：“戴尔，这并没有什么技巧，玩桥牌时只要花费点记忆力和判断力就行了，除此之外谈不上任何技巧。你曾写过一章记忆方面的文章，所以桥牌对你来说应该并不难学。”

这是我有生以来第一次坐在桥牌桌上，完全是因为汤姆士说我有此天赋，而使我感觉这种游戏并不难。

谈到桥牌，我想起克白逊来。他所著关于桥牌的书已经译成十二种语言，发行了不下一百万册。可是，他却跟我讲过，要不是一个年轻少妇说他有玩桥牌的天赋，他一定不会以此作为自己的职业。

当他在1922年来到美国时，他打算教授哲学或社会学，可是却没有任何结果。后来，他为人家推销煤，结果也以失败告终。最后，他推销咖啡也是一事无成。

那时他从未想过教人玩桥牌。他不但不精于玩牌，还很固执，常会问一些麻烦的问题，所以谁也不愿意跟他一起玩牌。

后来他遇到一位美丽的桥牌老师狄仑女士，他爱上了她，他们后来结婚了。当时，狄仑注意到他会很认真地分析自己手里的牌，于是说他在这方面有潜藏的天分。克白逊对我说，就是由于狄仑的鼓励，成就了他这位职业桥牌专家。

所以，如果你要改变人们的意志而不触犯或引起反感，第八项规则是：

用鼓励，使你要改正的错误，看来很容易做到；使你要对方所做的事，好像很容易做到。

9. 使别人乐意做你希望他们做的事

让他人高兴，愿意为你做你所希望他去做的事。

1915年，美国举国震惊——这一年里，欧洲各国彼此残杀，规模之大为人类战争史所罕见。和平能够实现吗？没人知道。可是，威尔逊总统决心为这件事作出努力，他派出一个代表和一个和平专使，去和欧洲的军阀们会谈。

当时的国务卿布赖恩，是最有力的主张和平的人，他愿意为这件事奔走。他看出这是个绝好的机会，可以完成一桩名垂后世的伟大任务。可是威尔逊总统却派了郝斯上校前去。如果郝斯上校把这件事告诉勃雷恩，很难不让他愤怒。

郝斯上校在日记中写道："布赖恩听说我要去欧洲担任和平专使时十分失望。布赖恩说原本他准备自己去的。我回答说：'总统认为政府官员不适宜担任专使，如果你去了那里，会引起人们极大关注——美国政府为什么会派国务卿来商谈此事？'"

你是否看出这句话中的暗示？郝斯上校提醒布赖恩他的职位十分重要，因而担任那项工作并不适宜。于是布赖恩满意了。

机警而富于社会处世经验的郝斯上校，做到了人与人之间关系中一项重要的规则："永远使人们乐意去做你所建议的事。"

威尔逊总统请麦克杜做他的阁员时，也运用了这项规则。那是他能给任何人的最高荣誉，而威尔逊总统的做法使人更能感觉到自己的重要。下面是麦克杜自己叙述的故事：

"威尔逊总统说他正在组阁，如果我答应担任财政部长，他会非常高兴。他把这件事说得令人非常开心，他让我觉得，如果我接受这项荣誉，就好像帮了他一个大忙。"

可不幸的是，威尔逊总统并没有将那种手腕一直运用下去，否则历史的演变或许就跟现在很不一样了。比如，美国加入国际联盟并没有获得议院和共和党的赞同。威尔逊总统拒绝带洛德、休士或其他共和党中有名的党员随行参加和平会议，反而带了两个在党内并没有声望的人去。他冷落了共和党，没有让他们感觉到创办国联是他们的意见，而只是他自己的意思，不要他们插手。威尔逊粗率的处置毁掉了他自己的事业，也损害了他的健康，甚至影响了他的寿命。而美国没有加入国联，也改变了日后的世界历史。

我有一个朋友，很多人请他去演说，因此他必须要拒绝一些人。邀请他去演说的都是他的朋友，或是有着极好交往的人。然而，他婉辞得十分巧妙，令对方虽遭拒绝，却仍然能够满意。

他是怎么应付他们的？对他的朋友说太忙抽不出空？还是其他什么原因？不是。他感激对方的邀请，同时感到非常抱歉，然后会推荐一位能代替他演说的人。总之，他不会让人感到不愉快。

他会这样建议说："你为什么不请我的朋友，勃洛克林的编辑洛格斯先生为你们演讲？你有没有想过那位伊考克先生，他曾在巴黎住了十五年，以他在欧洲做通讯员的经验，相信一定会有很多奇妙的故事可讲。还有那位郎法洛先生，有很多在印度打猎的影片。"

万特是纽约万特印刷公司的经理，他想要改变一位技师的态度和要求，而不引起他的反感。这位技师负责管理很多打字机和别的一些日夜运转的机器。他总在抱怨工作时间太长、工作太多，他需要一个助手。

可是万特先生没有缩短他的工时，也没有给他增添一个助手，却使这位技师高兴起来。他想的主意很简单，就是给那位技师一间私人办公室，在外面挂上一块牌子，写上他的名字和头衔——“服务部主任”。

这样一来，技师便不再是任何人随便支使的修理匠了，而是一个部门的主任，他有了自尊、自重的感觉。这位服务部主任现在很高兴，已经不再抱怨了。

这是不是太幼稚了？也许是。可是拿破仑身上就曾发生过这样一件事：当他训练新军时，给他的士兵发了一千五百枚十字徽章，封他的十八位将军为“法国大将”，称他的军队为“伟大的军队”。人们也说他孩子气，笑他拿“玩具”哄那些出生入死的老军人。拿破仑则回答说：“是的，有时人就是受‘玩具’的摆布。”

这种以名衔或权威赠与的方法，对拿破仑有效，对你同样有效。比如我前面提起过琴德夫人，她家里的一块草地常被顽皮的孩子们踩坏，琴德夫人对那些孩子劝告、吓唬都不管用，最后却想出一个办法。

她从他们之间找出一个最顽皮的孩子，给他一个名衔，让他有一种权威的感觉。她叫那孩子做她的“密探”，专门侦查那些践踏她草地的其他孩子。这个办法果然奏效，“密探”在后院燃起一堆火，烧红了一条铁棍来恐吓那些孩子，说谁再闯进草地，就用烧红的铁烫谁。

这就是人类的天性。

所以你要改变他人的意志而不引起他的反感和抱怨，第九项规则是：

使人们乐意去做你所建议的事。

世界上最神奇的24堂课

THE MASTER KEY SYSTEM

他把他所拥有的知识写成了一本由 24 个部分组成的具有教育意义和启发意义的前后和谐的讲义，它就是现在的这本《世界上最神奇的24堂课》。他开始与**世界上最富有的人**分享这一发现，一**周给他们一部分**。富翁们被这些发现深深地吸引住了，他们**乞求**查尔斯**不要**把《世界上最神奇的 24 堂课》**公之于众**。

阅读《世界上最神奇的 24 堂课》后，你将发现那永恒的古老的基本原则，是它们控制着我们的未来，并在一定程度上掌控着我们的成功或失败。

史蒂夫·格瑞葛
《百万富翁的智慧和生活钥匙》的作者
企业家，互联网的开拓者

在生活中有三种东西是每一个人都需要并渴求的，它们就是财富、健康和爱。

任何事物都是由这三点派生出来的。现在，你可以最大程度地拥有它们——财富、健康和爱，其秘密就在于《世界上最神奇的24堂课》。我很少随意地称赞，因此我将要说的都具有重大的意义。

在我寻求充分发展人类潜能的道路上，这是我所见过的最杰出的书。难道它对你来说没有意义吗？

世界上最神奇的24堂课

The Master Key System

【美】查尔斯·哈奈尔 著
福 源 译

图书在版编目（CIP）数据

世界上最神奇的24堂课／（美）查尔斯·哈奈尔著；福源译．—哈尔滨：哈尔滨出版社，2009.12（2025.5重印）

（心灵励志袖珍馆）

ISBN 978-7-80753-175-3

I. 世… II. ①查… ②福… III. 成功心理学-通俗读物 IV. B848.4-49

中国版本图书馆CIP数据核字（2009）第107572号

书　　名：世界上最神奇的24堂课
SHIJIE SHANG ZUI SHENQI DE 24 TANG KE

作　　者：【美】查尔斯·哈奈尔 著　福　源 译
责任编辑：李维娜
版式设计：张文艺
封面设计：田晗工作室

出版发行：哈尔滨出版社（Harbin Publishing House）
社　　址：哈尔滨市香坊区泰山路82-9号　**邮编：**150090
经　　销：全国新华书店
印　　刷：三河市龙大印装有限公司
网　　址：www.hrbcbs.com
E-mail：hrbcbs@yeah.net
编辑版权热线：（0451）87900271　87900272
销售热线：（0451）87900202　87900203

开　　本：720mm × 1000mm　1/32　**印张：**43　**字数：**900千字
版　　次：2009 年 12 月第 1 版
印　　次：2025 年 5 月第 2 次印刷
书　　号：ISBN 978-7-80753-175-3
定　　价：120.00元（全六册）

服务热线：（0451）87900279

拿破仑·希尔的感谢信

亲爱的哈奈尔先生：

也许您还记得我，《金规则》的编辑拿破仑·希尔。

首先，请允许我向您报告一个好消息。我刚刚被一家公司雇用，每个月只需要工作几天，年薪105 200美元。他们看中的是我的思想以及我的思想对他们公司的影响。

想必您已经知道，正如1月号《金规则》（我的秘书给您寄了一份）的社论中所说，在我22岁的时候，还只是每天挣1美元的煤矿工人。

之所以告诉您这个，是因为，我目前取得的成功，以及我在担任拿破仑·希尔学会会长之后的所有成就，完全归功于《世界上最神奇的24堂课》体系所制定的那些原则。

正如书中所写的，一个人能够在想象中创造的事情，没有什么是不能实现的。我们所需要的，只是把蕴涵在我们自身的所有潜在能量激发出来。

非常感谢您让我及时看到这本书，也感谢您现在正在让更多的人去认识到这本书中的精华。我将与您合作，竭力把这些课程推荐给我所能接触到的人，让他们与我共同分享这本书带给我们的成果。

您的忠诚的拿破仑·希尔《金规则》编辑

1919年4月21日，伊利诺伊，芝加哥

《世界上最神奇的 24 堂课》何以被禁？

《世界上最神奇的 24 堂课》，这部能够改变人生命运的书自 1912 年创作出版后在美国销售了 20 万册，然而于 1933 年又突然被禁了，这是为什么呢？

在《世界上最神奇的 24 堂课》发行之初，**那些成功的商人们不想让它在市场上公开发行**，他们不想让人们把这部书当作能够克服局限性的真理。他们的想法如愿了，因为这部书**被隐藏了数十年而未公开发行**。

《世界上最神奇的 24 堂课》是硅谷最神奇的成功秘诀。大多数硅谷创业者读过本书的全部或部分篇章后，**他们的企业都取得了成功**。在通过对这本令人震惊的书的学习和实践后，又使自己成为了**百万富翁或亿万富翁**。

因为《世界上最神奇的 24 堂课》这本书被禁多年，于是，它的**手抄本成了硅谷炙手可热的畅销书**。史蒂夫、乔伯斯、莱瑞、艾力森……只要是你能够说得出名字的成功人士，很大程度上都是因为他们运用了查尔斯在书中教授的知识，从而积累起那些巨额财富。

在一段时期内，该书的部分版本被用于各种不同的计划和活动，**每一本的花费在 1250 美元到 2500 美元之间**。它们被那些有时间以及商业能力的人所拥有，因为只有他们能支付得起数额不小的费用。

幸运的是，今天任何一位期待得到相同结果的人，都可以得到属于他们自己的一本《世界上最神奇的24堂课》。

哈奈尔为我们建造了一个**完整的个人潜能开发体系**，传授给我们为成功而奠定基础的终极原则和基本理念。在这个体系中，哈奈尔贯穿了自己获得成功的方法和经验，并对此做了精确深刻的阐释，条分缕析、鞭辟入里、缜密透彻。这些方法和经验凝聚着他的心血和智慧，也融入了他的思考和探索。

哈奈尔把这些他自己所领悟到的并付诸实践的经验，凝练成一条条切实可行的经典法则，这些法则适用于我们生活和工作的方方面面。**美国的亨利·福特说过:“任何人只要做一点有用的事，总会有一点报酬。这种报酬就是经验，这是世界上最有价值的东西。”**如果你想拥有这种最有价值的东西，那就看看这本书吧，它既有指导我们走向成功的方法，又有应对复杂变化的技巧；它既告诉了我们如何了解生命的真谛，又教会我们如何抓住时代赋予我们的机遇。

一旦你得到了这本书，就会立刻意识到，通过学习和利用《世界上最神奇的24堂课》体系所取得的成果将是令人震惊的。

当你把作者查尔斯·哈奈尔在《世界上最神奇的24堂课》一书中所讲述的内容用于实践时，你会发现现实生活发生了很大的变化。在很多方面，哈奈尔都是时代的领潮者。即使在今天，大多数成名的商业人士，例如安东尼·罗宾或是其他人，都不会告诉你：你的人生完全是在你的控制之下。**我们几乎都囿于传**

统，认为我们是处在其他人或外部环境的控制下，外部因素决定我们将会取得什么样的成就。然而，那是不正确的。哈奈尔会告诉你**如何重新获得对自己人生的控制权**。

查尔斯·哈奈尔把自己取得成功和财富的观念及方法写入了书中。每一天里都会有某一个人或某几个人发现哈奈尔成功的秘密，从而继续前进，成为百万富翁。

警告：对于某些人而言，**这种巨大的成功有时是毁灭性的**。你一定听说过这样的一些故事：那些买彩票中奖的人正是被数以百万的美元所毁灭！**如果你在精神上还没有准备好或者你认为自己还不具备处理你生命中将会发生的重大而且积极变化的能力时**，请先不要去考虑得到《世界上最神奇的24堂课》，它会带给你权力、财富、健康和爱。**《世界上最神奇的24堂课》并不适合所有人**。

《世界上最神奇的24堂课》适合每周阅读一课，每课之后都设有一周内的实践练习。每一课都是建立在前一课的基础之上，并且在逻辑上循序渐进，帮助人简单、自然、快速地把信息消化。

这种循序渐进的过程，为人们将自然规律应用到实际生活中提供了一种明朗、简单而有效的方法。最后你会真正理解如何运用自己的能力来永久地改变和完善自己。那不正是你想要的吗？

《世界上最神奇的24堂课》不像今天你所看到的那些枯燥、无味、单薄的自救书。相反，**它真的会使平民成为百万富翁，使普通人成为成功人士**。

哈奈尔最初把《世界上最神奇的24堂课》写成了24个部分，是应了商业协会的团体要求。哈奈尔把他自己在商业上取得成功的诀窍告诉其他人，当他们发现这对他们自身是多么适用时，**便想尽办法阻挠普通大众触及该书**。这样做的结果是：哈奈尔在几年的时间内仅仅把他的方法教授给了少数的富人群体。最后，他决定把这个普遍的生存原则传达给所有想要取得巨大成功的人。

但是,《世界上最神奇的24堂课》发行没多久，**便遭到了查禁**，直到近年才得以解禁。

据说，比尔·盖茨在哈佛大学读书的时候读到了哈奈尔的《世界上最神奇的24堂课》，从而思想上受到启发，辍学创业，白手起家，结果创造了软件帝国的神话，人类财富的奇迹。**近些年来，从硅谷起家的百万富翁和亿万富翁，几乎每个人都看过哈奈尔的《世界上最神奇的24堂课》，奇迹也在硅谷不断上演**。现在越来越多的人都开始关注和研习这本书，而奇迹还将继续。

我已经读完了《世界上最神奇的24堂课》，并且我已经明白了为什么富人们不想让这本书流入普通人的手中。

需要指出的是：囿于当时的条件，作者的认识不免带有时代的烙印，有些观点我们并不苟同，还望读者诸君明察。

福 源

目录

CONTENTS

推荐序：

神奇的力量

在浩瀚的历史长河中，万物如风般流逝。不管我们多么渴望，时间永远不会为某个人驻留。每个有思想的人，都不愿意自己在世上庸庸碌碌，无所作为，而是希望能在短暂的人生中尽其所能不断发展、提高和完善自己，即使到了生命的终点，这种追求亦无止境。

这种提高和完善的能力，是在思考问题、处理问题的过程中获得的；是通过改变自己的思维方式，进而改变自己的行动以及现状而实现的。而改变的关键就在于如何激发自己的创造性，如何进行创造性的改变。因为创造性是世间万物发展的动力所在。

在漫长的万物发展史中，人类不断地思考和求索。人类思考的产物可谓成果丰硕，包罗万象。而在这些成果中，有一个终极法则，它不是叙述事物表面的信息，而是深入事物内部的规律，是激发人类的潜能从而发展、完善人类自身的真理，那就是《世界上最神奇的24堂课》体系。

《世界上最神奇的24堂课》体系的生命力，就在于它能够开启人类的智慧之门，从深层面指导我们如何打破陈规，并更新我们的思维方式，达到激发我们的创造性的目的。有了这种创造力，我们思维的源泉就有了源头，不会枯竭。

人类的每一次进步与发展都是始于每一次的尝试，不论是成功的尝试还是失败的尝试，都是在自身思想的指引下进行的。因此，思想的力量仍是世界上最被尊重的力量。人类只要能够很好地运用这种力量，就能够在曲折中不断前进，不断完善自我，不断改善我们的世界。《世界上最神奇的24堂课》就是教给我们如何掌握这种力量，如何恰当地运用这种力量，如何建设性地、创造性地使用这种力量的一本书。这也是这本书最有价值的地方。

《世界上最神奇的24堂课》所讲授的内容分为24个部分，也就是24堂课，建议读者每周学习一课，24周学完。书中的每一条内容都充满了睿智，每一课都值得我们花一周或者更多的时间去细细品味。我们应该认真仔细地去研习，而不要像对待通俗读物那样只是泛泛浏览。这样你才会有更多的体会和收获。

只要你认真去阅读、使用这本《世界上最神奇的24堂课》，它会让你的人格变得更伟大、更优秀，让你拥有不可思议的力量，去改变你的现状，拓宽你的视野，丰富你的内涵，实现你的理想，书写你人生的灿烂华章。

F. H. 伯吉斯

作者序言

“人生而平等”，这是为大多数人所倡导的一句话，也是为大多数人所信仰的一种观念。然而人并不是平等的，虽然都是由父母带到这个世界上，虽然身体构造是相同的，但是人的思想、人的意识有很大的差别。虽然这种差别从外表上看不出来，但是正是存在这种差别，才有了成功与失败，富有与贫穷，非凡与平庸。

失败的人总是抱怨自己的运气不佳，总是为自己的失败找借口，说如果幸运之神站在自己这边就会取得成功。同样，穷困潦倒的人也常常感叹命运不济，总认为有钱人是天生的富贵命，幻想自己如果也是富贵命，一定会比富翁更富有。其实**非凡与平庸的主要差别不在于是否拥有强健的体魄，而在于人的思想与精神，在于人的心智**。否则，那些伟人也一定是体格最健壮的人了。

在漫漫的人生旅途上，正是心智，使我们能超越环境、战胜困难。如果我们深刻理解了思想的创造力，就可以看出它的功效是非常惊人的。

世界上的万事万物并不是杂乱无章的，而是遵循着一定的规律的。如同物质世界中的规律一样，人的精神世界也存在着规律。各种规律一直在控制着我们的道德世界和精神世界。

请时刻谨记，我们的思想才是能力和力量的源泉，因为依靠外在的帮助才使我们变得软弱，只要你愿意，你就可以成为帮助别人的强者而不是被帮助的弱者。要迅速调整自己，昂首挺胸，以积极的心态，毫不犹豫地投入自己的想法之中，去创造奇迹。只有了解并遵循这些规律，才能够获得理想的结果；也只有恪守规律，才会得到准确的结果，毫厘不爽。

反之，如果你否认并拒绝接受通过了解这一规律给人类带来的益处，如果你不能掌握这一最新的伟大科学成果并透彻地研究和利用这一奇妙的经验，很快你就会发现，所有的人都跑在你的前面，你被远远地落在后面。财富的获得，正是依赖于对“财富规律”的认知。也正是如此，只有那些认识、遵循“财富规律”的人，才能分享它所带来的好处。

“栽什么树，结什么果”，这一自然界的规律也同样适用于人的头脑。如同毫不费力地创造出积极的条件助你成功一样，**在你有意无意地想象各种匮乏、局限和混乱的同时，你的头脑也可以同样轻而易举地创造出消极的条件来把你推进失败的深渊。**

千万不要过分自信地认为自己十分小心谨慎并有足够的智谋，且绝对不会犯这种低级的错误。下意识地创造不利的条件而阻碍自己迈向成功，这也是一种规律，像任何别的规律一样。它永不停息地运行，不讲情面地严格按照各人所创造的回报他们，这一规律绝不会因人而异。

当今社会，科学精神广泛应用于各个领域，因果关系不再为人们所忽视。人们已懂得“事凡有果，势必有因”的道理，所以，人们如果想要实现自己的志向抱负，就得为这一愿望创造出它所必需的特定条件。

规律不是显现的，而是隐藏于种种表象和假象之下的，只有将大量个别的事例进行对比，直到找出其中的共通之处，才能够发现规律，我们把这种方法称之为归纳推理法。规律的发现消弭了人类生活中变幻莫测的因素，代之以原则、推理和确定性。

归纳推理是最科学的方法。文明诸邦，繁荣昌盛、学术兴隆，延长寿命、减轻痛苦，跨越江河，拓宽视界、加速运动，消灭距离、促进交流，上翔太空、下探深海——种种结果的产生，都缘自归纳推理的思维方式，而我们所要做的仅仅是将结果进行分类。

《世界上最神奇的24堂课》体系将以绝对的科学真理，系统地阐述如何正确运用精神属性中积极和能动的因素，以及如何培养并正确运用想象力、欲望、感情和感官直觉，激活个体生命的潜能，使人精力充沛、世事洞明、活力迸发、不屈不挠，对人的思维和才能大有裨益。**我最迫切想做的事就是教你识别机遇，加强你的推理能力；坚定你的意志，赋予你抉择的智慧，理性的同情，拥有主动进取、坚韧不拔的精**

神，并且教你如何尽情地享受高质量的生活。

我不是江湖术士，既不会催眠术，又不会魔法。《世界上最神奇的24堂课》体系的目的也不是运用任何让人迷醉一时的骗术去蒙蔽善良人的双眼，误导人们。它只是单纯地想教给你们使用精神能量，不是替代品或曲解的产物，而是真正的精神能量。因为我坚信“一分耕耘，一分收获”，并且愿意和读者一起钻研和实践这一真理。

精神能量是极具创造力的，它使你有能力为自己而创造，而不是从别人的身上巧取豪夺。大自然向来不屑此举。正像大自然让原先只有一片草叶的地方生长出一片森林一样，精神力量之于人类，也是如此。我相信，如果你能够竭尽全力开发出精神能量的巨大潜能，那么它绝不会辜负你，它会让其他人心甘情愿地听命于你，因为它可以让其他人本能地认为你就是一个充满力量、充满个性的人。

拥有精神能量意味着你能够感悟自然的基本法则，与伟大的自然融为一体；意味着你拥有取之不尽、用之不竭的力量源泉；意味着你了解吸引力的奥妙所在，了解成长的自然规律，以及在社交圈和商业圈中赖以生存的心理学法则。此外，拥有精神能量还意味着你像一块巨大的磁石，凭借自己的魅力吸引着身边的人和事，在其他人眼中你就是幸运之神的宠儿，你将拥有让梦想变成现实的金手指，成为世人羡慕的对象。

加深人们对生命的感悟，掌控自身，常葆健康；增强人的记忆力，提高人的洞察力；在任何情境下对机遇和困难都洞若观火，使人有能力把握住近在咫尺的大好时机。这能够改变成千上万男女老少的生活——它以明确的原则，取代了那些飘忽不定、云遮雾罩的方法，而每一种效率体系都奠定在这些原则基础之上。这些都是很罕见很难得的能力，同时也是每一位成功的商业人士所必备的特质，这些就是我长篇大论的宗旨所在。

洞察力能使人拨开迷雾，洞悉本质，它摧毁猜疑、消沉、恐惧、忧郁等各种消极情绪，打破局限，消解匮乏；它唤醒沉睡的才能，它给你胆魄与活力，令你积极进取、精神百倍；它唤醒你对艺术、文学、科学之美的感受能力。在现实生活中，**经常有难以计数的人为了永远没有实现可能的事情而殚精竭虑，最终换来一头白发两手空空，却把近在眼前的机遇拒之千里之外，与成功擦肩而过却浑然不觉。**《世界上最神奇的24堂课》所讲述的体系旨在开发人的洞察力，增强人的独立性，令你具有远见卓识，有助于提高能力，改进性情。

“在多数大型企业中，顾问、专家、培训师等成功有效的运作管理诚然不可或缺，但我坚信，**对正确原则的重视和采纳更是重中之重。**”这是美国钢铁集团董事长埃尔伯特·加里的一句至理名言，也是他取得成功的不二法门。

《世界上最神奇的24堂课》的目的不仅仅在于教给人正确的原则，也不想给读者一本类似于其他学习课程的说教，因为这类东西已经太多了。它更愿意提出实践这些原则的方式方法与读者分享，让读者懂得：有相当一部分人终日忙于苦读书、听讲座，然而终其一生，都没有取得任何能够证明这些理论的实际进展。这是**因为所有的原则在书本上时都是毫无用处的，只有将它应用于现实生活，才能体现它的价值和魅力。只有凭借本书所讲述的体系及所提出的方法，佐证它所讲授的原则，身体力行地在日常生活中付诸实践，才是最聪明的做法。**

一切都在变，不变的只有变化。包括世界上所有的思想观念在内的一切事物的变化正在我们身边发生，成为自异教衰亡以来这个世界所经历的最为重大的思想变革。

走进生物的国度，你会发现一切都处于流体状态，永远在变化，永远被创造、再创造。在矿物世界中，看起来一切都是固体的、不易挥发的，其实不然，它们也无时无刻不在进行着细微的变化。每一个领域，总是在变得越来越美好，从有形演变为无形，从粗糙演变为精致，从低潜能演变为高潜能。当我们抵达无形世界的时候，就会发现，能量处于最纯粹、最活跃的状态，它随时准备被激发。

无论是黑人还是白人，无论是穷人还是富人，无论是基督教徒还是天主教徒，无论是最上层、最有教养的人群还是最底层的普通群众，正在进行的这场人类历史上空前的革命，正在改变所有人的观念。然而有的人对此明察秋毫，有的人却对此麻木不仁。

长期被传统的桎梏羁绊的人们已经挣脱了所有的束缚，代表新文明的眼界、信念与服务在不知不觉中取代了旧的习俗、教条、残暴等一切陈腐的、不适应时代发展的东西。如今，科学发现浩如烟海，揭示出无尽的资源、无数种可能，展现出那么多不为人知的力量。科学家们越来越难于肯定某种理论，称之为定规定法、不容置疑；同样，也极难彻底否定某些理论，称之为荒诞不经、绝无可能。

20世纪是一个无比光辉的世纪，它见证了人类历史上最辉煌的物质进步，21世纪必将再创奇迹，将给精神力量和心灵力量带来更伟大的进步。一种来自我们内心的全新的力量和意识正以难以置信的意志和决心唤醒处于沉睡中的世界，也让我们对自己的内心重新审视。

从分子到原子，从原子到量子，世界上所有的有形实体已经被人们细化到了极致，其内部构造人们已经看得非常明白透彻。所以接下来我们要做的事情就是细分精神，找到精神的量子。“能量，就其终极本质而言，只有当它表现为我们所说的‘精神’或‘意志’的直接运转时，方可被我们所理解。”安布罗斯·佛莱明如是说。

大自然中最强大的力量是什么呢？大自然中最强

大的力量是无形的力量。同样的道理，人类最强大的力量是精神力量，它虽然无形，却不容小觑。**思维是精神过程的唯一活动方式，而观念，是思维活动的唯一产物。精神力量得以显示的唯一途径是思维过程。**

所以，世事的风云变迁，只不过是精神事务而已。推理，是精神的过程；观念，则是精神的孕育；问题，其实是精神的探照灯和逻辑学；而论辩与哲学，就是精神的组织机体。

针对某一给定的主题做出一定数量的思考，就能使人的身体组织发生彻底的改变。因为想法，定会招致生命肌体某种组织的物质反应，如大脑、神经、肌肉等。这就会引发肌体组织结构中客观的物质改变。

勇气、力量、灵感、和谐，这些想法取代了原先的失败、绝望、匮乏、限制与嘈杂，慢慢在心中生根，身体组织也随之而发生改变，个体的生命将被新的亮光所照耀，旧事物已经消亡，万物焕然一新，你因此获得了新生。这就是失败演变为成功的过程。这是一次精神的重生，生命因而有了新的意义，生命得以重塑，充满了欢乐、信心、希望与活力。通过这样简单地发挥思想的作用，你不仅改变了自身，同时也改变了你的环境、际遇和外部条件。

虽然此前你是在黑暗中摸索，但是现在你将看到成功的机遇，你将发现新的可能，而此前这些可能对你毫无意义。你的头脑里充满了成功的想法，并辐射到你周围的人，他们反过来又会帮助你前进与攀升。

你将吸引到新的、成功的合作伙伴，而这反过来又会改变你的外部环境。

如果历史倒退一百年，那时的人脆弱而无力，哪怕只有一挺现代的机关枪，就可以不费吹灰之力地歼灭整整一支用当时的武器装备起来的大军，或者更多。因此，**如果你希望获得难以想象的优势，从而卓冠群伦，傲视苍生，那么就请你相信，也请你提前准备好，因为美妙神奇、令人痴醉、广阔无边以至于几乎令你目眩神迷的崭新的一天、崭新的世界即将到来。**

内在的世界，巨大的力量

让我们开始第一堂课的学习吧。经过这堂课，相信你的生命中会更加充满力量，你的生活方式会更健康，你会体验到更多的幸福。

值得注意的是，这种力量并非是你要去获得的，而是你自身已经拥有的，只是你可能还不了解它，不会运用它。我们的课堂就是让你去认知这种能量，掌控这种能量，把这种能量和你的生命合而为一，成为你生命力中的一部分，这样，你就能够征服所有的困难。人类的强大就在于这种潜意识中的精神能量。只要你想去提高自己，就一定可以实现这种改变。

人生都是由昨天、今天、明天组成的。从昨天一步步走来，在今天用行动点燃希望，放飞明天的梦想。最重要的是今天，但昨天的体会和感悟也不能忽略，它们是今天做出选择的前提。那么，去认真感悟你的人生吧，世界是多彩的，生命是美丽的。而这种缤纷，是呈现给有准备去接受而不是茫茫然匆匆走过的人们的。慢慢领悟这个世界，也会使你获得更多的感受和自信，会使你生命的意义更为深刻，更为丰富。

每一天都既是明天，也是今天，也会变成昨天。好好把握和感受生命中的今天，就会迎接灿烂辉煌的明天。好了，开始第一堂课。

1　很多的实践都证明，准备得越多，离成功就越接近；准备得越少，离成功就越遥远。要知道，灵感是从积累中得来，而非偶然。

2　人类的思维是世界上最为活跃的能量，它具有创造性。每个人的客观环境和一切生活际遇，都是主观思维在客观世界中的反映。

3　我们的每一次选择都不是偶然的，而是取决于我们以往的思维定式。我们只能做出我们思想范围以内的选择，不会有超越思想范围以外的行为。

4　我们的思想主导着我们的行动。从某种程度上说，每个人的思想以及思维方式决定每个人的现状和未来。

5　我们总是忽略自己潜在的能量。要想重新认识自己，就要首先意识到这种力量的存在。而要想意识到这种力量的存在，我们就必须懂得，一切力量都源于自己的内心世界。

6　内在的世界不可触摸，但的确存在，而且它的强大远远超过你的想象。这是一个由思想、感觉、力量等要素构成的能动的世界。

7　思想统治着内在的世界。当我们能够意识到自己的内在世界的时候，就可以解决使我们困惑的所有问题，也可以解释所有问题的动因。我们一旦掌握了这个内在世界，一切力量、成就与财富的规律亦在我们的掌控之中了。

8 内在世界拥有惊人的潜能，其中蕴涵着无尽的力量、无尽的智慧、无尽的供给，可以满足现实的一切需求。我们一旦认识到内在世界的潜能，并加以运用和释放这种潜能，结果就会如实反映到外在的世界。

9 内在世界的和谐，映射到外在世界，就会表现出良好的人际关系、舒适的生存环境、处理问题的高效和最佳的精神状态。这是所有伟大、健康、力量、胜利和成就的前提和必要条件。

10 内在世界的和谐，也表现为我们能够控制我们的思想，在外来困扰面前更加积极主动地面对而不是消极对待。

11 内在世界的和谐，使我们变得乐观而又不断进取，在这种良好的精神状态下也会带来对外在世界的满足。

12 外在世界也同样能反映出内在世界的变化和发展。

13 如果意识到内在世界中所蕴涵的智慧，就会帮助我们开启和释放内在世界中的潜能，并获得把这种能量如实映射在外在世界的能力。

14 我们一旦意识到内在世界所蕴涵的智慧，并能够运用它，我们就会在思想中也拥有这种智慧，通过控制我们的行为而拥有实际的智慧和力量，从而为我们自身和谐的发展所需要的各种条件奠定基础。

15 每一个渴望有所进步的人，无论老少，都会在内在世界产生希望、热情、自信、坚强、勇气、友好和信仰，并通过这些品质完善自己的精神世界，从而指导自己获得非凡的能力，让梦想成真。

16 生命不是一个简单的从无到有再到无的过程，而是一个逐步深入、升华的多层次的过程。所有在外在世界所获得的东西，都是我们在内心世界已然拥有的东西。

17 所有的成就和财富，都是建立在认知的基础上。所有的收获都是认知不断积累的结果，而认知的中断或意识的分散会使你事倍功半。

18 内在世界发挥作用是与和谐息息相关的。不和谐的内在世界也会导致混乱的外在世界。因此，要想有所成就，就要与自然法则和谐共处。

19 我们凭借思想与外在世界相连。大脑是思想和意识的器官，大脑–脊椎神经系统是身体的枢纽，把身体的各个器官和组织联系起来，使我们对光、热、声和味等各种感觉做出反应。

20 当我们通过思考了解了事物的本质和事物发展的规律后，由大脑–脊椎神经系统把这些正确的信息传递到身体的各个部位，各种感觉和谐统一，这种感知是舒适而愉快的。

21 我们就是凭借思想和意识，将希望、勇气、信心、热情、活力等能量注入我们的身体。当然，思想也会给我们带来疾患、悲伤、倦怠、失望、匮乏等各种消极的东西，这是由错误的思维方式导致的，会给我们的世界带来破坏性的影响，使其变得不和谐。

22 我们通过潜意识建立与内在世界的连接。太阳神经从是这种潜意识的神经系统，交感神经系统操控着各种主观感觉，如愉快、恐惧、依恋、喜好、渴望、想象等各种潜意识现象。正是这种潜意识成为连接我们和内在世界的桥梁，使我们能够逐步掌控内在世界的能量。

23 我们与内、外世界的联系，就取决于这两大神经系统的协调以及各自功能的运用。认知了这一点，就有利于我们把客观和主观协调一致，从而使自己和谐地发展；认知了这一点，就不会面对各种外界的变化而茫然不知所措，就知道未来成功与否其根本取决于我们自己。

24 我们都有这样的体会，总是存在普遍的法则遍及整个世界，在任何场合、任何角落都适用，它是丰富的、强大的、充满智慧的，永不过时。所有正确的理念和思想都被它所涵盖。

25 普遍适用的理念能够指导实践。在这种理念下有助于我们把想象转变成现实。每个人对这种理念的认识都不尽相同，但它发挥的作用是一样的。不同的认识只是它的不同表现方式。

26 能够普遍适用的意识和理念本质是相同的，所以，所有的理念归根结底就是一条理念。我们要认真体会和领悟事物的规律才会找到这条理念。

27 从宏观角度来说，每个人大脑中聚集的意念与他人相比没有什么不同，只是作为个体会有细枝末节的差别。

28 能够普遍适用的理念是一种潜在的能量，它只能通过个体的人所彰显，而个体化意识的集合，就形成了普遍适用的理念。它们是集合和个体的关系。

29 每个人的思维特点和思考能力的不同是每个人作为个体之间不同的主要区别。这也是人内在意念的外化手段。意念本身是一种静态能量的微妙形式，而具体的想法则是由这种能量所产生的。想法是意识的动态阶段，意识是想法的静态阶段，两者是同一事物的不同阶段的表现。人类的思维过程正是从静态的意识到动态的想法再到现实中起作用的。

30 世间万物的内在属性都包含在普遍适用的规则中，这些规则无所不能，无所不知，无所不在。万物的内在属性也包括人自身的属性。当一个人进行思考的时候，他自身的属性决定了他的思维动态，并且这种属性通过人的行为反映在外在的客观环境中，与人自身的属性相互呼应。

31 正如前面所说，自身行为产生的后果归根结底都是思考的产物，因此，你要想规划好自己的行为结果就要控制自己的思想，这是根本所在。

32 内在世界是一切力量的源泉所在，而且你是有能力掌控它的。掌控的前提是准确的认知，以及而后对这种认知的践行。

33 你一旦领会了这条法则，并懂得对自己的意识加以控制，那你就可以随心所欲地运用这条法则。也就是说，你也能够真正对那些普遍适用的法则融会贯通，并运用到自己的行动中。这条法则是世间万物发展的基础。

34 普遍适用的法则也同样是客观存在的每一粒原子的生命法则，每一粒原子的内在属性和这个法则也同样契合。每一粒原子都无时无刻不在遵守着这个法则。它们的生机也就在于此。

35 并非所有人都能意识到自己的内在世界以及意识到这个内在世界是如此丰富而有创造力。

36 作为一种全新的理念，大多数人并没有认识到这一点，他们只是试图从外在世界本身寻找解决问题的答案。这样做是徒劳无功的，或者说只是解决了表面的问题。真正的答案要到内在世界中去寻找，这样才能从根本上解决问题，从而达到和谐的状态。

37 内在世界和外在世界是相辅相成、共同存在的。内在世界是源，外在世界是流。我们在外在世界所体现的能力，取决于我们对这种能量源泉的认知。每一个个体都是这种无限能量的出口，而每个人对于其他人而言也是如此。

38 认知是一种精神体验过程，这种过程就是个体和普遍适用的法则相互作用的体现。这种精神体验过程的作用力和反作用力也是一种因果关系的法则，这种法则并非建立在个体之上，而是建立在人类共同的理念基础之上。它不仅体现为一种感受，更像是一个主观的进程，其结果就反映在我们的外在世界中，和我们的内在世界相互呼应。

39 我们拥有广袤的、丰富的精神实体的世界，它就像一片深不可测的海洋。这片海洋孕育着勃勃的生机，它可以满足不同的精神需求。它通过我们不同的个体的思想得以表达和外化。

40 对这种理念的应用才能体现其价值所在。当你对这些理念和法则真正领悟并自如运用的时候，生活中无论是物质层面还是精神层面，都会发生变化：富足会取代贫困，睿智取代迷茫，和谐取代混乱，光明取代黑暗。

现在就让我们把它付诸实践吧。先找一个安静不受打扰的地方，放松但不要放任你的身体，逐渐对你的身体完全控制。让思绪自由地在内在世界中徜徉，每次持续一刻钟或半小时，连续做三四天或一个礼拜，直到你有所感悟，有所收获，达到美好的境界。

有的人不会很快进入状态，但也有人轻而易举就能做到。不要着急，只要每次都有进步即可。还有，控制自己的身体这是前提，是必不可少的。好，剩下的时间就让我们好好体会本章的内容吧。

习惯的策源地——潜意识

我们都知道，没有人会一帆风顺，我们面临的困难主要是源于混乱的观念以及并不知道自己真正的兴趣所在。而要改变这种境况，就是要在这些杂乱无章中找到内在的规律，以便我们调整自身去适应自然规律。因此，清晰的思路和敏锐的洞察力就显得难能可贵。这种能力并非凭空而来，而是建立在平日点滴努力的基础之上的。

你的感觉、判断、品位、道德感、才智、志向都会影响你在现实生活中产生的满足感。而前者是在你的学习中、实践中慢慢积累起来的成果，每个人的境遇不同，这种成果也有所不同。为了达到满足感，我们要向所有最优秀的思想学习。

所以说，思想就是力量，蕴涵着强大的能量，这种能量比那些促进物质进步的梦想，或者你能想象得到的最辉煌的成就都更加神奇。积极的思想就是积极的能量，集中的思想即是集中的能量。而集中的某些积极的思想将化为非凡的力量，这种力量被那些不甘于贫穷、不甘于平庸的人孜孜以求。

获得这种能力并彰显这种能力，前提是对这种能力的认识，认识得越深刻，他能够获得这种能力的可能性就越大。反之亦然。而一旦具有这种能力，就会一直在头脑中驻留，就会不断创造、更新着人的思想和意识，并在外在世界中显现出来。第二课就是阐述认知这种力量的方法。

1 思维是靠显意识和潜意识去运转的。这是两种平行的行为模式。戴维森教授说：“只是想用自己有限的显意识去说明整个精神世界的内涵和外延的行为，就如同想用一支蜡烛去照亮整个宇宙。”

2 我们的思维是一件完美的作品，为我们的认知活动做好充分的准备。其中潜意识的运行是准确而富有逻辑性的，不会出现张冠李戴的情况。但可惜的是，我们大多数人都不知道思维运作的规律和逻辑究竟是什么。

3 我们头脑中的潜意识，就像一位幕后的工作者，一位慈善家，在我们需要的时候就送来供给，为我们耐心地劳作。潜意识为我们最重要的精神活动提供了一个尽情表现的舞台。

4 正是通过潜意识，莎士比亚从一个普通学生那里领悟到了那些伟大的真理并表现在他的作品中；正是通过这种潜意识，菲狄亚斯创作了那些著名的神像雕塑，拉斐尔画出了圣母像，贝多芬写成了交响乐。

5 我们在工作和生活中处理问题的方式，大都不是依靠我们的显意识，而是从潜意识中而来。弹钢琴、溜冰、打字还有老练的商业行为等种种完美的技巧也同样是从潜意识中而来。你可以一边弹奏流畅优美的乐章，一边和他人进行一场幽默风趣的谈话，这更是取决于潜意识的指挥棒。

6 我们每个人都对潜意识产生了依赖。我们的思想越是崇高、伟大、卓越，我们就越会清楚潜意识在其中发挥的作用。我们在绘画、雕塑、音乐等各种艺术领域的技巧、本能还有美感，全部都在潜意识中而且也只能在潜意识中找到。

7 潜意识从我们的记忆库中提取我们所需要的所有信息，诸如姓名、场景还有时间。它引导我们的思想过程、我们的品位还有对生活的态度。潜意识的价值是显意识所不能具有的，是非凡的。它无时无刻不在注视着我们的生活。

8 我们并不能随心所欲地控制我们的生理机能，不能停止自己的心脏跳动，不能阻止自己的血液循环，也不能阻碍神经系统的形成、肌肉组织和骨骼的发育。但我们可以在潜意识的指引下随心所欲地用感官去感受这个世界。

9 我们的行为可以分为下面两种：一种是听从当前的意愿发号施令，一种是根据潜意识中的规律有条不紊、从容不迫地进行。当然，我们更倾向于后一种选择，潜心研究后一种行为的过程。研究后我们会认识到，这些潜意识中的规律自从被创造以来就是如此运转的，它不受我们意愿的管制，不被各种影响而左右，它们似乎一直就被控制在我们永恒的内在力量之中。

10 在主导这两种行为的两种能量中，外在的可变能量就是显意识，或者说是客观意识。内在的可变能量就是潜意识，或者说是主观意识，保障我们的内在世界有序地进行。这种显意识和潜意识一个更接近现实层面，一个更接近精神层面。

11 我们必须认真观察显意识和潜意识各自的运行规律，以及它们在精神方面各自发挥的作用。其中，显意识是通过我们的感官对外在世界发生作用。

12 显意识是我们的意志以及意志所产生的结果的动力源，它具有分辨、鉴别、选择甚至还有推理的能力。其中推理能力诸如归纳、演绎、分析、推论等等，可以进行更深层次的开发和拓展。

13 显意识有引导潜意识活动的能力，因此可以说，显意识充当了潜意识的监护人这个角色，会为潜意识引导的行为承担后果。这个角色有时可以从根本上改变我们现有的境况。当然，显意识也在其他的精神活动上打上自己的烙印。

14 潜意识在我们意识的深层，在接受了一些错误信息后会直接反映到我们的大脑，从而影响我们的行动。而显意识则可以充当门卫的作用，在潜意识接受之前把这些错误的或者负面的信息诸如恐惧、焦虑、疾患、冲突等等挡在门外，使我们的行为受到保护。

15 有一位作家这样区分显意识和潜意识："前者是意志推理的结果，而后者是以往意志推理的累积结果产生的本能的欲望反应。"

16 潜意识本身不具备推理证明的能力，它只从现有的前提下直接得出判断和对行为的指向，如果提供的前提是正面的、正确的，潜意识就会得出正确的判断和正确的指向；如果提供的前提是负面或错误的，潜意识得出的结论就是错误的，行为指向也是错误的。为防止这种错误的判断，就要依靠显意识来把关。

17 潜意识从来不去判断它所接受的信息是正确的还是错误的，并在它们是正确的这个前提下引导行为。可是在现实中，我们所处的境况所带来的信息并非都是正确的，如果是错误的，潜意识的判断行为就会对我们的人生轨迹产生巨大的反作用。

18 作为监护人兼门卫，显意识并非万能的，总有擅离职守或者判断失误的时候，尤其是在异常复杂的情况下。这时潜意识就会对所有的信息和暗示敞开大门，很多负面和错误的信息就会长驱直入，尤其是在激情、冲动以及各种刺激下，这种情况发生的几率会成倍增长，结果就会给人带来很多负面的东西，诸如自私、贪婪、恐惧、憎恨、妄自菲薄，有时是长时间的悲伤压抑。所以说，保护好潜意识的大门尤为重要。

19 由于潜意识是通过直觉做出判断而不需要证明自己的判断，所以过程非常短暂，而显意识与其相比则显得缓慢得多。

20 潜意识反应很迅速，一旦接收到信息，就会按照它自己的规则运作，得出它的判断。而这个规则，就是我们作用于外在世界的所有行为的动力之源，这也就是我们要去探究的原因所在。

21 我们一旦了解了潜意识的运行规则，就会发现生活中能够实践的地方比比皆是。事先你认为可能是个艰难的谈判，但随后也许有个合适的话题，或者由于某个契机，谈判圆满结束了；面对可以预见的很多困难一筹莫展的时候，突然发现自己自然而然地另辟蹊径，使当前的处境良性地运转起来……其实，只要懂得潜意识的规律，并且能很好地利用它，就能够驾驭各种各样复杂的局面，使面前豁然开朗。

22 潜意识是我们为人处事的原则以及对未来设想的源头，我们的品位、审美、各种品质都是来自于我们的潜意识。它就像已经写好的程序，直接会在我们的身体中运行。如果接受了负面的信息，想要克服负面的后果，就必须坚持不断地反暗示，直到把原有的负面暗示挤开，迫使潜意识接受新的、健康的的思维方式或生活方式。坚持不断地做某一件事，就会形成习惯，也就会形成潜意识所固有的模式，而不是靠显意识去分析、鉴别、推理而产生的结果。潜意识是习惯的策源地。

23 如果是健康的好习惯，那就可以坚持下去，而如果是不良的习惯，就像刚才提到的，要反反复复利用相反的暗示，把这个有害的习惯去除掉。要认识到潜意识中蕴涵的巨大能量，并且相信，你可以开发你的潜意识，能够使其和你的生命力量结合，发挥更大的威力。

24 让我们最后总结一下潜意识的功能：从物质的层面来说，潜意识是维护生命的需要，在大脑正常运转中也发挥着十分重要的作用。这取决于它具有的本能如心跳、血压等。

25 从精神的层面讲，潜意识具有记忆储蓄功能，如同巨大无比的仓库或者银行，可以存储人生所有的认知和思想感情，而且有助于发展人的智力，使人的思维更加敏捷，精力更为集中，甚至能够激发人的创造力。

26 从心灵的层面上讲，潜意识是理想、抱负和想象的源泉，能够激发出我们的内在力量。可以说，潜意识是连接人类心灵与宇宙间无限智慧的一座桥梁。

27 那么潜意识是如何改变环境的呢？可以这么回答，潜意识能够激发我们的创造性，这种创造性通过思想反映出来，并诉诸行动，从而改变我们的现状和处境。这也是潜意识的规则之一。

28 思维分为两种，一种是简单的思维，直接、无意识；一种是引导思维，有意识、有逻辑、富有建设性。当我们充分利用我们的引导思维的时候，我们就能够把主观和客观完全统一，就会激发出无穷的创造力。也就是，我们的意识具有创造力，可以对客观环境发挥能动的作用，其成果会在我们的外在世界表现出来。这一法则就是“引力法则”。

上一课我们主要对身体进行控制，如果你已经完成了这个任务，那么就开始我们下面的练习，那就是控制自己的思想。让我们再一次进入完全沉静的状态，最好跟上一次的地点相同，总之能够真正让你安静下来的地方。然后试着控制自己的思想，让那些幸福、平和的感觉得以保留，让那些担忧、焦虑的想法离我们而去。经常进行这样的练习，会让你学会如何控制自己的思想和情绪，如何保持一个良好的状态面对人生。

要知道，这个练习非常重要，如果我们控制不了我们的思想，就控制不了我们的情绪，我们就会为生活中无穷无尽的琐事而烦恼、郁闷，就会错过一些能够实现我们价值的机会。抛开那些无足轻重的东西，让我们时刻保持清醒，直接索取我们想要的东西，这样我们才不会虚度光阴。让我们开始今天的训练吧！

无须向外界求助，自己才是最强大的

与庞大的宇宙相比，人是渺小的，就像茫茫大海里的一滴水，巍巍高山上的一块石。但是人绝不是被动的，无所作为的，人是世界的主人。人正改变着世界，让世界以我们的意愿运转。人是能作用于世界的，同样世界也作用于人。这种作用和反作用的结果就是因与果的关系。

思想总是走在行动前面，想到才能做到。因此，思想就是因，而你在生活中所遭遇的一切，都是果。有因才有果，既然这样，就不要再为过去或现今的一切境遇有丝毫的抱怨了，因为一切取决于你自己，取决于你能不能把环境塑造成你所希望的样子。

世界上最丰富的资源藏在我们的脑海里，我们的思想中蕴涵着丰富的宝藏。努力开发精神能源吧，让它们在现实中实现，它们会听命于你。一切真实的、长久的能力，都由此而来。

无须向外界求助，你自己就是力量的源泉，没有谁比你更强大。只要你了解了你的潜能，坚定不移地朝着目标努力，你在生命的旅途中就不会被绊倒，就没有任何困难能阻止你向前迈进，因为精神力量随时随地都准备向坚定的意愿伸出援手，帮助你把想法和渴望变为明确的行动、事件与条件，只要你愿意开启它。当你实现了这些，你就找到了力量的源泉，它将使你能够得心应手地应对生活中产生的各种境遇。

当你刻意地去做一件事，这是显意识的结果。我们需要把它们变成自发的意识，或者说潜意识，这样，就可以把我们的自我意识解放出来，关注其他。习惯渐成自然，在新一轮的回合中，这些新的行动又渐渐变成了自然的习惯，继而成为潜意识，这样，我们的心智可以再度从这一细节中解放出来，进一步投入其他的行动中。从显意识到潜意识的转变，其实就是从刻意到自觉再到习惯的改变。

1 人体的不同器官分担着不同的工作：大脑—脊椎神经系统是显意识发生的组织，交感神经系统是潜意识发生的组织。大脑—脊椎神经系统是我们通过感官接收意识传输的渠道，并控制着全身的动作。大脑—脊椎神经系统的中枢在脑部，担任显意识的工作。而潜意识的工作则由太阳神经丛担当，它是一个神经节丛，在胃的后部，是精神行为的渠道，是交感神经系统中枢，支撑着身体的生理机能。

2 显意识和潜意识虽然分属于不同的组织，但是它们的必要互动在神经系统中也有相应的反应。

3 显意识和潜意识两种系统之间的连接，是通过迷走神经建立起来的，迷走神经从脑部延伸出来，作为大脑—脊椎神经系统的一部分，延伸到胸腔，其分支分布在心脏和肺部，最终穿过横膈膜，脱去表层组织，与交感神经交结起来，这样就构成了两个系统的联结，使人成为一个物质上的“单一实体”。

4 人类的大脑就像是一个显示器，每一种想法都是通过大脑接收的，并在脑海中形成相应的影像；它听命于我们的推理能力。当客观想法被认为是正确的，就会被传递到潜意识系统，或是主观意识当中，成为我们生命的一部分，然后再作为事实传递给外界。当到达主观意识之后，这些想法就对推理论辩产生免疫力了，不再受其影响。潜意识不能进行推理，它只是执行，它把客观想法的结论全盘接受。

5 太阳丛之所以被称为太阳丛，是因为它像太阳一样是分发能量的中枢机构，把全身不断产生的能量传递出去。能量被神经运送到身体的各个部位，在环绕身体的大气中散播开来。这种能量是非常真实的能量，这颗太阳也是非常真实的太阳。

6 假如太阳丛的辐射足够强大，人身上就会有很强的吸引力，充满人格魅力。这样的人会向周围的人群散发良好的能量。他的出现，本身就会给那些与他接触的人带来安慰，平息他们精神的风暴，就像太阳一样照耀着周围的人。

7 显意识系统就像一个马力强劲的发电机，当它启动运转，辐射出生命能量的时候，全身各部分的能量都处于激发状态，这种被激发的能量会传递给与他接触的每一个人，这种感觉令人愉悦，生命充满健康活力，每一个接触他的人都会受到感染，变得同样精神焕发。

8 当太阳丛系统失灵、功能紊乱时，人就处于情绪低迷状态，对一切都提不起兴致，通往身体各个部位的生命能量也就中止。这就是人类种族之间出现各种弊病、精神和肉体上及环境中受到各种困扰的原因所在，也是产生失败的主要原因。

9 思想上的困扰是由于提供给显意识思想能量的通道不够顺畅；环境上的困扰是因为潜意识和宇宙精神的联系被破坏了，因为无法沟通而处于紊乱状态。

10 太阳丛处于十分重要的位置，它就像一个枢纽，是显现的交点，生命的数量是无限的，个体可以从这个太阳的中心孕育出来。太阳丛是部分和整体的交会点，在这里，宇宙转化为个体，无形转化为可见，有限转化为无限，寂灭转化为创造。

11 能量的中心里潜伏着显意识的能量，能够完成一切所应当完成的，因为它是全部生命和全部智慧的汇合点，是身体全部能量的总和。

12 显意识是策划者，潜意识是执行者，潜意识能够并且必将执行显意识交付给它的一切计划和使命，二者珠联璧合，配合得天衣无缝。

13 显意识的思想的质量决定着思维的质量。我们的显意识所抱持的想法的品格决定着思维的品格，其特性决定着思维的特性，从而决定着将导致最终结果的人生遭际的特性。我们能够辐射出的能量越多，我们就会以越快的速度把令人不快的境遇改造成令人快乐、受益的源泉。因此我们所要做的一切，就是增强我们的电量，让我们内心的光芒照亮四面八方。

接下来，重要的问题是，如何使内心的发光体闪耀出光芒，如何产生这种能量。

14 烦恶的念头就像寒流，会削减太阳丛的光芒，使这颗太阳黯然失色；愉悦的念头就像暖风，能给太阳丛升温，使太阳丛不断扩张。才能、信心、勇气、希望，就是太阳丛的暖风；而太阳丛最主要的敌人就是恐惧，要彻底打垮、消灭这个敌人，把它驱逐出境，直到永远。只有这样，才能令太阳丛永远灿烂，不被乌云遮蔽光芒。

15 恐惧是一个贪心的恶魔，它不停地扩展它的疆土。你一旦感染上恐惧，它就会在你全身扩散，使你每时每刻都处于它的控制之下，让你恐惧每一件事和每一个人。只有当恐惧被全然有效地清除，你的太阳才会闪光，阴霾才会消散，于是你就能找到力量、活力和生命的源头，找到久违的快乐。

16 产生恐惧是因为自己不够强大，是因为对自己缺乏信心。只有当你发现自己真的拥有了无限的力量时，当你通过实践证明了自己足以凭借思想的力量战胜任何的不利因素，从而自觉地认识到这种力量的时候，你就没什么可恐惧的了，因为你知道，你比恐惧更强大有力。

17 正是因为我们不敢坚持自己的权利，世界才会变得苛刻。只有对那些不能为自己的思想争求容身之地的人，世界对他的发难才会冷酷无情。正是由于畏惧这种发难，才使得许多思想深埋在黑暗之中，难见天日。有期望才能有所得。如果我们一无所望，我们就将一无所有；如果我们冀望颇多，我们将得到更多。

18 太阳不需要光和热，因为它本身就在散发着光和热。拥有太阳的人，太忙于向外界辐射自己的勇气、信心和力量了；他们的心态期许着他们的成功；他们将把障碍砸得粉碎，跨越恐惧摆放在他们前进道路上的怀疑和犹豫的鸿沟，没有什么能阻挡他们成功。

19 当你意识到自己拥有太阳，你就不会再畏惧黑暗。一旦认识到自己有能力自觉地向外界辐射健康、力量与和谐，我们也就认识到了没有什么可畏惧的，因为我们力量无穷。

20 运动员是通过锻炼才变得健壮有力，我们是通过“做”来学习的。只有把知识在实际中应用，才能获得深刻的认识。

21 每个人都有不同的使命，对物质科学情有独钟的人可以唤醒自己的太阳丛；有宗教倾向的人可以让自己的太阳发光；偏爱严格的科学阐释的人则可以让自己的潜意识发挥功效。

22 潜意识如同显意识的镜子，会准确地对显意识的意愿做出有力的回应。那么，要想让你的潜意识发挥你所想要的功效，最简单的方法又是什么呢？那就是在内心里关注你所向往的目标；当你真的集中内心的关注点，潜意识就已经开始为你服务了。

23 创造就意味着打破一切框架，就意味着不受束缚。

创造性能量是绝对无限的；它不受任何先例的约束，因而也就没有可以应用其建设性原理的已有范式。

24 宇宙精神是整个宇宙的创造原理，作为宇宙精神的部分，潜意识和宇宙精神的整体是相合、统一的。潜意识会对我们的显意识意愿做出响应，这意味着宇宙精神无限的创造性能量在人类个体的显意识的掌控之中。

25 一杯水浇熄不了一堆燃烧的木头，无限的能力无须有限的能力告知它如何去做。你只需要简简单单地说出你想要的，而不是你想如何去实现它。这不是唯一的方法，却是一个简单有效的方法，是最直截了当的方法，因而也是能够获得最佳效果的方法。

26 潜意识是宇宙精神的一部分，是宇宙的渠道，混沌的宇宙由此得以分化，这种分化是通过占有来实现的。你只需要为你想要的结果加上“因”的动力，就可以扬鞭驱驰了。这一结果，宇宙只能通过个体来实现，而个体也只能通过宇宙来实现——二者是合而为一的。

27 弓的弦不能总是紧绷着，一张一弛才是文武之道。紧张会导致精神活动的反常变化和动荡不安，使人产生忧虑、牵挂、恐惧和焦急。因此放松是绝对必要的，它可以使各项功能游刃有余地进行。

请你完全地静默下来，尽最大可能勒住思想的缰绳，而且要放松下来，让肌肉保持正常的状态；身体的放松是一个意志自主的练习，这个练习将对你大有裨益，因为它能令血液在周身畅通无阻地运行。这将从神经当中驱逐出一切压力，消弭那些将会导致肉体劳顿的紧张状态。

尽可能地放松你的每一块肌肉和每一根神经，直到你感到宁静从容，与自身和世界相和谐为止。太阳丛就要开始运作了，结果将会让你称奇不已，你会感觉自己的能力在一点一滴地增强。

你可以成为任何一类人

因果相循，无因则无果，有因才有果。大多数人都只注重结果。

这是由于因是潜在的，隐藏在过程之中，不引人注意。而果则是显现的，吸引了所有的目光。思想就是能量，能量就是思想，但由于世界所熟知的一切宗教、科学、哲学都是这能量的表现而不是能量本身，能量作为“因”就被忽视或误解了。

《世界上最神奇的24堂课》则反其道而行之，它只关注“因”的一面。与快乐、享受、幸福、健康、财富相对的悲伤、痛苦、不幸、疾病和穷困其实只是纸老虎，我们应该敢于并且有能力消除它们。生命就是表达，和谐而富有建设性地表达自己，是我们的分内之事，是我们不可推卸的责任。

消除这些因素的过程，需要高于并超越种种限制。如同船长驾驶他的船舰，又如火车司机开动火车一般，所有厄运、幸运、在劫难逃之运，都尽在掌握之中。一个强化并净化了思想的人无须再担心细菌的侵扰，一个懂得了财富法则的人瞬时就看到了供给的水源。

一个人的想法、做法和感受决定了他是一个怎样的人。因此，有了宗教上的神与鬼，有了科学上的正与负，有了哲学上的善与恶。因此，做一个强者还是一个弱者，做一个成功的人还是失败的人，都由自己决定。

1 “自我”既不是血肉之躯，又不是心智。身体只是“自我”用来执行任务的工具，而心智是“自我”用来思考、推理、谋划的工具。

2 如果你认识了“自我”的真实特质，你就将享受到以前从未感知过的充满力量的感觉，因为“自我”能够控制并引导身体和心智，能够决定身体和心智如何去做、怎样去做。

3 你可以成为任何一类人，因为所有的个人特征、怪癖、习惯和性格特点都潜藏在你的身体里，这些都是你以前思维方式的产物，它们和你的“自我”并没有真正的关联。

4 思想的力量是“自我”被赋予的最伟大、最神奇的力量，然而不幸的是，极少有人知道什么是具有建设性的、或者说正确的思考，人就是这样而产生了差别，有了好坏、善恶之分。大多数人允准他们的思想停留在自私的层面，这正是幼稚的心智不可避免的结果。当人们的心智变得成熟时，就会懂得自私的想法是孕育失败的温床。

5 认为别人比自己愚蠢的人才是最蠢的人。做任何一宗事务，都必须让每一个与这宗事务相关联的人能够从中受益，任何一种试图利用他人的软弱、无知或需求而让自己受益的举动，最终只会落得赔了夫人又折兵的下场。

6　宇宙由无数个个体组成，个体是宇宙的一部分，同一个整体的两个部分之间不能相互敌对，每一个部分的幸福都建立在对整体利益的认知的基础之上，只有团结才能产生合力。

7　在最大程度上把注意力集中到任何一个主题上；不让自己精疲力竭，迅速地消除一些游移不定的想法；不在无益的目标上浪费时间或金钱。这才是最明智的做法。

8　春天播种，秋天收获；种瓜得瓜，种豆得豆。为了增强你的意志，认识你的力量，你可以借用一句强有力的口号："我要成为怎样的人，就能成为怎样的人。"

9　尽自己最大的努力去理解"自我"属性的真正内涵；如果你能做到，如果你的目标和意图是具有建设性的，并且与宇宙的创造原理和谐统一的话，你将无往而不胜。在奔向成功的道路上，你跑在最前面，所有人只能看到你的背影。

10　不论在什么时候，不管在什么地方，只要你日间想起"我要成为怎样的人，就能成为怎样的人"，就重复一遍，持续下去，直到它成为一种习惯，成为你生命的一部分。

11　要坚持到底，绝不能虎头蛇尾。当我们开始做某事但不把它完成的话，或是做了某项决定却并不坚守的话，我们就形成了失败的习惯——彻头彻尾的、可耻的失败。如果你不打算做一件事情，那就别开始；如果你开始了，即便天塌下来也要把它做成，不要受任何人、任何事的干扰。你身上的“自我”已作出决定，事情已经板上钉钉，骰子已经掷出去了，没有讨价还价的余地，只有完成它。

12 一滴水也能折射太阳的光辉，从最小的事情做起，从那些你能够掌控、能够不断努力的事情做起，但在任何情况下都不要容许你的“自我”被推翻，你将发现你最终能够战胜自己。要知道，许许多多的男男女女都曾悲哀地发现，战胜自己，并不比战胜一个国家更容易，小事中也藏着大玄机。

13 最强大的敌人往往是自己，当你学会战胜自己，你将发现你的“内在世界”征服了外在世界；你将攻无不克、战无不胜；人和事都会对你的每一个愿望做出回应。那时成功对于你来说，就如探囊取物。

14 “无限之我”即为宇宙精神或宇宙能量，人们通常把它叫做“上帝”。“内在世界”是由“自我”掌管的，而这个“自我”正是那个“无限之我”的一部分。

15 “在我们身边的所有奇迹中，最令人确信的是：我们一直身处万物或由此而产生的无限而永恒的能量之中。”赫伯特·斯彭德如是说。这些并不仅仅是为了证明或建立某种观点而提出的一种陈述或者理论，而是一种被最优秀的宗教思想和科学理念接纳的事实。

16 科学和宗教有不同的分工，科学发现了亘古常在的永恒能量，然而宗教却发现了潜藏在这能量背后的力量，并把它定位在人们的内心之中。但这绝不是什么新的发现;《圣经》中早已言之凿凿，语言平易简朴、令人信服:“岂不知你们是神的殿，神的灵住在你们里头吗？”这就是“内在世界”的神奇创造力的奥秘之所在。

17 你不能给予别人你没有的东西。无所取，何以予。如果我们软弱无力，也就无法帮助他人，如果我们希望对他人有所帮助，我们首先自己要拥有能量，先让自己变得富有。

18 人的潜力是永远挖掘不尽的，无限意味着永远不会破产，而我们作为无限能量的代言人，自然也不应以破产的面貌出现。开发自己的潜能吧，这会让你受用不尽。

19 克己忘我不能和成功画上等号，战胜一切并不意味着目中无物。这就是力量的奥秘所在，也是控制力的奥秘所在。

20 我们必须对他人有所帮助，我们施与的越多，我们所得的就越多。我们应当成为宇宙传递活力的渠道。宇宙处于不断寻求释放的永恒状态之中，处于帮助他人的永恒状态之中，所以它总是在寻求让自己能够最好地释放的渠道，这样才能做最多有益的事，能够给予人类最大的帮助。

21 眼光要放长一些，不要只拘泥于自己的计划或人生目标，让所有的感觉安静下来，寻求内心的热望，把精力的焦点放在内心的世界中，在这种认知中安居——静水流深；密切注视各种各样的机遇，找出万有能量所赋予你的精神通道。

22 万物的精华，不在于它拥有什么，也不在于它如何有力，皆在于它的精神，精神是真实的存在，因为它就是生命的全部；当精神离去时，生命也就消逝了，熄灭了，不复存在了，精神就是生命的灵魂。

23 精神活动是在头脑和心灵中完成的，是属于内在世界的，属于“因”的世界；而一切环境和景况，都是由内在世界产生的，它们是“果”。正因为如此，你就是创造者。这便是极其重要的劳作，比其他所有的事都更重要。

24 精神和肉体一样，会操劳过度，也会倦怠。如果精神产生倦怠，就会停滞不前，这样就无法再进行一些更重要的实现意识力量的工作了。所以我们应当经常寻求适时的“寂静”。在“寂静”中我们才可得以安宁，当我们安宁下来，我们才能思考，而思考，正是一切成就的奥秘。力量是通过休息得以恢复的，所以不要忘记让自己的精神休息一下。

25 思考不是静止的，是一种运动形式，它遵循爱的定律，激情赋予它振动的活力；它的成形与释放都遵循增长规律；它是自我的产物，同时也是神圣的、精神的、创造性本质的产物。

26 为了释放能量、财富或实现其他具有创造性的意图，首先必须唤醒心中的激情，激情则可以让思考成形。

27 你会发现我们持续思考同一件事情，到最后这种思考就变成自发性的了，我们会情不自禁地思考这件事情；直至我们对所思所想持积极的态度，再没有什么疑问了。这是因为精神力量的获得同身体力量的获得一样，是通过锻炼达到的。我们思考一件事情，可能在头一次非常困难，当我们第二次思考同样的问题时，就变得容易多了；当我们反反复复思考的时候，就成了一种精神习惯。

28 任何还不能有意识地迅速而完全放松下来的人，还不能算是自己的主人。他尚未获得自由，他仍然受到外在条件的奴役。但我现在假定你们都已经熟练掌握了上周的练习，可以进行下一步了，也就是精神放松。练习放松精神，做自己的主人。

闭上眼睛，什么都不要想，完全彻底地放松，除去一切的紧张，然后让憎恨、愤怒、焦虑、嫉妒、艳羡、悲痛、烦忧、失望……精神中一切的不利因素离你而去，你会感到轻松无比。

万事开头难，很少有人一次就成功，不要放弃，你会越做越好，不管是做这件事情，还是做其他事情；不仅如此，你还一定要坚持下去，驱除、消灭、彻底摧毁心中一切的消极负面的想法；因为这些想法是你心中持续不断产生的、各种可以形容或无法形容的不和谐状况的种子，会使生命的乐章变调。

真诚渴望——主张权力——势必占有

现在开始讲第五课。思想的产生，源于心智在行为中发生的作用。人类的思想具有充沛的创造能量，当今活跃于世的各种想法意识，与过去相比，已经有了决定性的进步。毋庸置疑，我们所处的这个时代正因为创造性的思想而得以发展和丰富，与此同时，对于那些在思想方面有着卓越贡献的人，世界也同样馈赠给他们不菲的物资和精神奖赏。

然而，这一切并不是思想凭空施魔法变出来的，也是有规律可循的，这就是自然法则；思想释放自然能量，推动自然能力，最终又在人类的言行举止中得以体现，在人类相互的碰撞中产生作用，直至影响和改变人类所存在的这个世界。

人，能够产生创造性的思想，也正因为这种自身的创造性，人类充满能量，正所谓：只有想不到的，没有做不到的。

1　人类的精神生活中，潜意识至少占据了90%，这种主导性地位不容忽视。有些人，不懂得潜意识的巨大威力和影响力，他们的生活和生命也就因此会受到限制。

2　只有我们在生活中正确地对待并引导潜意识，它就能够为我们解决出现的各种困难，为顺畅的人生保驾护航。人，可以休息，然而潜意识却无时无刻不在工作。对于人和潜意识之间的互动，我们是单纯地被动接受呢，还是应该发挥主观能量，引导其运作呢？换句话来说，我们是应该积极主动地把握住自己命运的舵盘、提前预知防范可能的风险，还是随着命运的潮水、任自己在际遇中漂流呢？

3 众所周知，精神存在于我们肉体的每一个部位并受其牵引和影响。而牵引力和影响力的根源，可能是我们所面对的某个客体，抑或是在我们的心智中业已形成的某种想法观念。

4 融会在我们身体血液中的精神，有某种一脉相承的气质，这通常就是我们所谓的遗传。它是我们的先人们对自身经历的一种反应，体现的是一种永无止息的生命力量。一旦我们正确地理解了这一点，我们就能正视自身暴露的一些令人不悦的小毛病和弱点，也能够利用自身的主观能量去加以改变，让自身得以提升。

5 我们的主观能量就体现在：保留并发扬自身遗传下来的好的、正向的性格特点；隐藏、修正或摒弃那些不好的、容易招致非议的性格特点。

6 由此可以看出，我们自身的意念性的精神绝不仅仅是简单的遗传，而是我们所处的家庭、事业，以及社会环境综合作用的结果。在这个作用过程中，还有无数的人以及他们的想法、思想感染着我们，众多的直接或间接经验启发着我们，当然，其中也不乏我们自身的一些主观性思考，有选择性地对待。

然而，就在我们赤裸裸地面对这一切经过的时候，我们几乎是没有加以检查或考虑的。

7 亘古以来我们人类得以创造、再生自身的方式和源泉也正在于此：昨天的思考成就了今天的我，而今天的思考必将引导和塑造明天的我。这就是应验于人类世界的引力法则。它回馈给我们的，只是我们自身，而绝非其他。这个“自身”就是我们思想的产物，不论中间是否有意识的作用，我们绝大多数人都在无意中遵从这条法则，创造着自身。

8 当我们想给自己建造住房时，总是周密筹划，密切关注每一个小细节，认真鉴别，选用质量上乘的材料。与此相对地，我们在为自己构建精神家园的时候，却往往失去了如此般的细致与周到。人类的损失也就在此。因为，就重要性而言，后者远远超过前者。我们的精神家园构架如何，其中所选用的材质如何，氛围如何，都将直接影响我们面对生活中每一个细微问题的具体观点和态度。

9 话说回来，那么，什么叫精神家园材质呢？其实，它是过往经历集中反映在我们潜意识中所得到的一种反馈。一旦反映出来的印象充满了恐惧、忧愁、焦虑，那么，反馈自然也就是负面的、消极的、充满怀疑的。这就意味着我们今天能够用来建造精神家园的材料，其质地无疑也是负面的、腐烂的，这对我们的生活没有任何好的影响，只会将生命淹没在痛苦与怨恨之中，我们不甘心，竭尽全力地去改造，耗尽心力，只是为了让它看起来像样一点。

10 反过来呢，一旦我们勇敢坚定、乐观向上，主动同一切不良不利的观念作斗争，主动摒弃或改造它们，长此以往，我们留下的精神材质绝对上乘，有了这个作基础，我们甚至可以自主选择想要营造的色彩，构建的精神家园自然也是恒久坚固，历经风雨而不褪色，我们大可以信心十足地面对将来，精神有了好的栖息之所，还有什么疑虑呢？大胆往前走就对了。

11 以上陈述的种种，从心理学的角度来讲，都是摒弃了猜测和理论推导的事实，没有任何神秘的色彩。道理确实简单，让人一目了然，领会于心。我们因此而得到告诫：精神家园的建设不可偏废，需要用心经营，持久关注，让它的氛围充满着阳光、温馨、整洁的气息，这对我们在生活中的全面进步，绝对有着不可小觑的影响力。

12 只有我们很好地完成了精神家园的基础性建设，我们才能在此徜徉，用剩余的上乘材料卓有成效地构筑我们理想中的天地。

13 在这里，我们不妨用一个美好的比喻：有一处良田美地，那里有着庄稼田园、有清澈的流水，有坚实的木材，举目望去，宽阔无垠。还有一座豪华大厦，内藏有罕见的名贵字画、极尽奢侈的家具摆设，应有尽有。作为财产继承人，唯一要做的，就是心无旁骛地行使自己的继承权，占有并使用这些配置，不让它闲置。美好的存在一旦被荒废，那就等同于被无情地放弃。

14 在人类的精神领域，确实也就存在着这样一处房产。而你，就相当于房产的继承人！你大可以无所顾忌地占有并适应，使出浑身解数，发挥自身最大能量去掌控它，营造出自然和谐、繁荣兴旺的景象，这就是资产负债表中的净资产，它将回馈给你幸福与安详。你失去的只是你的软弱无能和无助无奈的状态，付出努力，你就掌握了决定自己生命方向的权杖，你将为生命和尊严而战！

15 要想顺理成章地占有这笔丰厚的财产，不要吝啬迈出的脚步：真诚渴望—主张权力—势必占有。三点一线的终点就是你所企及的美好家园。平心而论，迈出这三步对你而言并非难事。

16 在遗传学的领域里，睿智的先祖们，譬如达尔文、赫胥黎、海克尔及其他生物科学家，已经用如山的铁证为我们确立了遗传法则在人类进化演变中所占据的主导性地位。人类的直立行走，以及其他种种生理能力——运动、消化、血液循环、神经系统、肌肉力量、骨骼结构，甚至是精神能力，一切的一切，都得益于人类遗传的成就。

17 然而，还是有一种遗传被遗漏在外了，超越了科学先知们所能研究和想象的范畴，对此，他们深感无力无望，对于这种非凡的遗传现象的存在，既有的科学依据和理论无法阐明界定，因此无法向世人昭示。

18 这种流淌在人类自身体内的无限生命就是人类自身，进入的大门就是人类的感官意识。你大胆地敞开这扇大门，就能轻而易举地获得这股能量，还踯躅什么呢？

19 有一个重要事实不容忽视：内心世界是诞生一切生命和能力的源泉。你所处的环境、经过的人和遇到的事也许会帮助你意识到跟前的机遇和需求。但是，只有从内心着手，你才能找到正确面对机遇和需求的力量与能力。

20 这其中不乏一些赝品，这就需要我们去伪存真，发掘主观能量，认真鉴别，依照宇宙精神的形象和样式来为自己的精神家园打造坚实的基础。

21 我们在获得美好精神家园的同时也因此而重生，拥有了敢于面对一切的勇敢与坚定，我们就不再彷徨、怯弱、恐惧、害怕。一些新的意识在心底被唤发，我们瞬间拥有了无穷的潜能，指导我们跨越生命的沟壑，笑着无畏地前行。

22 这股改变的能量来自哪里？它是由内而生的，只有我们先付出主观能量，才能继而拥有它，除此之外，别无他法。全能的宇宙能量在形态分化的过程中，注入我们每一个人的体内，为了不让能量在体内聚集堵塞，我们必须将它释放，也只有这样，我们才能获得新的能量。在生命前行的每一步中，我们只有实实在在地付出越多，才能得到越多。我们需要身体更强壮，就必须付出比一般人更多的毅力和心血去坚持锻炼；我们需要积累更多的财富，就必须先投资金钱去搭建平台，只有这样，才能获得丰盈的回报。

23 依此类推，商人用商品换回利润；公司用高效的服务赢得主顾；律师用有效的辩护维持客户。这个道理存在于所有奋斗经历之中，也存在于精神能量的领域中——我们只有对自身已经拥有的精神能量加以使用，才能得到一切来自于其他的能量。我们失去了精神，就什么都没有了。

24 一旦意识到了精神的力量如此强大的事实，我们就拥有了去获取所有力量——精神的、心灵的、物质的能力。

25 一切财富是心灵力量和金钱意识相互作用累积的结果。心灵力量就好比那柄充满魔力的魔杖，让你接受有效的理念，为你安排可行的计划，让你在执行的过程中充满快乐，最终在收获中成就满足感。

不妨现在就尝试一下：还是坐在原先那个座位上，以相同的姿势，作一个深呼吸，放松心情，在脑海里面勾勒这样一幅精神愿景——大地、建筑、树木、朋友……可以是你所能想到的一切美好的事物。刚开始，你会有些许沮丧，因为你可以想到太阳下所有事物，然而就是圈定不了自己渴望专注的理想图景。请别丧气，每天不间断地重复做这样一个简单的尝试，你会发现：改变就在眼前。

第六课

LESSON SIX

需要——谋求——行动——收获

这一课重在向你揭示有史以来最奇妙的一种机制，在这种机制的运行下，你能为自己创造太多的拥有——健康、勇气、成功、财富，以及其他一切你想达到的圆满。你在“需要”中谋求，在“谋求”中行动，在“行动”中收获。这个链接过程指导我们走向一个又一个完全不同于今天的“明天”。就好像宇宙的进化一样，个人的发展也经历着循序渐进的过程，伴随其中而无法舍弃的，正是我们不断增长的能力。

有个道理再浅显不过了：我们一旦侵犯了他人的权利，就会成为道德的绊脚石，在前进的过程中磕碰不断。我们因此而懂得：成功应该伴随一种崇高的道德理念——“为最多的人谋求最大的利益”。

我们要实现心中的目标，就需要维持梦想、坚定渴望，构筑和谐的关系。而偏执、错误的观点、理念只会把我们引向成功的反方向。

我们只有维持自己内心的和谐，才能与永恒的真理统一步调。智慧的传递要求接收者与传递者步调一致。

思想来源于心智，心智是蕴涵创造力的，但是不能创造和改变宇宙的操作方式，只有我们去适应它，有创造性地去维系我们和宇宙之间和谐良好的关系，这样，我们才能向宇宙索求，才有资格去拥有值得拥有的，我们也才能够经营自己有价值的人生。

1 奇妙的宇宙精神深不可测，蕴涵着无穷的结果和实用性能量，可以生发无限可能。

2 我们在承认心灵是一种精神智慧的同时，也不能否认它的物质存在性。那么，精神形态如何分化？我们又怎样得到想要的结果？

3 电学家会这样阐述电的功效：“电是一种运动的形式，它的功效取决于它的运动方式。”我们所拥有的光、热、电力、音乐等等，都是电在特定的运动模式下，供人类驱使所产生的种种功效。

4 思想的功效又是如何的呢？回答就是，就好像空气运动产生风一样，精神运动形成思想，不同的思维机制产生不同的思想结果。

5 这就可以解释精神能量的所在，它完全是我们自身思维机制的体现。

6 我们在使用任何一种园艺器械的时候，都习惯性地查看相关的机械原理，便于操作；就好像我们在驾驶汽车之前，必须先弄清楚操作规程一样；可是，我们中间没有多少人，能正视自己对伟大生命机制的无知，说到底，这种机制就是人的大脑。

7 在这种机制下所创造的奇迹遍地开花，对它的领悟成为一种必然。

8 首先，我们在一个宏大的精神世界中存在、生活、运动。包罗了这一切的这个世界具有无穷无尽的能量，能随时对我们的渴望做出回应。我们的存在法则决定了我们的信念和目的，这种信念应该是富于建设性、创造性的，它会产生一股无坚不摧的力量驱使我们去实现自己的目标。有句话说得恰到好处：“你的信念如何，你的力量也必如何。”

9 思维过程是个人与宇宙两者之间互动的结果，而大脑是完成这一互动的器官。这其中的奇妙之处可以想象：你在音乐、文学、芬芳的花朵中沉醉，你的思绪超越时空的阻隔与那些古代的、近现代的天才自由地对话共鸣。一切无他：你的大脑通过某个可以沟通的轮廓来让你获得所有美的感悟。

10 大脑无疑相当于一个宝库，能释放自然界中任何一种美德或原则。它的胚胎结构蓄势待发，能够在任何需要的时候发育成形。一旦你确认了这点，你就直接接触到了自然界中最为奇妙的法则之一，也就一定能够领悟到那创造一切的伟大机制。

11 如果以电路来作一个形象比喻，神经系统就好比一个细胞蓄电池，能量产生于此；神经纤维就是传输电流的绝缘电线，这里的电流就是我们的血液奔腾的冲动和渴望。

12 脊髓是感官渠道，相当于一个巨能发电机，接收和传递大脑发布的信息；随着脉搏跳动，在血管里流淌的珍贵的血液，能不间断地更新和唤发我们的能量；最外面的，我们细腻的肌肤，用完整的躯壳覆盖住整个身体。机制的运行就在这个完美的构架之中了。

13 我们可以将它称之为“永生之神的殿”，我们每一个人都能在领悟这种伟大机制之后完全地掌管这殿堂，掌管得好坏，就取决于你对机制认识和运用程度的深浅。

14 我们的每个想法，都具有推动脑细胞的能量。起初，脑细胞中的相应物质不会轻易接受这种想法，只有当这一想法精确、集中到让这种物质屈服，才会被回馈，从而淋漓尽致地被表达出来。

15 心灵的这种能量能影响作用于身体的任何一个细胞，能够直接摒弃所有负面的效果。

16 一旦人类用心领悟并掌控了精神世界的法则，运用在商业行为中，必将产生无可估量的巨大价值，同时，能提高你对事物的洞察力，从而在更全面地理解问题的基础上，做出最终最客观的判断。

17 在使用这种全能力量上，那些专注于内在世界的人，无疑拥有了战胜一切的优势，不会被轻易绊倒，这终将让他的生命旅程充满了美好、坚定、温暖的景象。

18 集中意念、全神贯注，在精神文明的发展过程中，可能称得上是至关重要的一个环节了。当你越是专注地对待一件事情，结果就越会超乎你的想象。因此，对于那些希望获得成功的人而言，培养意念集中应该是他首要的功课，也是他通往幸福之旅必备的条件。

19 这就好比放大镜，我们知道，放大镜可以聚焦太阳的光线，但是如果把放大镜晃来晃去，光柱不断移动，这时的放大镜就不能聚集任何能量，只有当它静止下来，才能把光线集中于一点，过一段时间就能看到奇妙的效果。

20 思想的能量与此异曲同工：一旦你的思维游散、飘离，就导致能量无法集中，当然也就难以成就任何事情；只要你去全神贯注，对准一个目标笃定不放弃，只要时机合适，相信你取得任何成就都是指日可待的。

21 说到这，也许会引来某些轻蔑的说法：原来成就是这么简单的！只要集中精神就好了。这无疑是忽略了锁定目标的重要性。随便让你将意念集中在一件事物上，你肯定难以办到，会不停地走神，不断回到最初的目标上，每一次都等于前功尽弃，到最后毫无所获，因为，这个随便的目标根本吸引不了你全部的注意力。

22 的确，通过集中意念，全神贯注，我们就能克服和解决前进路途中遇到的种种挫折和困难，然而，获取这种奇妙能力，只有一种实践的途径，那就是熟能生巧。任何事情都逃不过这唯一的途径。

23 像那些大企业家、大金融家，往往都在尝试远离人群喧嚣，过一种避世退隐的简单生活，无非也就是为了在这种简单纯粹中用心思考和计划，还自己一个明净平和的心态。

24 不少商业精英已经在这方面为我们做出榜样，我们即便不像他们那样有天赋，但是追随他们思考的方式，相信在某个方面也一定会有所成就。

25 机会只给有准备的人，这句话不假。所以我们要为自己营造一个良好的心灵模式，在这种随时随地作好准备的心灵中，说不定就会产生价值连城的金点子。

26 我们要学习与庞大的宇宙精神保持和谐、与万物保持一致、尽可能准确地掌握思维的基本法则和原理，这将帮助我们有效地改变世界，成就人生。

27 你会发现，周边的环境和我们的际遇会随着我们精神的进步和成长而发生变化。要知道，我们在认识中成长，在行动中焕发激情，在际遇中洞察一切。只有心灵跟随，人生的进步才会永无止境。

28 渺小的个人不过是巨大的宇宙能量分化的渠道，它赋予我们的能量无限，因此，我们可能取得的进步就不会停歇。

29 切记这样一点：思想是汲取精神能量的过程。任何时候都不要忘记。这本书中力求阐明的方法，就是让你不断地领悟和学会实践一些基本的原理，只有你真正做到了这一点，才算得上是找到了开启宇宙真理宝库的钥匙。

30 人生所有的苦难也无非是两种：肉体上的病痛和精神上的焦虑。追根溯源，往往是由某些违反自然法则的行为导致的。这种违背，其实是由我们有限的认识所造成的。当我们摒弃过去一些不完备的知识，全方位地获取新的信息和认知，这一切伴随的悲苦境遇就会随之消失殆尽。

想尝试培养这种能力的方法很简单：取一张照片，回到你之前的那个座位，以相同的姿势坐定。请你认真观察手上的这张照片，从照片中人的眼神，到他的面部表情，到他的衣着打扮，包括他的发型设计等等，坚持10分钟以上。然后，拿走照片，闭上眼睛，尝试着在心里勾勒这张照片的每一个细节，如果照片能在你的心底清晰呈现，那么你的尝试就告捷；如果不能，就请你反复尝试，直到最后出现以上效果为止。

这个简单的步骤充其量也只能算是在松土，真正播种的过程还在我们下周的讲述中。

这个练习主要是让你学会控制心灵的情绪、态度和意识。

视觉化你的目标

广袤博大的世界是由无数各不相同的有形实体和主观事物构成的，有形实体是指可以通过感官来认知的客体、物质等一切可见之物。与之相反，主观事物不可见的非实体，是属于精神层面的，但是它非常重要。

而人则是有形实体和主观事物的结合体。首先，人的形体是有形的实体，可以看得见，摸得着。而人的思想、意识和精神则是非实体。人的有形实体拥有选择能力和意志力，可以称之为显意识，可以在能够解决困难问题的种种方法中遴选出最佳方案。而作为非实体的精神，因为不能意识到自身的存在，被称为潜意识。精神虽然依托人的形体而存在，无法进行选择，但是却是一切力量的源泉，像一个运筹帷幄的操纵者，它可以支配驾驭“无限”的资源来实现目的。

思想、精神等潜意识是人类取之不尽、用之不竭的宝藏，是伟大的造物者赋予我们的财富。利用潜意识来开发无限的潜能，就像用一把金钥匙打开未来之门，它将带给你无数的挑战和惊喜。

下面的一课将立体直观地阐述神奇的力量，详谈自觉地利用这种无所不能的能量的方法。要想领略掌握这种神奇力量的精髓，你就要怀着一颗赞赏、理解、认同的心，仔细地研读。

1 要想画好翠竹，先要胸有成竹；万丈高楼始于一张设计图纸，因为无论你要建造什么，你总是在计划的基础上建造。当工程师计划挖一个深渠时，他首先要确定成千上万个不同部分所需要的力。当建筑师计划建筑一幢30层的高楼时，他预先在心中描画好了每一个线条和细节。

2 利用潜意识的第一步是要在心中设定一个目标，目标可大可小，但是一定是你愿意并能够为之付出努力的。也就是说你先要在心中画一幅精神图景，一定要用心描绘，绝对不能信手涂鸦，因为你要对自己负责任。

3 精神图景一定要绘制得具体、清晰透亮、轮廓鲜明，每一笔都要勾勒得很清晰美好。不要考虑成本，不要为画布够不够大、颜料是否充足的事忧心，不要让自己的思维被局限。你应该从无限中汲取能量，在想象中构建它。放开思想的缰绳，让它自由地驰骋，设想一个不受限制的宏大图景；请记住，没有任何人能限制你，除了你自己。

4 绘制宏图是第一步，图景绘制得精美宏大就有一个好的开始。接下来就要将这幅图景深深地植入心中，然后按部就班，坚持不懈地为之努力。你付出一分艰辛，它就会向你靠近一步。尽管很少有人愿意付出这样的努力，然而工作是必不可少的——劳作，艰辛的精神劳作。这是一个非常著名的心理学事实，一分汗水，一分收获，这是永恒的真理，但是仅仅知道这样一个事实对你的心灵毫无帮助，你必须将它转化成行动，付之于实践。

5 在你行动之前，你一定要明确地知道你的目标在哪里，知道你应该朝哪个方向前进，正如同在播撒任何种子以前，你一定要知道将来要收获什么一样。你将会明白，未来为你准备了什么。千万不要在没考虑清楚的情况下盲目行动，这样会让你离正确的轨道越来越远。如果你不知道该往哪走，不知道朝哪个方向努力，那么就停下来仔细思考，不要怕浪费时间，因为明确的目标和周详的计划才是事半功倍的保证。这时候你一定要平心静气，日夜思考，一步步展开逐渐清晰明了的画卷。首先是一个非常模糊的总体规划，但是已经成形，轮廓已经出现，继而是细节。然后你的能力会循序渐进地增长，直到你能够详尽地阐述你的宏伟蓝图，你的最终目的是让它在现实生活中得以实现。

6 思想引发行动，行动产生方法。“视觉化”是一个生动形象的说法，同样也是一个行之有效的方法。赋予抽象的事物以形象，在脑子中为它画像，仿佛就在你眼前，能够看到它一样，这就是我们说的“视觉化”。运用这一方法，你能够看到一个趋于完善的画面。当细节在你面前展开，细节就像一个一个的零件清晰可见，环环相扣。

7 人类的思想具有极强的可塑性，可以按照主观意愿将它塑形。如果你想建造一所大房子，那么首先你要在头脑中给这所房子画像。不管是高楼大厦还是田园庭院，无论富丽堂皇还是平淡朴素，都由你自己做主。你的思想就是一个可塑的模具，而你心目中的大房子最终就是从这个模具中诞生的。

8 “用这种方式，我得以迅速提高并完善一种想法，而不需要碰任何物件。当我前行到这种地步——设计出我所能想到的所有改进方式，看不出任何纰漏的时候，我才让头脑中的产物具体成形。我设计制作的产品最终总是与我所设想的一模一样，20 年来无一例外。”这是尼古拉·特斯拉——人类有史以来最伟大的发明家之一，一生信奉的箴言。尼古拉·特斯拉拥有神奇的天赋，创造了最令人叹为观止的传奇。他在实际创造之前，常常是先把这种发明在头脑中视觉化。他首先在想象中逐步建立起理念，使它成为一幅精神图画，然后在脑海中重组、改进，而不是急于在形式上把它们具体化，然后再耗时费力地去修正。

9 形态能够表现思想，这是一条规律。只要你有意识地循着这一方向前进，你将发展出信念，这种信念就是你成功的前奏，有了这种信念你将无往不胜、无坚不摧。这种信念还会带给你自信，一种带来毅力和勇气的自信，让你相信自己已经为成功做好了准备；你将发展出集中意念的力量，它使你能够排除一切杂念，把思想集中在与目标相联系的一切事物上。如果你是这样一个人，如果知道如何成为一个非凡的思想者的人，那么你就拥有了金字塔尖上令人景仰和艳羡的地位，你就成为了人群中的意见领袖。

10 要想构造出有价值的产物也需要合适的材料，材料的品质决定了成品的价值。因此，要想构建质量上乘的作品，首先要做的事就是要确保材料的品质。再精湛的工艺也不可能用再生绒纺织出上好的呢料，可以说材料的优劣决定事情的成败。

11 为了生存和发展，各种形态的生命都要为自己的成长聚拢所需的物质，我们的精神也遵循同样的法则、采取同样的方式。获得所需材料的最可靠的途径是最完善地发展自身，聚拢最优秀的材料。其实这对于你来说并不难，因为你拥有超过五百万的精神建筑工，它们的名字是脑细胞，它们时刻待命，为你的宏伟事业冲锋陷阵。这些细胞不停地创造并重塑着身体，而除此之外，他们还能够进行一种精神活动，把进一步完善所需要的物质聚拢到自己身边。你是个富有的老板，因为你的体内还有数以亿万计的精神建筑工，每一位都有足够的智慧去领悟并作用于所接收到的信息或建议，帮助你在关键时刻作出英明的决断。

12 大部分人都喜欢创新，讨厌重复，其实重复是十分重要的事。只有不断地在头脑中重复精神图景，它才能够变得清晰无误。重复不是无用功，每一次重复的过程都会使图像比先前更加生动立体，而图像清晰准确的程度与它在外在世界中的展示成正比。你的思考能力无边无际，这意味着你的实践能力同样无边无际，足以让你创造出一切你自己渴望拥有的外部环境。你必须在内在世界，在你的心灵中牢牢地把握它，直至它在外在世界中显现出自己的形象。

13 有的人总认为自己很无力，总希望从“外在世界”中寻求力量和能力，从内心以外的各个角落寻找力量，这实在是太荒唐了。其实最强大的力量在人的内心之中，但令人十分扼腕惋惜的是，许多人丝毫没有察觉到自己拥有这样巨大的力量，这样超自然的能力。有朝一日这种力量一旦从他们的生命中彰显出来时，他们准会被自己吓一跳，他们会发出这样的感慨：“原来我是如此的强大啊！”

14 永远不要受外部环境的影响，让我们仅仅是设想蓝图，让我们的内在世界美丽丰饶，外在世界自然会表达、彰显你在内心拥有的状态。一块白布上有一个小黑点，如果你把自己的目光一直聚集在这个黑点上，那么这个黑点就会被无限放大，最终挡住你的视线，使你看不到白布，虽然白布才是主体。这样的做法带来的结果是：你因为一个小黑点而失去了一整块白布。

15 诚挚的愿望将带来自信的预期，而这些反过来又会由于坚定的渴求而进一步增强。愿望、自信和渴求必将带来成就的辉煌，因为内心的愿望是感觉，自信的预期是想法，而坚定的渴求是意志。感觉为想法赋予活力，而意志使之坚定不移，直至“生长法则”使愿景成为现实，这些都是不争的事实。设想一幅精神图景，让它清晰、完美、明确；牢牢地把握它；方法和手段会随之而来，指引你在正确的时间，用正确的方式，去做正确的事情。

16 所有人都希望得到金钱、权力、健康、富足，却没透彻领悟因果相循的道理：有善因才有善果，天下没有免费的午餐。有许多人无比积极地去追逐健康、力量及其他外部条件，但似乎没有成功，这是因为他们在和“外部”打交道。相反，只有那些不把目光专注于外部世界的人，他们只想寻求真理，只要寻求智慧，而智慧就赐予他们，力量的源泉就会向他们敞开，认识到自己创造理想的力量，而这些理想，最终将会投射在客观世界的结果中。他们会发现智慧在他们的想法和目标中展现出来，最终创造出他们渴望的外在境遇。

17 在很多时候，我们就像是一个刚刚开始换牙的孩子，总是好奇地用手去摇动松动的牙齿，总是不自觉地用舌头去碰刚长出的新牙。毫无疑问，在这种情况下，牙齿经常会长得畸形。我们想要做一些事情；我们需要帮助；我们深陷于忧虑之中无法自拔，我们表现出来的也是忧虑、恐惧、悲愁。而这正是许许多多的人在自己的精神世界中所做的事情。

18 对于那些胸怀勇气和力量的人来说，引力法则必将带来富裕丰饶；而对于那些常常怀抱着匮乏、恐惧的想法的人来说，引力法则必将带来穷困潦倒、匮乏短缺。由此可见，一切都在于你怎么想，怎么做。

19 只要我们拥有一颗开放的心灵，应运而生、应时而动，我们就能做比以前更多更好的工作，新的渠道将不断出现；新的大门将为我们敞开。思想是能量之源，它产生的动力足以推动财富的车轮，我们在生活中遭遇的所有经历，都取决于此。思想的力量，是获取知识的最强有力的手段。没有什么是能超出人类理解力的，但要利用思想的力量。

20 自己是否能够坚持这个自我，抑或是像大多数人一样随波逐流？是不是时常感觉到自我与形体同在？这是你每天都要问自己的问题，并且要在内心深处寻找答案。当蒸汽机、动力织布机以及其他每一次技术进步和改良措施被提出来的时候，都遭遇过强烈的反对，不过这并不影响它们走进我们的生活。不要永远只是被引导，要勇于担当引导者。

静下心来，在脑海中想象一下你最亲密的人。他的外貌特征、穿衣打扮、言谈举止、音容笑貌——回想你最近一次见到他时交谈的情景。我们本周的练习是，把你的一位朋友在你的脑海中视觉化，直到你的头脑中清晰地出现他的形象，完全像你最近一次看到他时那样。看那屋子、家具，重复你们对话的场景，最后看他的面庞，仔细清楚地观察，然后就某个有共同兴趣的话题和他进行交谈；观看他的表情变化，看他的微笑。你能做到吗？好的，你没问题；然后激起他的兴趣，告诉他一次历险的经历，看他的眼神中闪烁着的兴奋开心的光芒。你能做到这些吗？如果可以，你的想象力很棒，你正在取得了不起的进步。

和谐的思想酿出美好的结果

生活看起来千头万绪，丰富多彩，变幻无常，其实生活是符合规律的，而并非受制于各种飘忽不定的偶然性，处于一种相对稳定的状态。这种稳定的状态就是我们的机遇，因为只要遵从这一规律我们就可以准确无误地获得想要的结果。我们可以自由地选择自己思考的内容，然而想法的结果却总是服从一条铁的定律。如果不是因为有了这个规律，那么宇宙就不是朗朗乾坤，而是一片空虚混沌了。因此我们说正是这个规律使宇宙变得和谐欢乐。

思想是行动的前提和动力，如果思想是和谐的、具有建设性的，那么结果一定是美好的；如果思想是破坏性的、嘈杂不堪的，结果一定是不幸的。思想是一切善恶之源，幸与不幸，全部由思想来主宰。

成功与失败只不过是用来描述行为结果的词语而已，或者说，用以说明我们对这一规律是遵从抑或违逆。这一点我们可以用卡莱尔和爱默生的例子加以佐证：卡莱尔憎恨一切坏东西，他的一生可以说是一部永远嘈杂不宁的纪录。与卡莱尔形成鲜明对比的是爱默生，他的一生就是一首宁静而和谐的交响乐，他热爱一切好东西。

两位人类历史上的智者，为了实现同一个理想却使用了截然不同的方法。卡莱尔接纳了破坏性的思想，因此给自己带来了无尽的烦躁不宁。而爱默生则利用了建设性的思想，因此与自然法则和谐一致。

由此我们可以很清晰地看到，恨是极具破坏性的，憎恨任何事物都是不明智的做法，即便是“坏”事。种瓜得瓜，种豆得豆，持有破坏性的思想不放手，收获的必将是难以下咽的苦果。

1 相类似的思想总是会更容易地结合在一起，因为这是宇宙的创造原则。思想得以成形，生长法则终究会彰显出来。一切有生命的物种都有生长的过程，并且总是自觉不自觉地朝着实现这个目标努力。寻找到一种方法，能够使建设性的思维习惯取代那些给我们带来不利效应的思维习惯，这一点就变得至关重要。

2 每个人都可以任自己的思想天马行空，自由驰骋，但所有持久的想法都会在个人的性格、健康和外在环境中产生相应的结果，这是一切想法产生的结果必然遵从的一条不变的规律。

3 精神没有形状，抓不到摸不着，所以精神习惯很难掌控，但并不是说完全无法做到。你可以试一下，从这一秒钟开始，看看自己的想法是不是必要，形成分析任何一种想法的习惯。将脑海中那些破坏性的思想剔除，以建设性的思想取而代之。

4 “学会关上你的大门，不要让任何不能给你的未来带来明显益处的东西进入你的心灵、你的工作、你的世界。”这是乔治·马修·亚当斯留给我们的一句话，其中的道理是实在的，因为所有的人都很有必要培养一种有助于建设性思维的心态。有些想法是有价值的，是与“无限”步调一致的，它能够生长、发展，结出丰硕的果实，那么，保留它，珍视它。如果你的想法是批评性的或破坏性的，在任何条件下都只能招致混乱与不和谐，这些想法却是一个个的毒瘤，要毫不手软地剜去。

5 想象力是思想的建设性形态，一切建设性的行为，都有想象力作为先导。想象力是光，这道光为我们照亮了一个崭新的思想和经历的世界。想象力是一种可塑的能力，它把感知到的事物塑造成新的形态和理念。想象力是一个强有力的工具，所有探险家、发明家，都是借助这一工具，开辟了从先例到经验的通途。

6 影片导演如果找不到优秀出色的剧本，他也就拍摄不出什么有良好票房收入的片子，而这关键的剧本则是来自于想象力。如果把未来比为一件衣服，那么想象力则能够起到积聚原材料的作用，而心灵的作用是把材料编织成衣裳，而我们的未来，就是从这样的理想中浮现出来的。可以说，想象力的培养，有助于引发理想。

7 真正的事物是由伟大的思想创造的，物质世界中的事物就如陶工手中的泥，由思想将它塑造成形，而这工作的完成不得不借助想象力的运用。为了培养想象力，做一些练习是有必要的。

8 我们身体的肌腱需要加强锻炼，才能变得更加结实健美。精神的臂力也需要锻炼，需要营养，否则无法成长。

9 白日梦是一种对精神的挥霍浪费，它将导致精神上的疾患。切忌混淆想象力和幻想；或是把它和很多人爱做的白日梦等同起来，它们之间有本质上的区别。

10 有些人认为最为艰辛的劳动莫过于建设性的想象力，这是一种高强度的精神劳动，但是它的回报也是最为丰厚的。企业主如果不在他的想象中预想整个工作计划，他就无法建造一个拥有上百个分公司、数千名员工、上百万资产的大集团公司。因为生命中一切最美好的事物都赐给了那些有能力思考、想象，并使自己梦想成真的人。

11 你只要有意识地运用思想的能量，与精神这个全能者保持步调一致，那么你就能够在通往成功的道路上大踏步前进。因为，精神是唯一的创造原理，精神无所不能、无所不知、无所不在。

12 一切能量都是由内而生，真正的力量来自内心。因此我们必须有一颗乐于接纳的心灵，这种接纳性也是需要经过训练的，这种能力需要培养、提高、发展，就像锻炼身体一样。接下来，就是要把自己放置在一个能够接收这种能量的位置上，因为这种能量无处不在。

13 真正起作用的，是在我们心中占主导地位的精神状态。如果一天中大半的时间沉浸在软弱、憎恨、负面的想法中，就不可能凭借在教堂中的一小会儿沉思，或是读一本好书时的状态而消减，也不可能指望仅凭一瞬间的强大、积极、创造性的想法，就能带来美好、强大、和谐的状态。这是由于引力法则必然准确无误地按照你的习惯、性格以及占主导地位的精神状态，在生活的景况、境遇、经历等方面回馈于你。

14 内心蕴涵着人人都能使用的所有力量，人的内在力量在等待你通过第一次认识它从而让它变得可见，然后主张对它的所有权，把它注入到你的意识中与你合而为一。

15 自古以来，健康长寿一直都是人们孜孜不倦的追求，但是就目前来看，进展甚微。长寿不是仅仅依靠多多锻炼、科学呼吸、每天喝足八杯白开水，用健康的方式、食用健康的食品就能得到的。这些都是细枝末节，不是问题的关键，无知是一切错误产生的根源。但是，当人们敢于肯定自己同一切“生命”的合一，就会发现自己变得耳聪目明，腿脚便捷，浑身洋溢着青春的活力；就会发现自己找到了一切能量的源泉，仿佛得到了让人长生不老的灵丹妙药。

16 知识的获得带来能力的增长，这是成长和进步的决定性因素，是宇宙的灵魂。知识的获取和证实是能量的组成部分，这种能量是精神能量，这种精神能量是潜在于一切事物核心的能量。

17 思想是推进人类意识进化的动力，知识是人类思想的结晶和升华。如果人类的思想停止进步，理想不再提升，他的能力就开始瓦解；相由心生，他的面容也将随之改变，记载这些变化的情况。

18 坚定不移的理想，为成功准备着必要的条件。因此，你可以把精神与能量的锦缎编织到整个生活的华服上，与之融为一体。因此你能够过上充满快乐的生活，免除一切苦难；因此你自己可以产生积极向上的能力，将富足与和谐吸引到你的身边。如果你忠实于自己的理想，当环境适合于实现你的计划时，你将听到心底发出的召唤，结果将与你对理想的忠实度严格成正比。

19 思想是建设理想所用的材料，而想象力就是理想的精神工作室。心灵是他们用来把握周边环境和人物的永不停息的动力，他们用这样的心灵去筑造成功的阶梯，而想象力正是一切伟大事物诞生的母体。

20 只有少数人知道，他们所见的一切都只是结果，他们还知道形成这些结果的原因。而大多数看到的都只是表面，这就是随处可见的波动、不安的主要原因。

21 一艘巨轮，如一座 21 层摩天大楼一般高大的怪物飘浮在太平洋上，用肉眼望去看不到任何生命，一切都是静默的。它就像冰山一样，有一大半身躯沉在海平面以下。

22 这条船看起来默默无语、顺从听命、无咎无知，却能发射数千磅的炮弹，重创几英里外的敌军。船上有一支整装待发的精英部队，船体的每一部分都由能干的、训练有素、技巧娴熟的军官驾驭着，他们通过驾驭这艘巨大的船体来证明自己的胜任度。它尽管看起来已经被万物遗忘，但它的眼睛观测着周边几英里内的每一件事物，任何东西都逃不出它的视野。这些是我们通过观察而产生的联想和推断。

23 想想钢板。看，有上千个铸造机械厂的工人从矿山提取了铁矿石，将它们运上货车或汽车，然后熔化，锻造出了许多钢板。这些钢板就是造船的原料。这样我们就知道了这条船的由来。

24 然而，这艘战舰是如何来到现在的地点、在开始之时又是如何诞生的呢？如果你是个细心的观察者，所有这一切，我们都会想知道。

25 为什么要建造这样一艘大船呢？也许是发自国防部长的命令；但更有可能的是，自战争开端以来战舰就被设想出来了，国会通过了拨款提案；也许有反对票，也有支持或否定这个提案的演讲。进一步的思索会让我们明白一切事件中最重要的事实，那就是：如果没人发现如何使这个钢筋铁骨的庞然大物能够在水面上行驶而不至于沉下去的规律，这艘战舰就根本不会诞生。

26 我们需要把思想回归到战舰无形无物、无法触摸的形态中，他仅仅存在于工程师的脑海中。于是，我们的思想轨迹起始于这艘战舰，终结于我们自己。最后我们会发现，自身的思想总是对这个问题或其他很多问题负责，而这些正是我们常常忽视的。

27 当我们的思想能够看穿事物的表象，一切都与先前截然不同了，琐碎卑微的变得意义深远，了然无趣的变得趣味无穷；一些我们曾经认为毫无用处的事情将成为生命中至关重要的存在。

为了培养自己的想象力、洞察力、感知力与敏锐度，可以随便拿起一件物品，追本溯源，条分缕析，看看它到底是什么，有怎样的构造。这个不能依靠多数人的肤浅观察得来，而必须透过事物的表面，用分析的态度细致观察。试试看，这是个好办法。

改变我们自己

世上的事无法总是尽如人意，人们都有美好的愿望，实现它却要步步受阻。我们无法改变社会来适应我们，只能改变自己以适应社会，如果想要改造环境，首先要改变自己。但是这并不意味着我们无能为力，只能听从社会和环境的摆布。总会有这样或那样的办法克服阻力，最终美梦成真。

大千世界中有形形色色的人，有的人懦弱胆怯、优柔寡断、害羞内向，而有的人坚强勇敢、胸怀壮志、热情开朗；有的人由于害怕即将到来的危险而过度紧张、焦虑烦躁，而有的人天生喜欢挑战，在与困难作战的斗争中永远是胜利者。这一切差别都是性格使然。

性格不是天生的，而是后天持续努力的结果。医治的良方非常简单，用勇气、能力、自强、自信的念头，取代那些无助、畏怯、匮乏、有限的想法。积极的想法必将摧毁消极的念头，就如白昼驱散黑暗一样肯定，结果会是百分之百奏效。因为在同一个时间、同一个地方，两种不同的东西不能共存。如同植物的种子发芽长叶一般，我们内心深处的愿望、期盼完全可以找到表达的方式。

坚定不移的信念要靠不断的重复来巩固和增强，不断的重复，会使心中所渴望的愿景成为我们自身的一部分。假设我们想要改变环境，如何改变它呢？回答很简单：改变我们自己。我们就这样改变了自己，就这样把我们自己改造成向往中的样子。

有了改变的想法就要行动，行动是思想盛开的鲜花，境遇是行动的结果。只有把思想落到实处，美好的愿景才能形象化、视觉化，才能得以实现。

1　爱、健康与财富，这是人类个体最高层次的表达，最全面的完善。也可以说人从呱呱坠地到寿终正寝，一生孜孜不倦追求的就是这三件事，这是人类天生的使命。那些同时拥有健康、财富与爱的人，他们的“幸福之杯”已完全满溢，再也加不进别的东西了。

2　健康的身体是快乐的本钱，如果肉体痛苦，又怎么能享受快乐呢？

3　当然财富是必不可少的，虽然这种说法显得有些市侩，出于某种心理的一些人并不会爽快地承认。但比较于丰富、阔绰、豪奢等充足的供应，所有人都不堪忍受匮乏、拮据和局限，因为选择好的东西是人的本能。如果你需要“财富”，那么只要你认识到，你内在的“自我”与宇宙精神合一，而宇宙精神就是全部的财富，它无所不在。这种认识将帮助你实现并运行引力法则，使你与那些能够使你走向成功的能量发生共振，并给你带来与你宣称的目标绝对一致的能力与财富。

4 爱是一种神奇的东西，很难给它下准确的定义。爱并不符合守恒定律，如果你需要爱，那么请认识到得到爱的唯一方式是施与爱，你施与得越多，得到的也越多，而你能够施与的唯一方式，是让你自己充满爱，直到你成为爱的磁石。爱是全世界通用的语言，对于人类幸福来说是头等重要的大事，与健康和财富相比，爱似乎更为重要。只有健康和财富而缺少爱，生活就不会完美，是无法弥补的遗憾。

5 人们总是南辕北辙地在“外在世界”中追寻这三件事物，其实他们都隐藏于“内在世界”。找到他们的秘诀非常简单，就是找到一种合适的“机制”，与全能的宇宙力量相联系。宇宙物质等同于“全部健康”、“全部财富”和“全部的爱”，而我们能够用来和这无限相联系的机制就是我们的思维方式。

6 内心是属于精神的，那么它必然是绝对完美的。思想是精神的活动，而精神是创造性的。把这一点谨记在心，现实的景况就会与你的思想保持一致。因此，“我完整、完美、强大、有力、热爱、和谐而幸福”的宣称，绝对是科学的陈述。

7 应该想些什么是关乎人类生存和发展的大问题，正确的思维实际上就是神奇的金钥匙，就是“芝麻开门”的神奇咒语。正确的思维，会使我们领悟爱、健康与财富的真谛，带领我们进入“至高者的圣殿”。

8 真理既是所有事业和社会交往中的潜在法则，又是每一次正确举动的先决条件。如果说真理是世人梦寐以求的宝藏，那么正确合理的思维就是引导我们找到宝藏的地图，有了正确的思维这盏指路明灯，我们就一定能够找到真理之所在。

9 自信且肯定地认识真理就是与“无限”和“全能”的力量和谐相处，就可以获得真正的满足。因此，认识真理就是使自己与战无不胜的力量相联，这是一切其他事情都无法比的。在这个充斥着怀疑、冲突和危险的世界中，它是唯一一块坚实的地面。因为真理是强有力的，它可以席卷各种各样的嘈杂与混乱，可以战胜一切怀疑与谬误。

10 一个人的成功在很大程度上取决于其行为是否能和谐地与真理保持同步，哪怕是绝顶聪明的人，哪怕他学富五车、明察秋毫，如果他的希望是建立在错误的前提之上的话，他也会迷失在谬误的丛林里，对接下来的结果无法形成概念；反之，即便是最缺少智慧的人，也可以靠直觉对一件基于真理之上的行动的结果进行预测。

11 真理是宇宙精神至关重要的原则并且无所不在，不管是故意还是无心，任何与真理相抵触的行为都会导致混乱不安，因为真理是个专横的独裁者，它不容许任何人任何事挑战它的权威，也容不得丝毫的反叛。

12 内在的“自我”是具有精神属性的，而所有的精神都是合一的；如果把最伟大的精神真理与生命中的细微之处相联系，那么就已经找到了解决所有问题的秘密。如果我们能做到这一点，那么我们体内的每一个细胞都将彰显我们所认识的真理。如果你看到的是缺憾，它们彰显的也是缺憾；如果你看到的是完善，它们彰显的也是完善。大胆宣称“我完整、完美、强大、有力、热爱、和谐而幸福”，将给你带来和谐的境遇。这是因为，这样的宣称是与真理严格一致的，当真理彰显出来，一切的谬误和混乱都将消失。

13 近朱者赤，近墨者黑，人和事是可以相互影响渗透的。如果一个人与伟大的理念、伟大的事业、伟大的自然物、伟大的人朝夕相处，那么他就会在潜移默化中受到鼓舞，思想也会变得深邃。

14 视觉化拥有旺盛的生命力，在人们的不断摸索实践中成长起来，它是经过千百年发展进化而趋于完美的机制。视觉化是想象力的产物，因此也是主观世界，即“内在世界”的产物。

15 视觉化是一种非常实用的机制，它借给我们的思想一双眼睛，使我们能够直观地看到无法在物质世界中显形的精神，许多伟大思想的产生都要归功于视觉化。

16 让我们进行一次视觉化训练。取来一粒种子，花也好，草也好，别管是什么种子，只要把它埋入土中。给它浇水、悉心照料它，把它放在能够让阳光直射到的地方，看那粒种子抽出嫩芽。一个活着的、开始获取生存物质的生命诞生了。

17 利用视觉化的机制你能够看到那些生命的细胞，它们不断地分解、再分解，不久就增长到上百万个，每一个细胞都充满智慧，知道自己想要得到什么，并知道如何获取它们。它的根，正在向泥土中延伸；它的芽，正在向上伸展；它发绿长叶，向上向前生长，它的枝丫是那样的完美匀称，它的叶子逐渐长成，它抽出小小的茎秆，一个个害羞的小花蕾正腼腆地对着你笑。

18 你想看到的东西你就能够看到，因为我们能视觉化。当你能够让你的视野变得清晰明朗，你就能够进入到一件事物的灵魂深处。有意识地集中注意力，你喜爱的花儿出现在你眼前，你将闻到一股清香，这是你视觉化带来的芬芳。

19 而不管你的意念是集中在健康、理想上，还是一朵鲜花、一个棘手的商业方案或是人生的其他种种问题上，视觉化能令精神世界异常真实地展现在你的面前，你将要学会的是心神的集中。

20 所有的成功，都是通过把意念恒久地集中于看得见的目标而实现的。

21 信念的力量令人惊讶，弗里德里克·安德鲁斯从一个弱小、萎缩、畸形、跛脚、只能用手和膝盖在地上爬行的孩子，长成了一个强壮、挺拔、健康的人就生动地证明了这一观点。

22 “不，没有机会了，安德鲁斯太太。我也是这样失去我的小儿子的，我为他付出了全部可能的力量。我特别研究过这种疾病，我知道他确实没有好起来的希望了。”

“医生，如果他是您自己的孩子，您会怎样做？”

“我会一直战斗、战斗，只要孩子一息尚存，我就要战斗下去。”

弗里德里克·安德鲁斯的成长过程是一场持久的消耗战，也是一场信念与绝望的对抗赛，使他的母亲在希望与失望之间不断地来回穿梭，但是最终的胜利是属于有坚定信念的人。

23 信念坚韧有力，可以让所有的医生们都认为没有治愈希望的残疾儿童奇迹般地生存下来，但是信念也需要鼓励、安慰，为它加油，因为所有的人都经受不住长期的失望。

24 如果你抱持着“我完整、完美、强大、有力、热爱、和谐而幸福”的信念，翻来覆去，从不改变。每日早上醒来所说的第一句话，也是每天夜里睡前所说的最后一句话都是“我完整、完美、强大、有力、热爱、和谐而幸福”。一遍遍地对自己说这句话，那么你就真的完整、完美、强大、有力、热爱、和谐而幸福了。

25 我们常说，生活是一面镜子，你笑它也笑，你哭它也哭。如果我们付出了爱与健康的想法，它也一定会照此回报我们；但如果我们付出的是恐惧、忧愁、嫉妒、愤怒、憎恨等等的想法，那么在我们生活之中也一定会看到恶果。

26 如果你想要熊掌，就不要害怕在别人面前肯定地宣布它，彰显你的态度与信念，它将使你受益，你会发现你想要的东西已经在你的手中了。如果你需要什么，你最好能够运用这句宣言，这实在是一句极其完美的话。

27 根据一些科学家的研究推断，所有的人都只有 11 个月的年龄，因为人类的肉体每隔 11 个月都会重塑一次，11 个月是一个周期。如果我们年复一年地把缺陷植入我们的身体，那可就怪不得别人了，只能从我们自己身上找原因。

28 如果我们的心灵倾向于软弱、嫉妒、破坏、毁灭，我们就会发现周边的环境自然摒弃了与我们思想不符的景况，成为我们心灵状态的映射。相反，如果我们精神中的主要倾向是力量、勇气、宽厚和同情，那么环境也一定会照此折射出来。

29 因果法则也可以称之为引力法则，对这个法则的认知和运用，将决定着一切事物的开端和结局；这就是世世代代的人们在祈祷中获得力量的法则。思想是因，境遇是果。思想是创造性的，它将自动与客体相关联。这就是精神的优势所在，精神是无处不在、唾手可得的。唯一需要做的，就是认识它的无所不能，并心甘情愿地领受它的善意。

如何摒弃一切糟糕的念头，而抱持令人振奋的好想法呢？人是自身思想的总和，刚开始可能我们不能阻止坏念头的侵入，但我们可以不去理会它。拒绝它的唯一方式，就是忘却——这意味着，找一些东西替代它。那句准备好了的宣言，现在就可以派上用场了。不管是办公室的办公桌旁边，还是在家里的睡床上，你可以随时随地运用它。

光明可以打败黑暗，温暖可以战胜寒冷，善能够战胜恶，光明美好的事物一定会让邪恶自惭形秽，退避三舍。当愤怒、嫉妒、恐惧、焦虑等思想病毒偷偷摸摸地潜进你的脑海时，开始运用你的宣言吧。运用它，照着它去做；把它带入你静默的灵魂深处，直至它沉浸到你的潜意识中，成为你的习惯。

因果法则

没有人能随随便便成功，生活没有特别地偏爱谁。任何事情的发生都有一个明确的原因，看到别人成就的同时，也要想想他为之付出的汗水与艰辛。当你如愿地赢得了胜利，你也要弄清自己为什么会胜利。

原因和结果是直系血亲，它们从不分离。有什么样的原因就会产生什么样的结果。不了解事件的因果关系的人经常被自己的感受和情绪牵着鼻子走，而做出错误的判断。一盆鲜花摆在面前，他们会认为花就是花，长得漂亮和埋在土里的根没有任何关系，似乎花朵不需要根为其提供养料和水分。遇到问题他们不去分析原因，而是一味地怨天尤人。成功了只顾着庆幸而不总结经验，失败了就埋怨别人抢走了他的好运气。如果缺乏朋友，会说没有人懂得欣赏他敏感的心灵。这样的人从来都不去全面地考虑问题。一言以蔽之，他不懂得一切结果都是由某个特定的原因造成的，而是用许多借口和理由来安慰自己。他所能想到的只有消极地自卫。

学会不偏不倚地思考问题，把“凡有果，必有因”的道理铭记于心，学会根据精确的事实制订计划。你在任何情况下都能通过把握事件的原因来控制局面。这样，如果经商赔本了，就不会埋怨运气不好，而是去找经营的漏洞，生意很快就会扭亏为营。即便只是一个名不见经传的办公室小职员，也会同集团CEO一样成为令人羡慕的对象。

知其然亦知其所以然，轻松自由地跟随真理的脚步。看透每一个问题，并能充分恰当地做好自己应该做到的事。如此收获到的将是这个世界真情无私的回馈，无论是友情、爱情，还是荣誉、赞许，都会投进你的怀抱。

1　大自然无比慷慨，向世界上的每一个人敞开它宽广的胸怀。宇宙的自然法则之一就是富裕充足。千百万的树木与花儿，动物、植物和浩大的繁殖体系，创造与再生永恒进行着，这一切，无处不证实着大自然为人类准备了丰富豪奢的供应，大自然的丰盈充裕在万物中彰显出来。

2　大自然在一切造物上都毫不吝惜，无时无处不是慷慨、大方、豪奢的。但是遗憾的是，相当一部分人找不到入口，走不进这个堂皇的大门。他们还不能认识一切财富的普遍存在性，也不知道精神是使我们与渴想的事物相联系的活动原理。

3　并不是一切的能量都是物质能量，精神能量同样存在，心理和心灵上的能量同样存在。

4　亨利·德拉蒙德说：“正如我们所知道的，物质世界分为有机物和无机物。矿物世界是无机物的世界，它和动植物世界完全隔绝；往来的通道被打上了封印。这些障碍无法跨越。物质无法改变，环境无法改造，没有化学，也没有电，没有任何形式的能量，也没有任何种类的变革可以为矿物世界的一个小小原子打上生命的烙印。”

5 生命使这个世界生动起来，没有生命的地球只是一片死寂，所有的一切只有和生命联系在一起时才有意义。丁铎尔说：“我承认，没有一丝一缕的确凿证据，可以证明我们今天所能见到的生命是与更早的生命毫不相关的。”赫胥黎也赞成这一观点，他说过，生源论即生命只能来自生命的信条放诸四海而皆准。如果生命不曾降临，这些没有生机的原子没有被赋予生命的属性，矿物的世界就永远只能停留在无机的层面。

6 凡是有生长的地方，就一定有生命；凡是有生命的地方，就一定有和谐。因此，所有有生命的物质都在不断为自己谋取充足的供应和合适的环境，以便尽可能完美地表达自己。大自然的一切，在生长法则中不断彰显自己。

7 一条无法跨越的鸿沟横亘在无机物和有机物之间，这时两者是互不相干的个体，并没有交集。而生命就像一座桥梁，它沟通了两个世界。生命开启了物质的宝库，如果没有开启，就没有有机体的改变，没有精神能量，没有心灵力量，没有任何种类的进步，能够使人类进入精神世界的领域。

8 生命和非生命之间的联系同自然世界与精神世界的联系是一样的。正如植物深入到矿物世界当中，用生命的神秘触摸这个世界，宇宙精神也是这样屈身来到人间，赋予人类新奇、陌生、美好，甚至是奇妙的力量。世界上的万事万物以及方方面面，都是通过这种联系取得了骄人的成就的。

9　思想就像一条沟通的纽带，它让无限与有限之间保持联系，让个体与宇宙之间保持联系。

10　一切环境和境遇都是我们思想的客观形式，思想只有在精神的温床里才能茁壮地成长。当一颗思想的种子渗透到宇宙精神不可见的孕育万物的财富宝库中生根发芽时，生长规律就开始生效。

11　“你定意要做何事，必然给你成就。”其实一切可见的客观世界中的物体都是出自于不可见的能量的创造。思想是动态能量的重要活动形式，它能够与客体相联系，并使生命能量视觉化，一切事物都是通过这种规律显现的。思想作用于无声之处，但它的成就是非常显著的。

12　宇宙由无数个体组成，这些个体精神联系结合在一起构成了宇宙精神，即宇宙的灵魂。个体化的宇宙精神，用完全相同的方式创造着我们的生存环境。

13　宇宙精神是最具有创造力的，这种创造性的力量，取决于对潜在精神力量或心灵力量的认知。创造力能够使客观世界从无到有。

14　宇宙精神在彰显自己的力量，宇宙精神值得信赖，它能够寻找到实现一切需要的途径。而我们并没有做什么，只不过是遵从这个规律，而使一切发生的，则是那孕育万物的精神，一切力量来自精神。

15　作为个体的我们，唯一的使命就是创造完美无缺的理想。

16 精神就像电一样，既实用又危险。如果你可以合理地掌控并运用这种看不见的力量，使它通过成千上万种方式为我们的幸福和舒适服务，照亮我们的整个世界。但是如果你不了解它，驾驭不了它，有意或无意地违反了电的规律，在未曾绝缘的情况下触碰了火线，带来的后果很可能是毁灭。对于许许多多的人来说，他们的苦难正是由此而来。

17 要时刻提醒自己与精神世界的法则保持和谐一致，前提是一定要了解这个法则是什么，否则就不能与这个法则保持一致。

18 如果我们尽可能地让自己的思想与自然的创造性准则保持和谐，那么就会与“无限精神”步调一致了，如此我们就走上了成功的快车道，事半功倍。但是，你很有可能有些想法与“无限能量”并不和谐，那么我们就会产生内耗，就会掉队，所以一定要及时清除这些不和谐因素。

19 和谐能提高效率，实现共同进步，而对抗则产生内耗，这是很浅显的道理。就如同和谐的乐曲能让人心情愉悦，而不和谐的音符则异常刺耳。建设性的思想必定是创造性的，而创造性的思想必定是和谐的，这些会代替那些破坏性的或竞争性的思想。

20 智慧、勇气以及一切和谐的景况都是力量的结果，而我们知道一切力量都是由内而生。同样，一切软弱、匮乏、局限和种种不利的境遇都是软弱的后果，而软弱无非出自于力量的缺乏。开发力量的方式与开发别的能力的方式一样，都是通过练习。

21 天上不会掉馅饼，世上也没有免费的午餐。确定一个具体的目标的意识以及执行目标的意志力，并使它付诸实践。当这个法则畅通无阻地运行，你将发现你所寻求的东西会找上门来。

在一面空白的墙壁前坐下，在意念中画一条大约6英寸的黑色的水平线，试着看清这条线，如同它画在墙上一样。然后，再用意念画出两条垂直的线，与前面的那条水平线的两端相连。接着再画一条水平线，把这两条垂直的线连接起来，这样就形成了一个正方形。试着看清楚这个正方形；看清以后，在正方形中画一个圆；在圆心画一个点，然后把圆心的点向你自己的方向拉近10英寸。现在，你在一个正方形的底面上做成了一个圆锥；你应该能记住这个圆锥是黑色的；再把它变成红色、白色、黄色。如果你能够做到，你已经取得了很了不起的进步。

其实我们这样做的目的是为了锻炼我们的注意力，如此过不了多久，你就能够做到在心中所想的任何一件事情上全神贯注、集中心神了。如果一个目标或物件已经在思想中非常清楚地成形，那么实现它的日子就近了。

万事万物都有规律可循

人的一生似乎很漫长，其实它不过是由一长串的因果关系链组成的。不管是哪一个“果”，都会有相应的“因”。而原本的“果”，反过来又成了“因”，从而导致其他的“果”，而这些“果”又成了另外的“因”。

在自然界和社会中，各种现象之间是普遍联系的，因果联系是现象之间普遍联系的表现形式之一。因果联系是普遍的和必然的联系，没有一种现象不是由一定的原因引发的；而当原因和一切必要条件都存在时，结果就必然产生。所谓原因，指的是产生某一现象并先于某一现象的现象；所谓结果，指的是原因发生作用的后果。原因与结果具有时间上的先后关系，但具有时间先后关系的现象并非都是因果关系；除了时间的先后关系之外，因果关系还必须具备一个条件，即结果是由于原因的作用所引起的。

因果关系链环环相扣，如果中间的某一环节出现问题，整个链条就会断开，无法运行。掌握了因果关系并正确地利用它，你将会受益无穷，反之必受其累。

“我现在的生活真是太惨了，这并不是我自己想要的结果，因为我从来也不想看到这样的结果。”这正是因果关系链脱节的人发出的抱怨，这是因为他们没有认识到，自己心中的想法不仅不会带来某种友谊和交往，还会影响到一些境遇和环境，所有这些，反过来又会成为我们对现状产生抱怨的缘由。

1 归纳法是人类最伟大的发明之一，它是通过对事实进行比较后得出结论。正是运用这种研究方法，把很多独立的例证进行相互的比较，然后从中找出引发它们的共同原因，人类才得以发现了大自然中的许多规律，也正是这些发现，造就了人类历史上划时代的进步。简而言之，归纳推理是一种客观思维的过程。

2 归纳推理有两个要点：一是比较，二是寻找共同点，掌握了这两点就可以得心应手地运用这一方法了。

3 归纳法以规律、理性、确定性替代并消除了人类生活中变幻莫测的成分，它能够使我们避开愚昧和迷信布下的圈套，走进智慧的领地。

4 归纳法就像一个尽忠职守的门卫，绝对不会让虚假、混乱的表象进入我们的思想，从而混淆视听。

5 归纳法可以使人类大踏步地前进，归纳法也有助于我们集中并增强我们的能力，获得那些尚待撷取的成果；有助于我们通过运用精神最纯粹的形式，找到解决个人和宇宙等一切问题的答案。

6 在地球上的每一个文明国家中，人们都是通过某些过程来获取结果，但他们自己知其然而不知其所以然，因而常常为这些结果附加一些神话色彩。我们找出原因的目的，就是要探求使结果能够得到实现的规律。

7 有些人似乎有着被上帝亲吻过的好运气，其他人需要艰苦跋涉也不能达到的目标，他们毫不费力地达到了。他们从来不需要与良心进行交战，因为他们总是走在正道上；他们的行为举止总是恰当得体；他们无论学习什么都是轻而易举；他们无论开始做什么，总能窥其堂奥，轻松完成；他们和自身保持着永恒的和谐，从不需要反思自己的作为，也不需要经受困难或辛劳所带来的考验。其实这并不是什么命运，只不过是因为他们掌握了归纳推理这种方法的精髓。

8 归纳法所向无敌，但它从不轻易降临。人的心智只有在合适的条件下才能拥有这种神奇的力量，它可以被利用并引导来帮助解决人类的一切问题，认识这种力量，明白这样的事实，对人类有着极其重要的意义。

9 我们生存的环境按照我们所熟悉的规律有条不紊地运行着：太阳从东方升起，西方落下；地球在绕着太阳公转的同时进行着自转；春天开花，夏天结果，秋天落叶，冬天飘雪；水在不同的温度下可以有固态、液态和气态三种形式……浩翰宇宙的每一个角落，都充满着力量、生命，它们不断运动，秩序井然，令人惊奇。

10 同性相斥，异性相吸，酸碱中和，供需互补，这是大自然的法则。人类也可以借鉴，人与人之间，力与力之间总是相互保持着一定的距离，而具备不同才能的人也可以相互吸引，相互配合。

11 需求、向往与渴望引导着人们的视线，人的眼睛搜寻并满意地接收的都是他想要得到的东西。人们能够在矿石中找到金子，在茫茫大海中找到珍珠，就是因为这些都是他们需要的。

12 考古学家能够根据一块碎陶片还原出整个容器的模样。部分和整体需要互相匹配，是相互联系的，并具有统一性，整体的属性在部分中也有所体现。我们能够认识到这些，实在是莫大的幸运。因为世界很广大，而我们的视野却很有限，我们只能管中窥豹，通过个体来了解整个社会。

13 当天王星的运行轨道出现偏离，打乱了太阳系的秩序，而海王星就在预定的时间和地点出现了，冥冥中似乎有神的安排，其实这个神就是规律。所有的事物都有规律可循。

14 动物趋利避害是出于本能，人类学习和思考是出于理性。哪里有“存在”的想法，哪里就有“存在”的事实。

15 阿基米得说:“给我一个支点和一根足够长的杠杆，我可以撬起地球。”在风云变幻的今日，借助飞速发展的科学，我们可以握住那根撬动地球的杠杆，我们的意识同外在世界有着如此紧密、多变、深切的联系，我们的目的、愿望也和整个宏大的宇宙结构相吻合。我们是宇宙中的个体，我们同宇宙是统一的。

16 我们所有的人都是大自然共和国的公民，我们个人利益的总和就是这个国度的整体利益。个人利益被国家的武器所保护。个人需求的供给，在某种程度上取决于这些需求是否能够被普遍地、有规则地感觉到。大自然就可将人与外部世界之间相互作用所需的劳动力合理分配，以最好地实现创造者的意图。这里我们要强调的是和谐与统一，个体与整体对抗的后果只有灭亡。

17 每个人心中都有渴望，每个人脑海中都有一幅美妙绝伦的画卷。柏拉图通过归纳法想象出 100 幅类似的画面，在他的脑海中出现这样的一片乐土：一切人工的、机械的劳动和重复性劳动都指派给大自然的力量去完成。

18 不管理想看起来有多么遥远，它一直用种种恩惠环绕着人们，这些恩惠同时也是对过往忠诚的酬报，对未来勤恳耕耘的激励。我们的愿望只需要我们意念灵动，加以精神的运作就可以完成；一切供应都由需求创造出来，你越渴望，它实现得就越快。

19 古代的人们总是羡慕鸟儿的翅膀，总是想象自己也能在蓝天上飞翔，这在当时无异于痴人说梦。但是在几千年后的今天，这一理想实现了。千万不要把远大的理想贬低成异想天开，因为理念定会成为现实。为了实现你所寻求的东西，就要相信这些东西已经实现。

20 理想代表着一种决心，一种态度。当你的心中产生某个理想时，伴随着它产生的是你为之努力、付出艰辛的决心和态度。

21 理想并不是水中月、镜中花，它是实实在在的，通过努力可以达到的。把一颗种子种在土壤中，只要不打扰它，它就会发芽长大，结出外在的果实。把我们渴望的某一件特定的事物，作为一个已经存在的事实，让它在宇宙主观精神上留下印记。我们首先要相信，我们的渴望已经实现，接下来的就必然是看到它的实现。这样，我们就可以在绝对的层面上进行思维，排除很多相对的条件或限制。

22 无论是出自美国人之口，还是出自日本人之口；无论是写在书本上，还是用口语阐述，真理的意义都不会变，本质都是相同的。只要对这些论述加以分析，就会发现其中都包含着相同的真理。唯一的差异就是表达方式的不同。

23 没有任何单一的人类公式可以表述真理的每一个层面，真理应该用一种新的、与以往不同的方式告诉每一个时代的每一个人。真理与人类的需求之间正在建立新的关系，而这种关系渐渐被理解并获得普遍的认知。

24 现代社会是一个快节奏的社会，新事物迅速生长，旧事物急剧消亡，我们正处在一个新旧交替的十字路口。新型社会秩序的道路已经铺好，所有的一切都在为新的秩序扫清道路。社会的新陈代谢，比迄今为止人们所梦想的所有事情都更加神奇。

25 新的社会运动的巨大能量摧毁了传统中陈旧腐朽的一面，将精华部分保存了下来。每一种新的信仰的诞生，都呼唤着新的表达形式，这种信仰正是通过对能量表现的深层领会，让它在各个层面的精神活动中体现出来。

26 宇宙精神大而无形，所有的事物中都有它的影子。它于矿物质中休眠、于植物菜蔬中吐纳、于动物体内运行，达到人类心灵巅峰。它将天下万物联系起来，它使我们得以跨越理论和实践的鸿沟，飞渡行动与目标的天堑，巩固了我们的统治能力，使我们成为自己的主宰。

27 思想的力量是如此之强大，它不甘于被埋没和被漠视，它要在我们的生活中唱主角。思想的力量的重要性在各个研究领域中也正在凸显出来，我们因为这一发现而受益匪浅。

28 思想是处于激活状态的，它不断地改变，不停地创造，它是富有智慧的创造力。思想的创造力是由创造性的理念构成的。这些理念通过发明、观察、应用、鉴别、发现、分析、控制、管理、综合等手段，运用物质和力量，使自身客观化。

29 越靠近思想的核心，思想的热力也就越强；思想自身不断完善和升华，通过了真理的各项严格的检验，过去、现在、未来，都将融为庄严和谐的整体，进入了永恒之光的所在，这就是智慧。

30 智慧是思想的最高形式，智慧诞生于理性的破晓，在这个自我沉思的过程中，诞生的将是智慧创造性的启示，这种启示高于一切元素、力量或是自然法则。智慧，是阐明的理性，智慧引导人走向谦卑，因为谦卑是智慧之大成。智慧能够领悟、改造、治理，按照自己的终极目的应用一切、主宰一切，因为智慧天生就有领导才能。

31 生活中有许多令我们惊奇的事，有许多无坚不摧的力量令我们惊叹。许多人取得了看似不可能的成功，有许多人实现了自己一生渴求的梦想，许多人改变了一切，包括他自身。然而这一切并不神奇，只不过是世界的自然法则而已，如果能合理地运用它，我们也是令人惊奇的对象。

我们所一再强调的就是信念，坚定的信念。“凡你们祷告祈求的，无论是什么，只要信得着的，就必得着。”唯一限制我们的是我们自己思考的能力，适应一切场合、一切情况的能力，要记住信心不是缥缈的影踪，而是确实的存在。想到就能做到，这是我们的口号，也是我们的宣言。

集中你的能量，专注你的思考

知识是死的，没有生命力，它不会应用自己。在没有人的参与下，知识与荒废的土地一样，不起任何作用，也产生不了什么价值。只有人类个体将其付诸应用，知识才能发光，焕发出青春。而应用，就在于用充满生机的目标去浇灌思想之花，使之丰饶。所以，有思想的人是主体，而知识只不过是一个工具。

很多人终日奔波，一生都在忙碌中度过。他们手忙脚乱，身心疲惫，却没有任何成就。这是因为他们的努力漫无方向，浪费了大量的时间、想法、精力，所做的都是无用功。可是如果他们朝着愿景中的某些特定的目标努力的话，结果就会截然不同，可能会创造出奇迹。这就是专注的作用。

专注是一种至高的境界，心无旁骛地做一件事情。为了做到这一点，你必须集中你的精神能量，定位在某一特定的想法上，排除一切杂念的干扰。如果你曾经观察过摄像机的反光镜，你就会知道假如不对准镜头，物体产生的影像就会模糊不清，而当你调整好焦距，图像就会变得清晰明朗起来。这说明了集中精神所具有的力量。如果你不能把精力集中在你所期待的目标上，你只能得到一个朦胧暧昧、模糊不清的理想轮廓，其结果与你的精神图景相一致。

如果你专注于这些思考，把你的注意力全部投入在上面，这会引发你的另外一些与它们相和谐的想法，你很快就能领会到你所关注的这种思想的深刻意义。专注能提高效率，专注能使目标明确，专注能成就非凡。

1 宇宙是无限的，人的思考力是无限的，因而创造力也是无限的。科学地把握思想的创造性力量，生活中的任何目标都可以得到完美的实现。

2 恐惧、焦虑、气馁等消极的情绪具有强大的思想能量，它们总是袭击我们，让我们与渴望的东西渐行渐远，常常使我们进一步、退两步。这种优柔寡断、消极负面的思想，其后果常常表现在物质财富的损失上。而唯一可以让我们避免后退的方法就是不断前进。

3 思考力是人所共有的，这是我们头脑的本能。思想为其客体而生，最终拉近我们与客体之间的距离。

4 理想之所以称为理想是因为它具有稳定性和确定性。理想不是衣服，可以今天一件，明天换一件，后天还要换。如此频繁的更改只会耗散了你的力量，让一切变得混乱不堪、毫无意义，后果必将一无所成。

5 雕塑家得到一块上好的大理石，他想雕一座宙斯的神像，然而还没雕出轮廓，他又想雕一个美女，刚凿几下他又想不如换成植物，如此不停地更改，那结果会怎样呢？他什么也没有雕成，而上好的原料却浪费掉了。

6 你或许会认为金钱和财产是世界上最坚挺的东西，拥有了它就拥有了稳定。然而，金山会在瞬间崩塌，财富也会在一夜间化为乌有。世界上唯一可以指靠的，就是对思想创造力的实际运用，虽然思想看不到摸不着，但它确实是最值得依靠的。

7 我们无法改变“无限”的存在，只能通过调整自己的思考力以适应无所不在的宇宙思想。我们所能拥有的、唯一真实的力量，就是调整自己，使之与神圣的永恒原则相协调。这种与全能力量协调合作的能力，预示着你的未来会取得的成就。

8 只有当你懂得了这一点，实际应用的方法才会被你所掌握。作为回报，你会清楚地认识到你拥有这样的能力。

9 我们常常将一时的冲动、固执、莽撞等错认为是思想的力量，其实这些只是鱼目混珠的赝品，它们或多或少能产生成功的假象，让人迷醉一时，但它们所带来的后果，非但无益，反而有害，甚至会让人迷失了目标。

10 比较于焦虑、恐惧等等一切负面的想法，我们何不以积极向上的信念取代，因为产生的后果也是各从其类；那些抱持消极、悲观想法的人们，最终会收获自己种下的恶果，而乐观的人却在对面盘点他们收获的成功与欢乐。

11 迷信于鬼神的人整日沉醉在毒害作用很深的精神世界的潮流中。他们不明白这是一种让他们变得消极、被动、驯服的力量，这种力量让他们沉迷于这种思想形式中，并且最终将使他们精神耗尽，元气大伤。他们至死也不明白正是他们的信仰消耗了他们的生命。

12 另外还有一些人，他们确实努力地进取，他们也看到了一种力量之源。但是他们没能坚持到底，一旦意念消退，它的形式也随之而凋零，充斥其中的能量，转瞬间就消失得无影无踪。一句话，他们失之于坚持。

13 意念的感染性极强，如果意图明确，这种意念也会传递出去，影响和带动周围的人，形成一个强有力的团体，那时就不是一个人孤军奋战了，奔向目标的脚步也变得轻快起来。

14 只有愚蠢的人才会想要控制他人的意志，因为要想向他们宣传虚假，首先要先让自己信以为真。这如同催眠术对受催眠者来说和施术者同样起作用，所有这些曲解，都有其暂时性的满足，甚至有一定的迷惑力，施术者将逐渐地丧失他自己的力量，掉进自己挖的陷阱。

15 精神力量永恒存在，而不是过眼烟云，稍纵即逝。它是实际存在的创造性力量，蕴藏着无限的魅力，借助这种力量，我们可以为自己创造新的环境和际遇。它不仅能起到补救的功效，弥补以往错误思想的结果，也能起到预防的作用，保护我们免受种种形态、种种样式的危险的侵害。对精神力量的真正领悟，会随着对它的使用而不断增长，因为精神力量的魅力令人折服。

16 精神与物质相联系，思想与其客体相关联，在精神世界中思考或产生出的东西，在物质世界中都会一一对应地实现。精神是真实的，每一种思想都有与生俱来的“真”的萌芽，因此它在物质世界里有落脚点。

17 爱是一个永恒的基本法则，在万物之中，在一切哲学体系、一切宗教、一切科学中，它都是与生俱来的。一切都离不开爱的法则。它是一种赋予思想以活力的情感。情感就是渴望，而渴望就是爱。在爱中孕育而生的思想，生长规律才能把“善”注入到外部显现中，因为只有善才能赋予永恒的力量，才会所向披靡、战无不胜。爱的法则是一切现象背后的创造性力量，创造了整个世界、整个宇宙，以及想象力能够赋予形态和观念的万事万物。

18 爱的法则十分有力，它能够吸引整个宇宙中的一切，小到一个原子、分子，大到整个世界乃至整个宇宙。

19 我们发现，宇宙精神不仅仅是智慧，也是物质，这种物质是一种吸引力，正是通过这个奇异的引力法则的运行，赋予思想以动态力量、使之与其客体相关联，使世世代代的人类相信，一定有什么人格化的存在，可以对人们的祈求和心愿做出回应，操控着大小事件，以应允人们的需求。

20 思想在爱中孕育而生，思想的力量可以强化爱的法则。思想和爱这两位大力士强强联手就所向无敌了，形成了不可抗拒的力量，这种力量就是引力法则。我们应该知道自己对这个法则的了解还有欠缺，就像在一道数学难题中，我们并不总是能很迅速、很容易地得出正确答案，但是我们没有放弃，我们一直在努力。

21 世界上的任何事物都是先有“神”后有“形”，事物都是先在精神世界或心灵世界中被创造出来，然后才在外在的行为或事件中出现，只有神形兼备才能完整。

22 为什么我们很难接受或认可一种全新理念呢？我们怀疑、抵触是因为在我们的大脑中，如果没有脑细胞和一种全新的理念产生共振，人的思想就肯定不会接受这种理念。这就是其中的原因，因为我们的大脑中没有能接收这种信号的细胞。

23 也许，你尚未了解引力法则的全能力量，不了解它如何运行的科学方法；或者，你还不知道无限可能性的大门敞开着；那么，从现在开始吧，创造出需要的脑细胞，让你自己体会到这种无限的力量。只要你与自然法则协调一致，这种力量就会属于你。要把引力法则落实在行动上，而要做到这一点，你必须专注心神或集中意念。

24 意图控制着注意力。控制思想力量的简单过程，帮助我们创造了将要发生在我们未来生活中的事件。通过集中意念，深邃的思想、睿智的谈吐和一切至高的潜力都可以淋漓尽致地发挥出来。

25 假如你能和潜意识中无所不能的力量建立密切的联

系，那么一切力量都将从这里发展出来，给你无穷的动力。

26 粗心大意的人可能会认为，“寂静”非常简单而且容易实现。然而寂静指的不是外部环境，而是人的内心。渴望智慧、力量或者任何不朽成就的人，都会在内在世界中找到这些。内在世界会不断为你揭示各种奥秘。但是要记住，只有在绝对寂静的状态下，才能够触摸到神本身，才能领悟到永恒不变的法则。

还是走进那间屋子，坐在椅子上，保持和先前同样的姿势。一定要放松，让心灵和肉体都保持自然的状态，绝对不要在压力下进行任何的精神劳作，神经和肌肉都保持放松的状态，让自己感觉舒适。现在，要意识到自己与全能的力量是和谐一致的，认识到宇宙能力将满足你所有的要求；认识到你与任何人已有的或将有的潜力完全不相上下，因为任何个体都不过是宇宙整体的彰显或表达，全都是整体的组成部分，在种类和性质上并无不同，差异仅仅在于程度不同而已。通过一年时间集中和坚持不懈地练习，你就会为自己打开通往完美的大门。

做有益的精神付出

造型别致的悉尼歌剧院，古朴典雅的巴黎圣母院都是由聪明睿智、富有创意的建筑师设计建造的。虽然他们如今不在了，但是他们的作品令后世景仰，他们的名字被载入史册。梦想也是伟大的建筑师，甚至更伟大。梦想潜藏在人们的灵魂中，它们透过怀疑的薄雾和纱幕，洞穿未来时间的墙垣。它们是帝国的创始人，他们为之奋战的一切比皇冠更加宝贵，比宝座更加高不可攀。

在美轮美奂的梦想国土，墙垣上绘着梦想家灵魂中的幻影。装甲的车轮、钢筋的履迹，哪怕一颗小小的螺丝钉，都是梦想用来织造神奇挂毯的织梭，一切为梦想所支配。梦想是一种精神作用，它总是先于行动和事件。墙垣崩塌了，帝国倾倒了，大海的潮汐涨落，撕裂着岩石坚硬的壁垒。时光的树干上不断有腐朽的王国枯萎落下，唯有梦想家亲手缔造的一切存留下来，亘古不变。

物理科学带我们走进了这个发明创造的神奇时代，精神科学眼下正在扬帆起航，梦想家一显身手的日子到了，他们可以发挥出全部聪明才智，令世界完美，令精神中形成的图景最终成为我们自己所拥有的现实，使我们生活在梦境一般的现实中。

1 通过对罕见、特殊的事件进行概括，做出对日常事件的解释是科学发展的趋势，也是社会进步的需要。就如同有了指南针，引导着科学的全部发现。

2 地球内部的热能运动引起了火山爆发，闪电揭示了一种常常在改变着无机世界的微妙能量。通过对这些偶然现象进行概括，我们可以得出这样的结论：因为地球内部的热能运动才让地球表面形成了现在的样子，闪电将电能带入我们的生活。

3 考古学家在西伯利亚发现的一颗巨齿，记录着过往岁月的变迁；地质学家在地球深处发现的一块化石，向我们昭示着今天居住在其中的山陵河谷的起源。

4 归纳法是建立在推理和经验基础上的科学方法，它破除了迷信、常规与先例。归纳法像手术刀一样切掉了人们头脑中狭隘的偏见、根深蒂固的理论，比使用最锋利的讽喻更加卓有成效。

5 科技的进步和生活水平的提高，多归功于归纳法成功地把人们的目光从虚无缥缈的天际之处带回现实世界，通过令人吃惊的实验，而不是强有力地批驳人们的无知；通过把最新有用的发现公布于众，而不是通过对那些我们头脑中固有的理念夸夸其谈。三百多年前培根就向世人大力推荐这种归纳法，因为这种方法培养了他发明创造的能力。

6 无论是无垠的文学空间，还是严谨的数学国度；不管是包含内涵广阔的社会学，还是细致入微的细胞学。所有的科学领域里都有归纳法留下的足迹，在新时代所赋予的新的观察手段下这种方法也不会过时，照样行之有效。这就是归纳法的真正本质。

7 脉搏每分钟跳动 70 下，这种规律是经过归纳和推理得出的。人的寿命延长了，是因为破坏人类健康的疾病被攻克了；地里的收成增长了，是因为人们摸清了植物的生长规律；外出旅行更加方便快捷了，是因为交通工具更先进了。古人认为无法逾越的大江大河两岸可以沟通了，光明驱走黑暗，人类的视野被大大地拓宽，人们可以放心大胆地潜入大海深处的那些幽深的地球的穴洞里，可以自由地在高高的天空上遨游，现在没有什么事能阻挡我们了。

8 利用一切的手段和资源，细致、耐心、正确地观察个体的事例，是实施归纳法的前提。人类科学的成就越是卓越，我们就越是应该对这些例证和教导心领神会，从而得出普遍规律的结论。

9 富兰克林为了探知闪电的原理和电动机上出现火花的原因，勇敢地在电闪雷鸣的大雨中放风筝；牛顿为了弄清苹果为什么会落在地上而不飞到天上这个问题，反复地实验和思索。他们都是我们学习的榜样。

10 我们不能只注意自己希望看到的事物，而忽视那些我们不愿意见到的东西。科学这个上层建筑很雄伟，它需要扎根在宽阔稳固的基础上。基于我们对普遍、稳定的进步的期盼，基于我们所认定的真理的价值，我们不允许暴虐的偏见让我们忽视或毁伤那些不受欢迎的事实。因为那些重要性压倒一切的事实，也正是那些日常生活中不易观察到的现象。

11 在这个多元化的社会里，充斥着大量、繁杂的信息。千万不要对此感到迷惑和厌烦，因为大量事实对于解释自然规律来说，意义、价值各不相同。通过观察，我们可以收集越来越多的资料，然后再用归纳法对一切事实进行筛选。

12 我们所生存的星球如此广阔，经常有一些奇怪的、令人无法理解的现象发生。如果我们被吓得退缩，称这些是超自然现象干预的结果，那么这些现象对我们来说就永远是个谜。如果我们利用思想的创造力去探究，就会发现其实所有的异常现象都可以用科学来解释。对自然法则的科学理解会让我们明白，没有任何事情是超自然的现象。

13 因果关系原理在任何情况、任何领域都适用，一切现象的发生都有它们的原因，而这种原因一定是某种固定的法则或原理，不管我们承不承认，其必然是精密准确、始终如一的。

14 为了更容易地发现事物运行的基本规律，我们应该细心思考任何一件引起我们注意的事实。我们会发现，不管是物质的、精神的、还是心灵的，思想的创造力能够解释一切的经历或际遇。

15 在科学的广阔国土上，我们可以随心所欲地探险，没有不允许进入的“禁地”，也没有什么东西是我们不应该知道的。虽然提出新的理念或许会遇到反对，但这种反对声音是不值一提的。哥伦布、达尔文、伽利略、布鲁诺都经历了这样的冷嘲热讽甚至残酷迫害，但是他们的学说和观点最终还是被世人接受认可，并奉为真理。

16 思想是精神状态的领导，有什么样的思想就会产生与之相适应的精神状态。如果我们对疾病恐惧，疾病就会成为这种念头的必然结果。这种思想形式会使多年的辛苦努力付诸东流，健康就会离我们远去。

17 俗话说境由心生，把意念集中在需要的情境上，就会引发这种情境，再付出适当的努力，就会推动这种情境。最终，有助于我们实现自己梦想的际遇。如果你希望自己成为一个富翁，你就是以此为目标，你就会成为一个真正的富翁。

18 幸福与和谐是所有人的梦想，是我们全人类的梦想，也是每一个人向往并追求的。共同的梦想把我们联系在一起。如果我们能够使其他人幸福快乐，我们自己才能感觉到真正的幸福。

19 健康、力量、知己好友、令人开怀的际遇，这是世界送给我们的礼物，把握这个世界所能给予我们的一切，我们就获取了真正的幸福。

20 宇宙精神是最伟大的创造者，是一切物质的起源。我们被赋予了天地万物间最好的一切，只要我们有愿望，有渴求，就能实现所有的梦想。

21 一切的实现都来源于实践。如果让一个孩子读很多关于描述狮子的书籍，却不让他接触真正的狮子，那么有一天可能他与狮子走对面也不会躲避的，因为他不知道自己遇到的就是书本上说的可以吃人的野兽。

22 思想是因，境遇是果。因此，只要付出各种有益的思想，如勇气、激情、健康，相应的结果一定会出现。自然法则很公平合理，每个人的收获完全与他的付出成正比。付出不过是一个精神过程，而收获却是实实在在的。

23 思想是精神世界中最活跃、最有创造性的一分子，但是如果不受到有意识的、系统化的、建设性的引导，就不能有任何创造。这就是空想和建设性思想的差距，空想只是蹉跎光阴，浪费精力，而建设性思想则意味着创新和创造，意味着成功。

24 降临到我们身上的一切遭际，都遵循着引力法则。快乐的意识相互吸引，却极力排挤不快乐的念头。因此，为了适应新的情形之下新的需求，意识必须发生变化，当意识发生改变的时候，一切情景都会适应变化了的意识而逐步改观。

25 宇宙物质是无所不在、无所不能、无所不知的。通过认知宇宙精神的无限能量和无限智慧，我们可以最好地维护我们的利益。通过这种方式，我们就可以用无限的宇宙精神实现我们的愿望。

我们这一周的功课就是，认识到个体是整体的一部分，在本质和属性上都完全相同，自我是伟大整体不可分割的组成部分，在实质、种类和性质上，创造者所给予你的与他本身毫无二致，唯一可能存在的差异是程度上的差异。

保护你的思想领地

至今，在不断学习的过程中我们已逐渐了解，思想从本质上讲是一种高级的精神活动，它使人类本身具备了超乎想象的创造能力，且这种创造力并不仅仅局限于部分的思想，它是全部思想的共同结果。因此，当这个法则被安置在“拒绝、否定”的心理过程之中，也定会给我们带来更多非积极因素的引导或影响。

人的行为与精神的联结要通过两个阶段，即显意识和潜意识。潜意识与显意识之间的关系非常近似于我们平素所见的风向标与天气的关系。风向标可以简单、准确地表现出大气某时某刻所发生的细微变化。同理，人的潜意识与显意识行为也是这种非常类似的关系。当显意识出现变化时，潜意识也向相同的趋势发展、变化。它们在人的心理感受上所造成的影响会极其相似，无论从影响的深度还是强度来讲皆是如此。

因此，当我们面对那些令人愤懑、沮丧、失望等负面情绪时，会因此而抗拒或否认，这时我们就会把思想中的创造力不自觉地抽离出来，并从此使它们在我们的思想中消失殆尽，而创造力也将很难再次被激发或焕发新生。

我们可以相信：人类自身的思维本身绝对地控制着人整体的任何行为。所以，当我们面临令人悲观失望的情形时，即使我们始终沉浸于此也不会对事物本身做出任何改变。举个例子来说，当一棵大树被连根拔起时也许仍然能保持一段时间的葱绿，但要不了多久就会慢慢枯萎死去。人的思想也是如此，当我们能够真正地从消极的或负面的情绪中把自己解脱出来，我们也必将会慢慢地与这种思想情绪告别。

这与我们司空见惯的处理方式大相径庭，造成的后果也截然不同。我们之中的许多人仍会将自己的注意力持续不断地投入于令其不满的场景或情形当中，然而这种精力的集中使不良的消极情境在我们的思想中得以极大地发挥和蔓延，并由此愈发地促进了它们自身能量及活力的消亡。

1 万物皆有因果，宇宙却无边界。宇宙本身是一切运动、光、热、色彩的根源，同时它又是一切事物能够产生最终结果的原因所在，我们可以从宇宙物质中寻找到一切力量、智慧与才智。

2 我们逐渐熟悉并掌握了这种智慧的思维法则，也就慢慢认识了人类精神本质的规律性，它使我们在认识万事万物即宇宙的同时，也会自发地让自身与这种属性相契合并达到和谐一致。

3 智慧并非只存在于人的大脑中，当人类智慧诉诸于人类行为时，我们即可以领略到人类智慧就像能量和物质一样，无处不在。

4 可能有很多人会问，既如你所言，又如何能证实这一基本原则的正确性呢？为什么我们未曾从现实生活中依靠这样的观念或思维达到自己所希望的诉求或结果？原因很简单。我们想获得的一切结果与我们对这一观念的领会和操作程度息息相关。即我们对此领悟掌握得越全面、越深入，我们越会接近我们所想要达到的理想结果。

5 这一系列有序的法则会顺应着我们心灵对其熟识的程度而不断生根、发芽。它使我们无形中改变了自身与外界的关系，并为我们开辟了一条前无古人、后无来者的通道，这条通道可以引领我们进入崭新的心灵状态并协助我们建立新型的内外互动关系。

6 精神具有超乎寻常的主观能动性。精神以其非凡的创造力蕴涵于万物本质中，此种非同一般的创造力来源于一切能量和物质的初始和源泉的宇宙，而我们作为众多个体之一，只是宇宙能量的一条支流。宇宙通过我们来表达自身，也通过我们每一条支流随机地组合来表达自己。个体是宇宙内力存在的表征。

7 科学家将物质分成无限数目的分子；分子又分成原子，原子又被分成电子。通过在含有熔化的硬金属接线端的高真空玻璃管中对电子的观测，证明电子其实充满了我们生存的整个空间。他们存在于万物之中，万物之中皆是电子，即使是我们所谓的真空地带。我们完全有理由称电子为万物之源的宇宙物质。

8 我们知道电子根据“指令”工作，将自我组成为原子或分子。那么这种被称为“指令”的就是我们所谓的“宇宙精神”。电子以能量核为轴心旋转，就构成了原子；原子按照一定的比例组合，就形成了分子，这些分子相互结合，就形成了许多种化合物，这些化合物又构成了整个宇宙。

9 氢原子是我们现在已知的最小的原子，它的质量是电子的 1836 倍。即使一个水银原子的质量也约是电子的 36.6 万倍。电子是纯粹的负电荷，它作为宇宙能量与光、热、电能、思想（每秒 189 380 英里）具有相同的速度，那么电子应该绝对有能力在一切时空中运动、穿梭。

10 丹麦天文学家罗默于 1676 年通过观察木星的月蚀现象测得光速。随地球接近木星距离远近，木星月蚀的发生会比预计时间提早或推迟八分半钟；罗默因而得出这样的结论：从木星而来的光线需要 17 分钟穿越地球轨道半径，这就造成了地球、木星距离的差异。这个结论后来得到了验证，证明光的速度可达每秒 186 000 英里。

11 电子犹如人体中可以自如运行的细胞，它们可以在人体内缔造无穷的功用。这种接近于完美的精神和智慧使细胞可以完全自由、独立地工作。它们时而也集结成团队协作工作、分工明确。有些细胞忙于建立人体组织，另一些则从事构造人体所需的各种分泌物的活动。一些负责传递物质，另一些专业精湛地修复创伤；还有一些是血管的清道夫，负责运送垃圾；更重要的是专门有一些细胞的职能是负责防御，在体内阻挡病菌的入侵。

12 细胞能够协同运动与工作，并且工作的目标一致。每个细胞都具备着足够应付其本职工作的能力与智慧。这使其不仅能够保质、保量地完成使命并且其自身还能够同时保存能量、延续生命。它们通过惊人的自我调节、吸收能量获得充足的养分，甚至对所有的养分进行严格筛选，然后备己所需。

13 生物本身能够维持生命与健康的基础正是在于这些细胞的新陈代谢。一切生物的细胞都必须历经产生、繁殖、死亡及被分解的必然阶段。

14 也许我们会有人了解超验疗法，它实质上所依存的基础是人体内的内在精神的自我转化和调节性。身体内的每一个原子中都蕴涵着一种精神；它是负极的，而人类自身通过思考的能量即可以将其改变为正极。这种转变也就很清楚地解答了人怎样战胜相类似的负极因素或负极精神。

15 极具隐蔽性的负极精神，蕴涵在身体的每一个细胞之内，它被称作潜意识精神。负极精神的一切动向皆不为显意识所显现，它只能够对显意识的状态做出反应或回馈。

16 人的思想可以决定人的一生，人终生的写照即是人思想在生命过程中的映射。如同自然科学领域的实验一样，精神领域的实验也从未停止，实验的每个结论都能使人类在自身的认识能力上更上一个新台阶。人的思想会在无形中改变和重塑他的外貌、形体、性格，甚至际遇、机缘。

17 太多的证据证明，“因”“果”自有对应。因果关系的起源受益于创造原理。什么样的“因”即会对应产生什么样的“果”。如今，这样的结论已被众多人所接受和相信。

18 客观世界为太多迄今尚不能做出解释的能量所掌控。人类根据自身的认知能力，将这种超然能量长期归结为上帝或神的意识。现在，通过对精神本质或原理的理解与认识，我们可以将此种力量简而言之地解释成无限或普遍的宇宙精神。

19 我们不禁要自问：我们自身是否即是宇宙精神的表达或彰显？答案是肯定的。

20 那么潜意识在人类自身中的能动作用如此近似于宇宙的精神力量，它们之间所存在着的唯一差异，只在于程度的不同。它们的种类和性质也完全相同，唯一的差异只是程度的差异，犹如滴水之于海洋。

21 对这个智慧的领悟以及它在我们生活中所散发出的迷人光芒，会犹如得到全知全能者的庇护。潜意识与宇宙力量的这种无限结合可以创造出无限的活动能力。宇宙精神通过潜意识与显意识进行联络和沟通，显意识可以有意识地去引领或影响思想，而潜意识可以左右思想对于行为的操控。

22 当我们以科学的态度与眼光深刻理解了这个原理，就可以简单而明确地解释生活中我们常常用到的人类祈祷。当我们在内心向上帝进行祷告和祈望时，虽然内心希望通过上帝来以超自然的能力帮助我们，而事实上真正的恩惠者却是自然法则本身。它的完美运行使我们有如得到上天的眷顾。因此，这种行为的结果实质上并不真正地依赖于宗教或者其他神秘而未知的事物。

23 尽管大多数人都已经知晓，错误的思维必将为我们带来错误或失败的结果，但仍有太多人不愿意去尝试用正确的方式去拓展自己的思维，进行更有效而合理的训练。

24 我们同时又必须注意到的是，负面的思想一旦形成便不可能在短时间内清除，负面的环境和思想对我们一生会有不良的影响。因此，我们的思想必须清晰、明确、坚定、踏实，并在确定后不轻易做出改变。

25 当我们了解了这种思维的巨大作用，并且希望通过有效的训练使我们的人生发生改变，就必须排除杂念与其他任何不良的干扰，目的明确，目标专一、反复地认真思考这个决定。

这种自发的训练会使我们获得思想的更新转变，慢慢地我们就将从这种转变中体会到从心态到生活的全面更新，它使我们获得的将不仅仅是物质财富，更多的是对于整个身心健康的积极作用。心态平和后，生活、工作也会变得更加顺利。

内心的平静与和谐会使人生境遇也变得更加顺达。

生活中所显现的客观世界会是我们内心世界的反映。

对于“和谐”的专注，意味着排除一切杂念，完全地、彻底地专注。即除了“和谐”本身这一命题外，不要再在你的思维中增加任何额外的负担或课题。以诚恳、信服的心态去领会“和谐”的内在精神。真正的人生改变蕴涵于你不断付出的努力实践之中，在学习中锻炼，在锻炼中体会，仅仅对于这些理论的理解与阅读并不能帮助你使生活发生天翻地覆的转变。

成为有足够智慧的人

自然是最有力的主宰，一切生命都要受它的支配。如果能适应自然法则，就能存活下来并实现进化和发展；如果违背它就会受到惩罚，不是苟延残喘，就是走向灭亡。

不管是出于本能还是理性，趋利避害是所有生物都会遵循的自然法则。即便是最低等的生命也懂得利用这种法则。

把一盆生长着的植物放入房间，放在一个关闭的窗子前面，植物上生有许多无翼蚜虫。如果让这棵植物枯萎，这些小生灵发现它们赖以繁殖的植物已经死亡，它们从这株植物上再也无法获得任何食物和养料。为了适应改变了的环境，无翼蚜虫就会变成有翅的昆虫。它们逃离饥饿、拯救自己的唯一办法，就是长出临时性的翅膀，然后飞走，而它们就这样做了。变形后，它们离开这株植物，飞向窗口，沿着玻璃向上爬去，找到缝隙逃生。

我们经历的一切境遇和景况都是为了造就我们，我们付出多大的努力，就会获得多大的力量。自然法则的影响无处不在，它用具有魔力的手指引导着它的拥护者，如果我们能够自觉地与自然法则合作，就会获得最大的幸福和快乐。即便是最小的生命，也能够在紧急关头利用这种力量。

1 各种法则布下了天罗地网，任何人都无法逃脱它们的作用。

2 所有伟大而永恒的法则，是为了我们的利益而被设计出来的，都在庄严的寂静中发挥作用。而我们所能做到的，就是让自己与它们保持和谐一致，就可以享受自然的馈赠。

3 我们每个人都是一个完美的思想实体，这种完美要求我们先给予后索取。而一切困难、混乱、障碍的产生都是因为我们违反了这一规律，要么是不愿将自己多余之物施予他人，要么是拒绝承认我们自己所需要的是什么。

4 生长是新陈代谢的过程。生长是有条件的互惠行为，将根须交叉，分享彼此的养料和水分，这样的能力决定着我们实现和谐幸福的程度，可以表达出相对祥和而快乐的生命。

5 把眼光只盯着我们已经拥有的，就不可能看到我们所缺失的。只有把眼光放开，认识到我们的目标应该是我们需要而缺少的，就能够有意识地控制我们的外部环境，并从每一次经历中汲取我们进一步生长所需要的养分。

6 攫取我们生长所需养分的能力，会随着我们境界的提升和视野的开阔而逐步增强。随着这种能力的增强，我们就能够识别和吸收我们需要的一切养分，满足我们生长所需。

7 所有的境遇和经历都是自然有意安排给我们的，对于我们都是有利的。无论是运气和优势，还是困难和障碍，都能让我们从中受益。

8 付出和收获永远都成正比，我们为战胜困难而付出多大的努力，就会从中获取多大的永恒力量。不劳而获和劳而无获是不可能发生的。

9 生命生长的不可动摇的需求，要求我们尽最大的努力，去吸引那些与我们自身完美一致的东西。通过领悟自然法则并有意识地与之合作，我们才能获取最大程度的幸福。

10 爱有血有肉，是情感的产物，只有在爱中诞生的思想，才能充满生命的活力。爱赋予思想以生命力，爱使思想能够发芽生长，为思想的成熟、结果带来必要的养料。

11 思想经由语言彰显出来，话语承载思想，就像大海承载轮船一般。水能载舟亦能覆舟，话语是思想的表现形式，我们的言谈也必须特别谨慎。我们的心灵就像一部照相机，而运用语言就好比是按动快门。当我们不假思索地按动快门，出言不慎，说一些与我们的福祉相违背的话语时，那种错误概念的影像也就被记录在心灵的底片上，抹不去了。

12 语言能悦人耳目，能包罗一切知识。我们今天拥有的这些文字，是宇宙思想成形于人类心灵之中并寻求表达的综合记录。从语言中我们能够找寻到过往的历史，也看得到未来的希望。通过使用书面语言，人类可以回首过去的若干个世纪，与历代最伟大的作家和思想家交谈；回首那些令人激动的场面，看看自己如何得到了今日的一切。语言是充满活力的信使，一切人类和超人类的行为都由此而生。

13 思想是无形的，必须靠语言来表达。如果我们要运用更高层面的真理，那么我们说话的时候也要按照这个目标，审慎、智慧地选取得体的言辞。我们的思想越清晰、品位越高，我们所运用的语言图像越是清晰明确，属于低级思想的错误概念渐渐地被摒弃，我们的生命彰显得也就越多。以言语形式组织思想的神奇能力，是区分人与动物的重要界限。

14 无论是什么样的行为，都是靠思想引导的。如果我们想要得到合意的情境，我们应当首先怀有合适的想法才对。如果我们希望生活富足，我们首先要想到富足的生活。先要在思想上富足起来，生活才能跟着走进小康。

15 语言是一种思想形式，一句话就是一种思想形式的综合体。理想之殿终是由言词堆砌而成，言词可以成为不朽的精神殿堂，也可以成为经不住风吹的陋室。词句修筑的精炼准确是一切文明、至高无上的建筑形式，也是一切成功的通行证。

16 言词的动人之处，在于思想的美丽。言词的力量在于思想的力量，而思想的力量在思想的生命之中。语言就是思想，因此也是一种无影无形、战无不胜的力量。它们被赋予怎样的形式，最终也会在客观存在中怎样实现。如果希望我们的理想是美好而强大的，我们就必须认识到，要炼净我们的语言，出言三思。

17 检验真理的标准是永恒存在的，但错误没有运算法则。真话是讲原则的，谎言却可天马行空。光线就必须走直线，黑暗可不讲道理。那么什么是有生命力的思想呢？它有什么与众不同的特征呢？这其中一定有规律可循。

18 如果我们正确地运用数学定理，我们就可以确知运算结果；凡是健康存在的地方，就没有任何疾病；如果我们知道什么是真理，我们就不会受到谬误的欺骗，因为真理与谬误势不两立，不能共存。

19 凡是有理可循的思想都是有生命的，因此它能够扎根、生长，最终必然会抛掉那些负面的想法。凡是谬误的思想都是无根之草，是不能够长久生存的，这个事实可以帮助我们摧毁一切的混乱、匮乏、局限。

20 毫无疑问，那些“有足够智慧去领悟”的人，将很快认识到：思想的创造力把一件所向无敌的武器放在了他的手上，让他成为命运的主人。

21 自然界要平衡，它遵循着能量守恒定律，在任何地方出现了多少能量，则意味着在其他地方消失了多少能量，这让我们懂得，有舍才能有得，一味地索取而拒绝付出就会打乱自然界的平衡。

22 潜意识是不具备推理能力的，它听从我们的吩咐；我们自己制造了工具，我们自己构想了蓝图，潜意识会把我们构想的蓝图付诸实践。如果我们决定做一件事情，我们就要做好为这个举动及其一切影响负责任的准备。

23 洞察力是一种来自心灵的能力，它是专属于人类的望远镜，凭借它我们能从长远的角度考虑问题、观察形势。洞察力能使我们在一切事情中认识困难，也把握机遇。

24 洞察力为我们做好了迎战障碍的准备。洞察力使我们权衡利弊，妥善规划。在这些障碍还没有化成足以阻挡我们的困难之前，我们就已经跨越了它们。

25 洞察力把我们的思想和注意力引向正确的方向，让它们不至于堕入没有回报的歧途。我们应该锻炼自己的洞察力，让自己的思想中没有物质的、精神的或是心灵的细菌来污染我们的生活。

洞察力是内在世界的产物，可以在“寂静”中通过集中意念的方式来开发你的洞察力。我们这周的练习是，关注洞察力。还在原来的位置上，思考下面的问题：认识到了思想的创造力并不意味着掌握了思维的艺术。让思想停留在这样的起点上：知识本身并不会运用自己。我们的行动并非取决于知识，而是取决于积习、流俗和先例。我们唯一可以让自己运用知识的方法是：下定决心，有意识地努力。回想这样的事实：不用的知识会从大脑里溜走，信息的价值在于对原理的应用。沿着这条思想的路线走下去，直到你的洞察力足以使你针对自己的特定问题、运用这个原理制定出明确的方案。对于一切伟大成就而言，洞察力诚然不可或缺；而借助洞察力的帮助，我们能够进入、探索并占有一切精神高地。

心灵印记和精神图景

周期性是生命的第一属性，但凡有生命的物质，都有诞生、成长、发展和衰亡的周期。无论愿意与否，都要按照这个周期运行，只不过有的周期长，有的周期短罢了。在这里我们主要谈论成长，因为成长在生命周期中至关重要，成长就意味着增强和提高。

生命意味着成长，而成长就意味着改变。根据生命的阶段性特点，我们把 7 年定为一个循环，每一个 7 年对我们而言都意味着一个新的阶段。

懵懂无知的幼年期是人生的第一个 7 年，接下来的第二个 7 年是儿童期，儿童期意味着个体责任感的开端。下一个 7 年是青春期，第四个 7 年中将达到生命完全的成熟。第五个 7 年是建设期，在这个阶段中，人们开始获取财富、成就、住宅和家庭。从 35 岁到 42 岁的一个 7 年是反应和行动的阶段，这个阶段后是一个重组、调整和恢复的阶段，然后，从 50 岁起，就开始了人生下一个七七循环。

这样的循环成就了生命的周期，凡是熟悉这个循环圈的人，不会因为遇事不顺而沮丧，而是学会应用课程中阐述的原理，充分认知在一切法则之上有一个最高的法则，并通过对于精神法则的理解和自觉的应用，把每一个表面上的困难转化为祝福，把不利变为有利，把劣势转为优势。

1 对于财富，可以有许多种解释，基本内容是一致的。财富包括一切具有交换价值、对人有用、令人愉悦的物品。财富的支配属性，正在于它的交换价值。

2 财富的交换价值在于它是一种媒介，它使我们能够在实现理想的过程中获得有真正价值的东西。财富给它的拥有者带来的不过是小小的快乐，它的真正价值体现在它的交换价值中，而不是在它的使用性上。不进行交换，财富就没有什么价值。

3 我们常说勤劳致富，可见劳动是因，财富是果，财富是劳动的产物。资产是果，不是因。

4 财富是手段，不是目的。永远不要把财富看成是一个终点，而应该把它看成是一条达到终点的途径。财富不是主人，而是仆人，让财富成为自己的主宰、自己服务于财富的做法是本末倒置。

5 财富不是判断一个人成功与否的标准，决定一个人真正成功的因素是要有比积聚财富更为高远的理想。远大的理想要比任何财富都更有价值。

6 如果想让自己成为成功的人，首先应该树立一个让自己为之奋斗的理想。确定了目的地才知道该朝哪个方向走，当心中有了这样一个理想，你就能找到实现理想的途径和方法，但一定不能错把方法当成目的，错把途径当作终点。

7 “成功的人也是那些有着最高的精神领悟的人，一切巨大的财富都来源于这种超然而又真实的精神能量。”这是普仁提斯·马福尔德留给我们的名言。但很不幸，有很多人不认识这种能量，因为他们没有一个具体的、固定的目标，没有理想，他们浑身是劲却不知该往哪使。

8 哈里曼的父亲是个穷职员，年薪只有 200 美元；安德鲁·卡内基全家刚刚来到美国时，他的母亲不得不去帮人做事来养活一家人；富可敌国的托马斯·利普顿从 25 美分起家。这些人没有什么财富权势可以指望，但这并没有成为阻挡他们成功的障碍。

9 亿万富翁、石油大亨亨利·M. 弗莱格勒通过将精神力量理想化、视觉化、具体化而取得成功。他不厌其烦地向自己描述事物整体的图景，做到闭上眼睛，就看见轨道，看到火车在轨道上飞驰，听到汽笛呜呜的轰鸣声。这就是成功的秘诀。

10 思想必然领先于行动并且指导着行动，不经过大脑思考只是莽撞行事，不会有好的结果。任何境遇自有其成因，任何经历都不过是一种结果；因果循环，和谐有序，社会也因此沿着正确的轨道运行。

11 创造力完全来自于心灵的能量，每个大企业的首脑都是依靠这种能量。成功的商人常常也是理想主义者，他们不断地朝着越来越高的标准迈进。运用精神能量的理想化、视觉化以及集中意念，生活正是一点一滴的思想在我们每日的心境中不断地结晶。

12 思想具有可塑性，像我们童年时玩的橡皮泥，我们可以用它构筑生命成长概念的图景。使用，决定着它的存在，使用才能使有价值的事物发挥作用。不管你想要做成什么事情，对这件事情的认识和恰当运用都是必要条件。

13 不劳而获的财富不过是匆匆的过客，不过是灾难和羞辱的开始。因为，如果我们不配得到，或者这些财富不是我们努力所得，那我们也无法永久占有这些财富，只有通过自己努力得来的财富才是真实的。

14 引力法则规定，我们在外在世界中的种种际遇，都与我们的内在世界相对应。我们该怎样决定应该让哪些事物进入我们的内在世界呢？无论是通过感官还是通过客观意识，进入我们心灵的一切，都会在我们的心灵上留有印记，形成精神图景，而精神图景正是创造性能量的生产模式。这些经历大部分是外在环境、际遇、过往的思虑，甚至是其他负面思想的结果，因此在进入我们的心灵之前必须经过仔细的分析验证。

15 在引力法则面前我们并不是无所作为，我们可以自主地创造精神图景，通过我们内在的思维过程，而无须顾虑其他，诸如外部环境、种种际遇等等。通过运用这种力量，我们必将掌握自己的命运、身体、精神和心灵。是的，命运掌握在自己手上。

16 如果我们有意识地实现某种境遇，这种境遇最终会在我们生活中发生。我们可以把命运紧紧地掌握在自己的手中，并且有意识地为自己创造出我们渴望得到的阅历。

17 归根结底，思想是生命的原动力，把握思想就是把握环境、际遇，就是创造条件、掌握命运。

18 思想的结果取决于它的形态、性质和生命力，这三者共同作用决定了思想的性质。思想的形态取决于产生这种思想的精神图景；精神图景取决于心灵印记的深度、观念的决定性优势、视觉化的清晰度以及这幅图景的胆识与魄力；思想的性质取决于它的组成部分，也就是心灵的成分。如果心灵的成分是勇气、胆识、力量、意志的，那么它所编织的思想也是如此；思想的生命力取决于思想孕育时刻的感受。如果思想是建设性的，就必将充满活力、充满生命，它能够生长、发展、壮大，它会为自己的全部成长汲取所需的一切。

19 我们把思想分化为形态的能力，就是我们彰显“善”和“恶”的能力。如果我们的思想是建设性的、和谐的，我们就彰显“善”；反之，如果我们的思想是破坏性的、不和谐的，我们就彰显“恶”。

20 “善”和“恶”都没有固定的形态，都不是实体，它们不过是用来描述我们行动结果的词语而已，而我们的行动又受到我们思想性质的决定。

21 破坏性的思想似一把双刃剑，在伤害对方的同时也割伤了自己。破坏性思想自身之内就含有使自己分化瓦解的毒菌；这个思想将会消亡，而在这消亡的过程中，它会给我们带来疾病、患难以及其他形式的不和谐。

22 成功是靠自己努力拼搏得来的，同样失败也是咎由自取招致的。有些人倾向于把这一切的困厄都归因于超自然的神灵，但这所谓的超自然的神灵不过是处于平衡状态的“心智”而已。

23 也许我们不知道视觉化的力量是如何控制我们的环境、命运、性格、能力和成就的，但这绝对是科学的事实。不要去想人、地、事，这些东西都不是绝对的。你渴望的境遇本身蕴涵着一切所需，合适的人和合适的事，自会在合适的时间和合适的地点出现。

24 思想和心灵状态符合哲学规律，是既对立又统一的。我们的思想决定着我们的心灵状态，而反过来我们的精神状态又决定着我们的能力和心智能量。

25 视觉化的图景是一种想象的形式；这种思维的过程形成了心灵上的印记，这些印记又形成了观念和理想，这些观念和理想又形成了计划，伟大的计划。在心灵中绘制一幅成功的图画吧，有意识地视觉化你的愿望；在心中抱持一个理想，直到你心中的幻影变得清晰起来。如果我们忠实于自己的理想图景的话，就要加快迈向成功的步伐，通过科学的手段实现它。

26 我们能力的提高，自然会带给自身各种成就和收获，也使我们能更好地控制我们的环境。如果我们想要显现一个完全不同的环境，就要视觉化我们的愿望，使理想清晰可见。

27 我们的眼睛更倾向于发现有具体形态的东西，所以我们只能看到客观世界中的存在，却不能看到精神世界中已然存在的视觉化的图景，而这图景却正是一个重要的标志，预示着将要在我们的客观世界中出现的事物。

28 自然法则的运行是完美和谐的，一切看起来“不过是发生了”而已。如果你需要证据，那么就回想一下你自己生命中的种种奋斗和努力吧，当你的行动朝着一个高尚的方向努力的时候是怎样，当你怀着自私自利的动机之时又如何，两者的差异不言而喻。

29 人类只有一种官能，就是感受的官能，其他官能都是感受的变体。感受是一切能量的源泉，情感可以战胜理智，我们的思想中不能没有感受的存在，思想和感受是密不可分的整体。

30 视觉化是一个行之有效、妙不可言的方法，但是它必须受到意愿的引导，我们绝对不能任由想象力毫无节制地放纵。想象力是一个糟糕的主人，却是一个称职的仆人，除非受到很好的控制，否则它就会使我们陷入五花八门的空想和各种不切实际的结论中。如果不加以分析和检验，我们的心灵就很容易接受各种似是而非的主意，结果导致思维的混乱。

31 任何的理念都要经过透彻分析，一切并非科学准确的东西一概加以摒弃。如果你这样去做，你就不会浪费精力在一些无谓的事情上，而是非常有把握地做每一件事，成功将为你的奋斗加冕。这就是商人所说的“远见卓识”，这与洞察力基本相似，是一切事业获取成功的奥秘之一。

32 我们必须构筑并且只能构筑一种科学性的、正确的精神图景，伟大的心灵建筑师正是通过这些精神图景来筑造我们的未来。

我们这周的练习是让自己认识到这样一个重要的问题：和谐和幸福是一种精神状态，并不取决于物质的占有。一切要用心去营造，收获的结果取决于良好的心态。生活拮据但内心富有的人要比拥有财富而内心贫穷的人幸福得多。

如果我们想要获得物质上的富有，首先应该关注，如何保持能够给我们带来理想结果的良好心态。要想拥有这种心态，需要我们认知精神本质，并领悟到我们与宇宙精神的合一。这种领悟能够为我们带来可以使我们获得满足的一切。这是一种科学的、正确的思维方式。当我们成功地达到了这种精神状态，那么一切愿望的实现就如已经发生的事实一般，容易得多了。当我们做到这些，就会发现“真理”使我们得以“自由”，使我们免于一切匮乏和局限的困扰。

渴望中诞生希望

在美术课上，教师要求同学们画出上帝的形象。作业收上来后，每个同学画得都不错，但有一幅画令老师大为吃惊。这是一个黑人孩子的作品，他将上帝画得和自己一样：黑黑的皮肤，卷曲的头发，一个黑人上帝。而其他孩子画的上帝都是金发碧眼，就和我们平常见到的画像上的一样。

谁也不能说这个黑人孩子画得不好，亵渎了上帝，因为每个人的心中都有一个神，并且自觉或不自觉地崇拜心中的“神”，这反映出了人的心智状况。

问一个印度人什么是神，他会向你描述一位显赫部落的神武酋长。火君、河伯以及诸如此类则是异教心中的神。

有人会说，我不信神，我没有宗教信仰，你的那套理论不适合我。其实不然，我们为自己雕刻了“财富”“权力”“时尚”“习俗”“传统”等偶像，我们“拜倒”在它们面前，崇拜它们。我们把全部意念集中在它们身上，而它们也因此在我们的生命中得以具体化。

所谓“蛮族”的人们为自己的神“雕刻偶像”，然后向它屈身跪拜，对于他们中少数有智慧的人来说，他们不过是把这些偶像当作一个精神支点，一个可视化的外在形象，用来寄托自己的灵魂。但是如果你明白了因果相循，明白表象不过是本质的外在表现，就不会错把表象当成现实，你将关注一切的“因”，而不会只在乎“果”。因为只有了解原因，才能得到你想要的结果。

1 最高级的行为模式在本质和属性上都处于更高的地位，因此必然决定着一切环境、面貌以及与它联系的万事万物。人类可以“支配万物”的支配权是建立在精神基础之上的。思想是一种活动，它掌管着其属下的一切行为模式。

2 我们靠口、眼、鼻、耳去感知这个世界，我们习惯于透过五官去看待宇宙，我们的人、神观念也正是源于这些经验，但真正的观念只有通过精神洞察力才能获得。这种洞察力需要有精神振动的加速，并且只有朝一个固定的方向，全力、持久地集中精神意念，才能够获得这种洞察力。精神力量的振动是最纯粹的，因而也是现有力量中最强大的。

3 学习科学需要成年累月精神集中，并要掌握其中的原理，伟大的发现都是持久观察的结果。持续的意念集中意味着思想不间断的、平衡连贯的流动，需要在一个持久、有序、稳固、坚韧的体系下才能完成。

4 一个好的演员取得成功的关键是他能在扮演角色的过程中忘掉自己的身份，而让自己与所扮演的角色完合一，并用真实的表演来打动观众的心。似乎有一种看法，认为集中意念需要的是努力去做什么，但这却是误解，事实恰好相反。

5 完全沉浸在你的思想中，沉迷于你所关注的主题，以至于忘却其他一切的不相关的事情。如此集中意念会引发直觉的感知以及直接的洞察力，让你能看透你所关注的客体的本质，揭示其中的奥秘。

6 我们的心灵就像一块磁铁，而求知的渴望就是不可抗拒的磁力，吸引住知识和智慧，并让它们为我所用，一切知识都是这样集中意念的结果。

7 渴望大多是潜意识的。潜意识的渴望能够激发心灵的能力，使困难的问题迎刃而解。渴望，加上意念的集中，有助于我们了解自然界的一切秘密。

8 意念的集中能够激发潜意识的理念，并引导它行动的方向，驱使它实现我们的意图。集中意念的实践，包括对物质、精神和身体的控制。仅凭一时的热情没有任何价值，想要实现目标，必须有极大的自信才成。

9 自然界中的一切，不管是物质的、精神的还是身体的，一切意识模式都必须在我们的掌握之中。因此，控制因素在于精神原则；精神原则能够使你摆脱有限的成就，使你能够达到把思想模式转化为性格和意识的境界。

10 在拥有“分外之物”之前，必须有可以容纳这些“分外之物”的“领地”。集中意念的重点不是考虑某些想法，而是指把这些想法转变为实用价值。

11 理想和现实有时会有很大的差距，心灵想要展翅翱翔，很可能还没有等它飞高，就已跌落在平地。精神可能会把理想定得过高，却发现心有余而力不足。但是这一切，都不能成为我们不再进行下一次尝试的理由，如果没有取得成功就说明我们付出的努力还不够。

12 软弱可能是出于肉体的局限或精神的不确定状态，软弱是精神成就的唯一障碍。重新尝试一下——不断的重复终会让你获得游刃有余的完美感觉。

13 人们把精力集中在生活问题上，我们才有了今日庞大而复杂的社会结构，一切事物都是如此。地质学家把注意力集中在地下底层的构造上，我们就有了地质学；天文学家把注意力集中在星体之上，于是就发现了天体的奥秘。

14 渴望是一种最为强大的行为模式。一切精神发现和精神成就都是热切的渴望加上意念的集中所致，渴望越是热切持久，得到的发现就越是明白无误。

15 在实现伟大思想的过程中，在经历与这些伟大思想相吻合的伟大情感的过程中，心灵处于这样一种状态，它能够欣赏更高事物的价值。

16 意念的集中能打开疑惑、软弱、无力、自卑的镣铐，让你品尝到征服的乐趣。在一段时间内高度集中意念，加上对实现与获取的长久渴望，可能会比成年累月的被动、缓慢、常规的努力更加有效。

17 渴望是一种先决性的力量，一切商业关系都是理想的客观化。商业课程非常重视意念的集中，鼓励性格中果断的一面。商业活动开发实践中的洞察力，以及迅速做出结论的能力。每一宗商业活动，其中的精神因素都是占主导地位的成分。商业行为中可以培养很多坚定的、重要的美德。心灵在商业活动中稳固、定向地成长；精神活动的效率不断增强。

18 最重要的是心灵的成长，坚持不懈的精神努力，有助于开发你的独创性和进取精神，这使得精神不会受到无缘无故的干扰和本能冲动的左右。心灵的成长是自我从低层向高层迈进过程中的胜利。

19 发电机威力无比，但是如果没有被启动，就什么力量也发挥不出来。我们的心灵就是身体发电机的开关，只有心灵才能使身体运转，使它产生效力，使它产生的能量明确有效地集中。心灵是引擎，它的能量为前人所不敢想象。

20 如果你把意念集中在一些重要的事情上面，直觉的力量就开始运作了，它会帮助你获得引导你走向成功的讯息。集中意念只不过是意识的聚焦达到了与关注对象合而为一的程度而已。正如维持生命需要摄入食物一样，精神也需要摄入它所关注的客体，使它获得生命与存在的本质，没有任何神秘可言。

21 人类的直觉仿佛是冥冥中神的指引，直觉不需要凭借经验或是记忆就可以获得答案。利用直觉来解决问题通常超越了理性能力的范畴。直觉常常不期而至，令你惊喜万分。直觉往往会出其不意地直接击中我们寻求了许久的真理，让人感觉它似乎是来自更高层次的力量。直觉可以培养，可以开发。为了培养直觉，有必要认识它、欣赏它。如果直觉做客你家，你要给予它一个皇室的接待礼仪，这样它还会再次光临。你的接待越是热情，它的光临就越是频繁。但如果你对它不理不睬或视而不见，它的拜访就会越来越少，与你渐行渐远。

22 潜意识是一个常胜将军，他所向披靡，无所不能。当赋予潜意识以行动的力量时，它所能做的事情是没有止境的。如果你的愿望与自然法则或宇宙精神和谐一致，潜意识就会解放你的心灵，赋予你战无不胜的勇气。你取得何种程度的成就完全取决于你的愿望的本质。

23 我们跨越的每一个障碍，获得的每一次胜利，都会增强我们的信心，这样，就会有更大的力量去赢得更多的胜利。你的勇气取决于你的精神状态，如果你表现出成功自信的精神状态，并充满了百折不挠的信念，你就会从肉眼看不见的领域中汲取到无声的需求。

24 我们有时候弄不清自己到底想要什么，可能在追求名声，而不是荣誉；可能在追求富贵，而不是财富；可能在追求地位，而不是支配权。在这些情况下，等你刚刚追上它们的时候，你就会发现，这些只不过是过眼烟云而已。只要对心灵中的想法保持忠贞，至死不渝，它就会逐渐在客观世界中成形。

25 明确的目标，本身就是一个动因，它在不可见的世界中为你寻找到实现目标所需的一切材料。你正在追求的，可能是力量的符号，而不是力量本身。

26 一个为了财富而终日奔波劳碌、拥有巨额支票、口袋里沉甸甸地装满黄金的人最终会发现，大量的金钱不过是一个数字而已。金钱以及其他一些纯粹的力量符号，往往是人们竞相追逐的对象，但如果认识到了真正的力量之源的话，我们就可以不理睬这些符号了。同样，寻找到了真正的力量之源的人，也不再对力量的伪饰或赝品感兴趣了。

27 思想常常会带来外在世界的变革，但是如果把思想的矛头对准内在的世界，思想就会把握一切事物的基本准则，就能领略万事万物的核心和精神。

28 如果你能把握万物的本质，你就可以比较容易地领会它们，使它们听命于你。事物的精神本质就是事物本身，是它的核心部分，是它的真实存在。外部形态不过是内在精神的外在显现而已。

29 有心栽花花不发，无心插柳柳成荫，力量来自于放松。完全放松下来，不要对结果忧心忡忡。集中心神意念，不要有意识地为实现目标而努力去做什么。对关注的目标凝神思考，直到你的意念完全与它合而为一，直到你再也意识不到别的东西存在。

有能力的商业人士为什么都有一间单独的办公室？这是因为直觉通常在“寂静”中获得。伟大的心灵常常喜欢独处，在这里他不会受到外界的干扰。正是在静默、独处中，许多生命的重大问题得以解决。如果你没有这个条件，你至少可以找到一个可以让你每天独处几分钟的场所，在那里训练你的思维，使你能够开发自己的能力—— 一种非常有必要获得的、让你战无不胜的能力。

永远把意念集中在你的目标上，把没有实现的目标当作既成事实；如果你希望消除恐惧，那么就把意念集中在勇气上；如果你想要消除疾病，那么就把意念集中在健康上；如果你希望消除匮乏，那么就把意念集中在富足上。这是引发“因”的生命法则，而正是这些“因”，诱导、指引并建立起必要的关联，从而在物质形态上实现你的目标。

互惠行为

所有人都处于各种各样的社会关系之中，都不是独立存在的。一个男人可能拥有多种身份和角色，处在多种社会关系的交集中。他既是父亲又是儿子，既是丈夫又是兄弟。同样，女人也是如此，在不同的社会关系中扮演不同的角色，不同的角色赋予她们不同的任务和责任。因此，一个人的存在，在于他和整体的关系，在于他和其他人的关联，在于他和社会的联系。这种联系构成了他的环境，而不可能是通过其他方式。

因此很显然，个体不能脱离整体，个体不过是宇宙精神的分化，这种宇宙精神，将“照亮一切生在世上的人”。而宇宙所谓的个体化或人格化不过就是个体和整体的关联的方式。这种关联的方式，我们称其为环境，这种环境是由引力法则主导的。

为了生存我们必须获取生存资料，这一点是由引力法则决定的。正是这一法则，使个体与宇宙区分开来，使我们能更加透彻地看待这一问题，也使我们更好地掌握引力法则，让它为我们所用。

1 一切都在变，不变的只有变化。包括世界的思想观念在内的所有事物的变化正在我们身边发生，成为自异教衰亡以来这个世界所经历的最为重大的思想变革。

2 无论是黑人还是白人，无论是穷人还是富人，无论是基督教徒还是天主教徒，无论是最上层、最有教养的人群还是最底层的普通群众，正在进行着这场人类历史上空前的革命，正经历着观念的改变。然而有的人对此明察秋毫，有的人却对此麻木不仁。

3 走进生物的国度，你会发现一切都处于流体状态，永远在变化，永远被创造、再创造。在矿物世界中，看起来一切都是固体的、不易挥发的，其实不然，它们也无时无刻不在发生着细微的变化。

4 每一个领域，总是在变得越来越美好，越来越精神化，从有形演变为无形，从粗糙演变为精致，从低潜能量演变为高潜能量。当我们抵达无形世界的时候，就会发现，能量处于最纯粹、最活跃的状态，它随时准备被激发。

5 长期被传统的桎梏羁绊的人们已经挣脱了所有的束缚，代表新文明的眼界、信念与服务正在不知不觉中取代了旧的习俗、教条、残暴等一切陈腐的、不适应时代发展的东西。如今，科学发现浩如烟海，揭示出无尽的资源、无数种可能，展现出那么多不为人知的力量。科学家们越来越难于肯定某种理论，称之为定规定法、不容置疑；同样，也极难彻底否定某些理论，称之为荒诞不经、绝无可能。

6 一种来自我们内心的全新的力量和意识正以令人难以置信的意志和决心唤醒处于酣眠中的世界，也让我们对自己的内心重新审视。

7 从分子到原子，从原子到量子，世界的有形实体已经被人们细化到了极致，它的内部构造人们已经看得非常明白、透彻。所以接下来我们要做的事情就是细分精神，找到精神的量子。“能量，就其终极本质而言，只有当它表现为我们所说的‘精神’或‘意志’的直接运转时，方可被我们所理解。”安布罗斯·佛莱明如是说。

8 世事的风云变迁，只不过是精神事务而已。推理，是精神的过程；观念，则是精神的孕育；问题，其实是精神的探照灯和逻辑学；而论辩与哲学，就是精神的组织机体。这种精神是居住在我们内心的终极能量。它存在于物质也存在于心灵。它就是维持一切、使生命能量充满一切、无处不在的宇宙能量。

9 人与动物最大的区别在于脑容量的不同，也就是智慧上的差异。正是这种智慧，使动物比植物高一个等级，使人类比动物又高一个等级。

10 一切生命个体都靠着这种全能的智慧而生存，我们发现，人类个体生命的差异，大多数是由他们在何种程度上能够体现出这种全能的宇宙智慧来决定。我们知道，这种逐层递增的智慧在人类身上，表现为人类个体控制自己的行为模式，以及按照环境调适自身的能力。智慧的程度越高，我们越是能够理解这些自然法则，就能拥有更高更强的能力。

11 所有伟大的心灵都要进行调适，如同钟表需要对时一样。所谓的调适无非是对于宇宙精神现存秩序的认知。人们都知道，我们只有首先遵从宇宙精神，宇宙精神才会听从我们的吩咐。

12 宇宙精神能够对一切需求做出回应，因为宇宙精神本身也遵从着自身存在的规律，这就是自然法则。对自然法则的认知使我们能够跨越时空的距离，使我们能够在高天之上翱翔，也能让钢筋铁骨在水面上漂浮。正是因为人类能够认识到，人类自我是宇宙智慧的个体形式，因此，人类就能够控制那些没有达到这种自我认知程度的个体。

13 我们的思想极其活跃，是具有能动性的。然而这种创造力并非源自于人类个体，而是来源于宇宙。宇宙是一切能量与物质的源泉；而个体不过是宇宙能量分流的渠道而已。

14 整体要靠个体来表现，宇宙通过个体，创造种种不同的组合，因此就有了种种现象的发生，本原物质的运动频率各不相同，它所创造出来的新的物质在振动频率上与原来的物质保持严格一致，这些都遵从振动原理。

15 思想其实是看不见的桥梁和纽带，它使个体与宇宙、有限与无限、有形与无形的领域联系在一起。人类能够思想、感觉、行动、获得知识，这些都是思想的魔力，思想是人类的第一特征。

16 随着科技的进步和发展，人的眼光变远了，凭借高倍数的天文望远镜，肉眼可以看到几百万英里以外的世界；同样，人类借助恰当的领悟，就能够与宇宙精神这一切力量的源泉建立起联系。

17 人类认识的过程就好比一个内部没有录像带的录像机，如果没有理解和领悟就什么也不会留下，只是一个空镜头。

18 所谓的领悟不过是一个信念而已，除此之外什么也不是。食人族也有他们的信念，但那种信念又有什么用呢？唯一对人有价值的信念，就是能够被实践检验证明的信念。经过验证后的信念就不再是信念而已，它转化成了有生命的信仰和真理。这个真理已经经过成千上万人的检验，只需要通过合适的方法手段加以运用。

19 很久以前，人类能看到的不过是头顶上的一片天空。人类要想定位数亿英里以外的星球，没有足够倍数的望远镜是万万做不到的。因此，科学也在不断发展，更大、更清晰的望远镜被研制出来，人类因此更多地了解了天体的知识，不断收获巨大的成果，人类的视野变得异常开阔。

20 人类对精神世界的领悟也是这样，精神的望远镜也在不断更新换代。人们在与宇宙精神及其无限可能相联系的方法上，也在不断获得巨大的进步。

21 事物之间有着强大的吸引力，宇宙精神通过引力法则在客观世界中彰显。每个原子对其他的原子都产生了无穷大的引力。万物正是通过这种吸引、结合的法则相互联系在一起。这个原理是有普遍意义的，也是一切现有结果赖以产生的唯一途径。

22 生长是生命的表现，生长力通过宇宙原理得到表达，这种表达最为美丽壮观。为了生长，我们必须获得生长所需的必需品，因此，成长是建立在互惠行为的条件上。我们知道，在精神层面上，同类事物相互吸引，而精神的振动只对那些与它们保持和谐一致的振动做出回应，对与它相悖的事物视而不见。

23 富裕和贫穷是天生的敌人，富足的想法只对那些类似的意念产生回应。人的财富与他的内在一致。内在的富足是外在富足的秘密，它吸引着外在财富来到你身边，而拒贫穷于千里之外。人类真正的财富资源在于他的生产能力。他会不断地付出、给予；他付出的越多，收获的也就越多。因此，一个人如果在他所着手进行的工作中投入全部的身心，那么他的成功是没有止境的。

24 思想是借助引力法则运行的一种能量，它的最终体现是客观世界的丰裕富足。那些华尔街的金融大亨们，那些产业领袖、大律师、政治家、发明家、作家、医生，他们除了自己的思想，还有什么可以贡献出来增进人类的福祉呢？然而他们只是贡献了思想就令他们的形象无比光辉。

25 宇宙精神是保持平衡状态的静态精神或物质。我们的思考能力使宇宙精神在形式上分化。

26 力量取决于对力量的认识。如果我们不去运用力量，我们就会失去力量。如果我们不认识力量，又如何去运用它呢？对精神力量的运用，取决于意念的集中。意念集中的程度决定着我们获取知识的能力，而知识不过是力量的代名词。

27 专注是现在的热门话题，也是许多人成功的秘诀，意念的集中是一切天才的特质。这一能力的培养建立在练习、实践的基础之上。

28 人体就像一部不停运转的复杂机器，需要吐纳，需要新陈代谢。我们这周的练习是把注意力放在自己的创造力上，认识到个人肉体的生存、行动，需要靠空气来维持，必须呼吸，才能活着。接下来，让思想停留在这样一个事实上：人的精神的生存、行动也是如此，需要吸收一种更为微妙的能量，才能延续下来。

29 没有种子，就不会长出幼苗，更不会有日后的参天大树。在自然界中，如果没有播种，就没有生命长成；结出的果实绝对不会比生育它的植物本身高一个等级。同样，在精神世界中也是如此，只有播下种子，才能结出果实。而结什么样的果实，则取决于种子的性质。所以，你一切的境遇都取决于你对这种因果循环法则的领悟，这种领悟是人类意识的最高境界。

兴趣产生动力，每个人都把做自己喜欢做的事当作享受，而把做自己不喜欢的事视为折磨。注意力集中的动机是兴趣，兴趣越高，注意力越是集中；而注意力越是集中，兴趣就越大，这是作用和反作用的结果。让我们从注意力的集中开始做起。这样，不久就会激发起你的兴趣；而兴趣的产生会引起你更多的注意，这种注意力会引起你更多的兴趣，如此不断地循环往复。

知识战胜恐惧

恐惧是由某种危险所引起的消极情绪，通常个体认为自己无力克服这种危险而试图回避。无论在动物界还是人类，恐惧都是广泛存在着的一种情绪反应。动物遇到天敌或处境危险时都会表现出恐惧，而人类因为有了语言和文字，恐惧的对象变得更为广泛，尤其是人类极其丰富的想象力及其特有的象征性思维，使得恐惧更是无处不在，无时不有。

恐惧是思想的一种强有力的形式。恐惧是由肾上腺素分泌产生的，它能够麻痹神经中枢，影响到血液的循环，而这些反过来又会影响肌肉系统。因此，恐惧影响着整个生命存在，身体、大脑和神经，这些影响包括身体的、精神的和肌肉的。

害怕、不安、担心、恐怖、惊吓、惊慌、担忧、犹豫、胆怯、困扰、不安全感、忧心忡忡、沮丧、惊恐不安、惊骇、惊慌失措、畏惧、战栗、大祸临头、末日将至——这些人类社会描述恐惧的词汇是如此丰富，足可证明恐惧的普遍存在，可见人类战胜恐惧的任务是何等的艰巨。

当我们全心全意只想自己的时候我们就会感到恐惧，如果我们能够把注意力转移到别人身上，恐惧就消失了。总而言之，恐惧是一种过分的自我关注。当然，战胜恐惧的方式是对于力量的认识。被我们称作

“力量”的这种神秘的生命力到底是什么呢？我们不知道，但这并不影响我们使用这种力量。

生命就是如此。尽管我们不知道它是什么，可能永远也不会知道，但我们知道这是一种运行在生命体中的主要力量，只要遵循这种力量的法则和原理，我们就足以让这种生命的能量如滔滔江水般涌入自己的胸怀，提升生命的潜能，从而最大可能地释放精神、道德和心灵的功效。如同我们不知道电是何物。但是我们知道如果遵循电的法则，电就会成为我们听话的仆人；它能照亮我们的家庭、我们的城市，使机器发动起来，并在其他方面为我们服务。

1　人类对于真理的探索，是一种合乎逻辑的运作，是系统化的进程，不再是盲目的探险。经验在成型之前，我们都能在意识中得到指引。

2　追根究底，所谓的探索真理，其实就是在探索终极动因。回顾人类发展史，每一次经历都会有一个结果，一旦我们能把经历的原因确定，就能够据此有意识地加以控制，如此一来，我们自身一切的遭遇都能在我们的展望和掌握之中。

3　按照这种说法，人生，绝不是一场命运的球赛；人，也绝不是际遇的玩偶。我们要做自己命运的主人，际遇的舵手，就像司机驾驶火车和汽车一样，牢牢握住自己人生的方向盘。

4　世间万物都流转在同一个体系，彼此之间绝不是彼此孤立，或者是相对立的；它们之间都有着千丝万缕的联系，在一定条件下可以相互转化。

5 物质世界中存在着不计其数的对立面：一切事物有不同颜色、形状、大小，有两极，还有内外；有肉眼看得到的，也有我们肉眼无法观察到的。这其实都是我们人类为了方便称呼而赋予它们的不同名称。所有这些，都只是表达方式上的差异。

6 一个事物的两个方面被我们冠以不同的名称，实际上，这两方面都是相互关联的，绝不是两个独立的实体，而是这个整体事物的两个部分。

7 精神世界的法则与此无异。就好像我们经常用两个词——“知识”和“无知”，其实，无知只是知识缺乏的一种状态，说到底它们是在表达一个意思。

8 同样的规律在道德世界中随处可见:“善”与“恶”，“善”是有意义的，也是可以被触摸和被感知的；而“恶”呢，无非是一种反面的状态，“善”缺席，就变成了“恶”。尽管有时候“恶”同样也是一种客观存在，但是它没有法则可循，没有生命，缺乏活力，总是被“善”摧毁，就如同光明驱走黑暗，真理打败谬论一样。当“善”现身，“恶”就会灭迹。因此，在道德的世界中，只有一个法则，那就是“善”。

9 在精神世界中也同理可证。就好像我们说到的“物质”和“精神”，听起来似乎是两个独立的实体，但是毋庸置疑的，精神世界中也只存在唯一的法则——精神的法则。

10 物质是不断变化、更新和替代的，在漫长的时间长河里，一日和千年无本质区别；而精神却是永恒真实存在的。如果我们地处一个大都市，看高楼大厦，看车水马龙，看霓虹闪烁，这些物质文明都绝不是一个世纪之前的人能想象和企及的。而如果我们的子子孙孙在百年之后依然站在我们今天的位置看这个物质世界，他们会对我们今天所拥有的一切依然毫无概念，因为今天的一切早就在历史的长河里消失得无影无踪了。

11 这唯一的变化法则依然可以通用于动物世界。成千上万的动物在度完自己短短几年的生命之后消失了。植物世界亦然，多少植物有着昙花一现的光景，那仅仅拥有一年生命的草本植物……也许只有在无机世界中，我们才能期待更永久一点的存在。然而，沧海桑田的变幻让我们无奈：曾经的汹涌大海如果变成了陆地，曾经的平湖如果耸立起高山，站在约塞米蒂国家公园的大峡谷面前，我们会无限感慨被冰川吞吐之后留下的斑斑履迹……

12 我们，时刻处于瞬息万变之中，变化的根源来自于宇宙精神的演变，万事万物都逃不过这个最初的体系。物质，不过是精神借用的一种形式、一个条件，本身没有任何原理、法则可言，主宰世界的唯一法则和原理就是——精神法则。

13 就此，我们完全可以笃定，精神法则通行和主宰了物质世界、精神世界、道德世界和我们人类的心灵世界，是唯一和不可替代的。

14 要知道，精神是处于静止状态的，是静态的。人类的思考能力是它作用于宇宙精神并使宇宙精神转化成动态心智的能力。精神的运动状态就形成了我们所谓的动态心智。

15 要运动就必须具备充足的动力燃料，食物就是这些燃料的物质形式。一个人不吃东西就无法思考。精神的运动行为，也就是我们所说的思维过程，如果不借助一定的物质手段，当然也就不可能转化成为快乐和福祉的源泉。

16 因此，人要思考，要让宇宙精神发挥作用，就必须借助食物——这种物质形式提供能量。这就好比要把电力转化成动态能量，就首先需要一定的能量创造电力；要想让植物茁壮生长，就必须借助阳光提供能量。

17 说到这，你应该已经明白，思想从不停止地在客观物质世界中成形，寻求表达的出口。即使你还没有意识到这一点，你也绝不能忽视这样的事实——你强大的、积极的、颇有建设性的思想会体现在你的健康水平、事业经营的状态，以及你的生活际遇中；而你那些负面的、软弱的、具有破坏性的思想，也会在生活中带给你恐惧、不安、忧虑的情绪，让你的生活变得困顿、颓丧，在你的事业、感情中产生不和谐的音符。

18 力量产生财富，财富只有被赋予力量时才会真的变得有价值。世间万物，都表现为一定的形态和一定程度的力量。

19 蒸汽、电力、化合力、重力等原理都无一例外地重复论证着因果循环这一真理，它让人能够大胆无畏地制订并执行计划。自然法则统治整个自然界，然而，精神能量与自然物质的能量是并存的。所谓的精神能量，就是来自我们人类心灵和心理的力量。

20 我们习得知识的中小学，乃至是大专院校，都只是我们精神能量的发电站，是用来开发我们心灵潜力的地方，除此之外，没有任何持续性的价值。

21 要想让看起来那么笨重的庞大机器运转起来，就需要有很多的发电厂为它们提供能量。人类发掘了很多原材料，被转化之后可以增强我们生活的舒适度。与此类似的，我们的精神发电厂也需要寻觅这样的原材料，同时加以开发培育，最终要转化成远高于一切自然力的能量。如此看来，比起这些看起来神奇非凡的自然力，精神力量似乎显得更为伟大和高深。

22 那么，精神发电厂需要寻找的原材料到底是什么呢？是什么材质才能最终转化成能够控制其他一切能量的力量呢？这种原材料的静态形式和动态形式分别就是精神和思想。

23 这种能量存在于一个更高的层面上，超越一切，它使得人类能够发现自然界的法则，使得人类能够开发和利用自然界伟大神奇的能量，跨越时空的距离，战胜重力原理，这是人类几代人或者几十代人的辛苦劳动都无法成就的。

24 思想，充满能量、不断发展。自上半个世纪以来，它就创造了无数看似不可能的奇迹，这在前50年，甚至是前25年都无法想象。如果精神发电厂在这50年之内就筑出这样不可小觑的辉煌，那么，可以推想，下一个50年之后的我们，又将会站在一个怎样的高度呢？

25 万物之源，无限广大。从科学的角度讲，我们知道，光传播的速度是每秒186 000英里，宇宙中有很多星球上的光线经过2000多年才到达地球，而光的传播形式是光波，光线传播的以太（媒介）只有是连续的，光线才能穿越那么漫长的距离到达地球。因此，我们可以确信：物质产生的本原，也就是以太（媒介），是普遍存在的。

26 在形式上又如何体现呢？联系到电学中来讲，我们把电池的两极——铜和锌的两极连接起来，就形成了电路，电流在其中通过就产生了能量。其实，任何事物的两极都会出现类似的情况，同时还因为所有事物的外在形态都跟它振动的频率有关，说到底就是原子之间的关系。因此，我们只有通过改变事物的两极，才能期望去改变客观环境中的表现形式。这就是所谓的因果循环。

27 透过现象看本质，我们必须从思想上充分意识到，一切事物的表象都并非真实：地球不是静止的，也不是方的；太阳没有绕地运行；天空也不是我们看起来的那个巨大的穹庐；星星并非只有那么一点点微弱的光芒；物质也不是像我们所认为的那样静止不动，而是处于永恒的运动状态之中。

28 按照这个思路走下去，总有一天——也许就在某个拂晓时分，我们知道了越来越多宇宙精神的运行原理，人类所有的思想和行为模式都会因此而做出调整和改变。这一天，指日可待！

我们早已习惯通过每天的进食来源源不断地给身体提供所需的养分和能量。在吸收精神食粮方面，我们当然也需要多一点的耐心和坚持。本周你们可以尝试每天花上短短几分钟的时间来做集中意念的练习——全身心地沉浸在你的思想所能触及的客体中，不接受外部任何刺激和影响。记住，一定要专注，要投入。

思想主导一切

从古至今，人们都从未间断过对一个问题的探讨，即“恶从何来”。因为宗教向我们诠释了神的全知全能以及对众生的普度与关照。既然神爱我们，那么世间又缘何仍存在众多邪恶与黑暗？

神即为众生，万物之灵。

上帝按照自身的形象创造了人。

众生、万物、人皆起因于创造，因此创造力才是神，或称之为灵。

所以，人也是创造力的产物，是内部世界的“精神”在外部世界的一种形式的体现。

这种精神具有一种特殊且唯一的属性，即思考。

思考所表达出的思想即是创造力的不断再现，是创造这一过程本身。

所以，世间的一切都可称之为思想过程的产物。

外部所显现的世界中不论发生或毁灭皆是创造力的产物，也就是思想过程的产物。

世间人们肉眼可见的各种发明创造、组织结构以及建设性活动，都是思想创造力的产物。

当思想的创造力缔造出对人类自身有益的或所谓好的、人们向往的结果时，我们就称这个结果是“善”。

当思想创造力产生出对人类自身有害的或所谓坏

的、人们不希望见到的结果时，我们就称这个结果为“恶”。

如此这样我们就可以简单地区分善与恶。同时也解释了它们的起源；创造本身不过是思想的过程，而善与恶的名称皆用来形容这种伟大创造过程所产生的不同“果”。这个“果”即是思考或创造过程所产生的。

不同的思想决定着人类行为的种种，我们又以不同的人生行为产生出不同的人生之“果”。

第二十课对于这个深入且重要的话题进行了更多的阐述。

1 精神具有永恒不变的属性。我们依照精神的表现而证实自我的存在。精神表现出何种自我，我们也就的确是精神所再现出的模样，如若精神消失，那么人也就随之消失。当我们深刻领悟到精神的主观能动性时，精神就会因此而受到激发并变得更加充沛。

2 当我们对身边可用的资源知晓时，我们才会对它们加以运用。就像我们知道我们拥有财富，便会使用财富去改造或经营我们的生活。但如果你从不知晓它的存在，也不懂得加以运用，那么任何事物的存在对你将失去意义。因此，当我们没能意识到这种巨大精神财富就真实地存在着，我们也同样不会利用它去为我们创造更有价值的东西，因此如果想得到精神的帮助，就要了解它、相信它、运用它。

3 认识与了解是一切事物被创造出的基础，创造力的巨大作用要依靠于主观意识和思考过程而产生。它们的协同作用将我们内在的、肉眼不可能看见的主观世界转变为可见、可知、可触的外部世界中的一切环境或遭遇。

4 生存的价值往往可以通过思考体现出来，通过思考，人可以获得巨大的潜能。终其一生，其实每一分钟无不是依赖着思想和意识的创造性活动而存在。思想犹如一只神奇而有力的大手，操控且美化着我们的生活。如果我们对这只大手的魔力一无所知，那么生活又将变成怎样？

5 我们无法想象，如果你真的如上面所说对这只无形的大手始终一无所知，那么我们就如愚钝者对于世界的认识，片面而浅薄。会不由自主地将自己的命运交托到思考者的手上，他们借助于思考，增强了自身的力量，轻易地将我们的生活主宰。这种主宰不必依存于任何财富的收买或暴力的干预，仅仅是通过他们的主观“心力”即可以将我们的命运拿捏、把玩。因此不去思考的人在生命的路程中，必将走更多的弯路，将比思考者付出更多且完全无必要的艰难与辛苦。

6 当我们一旦掌握了思考可以创造一切，并能够改变一切的力量法则，我们即可以完全地信任并使用它，因为一切法则都应该不改变。这样我们才可以持续不断地将这些原理、方法、能量以及精神产物领悟透彻，从而开辟出我们自身与最强大的宇宙精神之间的通道。

7 当我们信任并使用这种法则，它自身的恒定性就必将给我们的生活带来福音，我们可以借此与宇宙精神保持连接，去体悟和实践它的能量。同时，宇宙精神也依靠我们个体去创造和改变世间万物。

8 当你逐渐体悟到你完全可以通过思考过程做到与宇宙精神本质的合而为一，那么此时此刻的你将可以成功地转变为宇宙精神的信使。你的所作所为皆是宇宙精神在世间的真实再现。行动吧，此时你的手中正执着一把金光闪闪的利剑,它赋予你无穷的力量，头脑中的创造力也正如一场熊熊燃烧着的烈火，将你生命中的所有激情与能量点燃与释放！这种庞大的力量将你的生命推至无限活力与能力的巅峰，与宇宙中那无法得见的精神相连。它对于你的激发与帮助，使你可以完全地信任并依赖它，果敢地始终使用这种能量去改造和美化你的生活。

9 那么当你预先想获得这种能量之时，就要给自己创造出一种平和而静寂的内心环境。这种静默之中所感知到的力量源泉才是最真切而具体的。让宇宙精神在你的身上一如海面上漂流的五色瓶，唯有平静的海面才可以令它惬意而舒缓地漂浮于上，让其在阳光的照射下折射出迷人的光芒。

10 当你领悟了这种力量的使用方法，你就要去不断地琢磨和思考这种方法的整个过程。当你无数次地在你的脑海中勾勒出它的形象并对这个过程了如指掌，那么你就犹如被上天戴上了一顶智慧的光环，无论身处何时何地都可以对这种力量控制自如。

11 我们也许无法窥探到我们内在世界的全貌，它却实实在在地存在于我们的思维中。当你相信它的存在并去认真找寻、练习、揣摩它，你就会发现其实它是一切存在的最根本。它不仅可以帮助你，同时也可以帮助身边的所有人慢慢了解自己的内心，了解一切人、事、环境的内在与外在，从而缔造出自己内心中的王国，并通过自身的努力将美好的“天国”梦想变为现实。

12 这个法则的永恒不变性同时也为我们带来了另一个难题，什么样的思维就会产生什么样的结果。即使结果是“恶”的，那也是由我们自身而来。这一法则的运行从来都是精确无误的，绝不偏离。如果我们思考的是匮乏、局限、混乱，我们就会处处遭逢恶果；如果我们思考的是贫困、不幸、疾病，那么思想本身就为我们打开了人世间的潘多拉魔盒，各种劫难皆会接踵而来。有其因必有其果，因果始终如影随形。若我们自身恐惧这些灾难，那么灾难就会降临我身，如果我们的思想冷酷而愚昧，我们将面对的也必是存于无限未知中的恶果。

13 由此我们已知这种能量同时具备着创造性和毁灭性，它既像光环也像孙悟空的金箍戴在我们的头上。我们如果掌握了恰当的使用方法，人生就犹如得到了上天的庇护，它将时刻赋予我们能量与希望；但如果我们错误地使用了它，也极有可能为我们自身带来灾难性的后果。借助于这种无穷的力量，我们可以自信而勇敢地去实践以往生活中我们曾因恐惧、担心、能力不足而放弃了的想法与愿望，那时你会发现灵感与天才已不是普通人一生都不敢想象的梦。

14 创造性思维为我们带来非同凡响的灵感。非常的想法就必须借助于非常的手段与方法去付诸实施。我们要拥有打破常规的勇气，直到我们能够认识到一切力量都必源于我们自身内在，灵感也会随之源源不断。

15 灵感是一种实现的艺术。是个体精神通过与宇宙精神合而为一并据世间情形做出适应与调整的艺术。它懂得用有效的机制去保障自己运行的通畅性并可以将世间的一切无形，通过思维转化为有形的再现。它可以将不完美变成完美，将无形变为有形，将不可能变成可能。灵感正是通过自身的实现过程协助我们完成了我们自身的实现过程。

16 这种无限的力量无处不在，它不仅存在于无限广大的空间当中，也存在于我们无法想象的微小空间之中。无论何时何处我们只要接受并掌握这样的事实，也就掌握了这种力量精神。它恒定不变的本性使它因此不可再分，它的稳定使我们随时随地可以求助于它。

17 理性与情感从来都是一对密不可分的伙伴。当我们已经从理性上完全接受并信任这种力量时，我们的情感又是否与我们的伙伴一道信任并接受它呢？一种观念或方法的植入需要全面而良好的土壤，当情感也开始接受并一同发挥作用时思想才会焕发出勃勃生机。

18 当我们准备孕育灵感时，一定要为它创造平和而安静的环境。让自己的肌肉放松、感官静止，进入休眠状态，我们可称其为完全的“寂静”。当你体悟到了自身的平衡和力量时，就可以愉悦而放心地去接受灵感及智慧的洗礼。

19 灵感力量的获取并非迷信或者巫术，它们全无相同之处。灵感是通过体悟与思维，运用正确的方法从“寂静”中获得。作为接受者，它为我们的生活带来无穷希望与改变。当我们领会了这种无形的力量便抓住了人生中一次最为重要的命运机缘，它非但没有使我们变成它的奴隶反而作为服务者更加热切而忠实地协助我们，赋予我们无穷的力量，使我们在生活中逐渐变得能力非凡。

20 通过呼吸，我们可以给生命提供更富足的养料，无意识的呼吸与自主的、有意图的呼吸会产生完全不同的结果。当我们意识到了这一点，那么我们就要调整自己的意识状态去主动地认识并接纳这种行为背后的意义，并通过情感上的主动性确保它能够持久且坚定地被执行。

21 需求带来供应的必需。当我们有意识地去增长需求，那么身体的力量也会帮助我们去发掘这种需求并积极配合，同时给予供应的增长。生命因此而变得更加丰富，能量、活力都会较之以往大大增强。

22 这个道理其实很简单。同时还有另外一个生命的奥秘是几乎从来不为人所知的。如果我们能够真正地了解并掌握它，就会为自己的生命带来一个最有意义的伟大发现。

23 是否有人曾经告诉过你，有这样一种物质，充盈于我们整个生活当中。我们生活并存在于“它”其中，也同时在“它”中呼吸、运动。“它”被解释为“灵”。“灵”被解释为“爱”。因此每当我们呼吸时，吸纳到体内的都是这种生命、这种爱、这个灵。这就是“气能”，虽然我们常常会提及它，但并不知晓它会在我们生活中有着如此巨大的作用，气的存在不可或缺，它可以被看成是整个宇宙的能量。

24 每当我们呼吸的时候，肺部在吸入空气的同时也吸入了这种“气能”，让生命本身徐徐注入到我们的体内，借此，我们就可以与全部的生命、智慧及物质联系起来。

25 建立自身与整个宇宙的和谐统一，并积极不断地与其保持一致，这样就可以逐渐使我们远离疾病、困境以及众多限定的规律性，走出消极生命的篱笆，通过阳光、宇宙能量更通过自身的呼与吸感受到真正的生命气息。

26 宇宙精神借由我们的身体可以自由地扎根、生长，它在我们的体内可以协助并控制我们自身创造力的维持与增长。超自然存在的生命气息让我们觉察到“真我”的精华。

27 思想的创造性本身有一种永恒不变的规律，那就是

“种瓜得瓜，种豆得豆”。最终我们想获取什么样的思想必然依赖于这种思想被创造时所处的环境。我们自身拥有什么才会提供给思想以什么样的物质，不同的环境所造就的思想也截然不同。无论我们创造得好坏，那都是我们自身所产生的结果。因此，我们的所作所为完全和我们的“存在”本质相吻合，而我们的存在取决于我们的“思想”。我们的思考结果也总是与我们的思想状态保持着惊人的一致。如若想保持思维的正确性不致偏离方向而产生错误的结果，那么比较简单而有效的方法就是始终如一地与宇宙精神保持统一。这样就不致因混乱不堪的思想，产生出破坏性的结果。就如你掌握了创造力的金手指，你可以用其造福自身，也可因用其不当将自身毁灭。当心这种神奇且巨大的创造潜能，它可载你，也可覆你。

28 意志能够帮助我们远离这种境地吗？答案是否定的，“自由意志”提供给我们的危险，远非个人意志力可以强制性地迫其结果进行改变；创造力的基本原理普遍存在，那种寄希望于通过个人意志使宇宙力量依存我们的想法是一种对事实原则的歪曲。因其本身与宇宙精神背道而驰，即使一时可侥幸成功，最终也难逃恶果。

29 面对强大而不可抗拒的宇宙力量，如若希望它能够帮助我们，就不要妄图通过主观意志去操控它。只有虔心真诚地去顺应它，与其达成实质上的和谐统一，才有机会被赋予等同的能量，获得与其协调一致的去创造、去为自身理想工作的机会，才能在最大程度上激发出内在的自我潜能，创造生命中的奇迹。

你这一周的作业是，给自己创造平和的心境。进入到我们所谓的“寂静”的状态中去，接下来调动思维思考一个道理——我们自身作为“气能”之中的一个个体与其有着怎样的关系？我们存在于其中，它无所不在。如果它是“灵”，那么我们也必将按照它原有的样式被创造或改变。在精神上你和它是有着共同的核心与本源的，所不同的仅仅是程度的区别。如果你与它仅有程度上的区别，那么在所有的特性上你们就应该完全相同。只有认识到这些，我们才能把握自身，区分出善恶之果、悲喜之源。这种思考会使我们与“灵”做到真正的和谐统一，集中我们的意念去解决我们生活中所要面对的所有问题。

改变人格彻底改变环境

通过前二十课的学习，我们已基本了解这种经典原理法则的特性。从本课的第七节中，你将会学到如何在现实生活中采用积极思考的方式去获得灵感，以期达到大智大慧或大的设想。

在本章的第八节中，我们将会向你揭示祈祷的秘密，为什么我们曾认为祈祷会带给我们神奇的力量？通过学习你会发现，事实上一切曾在我们的意识中出现过的想法，都会在我们的潜意识中留下痕迹，这种痕迹被长期贮存于我们的大脑中并逐渐形成自己固有的运行模式，也正是依据这种模式，创造开始为我们创造性地解决生活中的一切问题。

宇宙遵循有序的法则而运作，否则世界将变得无序而混沌。所以包含于大宇宙之中的事物皆可有其相对应的因果。外部环境相同的情况下，即因相同的前提下，定会产生相同的果。我们对上帝的祈祷也是如此，当我们向上帝祈祷并获得恩允，那么我们也势必在以后或从前的祈祷中获得恩允。这一点正遵循了宇宙有序运作的法则。无形的祈祷其实也遵循着同地球引力法则非常相似的法则，它们绝对、准确、科学。

但是，即使很多人从出生后通过学习都会知晓很多知识或定理，却极少有人会真正了解祈祷的法则。祈祷所遵循的精神法则还未被我们发觉或意识到时，已经存在于你我身边并恒久不变 地运行着。直至今天我们才得以证明并逐步认识到这个法则不仅准确且科学而严格。

1　当我们意识到宇宙精神能给我们带来巨大力量时，我们就可以让自己与宇宙精神和谐统一。宇宙精神本身将会亘古不变，永不消失。面对这个要与其保持一致的伟大目标，唯一可能产生阻力和困境的可能会是一些外因的限制和不足，但只要你从潜意识中紧随宇宙精神的实质，就一定会从局限、禁锢中解脱出来获得可望并可及的自由。

2　当我们意识到我们内在力量的巨大作用时，就可以从这种自信中获得力量与鼓励，使这种力量持续而不衰竭。

3　宇宙精神没有边界，它博大而不可再分。作为一个整体形态，它是万物产生的根源。我们作为一个单纯的个体，是用来展现它庞大力量的细小支流。我们的思想同样依据这样的法则得以在客观世界中显现。

4　宇宙精神自身所具有的无限力量犹如一个取之不尽、用之不竭的生命源头。宇宙精神之于我们每一个个体就如同母体之于胎儿，我们借由精神上的脐带与宇宙精神获得骨肉相连，从而源源不绝地丰盈自我的精神思想和思维生命。我们借由这条脐带获得生命及生活所需的全部精神能量。

5 伟大的精神行为指引我们从困境中获得新生。精神行为力量的强弱则取决于对宇宙力量法则的了解。所以，当我们逐步将自身与宇宙精神达到高度一致时，我们就会从中获得更强有力的能量去改造或控制内部世界以外的困境。

6 如何在学习运用精神力量的路途中把握方向并确保不被不良倾向所诱导？在精神理念的领域中有这样一种法则，即宏大的理念可以逐渐瓦解、抵消或摧毁渺小的理念。这个法则可以协助我们清除前进路途中的种种阻碍，逐步进入更加开阔的思想领域之中。广阔的思想会引领我们看见比以往更高更远的人生价值与目标。

7 精神自身强大的创造性可以使我们获得内心所向往的任何胜利与成功。具有了如此巨大能量即具有了大智慧、大能力以及更加开阔的眼界和宽广的胸怀。精神能量自身并不会因外界困境的强弱而有所改变。敌人无论强悍、弱小，精神能量都能够应对自如。

8 上面我们曾提到，一切思维产生的结果只要在意识中存在过，就会留下印记，这种印记经过转化形成了一种创造性的能量，去改变生活与境遇。我们通过领悟精神事实，便可清晰了解如何将意识中的内在世界植入外部世界当中。

9 我们所身处的环境与生活就是我们内在世界的外部显现，我们固有的心态会折射至行为与客观世界之中。正确的思维方式实质上是一门科学。

10 当思维印记留存于头脑之中，它会因其倾向性而引导精神发展的方向，精神的发展特点又将左右人的性格、能力和一切意图、倾向。所以说，精神倾向决定人生经历。

11 物以类聚，相同品性的事物总是相互吸引。什么样的心态就可能招引什么样的外部境遇，它对于外部世界相似事物的吸引力远远大于我们的想象。

12 如若我们希望将我们的人生加以改变，那么最简单且唯一可行的方法就是将我们内心世界的想法付诸改变。我们将心态称为人格，它来源于我们头脑中的思想。当心态改变后，人格随之改变，最后直至改变身边的所有人、事物与环境。

13 改变自身心态之路并非轻而易举，只有通过不懈的努力才有可能得以实现。当我们面对阻力时我们可以运用视觉化的艺术作用援助自己，即将头脑印象中负面的消极图像用可令自己兴奋的正面图像加以取代，从而形成圆满而令自己满意的精神图像。

14 在保存内心理想图像的同时，请不要忘记将要实现这些愿望时所必须具备的决心、能力、才华、勇气、力量或其他任何精神能量等一并贮存，并放在你内心的最深处，因为这些图像所必不可少的因素会更加容易地将你的精神与理性完全融合和对接，赋予头脑中的精神图像以勃勃生机。

15 当我们追求目标时，请自信自己可以达到理想中的最高境界，因为此时你已经被赋予了强大的力量源泉的支持，完全有能力应付眼前的一切。当我们坚定不移地向着最高目标而努力，精神能量就一定会把最高理想的现实送至你的手中。百炼成钢的道理在这里依然适用，任何事物只要我们长期不懈地坚持，多次重复就会逐渐形成习惯，习惯后的行为在实施时显得是那样轻而易举。同时，如果我们努力避免坏习惯，也会使我们逐渐从中解脱。努力实践的过程并非一帆风顺，只要坚定这个付出必得的法则我们就可以战胜每一个困难险阻。

16 你此时一定为这条法则而欢欣鼓舞,放心大胆地去实践它吧！一切皆有可能，即使看起来最难改变的人类天性也会被重新塑造，只需你将自己想象成你理想中的样子。

17 人的生命本身会为客观世界轻易地改变和影响，如若不依靠坚实的理念，思想本身会受到众多阻难。我们要让创造性、建设性的思想同消极、负面的想法不断斗争，直至创造性的力量压倒可怜的受表象支配着的负面想法。

18 在实验室中通过显微镜或望远镜锲而不舍地观察世界的人们是创造性思想最英勇的实践者。这些科学家们与企业家、政治家们一路将创造性的思维力量应用于身边的工作与生活。他们不会像消极者那样只关注以往的经验而不去信任自身的开拓力量与潜能，他们不会把肉眼可见的权利与利益等摆在生命的核心。

19 在追求更高生命意义的道路上，也如逆水行舟不进则退。生活最终将以严格的评判标准将人类区分为两种，运用创造性思维奋力拼搏的精神追求者与循规蹈矩、从不改变自我的保守者。对于千变万化的世界，不会存在原地踏步的境地，所以当我们评判自己是哪一个队伍里的成员时，只有两种选择，非此即彼。

20 人们正处在一个激烈竞争、变幻莫测的生存空间当中，每一天、每一分钟世界都在发生着改变。现今世俗生活带给人们的苦闷感与压抑感高速提升，而且一种企图改变、毁灭并重建生活的愿望正如星星之火以燎原之势汹涌而来。

21 那些仍固守于旧秩序、旧世界的卫道士们正在新时代来临的黎明前焦躁不安地互相安慰，大肆谈论固有生活的安定与完美。将已经展现于眼前的未来趋势掩耳盗铃地置于脑后，对于新思维、新体制的恐惧使他们畏缩不前。

22 人类智慧的不断发展将带来对宇宙本性认识的发展与更新。当人们真正将崭新的宇宙精神理论应用于人类生存体制之中时，诸多社会问题皆会因之而得到改善。社会会变得更加尊重个体的创造与更新，而压制极少数者对整个社会的控制或特权。

23 人们对于宇宙精神的认识需要一个由认知到确信的过程。只要人类一天还处于对宇宙能力理论的懵懂之中，少数的特权者就将多一天借助于神或宿命论来控制这个世界。人与人之间的创造力或行动力都在最大程度上拥有自由，这种自由神圣而不可侵犯，也绝不允许旧有秩序的卫道士打着各种幌子继续其罪恶。

24 当人们真正体悟到宇宙精神，并能够将自己与其保持高度统一，就必将会得到它特殊的偏爱与眷顾，所有人类向往中的最高理想都会环绕左右。但宇宙精神有其自身的禀性，它刚正不阿、不为吹捧恭维所动，也更不会因一时之情绪作出不理性的判断和厚赐。它是公正的、强大的、可信赖的。

本周请你们思考下面的问题：真理是使你获得自由的唯一途径。当我们运用宇宙精神法则去思考和经营我们的生活时，我们就不必再惧怕通往成功道路上的艰难困苦。你通过内在精神的自我强大达到外部世界的协同改变，并且当我们身处“寂静”之中时，我们随时都可以唤醒思维之中的灵感之泉，使其源源不绝地为我们破译出幸福人生的密码。我们可以借助于集中意念而进入那片心灵的静土，并在这片土地上找寻暂新的生命中迥然不同的奇遇与机缘。

健康是过去思维方式的结果

在第二十二课中我们将会带你领会，任何思想都可以在我们潜意识的意识层中扎根，作用于我们的精神世界。即便如此，这种思想的种子也未必全部是健康的种子，它所结出的果实很可能会令你大失所望。

人类的生活中往往会出现不尽如人意的局面，人们不可避免地会发生各种各样的疾病，这些疾病虽然表现形式不同，但归结其原因通常都是由于人类自身没有屏蔽或消解的多种负面情绪所致，例如恐惧、忧愁、焦虑、苦恼、嫉妒、憎恨等等。

生命系统同时存在着两种基本功能，一为吸收、利用养分，制造细胞；二为分解、转化并排泄废物与毒素。

生命体都在生命过程中进行着这种不断建造、同时又不断破坏的活动。建造所需的养料也可以简单地表述为食物、空气和水。如此看来，人类的健康生存甚至延年益寿、长生不老不是变得相当容易了？

然而，人体中的破坏系统也可以将体内的垃圾累积起来，从而通过渗透进入肌体细胞，导致全身性的毒素泛滥，破坏了整个身体或身体中某个部位的健康与平衡。因而人们会感觉到全身或某个部位的不适或病痛。

如果我们希望自己的肌体能够保持健康、不被疾病所累，那么最好的方式莫过于增加肌体能量的同时，减少体内毒素的累积。当我们将意念中的消极因素逐步减轻直至消除就可以大大降低患病的可能。当我们体内用于清除毒素和排泄垃圾的神经和腺体不再为恐惧、忧愁、焦虑、苦恼、嫉妒等破坏，延年益寿将不再是难题。

任何辅助性的保健食品或营养品都只能在相对次要的层面上给肌体以补充，那么生命体的和谐健康主要依赖于什么？我们如何了解并综合利用它？在这一课的阅读旅途中你将会一一知晓。

1　知识在我们的生活中起到至关重要的作用。我们依赖知识而生存，当我们了解到借助于知识可以更有效地控制和调节我们的性格、情绪、力量乃至机缘，我们就会更加确信人类的健康状况都是过去思维方式与习惯的结果。

2　当我们对意识的作用一无所知的时候，意识自身所产生的负面作用可能已经在我们的肌体中集结了庞大的敌对力量。它们将我们思维中的印象作为种子种植于潜意识的土壤并随时幸灾乐祸地准备收成。因此，我们应该不断反思自己的思维方式是否存在问题，把不良的诱因消灭在萌芽状态。

3　我们的思维中所生产出的想法如果过多地存在消极的诱因，那么我们就必将为病痛、失败、颓废、消极无力所累。归根结底，我们在思考着什么，我们就将获得什么。什么样的“因”必将产生什么样的“果”。

4 如若你已身陷病痛，那么请借助于我们上面所提到的在大脑中构造美好图景的方式，来尝试更新和改变体内消极的固有平衡。你会发现当你持续不断地将自身体魄雄健的图画烙印在头脑中并反复重现时，各种非疑难的微小病痛十几分钟就会消失殆尽，即使是长年的慢性病痛也只需数周的时间而已。数以千计的人应用此法获得成功，你也一定可以做到！

5 科学告诉我们，任何物质的存在模式都是一种不同频率的振动或运动。物质自身正是通过无休止的振动来达到自身的不断改变与更新。精神同样也可以通过共振的原理改变我们体内的原子活动形式，从而带来细胞内部结构的共同改变，随后肌体也会随之发生化学改变。

6 自然界中无论看起来是静止还是运动的事物，无论是肉眼可见还是不可见的事物都按照自己固有的频率不停地振动。当振动的频率被改变，物质的本质、性质、形态也一定会随之发生相应的改变。我们因此可以借助改变思维的振动方式从而改变肌体，使其调整至最理想的状态。

7 不要把这种结论看做是新鲜的发现。其实在日常生活中我们无时无刻不在使用着这种力量，也正因此才会有太多的我们并不满意的结果产生。当我们还没有知晓这种因果关系时，我们会不自觉地将负面的思想根植于身体中，从而招致恶果。通过训练，我们可以正确、智慧地使用这种有益的振动，使身体状态向着我们所希望的方向发展。长期累积的经验会使我们更加自如且自信地使身体产生愉快的振动，也同时会知晓如何避免不愉快的感觉产生。

8 让我们试图回想，我们过去的思想所带来的不同后果。当我们的思想更加积极、崇高、勇敢、善良时，它就具有积极的活力也具有高强度的创造性，那是因为我们使身体得到了较好的振动形式。如果我们的思想充溢着愤慨、险恶、苛刻、嫉妒时，则使用的是另外的一种振动形式。任何一种振动都会在现实世界中形成不同的结果，或使人疾病缠身，或令人健康愉快。

9 由此我们可以相信，精神自身有着能够引领和操控我们身体的巨大潜力。

10 生活中的许多情形可以控制我们的身体，我们称之为客观精神对身体的作用。当你听到滑稽可笑的事情，脸部的肌肉会做笑的表情，身体也会由于笑而产生振动，由此可见，思想可以主导我们的肌肉工作。当我们被电影中的剧情感动得流泪，因紧张的画面而手心出汗时，其实正是我们身上的腺体在配合我们的思想在工作。当你愤怒的时候，会感觉全身的血液一时间全部充盈到你的头部，这表明思想本身也可以控制血液循环。但不要担心，所有这种客观精神对身体的控制或影响都是暂时的，它并不会长久地存在。

11 而潜意识则用另一种完全不同的方式控制我们的身体，当我们出血或受伤时，便有数以万计的细胞开始进行分工协作，帮助伤口愈合。如果我们不小心因外伤而骨折，虽然我们要接受医生的帮助和治疗，但真正帮助我们的骨头重新长合在一起的仍然是我们自己。当我们感觉到寒冷的气流时，我们会立即打喷嚏把寒冷的空气从身体中驱赶出去。当我们不小心感染了细菌或病毒，身体也立即会发出警报，首先将患处同其他身体部位进行阻隔，然后专门用于与病毒战斗的白血球就会开始激烈地反抗。

12 这种智能的人体细胞行动通常在潜意识的作用下不知不觉地完成。如果我们主观不去刻意更改或控制它们的行动，它们将会把行动完成得非常出色。它们对我们的思维高度敏感，智慧得可以胜任几乎所有工作。但当我们一旦出现了一些负面消极的想法或因素，或者出现了一些与浴血奋战完全不相符的头脑画面时，智能的细胞们就会对这样的指令不知所措。久而久之，细胞就会被这不明确的指令搅扰得疲惫、乏力、迟钝，最终不得已放弃行动。

13 我们借由思想与身体的共振法则可以顺利地走上通往健康的道路，共振法则通过我们的精神世界发挥其自身的巨大作用，内在世界的改变可以轻而易举地改变我们所身处的客观环境。所以如若我们拥有了这种智慧、了解了这个基本原理，当我们发现自己生活之中存在的问题时，就立即行动起来去努力改变自身的内在思想和精神，以期待在我们的外部世界中获得相同的反映。

14 客观世界的问题求解总是会在内部的精神领域中找到，当“因”被改变，“果”也必将随之改变。

15 我们身体内的每个细胞都是一个个智慧的小精灵，不必我们去指引它，它们即可以帮助我们将身体中的一切问题轻松、圆满地解决。每一个细胞都具有非凡的创造力，它们会按照最理想的图景准确地勾勒出你想要的答案。

16 所以，当你将完美、理想的图画贮存进你的大脑中时，那么细胞天才的创造力就将一个真实而健康的体魄完美地打造给你。

17 生活在我们大脑中的细胞也会遵循这样的法则而工作，大脑受控于我们的心态或精神，如若我们将不良的图景或信号导入大脑并为主观意识所接纳，那么我们的身体也会接受到同样的信号信息，逐渐衰退。因此不时地将健康、主动、积极的思想导入大脑中才可以确保我们拥有强健的体魄。

18 我们已经了解，人身体的一切器官或行为都是不断振动的结果。

19 我们已经知道，主观精神也是一种振动的行为。

20 我们已知晓，强大、有力、高级的振动模式将取代、引领、改变、控制低级的振动。

21 我们也了解到，身体采用何种振动形式是由大脑细胞的性质决定的。

22 我们也明白了积极或消极的脑细胞产生的原理。

23 因此，我们就完全可以控制并引领我们的身体状况向着我们希望的方向发展和变化，通过了解精神力量的和宇宙精神的法则我们可以让自己与其保持高度一致，让肌体自身的智能反应得到我们主观思维的顺应与支持。

24 现在，已经有越来越多的人对这一法则予以支持和认同，精神的确可以达到对身体的控制。甚至更多的医生也开始加入这个行列并全力以赴进行研究。在这一研究课题上著述甚多的肖菲尔博士曾经说过："迄今为止，精神疗法在医学世界中尚没有受到极认真的对待，在心理学界也极少有人以此为出发点作精神能量方面的研究。关注精神能够控制身体的巨大力量的人数极少。"

25 我们可以确信，医学对功能性的神经疾病治疗卓有成效，但这些医治方法大多来源于对以往经验的总结和对新问题的创造性解决，我们很难在固有的书本中找到答案。

26 医生往往只能对眼前的医疗手段或措施加以使用，而忽略对精神疗法的实际运用。当医学对精神疗法开始重视并在医学院校中开始被教授以后，很多现今医患关系中存在的问题就会得到更完善的解决。它可以大大地降低医生实施救治时因治疗手段不足或不够有效而造成的错误。

27 由于精神治疗本身是一种自我唤醒或自我暗示，因此患者自己就可以独立完成。尽管大多数病人并不知晓这个道理，并且从未在自己的身上使用过，但如果有一天他们开始借助于精神疗法，将会收到意想不到的效果。病人可以将自己的情绪或思想由不利、消极的状态中解脱、置换出来，代之以欢乐的、充满希望的、平静的心绪，这种治疗可以依赖自身的力量改变病情、改变生活。

28 太多人抱持着这种荒谬的理论，即人类的一切不幸皆来源于上帝的安排。若果真如此，那么所有人类生命的救助与施惠者不是无视于上帝的全能安排而对天命作出反抗？因此真正顺应于上帝的意志的生命体应该确信无所不在的宇宙力量可以协助我们去摧毁人世间本应该存在的不和谐因素，使一切疾病与痛苦都消亡。

29 神学者一直在鼓吹并使我们确信我们“生而有之”的罪恶，使我们从出生起便没有一天可以逃离自我忏悔和心灵的处罚。若造物者果真爱人，又为何让我们以有罪之身活在凡间，通过一生的自责与悔悟去得到不可知的来世的清白？这种对于宇宙万物的极端无知使人们生而恐惧，人们不断地忏悔自我也是因其对全能上帝的惧怕，而非“爱”。两千年来神学家以自己有限的心智曲解了上帝的意志而错误地引导人们，埋没了神的意愿本质。

30 精神作为万事万物之源，按上帝的意志服务于客观世界的本体。人生活的环境、情形都由其对这个世界的认识而来，人的所作所为也皆受制于不断闪现的瞬间灵感。对已有知识的掌握和对未知事物的探索使人类不断进步、成长直至达到卓越。精神本质最终会将人意识中的无限潜能转变为现实。

你这一周可以围绕着丁尼生这首美丽的诗句展开思考，“当你向他索取，他必会恩惠于你，你们的心灵将在瞬间聚合，犹如骨肉血缘般亲密，他每时每刻都会陪伴在你的身边，从未远行”。你会逐渐领悟到，主动地“向他索取”便是将自己的心灵接近力量无限的宇宙精神。

第二十三课

LESSON TWENTY-THREE

将成功发展到极致

能够同大家一起进入第二十三课的学习不失为一件愉快之事，在这一课中我们将一起来探讨金钱在我们生活中方方面面的不同表现与特点，了解成功的根源在于对人的服务。生活中一切获得都源于我们曾经的付出，所以当我们有机会为周围的人、事、物有所付出时，我们就等于得到了上天的格外恩宠。

通过前几课的学习我们已经熟知，上天对于人类最高价值的恩赐与奖赏，就是人拥有取之不尽、用之不竭的思想。创造性的思想带来创造性的行为。因此当我们期待生活有所收获，那么对于我们最有价值的付出，就是我们源源不绝的思想本身。

真正具有爆发力的创造性思维是意念高度集中的产物。我们在一段时间内将思想高度集中于一点，汇集全身所有的能量与精力进行一场飓风般的脑力激荡，随后我们将如被赋予了超人的智慧与力量，将内在精神完美再现于现时现境。

这是一门最为本原与基础的科学，它将一切科学包含其中；这又是高于一切艺术的艺术，它将素凡人生装点得无限曼妙。当我们对这门艺术的科学、科学的艺术熟练掌握并灵活运用之时就可以在人生道路上获得长足的进步，面前这美好的场景绝非不可触得的海市蜃楼,而是你通过自身不懈努力不断为自己收获的最为振奋人心的嘉奖。

丝毫不必怀疑，当我们将心态调整为积极、无私、公正，我们的人生也必将因此而厚重、踏实、深远。“春种芽苗秋收果”是付出回报的忠实法则。自然因此规律而复始，人生也因此规律而前行。只需相信付出必有收获，人生的平衡、乐观才是宇宙精神的主旋律。

1 对于金钱的理念取决于我们对金钱的态度。金钱无疑是商业经济的典型表征，也是踏入商业经济领域的唯一通道。对于金钱的渴望可以调动我们对其重视的程度与欲念，从而促成整个经济的加速流通，打开财富的通路。但如若我们对金钱的获取过程心存恐惧，那么无疑我们将会与通往财富之路南辕北辙。

2 对金钱的恐惧或对获取财富过程的恐惧只会带来我们所厌倦的贫穷。真实的贫穷来源于意识世界中的贫穷。我们有所付出才会有所收获，如果我们因恐惧而止步不前，那么我们真的就只会得到我们所恐惧失败后所产生的那种悲惨结果。金钱也存在于这个整体的世界中，它也同样遵循宇宙精神的法则，因此它也受智慧、勇敢、优秀的人类思想的导引。

3 生活中我们经常会引用“人脉即财脉”这样的熟语来形容朋友与财富获得的关系。当我们帮助朋友、为他们服务、为他们谋利益、为他们做更多有益于他们自身的事情时，我们也同时不断扩展了我们的交友领域。服务于人是成功的一条黄金定律，而这种服务必须是一种源自于本性的给予，它的背后是一颗诚实、正真、关爱他人的心。有所企图的帮助不能称之为真正意义上的服务。当心怀鬼胎者使用其有限的手段与方法去容人待友时，他们最终也必将遭遇人际关系及事业上的全盘失败。因为他们对于交换原理一无所知，他们根本无法瞒天过海地去欺骗宇宙间的根本法则，因果关系的定理必使他深陷入无力、无为、无能的泥淖。

4 生命的力量可聚积于一点，也可发散于四围。我们因生命意识中的图景被塑造成可见可触的外在形态。当我们调试自我的心态、开放我们的心灵、吐陈纳新地不断更新自我，更侧重追求过程而非结果，那么最终我们收获的就不仅仅是欲知的结果，还有意想不到的心灵体验。

5 当你具备了能够吸引财富的内因，那么财富也一定会追随你而来。在和财富的邂逅过程之中，你需要具备的不只是一颗服务于他人的心，同时你也要具备敏锐的洞察力。你更要在机遇与你碰触的瞬间将其牢牢把握。你需要将所有机遇、垂青于你的因素会聚于身旁，当你身处有利的位置时，你就能够帮助你要服务的人，同时也更接近财富与成功。

6 人性中的广阔胸襟与对他人的慷慨大度使我们的思想具有着迷人的活力，而谋私的思想或行为只能带来精彩思维的毁灭。自私像思维中的蚁洞，终会将我们的创造力大厦瓦解、毁灭，也因此折断了飞往财富空间的羽翼。我们必如体悟人生一样细细品味所谓“舍得”的真谛。

7 我们以自身所能服务于人，服务于世界。我们将自身的力量供应给整个社会和人类。我们不断调整自己的意识，使其与全能之力的法则保持一致，我们就会轻而易举地看到，当我们给予得越多，我们就会收获得越多。工人以技能服务于人，艺术家以艺术作品服务于人，商人以自己的货品服务于人，所有的付出都会按照法则中所言，拿出的越多，得到的越多，而后我们自然会有能力付出更多的恩惠与服务。

8 金融家依据自己的思考，源源不断地付出，他努力保持自我思考的独立性并且从未将这样的工作委以他人。当他希望通过思想获得想要的结果时，他必会得到身边人的众多启示，当他得到了他想要的答案，那么他就可以用更多的形式和手段去为更多的人谋取利益。最后，当众人也随之得到了成功，金融家因此也成就了自我。很多的成功者或财富的拥有者，他们不必依靠损失他人的利益而自我收获，相反，他们往往是依靠帮助他人致富而让自己成为了最富有的人。

9 芸芸众生，善于思考者寥寥无几。大多数人对思维的尝试皆是浅尝辄止。他们没有更多自我的观点，而是人云亦云地过着自己平淡无为的生活。他们从不过多地去验证或反思既有的思想，他们以极度柔顺的态度迷信于权威和宿命。他们将思考太多重大决定的工作推卸给极少数的人，这些人不只无形中拿去了不思考者的权利，同时也使他们泯灭了创造的能力。

10 当我们在我们所真正关心和专注的事上集中自己的意念和能量时，我们就可以心无旁骛地使思维的能量为自己服务。太多的人不了解这一法则，反而将消极而负面的因素如悲伤、困苦、混乱等常常挂在心上，这对他不仅没有任何益处反而徒增烦恼。当我们满心渴望和想象的全部是理想的结果，我们也会因事业或生活不断收获的顺利与满足而更加使自己关注于这种良好状态所带来的良好心绪，那么这种良性的循环怎么会不给我们带来快乐的生活呢？

11 精神是我们必须始终坚守的阵地。我们只有在精神世界中才能够去创造和实现一切可能。不论精神被界定为什么领域，这都丝毫不会影响精神将使我们的思想凝结成精华的本质。任何精神的有意义的行为都必然在我们的思维中得以实现其全部过程。

12 了解了这些，你一定会与我一样得出这样的结论。如果你是一个真正的“务实者”，那么对于你来说最安全、最踏实的选择，就是认认真真地去学习这种法则，并努力地去实践它。只有坚定地学习和实践才可以使我们真正领悟到其中的真谛。“务实者”从来不是只知努力不知抬头看路的愚笨者，只要他们认识到这种法则使他们的生活甜如蜜糖，那么当你站在理想之巅看风景时，会发现你身边皆是这些勤奋而踏实的人们。

13 下面我将以一个现实中的例子，来证明创造力和人的成功之间的关系。过去，我有一个芝加哥的朋友，他始终如一地用原有的观念来指导他的人生。他的生活一度很成功，虽有一些失败但不是事业的主旋律。后来我再遇此人时，正逢此人处于事业上的低谷，他似乎再无回天之力，并且和过去的他相比较，现在的他的确显得头脑中的新鲜想法极度匮乏。

14 当他了解了本书中所介绍的理念时，他显然如获至宝。他说经商多年的经验告诉他，做生意贵在常有新奇的想法和高招可以应对风云变幻的商场。但现在的他明显如江郎才尽般再也没有什么好的创意和点子了。如果我们的理论对他真的有效，那么无疑将会给他提供回转的生机，加之其多年的眼光和经验一定会再次走向巅峰。

15 前不久，我又再次听到了关于此人的消息。当时我在聊天中问一个朋友，“我们那个朋友现在发展得如何？他是否重整旗鼓，再创了佳绩？”谁知这位朋友一脸惊讶地看着我说：“怎么你不知道，他可大发了一笔，而且现在已经成为了某个企业的重要人物。”他所提及的这个企业正值发展的春天，各种广告在国内外闻名遐迩，并且发展如此迅猛的原因是源于一个价值连城的黄金点子，而这个点子的源头正是他！这个事例绝非耸人听闻，它的的确确是一个真实的故事。

16 如此这般，你的内心又在发生着怎样的激荡？对于我本人来讲，这个事例表明确实会有人在因这种精神方法而受益于人生，也确实有人可以做到自身与无限精神的合一与沟通。他能够左右它为自己工作，把经典的思维灵感应用于商业当中。

17 听到这样的讲述请不要将注意力拘泥于“无限”这样的词汇，这并非是将人神化或将人的品格或意志进行无休止的夸大，我只是想告诉你们，当你用最灵敏的智慧去倾听无限的意义时，“无限”本身就会随即为你带来“无限的力量”。精神与你的客观行为做到了前所未有的和谐统一。这不仅不是对万能的神的亵渎，反而是对神的意志思想的提炼与解释。当我们自信于自己的能力并且按照创造性思想的指引运用我们的精神时，我们就学会了运用这种“无限的力量”。

18 我想提醒大家的是，我从未曾与此人商议自我更新的步骤与方案，而是他自己从这种“无限的能量”中自然而然地找到了自己的全部所需，他使用思维中独到的创造力打造了自己理想中的模式，他必定是不断对自己的思想更新、否定、填补、改进，不会放过任何一个小小的细节。如果你同我们一样，每天深处于对这项理念的研究之中，你就会像我一样从所接触到的一个个典型事例中和典型人的身上感受到这种“无限的能量”的神奇，因为他们的卓越与成功绝不虚假。

19 也许有人会怀疑，为何此种“无限的能量”就可以如此有力并且如此容易地作用于客观物质世界？事实并非如此，在与“无限的能量”的接轨中，一定要完全与它运行的法则一致而和谐，否则哪怕一个最小的失误也会让你全盘皆输。“无限的能量”只赋予能够经受得住考验的人。

这一周，请将这样的意念根植于心：人是因肉体的存在而存在，人是因精神的存在而永生。因此人的任何生命活动或内心憧憬都将通过精神的影响力去得到满足。金钱与利益对我们的满足只是一时，并且只在环境的层面上对我们的生活有所影响。而当人的精神与“无限的能量”合而为一，它就可以为人带来永不枯竭的供给。金钱最终的目的只是为了服务于人，当你能够以这种开阔的思想去看待财富，你的思想与财富源头就会被开启。届时，你会体会到精神疗法的美妙与动人。

一切皆在你心中

很高兴你进入了本书第二十四课的阅读，它意味着这次神秘之旅已接近尾声。

当你相信精神在生活中的神奇魔力并不断地实践和尝试这一真理时，你便会不时地从你的生活中看到自己只曾在头脑中闪现过的场景。因为在此以前，你已将你心中的思想映射入了你的现实生活。很多人在愉快的学习之旅后向我表述了他们的心得："思想的确像一把利剑,可以在我们的生活中披荆斩棘，勾勒出一道绚丽的彩虹。"

通过实践与学习而得的这种自我激发和创造的能力，可以伴随你度过愉快而成功的一生。这种无处不在的思维法则让你获得自我的醒悟与提升，它带领你脱离物质的匮乏与自我思想的局限，也带你走出消极、悲伤、恐惧或忧郁的生活情形。它不会因你曾经的个性与信仰而歧视你，更不会因你对此道理省悟得过晚而对你有所偏见。无论怎样，它对于你都是一种随时随地地、无条件地接纳。

也许曾经你是一位忠实的宗教信徒，那么这种理论和宇宙精神的力量只能使你感觉更接近和信任你的神；如果你一生都坚持笃信科学，那么论述中如数学般精准的细致描述一定让你心悦诚服；如果你相信灵魂至上，在哲学的自我剖析中已走了好长一段路途，那么如此唯心与形而上学的精神领域的最新结论定会让你在长久的上下求索中如获至宝。

至此，我们已完全不必怀疑，千秋万代的宗教、哲学、科学领域内的人们所孜孜以求的千古绝密就在这一天被破解，此时它正捧在你的手中，等待着伴你步入那只曾在你梦境中才展现过的人间天堂。

1 当“太阳是宇宙的中心”、“地球围绕太阳旋转”这样的科学发现首次被公布于众时，人们不仅惊讶、怀疑，并且一度认为这是一种极端错误的学说。人们每天看见太阳从东方升起从西方落下，太阳本身的运动轨迹在我们的肉眼中是那么的明确，人们对此观点及提出此观点的科学家给予抨击，并将其定义为歪理邪说。但经过长时间的验证，我们已经可以看到事实最终定会击败一切怀疑，而让人们逐渐接纳并信赖它。

2 世界上存在着很多可以发出声音的物体。物体之所以可以发出声响，它的原理是这个物体本身使空气产生了振动。振动的频率越大我们就越有可能听到其声音，一般来讲当振动可以达到每秒 16 次以上，我们就可辨识到声音，如果振动达到了每秒 38 000 次以上，因为频率过高反而一切将恢复到无声。它所展示于人的是一片静寂。所以声音不产生于物体本身，声音其实产生于我们自己对声响的感觉中。

3 我们对于光和色的感知也是这样的原理。在我们的认识中，太阳是一种能自己发出光和热的物体。“光”本身其实是波产生振动的结果。太阳以每秒钟四百万亿以上的振动频率传递着能量，因此我们将这种能量定义为“光波”。“光”是能量的一种表现形式。随着振动频率增加，光的颜色也会相应发生变化。在这里不得不提及的是，色彩本身也存在于我们的心里，不论是绿树红花还是海绿天蓝，都是光波不同的振动频率所带给我们自身的感受而已。如果振动频率低于每秒钟四百万亿时，光则消失，热则出现。所以当我们完全听凭感觉去判断世界上所有事物所传递的信息时难免会出错。

4 我们可以将这种理论归纳至形而上学体系之中。当思想之中的精神世界平和如镜，生命的诸多相关事物也会随之显现出和谐。当我们思想中存在健康、财富、成功，我们就可以得到健康、财富与现实中的成功。

5 也许你长久以来被生活中的各种苦痛挤压得困苦不堪，但当你了解到所有的疾病、痛苦和局限性皆源于你自身内在的“因”的错误时，你就理解了为何会产生这样的“果”。绝对真理可以改变我们的思想，进而改变我们的生活。一切犹豫、恐惧、不信任都是我们自己内心的逃避，你应当知道这些都仅仅是虚幻的存在而非真实的困境。当你轻视它们，我们就不会再被牢禁，就可以将它们抛至九霄云外。

6 你现在所需要去做的，就是完全对这个真理深信不疑。当你真正做到，你就可以准确无误地运用你的思维能力，真理也将飘然而至于你的生活。

7 对这种精神力量的确信者们，不断地应用这些方法去帮助自己和他人。他们借此开展对自己的治疗，他们用自己的行动与努力把思想中的场景变为理想的现实。他们了解只要你掌握了这个法则，你会发现一切健康、富有、成功都时刻围绕在我们周围，它们从不遥远，而那些被困境所折磨的人们仅仅是因为还没有参悟到这个真理而已。

8 无论疾病或困苦都是源发自我们本身的精神状态。只要我们把以往头脑中的错误态度清除干净，取而代之这一项绝对真理，那么所有不利于我们愉悦的情形都会相应得到转变。

9 那么，我们如何帮助自己破译真理、消灭思想中的错误呢？最有效的方式即是让自己向“寂静”中走去，你可以一人独往 ，也可以同时帮助他人。如果你已经能自如地在头脑中幻化出想要的理想图景，那么你就已经拿到了通往幸福之路的金钥匙。生活的一切美妙都将在打开门的瞬间扑面而来。如果我们仍无法自我完成，那么说明我们内心仍有疑虑，我们就应该反复、多次与自己的心灵交谈，使他接纳这个真理并帮助你去开启幸福的大门。

10 请永远铭记，无论环境如何，你一生真正需要斗争和征服的仅仅是你自己。因为一切困难与恐惧皆产生于你的心中，所以外界的困难、坎坷都不应该将你压倒，你只要从内心里不断自我调整，你想要得到的完满结果就定会一一实现。

11 在实践过程中我们可以借由很多形式帮助自己。例如在内心描绘理想的图景、与自己的内心交谈使之确信、良好的自我暗示都可以不同程度地将你的意念集中起来，最终走上真理之路。

12 那么我们又如何通过这种力量去帮助他人呢？当你希望一个人从困难中解脱出来、战胜局限与错谬，你只需从你的思想层面上做出努力，从意识上去帮助他。这种意识可以让你们在思想上得到共鸣，你内心中对软弱、匮乏、局限、危险、困难的战斗与消解等想法也会同时传递给他，从而协助他得到解脱。

13 当然思想本身的活跃性和它无穷尽的创造性会时常使你一不留神即专注于眼前境遇的不和谐。你不必担心，只要你坚定自己的真理，相信一切现象都只是暂时的表象而非事实本质时，你就可以战胜一时的困难，得到精神永不消逝的力量。

14 既然事物皆本源于振动。那么无论正确或错误的思想都是以振动的形式存在，往往正确思想的振动频率会大于错误的思想，因此真理将永远战胜谬误。只要真理一露头，肆虐的邪恶便会落荒而逃。

15 你对真理的理解和领悟程度完全决定了你可能获得的客观境遇，也全面展示了你个人智慧的潜力，当你不断更新、超越原有自我的时候，你就在生命中不断进步、前行。

16 “自我”属于精神的范畴，它的根本就是尽善尽美。

它本身就不应该存在着恐惧或任何疾病。最初的它应如一个初生的婴儿般纯净、完美。当我们感受到灵感的闪现，我们不要将其误解为是我们大脑细胞工作的结果，其实那是“自我”被激发的产物。“自我”与宇宙精神合而为一，这种精神性是稳定而久存的。灵感如人类生命中的火光可以改变自身，将为这个世界创造出无限的希望。

17 真理必借助于意识的不断开发而收获，它不会因长期的训练或实验而闪现。简而言之，真理不是学而时习之的，它靠的是一种信念所带来的悟性去领悟、破解它。我们生存的世界、周围的生活、社会的变革都取决于我们对真理的领悟程度。真理不是简单恪守的信条，而是将思想融于行为的一种客观显现。

18 性格也决定着真理的垂青。一个人的性格是其自身宗教信仰的一种形式的体现，而性格对于个体也是其对于信仰的诠释。信仰即为人们所完全笃信的真理，他相信什么样的真理也就会展现出什么样的性格和品质。性格也是个人对他本人宗教信仰的诠释。如果一个人一味地抱怨时运不佳，那么他就是在曲解真理。因为时运的好坏完全决定于他自身。

19 人的生命之中，过去与现在的关系是一种不间断的承接。当我们的生活遭逢失败或困境，那是因为在这些困境真正出现之前，这种场景或意识就已经根植于我们的潜意识之中了。这种潜意识会在我们不知觉的情况下把与此相同的精神和物质吸引过来，造就今天的局面。所以当我们知道了这个道理我们就应该反省自我，体察自己的内心，找到究竟是什么负面的消极因素影响了我们的心智。

20 真理能够使你“自由”，如果你能有意识地认识真理，你就能够战胜一切困难。

21 你在外在世界中遭遇到的境况，永远都是你内在世界境况的反映。因此，要让你的心灵拥有完美无憾的理想，这样，你才能够在外在环境中遇见理想的机遇和条件——这一点是经得起科学验证的。

22 如果，你总是看到环境中的缺憾、不满、限制等等负面的因素，那么这些境况愈发会在你的生命中出现。然而，如果你训练你的心灵，去注视精神的自我，也就是永远完美、完整、和谐的“自我”，那么，你就能够拥有对你的身心健康有益的外部环境。

23 思想是具有创造性的，而真理是最完备、最高境界的思想。因此，正确的思考能够带来正确的创造。当真理到来，谬误必然退避、消失，这一点是不言自明的。

24 宇宙精神是一切精神的会聚。精神就是智慧，精神即心智。精神和心智是同义词。

25 精神不是依存于我们这个个体之中的，精神是一种永恒存在的物质，它无时无处不在，遍及宇宙之中的所有空间。我们的生活和生活中的一切事物没有一处不是精神的产物与结果，它同我们的肉体如影随形。它和宇宙合而为一，共生共存。

26 人们相信有上帝，用神的意志来解释人世间一切不可琢磨的巨大力量。但是“上帝”这个词还不能完全表达宇宙精神。我们用上帝来解释超自然的力量相当于认同力量的源头是外部世界，而精神本身的自然法则是源于人内在的潜在能量。“上帝”其实每时每刻都存在于我们的体内，因为上帝即是我们精神的灵魂。

27 思维的精髓在于创造，精神的本质也在于创造。我们应用思维和精神进行创造的同时我们自身也具有了超人格的力量。我们为自己也为别人不断地在思维与精神寻求中增长并创造了能力。

28 当我们真正理解了这个精神法则，真正体会到了宇宙精神的玄妙，我们就如同手持通往幸福的金钥匙，借由它我们可以打开人生最为瑰丽的宝库之门。此时的你已经成为了上天的宠儿，具备一切领悟真理所需的才智与心力，具备常人无可匹敌的广阔心胸，更具备不可磨灭与消亡的坚定意志。

这一周希望你能够去体会：我们生存在一个无限丰盈的世界里，这个世界充满着神奇与可能，包括你也是一个神奇而富有活力的生命体。当我们认识到这个真实的黄金道理，我们就会新奇而惊喜地发现那些宇宙早已为我们预先准备好的无限资源，它们可能是我们从未见闻过的美妙，也是我们的思维创造力所未曾触及的。当我们相信自身完全可以明辨世间的善恶与是非，我们就可以逐渐领悟我们曾经所认为的无比完美。但相对于内在精神所带给我们的巨大宝库，仍是多么的微小而平庸。

THE MASTER KEY SYSTEM

从《世界上最神奇的 24 堂课》中能得到什么?

《世界上最神奇的 24 堂课》体系到底给我们提供了什么?

它解释了所有伟大的、崇高的、卓越的思想和观点的起源。揭示了为什么有时候我们与生俱来地拥有语言技巧、直觉意识、精确的判断和灵感。

它告诉我们为什么那些谙熟控制我们精神王国的规律的人能够成功,能够实现自己的抱负,能成为作家、著作者、艺术家、政府官员、工业巨头,而这些人又为什么总会少于人口的百分之十。

它告诉我们人体能量散发的中心点,解释了这个能量是如何分配的,能量的散发为什么会使人体拥有愉快的体验,并且讲解能量散发受阻时如何给个体造成紊乱、不和谐和各种缺乏和不足。

它告诉我们一切必须消除的负面力量,并告诉我们如何去消除它。

它解释了那个控制着你"称为自己"的东西到底是什么。"你"并不是指你的肉体,肉体只是自我用来达到目的的物质工具;"你"也不是指你的灵魂,灵魂只是自我用来思考、推理和设想的另一个工具。

它告诉我们潜意识的程序如何处于不停的运转中,并启发我们如何积极地去引导这一过程,而不仅仅只是这个过程的被动承受者。

它告诉我们在什么条件下我们可以成为健康、和谐和富裕的继承者。那就是要求我们抛弃自身的局限性、奴役性和欠缺性，要求我们最大限度地利用我们所拥有的资源。

它告诉我们构建未来赖以发展的基础和模型。它教我们如何使它变得宏伟和美丽，并告诉我们不能因为物质条件而受到局限，除了自己没有任何人能设置障碍。

它教给我们一个途径，利用这个途径我们只要虔诚不懈地努力就一定会得到和最初预想相同的结果。

它告诉我们为什么一些表面上努力追求自己理想的人看起来却是失败的。

它告诉我们个人的性格、健康和经济状况是如何形成的，在如何取得合理的物质财富方面给我们提出了很好的建议。

它告诉我们如何做、何时做、做什么等来保障未来发展的物质基础是安全的。

它告诉我们处于贸易关系和社会地位的底层时获得成功的基本原则、重要条件和永恒不变的规则。

它告诉我们克服所有困难的秘密。

它告诉我们人类要实现自己幸福和完善发展仅需要三个事物，指明了它们是什么和我们如何获得。

它表明大自然为人类提供了丰富的物质财富，解释了为什么一些资源好像是远离人类的。它告诉我们个体与供给之间联结的纽带。它还解释了引力原则，让你看到真实的自己。

它告诉我们为什么生活中每一个经历都是这个原则的结果。

它说明了引力原则是根本性的永恒不变的，没有人可以逃出它的控制。

它教给我们一个方法，通过这个方法我们发现无穷大和无穷小，归根结底只不过是力量、运动、生命和意志。

它告诉我们很多假象和异常现象，这些现象误导人们认为一些成就的取得是无须付出的。

它告诉我们先有付出才会有回报。如果我们不能提供金钱，那我们就要提供时间或方法。

它告诉我们如何制造一个有用的工具，通过这个工具我们可以使一些规则生效，这些规则又能为我们开启通往大自然无穷资源的大门。

它告诉我们为什么某种形式的思维常常会导致灾难性的后果，并常常会使付出一生努力取得的成果付诸东流。它告诉我们现代的思维方式，启发我们如何保护我们已取得的成果，如何调整目前的状态以便迎合已经改变了的思维意识。

它告诉我们一切力量、智慧和才能的发祥地，并教会我们在处理日常事务时如何使它们协调发展。

它向我们揭示了微粒和细胞的本质，这是人类生命和健康赖以存在的基础，它教给我们进行自身变革的方法和变革所带来的必然结果。

它揭示了成长的规律，为何当我们只是牢牢地抓住已取得的成果不放时，更多的机会已经从我们身边悄悄地溜走。各种困难、矛盾和障碍产生的原因，要么是我们舍不得放弃已经没有价值的东西，要么是我们拒绝接受有用的事物。我们把自己束缚在破旧、陈腐的事物之上，而不去寻找发展所需要的鲜活的源泉。

它告诉我们精神对思维的重要性，决定语言的关键是什么以及思维活动的载体是什么。

它向我们描述了如何保证财产的安全，为什么我们需要为自己每一个思想和行为负责任。

它揭示了财富的本质，如何创造财富和财富存在的基础。成功的取得依靠崇高的理想而不仅仅是财产的累积。

它告诉我们不义之财是灾难的先导。

它揭示了人类利用科学和高科技追求成功的奥秘。尽管人类有创造和谐和利用环境的能力，同样也有创造不和谐和制造灾难的能力。不幸的是，由于无视自然规律的存在，大多数人都在向后一个方向发展。

它向我们揭示了振动原理，为什么最高原则在很大程度上决定了事物的存在环境、方位和事物接触时的相互关系。

它告诉我们人的意志是一个磁铁，它如何以一种不可抵挡的吸引力得到它所需要的。想要得到某一事物先要彻底地了解它。

它揭示了直觉发挥作用的机制和如何依靠直觉走向成功。

它揭示了真实力量和象征力量之间的差别，为何当我们超越象征性力量时它会成为一片灰烬。

它告诉我们创造力起源于什么时候和它起源的方式。

它揭示了个人真正的财富资源。

它教给我们集中注意力的方法。表明为何专注是一个人能力的最杰出特点。

它揭示了任何事物最终都会归结为一件事。由于它们都是可以转化的，它们一定是相互联系的，而不是相互对立的。

它揭示了获得基础性知识是一种能力，懂得因果关系是一种能力，而财富则是能力的产物。只有当事件和环境影响到能力时才显现出它们的重要性。最终，一切事物都以特定的形式并在特定的程度上反映了能力。

它告诉我们生命的真谛何在。

它揭示了金钱观念和能力观念，它们使货币实现了流通，产生了巨大的吸引力，并开启了贸易的大门。

它告诉我们如何创造自己的金钱和磁场，如何培养争取和利用机遇的能力。

它告诉我们自身的性格、所处的环境、能力、身体状况产生的原因，并揭示了我们如何实现自己未来的理想。

它揭示了如何仅仅改变振动的频率就可以改变大自然

的全景。

它揭示了人体的振动频率是如何不断改变的，这种改变常常是无意识的，并伴随着不利的灾难性后果。它教给我们如何有意识地控制这一改变并把它引向和谐有利的方向。

它告诉我们如何培养足够的能力来应付日常生活中出现的每一种情况。

它告诉我们抵制不利境况的能力取决于精神活动。

它揭示了伟大的思想拥有消除渺小思想的力量，因此持有一种伟大的思想足以对抗和消灭所有渺小的、不利的思想，这是很重要的。

它告诉我们处理重大事务时不会比处理小事情遇到的困难多。

它告诉我们如何使动力发挥作用，它将会产生不可抵挡的力量，使你得到你所需要的事物。

它揭示了所有状况背后的本质，并教给我们如何改变自身的状况。

它告诉我们如何克服所有困难，不论它是什么或在哪里，并揭示了做到这一点的唯一途径。

它同样也送给我们一把万能钥匙，那些拥有深刻理解力、辨别力、坚定的决断力和坚强的奉献意志的人能利用这把钥匙开启成功之门。

因此，或许现在你开始明白当时的人们为什么甘愿付出1250美元到2500美元之间来获得这本书的手抄本。

建议你在阅读完本文之后，重新阅读这最神奇的二十四堂课，必将有重大的全新体验。

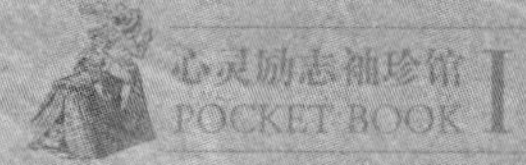

智慧书

The Art of Worldly Wisdom

【西】巴尔塔沙·葛拉西安 著
秦传安 译

图书在版编目（C I P）数据

智慧书 /（西）巴尔塔沙 · 葛拉西安著；秦传安译.
—哈尔滨：哈尔滨出版社，2009.12（2025.5重印）

（心灵励志袖珍馆）

ISBN 978-7-80753-175-3

I. 智… II. ①巴… ②秦… III. 人生哲学-通俗读物
IV. B821-49

中国版本图书馆CIP数据核字（2009）第107578号

书　　名：智慧书
　　　　　ZHIHUI SHU

作　　者：【西】巴尔塔沙 · 葛拉西安 著　秦传安 译
责任编辑：李维娜
版式设计：张文艺
封面设计：田晗工作室

出版发行：哈尔滨出版社（Harbin Publishing House）
社　　址：哈尔滨市香坊区泰山路82-9号　邮编：150090
经　　销：全国新华书店
印　　刷：三河市龙大印装有限公司
网　　址：www.hrbcbs.com
E-mail：hrbcbs@yeah.net
编辑版权热线：（0451）87900271　87900272
销售热线：（0451）87900202　87900203

开　　本：720mm × 1000mm　1/32　印张：43　字数：900千字
版　　次：2009 年 12 月第 1 版
印　　次：2025 年 5 月第 2 次印刷
书　　号：ISBN 978-7-80753-175-3
定　　价：120.00元（全六册）

凡购本社图书发现印装错误，请与本社印制部联系调换。
服务热线：（0451）87900279

目录

CONTENTS

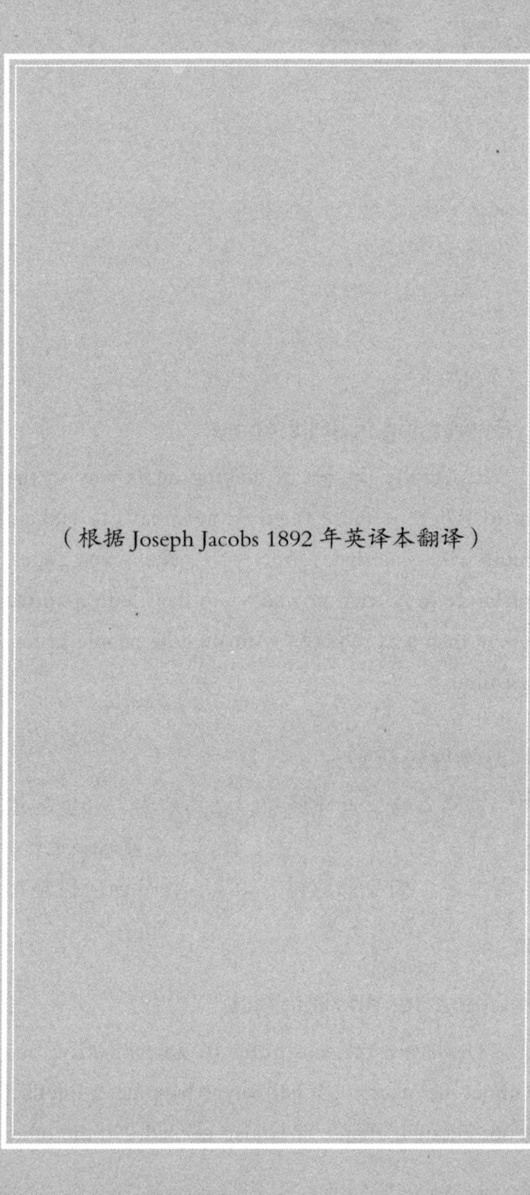

（根据 Joseph Jacobs 1892 年英译本翻译）

1. Everything is at its Acme.

Especially the art of making one's way in the world. There is more required nowadays to make a single wise man than formerly to make Seven Sages, and more is needed nowadays to deal with a single person than was required with a whole people in former times.

1. 万物皆臻极致

世间万物，皆臻极致，尤其是为人处世的技艺。现在要造就一个智者，比过去造就希腊七贤，所需尤多；如今要应付一个人，比从前应付整整一个民族，费力更大。

2. Character and Intellect.

These are the two poles of our capacity; one without the other is but halfway to happiness. Intellect is not enough, character is also needed. On the other hand, it is the fool's misfortune to fail in obtaining the position, employment, neighborhood, and circle of friends of his choice.

2. 性格与智力

性格与智力，乃是我们能力的两极；二缺其一，半途而废。仅有智力是不够的，性格同样不可或缺。从另一方面讲，愚鲁之人的不幸，正是在于他们在获取地位、职业、邻里和自己所选择的朋友圈子等等方面都很失败。

3. Keep matters for a time in suspense.

Admiration at their novelty heightens the value of your achievements. It is both useless and insipid to play with your cards on the table. If you do not declare yourself immediately, you arouse expectation, especially when the importance of your position makes you the object of general attention. Mix a little with everything, and the very mystery arouses veneration. And when you explain, do not be too explicit, just as you do not expose your inmost thoughts in ordinary conversation. Cautious silence is the sacred sanctuary of worldly wisdom. A resolution declared is never highly thought of—it only leaves room for criticism. And if it happens to fail, you are doubly unfortunate. Besides, you imitate the divine way when you inspire people to wonder and watch.

3. 让事情暂时秘而不宣

充满惊喜的赞叹，会使你的成就升值。老早就亮出底牌，既无益又无趣。不要急于表露自己，这样你就能唤起人们的期许，尤其当你所处的位置关乎至重，足以使你成为人们普遍关注的目标时，则更是如此。对每件事情都要稍事含混，正是这一点点神秘才能引人崇拜。当你解释的时候，不要和盘托出，正如在平常的交谈中，你也不会将自己内心深处的想法袒露无遗。谨慎的沉默，是尘世智慧的庄严圣殿。将自己的决定公告周知，从来就不是什么高明的想法，那只不过是给批评留出了空间。如果它碰巧不成功，则是你双倍的不幸。此外，当你引起人们的惊奇和注视的时候，请仿效神的所作所为吧。

4. Knowledge and Courage.

These are the elements of Greatness. They give immortality, because they are immortal. Each is as much as he knows, and the wise can do anything. A man without knowledge, a world without light. Wisdom and strength, eyes and hands. Knowledge without courage is sterile.

4. 知识与勇气

知识与勇气，是成就大事业的基本要素。这二者是不朽的，因此也带给你不朽。你是怎样的人，取决于你掌握了怎样的知识，智者可以无所不为。一个没有知识的人，拥有的只是一个没有光亮的世界。智慧和力量，正如眼和手。仅有知识而没有勇气，也将一事无成。

5. Make people depend on you.

It is not he that adorns but he that adores that makes a divinity. The wise person would rather see others needing him than thanking him. To keep them on the threshold of hope is diplomatic, to trust to their gratitude is boorish; hope has a good memory, gratitude a bad one. More is to be got from dependence than from courtesy. He that has satisfied his thirst turns his back on the well, and the orange once squeezed fall from the golden platter into the waste basket. When dependence disappears good behavior goes with it, as well as respect. Let it be one of the chief lessons of experience to keep hope alive without entirely satisfying it, by preserving it to make oneself always needed, even by a patron on the throne. But do not carry silence to excess or you will go wrong, nor let another's failing grow incurable for the sake of your own advantage.

5. 让别人依赖你

是内心的崇拜，而非外表的装饰，才使得神成为神。明智之士，更愿意让别人需要自己，而不是要别人感谢自己。让他们待在希望的门槛之前，是明智的策略；希求他们的感激之心，不过是乡愿而已。希望，有很好的记性；而感激，其记忆力总是很糟。我们从别人的依赖中，比之于从别人的谦恭中，所得更多。口渴之人，饱饮之后会离井而去；橘子一旦被榨干汁水，就会从金盘中沦落进垃圾篓里。依赖之心一旦不存在，良好举止和尊重敬畏也就随之化为乌有。让下面的策略成为人生历练的首要功课：不断维持别人的希望，使得他总是有所需求，通过这样的手段（哪怕是通过皇座上的守护神），从而保持他的希望之火不灭，而又得不到完全的满足。但是，不要过分地保持沉默，否则你就会误入歧途；也不要为了一己之私利，而听任他人的缺点过失日积月累，终致不可挽救。

6. A Man at his Highest Point.

We are not born perfect: every day we develop in our personality and in our calling till we reach the highest point of our completed being, to the full round of our accomplishments, of our excellences. This is known by the purity of our taste, the clearness of our thought, the maturity of our judgment, and the firmness of our will. Some never arrive at being complete; somewhat is always awanting: others ripen late. The complete man, wise in speech, prudent in act, is admitted to the familiar intimacy of discreet persons, is even sought for by them.

6. 生命的最高点

我们并非生来就是完美的。我们的品格、我们的事业，每天都在发展，直至我们登上生命的最高点，事业有成、功德圆满。趣味的纯洁、思想的明净、判断力的成熟、意志力的坚定，这些，标志着你达到了生命的最高点。有些人永远无法臻至完美，总有所缺；而有些人则大器晚成，终成善果。完美之人，谨于言，慎于行，贤者亲之，智者友之。

7. Avoid outshining your superiors.

All victories breed hate, and that over your superior is foolish or fatal. Preeminence is always detested, especially over those who are in high positions. Caution can gloss over common advantages. For example, good looks may be cloaked by careless attire. There are some that will grant you superiority in good luck or in good temper, but none in good sense, least of all a prince—for good sense is a royal prerogative and any claim of superiority in that is a crime against majesty. They are princes, and wish to be so in that most princely of qualities. They will allow someone to help them but not to surpass them. So make any advice given to them appear like a recollection of something they have only forgotten rather than as a guide to something they cannot find. The stars teach us this finesse with happy tact: though they are his children and brilliant like him, they never rival the brilliance of the sun.

7. 避免让你的上司相形见绌

一切胜利皆招人嫉恨，因而，超越你的上司是愚蠢的，甚至是致命的。太出类拔萃，总是遭人憎恶。只要小心谨慎，寻常优点尚可遮掩。比如，相貌出众可以通过不修边幅来加以掩饰。有许多人愿意承认你在好运道、好脾气方面稍胜一筹，但决没有一个人认可你见识过人，君王尤其如此——因为见识乃是王室的特权，任何人声称自己见识超群，就是对最高权威的冒犯。他们是君王，总希望自己在见识方面拥有最高贵的品质。他们愿意有人辅佐自己，却不愿意有人超过自己。所以，你在提出任何忠告的时候，都要显得好像是在提醒某些他们恰好忘了的事情，而并不是在指导那些他们没有认识到的事情。星星们机智圆滑地向我们面授机宜：虽然它们是太阳的孩子，而且也一样熠熠闪光，但它们决不和太阳争辉。

8. Be without passions.

This is the highest quality of the mind. Its very eminence redeems us from being affected by transient and low impulses. There is no higher rule than that over oneself, over one's impulses; there is the triumph of free will. When passion rules your character do not let it threaten your position, especially if it is a high one. It is the only refined way of avoiding trouble and the shortest way back to a good reputation.

8. 不要被激情所左右

斯乃大智慧。它的卓尔不群，使我们免受短暂而低俗的冲动所影响。人生的最高法则，乃是超越自我，超越自我的情绪冲动，这是自由意志的胜利。当激情左右你的个性时，不要让它威胁到你的位置，尤其，如果这个位置很高的话。这是避免麻烦的不二法门，也是博取佳名的登堂捷径。

9. Avoid the Faults of your Nation.

Water shares the good or bad qualities of the strata through which it flows, and man those of the climate in which he is born. Some owe more than others to their native land, because there is a more favourable sky in the zenith. There is not a nation even among the most civilized that has not some fault peculiar to itself which other nations blame by way of boast or as a warning. This is a triumph of cleverness to correct in oneself such national failings, or even to hide them: you get great credit for being unique among your fellows, and as it is less expected of you it is esteemed the more. There are also family failings as well as faults of position, of office or of age. If these all meet in one person and are not carefully guarded against, they make an intolerable monster.

9. 避免你与生俱来的缺陷

水质的好坏，与其流经之处的地层土质密切相关；人品的优劣，与其出生之地的风土气候互为表里。有些人比其他人更多地受惠于家乡故土，因为他们头顶有着更加宜人的丽日蓝天。即便是最文明的民族，也会有某些让其他民族差可自慰或者用以自警的特殊缺陷。纠正（甚至隐藏）你身上的民族弱点，就是一种智胜：你会因为在同胞当中出类拔萃而赢得更大的信任，你也会因为超出人们的预期而受到更大的尊重。还有家族的缺陷、身份的缺陷、职务的缺陷和时代的缺陷。如果所有这些缺陷同时出现在一个人身上，而又没有加以小心提防，那此人必定会成为一个令人无法忍受的怪物。

10. Fortune and Fame.

Where the one is fickle the other is enduring. The first for life, the second afterwards; the one against envy, the other against oblivion. Fortune is desired, at times assisted: fame is earned. The desire for fame springs from man's best part. It was and is the sister of the giants; it always goes to extremes—horrible monsters or brilliant prodigies.

10. 财富和名声

一个变幻无常，一个持久不衰。前者利在生前，后者受益身后；财富当心嫉妒，名声须防遗忘。财富来自渴望，有时也要靠帮助；而名声却是挣来的。对名声的渴望，源自于人性中最优秀的部分。古往今来，名声一直是巨人的姐妹；它总是走极端：不是面目可憎的妖魔，便是超群出众的奇才。

11. Cultivate those who can teach you.

Let friendly intercourse be a school of knowledge, and culture be taught through conversation: thus you make your friends your teachers and mingle the pleasures of conversation with the advantages of instruction. Sensible persons thus enjoy alternating pleasures: they reap applause for what they say, and gain instruction from what they hear. We are always attracted to others by our own interest, but in this case it is of a higher kind. Wise men frequent the houses of great noblemen not because they are temples of vanity, but as theatres of good breeding. There are gentlemen who have the credit of worldly wisdom, because they are not only themselves oracles of all nobleness by their example and their behaviour, but those who surround them form a well-bred academy of worldly wisdom of the best and noblest kind.

11. 结交可以为师者

让交朋结友成为一所知识的学校吧，教养乃是通过交往而习得的。因此，要让你的朋友成为你的老师，把教益融入交往的乐趣中。智者因此能享受到交互之乐：他所说出的，为他赢得喝彩；他所听到的，让他收获教益。我们根据自己的兴趣而被他人所吸引，但在这种情况下，这一兴趣是更高贵的那种。智者频繁出入豪门，并非因为那些地方是虚荣的神殿，而是因为它们是良好教养的舞台。有些谦谦君子，以人情练达而著称，因为他们不仅通过自己的榜样和举止而使自己成为一切高贵之士中的智者，而且，他们身边的那些人也同样拥有最优秀、最高贵的处世智慧，从而组成了一所培养良好教养的专门院校。

12. Nature and Art.

They are material and workmanship. There is no beauty unadorned and no excellence that would not become barbaric if it were not supported by artifice: this remedies the evil and improves the good. Nature scarcely ever gives us the very best; for that we must have recourse to art. Without this the best of natural dispositions is uncultured, and half is lacking to any excellence if training is absent. Every one has something unpolished without artificial training, and every kind of excellence needs some polish.

12. 天资与技艺

天资与技艺，就好比材料与加工。所有美都经过修饰，一切卓越的品质，如果得不到技艺的支持，就会变得粗俗。技艺，可以使恶得到补救，使善得以改进。天资几乎永远不会将最优秀的品质赋予我们，所以我们必须求助于技艺。如果没有技艺，最优秀的天赋性情就得不到培养；如果缺乏磨炼，任何卓越的品质也会缺失大半。每个人都有其粗糙之处需要人工打磨，每种卓越的品质也都需要时时擦拭。

13. Act sometimes on Second Thoughts, sometimes on First Impulse.

Man's life is a warfare against the malice of men.

Sagacity fights with strategic changes of intention: it never does what it threatens, it aims only at escaping notice. It aims in the air with dexterity and strikes home in an unexpected direction, always seeking to conceal its game. It lets a purpose appear in order to attract the opponent's attention, but then turns round and conquers by the unexpected. But a penetrating intelligence anticipates this by watchfulness and lurks in ambush. It always understands the opposite of what the opponent wishes it to understand, and recognises every feint of guile. It lets the first impulse pass by and waits for the second, or even the third. Sagacity now rises to higher flights on seeing its artifice foreseen, and tries to deceive by truth itself, changes its game in order to change its deceit, and cheats by not cheating, and founds deception on the greatest candour. But the opposing intelligence is on guard with increased watchfulness, and discovers the darkness concealed by the light and deciphers every move, the more subtle because more simple. In this way the guile of the Python combats the far darting rays of Apollo.

13. 有时三思而行，有时一触即发

生活就是一场针对他人恶意的战争。智者作战，意图常作战略改变——他决不做自己扬言

要做的事情，而只是盯住稍纵即逝的警告。他机警地瞄准悬而未决的目标，从出其不意的方向击中要害，始终设法隐藏自己的策略。他也暴露自己的意图，为的是吸引对手的注意，然后出其不意，攻其不备。但明察秋毫的对手，早就通过警觉和埋伏而预防着这一招。他总是做出与对手所希望的正好相反的理解，识别出每一次狡诈的伪装。他毫不理会最初的心血来潮，而是等待第二次，甚或第三次念头出现。在预见这样的谋略上，智者如今站得更高：他设法通过事实本身去欺骗，为了改变其欺诈手法而改变其策略，把欺骗建立在最诚实的基础之上，从而做到“不骗而骗”。但聪明的对手也会倍加警觉，小心防范，极力发现被光明所隐藏的黑暗，认真解读对方的一举一动，因为越简单的举动往往包含越狡诈的策略。对付阿波罗从远处投掷的光束，巨蟒皮同①使用的正是这种诡计。

14. The Thing Itself and the Way it is done.

“Substance” is not enough: “accident” is also required, as the scholastics say. A bad manner spoils everything, even reason and justice; a good one supplies everything, gilds a No, sweetens truth, and adds a touch of beauty to old age itself. The how plays a large part in affairs, a good manner steals into the af-

① 皮同，希腊神话中保护特尔斐神谕祭礼的巨蟒，后被阿波罗杀死。

fections. Fine behaviour is a joy in life, and a pleasant expression helps out of a difficulty in a remarkable way.

14. 事情本身与做事的方式

正如经院哲学家所言，仅有“实体”是不够的，还需要“偶然性”。糟糕的方式使万事皆糟，甚至包括理性和正义；好的方式补偿一切，它给“不”字镀金，让“真相”变得更赏心悦目，为衰朽的暮年增添美感。如何做事至关重要，好的方式让人心生好感。优美的举止，是人生的快乐；令人愉快的表情，以不同寻常的方式帮助你摆脱困境。

15. Keep Ministering Spirits.

It is a privilege of the mighty to surround themselves with the champions of intellect; these extricate them from every fear of ignorance, these worry out for them the moot points of every difficulty. This is a rare greatness to make use of the wise, and far exceeds the barbarous taste of Tigranes, who had a fancy for captive monarchs as his servants. It is a novel kind of supremacy, the best that life can offer, to have as servants by skill those who by nature are our masters. This is a great thing to know, little to live: no real life without knowledge. There is remarkable cleverness in studying without study, in getting much by means of many, and through them all to become wise. Afterwards you speak in the council chamber on behalf of many, and as many sages speak through your mouth as were consulted beforehand: you thus obtain the fame of an oracle by others' toil. Such ministering spirits distil the best books and serve up the quintessence of wisdom. But he that cannot have sages in service should have them for his friends.

15. 把"服役之灵"①留在身边

让才智之士环绕左右是强者的特权，这些人让他摆脱每一次由无知所带来的恐惧，绞尽脑汁为他排忧解难。善用智士是一种罕见的雄才大略，远胜过提格兰大帝②的野蛮品味：他的爱好是俘获君王做自己的奴仆。有些人，就其天赋才能而言本该做我们的主人，但我们可以利用技巧让他成为我们的仆从，这才是新奇而独特的上上之策。"知"是大事，"活"是小事：没有知识就没有真正的生活。不学而有术，聚众而成多，借他人的智慧而为己用，这当中有非凡的智巧。然后，在立法机关的会议上你代表多数人发言，就好像有

① 此语出自《新约·希伯来书》第1章第14节："天使岂不都是服役的灵，奉差遣为那将要承受救恩的人效力吗？"

② 即提格兰二世（？—前56年），亚美尼亚国王（约前95年—前86年在位）。在他执政时期，亚美尼亚王国达到极盛，一度成为其实力足以与罗马相抗衡的国家。

许多智者贤士借你之口说话，仿佛事先与你商量过一样：你就这样凭借别人的辛苦劳动而赢得了圣哲之名。这样一种“服役之灵”，汲取最优秀著作的精华，为你提供智慧的精粹。不过，如果不能让智者贤士成为你的仆从，那就应该让他们成为你的朋友。

16. Knowledge and Good Intentions.

They are together ensure continuance of success. A fine intellect wedded to a wicked will was always an unnatural monster. A wicked will envenoms all excellences: helped by knowledge it only ruins with greater subtlety. This is a miserable superiority that only results in ruin. Knowledge without sense is double folly.

16. 知识与良好的意图

这二者确保你持续不断的成功。优秀的智力与邪恶的意愿相结合，终归是个怪胎。邪恶的意愿将会毒害所有卓越的品质，一旦得到知识的帮助，它只会带来更大的毁灭。如果只能导致毁灭，这样的优势也只能是可悲的优势。缺乏判断力的知识，是双倍的愚蠢。

17. Vary your mode of action.

So as to distract attention, do not always do things the same way, especially if you have a rival. Do not always act on first impulse; people will soon recognize the uniformity and, by anticipating, frustrate your designs. It is easy to kill a bird on the wing that flies straight, not so one that twists and turns. Nor should you always act on second thoughts; people will discern the plan the second time. The enemy is on the watch, great skill is required to outwit him. The gamester never plays the card the opponent expects, still less the one he wants.

17. 不断改变你的行为方式

这样可以转移人们的注意力。不要老是以同样的方式行事，尤其当你有一个竞争对手时，更是如此。不要总是按照最初的想法采取行动，否则，别人很快就会认识到你行动的规律，并抢先一步挫败你的计划。捕杀直来直去的飞鸟并不困难，而要捕杀迂回飞行的鸟儿却非易事。也不要总是三思而后行，否则，等你思考到第二遍，别人就已经对你的计划了如指掌。对手一直在注视着你，要想以智取胜，必须技高一筹。高明的赌徒，从不按照对手的预期出牌，当然，更不会按照他自己的希望出牌。

18. Application and Ability.

There is no attaining eminence without both, and where they unite there is the greatest eminence. Mediocrity obtains more with application than superiority without it. Work is the price which is paid for reputation. What costs little is little worth. Even for the highest posts it is only in some cases application that is wanting, rarely the talent. To prefer moderate success in great things than eminence in a humble post has the excuse of a generous mind, but not so to be content with humble mediocrity when you could shine among the highest. Thus nature and art are both needed, and application sets on them the seal.

18. 勤奋与才干

如果不是二者兼具，就不可能出类拔萃；二者相得益彰的地方，必有最杰出的成就。勤奋的庸人比懒惰的高才取得的成就更大。要功成名就，劳动是必须付出的代价。代价小的东西，其价值也小。即使是为了获取高位，在某些情况下也只需要勤奋，需要天才的情况则很少。与其在卑微的位置上出类拔萃，不如在大事上取得平凡的成就，这可以被大度者拿来做借口；但如果你能够在最高处发光发热，却满足于做一个卑微的庸才，就不能以此为借口了。因此，天资和技能都是需要的，而勤奋则让二者胜券在握。

19. Arouse no Exaggerated Expectations on entering.

It is the usual ill-luck of all celebrities not to fulfil afterwards the expectations beforehand formed of them. The real can never equal the imagined, for it is easy to form ideals but very difficult to realise them. Imagination weds hope and gives birth to much more than things are in themselves. However great the excellences, they never suffice to fulfil expectations, and as men find themselves disappointed with their exorbitant expectations they are more ready to be disillusionized than to admire. Hope is a great falsifier of truth; let skill guard against this by ensuring that fruition exceeds desire. A few creditable attempts at the beginning are sufficient to arouse curiosity without pledging one to the final object. It is better that reality should surpass the design and is better than was thought. This rule does not apply to the wicked, for the same exaggeration is a great aid to them; they are defeated amid general applause, and what seemed at first extreme ruin comes to be thought quite bearable.

19. 事情刚开始不要唤醒过高的期望

不幸的是，所有知名人士后来通常都没有实现他们预先抱有的期望。现实决不能等同于想象，形成理想很容易，实现理想却很难。“想象”与“希望”结合，孕育出的东西总是远远超出实际。不管有多么优秀的品质，也不足以去实现期望，当人们发现自己因期望过高而失望的时候，他们感受到的，更多的是幻灭，而不是赞叹。希望，是一位了不起的真相伪造者，对它要小心加以提防，方法就是要确保结果能够超出期望。刚一开始，少量值得赞扬的努力就足以唤起好奇心，而不会担保最终的结果。更好的做法是，事实应该超出设计，结果必须好于想法。但这一方法并不适用于坏事，因为夸大坏事对它们是很大的帮助，它们会在普遍的喝彩声中被挫败，而起初看起来会带来极端毁灭的东西，等它们真正到来的时候，人们也会认为是完全可以忍受的。

20. A Man of the Age.

The rarest individuals depend on their age. It is not every one that finds the age he deserves, and even when he finds it he does not always know how to utilize it. Some men have been worthy of a better century, for every species of good does not always triumph. Things have their period; even excellences are subject to fashion. The sage has one advantage: he is immortal. If this is not his century many others will be.

20. 生逢其时的人

卓尔不群的人，往往依赖于他们所处的时代。并非每个人都能生逢其时，即便是遇着了好时候，人们也并不总是懂得如何利用它。有些人值得生活在更好的时代，因为每一种善行并非总能取得成功。万事皆有其时，即使是杰出之士，也常常受制于时代的风尚。圣哲贤士有一个优势：他是不朽的。即便眼下生不逢时，也会有别的时代让他焕发光彩。

21. The Art of being Lucky.

There are rules of luck: it is not all chance with the wise: it can be assisted by care. Some content themselves with placing themselves confidently at the gate of Fortune, waiting till she opens it. Others do better, and press forward and profit by their clever boldness, reaching the goddess and winning her favour on the wings of their virtue and valour. But on a true philosophy there is no other umpire than virtue and insight; for there is no luck or ill-luck except wisdom and the reverse.

21. 走运的诀窍

走好运也有规律可循，聪明人并非万事靠运气，处处留心可以助运气一臂之力。有些人满足于心安理得地把自己放置于命运的大门口，坐等命运之神为他开门。另一些人则更胜一筹，他们奋力向前，借助自己的机智和勇敢，走向命运女神，凭借美德和勇气的翅膀，赢得她的青睐。要判断一个人是不是真正的智者，只有美德和洞察力才是仲裁人，因为除了智慧与愚钝外，并没有所谓的幸与不幸。

22. A Man of Knowledge to the Point.

Wise men arm themselves with tasteful and elegant erudition: a practical knowledge of what is going on, not of a common kind but more like an expert. They possess a copious store of wise and witty sayings, and of noble deeds, and know how to employ them on fitting occasions. More is often taught by a jest than by the most serious teaching. Pat knowledge helps some more than the seven arts, be they ever so liberal.

22. 博学者切中正题

智者用格调高尚、品味优雅和渊博知识来武装自己——这是一种对正在发生的事情明察秋毫的实践知识，而并非稀松平常的陈词滥调，他更像是一个行家里手。他拥有丰富的智慧、机智的谈吐以及高尚的行为，知道如何在合适的场合一显身手。他更多的是通过诙谐的笑谈来传授知识，而不是通过一本正经的说教。贴切适时的知识，对有些人的帮助比七艺还大，他们永远是这样慷慨。

23. Be Spotless.

This is the indispensable condition of perfection. Few live without some weak point, either physical or moral, which they pamper because they could easily cure it. The keenness of others often regrets to see a slight defect attaching itself to a whole assembly of elevated qualities, and yet a single cloud can hide the whole of the sun. There are likewise patches on our reputation which ill-will soon finds out and is continually noticing. The highest skill is to transform them into ornament. So Caesar hid his natural defects with the laurel.

23. 白璧无瑕

这是完美的必要条件。人生在世，几乎无人没有缺点，或是身体上的，或是精神上的。尽管这些缺点可以轻而易举地加以救治，但人们总是听之任之。而有些敏锐的人，看到一个轻微的过失累及整体的高尚品质，常常为此扼腕。一片乌云，能够遮住整个太阳。我们的名誉，同样也有斑痕，心怀恶意者很快就会发现它们，并时时加以留意。最高超的技巧，就是要把它们转变为装饰。恺撒就是这样用桂冠来掩盖他与生俱来的缺陷。

24. Keep the Imagination under Control.

We need sometimes correct, sometimes assist it. For it is all-important for our happiness, and even sets the reason right. It can tyrannize, and is not content with looking on, but influences and even often dominates life, causing it to be happy or burdensome according to the folly to which it leads. For it makes us either contented or discontented with ourselves. Before some it continually holds up the penalties of action, and becomes the mortifying lash of these fools. To others it promises happiness and adventure with blissful delusion. It can do all this unless the most prudent self-control keeps it in subjection.

24. 要控制你的想象力

有时要对它加以纠正，有时要对它施以援手。因为想象力对于我们的幸福，甚至对于我们保持正确的理智，都至关重要。它能够横行霸道，不满足于袖手旁观，而是要影响，甚至常常要支配你的生活，它带给我们的究竟是快乐还是重负，这要取决于它是否会把我们带向愚蠢。它既可以让我们对自己满意，也可以让我们对自己不满。在有些人面前，它不断提出行动的惩罚，最后变成那些蠢人痛苦修行的皮鞭。而对另外一些人，它则用幸福的幻觉预示着快乐和冒险。如果你不拿出最谨慎的自制力来征服它，上述这些它都能做到。

25. Know how to take a hint.

It was once the art of arts to be able to discourse, now it is no longer sufficient. We must know how to take a hint, especially in disabusing ourselves. You cannot make yourself understood if you do not easily understand others. There are some who act like diviners of the heart and lynxes of intentions. The very truths that concern us most are only half spoken, but with attention we can grasp the whole meaning. When you hear anything favorable keep a tight rein on your credulity; if unfavourable, give it the spur.

25. 懂得如何见微知著

善于分析，曾经被认为是谋略的艺术，如今，这已经远远不够了。我们还必须懂得如何见微知著，尤其当我们正在解疑释惑的时候。倘若不能明察秋毫，也就无法洞若观火。有些人善于窥透别人的心灵、洞察他人的想法。对那些与我们密切相关的重大事实，人们总是话留半句、欲语还休；不过倘细加留意，我们还是能洞彻微言、悟其大义。好事宁信其无，坏事宁信其有。

26. Find out each Man's Thumbscrew.

This is the art of setting their wills in action. It needs more skill than resolution. You must know where to get at any one. Every volition has a special motive which varies according to taste. All men are idolaters, some of fame, others of self-interest, most of pleasure. Skill consists in knowing these idols in order to bring them into play. Knowing any man's mainspring of motive you have as it were the key to his will. Have resort to primary motors, which are not always the highest but more often the lowest part of his nature: there are more dispositions badly organised than well. First guess a man's ruling passion, appeal to it by a word, set it in motion by temptation, and you will infallibly give checkmate to his freedom of will.

26. 找出每个人的软肋

这是让他们在行动中下定决心的技艺。光有决心并不够，还需要更多的技巧。你必须知道在什么地方可以接近什么人。每种选择，都有其特殊的动机，各人趣味不同，动机也就千差万别。所有人都是偶像崇拜者，有人好名，有人逐利，而大多数人则追求享乐。技巧就在于了解他们崇拜的偶像是什么，这样才可以把他们发动起来。了解任何一个人动机背后的动力是什么，就好像掌握了开启其意志力的钥匙。你要借助的手段，正是这种“原动力”，它并不总是其天性中最高尚的部分，反倒常常是最卑下的部分，因为组成这种原动力的，更多的是恶劣的倾向，而不是良好的意愿。首先要猜准他的主要爱好，用言辞去迎合这个爱好，用诱惑去调动这个爱好，那么，你必然会让他的自由意志束手就擒。

27. Prize Intensity more than Extent.

Excellence resides in quality not in quantity. The best is always few and rare: much lowers value. Even among men giants are commonly the real dwarfs. Some reckon books by the thickness, as if they were written to try the brawn more than the brain. Extent alone never rises above mediocrity; it is the misfortune of universal geniuses that in attempting to be at home everywhere, are so nowhere. Intensity gives eminence, and rises to the heroic in matters sublime.

27. 宁精毋博

超群出众者，在质不在量。最好的总是很少，稀为贵，多则贱。即使在人群之中，巨人通常是真正的侏儒。有些人总是根据厚度来掂量书的价值，就好像它们被写出来就是为了测试膂力而非考验智力。仅有广博，终归平庸。试图样样皆通，结果样样稀松，这正是很多人的通病。强在一门，卓尔不群，它让勇者在实际事务中上升到卓越的顶点。

28. Common in Nothing.

First, not in taste. It is great and wise to be ill at ease when your deeds please the mob! The excesses of popular applause never satisfy the sensible. Some there are such chameleons of popularity that they find enjoyment not in the sweet savours of Apollo but in the breath of the mob. Secondly, not in intelligence. Take no pleasure in the wonder of the mob, for ignorance never gets beyond wonder. While vulgar folly wonders wisdom watches for the trick.

28. 不要随波逐流

首先，在品位上不要随大流。当你的行为让乌合之众兴高采烈的时候，要惶恐不安，这才是伟大而明智的。过度的欢呼喝彩，决不会让明智之士感到心满意足。有一些沽名钓誉的反复无常之辈，他们不愿享受阿波罗的芬芳气息，却愿陶醉于乌合之众的恶浊呼吸。其次，在智力上也不要随大流。在乌合之众的惊叹中得不到任何乐趣，因为无知决不会超出惊叹之上。在粗俗的蠢才惊叹称奇的时候，智者却密切提防着狡诈的诡计。

29. A Man of Rectitude.

He clings to the sect of right with such tenacity of purpose that neither the passions of the mob nor the violence of the tyrant can ever cause him to transgress the bounds of right. But who shall be such a Phoenix of equity? What a scanty following has rectitude! Many praise it indeed, but few devote themselves. Others follow it till danger threatens; then the false deny it, the politic conceal it. For it cares not if it fights with friendship, power, or even self-interest; then comes the danger of desertion. Then astute men make plausible distinctions so as not to stand in the way of their superiors or of reasons of state. But the straightforward and constant regard dissimulation as a kind of treason, and set more store on tenacity than on sagacity. Such are always to be found on the side of truth, and if they desert a party, they do not change from fickleness, but because the others have first deserted truth.

29. 正直之士

正直之士总是意志坚定地站在正义的一边，以至于无论是庸众的热情还是昏君的暴力都不能让他越出正义的雷池一步。但是，谁会是这样一只刚正不阿的凤凰呢？公正是多么缺少坚定的追随者啊！的确有许多人赞美公正，但身体力行者寥寥无几。而另一些人，在危险到来之前一直在追随它，等到面临危险的时候，装模作样者否认它，投机取巧者藏起它。因为，正直一旦与友谊、权力甚至自身利益发生冲突时，它是不会顾及这些的；那么，它就要面临被抛弃的危险。精明的人就会似是而非的区别对待，免得妨碍他们的上司或者所谓的国家理性。但正直忠诚之士总是视虚伪为背叛，他们更看重执著而不是精明。这样的人，总是站在真理的一边，即使他抛弃了他的团体，那也并不能归咎于他反复无常，而是因为其他人首先抛弃了真理。

30. Have naught to do with Occupations of Ill-repute.

And have still less with fads that bring more notoriety than repute. There are many fanciful sects, and from all the prudent man has to flee. There are bizarre tastes that always take to their heart all that wise men repudiate; they live in love with singularity. This may make them well known indeed, but more as objects of ridicule than of repute. A cautious man does not even make profession of his wisdom, still less of those matters that make their followers ridiculous. These need not be specified, for common contempt has sufficiently singled them out.

30. 别跟声名狼藉的职业有任何关联

更要少跟那些带来恶名的时尚扯上关系。有许多善于幻想小团体，审慎之人避之唯恐不及。有一些趣味古怪的人，醉心于所有智者拒绝的事情。他们生活在古怪的爱好中，这的确可以让他们变得远近皆知，但更多的是让他们沦为嘲笑的对象，而不是为他们赢得美名。审慎之人甚至不会公开表露他们的智慧，更不会宣布那些让他们的追随者显得滑稽可笑的事。这些无须详细列举，因为公众的轻蔑已把它们一一挑出。

31. Select the Lucky and avoid the Unlucky.

Ill-luck is generally the penalty of folly, and there is no disease so contagious to those who share in it. Never open the door to a lesser evil, for other and greater ones invariably slink in after it. The greatest skill at cards is to know when to discard; the smallest of current trumps is worth more than the ace of trumps of the last game. When in doubt, follow the suit of the wise and prudent; sooner or later they will win the odd trick.

31. 选择幸运，避免不幸

厄运通常是对愚蠢的惩罚，对那些分担厄运的人来说，没有哪种疾病像厄运那么容易传染。即使是较小的不幸，也决不要向它敞开大门，因为另外的更大不幸总是会鬼鬼祟祟地尾随而至。牌场上最大的技巧就是懂得何时该垫牌，眼下最小的王牌，比终局最大的王牌更有价值。当你拿不准的时候，就跟明智审慎之士出牌；他们迟早会赢够线位墩数。

32. Have the Reputation of being Gracious.

This is the chief glory of the high and mighty to be gracious, a prerogative of kings to conquer universal goodwill. That is the great advantage of a commanding position—to be able to do more good than others. Those make friends who do friendly acts. On the other hand, there are some who lay themselves out for not being gracious, not on account of the difficulty, but from a bad disposition. In all things they are the opposite of Divine grace.

32. 赢得和蔼可亲的美名

对人和蔼可亲，是位高权重者引以为荣的首要之事，是王者用来赢得全民善意的显著优势。能比他人做更多的义行善举，是身居高位者的巨大优势。交朋友就要交那些行友善事之人。另一方面，有些人故意摆出一副不可亲近的姿态，这倒并不是因为困难，而是由于糟糕的性格。在所有事情上他们都跟神的恩典唱对台戏。

33. Know how to withdraw.

If it is a great lesson in life to know how to deny, it is still greater to know how to deny oneself as regards both affairs and persons. There are extraneous occupations that eat away precious time. To be occupied in what does not concern you is worse than doing nothing. It is not enough for a careful person not to interfere with others, he must see that they do not interfere with him. One is not obliged to belong so much to others as not to belong at all to oneself. So with friends, their help should not be abused or more demanded from them than they themselves will grant. All excess is a failing, but above all in personal relationships. A wise moderation in this best preserves the goodwill and esteem for all, for by this means that precious boon of courtesy is not gradually worn away. Thus you preserve your genius and freedom to select the best and never sin against the unwritten laws of good taste.

33. 懂得放弃

如果说，生活中一门重要的课程是“学会如何拒绝”的话，那么，更重要的是懂得如何放弃（无论是事还是人）。有些无关紧要的工作，不过是空耗宝贵的时间而已。忙活一些与己无关的事，甚至比无所事事还要糟。对于一个谨慎之人来说，仅仅不管他人闲事是不够的，你还必须时刻留心：别让他人来管你的闲事。一个人没必要过分属于别人，那样的话你就不会完全属于自己。不要滥用朋友的帮助，也不要向他们提过分的要求。过犹不及，害人害己，尤其在私人关系方面，更是如此。适可而止，是友善和尊敬的最好保护，只有这样，珍贵友善的恩赐才不会日渐消磨。如此，才能保护好你的天赋和自由，以作出最优选择，并且，决不会违反关于优雅品位的不成文规则。

34. Know your strongest quality.

Know your pre-eminent gift—cultivate it and it will assist the rest. Everyone would have excelled in something if he had known his strong point. Notice in what quality you surpass and take charge of that. In some people judgement excels, in others valor. Most do violence to their natural aptitude and thus attain superiority in nothing. Time enlightens us too late of what was first only a flattering of the passions.

34. 了解自己的特长

了解你尚未表现出来的才能——培养它，它就会惠及其余。每个人，如果清楚自己的强项之所在，那么他就能够在某些方面胜过别人。认识到你的优点，并善待之。有人长于判断，有人勇气过人。大多数人则自暴自弃，结果一事无成。

时间终将会让我们懂得（懂得为时已晚）：我们最初只是被激情的花言巧语所蒙蔽。

35. Think over Things, most over the most Important.

All fools come to grief from want of thought. They never see even the half of things, and as they do not observe their own loss or gain, still less do they apply any diligence to them. Some make much of what imports little and little of much, always weighing in the wrong scale. Many never lose their common sense, because they have none to lose. There are matters that should be observed with the closest attention, and thereafter always kept well in mind. The wise man thinks over everything, but with a difference, most profoundly where there is some profound difficulty, and thinks that perhaps there is more in it than he thinks. Thus his comprehension extends as far as his apprehension.

35. 凡事要三思，尤其是重大事情

所有蠢人都是由于缺乏思考而招致不幸。他们甚至从来了解不到事情真相的一半，因为他们洞察不了自己的得失，所以很少勤勉用事。有些人把小之又小的事情看得重上加重，总是在错误的天平上权衡轻重。许多人从来不会丧失他们的

判断力，因为他们根本就没有判断力。有些事情要仔细观察，并因此一直谨记在心。智者凡事都要三思，但也会区别对待，最深奥难懂的事情，往往意义也最深远，他多半会慎之又慎、思之再思。因此他的理解力扩展到了不能再扩展的程度。

36. Before Acting or Refraining, weigh your Luck.

More depends on that than on noticing your temperament. If he is a fool who at forty applies to Hippocrates for health, still more is he one who then first applies to Seneca for wisdom. It is a great piece of skill to know how to guide your luck even while waiting for it. For something is to be done with it by waiting so as to use it at the proper moment, since it has periods and offers opportunities, though one cannot calculate its path, its steps are so irregular. When you find Fortune favourable, stride boldly forward, for she favours the bold and, being a woman, the young. But if you have bad luck, keep retired so as not to redouble the influence of your unlucky star.

36. 出手或收手之前，先掂量掂量你的运气

事情成败，更多的是取决于把握你的运气，而不是留意你的脾气。如果说年届四十还向希波克拉底要健康的人是傻瓜的话，那么这时候才向

塞涅卡要智慧的人就更是傻瓜了。在等待幸运之神降临的时候，懂得如何去引导你的运气是一项大技巧。因为有些事情要靠运气才能做成，既然运气有它的周期和出现的时机，那么只有耐心等待才能在合适的时机用上它，虽说它的步伐是如此漫无规则以至于你没法推算它的行程。当你受到命运之神青睐的时候，要大胆地阔步向前，因为命运之神总是垂青于那些大胆的年轻人。但如果你时运不济，就要全身而退，免得让你的灾星变本加厉、威力倍增。

37. Keep a Store of Sarcasms, and know how to use them.

This is the point of greatest tact in human intercourse. Such sarcasms are often thrown out to test men's moods, and by their means one often obtains the most subtle and penetrating touchstone of the heart. Other sarcasms are malicious, insolent, poisoned by envy or envenomed by passion, unexpected flashes which destroy at once all favour and esteem. Struck by the slightest word of this kind, many fall away from the closest intimacy with superiors or inferiors which could not be the slightest shaken by a whole conspiracy of popular insinuation or private malevolence. Other sarcasms, on the other hand, work favourably, confirming and assisting one's reputation.

But the greater the skill with which they are launched, the greater the caution with which they should be received and the foresight with which they should be foreseen. For here a knowledge of the evil is in itself a means of defence, and a shot foreseen always misses its mark.

37. 储备一些讽刺挖苦的话，并懂得如何利用它

讥讽，是人类交往中最机智的暗器。常常可以抛出它以测试别人的心理状态，有了这样的暗器，你就有了最灵敏的心灵试金石。有些讽刺挖苦则心怀恶意、傲慢无礼，被妒忌浸染了毒汁，出其不意的寒光一闪，立刻就能摧毁所有的善意和尊重。亲密无间的关系（无论是与上级还是与部下），公众的含沙射影或个人的刻毒恶意都不能撼动其分毫，而这种讽刺挖苦，哪怕是片言只语，也能让许多人疏远这种关系。另一方面，还有一些讥讽能起到有利的作用，能让你的声望得到确认，并与时俱增。但是，投掷暗器的技巧越高明，接受暗器就要越小心，要有预知暗器的先见之明。认识到别人的恶意，本身就是一种防卫手段，鼠目寸光者总是漏过它的蛛丝马迹。

38. Leave your Luck while Winning.

All the best players do it. A fine retreat is as good as a gallant attack. Bring your exploits under cover when there are enough, or even when there are many of them. Luck long lasting was ever suspicious; interrupted seems safer, and is even sweeter to the taste for a little infusion of bitter sweet. The higher the heap of luck, the greater the risk of a slip, and down comes all. Fortune pays you sometimes for the intensity of her favours by the shortness of their duration. She soon tires of carrying any one long on her shoulders.

38. 功成身退，见好就收

高明的选手全都是这么干的。恰到好处的撤退，就像英勇顽强的进攻一样有益。当战利品已经足够（哪怕仍有很多）的时候，你要把它们藏起来，见好就收。幸运不间断，总是令人生疑；风水轮流转，似乎更有把握。在甜蜜中注入些许苦味，味道甚至更甜。幸运女神对你的眷顾，有时候是以持续的时间为代价，来交换青睐的程度。长时间把任何一个人背在肩上，都很快就会疲倦。

39. Recognise when Things are ripe, and then enjoy them.

The works of nature all reach a certain point of maturity; up to that they improve, after that they degenerate. Few works of art reach such a point that they cannot be improved. It is an especial privilege of good taste to enjoy everything at its ripest. Not all can do this, nor do all who can know this. There is a ripening point too for fruits of intellect; it is well to know this both for their value in use and for their value in exchange.

39. 要认识到什么时候瓜熟蒂落，然后享用它

大自然的杰作，全都会在某个时间点上达到成熟；这之前一直在不断改进完善，这之后就开始衰败退化。很少杰作能够不经过改进完善而达到这个成熟点。良好品位的一个独特优势，就是懂得在事物成熟的时候去享用它。并非所有人都能做到这一点，所有能做到的人也并不都懂得这一点。智力果实也有这样一个成熟点；既要了解它们的使用价值，也要了解它们的交换价值，方是善策。

40. The Goodwill of People.

This is much to gain universal admiration; more, universal love. Something depends on natural disposition, more on practice: the first founds, the second then builds on that foundation. Brilliant parts suffice not, though they are presupposed; win good opinion and this is easy to win goodwill. Kindly acts besides are required to produce kindly feelings, doing good with both hands, good words and better deeds, loving so as to be loved. Courtesy is the politic witchery of great personages. First lay hand on deeds and then on pens; words follow swords; for there is goodwill to be won among writers, and it is eternal.

40. 赢得他人的善意

获得普遍赞誉固然重要，而受到普遍热爱则更重要。有的事情要靠天性，而更多的要靠实践：前者奠定基础，后者则在这个基础上构建。光有才华是不够的，尽管才华被认为是先决条件。赢得了好感，就不难赢得善意。此外，要让人产生友善的感情，需要友善的行为，要双手行善：善言和善行。爱人者，人爱之。谦恭有礼，是伟大人物精明的魅力之所在。先付诸行，后付诸笔；剑之所指，言亦随之。因为有的善意要在作家中赢得，这种善意是不朽的。

41. Born to Command.

It is a secret force of superiority not to have to get on by artful trickery but by an inborn power of rule. All submit to it without knowing why, recognising the secret vigour of connatural authority. Such magisterial spirits are kings by merit and lions by innate privilege. By the esteem which they inspire, they hold the hearts and minds of the rest. If their other qualities permit, such men are born to be the prime motors of the state. They perform more by a gesture than others by a long harangue.

41. 天生帅才

有一种君临万物的神秘力量，它的获得，靠的不是狡诈的欺骗，而是与生俱来的统治能力。所有人都莫名其妙地臣服于这种力量，认可这种天生权威的神秘魄力。这种君临万物的气度，以其卓越品质而为王者，以其先天优势而为雄狮。他们凭借自己赢得的尊重，使其他人心悦诚服。这样的人，如果还拥有其他一些品质的话，天生就是国家的主发动机。他一个手势完成的事情，比别人长篇大论解决的问题还要多。

42. Sympathy with great Minds.

It is an heroic quality to agree with heroes. This is like a miracle of nature for mystery and for use. There is a natural kinship of hearts and minds: its effects are such that vulgar ignorance scents witchcraft. Esteem established, goodwill follows, which at times reaches affection. It persuades without words and obtains without earning. This sympathy is sometimes active, sometimes passive, both alike felicific; the more so, the more sublime. This is a great art to recognise, to distinguish and to utilise this gift. No amount of energy suffices without that favour of nature.

42. 与大智慧共鸣

英雄所见略同，这是一种英雄的品质。它就像是大自然的奇迹，因为它既神秘又有用。人类的心灵和头脑，有一种自然的亲缘关系，它的作用如此之大，以至于粗俗无知的人也能察觉其魔力。它让我们赢得尊重，赢得善意，有时候甚至赢得爱。它不言而劝，不挣而得。这种共鸣有时是积极的，有时是消极的，二者都能带来快乐：共鸣越大，快乐越强烈。认识、辨别、利用这种天赋，是一门大技巧。没有大自然的这种恩赐，再多的能量也不够。

43. Use, but do not abuse, Cunning.

One ought not to delight in it, still less to boast of it. Everything artificial should be concealed, most of all cunning, which is hated. Deceit is much in use; therefore our caution has to be redoubled, but not so as to show itself, for it arouses distrust, causes much annoy, awakens revenge, and gives rise to more ills than you would imagine. To go to work with caution is of great advantage in action, and there is no greater proof of wisdom. The greatest skill in any deed consists in the sure mastery with which it is executed.

43. 善用但不要滥用诡诈

你不应该以此为乐，更不要以此自夸。一切假东西都要藏起来，特别是大多数诡诈，都招人憎恨。骗人的伎俩，人们用得很多，因此我们要倍加小心，但不要做得太让人能看出来，因为提防之心容易让人产生不信任，从而招致更大的麻烦，也容易唤起报复，其所导致的后果比你所能想象的还要糟。在行动中小心从事有很大的优势，这是智慧最有力的证据。在任何行动中，最大的技巧就在于稳妥可靠地实施技巧。

44. Master your Antipathies.

We often allow ourselves to take dislikes, and that before we know anything of a person. At times this innate yet vulgar aversion attaches itself to eminent personalities. Good sense masters this feeling, for there is nothing more discreditable than to dislike those better than ourselves. As sympathy with great men ennobles us, so dislike to them degrades us.

44. 控制你的憎恶感

我们常常听任自己去憎恶他人，甚至在对此人没有任何了解之前。有时候一些杰出之士也带有这种与生俱来、却低级粗俗的厌恶情绪。良好的判断力可以控制这种情绪，因为，厌恶比自己更优秀的人，是最丢脸不过的事情。与伟大人物共鸣使我们受人尊敬，而憎恶他们则让我们贬低自己。

45. Observation and Judgment.

A man with these rules things, not they rule him. He sounds at once the profoundest depths; he is a phrenologist by means of physiognomy. On seeing a person he understands him and judges of his inmost nature. From a few observations he deciphers the most hidden recesses of his nature. Keen observation, subtile insight, judicious inference: with these he discovers, notices, grasps, and comprehends everything.

45. 观察与判断

一个明察善断的人能支配事物，而不是被事物所支配。他能迅速探测到事物的最深处，他能够透过表象看本质。即使是不了解的人，他看上一眼就能对他深藏不露的本性作出判断。通过少量的观察，他能破译出其天性中隐藏最深的奥秘。敏锐的观察力、深刻的洞察力和明智的判断力，他就是凭借这些，来发现、关注、掌握和分析所有的事情。

46. Never lose Self-respect.

Never lose self-respect or be too familiar with oneself. Let your own right feeling be the true standard of your rectitude, and owe more to the strictness of your own self-judgment than to all external sanctions. Leave off anything unseemly more from regard for your own self-respect than from fear of external authority. Pay regard to that and there is no need of Seneca's imaginary tutor.

46. 决不要丢掉自尊

不要丢掉自尊，也不要对自己太随便。要让你自己的正义感成为你自身正直的真正标准，更多的在于你对自己的判断是否严格，而不在于外部的清规戒律。避开任何有失体统的事情，更多的是由于看重自己的自尊，而不是由于害怕外部的权威。看重你的自尊吧，那你就不需要塞涅卡所谓的“假想的监护人”了。

47. Know how to Choose well.

Most of life depends on this. You need good taste and correct judgement, for which neither intellect nor study suffices. To be choice, you must choose well, and for this two things are needed: to be able to choose at all, and then to choose the best. There are many people with fertile and subtle minds, of keen judgement, of much learning, and of great observation who still are at a loss when they come to choosing. They always take the worst as if they were determined to go wrong. Thus, knowing how to choose well is one of the greatest gifts.

47. 懂得如何正确地选择

生活中大多数事情取决于选择。这需要良好的品位和正确的判断，仅靠才智或学问是不够的。要想出类拔萃，你就必须选择正确，因此有两件事情必不可少：先是要有能力作出选择，然后是要选择最好的。许多人足智多谋、判断敏锐、学识渊博、经验丰富，可到了该要做出选择的时候却不知所措。他们总是选择最差的，就好像是铁了心要误入歧途一样。因此，懂得如何正确地选择是最大的才能之一。

48. Never be upset.

It is a great aim of prudence never to be embarrassed. This is the sign of a real person, of a noble heart, for magnanimity is not easily put off balance. The passions are the humors of the soul, and every excess in them weakens prudence. If they overflow through the mouth, the reputation will be in danger. Let us therefore be so great a master over ourselves that neither in the most fortunate nor in the most adverse circumstances can anything cause our reputation injury by disturbing our self-possession but rather enhance it by showing superiority.

48. 决不心烦意乱

决不要局促不安，这是审慎的重要目的。这也是心灵真正高贵者的标志，因为襟怀博大的人是不容易失去平衡的。不要放纵激情，对它的每一次放纵都是对审慎的削弱。如果让激情从你的口中溢出，你的名声也就岌岌可危了。因此，不管是吉星高照还是倒霉背运，我们都要最大限度地控制自己，别让我们的名望因为失去冷静而受到任何损害，而是要通过展示我们的优越使我们的声誉得到提升。

49. Be diligent and intelligent.

Diligence promptly executes what intelligence carefully thought through. Haste is the failing of fools—they know not the obstacles and set to work without preparation. On the other hand, the wise more often fail from procrastination—foresight begets deliberation, and delay often nullifies prompt judgement. Promptness is the mother of good fortune. He has done much who leaves nothing until tomorrow. "Make haste slowly" is a magnificent motto.

49. 勤奋与才智

勤奋能让才智细心思考周详的事情得以迅速完成。匆匆忙忙正是蠢人的缺点——他们对障碍熟视无睹，未经准备就仓促动手。另一方面，智者又常常因为拖延而失败——深谋远虑导致从容不迫，拖延迟缓常常抵消了迅速的判断。敏捷是幸运之母。不把事情留到明天的人做得更多。“慢慢地抓紧”是一句至理名言。

50. Know how to wait.

It is a sign of a noble heart to be endowed with patience, never to be in a hurry, never to be given over to passion. First be master over yourself if you would be master over others. You must pass through the circumference of time before arriving at the center of opportunity. A wise reserve seasons the aims and matures the means. Time's crutch effects more than the iron club of Hercules. God himself chastens not with a rod but with time. “Time and I against any two” is a great saying. Fortune rewards the first prize to those who wait.

50. 懂得如何等待

懂得等待，正是一颗被赋予了耐性的高贵心灵的标志。决不仓促行事，决不听任激情的摆布。要想控制别人，先要控制自己。在到达机会的圆心之前，你必须先通过时间的圆周。审慎的节制，可以使目标更适应，使手段更成熟。时间的拐杖比赫拉克勒斯的铁棍更管用。上帝惩戒人，用的并不是棍棒，而是时间。“与时间携手，一人抵两人”是一句至理名言。命运之神总是把最高的奖赏授予那些耐心等待的人。

51. Have Presence of Mind.

This is the child of a happy readiness of spirit. Owing to this vivacity and alertness there is no fear of danger of accident. Many reflect much only to go wrong in the end and others attain their aim without thinking about it beforehand. There are paradoxical characters who work best in an emergency. They are like monster who succeed in all they do offhand, but fail in everything they think over. Something occurs to them at once or never—for them there is no court of appeal. Promptness wins applause because it proves remarkable capacity: subtlety of judgement, prudence in action.

51. 沉着镇定

这是精神上准备就绪的产物。由于有了这样的轻松愉快和机智敏捷，我们不再害怕出现意外的危险。许多人思前想后，不料最后还是犯错；而有些人并没有提前思考周详，却实现了自己的目标。有一些怪人在紧急情况下反而干得最好。他们就像是一些怪才，所有的即兴之举都能顺利成功，而在每一件深思熟虑的事情上却总是功败垂成。有的事情，他们要么是立刻想到，要么是永远也不会想到——对他们来说，没有上诉法院。机智敏捷总是能赢得喝彩，因为它原本就是一种非凡的能力：判断敏锐，行动谨慎。

52. Slow and Sure.

Things are done quickly enough if done well. If just quickly done they can be quickly undone. To last an eternity requires an eternity of preparation. Only excellence counts, only achievement endures. Profound intelligence is the only foundation for immortality. What is worth much costs much. The precious metals are the heaviest.

52. 慢而稳

事情做得好，也就相当于做得快。如果只求成事快，败事亦快。要想结果维持长久，准备工作就要做得长久。只有卓越是有价值的，只有成就是持久的。博大精深的聪明才智，是不朽的唯一基础。成本越大，价值越高。最贵的金属，分量最重。

53. Adapt yourself to those around you.

There is no need to show your ability before everyone. Employ no more force than is necessary. Let there be no unnecessary expenditure either of knowledge or of power. The skillful falconer only flies enough birds to serve for the chase. If there is too much display today there will be nothing to show tomorrow. Always have some novelty with which to dazzle. To show something fresh each day keeps expectations alive and conceals the limits of capacity.

53. 要适应周围的人

没有必要在每个人面前展示你的才能。需要多大的力，就用多大的力。不要有多余的支出，无论是知识还是能力。熟练的养鹰者，只放养够他们追猎的鹰。如果今天显露得太多，明天就没什么可展示的了。始终要留一些新奇的东西让人眼前一亮。每天展示一点儿新鲜玩艺儿，就可以让人总是有所期望，并隐藏能力的限度。

54. Have sound judgement.

Some are born wise and with this natural advantage enter upon their studies with half their journey to success already mastered. With age and experience their reason ripens, and thus they attain a sound judgement. They abhor everything whimsical as leading prudence astray, especially in matters of state, where certainty is so necessary, owing to the importance of the affairs involved. Such people deserve to stand at the helm of government either as navigators or as helmsmen.

54. 要有健全的判断力

有些人天生聪明，带着这种与生俱来的优势着手学习，他们也就成功地掌握了一半。随着年龄和阅历的增长，他们的理性会变得成熟，从而获得了健全的判断力。他们憎恶每一件会把谨慎带入歧途的异想天开的事情，尤其是在国事上，由于事关重大，国事总是需要万无一失。这样的人应该执掌政府之舵，或做领航员，或为操舵手。

55. To Excel in what is Excellent.

It is a great rarity among excellences. You cannot have a great person without something preeminent. Mediocrity never wins applause. Eminence is some distinguished post distinguishes one from the vulgar mob and ranks us with the exceptional. To be distinguished in a small post is to be great in little—the more comfort the less glory. To be excellent at great things is a royal characteristic—it excites admiration and wins goodwill.

55. 在杰出的事情上杰出

这是非常罕见的卓越品质之一。如果不在某些方面出类拔萃，你就不可能成为一个伟大的人。平庸之人决不可能赢得喝彩。在超群出众的位置上成就突出，将让你区别于凡夫俗子，让你跻身杰出者的行列。在微不足道的位置上超群出众并没有什么了不起——成就来得越轻松，荣誉也就越小。在大事上出类拔萃，有王者的特征：它激发赞佩，赢得善意。

56. Use good Instruments.

Some would have the subtlety of their wits proven by the poorness of their instruments. This is a dangerous satisfaction and deserves a fatal punishment. The excellence of a minister never diminished the greatness of his lord. All the glory of exploits reverts to the principal actor, also all the blame. Fame only does business with principals. She does not say, "This had good, that had bad servants," but, "This was a good artist, that a bad one." Therefore, let your assistants be selected and tested, for you have to trust them an immortality of fame.

56. 使用好工具

有人喜欢使用粗劣的工具，想以此证明自己才智的聪明。这是一种危险的满足，应该受到致命的惩罚。臣僚的杰出无损于君王的伟大。丰功伟业的所有荣耀，都要归属于为首的行动者，所有的过失也是如此。声望女神只跟首脑打交道。她不会说，这有优秀的仆人，那有差劲的仆人。而是说，这是优秀的艺术家，那是差劲的艺术家。因此，要挑选并考验你的助手，因为你不得不把自己不朽的名声寄托在他们身上。

57. Avoid Worry.

Such prudence brings its own reward. It escapes much, and is thus the midwife of comfort and so of happiness. Neither give nor take bad news unless it can help. Some people's ears are stuffed with the sweets of flattery, others with the bitters of scandal, while some cannot live without a daily annoyance no more than Mithridate without poison. It is no rule of life to prepare for yourself lifelong trouble in order to give a temporary enjoyment to another, however near and dear. You should never spoil your own chances in order to please another who advises but keeps out of the affair, and in all cases where to oblige another involves disobliging yourself, this is a standing rule that it is better he should suffer now than you afterwards and in vain.

57. 避免烦恼

这样的谨慎，总会带给你奖赏。它能让你忘掉很多事情，因此也是舒适和快乐的助产士。不要给他人带去坏消息，也别给自己带来坏消息，除非它有所助益。有些人耳朵里塞满了甜蜜的阿谀奉承，有些人听到的尽是辛辣的流言蜚语，还有一些人，每天要是没有烦恼，就像米特拉达梯①

① 米特拉达梯六世(公元前132—前63)，本都国王，据说他为了防止被人毒害，而每天服用一点毒药以便使身体产生抗毒能力。

没有毒药一样，没法活下去。为了给他人（不管有多么亲密）带来暂时的快乐而为自己准备毕生的烦恼，这并不是生活的准则。绝对不要为了取悦那些仅仅给你忠告、自己却置身事外的人而委屈自己，在所有为了满足他人而为难自己的情况下，要记住这样一条常规：与其让自己以后徒然受屈，不如让别人眼下暂时受苦。

58. Cultivate taste.

You can train it like the intellect. Full knowledge whets desire and increases enjoyment. You may know a noble spirit by the elevation of his taste. Only a great thing can satisfy a great mind. Big bites for big mouths, lofty things for lofty spirits. Before their judgement the bravest tremble, the most perfect lose confidence. Few things are of the first importance, so let appreciation be rare. Taste can be imparted by personal intercourse; it is great good luck to associate with the highest taste. But do not profess to be dissatisfied with everything; this is the extreme of folly, and more odious if from affectation than if from unreachable ideals. Some would have God create another world and other ideals to satisfy their fantastic imagination.

58. 培养高雅的趣味

趣味就像才智一样，也可以培养。丰富的知识，可以刺激欲望、增加快乐。你可以通过一个人的高雅品位来了解他的高贵精神。只有大事情才能满足大智慧。大块的食物是为大嘴准备的，高尚的事情是为高贵的灵魂准备的。在他们的看法面前，最勇敢的人也会惶恐颤栗，最完美的人也会失去自信。非常有价值的事情少之又少，因此不要滥加赞赏。品位可以通过私人交往而传授，结交品位高雅的人实属大幸。但是，不要对每件事情都表示不满，这是极端愚蠢的；如果这种不满是出于装模作样而不是由于没有达到你的理想，则更加令人讨厌。有些人希望上帝创造另一个世界和另外的理想，为的是满足他们虚幻的想象。

59. See to it that things end well.

Some regard more the rigor of the game than the winning of it, but to the world the discredit of the final failure does away with any recognition of previous diligence. The victor need not explain. The world does not notice the details of the measures employed, but only the good or bad result. You lose nothing if you gain your end. A good end gilds everything, however unsatisfactory the means. Thus at times it is part of the art of life to transgress the rules of the art if you cannot end well otherwise.

59. 注重结果

有些人更注重比赛的严酷，而不大在乎它的输赢，但对世界而言，最终的失败所带来的耻辱，把先前的勤奋所带来的赞赏全都一笔勾销了。胜利者无须解释。世人不会注意其所使用的方法的细节，而只关心结果的好坏。只要达到了目标，你就不会失去任何东西。好的结局使所有事情都有了光彩，尽管手段有多么令人不满。因此，如果不违反规则就不能实现好的结果的话，那么犯规有时候也是规则的组成部分。

60. It is better to help with Intelligence than with Memory.

The latter needs only recollection, the former requires thought. Many people fail to do what is appropriate to the moment because it does not occur to them. A friend's advice on such occasions may enable them to see the advantages. It is one of the greatest gifts of mind to be able to offer what is needed at the right moment; for want of that many things fail to be performed. Share the light of your intelligence, when you have any, and ask for it when you have it not—the first cautiously, the last anxiously. Give no more than a hint. The finesse is especially necessary when it touches the interests of him whose attention you awaken. You should give but a taste at first, and then pass on more when that is not sufficient. If he thinks of no, go cleverly in search of yes. Most things are not simply because they are not attempted.

60. 与其借助于记忆，不如借助于智力

前者只需要回想，而后者则需要思考。许多人没能在合适的时机做本该做的事，仅仅因为他们没有想到。在这种场合下，一位朋友的忠告或许就能让他们认识到有利的条件。能够在正确的时机提出什么东西是需要的，这是最了不起的才能之一，因为，缺乏这种才能，很多事情就没法完成。如果你有才智，就让他人分享你的才智之光；如果没有，就去寻求分享他人的才智之光——前一种情况要小心谨慎，后一种情况要焦急不安。只需给出一点暗示。当触及到你唤起其关注的人的利益的时候，就尤其需要策略了。最开始，你应该只让他尝点味道，然后，当这点味道不够的时候再传递更多的东西。如果他没有想到，要明智地寻求赞同。大多数事情都不简单，仅仅是因为没有努力尝试。

61. Do not give way to every common impulse.

He is great who never allows himself to be influenced by the impressions of others. Self-reflection is the school of wisdom; to know one's current disposition and to allow for it, even going to the other extreme so as to find a balance between nature and art. Self-knowledge is the beginning of self-improvement. There are some whose humors are so monstrous that they are always under the influence of one or other of them in place of their real inclinations. They are torn asunder by such disharmony and get involved in contradictory obligations. Such excesses not only destroy firmness of will, all power of judgement gets lost and desire and knowledge pull in opposite directions.

61. 不要屈从于每一次低俗的冲动

从不让自己被他人的印象所影响的人是了不起的。自省是智慧的学校。了解一个人眼下的性情趋向，甚至走向另一个极端，以便在天性和技巧之间找到平衡。自我认识是自我改进的起点。有些人的脾气很怪，他们总是受到这个人或那个人的影响，而不是服从于自己真正的性格倾向。他们被这样的不协调撕得粉碎，陷入矛盾之中不能自拔。这样的毫无节制不仅摧毁了坚定的意志，使判断力丧失殆尽，而且，使愿望和知识也会背道而驰。

62. Do not vacillate.

Do not let your actions be abnormal either from disposition or affectation. A wise person is always consistent in his best qualities, and because of this he gets the credit of trustworthiness. If he changes, he does so for good reason and after good consideration. In matters of conduct change is hateful. There are some who are different every day—their intelligence varies, still more their will, and with this their fortune. Yesterday's white is today's black; today's no was yesterday's yes. They always give the lie to their own credit and destroy their credit with others.

62. 不要摇摆不定

不要让你的行动因为性格倾向或矫揉造作而反常。智者总是在其最好的品质上始终如一，他因为这一点而深受信赖。即使要改变，他也是出于更好的理由并经过慎重的考量。在行为操守的问题上，变化无常是令人憎恶的。有些人天天在变，随着运气的改变，他们的聪明才智也在变，他们的意志更是在变。昨日之白，已成今日之黑；今日之非，乃是昨日之是。他们总是给自己的信用赋予谎言，摧毁别人对他们的信任。

63. Be resolute.

Bad execution of your designs does less harm than irresolution in forming them. Streams do less harm flowing than when dammed up. There are some people so infirm of purpose that they always require direction from others, and this not on account of any perplexity, for they judge clearly, but for their sheer incapacity for action. It takes some skill to find out difficulties but more to find a way out of them. There are others who never get bogged down; their clear judgement and determined character fit them for the highest callings, their intelligence tells them where to insert the thin end of the wedge, their resolution how to drive it home. They soon get through anything, and when they have done with one sphere of action, they are ready for another. Wedded to fortune, they make themselves sure of success.

63. 要坚决果断

形成计划时的优柔寡断，比执行计划时的举措失当更有害。对河流来说，堵塞比流动更有害。有些人是如此优柔寡断，以至于他们总是需要从别人那里得到指示。这并非由于困惑（他们判断得很清楚），而是因为他们完全没有能力付诸行动。找出困难当然需要技巧，但要找到摆脱困境的出路则需要更大的技巧。另外有些人从不陷入困境。他们明察秋毫的判断力和他们坚决果断的性格，使得他们适合从事最高级的职业，他们的聪明才智告诉他们该在什么地方插入楔子，他们的坚定果断让他们懂得如何把楔子敲进去。他们能够很快完成任何事情，每当一个动作完成，他们就已经准备好了去做另一个动作。一旦结合了运气，他们就有把握大功告成。

64. Know how to use evasion.

That is how smart people get out of difficulties. They extricate themselves from the most intricate labyrinth by some witty application of a bright remark. They get out of a serious contention by an airy nothing or by raising a smile. Most of the great leaders are well grounded in this art. When you have to refuse something, often the most courteous way is to just change the subject. And sometimes it proves the highest understanding to act like you do not understand.

64. 要懂得避重就轻

这正是聪明人摆脱困境的高招。他们通过对轻描淡写的巧妙运用，而从最复杂的迷宫中脱身而出。他们通过一句轻松的琐屑言辞，或者通过脸上浮现出的一丝笑意，而摆脱严肃的争论。大多数伟大的领袖人物在这门艺术上都有很扎实的基础。当你不得不拒绝某件事情的时候，最礼貌的方式常常不过是转变话题。有时候，装作不理解实际上是最高级的理解。

65. Do not be unapproachable.

The most wild beasts live in the most populous places. To be inaccessible is the fault of those who distrust themselves, whose honors change their manners. It is no way to earn people's goodwill by being ill-tempered with them. What a sight it is to see one of those unsociable monsters who make a point of being proudly impertinent! Their servants, who have the misfortune to be obliged to speak with them, enter as if prepared for a fight with a tiger: armed with patience and with fear. To obtain their high position these unapproachable people must have ingratiated themselves with everyone, but having arrived there they seek to compensate themselves by irritating all. It is a condition of their position that they should be accessible to all, yet from pride or spite they are so to none. A civil way to punish such people is to let them alone, depriving them of the chance of improvement by granting them no opportunity for intercourse.

65 不要难以接近

最野性的兽类生活在人口最稠密的地方。难以接近是那些不信任自己的人的毛病，他们的荣誉改变了他们的举止风度。脾气不好的人没办法赢得人们的善意。看着一个不善交际的怪物，装腔作势地做出傲慢无礼的姿态，是一幅怎样的景象啊。不得不和他们说话的倒霉仆人，走近他们的时候，就好像是要准备跟一只老虎搏斗一样：他们不得不用耐性和恐惧武装自己。这些不可接近的人，要想获得高位，就不得不亲自去讨好每一个人，但一旦到达了那个位置，他就会想方设法激怒所有人，以此来补偿自己。他们获得这个位置的条件，就是要对所有人来说都容易接近，但由于骄傲自负或者心怀怨恨，他们反倒对任何人来说都不容易接近。要惩罚这样的人，文明的方式就是不理他，不给他们交往的机会，从而剥夺他们改进自己的可能性。

66. Chose a heroic ideal.

Emulate rather than imitate. There are exemplars of greatness, living texts of honor. Let everyone have before his mind the best in his profession, not so much to follow him as to spur himself on. Alexander wept not on account of Achilles being dead and buried, but over himself because his fame had not yet spread throughout the world. Nothing arouses ambition so much in the heart as the trumpet call of another's fame. The same thing that sharpens envy nourishes a generous spirit.

66. 选择远大的理想

努力迎头赶上，胜于亦步亦趋的模仿。有许多伟大的榜样，都是活生生的关于荣誉的教科书。每个人都要把本行业里最优秀的人记在心中，不是要追随他，而是为了鞭策自己。亚历山大之所以落泪[1]，不是哭阿喀琉斯的死和葬，而是哭自己，因为自己的名声至今还没有传扬天下。要想唤醒一个人的雄心壮志，没有什么比得上他人的名声所吹响的号角更有用了。使一个人的嫉妒之心得以加剧的东西，同样也滋养着慷慨大度的精神。

67. Be all things to all people.

Be a discreet Proteus, learned with the learned, saintly with the sainted. It is the great art to gain everyone's support; general agreement gains goodwill. Notice people's moods and adapt yourself to each, genial or serious as the case may be. Follow their lead, glossing over the changes as cunningly as possible. This is an especially indispensable art for people who are dependant on others. But this skill in the art of living calls for great cleverness. He only will find no difficulty who has a universal genius in his knowledge and universal ingenuity in his wit.

67. 要因人而异

要做言行谨慎的普罗特斯[2]，在博学者的面前博学，在圣洁者的面前圣洁。赢得每个人的支持

① 据罗马历史学家普鲁塔克记载，亚历山大曾在阿喀琉斯墓前因妒忌而哭泣。

② 普罗特斯，希腊神话中的海神，可以任意改变自己的外形。

是一门大学问，与大家保持普遍一致，就能赢得普遍的善意。留意人们的心境，让自己适应每个人。根据不同的场合，或者和善亲切，或者严肃庄重。遵从他们的引领，尽可能巧妙地掩饰你的改变。对于那些寄人篱下的人来说，这是一门尤其不可或缺的技艺。但这种随机应变的技巧也需要大智慧。只有那些在知识上有普遍才能、在智慧上有普遍机智的人，才可以不费力气地掌握这种技巧。

68. The art of undertaking things.

Fools rush in through the door—for folly is always bold. The same simplicity that robs them of all attention to caution and deprives them of all sense of shame at failure. But prudence enters with more deliberation. Its forerunners are caution and care; they advance and discover whether you can also advance without danger. Every rush forward might have been freed from danger by caution, but fortune sometimes helps in such cases. Go cautiously where you suspect depth. Sagacity goes cautiously forward while discretion covers the ground. Nowadays there are unsuspected depths in human intercourse, you must therefore plumb the waters as you go.

68. 承担事情的艺术

蠢人总是匆匆忙忙地破门而入——因为蠢人总是莽莽撞撞。同样是这种简单草率，既剥夺了他们对谨慎的所有关注，也使他们丧失了对失败的所有羞耻感。而审慎之人进门的时候更加从容不迫。他的先行官们小心而谨慎，他们迈步向前，并竭力发现你是不是也可以从容前进而不至于有任何危险。每一次仓促向前，都可以通过小心谨慎来避免危险，但在这种情形下，运气有时候能帮上大忙。踏足你怀疑很深的地方，要慎之又慎。精明之人，只有当谨慎报告那是一块平地的时候，才会小心前行。现如今，在人际交往中存在着许多不为人知的深沟浅壑，因此在踏足的时候必须测探一下水深水浅。

69. Take care when you get information.

We live by information, not by sight. We exist by faith in others. The ear is the sidedoor of truth but the frontdoor of lies. The truth is generally seen, rarely heard. She seldom comes in elemental purity, especially from afar—there is always some admixture of the moods of those through whom she has passed. The passions tinge her, sometimes favorably, sometimes odiously. She always brings out people's disposition, therefore receive her with caution from him that praises, with more caution from him that blames.

Pay attention to the intention of the speaker; you should know beforehand on what footing he comes. Let reflection test for falsity and exaggeration.

69. 获取信息时要当心

人生在世，靠的是“闻”，而不是“见”。我们依靠对他人的信任而存在。耳朵是真话的旁门，但也是谎言的正门。真实，通常是看来的，很少是听来的。信息的得来，很少是干净纯粹的，尤其是来自远方的信息——它总是掺杂着传播者的主观倾向。激情使它的颜色有所改变，有时出于好心，有时源自恶意。它总是透露出人的性情气质。因此，要慎重对待从赞扬者那里得来的信息，更要慎重对待从责备者那里得来的信息。要关注说话者的意图，你应该预先弄清楚他的立足点何在。让深思熟虑去检验虚伪的谎言和夸张的浮辞。

70. Renew your brilliance.

This is the privilege of the phoenix. Ability grows old, and with it fame. The staleness of custom weakens admiration, and a mediocrity that is new often eclipses the highest excellence grown old. Try therefore to be born again in valor, in genius, in fortune, in everything. Display startling novelty—rise afresh like the sun every day. Change too the scene of your shine, so that your loss may be felt in the old scenes of your triumph, while the novelty of your powers wins you applause in the new.

70. 更新你的光彩

这是凤凰的特权。天纵之才，不免老朽；一世英名，随付东流。抱残守缺，使人敬慕之心日减；新锐凡夫，常令衰朽杰士失色。因此，设法在勇气、才华、幸运以及所有事情上重获新生吧。展示令人吃惊的奇迹——就像太阳每天重新升起。还要不断改变你焕发光彩的场景，因为，在你从前赢得成功的旧场景里，你的失败容易被人觉察，而在新的场景里，你的力量所创造的奇迹将赢得欢呼喝彩。

71. Drain nothing to the dregs, neither good nor bad.

A sage once reduced all virtue to the golden mean. Push right to the extreme and it becomes wrong; press all the juice from an orange and it becomes bitter. Even in enjoyment never go to extremes. Thought too subtle is dull. If you milk a cow too much you draw blood, not milk.

71. 别榨干任何东西，无论好坏

一位圣人曾经把一切美德归纳为中庸之道。把对的推向极端，它就成了错的；把甜橙的汁水榨干，它就成了苦的。即使是赏心乐事，也决不要走极端。思想敏锐得过了头就是迟钝。牛奶挤得太多，最后挤出的是血，而不是奶。

72. Allow yourself some forgivable sin.

Some such carelessness is often the greatest recommendation of talent. For envy causes ostracism, most envenomed when most polite. Envy counts every perfection as a failing and that it has no faults itself. Being perfect in all envy condemns perfection in all. It becomes an Argus (mythological, hundred-eyed giant), all eyes for imperfection, if only for its own consolation. Blame is like the lightning—it hits the highest. Let Homer nod now and then and affect some negligence in valor or in intellect—not in prudence—so as to disarm malevolence, or at least to prevent its bursting with its own venom. You thus leave your cape on the horns of envy (like a matador) in order to save your immortality.

72. 允许自己犯点小错

这种疏忽，常常是天才人物的可贵之处。因为嫉妒总是导致排斥，最客气的嫉妒危害最大。嫉妒把所有完美的事物都看作是缺点，而它本身并没有过错。在所有嫉妒上都完美的人，总是非难所有事情中的完美。他成了百眼巨人阿耳弋斯，所有的眼睛都在寻找缺陷，目的只是为了安慰自己。责备就像是闪电——它总是击中最高的目标。让荷马偶尔也打个盹吧，假装在勇气或才智上——但不是审慎——有所疏忽，这样就可以让恶意解除武装，或者至少，可以防止它突然释放自己的毒液。因此，为了保住你的一世英名，不妨像斗牛士那样，把你的斗篷留在嫉妒的角尖上。

73. Do not be a wild card, a jack-of-all-trades.

It is a fault of excellence that being so much in use it is liable to abuse. Because all covet it, all are vexed by it. It is great misfortune to be of use to nobody— scarcely less to be of use to everybody. People who reach this stage lose by gaining, and in the end bore those who desired them before. These wild cards wear away all kinds of excellence. Losing the earlier esteem of the few, they obtain discredit among the vulgar. The remedy against this extreme is to moderate your brilliance. Be extraordinary in your excellence, if you like, but be ordinary in your display of it. The more light a torch gives, the more it burns away and the nearer it is to burning out. Show yourself less and you will be rewarded by being esteemed more.

73. 别做万金油

杰出的东西，用途是如此之广，以至于总是容易被滥用，这是它的不足之处。因为所有人都对它垂涎三尺，所有人都为它寝食难安。对谁都毫无用处固然是很大的不幸，而对任何人都有用也几乎是一样的不幸。人到了这个份上就会因得而失，最终让那些渴望得到他们的人不胜厌烦。这种万金油会磨损掉各种各样的优点。失去了少数人早期对他的敬重，在平民百姓中他得到的只能是不相信。让你的优秀之处超凡出众吧，只要你喜欢，但在表现它的时候应该平凡。火把发出的光越亮，也就烧得越快，烧的时间也越短。表现自己越少，得到的回报是：你受到的敬重越多。

74. Prevent scandal.

Many heads go to make the mob, and in each of them there are eyes for malice to use and a tongue for detraction to wag. If a single ill report spreads, it casts a blemish on your fair fame, and if it clings to you with a nickname, your reputation is in danger. Generally it is some salient defect or ridiculous trait that gives rise to the rumors. At times these are malicious inflations of private envy to general distrust. For these are wicked tongues that ruin a great reputation more easily by a witty sneer than by a direct accusation. It is easy to get a bad reputation because it is easy to believe evil but hard to eradicate. The wise therefore avoid such incidents, guarding against vulgar scandal with constant vigilance. It is far easier to prevent than to rectify.

74. 防止流言蜚语

许多脑袋凑在一起就组成了乌合之众。每颗脑袋上，都有一双为恶意而生的眼睛，都有一根为诽谤而长的舌头。如果有一条恶意的谣言在传播，它就会把污点抛掷到你的美名上；如果它让一个绰号牢牢粘上了你，你的声望也就岌岌可危了。引发谣言的，通常是某种显著的缺陷，或可笑的特性。有时也存在把个人的嫉妒夸大为普遍的不信任。因为有这样一些恶意的舌头，它们用诙谐的嘲讽来毁坏盛名，这比直接的指控更容易。招致恶名不难，因为信恶容易除恶难。因此，智者总是避免这样的事件发生，以持续不断地警惕提防着粗俗的流言蜚语。防止比纠正要容易得多。

75. Culture and Elegance.

We are born barbarians and only raise ourselves above the beast by culture. Culture therefore makes the person; the greater a person the more culture. Thanks to this, Greece could call the rest of the world barbarians. Ignorance is very raw—nothing contributes so much to culture as knowledge. But even knowledge is coarse if without elegance. Not alone must our intelligence be elegant, but also our desires, and above all our conversation. Some people are naturally elegant in internal and external qualities, in their thoughts, in their words, in their dress, which is the rind of the soul as their talents are its fruit. There are others, on the other hand, so gauche that everything about them, even their most excellent quality, is tarnished by an intolerable and barbaric want of neatness.

75. 文明与优雅

我们天生都是野蛮人，只是通过文明才使自己得以提升，不至于与禽兽为伍。因此，文明造就人；越文明的人越伟大。由于这个原因，希腊人把世界上其余的人都称作野蛮人。无知就是野蛮，要论对文明的贡献之大，没有什么比得上知识。但如果没有优雅，就连知识也是粗鄙的。不单单是我们的智慧必须优雅，而且我们的欲望，尤其是我们的言谈，也应该优雅。有些人内外皆秀，自然优雅，无论是他们的思想，他们的言辞，还是他们的衣着——这是灵魂的外壳，正如他们的才华是灵魂的果实一样。另一方面，还有一些人是如此粗鲁，以至于他们周围的一切，甚至包括他们最杰出的品质，都因为他们身上那种野蛮的、令人无法忍受的缺乏洁净而黯然失色。

76. Let your behavior be fine and noble.

A great person ought not to be little in his actions. He ought never to pry too minutely into things, least of all in unpleasant matters. For though it is important to know all, it is not necessary to know all about all. One ought to act in such cases with the generosity of a gentleman, with conduct worthy of a gallant person. To pretend to overlook things is a large part of the work of ruling. Most things must be left unnoticed among relatives and friends, and even among enemies. All superfluity is annoying, especially in things that annoy. To keep hovering around the object of your annoyance is a kind of mania. Generally speaking, everybody behaves according to his heart and his understanding.

76. 让你的行为举止优雅而高贵

有大气魄的人，做事不应该小手小脚。他不应该过于琐碎地刨根究底，尤其不该打探令人不快的事情。因为，尽管洞察一切是重要的，但也没有必要知道一切的一切。在这种情形下，你的行动应该有绅士的慷慨大度，有勇者的行为举止。装作对事情视而不见，是统治工作很大的组成部分。在亲戚朋友中间，甚至在敌人中间，大多数事情应该不加留意。总是围着你厌烦的目标团团转，是一种癫狂。一般而言，每个人的行为举止，取决于他的心境和他的理解力。

77. Know yourself.

Know yourself in talents and capacity, in judgement and inclination. You cannot master yourself unless you know yourself. There are mirrors for the face but none for the mind. Let careful thought about yourself serve as a substitute. When the outer image is forgotten, keep the inner one to improve and perfect. Learn the force of your intellect and capacity for affairs, test the force of your courage in order to apply it, and keep your foundations secure and your head clear for everything.

77. 了解自己

了解自己的才华和能力、自己的判断力和兴趣爱好。如果不了解自己，你就不能把握自己。照脸的有镜子，但没有东西可以用来照心灵。不妨让反躬自省充作代替品吧。当外在的形象被忘却的时候，就保持内在形象的不断改进和完善。了解你的智力以及你的解决事物的能力，检验你的勇气为的是付诸应用，保持根基的稳定以及面对任何事情时都头脑清晰。

78. The secret of long life.

Lead a good life. Two things bring life speedily to an end: folly and immorality. Some lose their life because they have not the intelligence to keep it, others because they have not the will. Just as virtue is its own reward, so is vice its own punishment. He who lives a fast life runs through life to its end doubly quick. A virtuous life never dies. The firmness of the soul is communicated to the body, and a good life is not only long but also full.

78. 长寿的秘诀

要过一种善的生活。有两件事情迅速地把生命带向终点：愚蠢和不道德。有些人因为没有保持聪明才智而送命，而有些人则是缺乏保持意志而丧生。正如美德是其自身的奖赏，恶行也是它自身的惩罚。过着快节奏生活的人，他奔向生命终点的速度要快两倍。品德高尚的生命不死。心灵的坚固被传递给身体，善良的一生，不仅长，而且丰富。

79. Never set to work at anything if you have any doubts about its prudence.

A suspicion of failure in the mind of the doer is proof positive of it in that of the onlooker, especially if he is a rival. If in the heat of action your judgement wavers, it will afterwards in cool reflection be condemned as folly. Action is dangerous where prudence is in doubt—better leave such things alone. Wisdom does not trust to probabilities, it always marches in the midday light of reason. How can an enterprise succeed which the judgement condemns as soon as it was conceived? If resolutions passed unanimously by an inner court often turn out badly, what can we expect of those undertaken by a doubting reason and a vacillating judgement?

79. 决不着手去做其审慎性受到怀疑的事情

行动者头脑里对失败的猜疑，在旁观者的头脑里，便是失败的铁证，尤其如果他是竞争对手的话。倘若在行动热火朝天的时候你的判断力有所动摇，那么在后来冷静反思的时候它必定会被指责为一桩蠢行。行动在其审慎性受到怀疑的地方必定是危险的——这样的事情最好是丢下不管。智慧从不把信任交给运气，它总是在正午的理性之光下行进。一项计划在它刚开始构想的时候就遭到判断力的责难，它又如何能成功呢？如果被内心法庭一致通过的决议也常常产生糟糕的结果，那么，我们又怎么能指望那些由满腹狐疑的理性和犹豫不决的判断所担保的事情呢？

80. Transcendent wisdom.

I mean in everything. An ounce of wisdom is worth more than a ton of cleverness is the first and highest rule of all deeds and words, the more necessary to be followed the higher and more numerous your post. It is the only sure way, though it may not gain so much applause. A reputation for wisdom is the last triumph of fame. It is enough if you satisfy the wise, for their judgement is the touchstone of true success.

80. 超凡的智慧

我的意思是在所有事情上都要有超凡的智慧。一盎司智慧比一磅机智更有价值，这是一切言行的首要法则和最高法则，你的职位越高、职务越多，就越有必要遵循这个法则。它是唯一的稳妥之路，尽管它可能获得不了那么多的欢呼喝彩。智者的声望便是最终的成功。如果能让智者满意，也就足够了，因为他们的判断是真正成功的试金石。

81. Versatility.

A man of many excellent qualities equals many men. By imparting his own enjoyment of life to his circle of friends and followers he enriches their life. Variety in excellences is the delight of life. It is a great art to profit by all that is good, and, since Nature has made people in their most perfected form an abstract of herself, so let Art create in them a true microcosm by training their taste and intellect.

81. 多才多艺

一个有许多杰出才华的人，比得上许多人。他不断把自己的生活乐趣传递给朋友和追随者的圈子，从而丰富了他们的生活。卓越的多样性，是生活的快乐。通过一切美好的东西而使自己受益，这是一门伟大的艺术，而且，既然大自然已经把人在其最完美的形态上造就成了她自己的抽象物，那么就让艺术之神通过培养他们的趣味和智慧从而在他们身上创造出一个真正的微观世界吧。

82. Keep expectation alive.

Keep stirring it up. Let much promise more, and great deeds herald greater. Do not rest your whole fortune on a single cast of the dice. It requires great skill to moderate your forces so as to keep expectation from being dissipated.

82. 保持期望不熄

要不断激起人们对你的期望。让希望越来越多，伟大的行为预示着更伟大的行为。不要在掷出一次骰子的时候就让你的全部好运停下来。调节你的力量以保持人们的期望不至于烟消云散，这需要大技巧。

83. The highest discretion.

It is the throne of reason, the foundation of prudence—by its means success is gained at little cost. It is a gift from above, and should be prayed for as the first and best quality. It is the main piece of the suit of armor, and so important that its absence makes a person imperfect, whereas with other qualities it is merely a question more or less. All the actions of life depend on its application; all requires its assistance, for everything needs intelligence. Discretion consists in a natural tendency to the most rational course, combined with a liking for the surest.

83. 最高的判断力

良好的判断力是理性的王座，是审慎的根基。借助它的力量，便能以最小的代价获得成功。它是上天的恩赐，应该把它视作第一位的最佳品质来祈求。它是盔甲中的主要部件，它如此重要，以至于它的缺席会让人变得不完整，而有了其他的品质它仅仅是个多与少的问题。生活中的一切行动都依赖于对它的运用；所有人都需要它的协助，因为每件事情都需要才智。判断力就在于对最理性的道路的自然倾向，结合了对最稳妥的道路的喜好。

84. Obtain and preserve a reputation.

It is something only borrowed from fame. It is expensive to obtain a reputation, for it only attaches to distinguished abilities, which are as rare as mediocrities are common. Once obtained, it is easily preserved. It confers many an obligation, but it does more. When it is owing to elevated powers or lofty spheres of action, it rises to a kind of veneration and yields a sort of majesty. But it is only a well-founded reputation that lasts permanently.

84. 获得并保护你的声望

这是唯一的从名声中借用过来的东西。要获得声望，代价不菲，因为它只眷顾超群出众的天才，庸人常有而大才缺稀。声望一旦获得，保护又有何难。它带来了很多义务，但它做的事情更多。当它归功于崇高的权力和高尚的作用领域的时候，它就会上升为一种崇敬，产生一种威严。不过，只有名至实归的声望才是持久的。

85. Write your intentions in cypher.

The passions are the gates of the soul. The most practical knowledge consists in disguising them. He that plays with cards exposed runs a risk of losing the stakes. The reserve of caution should combat the curiosity of inquirers with the policy of the inky cuttlefish. Do not even let your tastes be known, lest others utilize them either by running counter to them or by flattering them.

85. 把你的意图写成密码

激情是灵魂的大门。最实用的知识就在于伪装它们。亮出底牌的人要冒输光老本的危险。应该以谨慎的保留，采用乌贼的策略，来对抗探询者的好奇心。甚至不要让人知道你的嗜好，以免别人利用它们，或者与之作对，或者曲意逢迎。

86. Reality and Appearance.

Things pass for what they seem, not for what they are. Few see inside, many get attached to appearances. It is not enough to be right if your actions look false and ill.

86. 真实与表象

人们看待事物，总是根据它们看上去像什么，而不是根据它们实际上是什么。看透内部者甚少，执迷表象者殊多。持身正直是不够的，如果你的行为看上去又假又坏的话。

87. Be a person without illusions, one who is wise and righteous, a philosophical courtier.

Be all these, not merely seem to be them, still less affect to be them. Philosophy is nowadays discredited, but yet it was always the chief concern of the wise. The art of thinking has been degraded. Seneca introduced it at Rome, it found favor for a time among nobility, but now it is considered nonsense. And yet the discovery of deceit was always thought the true nourishment of a thoughtful mind, the true delight of a virtuous soul.

87. 做个没有幻想的人，一个聪明正直的人，一个达观贤明的人

要成为这样的人，不只是看上去像这样的人，更不要装成这样的人。哲学如今没人相信了，可它始终是智者首要关注的对象。思想的艺术一直在退化。塞涅卡把它引入了罗马，一度在贵族中颇受青睐，但如今它被认为是胡言乱语。可是，揭露欺骗一直被认为是富有思想的头脑的真正营养品，是品德高尚的灵魂的乐趣之所在。

88. One half of the world laughs at the other, and fools are they all.

Everything is good or everything is bad according to who you ask. What one pursues another persecutes. He is an insufferable ass who would regulate everything according to his ideas. Excellences do not depend on a single person's pleasure. So many people, so many tastes, all different. There is no defect that is not affected by some. We need not lose heart if something does not please someone, for others will appreciate it; nor need their applause turn our head, for there will surely be others to condemn it. The real test of praise is the approval of renowned people and of experts in the field. You should aim to be independent of any one opinion, of any one fashion, of any one century.

88. 世界上一半人在嘲笑另一半人，而他们全都是傻瓜

是万事皆好，还是万事皆糟，这要取决于你问谁。一个人求之唯恐不得的东西，另一个人害之唯恐不及。依据自己的观念来调整每件事情的人，是一头令人无法忍受的蠢驴。卓越并不依赖于一个人的喜好。有多少人，就有多少种口味，而且各不相同。任何缺点总会有人喜欢。如果某件东西不讨某人喜欢，我们也大可不必灰心丧气，因为总会有别人赏识；如果有人欢呼喝彩，我们也用不着沾沾自喜，因为肯定会有其他人来横加责难。对于赞美颂扬，真正的检验是声望卓著的

人士和本领域专家的首肯。你应该力求不受任何一种观点、任何一种时尚、任何一个世纪的影响。

89. Be able to stomach big slices of luck.

In the body of wisdom not the least important organ is a big stomach, for great capacity implies great parts. Big bits of luck do not embarrass one who can digest still bigger ones. What is a surfeit for one may be hunger for another. Many are troubled as it were with weak digestion, owing to their small capacity being neither born nor trained for great employment. Their actions turn sour, and the fumes that arise from their undeserved honors turn their head and make them dizzy—a great risk in high positions. They do not find their proper place, for luck finds no proper place in them. A person of talent therefore should show that he has more room for even greater enterprises, and above all avoid showing signs of a little heart.

89. 要能容得下大块的好运

在智慧的身体里，颇为重要的器官是一个大胃，因为大容量意味着大块头。大块的好运，对于能够消化更大块头的胃来说，一点也不为难。撑坏一个胃的东西，对另一个胃来说可能还不够饱。有许多胃因其消化力不强而麻烦不断，这要归因于它们的小容量，无论是天生还是后天训练，都不是用来做大事的。它们的机能变质了，不应得的荣誉让它们晕头转向、目眩神迷——高位之上有大风险。它们没有找到合适的位置，因为好运在它们那里也没找到合适的位置。因此，一个天才人物应该让人看到：他有更大的空间，即便是更大事业也能容得下；尤其是要避免让人看到小肚鸡肠的迹象。

90. Get to know what is needed in different occupations.

Different qualities are required. To know which is needed taxes attention and calls for masterly discernment. Some demand courage, others tact. Those that merely require rectitude are the easiest, the more difficult are those requiring cleverness. For the former all that is necessary is character, for the latter all of one's attention and zeal may not suffice. It is a troublesome business to rule people, still more fools or blockheads—twice as much sense is needed with those who have none. It is intolerable when an office engrosses someone with fixed hours and a settled routine. Those are better that leave him free to follow his own devices, combining variety with importance, for the change refreshes the mind. The most respected jobs are those that have least, or most distant, dependence on others. The worst are those that worry us both here and hereafter.

90. 要懂得不同的职业需要什么

不同的职业，需要不同的才能。要理解这些需要，就要竭尽我们的注意力，调动敏锐的洞察力。有的职业需要勇气，有的则需要机智。那些仅仅需要正直的工作，是最容易的工作，而更难的工作是那些需要心灵手巧的工作。前者所必需的一切就是品格，而后者所必需的是一切，一个人的专注和热情恐怕还不够。统治人是件很麻烦的事情，统治傻瓜和笨蛋就更困难了——与那些没有判断力的人在一起工作需要双倍的判断力。当一项职务用固定的工作时间和一成不变的例行公事把一个人占据了的时候，是令人无法忍受的。更好的工作就是让你自由自在地自行其是的、既千变万化又富有意义的工作，因为变化可以让头脑焕然一新。最受人尊敬的工作是那些最少依赖他人的工作。最差劲的工作，就是那些让我们无论是眼下还是往后都烦恼不断的工作。

91. The shortest path to greatness is along with others.

Intercourse with the right people works well; manners and taste are shared, good sense and even talent grow insensibly. Let the impatient person then make a comrade of the sluggish, and so with the other temperaments, so that without forcing it the golden mean is obtained. It is a great art to agree with others. The alternation of contraries beautifies and sustains the world, and if it can cause harmony in the physical world, still more can it do in the moral. Adopt this policy in the choice of friends and defendants—by joining extremes the more effective middle way is found.

91. 通向伟大的捷径就是与他人同行

与正直之士交往非常有益；风度举止和格调趣味被互相分享，良好的判断力，甚至还有才能，都在不知不觉中增长。那么，就让风风火火的人和慢条斯理之辈结成伙伴吧，有其他性情气质的人也不妨如此，这样一来，无需强迫，他的性格就会变得中庸。与他人协调一致是一门大技巧。性质相反的美彼此交替，支撑着这个世界；如果这种方式能促成物质世界的协调，那对精神世界就更是如此。在选择朋友和对手的时候不妨采用这种策略——通过结合两个极端，更有效的中间道路也就找到了。

92. Do not be censorious.

There are people of gloomy character who regard everything as faulty, not from any evil motive but because it is their nature to. They condemn all—these for what they have done, those for what they will do. This indicates a nature worse than cruel, vile indeed. They accuse with such exaggeration that they make out of motes beams with which to poke out the eyes. They are always taskmasters who could turn a paradise into a prison—if passion intervenes they drive matters to the extreme. A noble nature, on the contrary, always knows how to find an excuse for failings, saying the intention was good, or it was an error of oversight.

92. 不要吹毛求疵

有一些性格阴暗的人，每件事情都能挑出毛病，这倒并不是出于什么邪恶的动机，而是他们的天性使然。他们谴责所有人——那些他们已经为之做过事情的人，那些他们将要为之做事情的人。这显示出一种比残忍更为糟糕的天性，确实很可恶。他们对别人的责难是如此夸张，以至于总是把尘埃说成是足以刺瞎眼睛的光束。他们一直就是能把天堂变成监狱的工头——要是有激情介入，他们就会把事情推向极端。相反，高尚的天性总是懂得如何为失败找到开脱之辞，他们会说，意图是好的，或者说，这是疏忽的错误。

93. Do not wait till you are a setting sun.

It is a maxim of the wise to leave things before things leave them. One should be able to snatch a triumph at the end, just as the sun even at its brightest often retires behind a cloud so as not to be seen sinking, and to leave in doubt whether he has sunk or not. Wisely withdraw from the mere chance of mishap, lest you have to do so when it becomes reality. Do not wait until they turn you the cold shoulder and carry you to the grave, alive in feeling but dead in esteem. Wise trainers put racehorses out to pasture before they arouse derision by falling on the course. A beauty should break her mirror early, lest she do so later with open eyes.

93. 不要等到自己成为落日

智者的座右铭是：在事物抛弃你之前先把它们抛弃掉。一个人应该能在最后的时刻尽力把胜利抓在自己手里，就像太阳常常在它还很明亮的时候就退到云层的后面，这样人们就看不到落日西沉，从而满腹狐疑：它究竟沉下去了没有？当剩下的机会只是灾祸的时候，要明智地全身而退，免得等它变成现实的时候你被迫这样做。不要等到人们对你冷眼相待并把你送进坟墓，感觉依然活着，敬意却已死去。聪明的驯马师会及时把赛马放归牧场，而不会等到它在比赛途中轰然倒下、惹人嘲笑。美人应该老早砸碎自己的镜子，不要等到眼睁睁地看着自己红颜老去，揽镜自照，悔之晚矣。

94. Have friends.

A friends is a second self. Every friend is good and wise for his friend; between them everything turn to good. Everyone is as others wish him to be—but in order that they may wish him well, he must win their hearts and so their tongues. There is no magic like a good turn, and the way to gain friendly feelings is to do friendly acts. The most and best of us depend on others—we have to live either among friends or among enemies. So seek someone everyday who will wish you well—if not a friend, by-and-by after trials some of these will become your confidants.

94. 要有朋友

一位朋友就是另一个自己。每个人在他的朋友看来都是善良而睿智的；在他们之间，万事都会变得顺遂。人人都会成为别人希望他成为的那种人——为了让别人希望你好，你就必须赢得他们的好心，赢得他们的嘉言。没有什么魔法比得上友善的言行，而获得友善之情的方法，就是行友善之事。我们当中绝大多数优秀的人，都要依靠他人——我们要么生活在朋友中，要么生活在敌人中。因此，每天都要寻找希望你好的人——即使眼下不是朋友，但在经过考验之后，其中必定有人不久就会成为你的知己。

95. Gain goodwill.

For thus the first and highest cause foresees and furthers the greatest objects. By gaining their goodwill you gain people's good opinion. Some trust so much to merit that they neglect grace, but wise men know that it is a long and stony road without a lift from favor. Goodwill facilitates and supplies everything. It supposes gifts or even supplies them, such as courage, zeal, knowledge, or even discretion; whereas it will not see defects because it does not search for them. It arises from some common interest, either material, as in disposition, nationality, family, race, occupation; or formal, which is of a higher kind of communion, as in capacity, obligation, reputation or merit. The whole difficulty is to gain goodwill—to keep it is easy. It has, however, to be sought for and when found to be utilized.

95. 赢得善意

因为这是预见并促进最伟大目标的第一动因和最高动因。通过赢得人们的善意，你就获得了他们的好评。有的人对自己的长处过于信任，以至于忽视了他人的恩惠，但智者懂得：如果没有来自他人的厚爱，人生将是一条漫长而崎岖的道路。善意使每件事情变得更容易，对每件事情都有所助益，这些事情有：勇气、热情、知识和判断力；同时它不会看到缺点，因为它从不找缺点。它来自于某种共同的利益，要么是物质上的，比如志趣、民族、家庭、种族、职业等；要么是形式上的（这是一种更高的共同点），比如身份、义务、名声和优点。全部的困难就在于赢得善意——保持它并不难。然而，你要去寻求善意，找到之后要善加利用。

96. In times of prosperity prepare for adversity.

It is both wiser and easier to collect winter stores in summer. In prosperity favors are cheap and friends are many. It is well therefore to save them for more unlucky days, for adversity costs dear and has no helpers. Retain a store of friends and people who are in your debt—the day may come when their price will go up. Lowly minds never have friends—in luck they will not recognize them, in misfortune they will not be recognized by them.

96. 在兴盛时期要为灾祸做准备

夏天里收集过冬的储备，更明智，也更容易。

春风得意的时候，青睐很廉价，朋友也很多。因此，最好是把它们储存起来留到不幸的日子，因为，倒霉背运的时候，花费很昂贵，却没有帮手。把朋友和那些欠你情的人储存起来吧——他们价格看涨的日子没准会到来。卑鄙小人从来就没有朋友——得意之时不认人，倒霉之日人不认。

97. Never compete.

Every competition damages your reputation. Our rivals seize occasion to obscure us so as to outshine us. Few wage honorable war. Rivalry discloses faults that courtesy would hide. Many have lived in good repute while they had no rivals. The heat of conflict revives and gives new life to dead scandals, digging up long-buried skeletons. Competition begins with belittling, and seeks aid anywhere it can, not only where it should. And when the weapons of abuse do not effect their purpose, as often or mostly happens, our opponents seek revenge and use them at least for beating away the dust of oblivion from anything that is our discredit. People of goodwill are always at peace, and those of good reputation and dignity are of goodwill.

97. 毋争

每一场竞争都会损害你的名声。竞争对手为了比你更亮而总是抓住机会让你更暗。没有几场战争是可敬的。竞争总是揭露出原本可以用谦恭来掩藏的缺点。许多人在没有竞争对手的时候一直生活在很好的名声中。争斗的热度让已经不存在了的丑闻重新复活，并赋予它新的生命，同时，挖出长埋地底的残骸。竞争从贬低对手开始，到任何能够求助（而不仅仅是应该求助）的地方寻求帮助。当辱骂的武器对他们的目的没起作用的时候（正如经常或大多数时候所发生那样），对手就会寻求报复，至少要用它们来掸掉任何让你丢脸的事情上的灰尘，而这些事情早已被人遗忘。善意之人总是心平气和，那些拥有好名声的高尚之士，都是善意之人。

98. Only act with honorable people.

You can trust them and they too can trust you. Their honor is the best surety of their behavior even in misunderstandings, for they always act according to their character. Hence it is better to have a dispute with honorable people than to have a victory over dishonorable ones. You cannot deal well with the ruined, for they have no hostages for rectitude. With them there is no true friendship, and their agreements are not binding, however stringent they may appear, because they have no feeling of honor. Never have anything to do with such people, for if honor does not restrain them, virtue will not, since honor is the throne of rectitude.

98. 只跟值得尊敬的人打交道

你可以信任他们，他们也会信任你。他们的荣誉是他们的行为的最好担保，哪怕是在误会中，因为他们总是根据自己的品格行事。因此，与其战胜无耻之徒，不如与值得尊敬的人争论。你不能跟名誉破产的人打交道，因为他没有什么东西可以为正直做抵押。与他们打交道，没有真正的友谊可言，他们的协议也没有约束力，不管条款看上去多么严格，因为他们没有诚信。不要跟这样的人有任何牵扯，因为，如果诚信不能约束他们的话，那么美德也做不到，因为诚信是正直的王座。

99. Avoid becoming disliked.

There is no right occasion to seek dislike—it comes without seeking soon enough. There are many who hate of their own accord without knowing the why or the how. Their ill will outruns our readiness to please. Their ill nature is more prone to do harm to others than their greed is eager to gain advantage for themselves. Some manage to be on bad terms with everyone because they always either produce or experience a vexation of spirit. Once hate has taken root it is, like bad reputation, difficult to eradicate. Wise people are feared, the malevolent are abhorred, the arrogant are regarded with disdain, buffoons with contempt, eccentrics with neglect. Therefore pay respect that you may be respected, and know that to be esteemed you must show esteem.

99. 避免招人厌恶

要想招人厌恶，无需什么合适的时机——它不请自来。有许多人不由自主地憎恶别人，既不清楚为何憎恶，也不知道如何憎恶。他们的恶意比我们的好心来得更快。他们的恶意比他们热衷于谋取利益的贪婪更容易损害他人。有的人总是想方设法与每个人搞僵，因为他们要么总是招惹是非，要么正在经历恼恨的心情。憎恨，就像坏名声一样，一旦生根就很难清除。明智之士受人敬畏，恶意之徒招人憎恶，傲慢之人遭人鄙视，小丑被人辱慢，怪人被人忽视。因此，付出尊敬你就会赢得尊敬，要懂得：要想受人尊敬，必须尊敬他人。

100. Live practically.

Even knowledge has to be in style, and where it is not it is wise to affect ignorance. Thought and taste change with the times. Do not be old fashioned in your ways of thinking and let your taste be modern. In everything the taste of the many carries the day; for the time being one must follow it in hope of leading it to higher things. In the adornment of the body, as of the mind, adapt yourself to the present, even though the past appears better. But this rule does not apply to kindness, for goodness is for all times. It is neglected nowadays and seems out of date. Truthfulness, keeping your word, and so too good people, seem to come from the good old days, yet they are liked for all that, but even so if any exist they are not in fashion and are not imitated. What a misfortune for our age that it regards virtue as a stranger and vice as a matter of course! If you are wise live as you can, if you cannot live as you would. Think more highly of what fate has given you than of what it has denied.

100. 生活要讲求实际

就连知识也要符合潮流，对不合时宜的知识，假装无知是明智的。思想和品位与时俱变。在思考方式上不要墨守成规，让你的品位与时俱进。在所有事情上，多数人的品位总是占上风；要想引领时代走向更高目标，你就必须紧跟时代。在身体的装饰上，就像灵魂的装饰一样，要让自己适应现在，即使过去的看上去更好。但这一法则不能应用于善，因为善适用于所有的时代。如今它被忽视了，似乎是过时了。诚实真正直、信守诺言，以及拥有这样一些品德的好人，似乎都是来自美好的往昔，他们受到所有人的喜爱，但尽管如此，如果有任何一位幸存至今的话，他们也不合潮流，不会被人仿效。如今，美德被看做更怪异，恶行被视为理所当然，这对我们的时代来说是多么不幸的一件事啊！如果你明智，就按照自己所能去生活，如果你做不到，就按照自己所愿去生活。更多地想想命运给予了你什么吧，而不要总是想它拒绝了什么。

101. Do not make much ado about nothing.

As some make gossip out of everything, so others make much ado of everything. They always talk big, take everything in earnest and turn it into a dispute or a secret. Troublesome things must not be taken too seriously if they can be avoided. It is preposterous to take to heart that which you should just throw over your shoulders. Much that would be something has become nothing by being left alone, and what was nothing has become of consequence by being made much of. At the outset things can be easily settled, but not afterwards. Often the remedy causes the disease. It is by no means the least of life's rules to let things alone.

101. 不要无事忙碌

正如有些人对每件事情都要闲谈漫议一番一样，另一些人对每件事情都要大费周折。他们总是说大话，认真地对待每一件事情，把它带入争吵不休，或者让它变得高深莫测。棘手的事情，如果能避开的话，就不应该过于认真地对待。把你本该从肩上放下来的东西放在心头，这是很荒谬的。很多本该有些分量的事，因为丢下不管而变得无足轻重；而那些微不足道的事，却因为大费周折而变得至关重要。在一开始，事情可以很容易地得到解决，但到后来就难了。治疗常常带来疾病。把事情丢下不管，是很重要的生活法则。

102. Distinction in speech and action.

By this you gain a position in many places and win esteem in advance. It shows itself in everything, in talk, in look, even in gait. It is a great victory to conquer people's hearts. It does not arise from any foolish presumption or pompous talk, but in a becoming tone of authority born of superior talent combined with true merit.

102. 言辞和行动中的卓越

凭借这一点，你可以在许多地方获得一个位置，并事先就赢得尊敬。它表现在每件事情上、在言谈上、在外表上，甚至在步态上。对征服人心来说，它是一次伟大的胜利。它并非来自任何愚蠢的自以为是或华而不实，而是在于适当的权威口气，而这，则来自更高才能和真正优点的结合。

103. Make yourself sought after.

Few reach such favor with the many, if with the wise it is the height of happiness. When one has finished one's work, coldness is the general rule. But there are ways of earning the reward of goodwill. The sure way is to excel in your office and talents; add to this agreeable manner and you reach the point where you become necessary to your office, not your office to you. Some do honor to their post, with others it is the other way around. It is no great gain if a poor successor makes the predecessor seem good, for this does not imply that the one is missed, but that the other is wished away.

103. 让自己成为众望所归的人

很少有人从多数人那里获得这样的青睐，如果获得了智者的青睐，那就是最大的快乐。当你完成自己的工作时，淡然处之是一般的法则。但有很多方式可以挣得善意的回报。最稳妥地方式，是在职务和才能上都超群出众；此外就是令人愉快的举止风度，这样你就达到了一种状态：对你的职务来说你是必不可少的，而不是职务对你来说必不可少。有的人对他们的职位表示敬意，另一些人则反其道而行之。如果是因为继任者差劲而让前任看上去还算不错的话，那就不是什么了不起的收获了，因为这并不意味着人们想念前任，而是意味着人们希望摆脱后任。

104. Do not be a blacklister of other people's faults.

It is a sign of having a tarnished name to concern oneself with the ill fame of others. Some wish to hide their own stains with those of others, or at least wash them away; or they seek consolation therein—it is the consolation of fools. Their breath must stink who form the sewers of scandal for the whole town. The more one grubs about in such matters the more one befouls oneself. There are few without stain somewhere or other. It is only of little known people that the failings are little known. Be careful then to avoid being a registrar of faults. That is to be an abominable thing, a man that lives without a heart.

104. 不要做他人过错的记录者

老是惦记别人的恶名，标志着自己也有个不光彩的名声。有些人希望用别人的污点来遮掩自己的污点，或者至少是希望摆脱这些污点；抑或想从这里寻找安慰——这是愚蠢的安慰。那些充当全城的丑闻下水道的人，他们的呼吸必定臭不可闻。这样的事情挖得越多，自己就被弄得越脏。几乎没有人没有污点。只有那些默默无闻的人，其过错才罕为人知。那么，留心避免做一个过错记录者吧。那将是一件令人憎恶的事，一个活得没有心灵的人。

105. High-mindedness.

This is one of the principal qualifications for a gentleman, it spurs us on to all kinds of nobility. It improves the taste, ennobles the heart, elevates the mind, refines the feelings, and intensifies dignity. It raises him in whom it is found. At times it even remedies the bad turns of fortune, which turns itself around because of envy. High-mindedness can find full scope in the will when it cannot be exercised in act. Magnanimity, generosity, and all heroic qualities recognize in it their source.

105. 品格高尚

这是成为一个绅士的首要条件之一，它鞭策我们走向各种高贵的情怀。它使趣味得以改进，使心灵更加高贵，它提升精神、净化情感、强化尊严。它提升拥有这种品格的人。有时候，幸运之神因为妒忌而转身离去，它甚至能矫正这种不利的转向。当意志不能在行动中发挥作用的时候，高尚的品格就可以找到施加影响的机会。宽厚、慷慨，以及一切英雄的品质，都把它认作是自己的源泉。

106. Nobility of feeling.

There is a certain distinction of the soul, a high-mindedness prompting to gallant acts, that gives an air of grace to the whole character. It is not found often, for it presupposes great magnanimity. Its chief characteristic is to speak well of an enemy and to act even better toward him. It shines brightest when a chance comes for revenge; not alone does it let the occasion pass but improves it by using a complete victory in order to display unexpected generosity. It is a fine stroke of policy—no, the very acme of statecraft. It makes no pretense to victory, for it pretends to nothing, and while obtaining its deserts it conceals its merits.

106. 高尚的情操

有一种灵魂的卓越、高尚的品格激发英勇的行为，赋予整个品格以优雅的气质。高尚的情操并不常有，因为它必须先有宽阔的胸襟。它的主要特点是对敌人有良言，甚至更有良行。当复仇的机会来临的时候，它焕发的光彩最明亮；不是单方面把机会放过，而是借助一次全面胜利来利用这个机会，以展示意想不到的宽宏大度。这是精妙的策略之举——不，是治国方略的极致。它从不炫耀胜利，它装作若无其事，在赢得奖赏的同时，它对自己的功绩藏而不露。

107. Revise your judgements.

To appeal to an inner court of revision makes things safe. Especially when the course of action is not clear, you gain time either to confirm or improve your decision. It affords new grounds for strengthening or corroborating your judgement. And if it is a matter of giving, the gift is the more valued from its being evidently well considered than for being to promptly bestowed; long expected is highest prized. And if you have to deny something, that gains you time to decide how and when to mature the no so that it may be made palatable. Besides, after the first heat of desire is passed the repulse of refusal is felt less keenly. But, especially when people press for a reply, it is best to defer it, for as often as not that is only a feint to disarm attention.

107. 三思而行

向内心的重审法庭上诉，就能让事情变得更稳妥。尤其是当行动路线尚不清晰的时候，你要争取时间来确认或改进你的决定。它为你巩固或确认自己的判断提供了回旋的余地。如果是赠与之事，那些明显经过慎重考虑的礼物，要比仓促出手的礼物更受人重视；长久的期待会得到最高的奖赏。如果不得不拒绝，你要争取时间以决定在什么时候、用什么方式说“不”，以便让它变得更容易接受。此外，在渴望得到的热情消退之后，对拒绝的憎恶感就会显著减少。尤其是当人们迫切要求答复的时候，你最好是推迟答复，因为往往只要虚晃一招就能消除别人的关注。

108. Better mad with the rest of the world than wise alone.

So say politicians. If all are so, one is no worse off than the rest, whereas solitary wisdom passes for folly. So important is it to sail with the stream. The greatest wisdom often consists of ignorance, or the pretense of it. One has to live with others, and others are mostly ignorant. “To live entirely alone one must be very like a god or quite like a wild beast.” But I would turn the aphorism by saying: Better be wise with the many than a fool all alone. There be some too who seek to be original by chasing chimeras.

108. 宁与他人一起疯狂，也不独自清醒

政治家们都这么说。如果人人都疯狂的话，多一个疯狂的人并不会更糟，反之，独善其身的

智者反倒被视为愚蠢。重要的是随波逐流。最高的智慧，常常就包括无知，或者假装无知。你不得不与他人一起生活，而他人大部分都是无知的。“要完全离群独居，你必须要么完全像一个圣人，要么彻底像一头野兽。”但我要把这句格言改一下：与其一人独傻，不如与大家同智。也有人追逐奇思妙想，为的是要标新立异。

109. Post yourself in the center of things.

So you feel the pulse of affairs. Many lose their way either in the ramifications of useless discussion or in the brushwood of wearisome verbosity without ever realizing the real matter at hand. They go over a single point a hundred times, wearing themselves and others, and yet never touch the all important center of affairs. This comes from a confusion of mind from which they cannot extricate themselves. They waste time and patience on matters they should leave alone, and afterward there is no time spared for what they have left alone.

109. 把自己置于事情的核心

这样你就可以感受到事务的脉动。很多人误入歧途，迷失于无益讨论的岔道和喋喋不休的灌木丛，永远也认识不到手头事情的真正本质。他们总是纠缠于一点，虽百遍而不厌，让自己和他人疲于奔命，却从未触及事务的重要核心。这源自于他们自己无法挣脱的头脑混乱。他们总是把时间和耐性浪费在那些本该丢下不管的事情上，然后却没有多余的时间去做他们已经丢下不管的事。

110. The sage should be self-sufficient.

He that was all in all to himself carried all with him when he carried himself. If a universal friend can represent us to Rome and the rest of the world, let a man be his own universal friend, and then he is in a position to live alone. Whom could such a man want if there is no clearer intellect or finer taste than his own? He would then depend on himself alone, which is the highest happiness and like the Supreme Being. He that can live alone resembles the brute beast in nothing, the sage in much and like a god in everything.

110. 贤者自足

集万有于己身者，一切都随身携带。一位全知全能的朋友，能够用罗马和世界的其余部分代表我们，让你成为自己的这样一位朋友吧，那么你就能够独自生活了。这样一个人会需要谁呢？如果他并不比自己更聪明、更有品位的话。那么，你就只能依靠自己，这是最高的快乐，就像是至高的上帝一样。能够独立生活的人，与野兽毫无相似之处，与圣哲贤士相似之处颇多，在每件事情上都像神一样。

111. Find the good in a thing at once.

This is the advantage of good taste. The bee goes to the honey for her comb, the serpent to the gall for its venom. So with taste—some seek the good, others the ill. There is nothing that has no good in it, especially in books, as giving food for thought. But many have such a scent that amid a thousand excellences they fix upon a single defect, and single it out for blame as if they were scavengers of people's hearts and minds. So they draw up a balance sheet of defects, which does more credit to their bad taste than to their intelligence. They lead a sad life, nourishing themselves on bitters and fattening on garbage. They have the luckier taste who amid a thousand defects seize upon a single beauty they may have hit upon by chance.

111. 立刻发现事情中好的一面

这是良好品位的优势。蜜蜂为它的蜂房而酿蜜，毒蛇为它的毒液而酿毒。品位也是如此——有人追香，有人逐臭。任何事情中都有好的东西，尤其是书籍，因为它为思想提供食粮。许多人有这样一种嗅觉：在一千个优点里他们总是盯着一个缺点，把它挑出来就是为了责备，仿佛他们就是人的心灵和精神的清道夫。他们就是这样编订缺点的资产负债表，这张负债表，把更多的信用委托给他们糟糕的品位而不是他们的智力。他们过着悲哀的生活，用苦涩滋养自己，用垃圾肥沃自己。那些在一千个缺点中抓住他们碰巧发现的一点美的人，有着更幸运的品位。

112. Do not listen to yourself.

It is no use pleasing yourself if you do not please others, and as a rule general contempt is the punishment for self-satisfaction. The attention you pay to yourself you probably owe to others. To speak and at the same time to listen to yourself cannot turn out well. If to talk to oneself when alone is madness, it must be doubly unwise to listen to oneself in the presence of others. It is a weakness of the great to talk with a recurrent "As I was saying" and "What?" which bewilders their hearers. At every sentence they look for applause or flattery, taxing the patience of the wise. So too the pompous speak with an echo, and as their talk can only totter on with the aid of stilts at every word they need the support of a stupid "'Bravo!"

112. 别自说自听

如果不能取悦他人的话，取悦自己毫无用处。通常，遭人鄙视是对自满的惩罚。一心关注自己，多半会亏欠他人。自言自语、自说自听，不可能产生好的结果。如果说独处的时候跟自己说话是疯狂的话，那么当着他人的面自说自听就是双倍的愚蠢了。交谈的时候老是重复“正像我所说的”和“怎么样”，这是大人物的缺点，会把听众给弄糊涂。他们每说一句话，都要寻求喝彩或捧场，让智者的耐心不堪重负。自负浮夸之徒也是这样跟回声说话，谈话的时候，他们只有借助高跷才能踉踉跄跄地继续下去——每句话都需要一声愚蠢的“好啊！”来支撑。

113. Never from obstinacy take the wrong side because your opponent has anticipated you by taking the right one.

You begin the fight already beaten and must soon take to flight in disgrace. With bad weapons one can never win. It was astute in the opponent to seize the better side first, it would be folly to come lagging after with the worst. Such obstinacy, is more dangerous in actions than in words, for action encounters more risk than talk. It is the common failing of the obstinate that they lose the true by contradicting it, and the useful by quarrelling with it. The sage never places himself on the side of passion, but espouses the cause of right, either discovering it first or improving it later. If the enemy is a fool, he will in such case turn round to follow the opposite and worse way. Thus the only way to drive him from the better course is to take it yourself, for his folly will cause him to desert it, and his obstinacy be punished for so doing.

113. 不要因为对手占了上风你就固守下风

这样的话，你刚一开始就未战先败，并很快就会卸甲丢盔、落荒而逃。用劣等的武器从来都不会取得胜利。抢得上风在对方来说自然是精明之举，但你跟在后面固守下风就是愚蠢的了。这样的固执，表现在行动上比表现在言辞上更危险，因为做比说冒的风险更大。正是固执的这种共同缺点，使得他们因抵触而失去真实的东西，因争执而失去有用的东西。圣哲贤士从不站在激情的一边，而是支持正确的事业，无论是最初的发现，还是后来的改进。如果敌人是个笨蛋，在这样的情况下，他就会转向反面，遵循错误的路线。因此，要想把他赶出上风的位置，就得自己占据上风，因为他的愚蠢导致他主动放弃上风，而他的固执将让他因此而受到惩罚。

114. Never become paradoxical in order to avoid being trite.

Both extremes damage our reputation. Every undertaking that differs from the reasonable approaches foolishness. The paradox is a cheat; it wins applause at first by its novelty and piquancy, but afterwards it becomes discredited when the deceit is foreseen and its emptiness becomes apparent. It is a species of jugglery, and in political matters it would be the ruin of the state. Those who cannot or dare not reach great deeds on the direct road of excellence go round by way of paradox, admired by fools but making wise men true prophets. It demonstrates an unbalanced judgement, and if it is not altogether based on the false, it is certainly founded on the uncertain, and risks the weightier matters of life.

114. 不要为了避免陈腐而变得悖谬

陈腐和悖谬都会极大地损害我们的名声。每一项与合理不一致的事业都接近于愚蠢。悖谬就是欺骗；它起初因为新奇和刺激而博得喝彩，但到后来，当欺骗被看穿、空虚开始显现的时候，它就变得名誉扫地。它是一种戏法，在政治事务中，将是国家的覆亡。那些不能或不敢经由美德的直路走向伟大行为的人，就会经由悖谬之路绕圈子，受到蠢人的赞佩，却让聪明人成为真正的先知。悖谬表明了不可靠的判断力，即使不完全是基于错误的判断，也肯定是建立在靠不住的基础上，要冒使生活事务更繁重的危险。

115. Look into the interior of things.

Things are generally other than they seem, and ignorance that never looks beneath the rind is disillusioned when you show the kernel. Lies always come first, dragging fools along by their irreparable vulgarity. Truth always lags last, limping along on the arm of time. The wise therefore reserve for truth one of their ears, which their common mother, nature, has wisely given in duplicate. Deceit is very superficial, and the superficial therefore easily fall into it. Prudence lives retired within its recesses, visited only by sages and wise men.

115. 看透事物的本质

事物通常不同于它们看上去的样子。从未看到外壳之下的那种无知，当你展示出内核的时候就会顿然醒悟。谎言总是捷足先登，凭借它们不可救药的粗俗拖着蠢人前行。真相总是姗姗来迟，挽着时间的手臂蹒跚前行。因此，智者总是把他们的两只耳朵中的一只保留给真相，幸好它们共同的母亲——大自然——明智地给出双份。欺骗是非常浅薄的，因此浅薄之徒很容易陷身其中。

审慎的生活总是退隐在幽深之处的内部，只有圣哲贤士才能叩访。

116. Have the art of conversation.

That is where the real personality shows itself. No act requires more attention, thought it be the most common thing in life. You must either lose or gain by it. If it takes care to write a letter, which is but a deliberate and written conversation, how much more so the ordinary kind in which there is occasion for a prompt display of intelligence? Experts feel the pulse of the soul in the tongue, which is why the sage said, “Speak, that I may know thee.” Some hold that the art of conversation is to be without art—that it should be neat, not gaudy, like clothing. This holds good for talk between friends. But when held with persons to whom one would show respect, it should be more dignified to answer to the dignity of the person addressed. To be appropriate it should adapt itself to the mind and tone of others. And do not be a critic of words, or you will be taken for a pedant; nor a tax-gatherer of ideas, or people will avoid you, or at least sell their thoughts dear. In conversation discretion is more important than eloquence.

116. 要有谈话的艺术

那是展示真实个性的地方。没有比这更需要注意的行为了，因为它是生活中最普通的事情。得失成败，依赖于此。一封书信只不过是一篇深思熟虑的书面谈话而已，如果写封信也要慎重对待的话，那么，有机会即时展现聪明才智的平常谈话，又该要如何加倍小心呢？行家里手能够在言辞中感受灵魂的脉动，圣人云："听其言，知其人。"道理也正在此。有人坚持认为，谈话的艺术就是没有艺术——它应该简洁，而不是华而不实，就像衣服一样。这种方式很适合朋友之间的交谈。但在跟那些你应该表示尊重的人交谈的时候，谈话的方式就应该更有尊严，以符合对方的尊贵。要想言辞得体，就要适应他人的精神气质和语调口吻。不要咬文嚼字，否则你就会被视为爱炫耀学问的迂夫子；也不要充当观点的收税人，否则人们就会躲着你，或者至少也会把他们的思想卖得很贵。在交谈中，判断力比口才更重要。

117. Know how to get your price for things.

Their intrinsic value is not sufficient, for not everyone bites at the essence or looks into the interior. Most go with the crowd, and go because they see others go. It is a great stroke of art to show things at true value—at times by praising them (for praise arouses desire), at times by giving them a striking name (which is very useful for putting things at a premium), provided it is done without affectation. Again, it is generally an inducement to profess to supply only to connoisseurs, for all think themselves such, and if not, the sense of want arouses the desire. Never call things easy or common—that makes them depreciated rather than made accessible. All rush after the unusual, which is more appetizing both for the taste and for the intelligence.

117. 懂得如何要价

任何物品，仅有内在价值是不够的，因为并非人人都能吃透本质或看穿内部。多数人随大流，别人去哪儿他去哪儿。展示物品的真正价值是一门大技巧——有时候要借助赞美（因为赞美唤起欲求），有时候要靠给它们一个引人注目的名字（这一招对于抬高价格很管用），但不可矫揉造作。另外，声称只卖给行家，通常也是一种诱导方式，因为人人都认为自己是行家，即便不是这样，稀缺感也会唤醒需求。千万别把物品称呼得稀松平常——那会让它们贬值，而不是让它们更容易被人接受。人人都追逐不同寻常的东西，无论对于品位，还是对于智力，罕见之物都更开胃。

118. Think beforehand.

Today for tomorrow, and even for many days hence. The greatest foresight consists in determining beforehand the time of trouble. For the provident there are no mischances and for the careful no narrow escapes. We must not put off thought till we are up to the chin in mire. Mature reflection can get over the most formidable difficulty. The pillow is a silent Sibyl, and it is better to sleep on things beforehand than lie awake about them afterwards. Many act first and then think later—that is, they think less of consequences than of excuses. Others think neither before nor after. The whole of life should be one course of thought how not to miss the right path. Rumination and foresight enable one to determine the course of life.

118. 未雨绸缪

今天是为明天做准备，甚至是为许多天之后做准备。最高明的远见就在于未雨绸缪。深谋远虑者没有无妄之灾，小心谨慎者无需狭路逃生。我们一定不要拖到火烧眉毛的时候才开始思考。深思熟虑可以克服最令人生畏的困难。枕头是沉默的先知，与其事后辗转反侧，不如事前睡个踏实。许多人先行而后思——换句话说，他们想得更多的是借口，而非后果。有的人则事前事后都不思考。人的一生应该是一个思考的过程，要想想怎样才不至于错过正途。事后的反思和事前的预见，让你能够决定生活的方向。

119. Do not believe, or like, lightly.

Maturity of mind is best shown in slow belief. Lying is the usual thing, so then let belief be unusual. He that is lightly led away soon falls into contempt. At the same time, there is no necessity to betray your doubts against the good faith of others. For this adds insult to discourtesy, since you make out your informant to be either deceiver or deceived. Nor is this the only evil. Lack of belief is the mark of a liar, who suffers from two failings: he neither believes nor is believed. Suspension of judgement is prudent in a hearer; the speaker can appeal to his original source of information. There is a similar kind of imprudence in liking too easily, for lies may be told by deeds as well as in words, and this deceit is more dangerous for practical life.

119. 不要轻易相信，也不要轻易喜爱

心智的成熟，在不轻信上得到了最好的展现。撒谎是司空见惯的事，那么就让信任成为罕见之事吧。轻信盲从之人，很快就会被人轻视。但是，也大可不必透露出你对他人善意的怀疑。因为这就等于声称那个向你透露消息的人要么是个欺骗

者，要么是个被骗者，从而在无礼之上又增加了凌辱。这还不是唯一的不幸。缺乏信任是说谎者的标志，你将会遭受两种失败：既不相信别人，也不被别人相信。就听者而言，推迟作出判断是审慎的，这样，说话者就可以求助于最初的信息来源。还有一种类似的轻率，这就是轻易喜爱，因为说谎既可以借助言辞，也可以通过行为，对实际生活来说，后一种欺骗更危险。

120. The art of mastering your passions.

If possible, oppose the vulgar advance of passion with prudent reflection. This is not difficult for a truly prudent person. The first step toward mastering a passion is to acknowledge that you are in a passion. By this means you begin the conflict with command over your temper, for one has to regulate one's passion to the exact point that is necessary and no further. This is the art of arts in falling into and getting out of rage. You should know how and when best to come to a stop—and it is most difficult to halt while running double-time. It is a great proof of wisdom to remain clear-sighted during paroxysms of rage. Every excess of passion is a digression from rational conduct. But by this masterful policy reason will never be transgressed, nor pass the bounds of its own moral reason. To keep control of passion one must hold firm the reins of attention; he who can do so will be the first person "wise on horseback," and probably the last.

120. 控制激情的艺术

如果可能的话，要尽量用审慎的反思抵抗激情的粗暴攻击。对真正的智者来说这并不难。控制激情的第一步，就是要认识到自己正处在激情之中。用这种方法，你开始了一场控制自己脾气的战斗，因为一个人必须把自己的激情控制在这样一个精确点上：既必不可少，又不至于过了头。在陷入愤怒和摆脱愤怒的时候，这是艺术中的艺术。你应该知道如何停止以及何时停止才恰到好处——在快速跑步中停下来是最难的。怒发冲冠时保持头脑清醒，是对智慧的巨大考验。每一次激情的过度，都是对理性行为的背离。但借助这种巧妙的策略，理性决不会被违背，也不会超出其自身道德理性的边界。要保持对激情的控制，你必须牢牢控制自己的注意力；能做到这一点，你将会是第一个马背上的智者①，没准也是最后一个。

121. Select your friends.

Only after passing the examination of experience and the test of fortune will they be graduates, not only in affection but in discernment. Though this is the most important thing in life, it is the one least cared

---

① 西班牙谚语云：马背上无智者。

for. Intelligence brings friends to some, chance to most. Yet a person is judged by his friends, for there was never sympathy between wise men and fools. At the same time, to find pleasure in a person's society is no proof of close friendship: it may come from the pleasantness of his company more than from trust in his capacity. There are some friendships legitimate, others illicit; the latter for pleasure, the former for their fertility of ideas and motives. Few are the friends of a person's innermost self, most those of his circumstances. The insight of a true friend is more useful than the goodwill of others, therefore gain them by choice, not by chance. A wise friend ward off worries, a foolish one brings them about. But do not wish them too much luck, or you may lose them.

121. 择友之道

所谓朋友，只有通过了阅历的考试和命运的测验，他们才能领到毕业证书，考验的不仅是友情，还有眼力。尽管这是生活中最重要的事，但受到的关照却最少。聪明才智给有些人带来朋友，但大多数人还是靠机遇。可以根据一个人的朋友来判断这个人，因为智者和蠢才之间决不会有共鸣。但是，从一个人在社交圈子中得到快乐，也并不能证明亲密友谊的存在：它可能更多的是来自他的同伴的友善愉快，而不是来自对他本人能力的信赖。有些友谊是合法的，而有些友谊则是非法的；后者是因为愉快而存在，前者则是因为他们的观念和动机的丰饶。很少人跟一个人的内心交朋友，大多数是跟他的环境交朋友。一位真心朋友的洞察力，比其他人的善意更有益。因此，要通过选择而不是全凭运气来交朋友。聪明的朋友挡开烦恼，愚蠢的朋友带来烦恼。但不要希望他们有太多的好运，否则你可能会失去他们。

122. Do not make mistakes about character.

That is the worst and yet easiest error. Better be cheated in the price than in the quality of goods. In dealing with people, more than with other things, it is necessary to look within. To know people is different from knowing things. It is profound philosophy to sound the depths of feeling and distinguish traits of character. People must be studied as deeply as books.

122. 不要看错人

看错人是最糟糕的错误，也是最容易犯的错误。与其在货物品质上受骗，不如在货物价格上上当。与人周旋，比起与别的事物打交道来，更需要看透内部。识人与识货不同。探测感觉的深度，辨识品格的特征，是一门深奥的哲学，必须像研究书那样深刻地研究人。

123. Be careful in speaking.

With your rivals out of prudence, with others for the sake of appearance. There is always time to add a word, never to withdraw one. Talk as if you were making your will: the fewer words the less litigation. In trivial matters exercise yourself for the more weighty matters of speech. Profound secrecy has some of the luster of the divine. He who speaks quickly soon falls of fails.

123. 慎言

说话要小心，跟对手这样是出于谨慎，跟其他人则是为了体面。总有多言的时候，绝无收回的机会。说话要像写遗嘱一样：言辞愈少，争讼愈小。要在琐事上锻炼自己，为的是说更重大的事。莫测高深，颇有几分神性的风采。快言快语的人，败得也快。

124. Know your pet faults.

The most perfect of people has them and is either wedded to them or loves them. They are often faults of intellect, and the greater this is, the greater they are, or at least the more conspicuous. It is not so much that their possessor does not know them, he loves them, which is a double evil because it's an irrational affection for avoidable faults. They are spots on perfection, they displease the onlooker as much as they please the possessor. It is a gallant thing to get clear of them, and so give play to one's other qualities. For all people hit upon such a failing, and on going over your qualifications they will take a long look at this blot and blacken it in as deeply as possible, casting your other talents into the shade.

124. 了解自己珍爱的缺点

最完美的人也有自己珍爱的缺点，要么已经跟它们结了婚，要么在爱着它们。它们常常是才智之士的缺点，智商越高，缺点越大，或者至少是越显眼。拥有这些缺点而不自知的人并不算多，但他珍爱这些缺点，这是双重的不幸，因为这是对可以避免的缺点的无理性偏爱。它们是白璧之玷，它们让拥有者欢喜，也同样让旁观者厌恶。摆脱掉它们，并因此给你的另外一些品质以展示的空间，那将是一件英勇的事情。因为人人都会看到这样的缺点，在审视你的资质的时候，他们会长时间地盯着这个污点看，尽可能使它变得越来越黑，并把你其他的才干扔进阴影里。

125. Throw straws in the air to test the wind.

Find how things will be perceived, especially from those whose reception or success is doubtful. One can thus be assured of its turning out well, and an opportunity is provided for going on in earnest or withdrawing entirely. By trying people's intentions in this way, the wise person knows on what ground he stands. This is the great rule of foresight in asking, in desiring, and in ruling.

125. 把稻草扔到空中以测试风向

这样可以发现人们如何理解某件事情，尤其是你对它的成功或者被人接受深表怀疑的事情。这样可以让你对它的最终结果更有把握，并为你提供一次选择的机会：是继续认真干下去，还是及时收手、全身而退。智者利用这种方式测试人们的意图，从而了解他所站的立场。这是远见卓识在寻求、渴望和统驭中的伟大法则。

126. Wage war honorably.

You may be obliged to wage war but not to use poisoned arrows. Everyone must act as he is, not as others would make him to be. Gallantry in the battle of life wins everyone's praise; one should fight so as to conquer, not alone by force but by the way it is used. A mean victory brings no glory, but rather disgrace. Honor always has the upper hand. An honorable person never uses forbidden weapons, such as using a friendship that's ended for the purposes of a hatred just begun; a confidence must never be used for a vengeance. The slightest taint of treason tarnishes one's good name. In people of honor the smallest trace of meanness repels. The noble and the ignoble should be miles apart. Be able to boast that is gallantry, generosity, and fidelity were lost in the world people would be able to rediscover them in your own heart.

126. 发动义战

你可能不得不发动战争，但不要使用毒箭。每个人都必须依据自己的本来面目行事，而不是按照别人所希望的那样去做。在生活的战斗中，勇敢的言行赢得每个人的赞颂；你应该战以致胜，不单单是凭借力量，而且还要靠使用力量的方式。卑鄙的胜利非但不会带来荣耀，反而会带来耻辱。受人尊敬总是占上风。一个值得尊敬的人决不会使用违禁的武器，比如为了刚刚开始的憎恨而终结的友谊；一定不要把信任用于复仇的目的。背信弃义所带来的最轻微的污点，也会玷污你的美名。在受人尊敬的人身上，最轻微的卑劣痕迹也会令人反感。高尚与卑鄙应该远远地分开。要能够自豪地说：已经在世人身上消逝的勇敢、慷慨与忠诚，能够在你自己的心灵中重新发现。

127. Distinguish people of words from people of deeds.

Discrimination is important, as in the case of friends, persons, and employments, which all have many varieties. Bad words even without bad deeds are bad enough; good words with bad deeds are worse. One cannot dine off words, which are wind, nor off politeness, which is but polite deceit. To catch birds with a mirror is the ideal snare. It is the vain alone who take their wages in windy words. Words should be the pledges of work, and, like pawntickets, have their market price. Trees that bear leaves but not fruit usually have no core—know them for what they are, of no use except for shade.

127. 区分空谈家和实干家

这种区别很重要，在朋友、个人和职业方面都是如此，这些全都有着形形色色的类型。糟糕的言辞即使没有糟糕的行动，也已经够糟糕的了；而良好的言辞加上糟糕的行动则更糟糕。你不可能拿言辞当饭吃，那是风；也不可能用优雅来果腹，那只不过是文雅的欺骗。用镜子来捕鸟，是空想的陷阱。想在风一般的言辞中取得报酬的人，只能是白费力气。言辞应该是工作的典当物，像当票一样也有其市场价格。只长叶子不结果的树，通常没有核——从它们的本质可知：它们除了乘凉，别无用处。

128. Know how to rely on yourself.

In great crises there is no better companion than a bold heart, and if it becomes weak it must be strengthened from the neighboring parts. Worries dies away for the person who asserts himself. One must not surrender to misfortune or else it would become intolerable. Many people do not help themselves in their troubles and double their weight by not knowing how to bear them. He that knows himself knows how to strengthen his weakness, and the wise person conquers everything, even the stars in their courses.

128. 懂得如何依靠自己

在危急关头，没有比勇敢的心灵更好的伙伴了；如果它变得软弱，就必须通过相邻的部位来增强它。烦恼因为坚持自我而逐渐消失。千万不要向厄运低头，否则它会变得无法忍受。许多人在困境中不能自救，并因为不懂得如何承受它们而让它们变本加厉。了解自己的人，懂得如何让自己的弱处得以增强。智者征服一切，甚至包括命运。

129. Do not indulge in the eccentricities of folly.

Like vanity, presumptuousness, egotism, untrustworthiness, capriciousness, obstinacy, fancifulness, theatricalism, whimsy, inquisitivness, contradiction, and all forms of one-sidedness—they are all monstrosities of impertinence. All deformity of mind is more obnoxious than that of the body, because it violates a higher beauty. Yet who can assist such a complete confusion of mind? Where self-control is wanting, there is no room for others' guidance. Instead of paying attention to other people's real derision, people of this kind blind themselves with the false hope of imaginary applause.

129. 不要纵容愚蠢的怪癖

像虚荣自负、专横傲慢、自我膨胀、不可信赖、反复无常、顽固偏执、耽于幻想、矫揉造作、异想天开、追新逐奇、自相矛盾以及形形色色的剑走偏锋——这些全都是粗鲁无礼的畸形。一切心智的畸形都比身体畸形更可憎，因为它亵渎了更高贵的美。然而，对于心智的这种彻底混乱，谁又能帮得了呢？缺乏自制力的地方，没有他人施以援手的空间。这种人，并不注意别人真实的嘲弄，却盲目追求虚假的希望：想要赢得想象中的欢呼喝彩。

130. Do not be made of glass in your relations with others, still less in friendship.

Some break very easily, and thereby show their want of consistency. They attribute to themselves imaginary offences and to others oppressive intentions. Their feelings are even more sensitive than the eye itself and must not be touched in jest or in earnest. Motes offend them; they need not wait for beams. Those who consort with them must treat them with the greatest delicacy, have regard to their sensitiveness, and watch their demeanor, since the slightest slight arouses their annoyance. They are mostly very egoistic, slaves of their moods, for the sake of which they cast everything aside. They are worshippers of little nothings. On the other hand, the disposition of the true lover is almost diamond-like: hard and everlasting.

130. 在与他人的交往中，不要做玻璃人，在友谊中则更是如此

有些人很容易破碎，由此显示他们缺少坚固性。他们总是沉湎于假想的冒犯，沉湎于其他人压制的意向。他们的感觉甚至比眼睛本身还要敏感，万万碰不得，无论你是嬉皮笑脸还是一本正经。尘埃之微，也会冒犯他们，这就更不用说桁

梁了。那些与他们交往的人，必须拿出最大的细心来应付他们，小心对待他们敏感的神经，注视他们的行为举止，因为最轻微的怠慢也会惹恼他们。他们主要是以自我为中心，是自己情绪的奴隶，为此他们把所有事情都抛到一边。他们是琐事的崇拜者。另一方面，真正的情人，其性情几乎就像钻石一样：坚固而恒久。

131. A solid person.

One who is finds no satisfaction in those that are not. It is a pitiable eminence that is not well founded. Not all are those that seem to be so. Some are sources of deceit—impregnated by chimeras, they give births to impositions. Others are like them so much that they take more pleasure in a lie (because it promises much) than in the truth (because it performs little). But in the end these caprices come to a bad end, for they have no solid foundation. Only truth can give true reputation; only reality can be of real profit. One deceit needs many others, and so the whole house is built in the air and must soon come to the ground. Unfounded things never reach old age. They promise too much to be much trusted: that cannot be true that proves too much.

131. 做个坚实的人

一个坚实的人，在那些不坚实的事物中得不到满足。根基不牢固的显赫，是一种可怜的显赫。并非所有东西都是看上去的那个样子。有些是欺骗的源头——它们通过狂想而受孕，从而产生出欺诈。另一些则很像它们，以至于它们更乐于谎言（因为承诺很多），而不是事实（因为践履甚少）。但是到最后，这些异想天开的妄想终会带来糟糕的结局，因为它们没有坚实的基础。只有真理才能带来真正的名声，只有事实才有实在的利益。一个欺骗需要更多别的欺骗来掩盖，整个房屋因此成为空中楼阁，很快就会坍塌。没有根基的东西注定短命。它们许诺太多，以至于很难被人信任：总是需要验证的东西不可能是真的。

132. Have knowledge, or know those who do.

Without intelligence, either one's own or another's, true life is impossible. But many do not know that they do not know, and many think they know when they know nothing. Failings of the intelligence are incorrigible, since those who do not know, do not know themselves, and cannot therefore seek what they lack. Many would be wise if they did not think themselves wise. Thus it happens that though the oracles of wisdom are precious, they are rarely used. To seek advice does not lessen greatness or argue incapacity. On the contrary, to ask advice proves you well advised. Take counsel with reason if you do not wish to court defeat.

132. 要有知识，或者认识有知识的人

如果不拥有聪明才智（无论是自己的还是别人的），就不可能有真正的生活。但许多人认识不到自己不懂什么，而另一些人则在自己一无所知的时候自认为无所不知。智力上的缺点是不可救药的，因为无知者亦无自知之明，因此不可能去寻求自己所缺少的东西。如果不自认为聪明的话，许多人本来会很聪明。因此，尽管富有智慧的贤哲弥足珍贵，但却很少被人们所用。求教于人无损于你的伟大，也不会显得你无能。相反，寻求他人的忠告，会证明你的明智。如果你不想招致失败，不妨就求教于智者。

133. Reticence is the seal of capacity.

A heart without a secret is an open letter. Where there is a solid foundation secrets can be kept profound—there are specious cellars where important things may be hid. Reticence springs from self-control and to control oneself in this is a true triumph. You must pay ransom to each you tell. The security of wisdom consists of inner temperance. The risk that reticence runs lies in the cross-questioning of others, in the use of contradiction to worm out secrets, in the darts of irony. To avoid these the prudent become more reticent than ever. What must be done need not be said, and what must be said need not be done.

133. 缄默是能力的封印

一颗没有秘密的心灵，就是一封打开的书信。有坚实基础的地方，秘密能得到深刻的保持——有些华而不实的地窖，一些重要的东西可能就深藏其中。缄默来自自制，在这一点上控制自己，就是真正的胜利。你必须为你说出的每一句话支付赎金。智慧的安全在于内心的节制。缄默所要冒的风险，就潜藏在他人的反复盘问当中，潜藏在对透露出的秘密使用反驳当中，潜藏在讽刺的投枪当中。为了避开这些，审慎之人变得比从前更缄默。必做之事不必说，必说之事不必做。

134. Never guide the enemy to what he has to do.

The fool never does what the wise judge wise, because he does not follow up with suitable means. He that is discreet follows still less a plan laid out, or even carried out, by another. One has to discuss matters from both points of view—turn it over on both sides. Judgements vary. Let him that has not decided attend rather to what is possible than what is probable.

134. 决不要把敌人引到他不得不做的事情上

蠢人从不做智者所英明决断的事情，因为他不会用恰当的手段去贯彻。小心谨慎的人，则更不会遵循由别人制订的计划，哪怕是已经实现的计划。你必须从双方的观点来探讨问题——把它放到双方的立场上反复考量。得出的判断会有所不同。如果你还没有作出决定，与其留意可能之事，不如专注可行之事。

135. A grain of boldness in everything.

This is an important piece of prudence. You must moderate your opinion of others so that you may not think so high of them as to fear them. The imagination should never yield to the heart. Many appear great till you know them personally, and then dealing with them does more to raise disillusion than esteem. No one oversteps the narrow bounds of humanity—all have their weaknesses either in heart or head. Dignity gives apparent authority, which is rarely accompanied by personal power, for fortune often redresses the height of office by the inferiority of the holder. The imagination always jumps too soon and paints things in brighter colors than the real. It thinks things not as they are but as it wishes them to be. Attentiveness—though disillusioned in the past—soon corrects all that. Yet if wisdom should not be timorous, neither should folly be rash. And if self-reliance helps the ignorant, how much more the brave and wise?

135. 凡事大胆一点

这是一项重要的审慎之道。你必须有节制地看待他人，这样就不至于把他们看得过高从而害怕他们。想象不应该屈从于心智。许多人在你亲自了解他们之前看上去很了不起，然而一旦打过交道，更多的是让你大失所望，而不是肃然起敬。没有谁能超越人性的狭隘——人人都有缺点，要么是心灵上的，要么是头脑上的。显赫的职位给人以表面的权威，但很少伴随着个人的能力，因为命运之神常常以占据高位者的卑下来平衡权位的高度。想象总是跑得太快，它总是用更鲜艳的色彩而不是按照真实的样子来描绘事物。它不是按照事物的本来面目而是依据自己希望的样子来看待事物。尽管从前大失所望，但专注很快就会纠正一切。然而，如果说智者不该胆怯的话，那么愚人也不该鲁莽。如果说自立对无知者有所助益的话，那么它对智勇之士的帮助不是更大吗？

136. Do not hold your views too firmly.

Every fool is firmly convinced, and everyone fully persuaded is a fool; the more erroneous his judgement the more firmly he holds it. Even in cases of obvious certainty, it is fine to yield. Our reasons for holding the view cannot escape notice, our courtesy in yielding will be recognized. Our obstinacy loses more than our victory gains—that is not to champion truth but rather rudeness. There are some heads of iron most difficult to turn, and add caprice to obstinacy and the sum is a wearisome fool. Steadfastness should be for the will, not for the mind. Yet there are exceptions where one would fail twice, owning oneself wrong both in judgement and in the execution of it.

136. 不要固执己见

每个蠢人都固执，每个固执的人都是蠢人；观点愈错，持之愈坚。即使在确凿无疑的情况下，适当的让步亦是良策。我们持这种观点的理由，别人不可能视而不见，我们让步时的谦恭也会被人认可。我们的固执却让我们得不偿失——与其说是坚持真理，还不如说是粗暴无理。有些榆木脑袋很难扭转，固执己见加上异想天开就是令人生厌的愚蠢。坚定不移的，应该是意志，而不是看法。然而也有例外的情况，你会两次犯错，一是判断上的错误，二是执行上的错误。

137. Do not stand on ceremony.

Even in kings this affectation is renowned for eccentricity. To be punctilious is to be a bore, yet whole nations have this peculiarity. The garb of folly is woven out of such things. Such folk are worshippers of their own dignity, yet show how little it is justified since they fear that the least thing can destroy it. It is right to demand respect, but not to be considered a master of ceremonies. Yet it is true that in order to do without ceremonies one must possess supreme qualities. Neither affect nor despise etiquette—he cannot be great who is great at such little things.

137. 不要拘泥礼节

即使是在君王的身上，这种矫揉造作也会以怪癖而闻名。拘泥礼节就是令人生厌，更有甚者整个民族都有这种怪癖。蠢人的装束就是用这种东西编织而成的。这样的民族，崇拜的是自己的体面，而很少显示这种体面的正当性，因为他们担心最细微的事情也能毁掉体面。希望得到人们的尊重并不错，但并非要让人认为你是个礼节大师。事实上，做事而不拘泥礼节需要非凡的才能。既不要受礼节的影响，也不要轻视礼节——在这样的小事上显得很了不起的人，不可能有什么大的了不起。

138. Recognize faults, however highly placed.

Integrity can discover vice when clothed in brocade or even crowned with gold, but will not be able to hide its own character for all that. Slavery does not lose its vileness because it is disguised by the nobility of its lord and master. Vices may stand in a high place, but are low for all that. People may see that many a great person has great faults, yet they do not see that he is not great because of them. The example of the great is so specious that it even glosses over viciousness, until it may so affect those who flatter it that they do not notice that what they gloss over in the great they abominate in the lower classed.

138. 要认识人的缺点，无论他位置多高

诚实正直，能够发现隐藏在绫罗绸缎甚或金顶王冠之下的丑恶，尽管如此，却不能隐藏其自身的品格。奴隶不可能用主人的高贵来掩饰自己的卑劣。丑恶也可以身居高位，即便如此，它也总是卑下的。人们可以看到，许多大人物都有大缺点，然而他们却看不到，他并不是因为这些缺点而伟大。伟人的榜样是如此堂皇其表，以至于甚至掩盖了邪恶，直至对那些阿谀奉承者产生很大的影响，使得他们没有注意到：掩盖在堂皇外表之下的，正是他们所憎恶的低级阶层身上所拥有的那些东西。

139. Be the bearer of praise.

This increases our credit for good taste, since it shows that we have learned elsewhere to know what is excellent and hence how to prize it in the present company. It gives material for conversation and for imitation and encourages praiseworthy exertions. Besides, this does homage in a very delicate way to the excellences before us. Others do the opposite, they accompany their talk with a sneer, and fancy they flatter those present by belittling the absent. This may serve them with superficial people, who do not notice how cunning it is to speak ill of everyone to everyone else. Many pursue the plan of valuing more highly the mediocrities of the day than the most distinguished exploits of the past. Let the cautious penetrate through these subtleties, and let him not be dismayed by the exaggerations of the one or made overconfident by the flatteries of the other; knowing that both act in the same way by different methods, adapting their talk to the company they are in.

139. 做赞美的传递者

这会增加人们对我们的良好品位的信任，因为它表明，我们已经在别的地方学会了什么是卓越，并因此懂得如何在身边的同伴中珍视它。它为交谈提供了材料，为效仿提供了原型，并鼓励那些值得赞赏的努力。此外，这也是在以一种十分微妙的方式向我们面前的卓越品质表示敬意。另一些人则恰恰相反，他们说起话来冷嘲热讽，通过贬低不在场的人来讨好在场的人。这或许可以为他们招徕浅薄之徒，这些人没有注意到在人背后说坏话是多么狡诈。许多人总是热衷于高估今天的凡夫俗子，而贬低过去的丰功伟业。让审慎者洞穿这些阴险狡诈的把戏吧，既不因此人的夸张而沮丧，也不因彼人的吹捧而自负；要知道他们是在用不同的方法、以同样的方式跟身边的同伴说话。

140. Utilize another's wants.

The greater his wants the greater the turn of the screw. Philosophers say privation is non-existent, but statesmen say it is all-embracing, and they are right. Many make ladders to attain their ends out of the wants of others. They make use of the opportunity and tantalize the appetite by pointing out the difficulty of satisfaction. The energy of desire promises more than the inertia of possession. The passion of desire increases with every increase of opposition. It is a subtle point to satisfy the desire and yet preserve the dependence.

140. 利用他人的欲求

一个人的欲求越大，压力也就越大。哲学家说，匮乏就是乌有；而政治家说，匮乏无所不包，他们是对的。许多人拿别人的需求做自己实现目的的阶梯。他们利用这个机会，指出满足需求的困难，从而挑起别人的欲望。欲望的活力，比起占有的惰性，能够带来更多的期望。欲望的激情，随着阻力的增长而不断增长。微妙之处，就在于满足欲望的同时又维持他人对你的依赖。

141. Find consolation in all things.

Even the useless may find it in being immortal. No trouble without compensation. Fools are held to be lucky, and the good luck of the ugly is proverbial. Be worth little and you will live long—it is the cracked glass that never gets broken, but worries one with its durability. It seems that fortune envies the great, so it equalizes things by giving long life to the useless, a short one to the important. Those who bear the burden come soon to grief, while those who are of no importance live on and on: in one case it appears so, in the other it is so. The unlucky thinks he has been forgotten by both death and fortune.

141. 在一切事情中寻找慰藉

即使是毫无用处的东西也能在不朽中找到安

慰。任何烦恼都有其补偿。傻人有傻福，丑人的好运众所周知。价值不大的人，寿命更长——破碎的玻璃绝不会被打碎，倒是它的耐久性让你烦恼。看来，命运之神似乎也嫉贤妒能，于是让庸人长寿，令英才早逝。肩负重任的人很快就会遭遇不幸，而无关紧要之辈总是活得无忧无虑：一种情况是看上去是这样，另一种情况是确实如此。在那些不幸的人看来，幸运之神和死神都已经把自己给忘了。

142. Do not take payment in politeness.

This is a kind of fraud. Some do not need exotic herbs for their magic potion, for they can enchant fools by the grace of their salute. Theirs is the Bank of Elegance, and they pay with the wind of fine words. To promise everything is to promise nothing—promises are the pitfalls of fools. The true courtesy is performance of duty; the spurious, and especially the useless, is deceit. It is not respect but rather a means to power. Obeisance is paid not to the man but to his means, and compliments are offered not to the qualities that are recognized but to the advantages that are desired.

142. 别想从彬彬有礼中得到报偿

这是一种欺骗。有些人不需要灵丹妙药来制

作他们的魔剂，他们只需凭借举手礼的优雅就足以让傻瓜神魂颠倒。他们拥有的是“优雅银行”，支付的只是一些随风而逝的甜言蜜语。允诺一切就是什么也没允诺——允诺是傻瓜的陷阱。真正的谦恭，是对职责的履行；而虚假的谦恭，尤其是毫无用处的谦恭，则是欺骗。这与其说是尊敬，不如说是巴结权势的手段。他们尊敬的对象，并不是人，而是他的钱；恭维，也并非献给他们所认可的品格，而是献给他们渴望得到的好处。

143. A peaceful life is a long life.

To live, let live. Peacemakers not only live, they rule life. Hear, see, and be silent. A day without dispute brings sleep without dreams. Long life and a pleasant one is life enough for two—that is the fruit of peace. He has all that makes nothing of what is nothing to him. There is no greater perversity than to take everything to heart. There is equal folly in troubling our heart about what does not concern us and in not taking to heart what does.

143. 平和即长寿

要想自己活，就得让别人活。心平气和的人不仅仅过生活，而且还主宰生活。多听、多看、少说。白天与世无争，晚上无梦而眠。漫长而快乐的一生，足以抵得上两辈子——这就是平和带来的结果。对与己无关的事情毫不在乎，你就应有尽有。最反常的莫过于事事关心。对与己无关的事牵肠挂肚，而对切身相关的事却毫不上心，这二者同样愚蠢。

144. Watch out for people who begin with another's concerns to end with their own.

Watchfulness is the only guard against cunning. Be intent on their intention. Many succeed in making others do their own affairs, and unless you possess the key to their motives you may at any moment be forced to take their chestnuts out of the fire to the damage of your own fingers.

144. 提防那些始于利他、终于利己的人

对于狡诈，警觉是唯一的保护。要关注他们的意图。许多人很善于让别人帮自己做事，除非你掌握了他们的动机，否则你随时都可能被迫为他们火中取栗，而伤及自己的手指。

145. Know how to appreciate.

There is no one who cannot teach somebody something, and there is no one so excellent that he cannot be excelled. To know how to make use of everyone is useful knowledge. Wise men appreciate everyone, for they see the good in each and know how hard it is to make anything good. Fools depreciate everyone, not recognizing the good and selecting the bad.

145. 懂得如何欣赏他人

人人皆可为师，没有人杰出到不可超越的程度。懂得如何利用别人，是一门很有用的知识。聪明之人欣赏每一个人，因为他们看到了每个人身上的优点，也懂得做好一件事情有多难。蠢人总是贬低他人，不识好、专挑歹。

146. Do not carry fools on your back.

He that does not know a fool when he sees one is one himself, still more he that knows him but will not keep clear of him. They are dangerous company and ruinous confidants. Even though their own caution and others' care keeps them in bounds for a time, still at length they are sure to do or to say some foolishness that is all the greater for being kept so long in stock. They cannot help another's credit who have none of their own. They are most unlucky, which is the nemesis of fools, and they have to pay for one thing or the other. There is only one thing that is not so bad about them, and this is that though they can be of no use to the wise, they are good as warning signs or as signposts.

146. 别把蠢人扛在自己背上

见到蠢人而辨认不出来的人，自己就是个蠢人，而认出来了却不躲开的人，则更是蠢人。他们是危险的同伴和毁灭性的知己。即使暂时他们自己谨慎小心，而别人也注意与他们保持距离，但最终他们肯定会有更加愚蠢的言行，这些他们已经储藏了许久。不接受他人信任的人，他们也得不到他人的信任。他们是最不幸的，这是蠢人的报应，他们不得不因为这样那样的事情而付出代价。关于蠢人，只有一件事情还不算太糟，那就是，尽管他们对智者来说并没有什么用处，但作为警示信号或者路标他们还是很不错的。

147. Know how to transplant yourself.

There are nations with whom one must cross their borders to make one's value felt, especially when in great posts. Their native land is always the stepmother to great talents; envy flourishes there on its native soil and they remember one's small beginnings rather than the greatness one has reached. A needle is appreciated that comes from one end of the world to the other, and a piece of painted glass might outvie the diamond in value if it comes from afar. Everything foreign is respected, partly because it comes from afar partly because it is ready made and perfect. We have seen a person once the laughingstock of their village and now the wonder of the whole world, honored by their fellow countrymen and by foreigners—by the latter because they come from afar, by the former because they are seen from afar. The wood statue on the altar is never reverenced by him who knew it as a tree trunk in the garden.

147. 懂得如何异地而居

对有些民族，你必须越过他们的边境才能让人认识到你自身的价值，尤其是当你处在重要职位上的时候。他们的本土就是伟大天才的后母；嫉妒在其出生的土壤中茂盛生长，他们记住的，是你渺小的起点，而不是你成就的伟业。一根走遍世界的针被人们所珍赏，一片来自远方的彩绘玻璃在价值上胜过钻石。每一件外来事物都受到人们的敬重，一部分是因为它来自远方，另一部分是因为它是现成的、已经完善了的。我们都见识过，一个曾经是乡里笑柄的人，如今成了全世界的奇迹，受到他的同胞们和外国人的尊敬——后者是因为他们来自远方，前者则是因为他们是从远处观看。祭坛上的木制雕像，绝不会让那个知道它本是花园里的一根树干的人感到敬畏。

148. Find your proper place by merit, not by presumption.

The true road to respect is through merit, and if industry accompanies merit the path becomes shorter. Integrity alone is not sufficient, push and insistence is degrading, for things that arrive by that means are so sullied that the discredit destroys reputation. The true way is the middle one, halfway between deserving a place and pushing oneself into it.

148. 要根据你的优点，而不是根据自以为是，来找到你合适的位置

要想受人尊敬，真正的捷径是通过你的优点，如果辅之以勤奋的话，这条路就会变得更短。光有诚实正直的品格是不够的，拼命争取和固步自封都是可耻的，因为借助这些手段所成就的事情被严重玷污了，以至于名声被耻辱所毁。正途是中间路线，它介于应得和进取之间。

149. Leave something to wish for.

That way you will not be miserable from too much happiness. The body must respire and the soul aspire. If one possessed all, all would be disillusion and discontent. Even in knowledge there should be always something left to know in order to arouse curiosity and excite hope. Surfeit of happiness are fatal. In giving assistance it is a piece of policy not to satisfy entirely. If there is nothing left to desire, there is everything to fear—an unhappy state of happiness. When desire dies, fear is born.

149. 留点东西给渴望

这样你就不会因为太过幸福而痛苦。身体离不开呼吸，灵魂少不了渴求。如果一个人拥有一切，这一切就会让人幻灭，令人不满。即使是在知识领域，也应该有一些东西留待我们去了解，为的是唤醒好奇、激发希望。幸福的过度是致命的。在施以援助的时候，不完全满足是一项策略。如果不给渴望留下点什么，那就给忧惧留下了一切——这是幸福中的一种不幸状态。当渴望死去的时候，忧惧就诞生了。

150. They are all fools who seem so, as well as half the rest.

Folly arose with the world, and if there be any wisdom it is folly compared with the divine. But the greatest fool is he who thinks he is not one and all others are. To be wise it is not enough to seem wise, least of all to seem so to oneself. He knows who does not think that he knows, and he does not see who does not see that others see. Though all the world is full of fools, there is no one who thinks himself one, or even suspects the fact.

150. 看上去很蠢的人都是蠢人，看上去不蠢的也多半是蠢人

蠢人与这个世界一起产生，即使还有点智慧的话，但跟神比起来也还是蠢人。不过最蠢的人，还是那位认为自己不蠢、别人都蠢的人。要做聪明人，看上去聪明是不够的，自认为聪明则更不行。不自以为知者是知也，不见人之所见者即不见也。尽管满世界都是蠢人，但没有一个人认为自己是，甚至怀疑这个事实。

151. Know the great people of your age.

They are not many. There is one phoenix in the whole world, one great general, one perfect orator, one true philosopher in a century, one really illustrious king in several. Mediocrities are as numerous as they are worthless; eminent greatness is rare in every respect, since it needs complete perfection, and the higher the species the more difficult is the highest rank in it. Many have claimed the title Great, like Caesar and Alexander, but in vain, for without deeds the title is a mere breath of air. There have been few Senecas, and fame records but one Apelles.

151. 了解你同时代的伟人

伟人并不多。全世界只有一只凤凰，一百年里也只有一位伟大的将领、一位完美的演说家、一位真正的哲学家，几百年才有一位出类拔萃的君王。平庸之辈比比皆是、毫无价值；各方面的杰出之士十分罕见，因为这需要十全十美，级别越高的方面就越难达到它的制高点。许多人给自己冠以“伟大”的头衔，像恺撒和亚历山大那样，但无济于事，因为如果没有伟大的行为，头衔只不过是空穴来风。塞内卡人本来不多，青史留名的只有一个阿佩利斯。

152. Know how to play the card of contempt.

It is a shrewd way of getting things you want, by pretending to depreciate them; generally they are not to be had when sought for, but fall into one's hands when one is not looking for them. As all mundane things are but shadows of the things eternal, they share with shadows this quality, they flee from him who follows them and follow him that flees from them. Contempt is also the most subtle form of revenge. It is a fixed rule with the wise never to defend themselves with the pen. For such defense always leaves a stain, and does more to glorify one's opponent than to punish his offence. It is a trick of the worthless to stand forth as opponents of great men, so as to win notoriety by a roundabout way, which they would never do by the straight road of merit. There are many we would not have heard of if their eminent opponents had not taken notice of them. There is no revenge like oblivion, through which they are buried in the dust of their unworthiness. An audacious person hopes to make himself eternally famous by setting fire to one of the wonders of the world and of the ages. The art of reproving scandal is not to take notice of it. To combat it damages our own case—even if credited it causes discredit and is a source of satisfaction to our opponent. This shadow of a stain dulls the luster of our fame, even if it cannot altogether deaden it.

152. 懂得如何打轻视这张牌

要得到你想要的东西，装作贬低它们是个精明的方法。通常，当你孜孜以求的时候总是得不到，而当你不再期望的时候，它们却会落入你的手中。既然尘世万物都只不过是永恒事物的影子，那它们也一样有影子的特点：你追它们，它们就逃离你；你逃离它们，它们就会追你。轻视也是最巧妙的报复形式。智者的铁律是：决不用手里的笔为自己辩护。因为这样的辩护总是留下污点，更多的是给对手增色，而不是惩罚他们的罪错。跟伟人作对是卑鄙小人的惯用伎俩，这样他们就能够通过迂回曲折的方式赢得名声，这是他们通过直接的荣誉之路绝不可能赢得的。有许多人，假如他们显赫的对手对他们置之不理的话，我们压根就不会知道他们。最好的报复就是遗忘，通过遗忘，他们被埋葬在卑贱的尘土里。轻妄之徒总是希望通过纵火烧掉某件世界和时代的奇迹而使自己名垂千古。谴责丑闻的艺术就是置之不理。与之争斗只能害及自己——即使是相信它也会让自己蒙羞，而让对手心满意足。这个污点所带来的阴影，让我们的名声黯然失色，即使不会让它完全失去光泽。

153. Know that there are vulgar people everywhere.

This is true even in Corinth itself, even in the highest families. Everyone may try the experiment within his own gates. But there is also such a thing as vulgar opposition to vulgarity, which is worse. This special kind shares all the qualities of the common kind, just as bits of broken glass, but this kind is still more pernicious; it speaks folly, blames impertinently, is a disciple of ignorance, a patron of folly, a past master of scandal. You need not notice what it says, still less what it thinks. It is important to know vulgarity in order to avoid it, whether it is subjective or objective. For all folly is vulgarity, and the vulgar consist of fools.

153. 要知道粗俗之人无处不在

即使是在科林斯[①]，即使是名门望族，也莫不如此。人人都可以在家门之内做个试验。但也有这样的事情：粗俗地反对粗俗，这更糟。这种特殊的粗俗，一样具有普通粗俗的所有特性，就像一片碎玻璃一样有玻璃的特性一样，但这种粗俗更加有害；他们说傻话，责备粗鲁者，他们是无知者的弟子，是笨蛋的保护人，是流言蜚语的行家里手。你不必留意他们说什么，更不要在乎他们想什么。重要的是要认识粗俗，为的是避开它，无论它是主观的还是可观的。所有愚蠢都是粗俗，粗俗之辈就是由蠢人所组成的。

154. Be moderate.

One has to consider the chance of a mischance. The impulses of the passions cause prudence to slip, and there is risk of ruin. A moment of wrath or of pleasure carries you on farther than many hours of calm, and often a short diversion may put a whole life to shame. The cunning of others uses such moments of temptation to search the recesses of the mind. They use such thumbscrews to test your best sense of caution. Moderation serves as a counterplot, especially

① 科林斯，一个以知识和文化而著称于世的古希腊城邦。

in sudden emergencies. Much thought is needed to prevent a passion taking the bit in the teeth, and he is doubly wise who is wise on horseback. He who knows the danger may with care pursue his journey. As light as a word may appear to him who throws it out, it may import much to him that hears it and ponders on it.

154. 要有节制

一个人不得不考虑到灾难的可能性。激情的刺激让审慎在不知不觉间消失于无形，这就存在崩溃的危险。怒发冲冠或喜上心头的一瞬间，比起许许多多平静的时刻，能够把你带到更远，片刻的排遣可以让你终生蒙羞。他人的狡诈总是利用这样一些充满诱惑的瞬间，以探索你心灵的深处。他们用这样的刑具来检验你最好的警觉感。节制充当了一种对抗策略，尤其是在突如其来的紧急事件当中。要想像驾驭烈马那样驾驭激情，就需要深思熟虑，能在马背上审慎明智的人，是双倍的明智。认识到危险的人，就会小心翼翼地赶路。一言既出，在说者看来似乎微不足道，而对听到并仔细思量的人来说，却意义重大。

155. Do not die of the fools' disease.

The wise generally die after they have lost their reason, fools before they have found it. To die of the fool's disease is to die of too much thought. Some die because they think and feel too much, others live because they do not think or feel at all. The first are fools because they die of sorrow, the others because they do not. A fool is he that dies of too much knowledge. Thus some die because they are too knowing, others because they are not knowing enough. Yet though many die like fools, few die fools.

155. 不要死于蠢病

智者通常死于丧失理智之后，蠢人总是死在找到理智之前。死于蠢病，就是死于太多的想法。有些人死去，是因为他们思考太多、感受太多；而有些人活着，则是因为他们压根就既不思考也不感受。前者是傻瓜，因为他们死于悲痛，后者则否。傻瓜就是死于知识太多的人。因此，有些人死是因为他们知道太多，而另一些人则是因为他们知道得不够。然而，尽管许多人像傻瓜一样死去，但死掉的傻瓜并不多。

156. Keep yourself free from common follies.

This is a special stroke of policy. They are of special power because they are common, so that many who would not be led away by an individual folly cannot escape the universal failing. Among these are to be counted the common prejudice of anyone who is satisfied with his fortune, however great, or unsatisfied with his intellect, however poor it is. Or again, that each, being discontented with his own lot, envies that of others. Or further, that persons of today praise the things of yesterday, and those here the things there. Everything past seems best and everything distant is more valued. He is a great fool that laughs at everything as is he that weeps at everything.

156. 摆脱普遍的愚蠢

这是特殊的策略之举。普遍的愚蠢有着特殊的力量，因为它们是人所共有的，所以，许多不会被个人的愚蠢牵着鼻子走的人，却难逃人所共有的缺点。在这些普遍的愚蠢当中，应该算上对任何一个满足于自己的财富（无论多大）、不满于自己的智力（无论多弱）的人的普遍偏见。再或者，每个不满足自己的运气、嫉妒别人的运气的人。又或者，那些今日赞颂昨日之事、此处赞颂彼处之事的人。过去的每件事情似乎都是最好的，远方的每件事情都更加宝贵。嘲笑一切的人，跟哀哭一切的人一样蠢。

157. Know how to play the card of truth.

It is dangerous, yet a good person cannot avoid speaking it. But great skill is needed here. The most expert doctors of the soul pay great attention to the means of sweetening the pills of truth. For when it deals with the destroying of illusion it is the quintessence of bitterness. A pleasant manner has here an opportunity for a display of skill—with the same truth it can flatter one and fell another to the ground. Matters of today should be treated as if they were long past. For those who can understand, a word is sufficient, and if it does not suffice, it is a case for silence. Princes must not be cured with bitter draughts, so it is desirable in their case to gild the pill of disillusion.

157. 懂得如何打真相这张牌

真相很危险，然而好人就难免要说出真相。但这需要大技巧。最高明的心灵医生非常重视如何让真相的药丸变得更甜。因为当真相涉及到毁灭幻想的时候，它也就成了苦涩的精华。令人愉悦的方式，在这里就有了展示妙手的机会——同样的真相，既能让一个人高兴，也能让另一个人倒地。应该把今天的事情当做很久以前的事情来处理。对于那些能够理解的人来说，一句话就足够了，如果不够的话，就该保持沉默了。千万别用苦药来治疗君王，所以，在他们的病例中，最好是给幻灭的药丸裹上糖衣。

158. Keep to yourself the final touches of your art.

This is a maxim of the great masters who pride themselves on this subtlety in teaching their pupils: one must always remain superior, remain master. One must teach an art artfully. The source of knowledge need not be pointed out no more than that of giving. By this means a person preserves the respect and the dependence of others. In amusing and teaching, you must observe the rule: keep up expectation and advance in perfection. To keep a reserve is a great rule for life and for success, especially for those in high places.

158. 把最后几招留给自己

这是大师的座右铭，他们在教弟子时就是采用这种精明的策略，并引以为傲。你必须始终保持技高一筹，始终是师傅。你必须巧妙地传授技艺。知识的源头大可不必指出，就像礼物的来源一样。借助这种手段，你就可以维持他人对你的尊敬和依赖。在博人一笑和授人以技的时候，你必须遵循这样的准则：要维持他人对你的期待以及留待完美的余地。凡事留一手，是生活和成功的伟大准则，身处高位者，尤应如此。

159. Know how to contradict.

A chief means of finding thing out—to embarrass others without being embarrassed. The true thumbscrew, it brings the passions into play. A little disbelief makes people spit up secrets. It is the key to a locked up heart, and with great subtlety makes a double trial of both mind and will. A sly depreciation of another's mysterious word scents out the profoundest secrets; some sweet bait brings them into the mouth till they fall from the tongue and are caught in the net of astute deceit. By reserving your attention the other becomes less attentive, and lets his thoughts appear while otherwise his heart were inscrutable. An affected doubt is the subtlest picklock that curiosity can use to find out what it wants to know. Also in learning it is a subtle plan of the pupil to contradict the master, who thereupon takes pains to explain the truth more thoroughly and with more force, so that a moderate contradiction produces complete instruction.

159. 懂得如何驳难

这是揭示事物真相的主要手段——置他人于窘境而自己不为所窘。这是真正的夹指刑具，它让激情得以展现。稍加质疑，就让人吐露秘密。它是打开上锁心灵的钥匙，大智大巧给头脑和意志制造了双重的考验。机智巧妙的贬损，能从他人故弄玄虚的言辞中嗅出最深邃的奥秘；少许香甜的诱饵，能把这些秘密从心底带至口端，直至从舌尖滑落，被精明的谎言所编织的网所捕获。保留你的注意，别人就变得不大注意，在他的心莫测高深的时候，就让他的想法浮现出来。假装的怀疑，是最巧妙的撬锁工具，好奇心可以用它来找出自己想知道的东西。在学问上也是如此，驳难老师是弟子的妙计，这样一来，老师就会费尽心机地花更大的力气把真理解释得更透彻。因此，适度的反驳，总是带来更完善的教导。

160. Do not turn one blunder into two.

It is quite usual to commit four blunders in order to remedy one, or to excuse one piece of impertinence by still another. Folly is either related to or identical with the family of lies, for in both cases it needs many to support one. The worst of a bad case is having to fight it, and worse than the ill itself is not being able to conceal it. The annuity of one failing serves to support many others. A wise person may make one slip but never two, and that only in running not while standing still.

160. 不要一错再错

为纠正一件错事而再犯四次错，或者用一次

更大的失当去开脱另一次失当，这实在太稀松平常了。蠢行与谎言，要么是亲戚，要么是一家子。一件蠢行需要更多的蠢行去支撑，谎言也是如此。一件坏事的最坏之处，是你不得不与它战斗；比坏本身更坏的，是你没法掩盖它。一次失败带来的年金，可以供养多次失败。智者也难免摔一次跟斗，但决不会摔第二次，而且，他只会在奔跑中跌翻，而不是在站着的时候滑倒。

161. Watch out for those who act on second thoughts.

It is a device of business people to put the opponent off his guard before attacking him, and thus to conquer by being defeated. They dissemble their desire so as to attain it. They put themselves second so as to come out first. This method rarely fails if it is not noticed. Let therefore the attention never sleep when the intention is so wide awake. And if the other puts himself second so to hide his plan, put yourself first to discover it. Prudence can discern the artifices that such a man uses, and notices the pretexts he puts forward to gain his ends. He aims at one thing to get another, then he turns round smartly and fires straight at his target. It is good to know what you grant him, and at times it is desirable to let him understand that you understand.

161. 提防那些三思而行的人

商人的谋略是：在攻击对手之前先卸掉他的防备，这样就可以挫败他，从而征服他。他们总是掩饰自己的愿望，以便能得到它。他们甘居其次，为的是独占鳌头。这种伎俩，倘若不加留意，常常屡试不爽。因此，当意图睁大眼睛的时候，就千万别让注意力酣睡。如果别人甘居其次以便隐藏他的计划，那么你就当仁不让，为的是发现他的图谋。遇事谨慎，便能洞悉这种人所使用的花招，注意到他为达到目的而提出的借口。他为了得到彼物而瞄准此物，然后，他潇洒地转身，直接向他的靶子射击。最好是知道你能给予他的是什么，有时候，让他了解你所了解的也是值得的。

162. Be expressive.

This depends not only on the clearness but also on the vivacity of your thoughts. Some have an easy conception but a hard labor, for without clarity the children of the mind—thoughts and judgements—cannot be brought into the world. Many have a capacity like that of vessels with a large mouth and a small vent. Others say more than they think. Resolution for the will, expression for the thought —both are gifts. Plausible minds are applauded, yet confused ones are often venerated just because they are not understood—at times obscurity is convenient if you wish to avoid vulgarity. How will the audience understand someone who does not connect and definite idea with what he is talking about?

162. 要善于表达

这不仅仅取决于表达的清晰，也取决于思考的活跃性。有些人怀孕很轻松，分娩却很难，因为，如果没有清晰的表达，头脑的产儿——思考和判断——就不可能生下来。许多人颇有容量，就像肚大口小的容器。而有的人却说的比想的多。决心为意志而生，表达为思考所用——二者都是天赋。似是而非的想法受到人们的喝彩，混乱不堪的思路常常受到尊崇，这恰恰是因为人们没有搞懂——有时候，如果你希望避免粗言俚语的话，含糊其辞倒是个省力的法子。一个人的明确想法要是跟他所说的话毫无关系，听众又如何能懂呢？

163. Never act from obstinacy but from knowledge.

All obstinacy is an evil tumor on the mind, a grandchild of passion that never did anything right. There are people who make a war out of everything, real bandits of social intercourse. All that they undertake must end in victory. They do not know how to get on in peace. Such people are fatal when they rule and govern, for they make government a rebellion and enemies out of those they should regard as children. They try to effect everything with strategy and treat it as the fruit of their skill. But when others have recognized their perverse humor, they revolt against them and learn to overturn their chimerical plans. They succeed in nothing but only heap up a mass of troubles, since everything serves to increase their disappointment. They have a head turned and a heart spoilt. Nothing can be done with such monsters except to flee from them—even the savagery of barbarians is easier to bear than their loathsome nature.

163. 行事不要出于固执，而要出于知识

一切固执都是头脑中的毒瘤，是激情的子孙后代，而激情，从不做什么正确的事。有的人事事大动干戈，是社会交往中真正的强盗。他们所着手的一切，都必须以胜利告终。他们不懂得如何和平共处。这样的人要是统治国家的话，那将是毁灭性的，因为他们会把政府搞成一场造反，而把那些本该被他们视为子女的人视为仇敌。对每件事情，他们都试图用兵法去实现，并视之为自己的技巧所带来的成果。但是，当其他人认识到了他们刚愎自用的脾性的时候，就会反抗他们，学着颠覆他们异想天开的计划。除了积聚起一大堆的麻烦之外，他们什么事也干不成，因为每件

事情都有助于增加他们的失望。他们有一颗被扭曲的脑袋和一颗被宠坏的心。跟这样的怪物在一起，你所能做的只有逃得远远的——哪怕是野蛮人的野性也比他们令人厌恶的本性更容易忍受些。

164. Do not pass for a hypocrite.

Though nowadays, such people are indispensable. Be considered prudent rather than astute. Sincerity should not degenerate into simplicity nor sagacity into cunning. Be respected as wise rather than feared as sly. The openhearted are loved but often deceived. The great art consists in disclosing what is thought to be deceit. Simplicity flourished in the golden age, cunning in these days of iron. The reputation of someone who knows what he has to do is honorable and inspires confidence, but to be considered a hypocrite is deceptive and arouses mistrust.

164. 不要被人看作是伪君子

尽管现如今这样的人不可或缺。与其被人视为精明，不如被人视为审慎。诚实不该退化为简单，而睿智也不该堕落为狡诈。因为聪明而受人尊敬，总比由于狡猾而被人害怕要好。胸无城府者被人喜爱，但也常常被人欺骗。大智大巧就在于揭示什么东西会被认为是欺骗。简单流行于黄金时代，狡诈兴盛于冷铁岁月。知道自己该做什么的人，他的声誉值得尊敬，而且激发人们对他的信任；但如果被认为是个伪君子的话，那他的名望就是欺骗性的，并且引起人们对他的猜疑。

165. Do not seize occasions to embarrass yourself or others.

There are some people who are stumbling blocks of good manners either for themselves or for others. They are always on the verge of some stupidity. You meet with them easily and part from them uneasily. A hundred annoyance a day is nothing to them. Their humor always strokes the wrong way since they contradict all and everything. They put on the judgement cap backwards and thus condemn all. Yet the greatest test of others' patience and prudence are just those who do no good and speak ill of all. There are many monsters in the wide realm of indecorum.

165. 别抓住机会让自己或他人难堪

有些人总是摔倒在言行举止的绊脚石上，要么是因为他们自己，要么是因为别人。他们总是处于愚蠢的边缘。遇上他们很容易，摆脱他们却很难。一天惹上一百桩麻烦对他们来说根本不算一回事。他们的心境总是以错误的方式表现出来，因为他们跟所有人作对，跟所有事情作对。他们把判断的帽子反着戴，因此跟所有人对着干。然而，对他人的耐心和审慎来说，最大的考验恰恰是那些什么事情都做不好却对所有事情吹毛求疵的人。在粗俗无礼的广阔领域里，总是有许多这样的怪物。

166. Reserve is proof of prudence.

The tongue is a wild beast—once let loose it is difficult to chain. It is the pulse of the soul by which wise men judge its health. By this pulse a careful observer feels every movement of the heart. The worst is that he who should be most reserved is the least. The sage saves himself from worries and embarrassments, and shows his mastery over himself. He goes his way carefully, a Janus of impartiality, an Argus of watchfulness. Certainly Momus would have better placed the eyes in the hand than the windows in the breast.

166. 矜持是审慎的明证

舌头就是一头野兽——一旦放了出去，就很难再把它关进牢笼。它是灵魂的脉搏，智者可以根据它来判断一个人是否健康。通过这种脉搏，一个细心的观察者能感觉到心灵的每一次跳动。最糟糕的是，那些本该最缄默的人话却最多。圣贤总是避免陷入烦恼和困窘，显得能够控制自己。他小心翼翼地走自己的路，他是不偏不倚的罗马门神杰纳斯，是时刻警觉的百眼巨人阿耳弋斯。

吹毛求疵的嘲弄之神莫摩斯，肯定更愿意把眼睛放在手上，而不是把窗户开在胸膛[1]。

167. Never take things against the grain, no matter how they come.

Everything has a smooth and a seamy side. The best of weapons wounds it taken the blade, while the enemy's spear may be our best protection if taken by the staff. Many things cause pain that would cause pleasure if you regarded their advantages. There is a favorable and an unfavorable side to everything—cleverness consists in finding out the favorable. The same thing looks quite different in another light; look at it therefore on its best side and do not exchange good for evil. Thus it happens that many find joy, many grief, in everything. This remark is a great protection against the frowns of fortune, and a weighty rule of life for all times and all conditions.

167. 不要盯住事物粗糙的一面，无论它们出现的时候是怎样

任何事物都有它光鲜的一面，也有粗糙的一面。最好的武器，如果抓住刃口也会伤着你；而即便是敌人的长矛，如果抓住矛杆，也是自己最

① 在古希腊作家卢西恩所写的一篇故事中，莫摩斯嘲笑赫斐斯托斯在造人的时候没有在他的胸膛上开一扇窗户。

好的保护。任何事情，都有有利的一面，也有不利的一面——聪明的做法，就在于找出有利的。同样的事情，如果站在不同的角度，看上去完全不同；因此要从最好的一面去看待事物，而不要善恶颠倒。这就是为什么许多人能从每件事情中发现快乐，而另一些人总是发现悲伤。对于时运不济，这种论点是一个很好的保护，无论任何时期，不管什么境遇，它都是生活的重要法则。

168. Do not be a scandalmonger.

Still less pass for one, for that means to be considered a slanderer. Do not be witty at the cost of others; it is easy but hateful. Everyone will have their revenge on such a person by speaking ill of him and, as they are so many and he but one, he is more likely to be overcome than they convinced. Evil should never be our pleasure and therefore never our theme. The backbiter is always hated, and if now and then one of the great consorts with him it is less from pleasure in his sneers than from esteem for his insight. He that speaks ill will always hear worse.

168. 不要做传播流言蜚语的人

更不要被人误认为是这样的人，因为那意味着你将被视为一个造谣中伤者。不要以损害别人为代价来表现自己的诙谐机智，这样做并不难，但却招人憎恨。对这样一个人，每个人都会报复，说他的坏话，他们人多势众，而你只有独自一人，你更大的可能是被人击败，而不是令人信服。邪恶绝不是我们的乐趣所在，因此也决不能作为我们的话题。背后说人坏话的人总是被人憎恨，即使偶尔跻身伟大人物的行列，人们从他的冷嘲热讽中所得到的乐趣，也比从对其洞察力的尊敬中所得到的乐趣要少。说人坏话的人总是听到更坏的话。

169. Plan out your life wisely.

Not as chance would have it, but with prudence and foresight. Without amusements it is wearisome, like a long journey where there are no inns—manifold knowledge gives manifold pleasure. The first day's journey of a noble life should be passed in conversing with the dead: we live to know and to know ourselves, hence true books make us truly human. The second day should be spent with the living, seeing and noticing all the good in the world. Everything is not to be found in a single country. The Universal Father has divided his gifts and at times has given the richest dowry to the ugliest. The third day is entirely for oneself. The greatest happiness is to be a philosopher.

169. 明智地规划你的一生

不要听天由命，而是要审慎而富有远见地规划你的一生。没有娱乐，生活就很乏味，就像是经过漫长的跋涉，来到一个没有旅馆的地方一样——多方面的知识会带来多方面的乐趣。高贵的一生，第一天的旅行应该在与死者的交谈中度过：我们活着就是要去认识外部世界，认识自己，因此，真正的书籍会让我们真正地长大成人。第二天应该跟生者一起度过：留心观察世间一切美好的事物。在一个孤家寡人的国度里，任何事情也发现不了。宇宙这位父亲总是把他的礼物分成很多份，有时候把最值钱的嫁妆给他最难看的女儿。第三天应该完全独自一人。最大的幸福莫过于成为一位哲人。

170. Open your eyes early.

Not all who see have their eyes open, nor do all those see who look. To come up on things too late is more worry than help. Some just begin to see when there is nothing more to see: they pull their houses down about their heads before they come to themselves. It is difficult to give understanding to those who have no power of will, still more difficult to give power of will to those who have no understanding. Those who surround them play a game of blindman's buff with them, making them the butts of jokes. Because they are hard of hearing, they do not open their eyes to see. There are often those who encourage such insensibility because their very existence depends on it. It is an unhappy steed whose rider is blind: it will never grow sleek.

170. 及早睁开你的眼睛

并非所有能看的人都睁开了眼，能看的人也并非人人都有所见。认识事物太迟，更多的是烦恼，而非助益。有些人只有到了没什么东西可看的时候才开始去看：没等他们醒悟过来，他们就把自己的房子从头推倒。要把理解力赋予那些没有意志力的人固然很难，而要把意志力赋予那些没有理解力的人则难上加难。周围的人跟他们玩捉迷藏的游戏，让他们成为笑柄。因为他们耳朵不好使，又不睁开眼睛看。常常有人怂恿这样的无知无识，因为他们的生存就靠这个。遇上盲骑手的战马是不幸的，它绝不会长得膘肥体壮。

171. Have a touch of business sense.

Life should not be all thought, there should be action as well. Very wise folk are generally easily deceived, for while they know out-of-the-way things they do not know the ordinary things of life, which are of real necessity. The observation of higher things leaves them no time for things close at hand. Since they do not know the very first thing they should know—and what everybody knows so well—they are either esteemed or thought ignorant by the superficial multitude. Let therefore the prudent take care to have something to the businessman about him—enough to prevent him being deceived and so laughed at. Be a person adapted to the daily round, which if not the highest is the most necessary thing in life. Of what use is knowledge if it is not practical, and to know how to live is nowadays the true knowledge.

171. 干点实事

生活不应该全都是思考，还应该有行动。非常聪明的人通常容易上当受骗，因为他们虽说熟知那些非同寻常的事物，却对生活中稀松平常的事物一无所知，这些才是真正必不可少的。观察更高级的事物，使得他们没有时间来思考近在眼前的事物。既然他们对自己本该知道、而且人人都知道的首要事物一无所知，那么，他们要么被见识肤浅的大众所敬重，要么被视为无知。因此，审慎之人应该操心一点实干家的事——这足以防止他上当受骗，被人嘲弄。做一个适应日常事务的人吧，这在生活中即使不是最高级的，但肯定是最必不可少的。知识如果不能实践，那要它何用？现如今，懂得如何生活就是真知识。

172. Do not let the morsels you offer be distasteful.

Otherwise they give more discomfort than pleasure. Some annoy when attempting to please, because they take no account of varieties of taste. What is flattery to one is offense to another, and in attempting to be useful you may become insulting. It often costs more to displease someone than it would have cost to please him—you thereby lose both gift and thanks because you have lost the compass that steers for pleasure. If you do not know another's taste, you do not know how to please him. Thus it happens that many insult where they mean to praise, and get soundly punished, and rightly so. Others desire to charm by their conversation, and only succeed in boring by their babble.

172. 别让你奉献的佳肴不合别人的口味

否则的话，他们给你的更多的是难堪，而不是愉快。有些人在努力取悦别人的时候总是让别人生气，因为他们没有考虑品味的不同。有的事，对某个人是奉承，而对另一个人却是冒犯，你好心帮忙，到头来却成了侮辱。冒犯某个人，其代价常常比取悦他的代价更高——你将因此既丢掉礼物又丢掉感谢，因为你已经丢掉了驾驭愉悦的罗盘。因此，许多人总是在他们本想大唱赞歌的时候给人带来侮辱，结果受到严厉的惩罚，这是罪有应得。另一些人则希望通过他们的谈话来吸引别人，结果只成功地用他们的喋喋不休让别人不胜其烦。

173. Make an obligation beforehand of what would have to be a reward afterward.

This is a stroke of subtle policy. To grant favors before they are deserved is a proof of being obliging. Favors thus granted beforehand have two great advantages: the promptness of the gift obliges the recipient more strongly. And the same gift that would afterward be merely a reward is beforehand an obligation. This is a subtle means of transforming obligations, since that which would force you to reward someone is changed into one that obliges them to satisfy their obligation. But this is only suitable for people who feel obligation, since with people of lower stamp the honorarium paid beforehand acts rather as a bit than as a spur.

173. 把后来应该成为报酬的东西预先作为恩惠施与出去

这是一招精明的策略。在恩惠成为理所当受之前把它们施与出去，这是乐于助人的明证。这样预先施与的恩惠，有两大好处：礼物的提前出手，会让接受者更加感激；而且，同样的礼物，后出手只是报酬，先出手则是恩惠。这是把报酬转变为恩惠的一种微妙手段，因为，迫使你不得不酬赏某个人的东西，被改变成了迫使他们不得不偿还的人情债。但这只适用于那些知道感恩的人，因为对更卑劣的人来说，预先支付的报酬是一种控制，而非鞭策。

174. Know what is lacking in yourself.

Many would have been great people if they had not had something wanting, without which they could not rise to the height of perfection. It is remarkable that some people could be much better if they could be just a little better in something. They do not perhaps take themselves seriously enough to do justice to their great abilities. Some are lacking geniality of disposition, a quality which their entourage soon finds want of, especially if they are in high office. Some are without organizing ability, others lack moderation. In all such cases a careful person may make of habit a second nature.

174. 知道自己缺少什么

许多人如果不是缺少点什么的话，应该会成为了不起的人物，有了这些他们才会达到完美的高度。值得注意的是，有些人只要在某些方面稍微好一点点，他们就会好很多。他们多半没有足够认真地对待自己，以至于对自己的能力不能做出公正的判断。有些人缺乏温和的脾气，这正是身边的人希望从他们身上找到的一种品质，位高权重者尤其如此。有的人没有组织能力，有的人则缺乏克制力。在所有这样的情况下，谨慎细心的人就会让习惯成为自己的第二天性。

175. Do not be overly critical.

It is much more important to be sensible. To know more than is necessary blunts your weapons, for fine points generally bend or break. Commonsense truth is the surest. It is well to know but not to niggle. Lengthy comment leads to disputes. It is much better to have sound sense, which does not wander from the matter in hand.

175. 不要过于挑剔

更重要的是要通情达理。知道的太多会让你的武器变钝，因为锐利的尖端通常容易弯曲，或者断裂。常识的真理是最可靠的。最好是去了解，而不是去挑剔。冗长的评论总是导致争辩。要是有健全的判断力则要好得多，它不会离手边的事情太远。

176. Push advantages.

Some put all their strength in the commencement and never carry a thing to conclusion. They invent but never execute. These be ambiguous spirits—they obtain no fame for they sustain no game to the end. Everything ends at the first stop. In some that arises from impatience, which is the failing of the Spaniards, as patience is the virtue of the Belgians. The latter bring things to an end, the former come to an end with things. They sweat away until the obstacle is overcome, but then they are content—they do not know how to push the victory home. They prove that they can but will not. This shows that they are either incapable or unreliable. If the undertaking is good, why not finish it? It is bad, why undertake it? Strike down your quarry, if you are wise—do not be content merely to flush it out.

176. 善始善终

有些人做事总是虎头蛇尾。他们总在设计，却从不实施。有一些模棱两可的人——他们不可能因为他们的有始无终而赢得美名。对他们来说，每件事情在第一步就结束了。在有些人的身上，这种毛病起因于急躁，这正是西班牙人的缺点，正如耐性是比利时人的美德一样。后者善始善终，而前者则总是草草收场。他们挥汗如雨，直到障碍被克服，但他们只满足于此。他们不懂得如何一鼓作气，赢得最后的胜利。他们证明了自己能做，只是不愿意做。这表明，他们要么是没能力，要么是不可靠。如果你着手去做的是桩好事，为什么不做完呢？如果是桩坏事，那为什么又要着手呢？如果你明智的话，那么就打死你的猎物吧——而不要仅仅满足于把它从隐藏的地方赶出来。

177. Create a feeling of obligation.

Some transform favors received into favors bestowed, and seem—or let it be thought—that they are doing a favor when receiving one. There are some so astute that they get honor by asking, and buy their own advantage with applause from others. They manage matters so cleverly that they seem to be doing others a service when receiving one from them. They transpose the order of obligation with extraordinary skill, or at least render it doubtful who has obliged whom. They buy the best by praising it, and make a flattering honor out of the pleasure they express. They oblige by their courtesy, and thus make people beholden for what they themselves should be indebted. In this way the conjugate 'to oblige' in the active instead of in passive voice, thereby proving themselves better politicians than grammarians. This is a subtle piece of finesse, but even greater is to perceive it, and to retaliate on such fools' bargains by paying in their own coin, and so come into your own again.

177. 制造一种负债感

有些人善于把受惠转变成施惠，当他们接受恩惠的时候，看上去似乎是在施与恩惠——或者让人们认为是这样。有些人精明得很，能通过求人而得到尊敬，用别人的嘉许来换取自己的好处。他们处理事情的手法很巧妙，以至于当他们接受别人效劳的时候看上去似乎是在为别人效劳。他们以非凡的技巧把债务关系颠倒了过来，或者至少是让谁是债主变得很可疑。他们通过赞美来换取最好的东西，把他们所表达愉悦变成一种讨人喜欢的荣耀。他们通过自己的谦恭让人受宠若惊，使得人们为了他们自己本应该感激的事情而对他们感恩戴德。就这样，主动语态的“感激”变成了被动语态，由此证明，他们更多的是政治家，而不是语法家。这是一招巧妙的手腕，但更高的手段是：识破它，用他们自己口袋里的钱来偿还这笔人情债，并让这笔钱重新落到你自己的手里。

178. Have original and out-of-the-way views.

These are signs of superior ability. We do not think much of someone who never contradicts us; that is not a sign he loves us but rather that he loves himself. Do not be deceived by flattery and thereby have to pay for it, rather condemn it. Besides, you may be given credit for being criticized by some, especially if they are those of whom the good speak ill. On the contrary, it should disturb us if our affairs please everyone, for that is a sign that they are of little worth. Perfection is for the few.

178. 要有独创而别具一格的观点

这是才能出众的标志。我们总是很少想起某个从不反驳我们的人；这并不表明他爱我们，而是表明他爱自己。不要被阿谀奉承所欺骗，并为此付出代价，而是要谴责它。此外，你可能因为被某些人批评而受人信任，尤其是那些好人说他们很坏的人。相反，如果我们所做的事情能取悦每个人的话，那倒是要感到不安，因为这是一个信号，表明这些事情毫无价值。完美总是为少数人而存在的。

179. Know a little more, live a little less.

Some say the opposite. To be at ease is better than to be at business. Nothing really belongs to us but time, which you have even if you have nothing else. It is equally unfortunate to waste your precious life in mechanical tasks or in a profusion of too important work. Do not heap up occupation and thereby envy, otherwise you complicate life and exhaust your mind. Some wish to apply the same principle to knowledge, but unless one knows one does not truly live.

179. 懂得多一点，活得少一点

有些人说的则相反。安逸悠闲好于事务缠身。除了时间，没有什么东西真正属于我们，就算你一无所有，时间总还是有的。把宝贵的生命浪费在机械刻板的工作上，或者浪费在大量太重要的工作上，同样都是不幸。不要让事情堆积如山，并因此而羡慕别人的悠闲，否则你会让生活变得复杂，并让自己筋疲力尽。有些人希望把同样的原则应用在知识上，但一个人如果没有知识的话，他就没有真正的生活。

180. Do not go with the late speaker.

There are people who go by the latest thing they have heard and thereby go to irrational extremes. Their feelings and desires are made of wax; the last comer stamps them with his seal and obliterates all previous impressions. These people never gain anything, for they lose everything so soon. Everyone dyes them with his own color. They are of no use as confidants; they remain children their whole life. Owing to this instability of feeling and volition, they stumble along, crippled in will and thought, tottering from one side of the road to the other.

180. 不要附和最后说话的人

有的人遵从他们最后听到的话，并因此而走向失去理性的极端。他们的感情与愿望都是蜡做的，最后来的人会在上面留下自己的封印，并擦除先前的所有印痕。这些人决不会得到任何东西，因为每样东西他们都很快就失去了。每个人都会给他们染上自己的色彩。不能把他们视为心腹知己，他们整个一生都是长不大的孩子。由于感情和意志的这种变化无常，他们总是踉踉跄跄，是意志和思想上的跛子，从路的一侧蹒跚着走向另一侧。

181. Never begin life with what should end it.

Many take amusement at the beginning, putting off anxiety to the end; but the essential should come first and accessories afterwards if there is room. Others wish to triumph before they have fought. Others again begin with learning things of little consequence and leave studies that would bring them fame and gain to the end of life. Another is just about to make his fortune when he disappears from the scene. Method is essential for knowledge and for life.

181. 不要从本该在生命结束的时候干的事情上开始生活

很多人一开始就追求享乐，而把忧虑推到最后；但本质的东西应该首先出现，然后才是附属的东西，如果还有余地的话。有些人希望在战斗之前就取得胜利。还有人从学习无足轻重的事情开始，而丢下那些能给他们带来名声、让他们实现生活目标的学问。另一些人则在他们正要获得财富的时候突然从现场消失了。无论对于知识还是对于生活，方法才是本质的东西。

182. When to turn conversation around.

When they talk malice. With some everything goes in reverse: their no is yes and their yes is no. If they speak ill of something it is the highest praise. For what they want for themselves they depreciate to others. To praise a thing is not always to speak well of it. For some avoid praising what's good by praising what's bad. Nothing is good for him for whom nothing is bad.

182. 何时该反着听话

当他们语带恶意的时候，就该反着听话。对某些事情他们总是反着说：他们说的“不”其实就是“是”，他们说的“是”其实是“不”。如果他们说某个东西很坏，那其实是最高的赞美。正因为他们想得到这个东西，所以他们才对别人贬低它。要赞美一件东西，并不总是说它好。因为有些人通过说某个东西坏，从而避免说它好。对那些认为任何东西都不坏的人来说，其实就是任何东西都不好。

183. Use human means as if there were no divine ones, and divine means as if there were no human ones.

A masterful rule, which needs no comment.

183. 使用人力仿佛神力不在，利用神力宛如人力乌有

这是一条铁律，无须置评。

184. Do not explain too much.

Most people do not esteem what they understand and venerate what they do not see. To be valued things should cost dear; what is not understood becomes overrated. You have to appear wiser and more prudent than is required by the people you are dealing with if you want to give a high opinion of yourself. Yet in this there should be moderation and no excess. And though with sensible people common sense holds its own, with most people a little elaboration is necessary. Give them no time for criticizing—occupy them with discerning your meaning. Many praise a thing without being able to tell why, if asked. The reason is that they venerate the unknown as a mystery, and praise it because they hear it praised.

184. 别解释得太清楚

大多数人并不尊重他们已经懂得的东西，而对自己不甚了然的东西敬佩有加。要让某种东西被人珍视，就要让它代价昂贵；不被人理解的东西，人们对它的估价更高。要想让自己得到很高的评价，你就要表现得比与你打交道的人所期望的更明智、更审慎。然而在这方面也要适可而止，毋过犹不及。虽说跟明智之士打交道只需坚守常识就行，但对大多数人来说，略费苦心也是必要的。别给他们批评的机会——让他们忙于揣摩你的意思而无暇他顾。许多人赞美一件东西，却说不出为何赞美——如果有人问及的话。原因就在于，他们把未知的东西奉若神明，之所以赞美它是因为听到它受到别人的赞美。

185. Go prepared.

Go armed against discourtesy, faithlessness, presumption, and all other kinds of folly. There is much of it in the world, and prudence lies in avoiding meeting with it. Arm yourself each day before the mirror of attention with the weapons of defense. Thus you will beat down the attacks of folly. Be prepared for the occasion, and do not expose your reputation to vulgar contingencies. Armed with prudence, a person cannot be disarmed by impertinence. The road of human intercourse is difficult, for it is full of ruts that may jolt our reputation. Best to take the byway, taking Ulysses as a model of shrewdness. Feigned misunderstanding is of great value in such matters. Aided by politeness it helps us over all, and is often the only way out of difficulties.

185. 有备而往

有备而往可以战胜粗鲁无礼、背信弃义、专横独断，以及其他种种蠢行。世界上这样的蠢行很多，审慎就在于避免与之不期而遇。每天要在注意之镜的前面用防卫的武器装备自己。这样你就可以打垮蠢行的进攻。要时刻做好准备，不要让你的名誉暴露在粗俗的意外事件的攻击之下。用审慎武装自己，你就不可能被鲁莽缴械。人类交往的大道举步维艰，因为那里充满了让我们的名誉颠簸摇晃的沟沟坎坎。最好是抄小路，把尤利西斯作为精明机智的楷模。在此类事情上，假装误会是极有价值的做法。辅之以文雅有礼，它对我们的帮助就无处不在，而且常常是摆脱困境不二法门。

186. Never let matters come to a breaking point.

For our reputation always comes out injured. Everyone may be of importance as an enemy if not as a friend. Few can do us good, almost any can do us harm. In Jove's bosom itself even his eagle never nestles securely from the day he has quarreled with a beetle. Hidden foes use the paw of the declared enemy to stir up the fire, and meanwhile they lie in ambush for such an occasion. Friends provoked become the bitterest of enemies. They cover their own failings with the faults of others. Everyone speaks as things seem to him, and things seem as he wishes them to appear. Everyone will blame us at the beginning for want of foresight, at the end for lack of patience, at all times for imprudence. If, however, a breach is inevitable, let it be rather excused as a slackening of friendship than by an outburst or wrath. This is good application of the saying about a good retreat.

186. 不要让事情达到断裂点

因为结果总是给我们的名誉带来损害。每个人都有其价值，如果不是作为朋友，便是作为敌人。能对我们好的人并不多，而几乎任何人都能给我们带来伤害。从朱庇特跟甲虫反目的那天起，就连他的神鹰都再也没睡过一个安稳觉，哪怕是在朱庇特的怀里。隐藏的仇敌，利用公开敌人的手爪来煽风点火，而他们则埋下伏兵，伺机而动。被激怒的朋友，到头来成了最怀恨的敌人。他们用别人的过错来掩盖自己的弱点。每个人都按照在自己看来的样子去谈论事情，而事情似乎也像他们希望呈现出的样子。每个人都责备我们一开始就缺乏远见，到头来又缺乏审慎，自始至终都轻率鲁莽。然而，如果破裂确实不可避免的话，那么最好让人们把它当做一次对友谊的怠慢而予以原谅，而不要通过一次情绪爆发或怒火中烧来实现决裂。这正是对那条关于如何明智退出的格言（即第 38 条格言）的良好应用。

187. Do not follow up a folly.

Many make an obligation out of a blunder, and because they have entered the wrong path they think it proves their strength of character to go on in it. Within they regret their error, while outwardly they excuse it. At the beginning of their mistake they were regarded as inattentive, in the end as fools. Neither an unconsidered promise nor a mistaken resolution are really binding. Yet some continue in their folly and prefer to be constant fools.

187. 不要把蠢行进行到底

许多人从失误中创造出了义务，因为他们走上了错误的小路，于是认为继续走下去便是对品格力量的证明。在内心里，他们为自己的错误而扼腕叹憾，而在表面上，他们却为自己的错误开脱。一开始犯错的时候，人们认为他们是粗心大意，到最后，人们便认为他们愚不可及。不管是轻率的许诺，还是错误的决定，都没有真正的约束力。然而有些人总是继续他们的愚蠢，宁愿做一个坚定不移的傻瓜。

188. Be able to forget.

It is more a matter of luck than of skill. The things we remember best are those better forgotten. Memory is not only unruly, leaving us in the lurch when most needed, but stupid as well, putting its nose into places where it is not wanted. In painful things it is active, but neglectful in recalling the pleasurable. Very often the only remedy for the trouble is to forget it, and all we forget is the remedy. Nevertheless one should cultivate good habits of memory, for it is capable of making existence a paradise or an inferno. The happy are an exception who enjoy innocently their simple happiness.

188. 学会遗忘

遗忘，与其说是靠技巧，还不如说是凭运气。我们记得最牢的，总是那些最应该忘掉的事情。记忆，不仅难以驾驭，在我们最需要的时候把我们留在困境中，而且还很愚蠢，总是把它的鼻子伸进那些我们不希望被探测的地方嗅来嗅去。在痛苦的事情上它很积极，但在我们回忆赏心乐事的时候它总是漫不经心。对烦恼来说，唯一的治疗方法常常是忘掉它，而我们所忘掉的一切，恰恰是这剂良药。然而，一个人还应该培养良好的记忆习惯，因为它既能把生活变成天堂，也能使之成为地狱。幸福只是一个例外，只有那些天真无邪地享受他们的简单快乐的人才会得到。

189. Many things of taste one should not possess oneself.

One enjoys them better if they are another's rather than one's own. The owner has the good of them first day, for all the rest of the time they are for others. You take a double enjoyment in other men's property, being without fear of spoiling it and with the pleasure of novelty. Everything tastes better for having been without it—even water from another's well tastes like nectar. Possession hinders enjoyment and increases annoyance, whether you lend or keep. You gain nothing except keeping things for or from others, and by this means gain more enemies than friends.

189. 有滋有味的东西不必自己拥有

如果它们是别人的东西，你从中得到的享受胜过自己的。拥有者不过是第一天享受它们的好处，而在其余的所有时间里，它们都是为别人而准备的。从别人的财产中，你可以得到双倍的享受，既不用担心弄坏它，又能得到新奇的乐趣。每件有滋有味的东西，都因为不曾拥有而滋味更佳——即使是来自别人井里的水，味道也像甘露一样。占有，总是妨碍享受，徒增烦忧，无论你借出还是厮守。这些东西，你要么是为别人保管，要么是不让他人染指，除此之外，你什么也得不到，由此，你得到的更多的是敌人，而不是朋友。

190. Have no careless days.

Fate loves to play tricks, and will heap up chances to catch us unawares. Our intelligence, prudence, and courage, even our beauty, must always be ready for trial. For their day of careless trust will be that of their discredit. Care always fails just when it was most wanted. It is thoughtlessness that trips us up into destruction. Accordingly, it is a piece of military strategy to put perfections to their trial when unprepared. The days of parade are watched and are allowed to pass, but the day is chosen when least expected so as to put valor to the severest test.

190. 不要有粗心大意的时候

命运之神喜欢搞恶作剧，它总是把机会积累起来，出其不意地堆放在我们面前。我们的智慧、审慎、勇气，甚至还有我们的美貌，必须时刻准备接受这样的考验。因为对信任粗心大意的日子，也就是失去信任的日子。谨慎细心总是在你最需要它的时候不见踪影。正是粗心大意让我们跌倒在毁灭之中。因此，在毫无准备的时候把完美置于考验之下是一招军事策略。耀武扬威的日子被人注目，被允许通过，但这个日子要选在最意想不到的时候，这样就可以让勇气接受最严格的检验。

191. Set difficult tasks for those under you.

Many have proved themselves able at once when they had to deal with difficulty, just as fear of drowning makes a person into a swimmer. In this way, many have discovered their own courage, knowledge, or tact, which but for the opportunity would have been forever buried beneath their lack of initiative. Dangerous situations are the occasions to create a name for oneself, and if a noble mind sees honor at stake, he will do the work of thousands. Queen Isabella the Catholic knew well this rule of life (as well as all the others) and to a shrewd favor of this kind of Great Captain won his fame, and many others earned an undying name. By this great art she made great men.

191. 给手下人设置困难的任务

许多人在不得不应对困难的时候立刻就证明了自己是能干的，正像对葬身鱼腹的恐惧把一个人造就成了泳者一样。就这样，许多人发现了自己的勇气、知识和机智，要不是有这种机会的话，这些品质将会永远埋藏在他们的畏缩被动之下。危险的环境，就是一个人独立创造自我的机会，如果一个精神高贵的人看到荣誉受到威胁，他会做千百人的工作。天主教徒伊莎贝拉女王就深知这一生活准则（还有所有别的准则），把这种精明的恩惠赐予给了那位为自己赢得美名的大船长①，以及许多其他名垂青史的人。凭借这种伟大的技艺，她造就了很多伟大的人物。

192. The wise do at once what the fool does later.

Both do the same thing — the only difference lies in the time they do it: the one at the right time, the other at the wrong. Who starts out with his mind topsy-turvy will so continue till the end. He catches

① 这里指的是西班牙将军弗朗西斯科·弗尔南德斯·德·科多巴（1453—1515），他曾指挥西班牙军队抵抗法国国王查里八世。

by the foot what he ought to knock on the head, he turns right into left, and in all his acts is immature. There is only one way to turn him in the right direction, and that is to force him to do what he might have done sooner or later, so he does it willingly and gains honor thereby.

192. 蠢人后做的事，智者先做

二者做的是同样的事——唯一的不同就在于他们做事的时机：一者是在正确的时间，而另一者是在错误的时间。颠三倒四、头脑混乱地着手工作的人，会这样继续下去，直到最后。本该挠头，他却抓脚，颠上倒下、变左为右，在所有方面他的动作都是不成熟的。只有一种办法可以让他转到正确的方向来，那就是强迫他去做他迟早要做的事，这样他就会心甘情愿地去做，并因此赢得尊敬。

193. Sell things with a tariff of courtesy.

You oblige people most that way. The bid of an interested buyer will never equal the return gift of a grateful recipient of a favor. Courtesy does not really make presents, but lays people under obligation, and generosity is the great obligation. To the right-minded nothing costs more dear than what is given to him. You sell it to him twice and for two prices: one for the value, one for the politeness. At the same time, it is true that with vulgar souls generosity is gibberish, for they do not understand the language of good breeding.

193. 以谦恭为价格卖东西

这样你就让人感激不尽。一位感兴趣的买主，其出价跟心存感激的恩惠接受者的回礼不可同日而语。谦恭并不送出真正的礼品，却把人置于义务的约束之下，慷慨是一大笔人情债。对正直之士来说，没有比白送给他的东西价格更昂贵的了。你实际上把这件东西以双倍的价格卖给他两次：一次是为它的实际价值付账，另一次是为你的礼貌买单。同时，有一点也是真的，对粗俗之人来说，慷慨就是胡言乱语，因为他们听不懂良好教养的语言。

194. Comprehend the disposition of the people you deal with.

Then you will know their intentions. Cause known, effect known; beforehand in the disposition and after in the motive. The melancholy person always foresees misfortunes, the backbiter scandals—having no conception of the good, evil offers itself to them. A person moved by passion always speaks of things as different from what they are; it is his passion that speaks, not his reason. Thus each speaks as his feeling or his humor prompts him, and all far from the truth. Learn how to decipher faces and spell out the soul in the features. If someone always laughs set him down as foolish, if never as false. Beware of the gossip—he is either a babbler or a spy. Expect little good from the misshapen: they generally take revenge on nature, and do little honor to her, as she has done little to them. Beauty and folly generally go hand in hand.

194. 了解你所交往的人的性格

这样你就会了解他们的意图。知其因必知其果；先知性格，后知动机。忧郁的人总是预见灾祸，搬弄是非者总是预见丑闻——没有善良的性格，邪恶就会出现在他们身上。一个被激情所左右的人，他所谈论的事情总是跟其本来面目大相径庭；说话的是他的激情，而不是他的理性。因此，他说的每一句话都是他的感觉或心情给他提的词，全都远离事实。要学会如何破译人们的表情，从外貌中洞悉灵魂。总是笑的人可以归类为傻瓜，从不笑的人则是虚伪的人。要留心闲言碎语——他要么是个胡言乱语者，要么就是密探。别指望从畸形人那里得到什么善意：他们通常要报复大自然，对大自然没什么敬意，因为大自然对他也是如此。美貌与愚蠢通常总是携手并肩、形影不离。

195. Display yourself.

It is the illumination of talents. For each there comes an appropriate moment—use it, for not every day comes to triumph. There are some dashing men who make a show with little and others who make a whole exhibition with much. If ability to display them is joined to versatile gifts, they are regarded as miraculous. There are whole nations given to display; the Spanish people take the highest rank in this. Light was the first thing to cause creation to shine forth. Display fills up much, supplies much, and gives a second existence to things, especially when combined with real excellence. Heaven, which grants perfection, also provides the means of display. Even excellence depends on circumstances and is not always opportune. Ostentation is out of place when it is out of time. More than any other quality it should be free of any affectation. If not, it is an offense, for it then borders on vanity and so on contempt. It must be moderate to avoid being vulgar, and any excess is despised by the wise. At times it consists of a sort of mute eloquence, a careless display of excellence. For a wise concealment is often the most effective boast, since the very withdrawal from view piques curiosity to the highest. It is a fine subtlety too, not to display one's excellences all at one time, but to grant stolen glances at it, more and more as time goes on. Each exploit should be the pledge of a greater, and applause at the first should only die away in expectation of its sequel.

195. 展示自己

这是对才干的彰显。每个人都有展示自己的合适时机——要善加利用，因为并非每天都能获得成功。有些才华横溢的人藏而不露，有些人则尽情展现。如果你打算展示的才能结合了多方面的天赋，那么你就会被视为奇迹。有的国家整个民族都善于展示自己；西班牙在这方面可谓登峰造极。创世之初，首先闪现的就是光。展示承载甚多，供应甚多，赋予事物以第二实体，尤其是当它结合了卓越品格的时候。上天给予世界以完美，同时也提供了展示完美的手段。即便是卓越的品格，也是取决于环境的，而且并非总是恰逢其时。不合时宜的炫耀卖弄，也就不合其地。最重要的品质，就是不要矫揉造作。否则的话，展示就是冒犯，因为这时候它就跟虚荣只有一步之遥，因此被人轻视。展示必须适度，以免粗俗，以免为智者所不耻。有时候，展示还在于沉默的力量，让卓越的品格在不经意间展现出来。聪明的掩饰，常常是最有效的夸耀，因为引而不发总是激起人们最大的好奇心。还有一种策略也是很巧妙的，那就是：不要一次把所有的优点展示殆尽，而是让人偷瞥一眼，随着时间的推移逐渐增多。每一次成就，应该是对更大成就的许诺；最初的鼓掌欢呼，只会让人们对结局的期待消失于无形。

196. Avoid notoriety in all things.

Even excellences become defects if they become notorious. Notoriety arises from eccentricity, which is always blamed: he that is singular is left severely alone. Even beauty is discredited by foolish excess, which offends by the very notice it attracts. Still more does this apply to discreditable eccentricities. Yet among the wicked there are some that seek to be known for seeking novelties in vice so as to attain to the fame of infamy. Even in matters of the intellect lack of moderation may degenerate into empty talk.

196. 避免在所有事情上声名远扬

即便是优点，如果变得众所周知，也会成为缺点。怪癖所带来的名声总是受到谴责：特立独行之士总是让人敬而远之。即便是美貌，也会被过度的愚蠢所玷辱，它所吸引的每一次关注都会让人不快。不大光彩的怪癖则更是如此。然而总是有人想方设法让自己的恶劣行径为人所知，因为新奇的恶行可以获得狼藉的名声。即使是在知识学问上，缺乏适度也会流于空谈。

197. Do not respond to those who contradict you.

You have to distinguish whether the contradiction comes from cunning or from vulgarity. It is not always obstinacy, but may be artfulness. Notice this, for in the first case one may get into difficulties, in the other into danger. Caution is never more needed than against spies. There is no countercheck to the picklock of the mind as to leave the key of caution in the inside lock of the door.

197. 不要回应那些反驳你的人

你必须区别反驳究竟是来自狡诈之辈，还是来自粗俗之人。反驳并非总是出于固执，有可能出于狡诈。一定要注意这一点，因为在前一种情况下你没准会陷入困境，而在后一种情况下，则有可能陷入危险。对付密探的手段，莫过于小心。要防止人家撬开你的心灵之锁，最好的办法就是把小心的钥匙留在门锁的后边。

198. Be trustworthy.

Honorable dealing is at an end, trusts are denied, few keep their word, the greater the service the poorer the reward—that is the way of the world nowadays. There are whole nations inclined to false dealing; with some treachery has always to be feared, with others breach of promise, with others deceit. Yet this bad behavior of others should be a warning to us rather than an example. The fear is that the sight of such unworthy behavior will override our integrity. But a person of honor should never forget what he is because he sees what others are.

198. 做一个值得信赖的人

值得尊敬的行为一旦结束，信任也就被收回，说话算数的人寥寥无几，效劳越多，回报越少——这就是当今世界的处事方式。有的国家，全民族都倾向于不诚实的行为；总让人害怕的，有些是背叛，有些是毁约，还有一些则是欺骗。然而对我们来说，这些劣行更应该是警示，而不是榜样。可怕的是，一看到这些卑劣的行为，会让我们自己的诚实消失得不见踪影。但一个值得尊敬的人决不能因为看到别人如何而忘记自己应该如何。

199. Find favor with people of good sense.

The tepid yes from a remarkable person is worth more than all the applause of the vulgar—you cannot make a meal of the smoke of chaff. The wise speak with understanding and their praise gives permanent satisfaction. The sage Antigonus reduced the theater of his fame to Zeus alone, and Plato called Aristotle his whole school. Some strive to fill their stomach albeit only with the breath of the mob. Even monarchs have need of authors, and fear their pens more than ugly women the painter's pencil.

199. 赢得智者的赏识

一位出类拔萃之士不冷不热的称许，比凡夫俗子的鼓掌欢呼更有价值——你不可能把谷壳的冒烟当作一顿饱餐。智者以理解力说话，他们的赞美能给人持久的满足。圣哲安提戈努斯把他赢得名声的戏台归到宙斯一个人，柏拉图称亚里士多德是自己的整个学校。有的人总是用子虚乌有的东西填饱自己的肚子，哪怕它们只是乌合之众呼出的气息。就连君王也需要舞文弄墨之士，害怕他们的如椽之笔，甚于丑陋的女人害怕画家的笔。

200. Have the gift of discovery.

It is a proof of the highest genius, yet when was genius without a touch of madness? If discovery be a gift of genius, choice is a mark of sound sense. Discovery comes by special grace and very seldom. For many can follow up a thing when found, but to find it first is the gift of the few—the first in excellence and in age. Novelty flatters, and if successful gives the possessor double credit. In matters of judgement novelties are dangerous because they lead to paradox, in matters of genius they deserve all praise. Yet both equally deserve applause if successful.

200. 要有发现的才能

这是最高天才的明证，然而天才何时没有一点点疯狂呢？如果说发现是一种天赋之才的话，那么选择就是健全理性的标志。发现要靠特殊的恩典而偶然得到，而且非常罕见。许多人在一件事物被人发现的时候能追根问底，但最早发现它的，却是少数天才——在才能上出类拔萃，在时间上走在最前。新奇之物取悦众人，如果成功的话，会让拥有者得到双倍的信任。在有关判断力的事情上，新生事物是危险的，因为它们总是导致似非而是的结论；在天才所做的事情上，它们值得一切赞美。如果成功的话，二者同样都值得鼓掌喝彩。

201. Do not become responsible for all or for everyone.

Otherwise you become a slave and the slave of all. Some are born more fortunate than others; they are born to do good as others are to receive it. Freedom is more precious than any gifts for which you may be tempted to give it up. Lay less stress on making many dependent on you than on keeping yourself independent of any. The sole advantage of power is that you can do more good. Above all do not regard a responsibility as a favor, for generally it is another's plan to make you dependent on him.

201. 不要对所有人负责，也不要对每个人负责

否则的话你会变成奴隶，而且是所有人的奴隶。有的人生来就比别人更幸运；他们生来就施惠于人，而别人则安而受之。自由，比你可以为之而放弃自由的任何礼物都更加珍贵。让许多人依赖于你，比让你自己独立于任何人，压力更小。权力的唯一优势，就是让你能够做更多的善事。尤其是不要把责任视为恩惠，因为它通常是别人的计谋，为的是让你依赖于他。

202. Live for the moment.

Our acts and thoughts and all must be determined by circumstances. Act when you may, for time and tide wait for no one. Do not live by certain fixed rules, except those that relate to the cardinal virtues. Nor let your will pledge to fixed conditions, for you may have to drink the water tomorrow that you cast away today. There are some so absurdly paradoxical that they expect all the circumstances of an action should bend to their eccentric whims and not vice versa. The wise man knows that the very polestar of prudence lies in steering by the prevailing wind.

202. 顺势而为

我们的思想行为以及所有的一切，都必然被环境所决定。可以做的时候就行动吧，因为时不我待。不要按照一成不变的原则去生活，除了那些关乎基本道德的原则之外。也不要让你的意志成为固定环境的抵押物，因为你明天没准要喝今天泼掉的水。有些人是如此荒谬地自相矛盾，以至于期望一次行动的所有环境都能服从于他们的奇思妙想，而不是相反。智者懂得，审慎的指导原则就在于见风使舵。

203. Nothing depreciates a person more than to show he is just like anyone else.

The day he is seen to be all too human he ceases to be thought divine. Frivolity is the exact opposite of reputation. And as the reserved are held to be more than men, so the frivolous are held to be less. No failing causes failure of respect. For frivolity is the exact opposite of solid seriousness. A person of levity cannot be a person of weight even when he is old, and age should oblige him to be prudent. Although this blemish is so common it is none the less despised.

203. 最贬损一个人的，莫过于说他跟任何人都很像

他看上去太有人味的那一天，也就不再被认为是神了。轻浮跟声望背道而驰。正如矜持者被认为比常人更高一样，轻浮者也被认为比常人更低。导致你不受人尊敬的缺点，莫过于轻浮。因为轻浮跟严肃背道而驰。一个轻浮的人不可能是个有分量的人，哪怕当他已经老了、年龄应该迫使他谨慎的时候。尽管这种缺点如此普遍，但它依然被人蔑视。

204. Know how to test people.

The care of the wise must guide against the snare of the wicked. Great judgement is needed to test the judgement of another. It is more important to know the characteristics and properties of people than those of vegetables and minerals. Indeed, it is one of the shrewdest things in life. You can tell metals by their ring and men by their voice. Words are proof of integrity, deeds still more. Here one requires extraordinary care, deep observation, subtle discernment, and judicious decision.

204. 懂得如何测试人

智者的小心必定指向卑劣者的陷阱。良好的判断力需要测试他人的判断力。了解人的品格和

特性，比了解蔬菜与矿物的特性更重要。事实上，这是生活中最微妙的事情之一。听音识金，辨言知人。言辞是诚实的证据，行为则更是如此。在这里，你需要非凡的主意力，深刻的观察力，敏锐的识别力，以及明智的判断力。

205. Maturity.

It is shown in the costume, still more in the customs. Material weight is the sign of a precious metal, moral weight is the sign of a precious man. Maturity gives finish to his capacity and arouses respect. A composed bearing in a person forms a facade to his soul. It does not consist in the insensibility of fools, as frivolity would have it, but in a calm tone of authority. With people of this kind sentences are orations and acts are deeds. Maturity puts a finish on a person for each is so far complete only according as he possesses maturity. On ceasing to be a child a person begins to gain seriousness and authority.

205. 成熟

成熟既表现在穿着打扮上，更表现在行为习惯上。物质的重量是贵金属的标志，精神的重量是贵人的标志。成熟使他的能力得以完美，唤起人们的尊敬。在人的身上，沉着镇静的仪态举止构成了其灵魂的外表。它只存在于平静威严的派头中，蠢人的懵懂无知中没有这个，而只有轻浮。在前者那里，言必信，行必果。成熟让人得以完美，因为迄今为止每个人的完善程度都是取决于他的成熟。在不再是个孩子的时候，一个人就开始获得严肃与威严。

206. Be moderate in your views.

Everyone holds views according to his interest, and imagines he has abundant grounds for them. For with most people judgement has to give way to inclination. It may occur that two may meet with exactly opposite views and yet each thinks to have reason on his side, yet reason is always true to itself and never has two faces. In such a situation a prudent person will proceed with care, for his judgement of his opponent's view may cast doubt on his own. Place yourself in the other person's place and then investigate the reasons for his opinion. You will not then condemn him or justify yourself in such a confusing way.

206. 在自己的观点上要温和

每个人都是根据自己的利益来抱持自己的观点，并为这些观点设想了大量的理由。因为就大部分人来说，判断力都不得不让路于个人的倾向。很有可能，两个人抱持完全相反的观点，而每个人都认为自己有理，然而道理总是坚持自己的原则，而且决不会两面三刀。在这种情形下，审慎之人会小心应对，因为他对对方观点的判断或许会让人对自己的观点产生怀疑。不妨把自己置于对方的位置上，然后研究其观点形成的原因。那么你就不会以这样一种稀里糊涂的方式宣告对方是错的、证明自己是对的。

207. Do not affect what you have not effected.

Many claim accomplishments without the slightest cause. With great coolness they make a mystery of all. Chameleons of applause they afford others a surfeit of laughter. Vanity is always objectionable, here it is despicable. These ants of honor go crawling about filching scraps of exploits. The greater your exploits the less you need affect them. Content yourself with doing, leave the talking to others. Give away your deeds but do not sell them. And do not hire venal pens to write down praises in the mud, to the derision of those who know better. Aspire rather to be a hero than merely to appear to be one.

207. 别虚张声势

许多人总是毫无理由地宣布自己的成就。他们冷静沉着地制造了一个所有人都搞不懂的神话。他们是欢呼喝彩的变色龙，奉献给他人的是过度的笑声。虚荣总是令人讨厌。那些荣誉的蚂蚁到处爬来爬去，窃取功绩的残羹剩饭。你的功绩越大，你需要影响于它们的越小。只满足于做，而把说留给别人吧。把你的功绩赠送掉，而不要卖掉。不要用腐败的笔在泥泞中写下赞美的话语，嘲笑那些知道得更清楚的人。要立志做一个英雄，而不仅仅是看上去像个英雄。

208. Noble qualities.

Noble qualities make noble people; a single one of them is worth more than a multitude of mediocre ones. There was once a man who made all his belongings, even his household utensils, as great as possible. How much more ought a great man see that the qualities of his soul are as great as possible. In God all is eternal and infinite; in a hero everything should be great and majestic, so that all his deeds—no, all his words — should be pervaded by a transcendent majesty.

208. 高贵的品质

高贵的品质造就高贵的人，一项高贵的品质比一大堆平凡的品质更有价值。曾经有人总是让自己的财产，甚至家用器具尽可能地大。一个伟大的人更应该认识到，要让自己的灵魂尽可能大。在上帝那里，一切都是永恒的、无穷的；在英雄那里，每件事物都应该是伟大的、庄严的，所以，他的一切行为——不，他的一切言辞——都应该充满了超凡出众的威严。

209. Always act as if others were watching.

He must see all round who sees that men see him or will see him. He knows that walls have ears and that ill deeds rebound back. Even when alone he acts as if the eyes of the whole world were upon him. For he knows that sooner or later all will be known, so he considers those to be present as witnesses who must afterwards hear of the deed. He that wished the whole world might always see him did not mind that his neighbors could see him over their walls.

209. 一举一动，都仿佛别人在注视着你

你必须知道，周围的人都在看着你，或者将会看到你。你要懂得隔墙有耳，懂得坏事传千里的道理。即使是独自一人，你的一举一动也要仿佛全世界的眼睛在看着你。因为你知道，一切迟早要被人知道，所以你就会把那些后来听闻你的行为的人看做是近在眼前的目击者。希望全世界始终在看着自己的人，当然不在乎隔壁邻居越过高墙看自己。

210. Three things go to a prodigy.

They are the choicest gifts of Heaven's prodigality—a fertile genius, a profound intellect, a pleasant and refined taste. To think well is good, to think right is better — it is the understanding of the good. It will not do for the judgement to reside in the backbone; it would be of more trouble than use. To think right is the fruit of reasonable nature. At twenty the will rules, at thirty the intellect, at forty the judgement. There are minds that shine in the dark like the eyes of a lynx, and are most clear where there is most darkness. Others are more adapted for the occasion—they always hit on that which suits the emergency; such a quality produces much and good, a sort of fertile felicity. In the meantime, good taste seasons the whole of life.

210. 三样东西造就天才

它们是上天慷慨馈赠的最完美的天赋——丰富多产的创造力，深邃渊博的智力，以及令人愉快而优雅的品位。思考周全固然好，思考正确则更好——这是对善的理解。它不会取代判断力而居于中枢的位置，它更多的属于烦恼，而非效用。思考正确是合理天性之果。20 岁时意志为王，30 岁时智力做主，40 岁时判断力当家。有些人的心智就像山猫的眼睛在暗处闪亮，最黑暗的地方看得最清楚。有些人更适合临场发挥——他们总是灵机一动，突然发现适合于突发事件的应急措施；这种品质能结出更多更好的硕果，是一种多产的福气。与此同时，良好的品位则适合于人的整个一生。

译后记

叔本华去世之后，一位研究者在他留下的材料中发现了一部已经整理好准备付印的手稿，书名叫作《智慧书》，但作者并不是叔本华，而是一位名叫葛拉西安的西班牙人，手稿是叔本华根据西班牙原文翻译过来的德文译稿。关于此书，叔本华是这样说的："它绝对独一无二，严格说来，此前尚未有任何一本书讨论过这一勇敢的主题。除了这位西班牙人，也不曾有任何人致力于此。它所讲授的，乃是所有人都乐意践履的技艺。因此，这是一本为每个人所写的书。"他还说：这样的书，"仅仅通读一遍显然是不够的，它是一本随时都能用上的书，简言之，它是一位终身伴侣"。

众所周知，叔本华可不是一位动不动就给人戴高帽子的好好先生，这位葛拉西安究竟是何方神圣，竟让叔本华如此折服？

巴尔塔萨·葛拉西安，1601年出生于西班牙的阿拉贡，青少年时期，他在托雷多与萨拉戈萨修习哲学与文学，18岁时入耶稣会，此后50年中，历任军中神父、告解神父、宣教师、教授，还担任过几所耶稣会学院的院长。1637年，葛拉西安出版了他的第一部作品《英雄》，接着在1640年出版了《政治家》，这两部书，着重论述的是政治领袖的理想品质。由此可见，葛拉西安虽然身为“上帝的仆人”，却未能忘情于人间俗世的红尘万丈，这也正是他在1647年出版《智慧书》的思想根源治所在。葛拉西安的入世情怀，和耶稣会的清规戒律有颇多冲突，因此，他的书都是以其兄弟洛伦佐的名义出版的。然而即便如此，他的言行还是不被教会当局所容，1638年，罗马的耶稣会会长下令将葛拉西安调离神父之职，理由竟是“假其兄弟之名出版书籍。”此后许多年，葛拉西安曾多次受到警告，戒令他未经允许不得出版作品。但他压根就不吃这一套，直到1657年，他的讽刺巨著《批评大师》(1651－1657)第三卷问世，教会终于忍无可忍，解除了他在萨拉戈拉的圣经教席，放逐到一个乡下小镇，并下令严加监视，次年，葛拉西安在那里去世。

此书在西方流传甚广，据说，还被称为三大奇书之一。叔本华的德文译本出版于1862年，他的那位“超人”老乡尼采，对此书也毫不吝啬他的赞美之辞，称“葛拉西安的人生经验显示出今日无人能比的智慧与颖悟”。此书最早的英文译本，应该出现于1694年，不过现在已经很难见到。公认比较权威的英译本有三种：约瑟夫·雅各布（Joseph Jacobs）的1892年本、马丁·费希尔（Martin Fischer）的1934年本和克里斯多夫·穆勒（Christopher Maurer）的1991年本。我们此次翻译所依据的，便是约瑟夫·雅各布的英译本。

葛拉西安的这本箴言集，笔法简洁，含蕴隽永，且有些地方牵涉到西方的民谚典故，译文要想准确传神，殊为不易。译者自知才浅笔拙，错谬亦或不免，读者方家，幸祈正之。

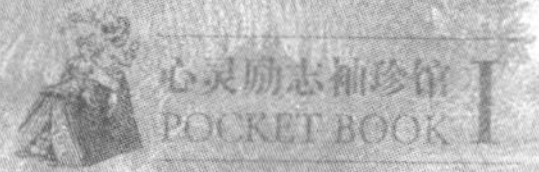

身体语言密码

The Secrets of Reading Character at Sight

【美】哈里·巴尔肯 著
刘 伟 译

图书在版编目（CIP）数据

身体语言密码 /（美）哈里·巴尔肯著；刘伟译.
—哈尔滨：哈尔滨出版社，2009.12（2025.5重印）
（心灵励志袖珍馆）
ISBN 978-7-80753-175-3
I. 身… II. ①哈… ②刘… III. 成功心理学–通俗读物
IV. B848.4–49

中国版本图书馆CIP数据核字（2009）第107577号

书　　名：身体语言密码
SHENTI YUYAN MIMA

作　　者：【美】哈里·巴尔肯 著　刘　伟 译
责任编辑：李维娜
版式设计：张文艺
封面设计：田晗工作室

出版发行：哈尔滨出版社（Harbin Publishing House）
社　　址：哈尔滨市香坊区泰山路82–9号　**邮编：**150090
经　　销：全国新华书店
印　　刷：三河市龙大印装有限公司
网　　址：www.hrbcbs.com
E–mail：hrbcbs@yeah.net
编辑版权热线：（0451）87900271　87900272
销售热线：（0451）87900202　87900203

开　　本：720mm × 1000mm　1/32　**印张：**43　**字数：**900千字
版　　次：2009 年 12 月第 1 版
印　　次：2025 年 5 月第 2 次印刷
书　　号：ISBN 978-7-80753-175-3
定　　价：120.00元（全六册）

CONTENTS

目录

第 1 章

人人都想知道的成功三法则

成功有三条法则：

一、认清你自己；

二、认清你的工作；

三、认清你周围的人。

我会从谈你开始。接着，我会和你谈到你的太太（或你的丈夫）、你的子女、你的朋友以及你每天接触的人们。我将告诉你，如何就能马上准确地估量他们，从而使你只观察一眼就能看出谁聪明，谁愚笨，谁诚实，谁狡诈，谁敏捷，谁迟钝，谁重实际，谁好空想，谁善交际，谁多欲念，谁好吃喝，谁好音乐……以及所有你遇到的人们的一切。然后，我再教你如何将对自己及别人进行观察所得出的结果，应用于社会交际以及事业上面。

希腊哲学家苏格拉底有一句最为著名的格言："认识你自己。"所罗门王也说过这样一句话："用你所有能得到的，去换取明了。"我认为，"明了"是世界上最重要的两个字。首先要明了什么呢？第一，明了你自己；第二，明了你周围的男男女女。在这个世界上，只有隐士不需要对人的性格有准确的鉴别。否则，无论你乐意与否，你都不得不与世人为伍。你一生的成就与幸福，全赖于你能否明了世人，以及你能否与周围的人相处融洽。这种研究也被称作是科学的人性学。

与其他需要实验的科学学科不同的是，在做此研究时你不必用仪器和工具。你的实验室就是你周围的人。在我告诉你对白色人种与褐色人种作科学分析所得的差异点之后，你就可以对证一下你自己与你所认识的人；在我对你讲述清楚一个人在相貌上所表示出来的诚实或者狡诈的表象之后，你立刻就能用来鉴别与你在一起共事的人；在我告诉你，你最适宜做的职业以后，你马上就可以去找这种工作；在我对你讲完婚姻完美配合与说服并应付人的技巧之后，你就可以很有把握地去处理青年男女所遭遇的种种婚姻问题。

你愿意拥有一条快乐与成功的真正捷径吗？我曾经分析过很多领袖人物以及一些历史上的名人，事实证明，伟人在个性上至少具备两大特点之一，有时候甚至两种特点兼具。第一个特点是：这些出类拔萃的人物都有一个确定的与他们的志趣和才干相合的人生目标。换言之，他们都从事着适合于自己的事业；第二个特点是：他们都是个性的鉴别家。

而在本书后面的多个章节里，你将会学习使你得到最大幸福与最能明了一切的三种技能，那就是：明了你自己；明了你适合的工作；明了你周围的人。

当今世界，一切都变得紧张快捷，而时间则尤为可贵，因此，那些谈论捷径的理论和书籍最受人们的欢迎。

很多人称我为个性分析师与职业指导师。但我更愿意被别人称为“人性的工程师”。为什么呢？下面举一个在我的工作中所发生的一个真实例子来说明一下。

很多年前的一天，有一位工匠带着他 14 岁的孩子，来到我的办公室。

他进门后就对我说：“巴尔肯先生，我想知道我的孩子究竟是什么样的个性，所以来请你帮他分析一下。我能告诉你的是，他有一双天才的手，他整天削东西玩儿。只要能给他一把小刀和一块木头，他就会非常高兴，而且他的手也确实非常灵巧。假如我的想法是对的，那么我就打算不让他去上学了，而是跟着我学做木工，我会让他成为一个极为精巧的木匠。不久之后，他每天就能赚到八元工钱。”

我客观地（这也是我将要告诉你的看人的方法）望了一眼那个孩子。我看见了什么呢？我看出了一些不平常的事情，一些比单纯的机械天才更重要的东西。我细加分析之后，简要地对那位工匠说：“你的孩子对人类有异常的爱心。我对他的职业分析结果是，他喜欢为人们服务。他具有深厚的同情心——几乎和他的科学天才一样大，而且他还有两只灵巧的手。这当然是很明显的，但是先生，你不能使你的孩子失学，那将是一件大错特错的事情。我建议你给他一个求学的机会，然后送他进医学院去专攻外科手术。而不要让他去刻那一天只能赚八块钱的木头，你应该给你的孩子一个帮助别人的真正的机会。如此，既增加了他的快乐，又增加了他对社会的用处与赚钱的能力。"

为什么我会这样建议他呢？或者说，我为什么会知道这些呢？其实，我是应用了本书将要介绍的个性分析的简单方法。

最后，那位工匠接受了我的劝告。后来，他的儿子以全班第二的优异成绩从医学院毕业了。

事实上，衡量一个人的能力与增加一个人的收入在意思上是一样的。因此，个性分析术也可以说是科学的职业指导法。这也是我将要对你讲的，同时也是你将来一定能做得到的——先对你自己，然后对别人。

这听起来好像很难，不是吗？实际上，它极其简单。我们将要挖掘出你的优点和长处以及你的积极特性，并告诉你怎样把它们转化为生利的资本。然后，我要揭穿你的弱点，并给你有益的建议。我将教给你纠正的方法，并对你最适宜做的职业加以指导。最后，我还要告诉你怎样只凭双眼观察就能分析出别人的性格。

我讲了半天，目的何在呢？为什么你要明了你自己？为什么要寻觅适合自己的工作？为什么要去判断并明了别人？原因很简单——因为如此才能取得更大的成功。我多年研究人们行为的动因所得的结论是，人们有意识或无意识努力追求的，就是“成就——快乐——适应环境”。

但是，只有这个希望还不能算完。你必须使这个梦想成为现实；你还要把它化入你的骨髓，直到你确切地感觉到这种铭刻肺腑的、坚忍的雄心。

成功的第一条法则是：**认清你自己**。这种自我观察并不是平日手拿刮胡刀对着镜子时的看法。这一次要用批判的眼光，心中应存有某种既定意见，就像医生为病人诊察时需要知道检查什么那样。简而言之，你将要观察的是九种人类形体的特征。这些就是你技术的、诊断的、衡量的工具。根据衡量所得的结果，你立刻就能对你自己进行分析。

之后，你就不会再对自己感到犹豫不定。你有艺术天才吗？你立刻就能回答“是”或者“否”。你确实诚实吗？你也很快就能断定。你有能抓住你打算以身相许或倾心追求的那个男人（或女人）的一些特性吗？你能得到并做好你打算从事的那份职业吗？观察，用科学方法观察！并且要“认清你自己”！这就是成功的第一条法则，是获得幸福快乐的先决条件。

成功的第二条法则是：**认清你的工作**。你总是抱怨没有获得加薪吗？你总是觉得工作太累吗？你觉得你的太太或丈夫不了解你吗？好啦，请先问问你自己下面这些问题：

你完全明白你的工作或职业上的各个方面吗？你被认为是各种活动的权威老手吗？你真正了解你的丈夫吗？你确实明了你的太太吗？

例如，假如你是一位商店售货员，你知道怎样一眼就能辨别出来男女顾客是激进的，好争的，爱讲话的，头脑固执的，诚实的还是狡诈的吗？还是你只能盲目地听买主的支使去拿东西？

在后面的章节中，我会告诉你怎样去衡量人性并立刻知道他们的购买动机；怎样分辨专爱砍价的买主与大方的买主，以及性情迟钝与敏捷的人；怎样知晓你必须接触的顾客的各种购买动机。

女性朋友们也务必留意！你同样知晓工作中人性方面的事吗？你是你女儿的密友、儿子的知音、丈夫的同志吗？如果你不清楚这些事情，那么，这儿的个性分析与应用心理学的简单原则同样能帮助你。你应该积极地学习它们。这远比说长道短、打麻将、看电影和听戏有趣而且有用得多。

成功的第三条法则是：**认清你周围的人**。你学会了科学的个性分析法之后，便获得了一把可以开启每位你所认识的男人或女人的心灵的钥匙。试想一下，能洞悉你所接触的人们该是何等的重要！刚与你作了一次商业或社交上接触的人，你能看得出他是否诚实吗？你想知道他可信与否吗？从本书后面介绍的15种表示一个人诚实与不诚实的征象中，你就能准确地明了对方。

你遇见了一个男人，并喜欢上了他。但是他的性情、情感如何？温柔与否？有艺术天才还是商业才干？这不是乱猜的。你完全可以事先知晓。这就是幸福婚姻的最好保障。

假如你能充分利用上述的成功三法则，就一定可以在个人、社会与经济上，由平凡而达顶端。有了这种学识之后，机会之门将会为你而开，胜利也将属于你。

第 2 章

神奇的个性观察秘法

我们不需要花费太多的时间，去探寻如何知人知己的秘诀。接下来的内容，就能帮助你对人们的种种个性一目了然。而这种本领将会使你的人生收获颇丰。

半个月前，有一位先生来拜访我。他开着一家小百货店，有一个已经 28 岁的儿子，名叫汤姆。原来，这位先生一直想让儿子接自己的班，成为一个出色的商人。于是，他让儿子到某大学的商业管理专科就读，准备学成之后，回来帮助自己经营百货店。但是，他的儿子却不喜欢经商，虽然汤姆已经很努力地去学习经商，但始终提不起兴趣。相反，他对服装设计却充满兴趣。平日里，他很喜欢玩弄布料，只要有空，就会拿着各色衣料披在身上，并用纸笔画出各种样式。

后来有一天，当汤姆说自己要到夜校去上一个服装设计方面的课时，这位先生便大发雷霆。他是一位身粗脾气也粗的人（后边我将解释这种人的个性），对这件事情很不理解，认为儿子喜欢服装设计这种女性化的工作，真是太没出息了。

汤姆当时 23 岁，也遗传了一点他父亲的固执脾气。他一边在他父亲的商店中工作，一边坚持去上那个夜校。不过，他的母亲很支持他。在接下来的三年里，汤姆对商店里的工作越来越感到乏味，但是，每当去夜校时，便会高兴不已。

有一天，汤姆走进父亲的办公室，说："爸爸，我已找到了另外一件差事。"这位先生将信将疑，因为当时正处于经济衰退期，找份工作非常不容易。但汤姆说的却是真的，原来，他已经当上了某家丝织厂的设计师，每周薪金 40 元。

而当这位先生跟我说起汤姆时，每年薪水都会提升的汤姆，年收入已达 6000 元之多（当时年收入 6000 元已经是极高的收入——译者注）。

现在我告诉你要点所在。这位先生是来让我分析他儿子的性格的。我听完这位先生对汤姆的介绍后，心想："这位先生由于不了解他的儿子，竟然产生了那么多的误会！"

其实，假如这位先生对科学的个性分析法与职业指导术的最简单原则略知一二，他便能知道，让自己的儿子当商店老板决不会让他快乐，也不能让他成功。通过照片我看到，这个青年

的皮肤极细，鼻子细长，前额极平，脑门高宽突出，发达的肌肉富有弹性地包着骨骼，这几样特点皆表示这个年轻人具有创造力与艺术天才，若不给他有表现机会的工作做，那真是一个大错误。这位先生现在明白，自己对于科学的职业指导术太不了解，并且不久之前他又拜托我去分析他另一个孩子的个性。

数年前，在我家里举行了一次小型宴会。饭后，有人提议每个人都用几句极简单的话，把自己一生的经历写出来，甚至可以作为死后刻在墓碑上的碑文。于是，大家都取了一张纸和一支笔，写完之后互相传阅。其中有一个年轻人写的内容使我至今难忘。他在纸上仅画了三个标点符号：一个连接号“—”；一个惊叹号“！”；一个句号“。”。当时，我就问他这是什么意思，他凄然地说道：“一阵横冲直撞，落得伤心自叹，最后默默终了！”

这确实是一桩悲剧，我们大多数人一生中都在盲目地乱撞；而且大多数人往往在发现自己一无所成时，才悔之晚矣。

另一方面，因为我们对于这种新的科学个性分析法茫然无知，几乎所有男女人士的天才都被埋没或被误用，将自己的能力全葬送在不相宜的劳苦工作之中。父母与教师有很多时候也会帮倒忙，硬是把天生的艺术家训练成了技术工程师，又把天生的商业高手训练着去当音乐家，本来有着园艺或科学研究的才干者，却误使之当了教师或医生或律师或传教士。那些拥有优异才干甚至拥有卓越天才的年轻人，却去干着与自己的才能毫不相关的行业，这就等于废弃了他们的天才，这实在太过可惜！幸而，这些都不是不可挽回的。因为个性分析法是一种极其简单的学问，你很容易就能学会。

“说起来轻巧，”这时候你也许会说，“我要怎样才能做得到呢？我如何去判断个性呢？如何才能学会知晓自己与对我最相宜的职业呢？”

这很好办。就让我们从根本上说起吧。通常，无论是男性还是女性，在打量人时都会用同样的方法——用眼观察。因此，我们首先要学习的就是——看人法。

一位地质学家看见一块岩石就能讲出一篇生动的地球形成的故事；一位植物学家看见一株花草便能将植物世界写成一篇有趣的文章；一个天文家用 100 英尺长的望远镜与分光镜观看距离地球有上百万光年的星座，然后计算其大小、速度、构造、化学与气体的形成，就可以写出一部科学的论著。

那么，为什么我们就不可以去观看那些与我们接触的人，去研究他们、分析他们、明了他们呢？这时，你也许会问：“我们应该观察什么呢？”事实上，人们在形体上有九种不同，因此想要学习科学人性研究法，就应该知道这九种用来观察并判断人的个性的标准技术。我们称此为“九种形体上的特征”。将这些身体外形可以观察到的几种特征弄明白之后，任何人的性格个性便就一目了然了。首先容我简述如下：

（一）**人体的颜色**——皮肤、头发、眼与胡须——各有不同。有的人金发碧眼白皮肤，有的人黑发黑眼黄皮肤。这些颜色不同的人，在性格、个性、身体、智慧等各方面均有着极大的差别。

（二）**人们的面貌形状**——前额、眼、鼻、嘴、下巴的样子——各有不同。

（三）这一条区别可以称之为**结构的特征**——人们身体的体质构造共有三种：智慧或思想家型，这类人有计划、推理、创造力；实干家型，这类人惯用他们的手或身体去实现思想家型人所制订出来的计划；最后一种是有魄力的管理者型，这类人专门对前两种类型人士的工作予以财力支援并监督之。这三种人你都可以由他们身体的结构认得出来。

（四）**人们毛发、皮肤与面貌的组织亦有不同。**婴儿的毛发极柔软细巧，皮肤白嫩，有的成年人也是如此。而有些人则毛发粗硬，皮肤粗糙。

（五）**人们的肌肉松紧与骨骼的韧性也各不相同。**你在和别人握手时是否曾遇到过这样的手：在握手时，你发现对方的手是那么的绵软多肉，就像用力一握就会从你的指缝间滑出来似的？试将这种人的个性与手指肌肉硬而有力的握手者的个性相比较，我敢说，他们一定是不同的。再者，有些人的骨头极柔韧，好似可屈可伸；有些人的骨头则富有弹力；还有些人的骨头则像是极硬的石头。通过后面的章节你将会知道，骨骼情形不同的人其性格个性亦大不相同。

（六）我们**身体各部分生长的大小比例也不尽相同**。如果对这种身体各部分的大小比例加以研究，也会发现个性上的许多有趣知识。

（七）**我们的身材差异很大**。有些魁梧硕大如德国的兴登堡将军，也有短小精干如法国的福煦将军。所以，这两种体型的人其性格个性自然也大不相同。

（八）**我们的各种动作表现也不相同**。例如我们的行走姿势、声音、握手、字迹、态度、外貌、衣着等。不过，这些相对来说，是可以用意识加以更改或操纵的。

（九）最后一条，就是**体质的强弱健壮与有无疾病**。由前述的肤色、面貌、结构、身材等八种不同的情形可以知晓一个人是否有魄力、好动、勤奋。至于体质的强弱或是患痛风、心脏病、扁桃体炎等则对有魄力的人也会产生影响。因此，想对人性获得科学的确切知识，就必须对人们一切的征象加以研究。

例如，富有魄力的人可有 19 种能一望而知的征象。笔者曾于 1913 年分析过老罗斯福的相貌，这 19 种征象他竟然全部都有。假如你遇见一个男人或者女人，身上具备了这19种征象，那么他就必定像老罗斯福一样敢作敢为。

因此，上述的人体九种特征实为洞察人性的钥匙。对于你所遇见的人士，只要你掌握了这一套技术，那么，你一看便能洞晓他的一切性格与个性。

总之，科学的个性分析法所注意观察的人类九种形体特征为：

（一）颜色——毛发，皮肤，眼睛，胡须。

（二）形状——前额，眼，鼻，嘴，下巴。

（三）结构——智慧神经质型，好动、健壮型，有力或享乐型。

（四）组织——毛发，皮肤，面貌的粗细。

（五）紧韧——肌肉与骨骼的松紧程度。

（六）比例——面、头与身体的比例。

（七）体积——身躯的大小。

（八）表现——行动，声音，态度，衣着，字迹，握手。

（九）体质——强弱。

第3章

从肤色观察人的异同

脸与皮肤的颜色是九种特征中最容易看得出来的。（本章所论述的白皮肤金发和褐色皮肤黑发的人的分析，对评判欧美人最为恰当，对东方人种也许不太适合，不过其论据很有事实道理，因而也译出来作为参证。——译者注）最近笔者曾听到两个年轻人争论，一个人说凯弗兰西丝是好莱坞最红的女影星，另一个青年则说道，琼班妮是非其他女明星所能及的。后者说的琼班妮，引起了我的极大注意，因为一个月之前我才替她分析过个性。

琼班妮与凯弗兰西丝恰好是白肤色与褐肤色人的最好代表。但是她们两人争论又有何用，除非他们明白这两种人的性格个性的不同的科学与历史背景。

“为什么你会喜欢金发女郎？”“小姐，为什么你爱褐色皮肤黑眼珠的男子？”要了解这些问题的答案，就要深究心理学与历史的全部经纬。这关系到一个民族的兴衰和帝王国运的长短。

在学完第一课科学个性分析法之后，你都可以将大多数人分类为白或褐肤色。当然人群之中也有正好介于中间的既不太白也不太褐的，这时候我们只能由别的形体特征去判断了。目前我们只说纯粹的白或褐色人的个性。

据大科学家海克尔说，所有的人种都可以分为两大类：深色皮肤与浅色皮肤。我们可以再分得精确一些，按头发、眼珠、皮肤与胡须（假如是男性）的颜色分。西方人把白发浅色眼珠、金发灰色眼珠、红发蓝色眼珠的人都算做白色。浅褐发蓝灰眼珠、褐发深蓝眼珠、褐发浅褐眼珠的人是介于白黑之间的人。深褐发深褐眼珠、黑发黑眼珠、棕或黄种人及黑种人均归为黑肤色人。

当你刚开始分析自己时，首先看看你是属于哪一种颜色的。但是为什么是白或者黑色呢？你的头发、眼珠、皮肤的颜色是从何而来的呢？为什么人类并不都是一样的颜色？这难道不是一个很有趣的问题吗？但大多数人都不明白，只会回答，噢，我生来就是这样的。

人类学家在研究原始人类进化所得出的结论，确定了最初的人类生长在热带与亚热带的地域。许多人类学研究专家都公认，原始人的肤色是极褐的，并且他们最初生活在沿地中海、红海以及印度洋一带。

近赤道地带为地球上最热、阳光最强的区域。科学家研究得知，大自然赋予原始褐色人种的发肤、眼珠以黑色素，以抗拒太阳强烈的紫外线。而且，各大人种的色素深浅均与其所在地域光线的强弱有关。换言之，假如你是褐肤色人，则你的先祖很可能是来自拉丁、地中海或近热带的种族。

然而在远古时代，大概是由于人口密集或漫游天性，以及航船的发明，这些原始的褐肤色人种四处漫游。后来他们竟漫游到西北欧洲及波罗的海周围地带。但是，这些地方的水土气候与他们习惯的南方乐土大不相同，天气寒冷，阳光不足，这里为地球上多雾多云最阴暗的地带。这些褐色人身体中的黑色素便因为用途不大而日渐消失。若干世纪之后褐色褪去的人种即成为了白肤色的人。

因此，你可以明了所有白肤色人的先祖都能推源到地球的这一区域。现在我们已经知道人为什么和怎么样会是白肤色与褐肤色的，以及他们天生的特性。我们也已明了白肤色人的先祖多来自北部寒冷地带，他们因与寒冷的环境相搏斗以求生存，所以他们的能力才得以发展。现代白肤色人种的先祖必定是能够适应当初的环境而由物竞天择留下的人。

反之，褐肤色人的生活就比较容易。因为他们的先祖的环境与心理状态的遗传，他们的天性多是不好动的，爱家庭而不愿冒险的。

以上所述均可证明，白肤色人种是比较积极好动而不愿安逸的。接着，让我们来看看为什么白肤色人的特性是这样的。

这些北方穴居的人必须靠奋斗始能生存。他们要与别的种族打仗方能获得渔猎之地。生命存亡是朝不保夕的，他们的生存欲是急切的。大自然磨炼成他们积极进取、有活力、好争斗、重物质、有眼光等天性，又因为他们所在的地域多雾阴暗，他们的黑色素日减，遂成为了白肤色人。

研究人性学的人请特别注意，我们现在研讨的白肤色人的气质性情，亦可用于日常实际的个性分析。为了维持生命，居住在寒带的白肤色人需要消化大量的食物并呼吸大量的氧气。在打猎、航海或打仗时，这些古代的白肤色人需要迅速敏捷地集中精力，工作完成之后接着需要长时期的休养恢复。他们天生不适于持久忍耐的动作，因此他们缺乏忍耐与智力的集中。白肤色人可以老罗斯福为代表。一个白肤色的人在工作上是激进的，能克服障碍，抑制别人并推动自己。他活泼积极并能激励和鼓舞别人。概括地说，就全体的白肤色人论之，他们乐观，易变，无耐心，有时无恒心，并永远在寻找征服新的领域。从遗传特性上，白肤色人的天性喜爱征服，总想统治领导别人。

这时可能有人会问我："你自己是怎样应用的呢？"那我就姑且举一个例子。1931 年德特罗城某汽车公司经理领着一位年轻的技师来见我。他说，那个小伙子很能干，但是他对自己的工作总是很容易失掉兴趣，从而不愿意踏踏实实地干下去。先生，请你分析一下他的个性，并告诉我如何管理和安排他，因为他是我的一个至亲，我很关心他，希望他能上进。那位经理对我解说完之后，就从接待室里把那个青年叫了进来。我望了他一眼之后，便立刻说道：喂，朋友，我看得出你非常讨厌汽车厂中的那些机器，他们到底每天都让你做了些什么呢？

那个青年耸了耸肩，答道：哼，先生，我是在组装车间，如果我不能早日脱离那里，这工作就会把我累疯了！

那个青年并非言过其实。他是一位白肤色的人，他的个性应该是：不能静、沸腾、喜变化、着急、易变、机敏，但他却每天站在自动板前把一样的螺钉拧进钢孔中。

那个青年走了之后我请他的经理进来。我说道，老兄，你的那个技师确实很有才干，可惜你把他用错了，你不会把他留住的。他对机械有很深的了解，但此外他还喜欢变化与新奇。你必须把他的工作调动一下，否则他会辞职的。给他一个类似总稽查之类的工作或是让他介绍新车，或是总技师，只要是常有变化的工作就可以。因为单调的工作对他来说只是毒药。经过调动之后，那位技师果然很愉快，工作效率也大大提高了。

第4章

人的额头展现他的个性

现在我们讲形体特征的第二种，就是额、眼、鼻与下巴的形状。1912年我曾帮助大魔术家贺迪尼分析过。当时我对他说道，贺迪尼先生，你有一种超级的理解力，你的最优越的观察能力是我分析过的所有人士中独一无二的。他说，巴尔肯先生，我认为我的工作的最大秘诀就是我的观察能力。我就又问他，你是怎么养成的呢？他解释道，啊，这得益于我父亲的教导，在幼年时期，我常常随着父亲到街上散步，他总是会突然问我，孩子，你在我们刚才走过的那家药店的窗子里都看见些什么东西呀？我常常回答说，爸爸，对不起，我并没有看清楚。这时，他总是很不高兴地说，那你的眼睛是做什么用的？从此以后，我便开始注意观察，并且不久后我就明白，只要利用眼看便有很多可看的东西，我不但用眼看，而且还努力学习如何去迅速地记。结果，我现在只要用眼睛扫一眼桌上摆开的一副扑克牌，便能背出全副牌的先后顺序来。

我要使你注意的一大要点就是，一切成功的个性分析全基于聪敏的观察。养成一种对你所遇见的每个人都去加以注意和研究的习惯。你便不难知晓一个人的思想是快还是慢，他是否有良好的观察领悟力，他务实还是好空想，所有这些只需观察脸上的一部分即可知晓。

1. 凸出面型

积极意向——思想快，善观察，富有创造力，行动快，易感应，喜进取。

消极意向——过于锐敏，喜讽刺，易怒，喜冲动，缺乏持久与忍耐。

凸面型

这里有一种方法可以辨别出思想敏捷、注重实际并富于观察力的人。我们只需看一看他们的额部或者脑门。你看他的脑门是极明显地往后仰吗？是从眼眉以上突然往后斜的吗？假如是这样，便表示这个人是锐敏的思想家。这种人在遇到紧急事件时能立刻明白该怎样做——这是一位眼光锐利的观察家，聪敏机警。

俗话说，针头尖枪头锐利。凡是箭头式的或尖的东西动得都比钝的东西快。因此，一个人的额部或脑门明显地向后斜长着的，这种尖锐的侧面面像往往表示其智力极佳。

这种人对任何事物都有想看的冲动。他们天性喜好探究。眼眉处愈向前突出的人愈爱观察。

他们会在别人把事物展示、表演或证明给他们看的时候，敏锐地发现问题。换言之，他们的眼睛最管事最锐敏，不像另一种人的耳朵最灵敏或最爱幻想。他们会忘掉从耳朵听得的，但却永远忘不掉用眼睛所看见过的。

你已为人父母了吗？或者你是教师吗？你的子女或者学生有这种额部或脑门向后坡长的吗？对这些人，你不要只讲故事给他们听，更要让他们用眼看，用手摸，实际地接触那些事物。

你是一位售货员吗？那么请用这种方法。当你遇到眼眉突出、脑额显然向后坡着的男女顾客时，你不用怎么说话，只需要把货样拿出来给他们看就行。对这类人，你需要做的只有写出事实来或用图解来表达故事。你只要显示出事物的结构来，让他自己去摆弄，去感觉那些看得见的实在的东西。给他们事实并且很快地给他们——他们心中也会很快地作出决断。换言之，对这种人要拿给他看，做给他看，证明给他看，而不可以只是空谈。

这种脑门后斜或额部呈凸出形的人是天生的观察家。因此，你可以明白他们具有适于研究各种自然科学的优秀天赋。电学家斯坦米兹的额部形状使我想到，这种人对诗歌、形而上学、宗教学是没有兴趣的。他们最感兴趣的往往是地质学、植物学、动物学、电力学、机械学，他们愿意知晓一切所见的东西的颜色样式、大小、构造与质量。这就是个性分析家称作重实际与具备科学头脑的一类人。科学是加以分类与组织的事实，而这种人最擅长的就是寻找与观察事实。

假如你是额部凸出，好动好做，不愿安静，活泼有力，喜好户外生活的人，我建议你去学习机械、工程、外科医术或者农业科学，你可以凭借自己的天性喜好选择一种；如果你是一位有魄力、对于物品价值富有鉴赏力、前额凸出的人，那么，你就可以成为一位极其能干的采购专家。实际上，许多大百货公司的经理都是此类额型。

读者请吸满一口气，你我将要开始一个心智的考察旅行。相传，有一天，大哲学家柏拉图带着他的一个学生到郊外散步，那个学生忽然问道，老师，你为什么走路的时候总是低着头呢？为什么不像我这样昂首阔步呢？这位大贤人转过脸来对这个年轻人说，孩子，看见前边的麦田了吗？那些生得饱满成熟的麦穗都是低着头的，只有嫩而未熟的麦穗才立得笔直！

大概是因为他们脑子里的思想太多太重了，才使得我们看到的每一位思想家都是低着头的。大雕刻家罗丹的杰作《思想者》的雕像不就是低着头的吗？

我们在日常谈话中也常常提到前额高或前额低，表示对高深的理论有兴趣的人则前额高，对物质方面的东西有兴趣的人多是前额低。然而，我们却不应当武断地说前额低的人智力就欠发达。反之，低前额的人也常常拥有特佳的智慧，例如电学家斯坦米兹就是前额较低的人。有些人往往存有一种错误的观念，以为前额低的人具有邪僻的倾向，这完全是错误的，且对许多可敬的人是不公平的。前额低的人确实表现出对于物质比对于理论更有兴趣。在另一方面，天生的思想家、理论家与哲学家多是长着一副高前额。最明显的如爱因斯坦，而如萧伯纳的前额更是特别的高大。

下面是个性分析的前额形象定律。一般来说，面形凹进或前额上部极高、脑门突出、眼眉平坦（换句话说就是前额向前突出鼓起）的人思考慎重、思想缓慢。这种人喜好幻想，推理，考虑，分析，穷究事物之理。他有极灵活的想象力。他能够幻想到别人所想不到的。他常使脑子旅行到极远之境。当他不思考无观察时（眼眉平坦是其表现），则很容易陷入沉思之中，并且时常表现得心不在焉，是个十足的梦想家。

但是，千万不要误解了这一点。文明往往是在幻想中产生的。大天文学家哥白尼用他的幻想演绎成了天文学的革命；莎士比亚用他的梦给人类留下了古典永恒的文学；富尔顿给我们想出来了汽船；摩尔给我们想出来了电报；爱迪生给我们想出了电灯与留声机……他们这些人都是梦想家。没有这些梦想家与智慧的先驱者，我们便不能生活在这个现实的世界上。他们会看透，深思，回想，最后形成概念，造出实物嘉惠后人。

当年，有一个青年幻想到，在雨天的闪背后，必定有一些奇异的潜伏的力量。这个幻想家和梦想者就是富兰克林，后来，结果证明了闪中有电。请注意他的面相并细看他高大突出的前额。而研究宇宙射线的米里奇及若干幻想家的前额也是突出形的。还有那具有优美的思想、写出名著与歌曲的普希金与惠特曼等人也生得一副突出的大脑门。相信，如今仍有许多幻想家和梦想者正在为人类的幸福大道与门径苦苦思索。还有那些小说家、文学家、艺人，他们面貌的相同点就是一副高而突起的面型。这是最容易观察的一种特点。

2. 凹进面型

积极意向——善熟虑，能忍耐，态度温和，随遇而安，思想行动皆审慎。

消极意向——太缓慢，缺乏创造力，易趋于不实际，懒惰并固执。

某一天，我接到一个青年的来信。我曾帮他分析过他的性格并为他最适于做的工作略做建议。他在信上说，自从我帮他分析了他的性格并建议择业之后，他已

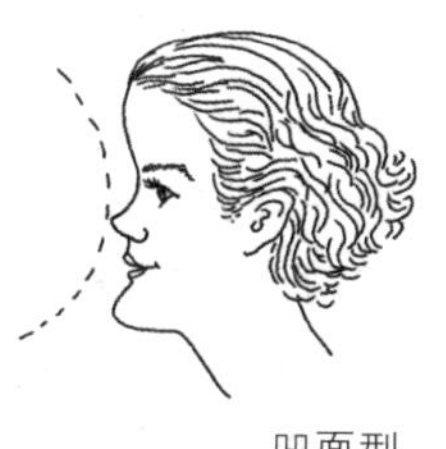

凹面型

经获得不少艺术、美术、哲学方面比赛的奖金。他本来在一个杂货店当职员，然而他却是神经质、褐肤色细皮肤、前额上部突出、面呈凹进面型的人。他本宜于写美丽的诗歌、动人的小说、戏剧，但他却干着杂货店员的枯燥工作。像他这样的情形多得很。你知道莎士比亚最初是羊毛商人吗？知道爱伦·坡同王尔德当初是铅管匠吗？所以，我坚决主张那个青年早日放弃杂货店中的工作，改习美术方面，之后，他果然变得精神愉快，成绩进步很大。

我们时常看见有的男人或女人的前额两边向外突出，这样的人擅长寻根究理，喜哲学，善创造、组织与想象。每个有成就的思想家、工程师、作家或广告设计家——这种富于创造力的人——都有一副显著的宽大的前额。每个雕刻家、画家或作曲家，每位大哲学家或艺术家的脑门都是宽大突出的，这种类型的人喜欢在脑子里幻想概念。这种类型的男女人士习惯于去寻根究底，对每件事每句话都要问个明白。试看大哲学家苏格拉底的雕像。你没注意到他那突出的大脑门吗？

这种前额突出面部凹进的人是惯会发问的——假如脑门中心突出甚为明显，则表示此人极富批评与分析能力。他们极喜欢把你的计划打乱！他们最爱把你的意见批评得一无是处。

假如一个人的面部凹进额部突出，而且又是

褐肤色，鼻子尖冲下，则他的思想很容易成为病态的神经质；性情太内向，喜欢分析自己，太好吹毛求疵，容易心灰意冷。假如你本人是这种类型，最好的办法就是抛开自己。把你的思想养在一种嗜好上，迫使你自己为别人做点事情。或者读些激励志趣的书籍和关于人生修养的名著。用乐观与热忱的环境包围你自己——必须这样你才能对人生感觉有兴趣，你才能得以适应环境。

反之，假如你遇见一个人有突出的前额，肤色极白，鼻子尖向上翻，你知道他的特性怎么样吗？他多半极其乐观，幻想丰富，以为自己的高明主意是世界上独一无二的。不幸的是，虽然每天他都能想出一个新的主意，虽然这些主意都是空中楼阁，他自己还信以为真。

假如你对我们所说的前额或脑门部分辨认不清，我可以替你解释。前额就是眼眉以上与头发之间，假如你的朋友是秃头顶，有一个好法子，就是你把眼眉向上扬时，脑门便现出皱纹，可是头皮仍然平滑，因此，出现皱纹的部分便是前额。普通人的脑门的宽度约为高度的两倍，由此差别便可以得知一个人的脑门是高或低，是宽或仄。

我们已经讲过，若是前额的下部，即眼眉附近显著而特别发达，也就是说比前额其他部分突出，则表示这个人的观察能力强。一个人的前额呈凸出形，上部忽然向后呈坡斜，那么，他的脑子里就像是长了眼睛，他喜好要求事实、材料、证明统计与其他能看得见的知识证据。有一个人很会使用我的个性分析法，他是推销铅笔刀的。每逢他遇见一位脑门向后呈坡斜的顾客或者学校的教务主任，他便能立刻做成买卖。他不多说话，只是取出旋铅笔刀来，放进一支铅笔，转几下子，抽出来递给顾客看，同时干脆地说，12 块钱一打，110 元一包！你要买多少？

我上面说过，前额下部突出上部后斜的人富于观察力；我也曾经说过，前额上部特别发达突出的人想象力极强，善推理，好批评，追究根源。苏格拉底、爱因斯坦、萧伯纳都是这种类型的人。他们善好研究哲学、玄学、心理学与经济学。你若生得一副上部高大突出的前额，那你便太好幻想、梦想，太重理论太心不在焉了。诗人爱伦·坡就是如此，太悲观，神经质，几乎呈病态。

你有时候可能会遇见前额中部（不是下半也不是上半）特别发达的人。这种人往往是介乎观察与想象家之间的人，这种人的前额表示记忆力极佳。他善于牢记日期、事件、地点、歌谱等。这是一个简易而可靠的观察法，可以测知谁是音乐家。我所见过并作过相貌分析的著名音乐家，从歌剧家到摇滚乐师，从卡鲁苏到惠特曼，都是前额中部宽大发达，宽脑表示对于乐曲韵律、节拍、韵调敏感。

假如我看见一个少年前额宽大皮肤极细，我一定会向他的父母建议把这个孩子送入音乐学校，为了兴趣为了将来的职业前途，这都是最恰当的。

总结起来我们大可以说，凡是前额或脑门高的人，他们喜欢高超的学问：哲学、高深的算术、心理学、伦理学与美学。

再说脑门或前额低的人，他们对于物质的细节、可见的东西、客观与自然科学远比对于抽象之学与不可靠的事物感兴趣。

而且巧合的是，你会看见前额宽大的人胸怀也博大。胸襟宽大的意思是指一个人多才艺，善于适应与心智倾向宽泛。这种人对于自己的工作喜好常变化，喜更换。

前额或脑门狭窄的人的个性也狭而专一。但这不可以与平常人所说的心境狭隘相混淆。我不是说人的固执与武断。前额狭窄的人是专家，他们对于一种学问可以用心深入研究。居里夫人就是这种类型的典型代表。

在医学界，窄脑门的人可以成为专门的细菌学家，神经系统、眼、耳、喉、心脏、肿瘤等科的专门医生。

在法学界，窄脑门的律师会专心于公司法、商标法、海事法或刑法等，前额宽大的人则喜欢变化而愿意从事一般的法律业务。

平常不必把一个人从某种行业提出来，再去

发现他最适合做的工作。不久前我曾分析过一位建筑技师，只为他的职业作了一点但却是异常重要的改变。因为他具有智力天性、建设能力、想象、创造与艺术天性，他现在转而从事建筑界的创造业务方面，之后，他感觉愉快多了。这一点点改变就使得他由讨厌工作转而获得成就。

记住，苦干是成功的主要条件之一，只赖前额生长的形状是不够的。所以，在看清楚你自己、你周围人的前额形状之后，仍要用你脑子里的知识学问向前进！

第 5 章

你是健谈的人，还是沉默寡言的人？

我们在人群中经常能遇到喋喋不休、像打开了话匣子的健谈者。当然，并不是每个话匣子式的好谈话的人全是人群中的害虫，其实发言欲——渴望表达自己的意见——是一种优点，尤其是能表达出可取的智慧时。可惜，大多数时候人们并不是这样来表达的。

我的一个学生，一位少年，最近给我写信提到了他到某地渔猎旅行时所遇到的一件事。这次旅行是他公司的总经理特地为招待一位重要的顾客而组织的，因为那个人最喜爱钓鱼。参与者有公司总经理、那位顾客以及我那位学生本人，还有新近入职该公司的一个地位颇高的推销员。我的这个学生从我这里学会了一些“相人术”，也就是科学的个性分析法。在出发之前，他力劝总经理最好不要带那个新来的推销员一起去。他给我的信上写着：“我与他初次见面时，他刚开始时很缄默，但后来我很快发现，他具备了‘话匣子式’人的一切征象。”

但是他的公司总经理还是决定带着那个人一同前往。果然不出我的学生所料，那个人自从上车之后，就一直喋喋不休，到了垂钓露宿营帐时，他又对一切东西批评个不停。两天之后，那个顾客再也忍受不了了，就把公司的总经理拉到一旁说：“那个小伙子把这条河里的鱼都给吓跑了，假如你不能使他住嘴，至少也应该让他离开我这一条船。他是你约来的，你跟他坐到一条船上去钓吧。”

鲍勃，我的那个学生，从那次旅行归来之后便立刻获得了总经理的提升。他当初对那个推销员的个性分析一点也没错。那位嗜好钓鱼的顾客从此成为了鲍勃的老主顾。那几天，鲍勃曾陪着那位阔顾客同船钓鱼，而他的总经理却守着那个推销员，时不时地准备堵他的嘴，以便让他少说点话。

鲍勃当初决非随便猜测那个人是话匣子，他是通过观察而判断出来的。下面就让我告诉你，如何运用这种观察法。

人脑的各部分都有与人体其他部分相同的发育原理。这个原理就是：愈利用愈发达。若不用或营养不足便会腐坏、消瘦甚至完全失去机能。喜欢说话的人脑子里的语言神经中枢非常发达，他们经常地使用它，从而使语言神经中枢越来越发达。

1861 年，法国著名外科医生布罗卡博士发现，人类脑中某一部分与人的说话机能有着奇异的连带关系。当时，布罗卡医生担任巴黎疯人院的院长，院中收容的病人有些是患失语症的，失语症会直接影响到人对字句的记忆，患此病的人甚至会忘记他自己的姓名、家住哪里或者忘记了所有的字句，需要重新从头学习说话。这种病人死后，解剖他们的脑子，会发现所有患此病的人的脑子的某一特定部位都带着病象，那块地方有的发肿，有的已经损坏，有的则曾受过震伤。那块灰色的小地方刚好生长在眼珠后边靠上一点，因为布罗卡医生对此处研究特别详尽、深入，故医学界便以布罗卡之名代表此灰色区域。

以上所述虽近于专门学识，但却对个性分析有直接的重要性。一个人说话多了并经常运用大脑的语言中枢，血液便会给予此部分更多的流通和滋养，因而此处就特别发达，因为此处恰好在眼珠的后边上面，所以，它发达、长大，便有使眼珠向下向外凸出的倾向，于是使我们得到一个要点，那就是：眼珠凸出的人往往爱讲话，是健谈家，并喜欢利用字句。

然而，在你断定某个人是否健谈之前，你必须能确切地鉴别其他的一些特性，不可以仅根据眼眉及眼珠的凸出断定，而应当看颧骨。假如一个人的眼珠与颧骨相比较凸出甚而凸出颧骨之外，你就能断定那个人是健谈者，

而不能将眼眉的浓粗向前突出误以为是眼珠凸出。细看人的眼睛，请记住我前边解说过的，它们是因语言神经中枢特别发达而被挤出向外向下的。

你还要记住，这种特征仅仅是指讲话的量而不是其质。虽然人群中不乏总是喜欢讲话但讲的全是废话的人，但有些人的讲话虽多但却都值得一听。你若有智慧并具有凸出的眼睛，你便是一位强有力的个性人物。在某些职业上，讲话能力与表达能力是一种重要的资本。布道家、传教士、售货员、语言学家、新闻记者、律师与演讲家——都需要有凸出的眼睛。我们发现，古今中外的大演说家、传道士、政治家的眼珠都是凸出的，而近现代一些人物，如希特勒、路易·乔治等都是如此。

这并不是空洞的理论，而是根据数以万计的试验与观察所得出的结论，并且有的极为有趣。数年前，我在匹兹堡师从温德塞医生，他约我去医院看一个对我很有用处的病患。一位太太因坐汽车时被撞伤了头骨，那小块伤处正好在她的左眼珠上边，脑子都可以看得见，自从被抬进医院之后，她就喃喃地讲个不休，她说的都是些不连贯的字句。她一直讲了几个小时，除非给她吃镇静药才能稍停。医院对此病象均感到毫无办法，遂请教于温德塞医生。只见他看了一眼病人的情况，随后便用一只消过毒的解剖刀在受伤露出的那块脑子上轻轻按住，那位妇人正说到一句话的中间便突然不语，她的嘴巴却还在张着。温德塞说，这正是她的语言神经中枢所在，因为受一片撞伤的骨头所压，于是便有了这种奇特的现象。他遂用夹钳把那片碎骨夹出，那位讲话不停的妇人从此便安静了下来。

因此你可以明白，我们确实有根据说，一般人如果有一双凸出的眼睛，必定好讲话。

那么，一向沉默寡言只听别人讲话的人又是怎样的呢？我们该如何去鉴别这种人呢？我们怎样才能观察那些无论对方表示什么意见他也不爱答话的人？这其实非常简单。

眼珠深陷在眼眶里的人，往往是喜欢静默并很少讲话的人。他们常常没有什么话讲。林肯的个性可由他那深凹的眼睛同天赋的不凡的智慧中看出来。试看他的每幅照片，既高且宽的前额，突出的颧骨愈显得两眼深入。他有一个极为显著的智慧聪明与异常缄默的相貌。林肯却又是世界上的大演讲家之一。他有着用极少的字句表达他自己观点的惊人才能。试读那解放黑奴的宣言和那著名的葛底斯堡演说，简短得在一块破纸上就能写全，不到五分钟就讲完了，聪明与沉静！智慧与简洁！有力与静默！多么令人羡慕的个性！

我们接下来还将学习到，从别的易观察的个性现象上得知一个人的谈话内容。自私心重的人所谈的总是关于他自己。如果一个人是金钱商业天性非常发达的人，他必定总是喜欢谈钱和怎样取得；若是宗教意识强的人，自然适合于去当传教士；理解或其他智力功能发达的人，谈吐则极有思想条理；皮肤生得细嫩的人讲话通常比较文雅，而皮肤粗糙肌肉粗壮的人必定在讲话时比较粗糙、有力。

第6章

你是能干的人还是懒惰的人？

你愿意在一个月内增加几百元的收入吗？有一个人就曾有过这样的收获。阿弗瑞最近曾写信给我，信上写道："巴尔肯先生，我要向你致谢。我最近在商品推销上业绩颇佳，以前一个月才得以一见的进展，这次只隔了一星期就获得了。这完全是由于我学习了个性分析法并且应用于推销上的结果。这完全是你帮助我在一月内增加了200元的收入。我把你的理论应用到了顾客身上。例如，我已经学会了如何把货卖给一位皮肤粗糙、有主见、具有高前额的主顾。我真的非常感激你。"

在他供职的公司的所有推销员里，阿弗瑞的成绩原来位于第21名，现在已经上升至第二名了。我要向读者们说明的是，我并不是只给你们空洞的鼓励，因为科学的个性分析法已经被证明是有效的、一定可以增加你的收入的工具。阿弗瑞使用它之后，在一个月内增加了200元的进项。还有很多学习了它的人，不但增加了他们的收入，还增加了快乐。那么，你使用它了吗？

现在，让我们进一步去了解我们自己以及别人。这一次我们来观察鼻子。鼻子是我们脸上最显著的部分，它代表着很多事物。

你是否留心过非洲人的鼻子？他们的鼻子是短的、呈扁形，鼻孔宽而大，直通肺部。我们叫这种扁鼻子为凹入型的。它是由于非洲人住在热带而形成的。与此相反，大自然使得居住在寒冷地域的人们，如盎格鲁—撒克逊人的鼻子样式则大不相同。大自然使得他们的鼻子长得比较长，从而能使稀薄的冷空气进入鼻孔之后，在鼻腔中预热一下，然后才被吸入肺中。

你也许已经知道，氧气是能量形成的主要动力。火车头的煤与氧气燃着了，才能使蒸汽机前进。氧气与汽油混合燃烧才能使汽车飞驰。另外，正是氧气与你的血液和体内养分相混合才使你能行动。换言之，能吸进大量氧气的人，比较起来，往往是最有能量的人。

你平常总是懒惰吗？你时常感到疲倦吗？那么请练习深呼吸。当你在街上行走之际，可以经常地每吸一口气就迈七步，呼出一口气也走七步，如此反复地做。练习深呼吸法，这是我所知道的培养活动能力的最简易的秘诀之一。

让我们仍然回来讲人的鼻子。你在大街上可以一眼就看出什么样的人容易患感冒，鼻子不通气或者支气管炎等病吗？只需注意他的鼻子。他是否有一个小而窄、压扁、苍白得像是饥饿了的鼻子？这绝对表示他比较懒惰，肺部的功能比较弱。每逢你遇见一个人长着一只往后凹进的鼻子，没有鼻梁，像是被压扁了似的，这绝对表示此人缺乏创造力，缺乏力量，缺乏奋斗力。这种人浅薄且懒惰。这也是他们消极、不能干的主要原因。他缺乏决断能力，他到处走来走去，他容易急躁发怒，但最终还是一事无成。

相反，当你看见一个鼻梁凸出的罗马人的鼻子，且鼻孔极深，你就可以断定这个人的性情活泼，不愿闲着，喜欢奋斗，进取，且有活力。他需要做事情。他也许会做不好的事情，但他总是要做点什么。老罗斯福就是这样的鼻子，他是个非常好动的人。凑巧的是古今历代的统兵大将，自汉尼拔、恺撒，到福煦与波星大将，他们的鼻子都是凸出、高耸的罗马式鼻子。就我个人所知道的还没有过一个例外，你能举出一个长着一只小而凹入的鼻子的成名将军吗？

还有一点是确切的，就是凡是长着高鼻梁凸出鼻子的男人或女子往往都爱好辩论，实际上是他（她）宁可不吃饭，也要赢得辩论的胜利。我常常看见愚笨的售货员同这样的人去辩论。有的售货员能驳倒这种人，但在售货上却失败了。遇到这种情形我要建议的是，首先，你最好是赞同你的好辩的朋友的意见，然后转移到你所打算说的事情上。每当这种好斗的顾客说某种货品不好甚至坏极了的时候，你不要跟他辩驳，而应该说："是的，你的高见极对，不过，最近我们对这种产品很用心地加以改良了，你不妨再试用一次？”先赞同他，然后再说你想说的。

现在你已经知道，生着凹入型与凸出型鼻子的人的一些个性了。可是，鼻子直长、细而凸出的人是什么样的个性呢？这种鼻子被命名为希腊型。你不妨留心看看维纳斯雕像的鼻子。长着这种鼻子的人，往往富有艺术力，爱美，擅理想，极其喜好美善的事物，渴求美的事物，并且假如他不能得到这些，或不能在非常好的环境中工作，他便可能成为可悲的不适宜者——像一根圆孔中的方木头。

再者，你见到过鼻子尖向下扁的人吗？哈，他是一个悲观者，他满心严肃，时常抑郁愤世。他觉得样样事情都不好，情况只会越来越糟，社会的一切都要毁灭，这些都是他常常念叨的葬歌！对付这种人的唯一方法就是，不要以过度的乐观去劝慰他，只需设法打动他，使他感觉到一切并不像他所想的那样不可救药。总之，你最好去减轻他的悲观程度。

当然，还有一种是极为乐观的人，他们的鼻子尖往往是向上翻的。鼻子尖往上翻的人在一分钟内所问你的问题，恐怕是你一个月也回答不完的。几乎每一个小孩子的鼻尖都是向上翻的，还有比小孩子更好问的吗？成年人若有这样的鼻子，则表示他很好问而且永远是乐观的，这样的人大多容易被引导去购买货物商品，售货员应当知道与他们交易是最容易的。

让我们总结一下。

一个高鼻梁、罗马式凸出的鼻子表示的是什么个性呢？是力量，能干，好斗，好辩。

凹入的扁鼻子代表什么性格呢？是消极或缺乏能力。

鼻子窄而且笔直的希腊维纳斯型的呢？艺术欣赏家，喜好美的事物。

鼻尖压扁的呢？是抑郁，严肃，悲观。

鼻尖向上的呢？是好问，乐观。

切记，鼻子的用处并不仅仅是为了发挥嗅觉功能，尤其是大象的鼻子。

第7章

下巴的形状与个性

最近我分析了几位奇特的人物：一个管无线电的人，一个曾犯过罪的人，两个歌女，一个电影明星，一个警察长。而我最后的这个被分析者，却代表了一种新的经验。裘丽雅是一位沿海守卫官的女儿，裘丽雅的父亲驻守在太平洋岸边一个风浪险恶的地角，许多船只都曾在这附近遇险。母亲死去之后，她便替她父亲在一个小村上管事。

“我今年 26 岁了，”她说，“人们都说我长得很美。我居住在这个偏僻之地，因此很少有与外人接触的机会，不过，我父亲的两个下属会经常来看我。我对待这两个人的态度完全一样。同时，我也观察分析了一下他们，结果发现他们二人各有一个特别之处，令我觉得非常有趣。他们之中有一个人的下巴是长、方、突出的，另一个人的下巴却是向后缩进的。这表示了什么呢？”

哈哈，裘丽雅的这个问题其实很容易解答。一个人的下巴表示执著、勇敢、决断，另一个人的下巴则表示容易兴奋与激动。

那么，读者你愿意知道哪个形状代表的是哪个人吗？好极了！诸位请都将嘴巴闭上。让我先来讲讲有一天在世界上最繁华的纽约 42 号街同 5 号街转角上所见到的一件事情吧。这一天，有一位瘦小的老妇人待在边道上，由于恐惧几乎都被吓傻了。只见道路上公共汽车往来如梭，喇叭齐鸣，行人往来迅速，电车飞驰，路警的笛子时时在吹着，真是好一派繁忙的景象。那位老太太则被这种喧哗震动得头晕目眩，并且（注意此点）她的下巴不停地在颤抖。我正想上前去扶她一下，旁边有一个小伙子却越过我抢先上前去扶住了她。而这一点最有趣——当他拉住她的胳臂时，那位老妇人的下巴立刻不再颤抖了。

这又该如何去解释呢？其实是这样：人的消极情感如怯懦、惧怕（或积极情感如执著、勇敢）同人的下巴的生理构造及动作之间有着密切的关联。每位生理学家都知道心脏的神经末梢延伸至下巴里面，简单地说就是，人体中的一种神经网是从心脏附近起始，然后经过肌肉而分散到下巴。不仅生理学家明白这一点，拳击家也很清楚这一点。每个打拳击的人都知道他的下巴是最容易被攻击的弱点。一个人的下巴左边或右边突然被重击一拳之后，他的反应动作必定是先用手去保护他的心脏部位，然后是朝前倾倒。久经战场的老军人，也都知道士兵的下巴或心脏被枪弹击中时，他都是先用手抚心然后向前栽倒在地的。

你很快就能在观察与比较中明白，无论男女，如果其下牙床是大而突出的，也就是凹入型的下巴，那么他的心脏往往会跳动得非常有力，坚实，稳定。心的跳动既然坚实有力，这个人就必定勇敢，执著，有耐性。同时，这种人还能深思熟虑，善于掌控自己的行动。

这种牙床突出、外型凹入的下巴，叫作有决断的下巴。凡是下巴凹入的人都能坚持忍耐。假如你的下巴也是这样，那么你的意志力必定特别强，换言之你必定很固执。

那些向后缩的下巴，我们称之为凸出型的下巴。一知半解的个性分析者，可能会说这种下巴的人应该是怯弱的人，其实并不尽然。例如美国青年网球家布奇、罗斯福夫人等都是凸出型的下巴，他们就拥有积极的个性。然而，这种短下巴的人，其心跳必定是忽缓忽急呈兴奋状。他们的心跳次数较多，因此他们容易冲动激奋。他们往往敏捷机灵、深刻、易反应。这种短而凸出型下巴的人，比起下巴凹入而且不易动情感的人，是比较容易激动和被刺激的。假如你需要聘用一个行动敏捷的人，或者手工熟练的人，你应当选择一位下巴短而凸出型的人。

我们不妨用事实来测试一下心脏与牙床之间的关联作用。姑且以“恐惧的感觉”为例。你曾经确切地被惊吓过吗？假如受过惊吓，你一定会很容易就想起当时你的心跳突然停止了一次，你对浑身的肌肉全都失去了操纵力，你的膝盖颤抖，两腿发软，你的下巴下落，两手抓着胸口，你的脸变得惨白，牙齿打颤——所有这些现象都是因为心脏活动突然被搅乱了，血脉暂时不能流通到末端，下巴就是血脉循环的末端之一。

那么，让我们来看一看下面这些事实对你是否有帮助。一位专门的个性分析家对你做职业审查、为你选择职业时，他首先需要知道的是，你是能忍耐还是急躁，是动作敏捷还是缓慢，是易受冲动还是坚稳自持。这些因素与你的职业大有关系，并且是判断你最适宜做哪一种事业的关键之处。

有雄心而聪明的售货员也应当知道下巴所代表的个性，并利用这种知识去迎合买主的购买动机。下巴短而向后回缩的顾客是动作敏捷的，聪明的店员对于这类的男女买主用不着多费唇舌去劝诱购买。他可以把货品拿出来让买主看一看，然后几句话就能成交。事实上，假如在他头一两次看完货却不买的时候，你就可以断言，以后他也不会买。因为他一定是没有钱或者购买能力不足。

假如你遇到的男女顾客是长而细小的下巴，你最好耐着点性子多费点时间。这种人最习惯于慎重考虑问题，他不会急着去做决定。来看一次后，回头还要再来看。你一定要有耐心，千万不可着急，记住，下巴愈是向前伸长的买主愈是谨慎考虑者，他买一件东西是要再三地斟酌考虑的，他不会立刻拿定主意买走。售货员遇见这类主顾时，切勿急躁，切勿鲁莽，要和和气气地慢慢劝他购买。

上凸出下凹进面型

积极意向——思想快而行动慎重，重实际，有魄力，富领袖执行才干。

消极意向——略显专制、操纵与固执。

上凹进下凸出面型

积极意向——思想审慎而行动快，手艺精巧。

消极意向——不实际，易激动，缺乏领悟力与忍耐力。

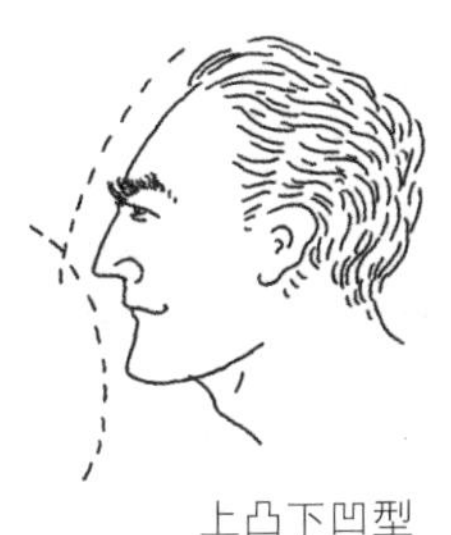
上凸下凹型

上凹下凸型

总的来说，男女的下巴长而前突呈凹型者，其个性往往固执，忍耐，坚决，并能约束自己的言行。下巴向后收而呈凸型的男女往往个性敏捷爽快，易受冲动。假如你看到一位短得没有下巴的人，你便会知道他是一个极容易冲动的人。

因此，如果你有兴趣衡量你自己的能力并想

增加你的收入，你可以应用这一章所讲下巴与个性的知识，去选择适合你自己的职业，或帮助别人择业。

最后，让我们做一个测验。先去拿一张墨索里尼的照片，再去拿一张罗斯福太太的相比较。一个是十足凹型的下巴，另一个正是凸型的。他们的下巴所代表的不同个性是什么呢？

最后，让我们记住这句话："当你知道一个人的姓名，你其实什么也不知道——他的个性、心地、目标。但是当你端详一个人的面貌时，你却可以像看一本书一样，尽知他的心。"

第 8 章

你的侧面形象说明了什么？

几年前，在凯雷先生发表的一篇关于智慧的论文中，有一句极为简洁而有力的话："一个人如果懂得一种方法或技巧，就不但能寻求到事物的本质，而且还能利用身边的事物，因此，他往往能成为一个出人头地的不平凡的人。"出人头地也就是事业成功。

现在，我敢打赌说，桃鲁雅虽然只是一个20岁的姑娘，但不久之后也许就会被某画报用作封面女郎，大出风头，因为她会利用她所获得的知识。她曾给我来过一封信："巴尔肯先生，一个月前我曾在某家报纸上，读到你在几家报纸杂志上同时刊登的一段故事，说怎样就能一看便知道某人是否爱讲话。尽管我没能明白全文的意思，但是，我记住了其中的一点，那就是眼凸出的人必定喜欢多讲话。我是某美容室修指甲的女职员，上个礼拜我决心想试用一下你所说的。有个姓金的先生，是某家剧院的老板，总来我们店里修指甲，跟我们的职员很熟，但很多人见到他时都会躲闪他，并骂他是讨厌鬼。我注意了一下，发现他的眼睛是凸出的。有一天，他来到我的桌前，我便问了他许多问题，并不是开玩笑的而是很正经地问。内容有关于他所排的剧本、他的家事等等。果然，他一讲起来就没完没了，几乎把他一生的经历全都告诉了我，直到他的指甲已被修完，他还在说个不停。不过最后，他答应给我一个机会，让我在他所排的歌舞剧中试着扮演一位歌女。我今天写信告诉你这件事，是因为正是你的那篇文章，使我作了这么一个试验。然后获得了一个机会。”

桃鲁雅，这就是聪明智慧，你将使自己的收入增加无数！你的能力地位将不断提升！

现在，我们可以把已经学过的几种事实知识联系到一起，并利用它们去做更新和更有利的试验，用在我们自身以及与我们相识的人身上。

我们已经讨论过前额、眼、鼻、下巴所代表的种种性格，我已经说过为什么两眼凸出的人爱讲话，为什么下巴短向后收进的人易冲动，我也为你证明过高鼻梁罗马式的鼻子的人个性积极，你也已经知道了眼睛陷入的人性格沉静，前额上端突出眉间的人是理想家与梦想者，鼻子向后倾的人缺乏能力。

现在我们接着讲科学个性分析的第二步。我们首先试着运用所有已知的几点去获得一些结论。第一步也是看看我们自己然后再看看别人，给你自己与你的朋友照几张侧面像，细看此刻与你在一起的人的侧面形状。看清楚了，有人的前额是从眼眉处起很明显向后坡去吗？它往后倾斜吗？假如是这样，便是个性分析家叫作凸出型的前额，换言之，它的形状如同从旁边看的车轮边沿，但是这种向后坡斜的前额代表什么性格呢？往往是思想敏捷，洞察力快，这种人决不犹疑不定。这些都是科学的事实，我对这个学问已经研究了 25 年，至今我还不曾遇到过违反此事实的例外。

现在我们再来看看鼻子，它也是高鼻梁，向外呈曲线——也如同从侧面看的单车轮吗？哈，这也是凸出型的鼻子，是有力、进取、好争辩的确切表示，还有下巴——它是明显缩近颈项吗？哈，这叫作凸出型下巴——所代表的是易冲动，且行动敏捷。

以上所述的是侧面凸出型的代表，各部分都是凸出的，前额后斜，鼻子突出外弯，下巴短缩。从整个侧面来看时，各部分组成的整个凸出型也如同一个从侧面去看的轮子。这种人天生就一切都讲求快，他的性格就如同在弦之箭，一触即发。

这种凸出型的人最容易交往，并且对于他们自己和别人都是最有益时，无论是在工作时思考时还是行动时，都是非常快的。他们就像飞毛腿，有时候太快了，他们的大难题常常是怎样约束自己的冲动和太过积极，而且米粒大的事情也要争辩。但是，大多数职业都需要创造力、活动、敏捷、机警和眼力，所以我喜欢这种人，有经验的人事经理与择业顾问也极为推崇这种类型的人。

还有侧面尖、脸如箭头呈凸出型面貌的人。这种人比较适合动作麻利、行动迅速的职业。他们在凡是适合于利用他们那快的思想、实际性、领悟力、急进热心、能干、机警、敏捷的工作上，往往都能做得很好。他们愿意从事广告业、体育事业、建筑、探险、新闻记者、法官律师、实业制造、商品推销、舞台技师、政治活动、演戏以及工业运输等行业。上述所列出的只是职业的门类，后面我们将会详尽地解释哪一种人适合做哪一种事业。

现在，让我们回过头来谈谈与这种类型相反的类型，即凹进型的性格。凹进型就如同车轮一截的侧面，但却是从车轮里边看，或者像是一钩弯月的里面，或者就像是一根弯的香蕉。因此凹进型的前额是在接近头发的额顶突出，眼眉处平坦，鼻梁陷入，下巴伸出。

这种面型的男女是缓慢性格的。可称他们为慢车先生。他们说话慢，思想慢，行动也慢。他们不能被催促加快，虽然他们自己也想快。事实上这种人需要加以改善的弱点就是他们的言行开端太胶着缓慢，假如你是这种深思熟虑的凹进型的人，应当时时鞭策你自己。你需要这个。你缺少的就是自己发动。诚然你有脾气很好、人性善良、态度温和、有忍耐性等等优点，但是凭良心说你是否有些懒惰，你一大清早是否就摸摸索索地一点事也未做成？你每个星期是否都耗费了许多时间，却还没有开始做一件事情？

现在让我们谈凹进型的人最适合做的事情。你应当做需要忍耐、平和、谨慎、熟思、持久的工作。这类工作很多，而且等我们再往后讲，尤其讲到其他的形体特征，则更可趋于专一化。但概括起来不外乎如下几种：创造性的工作、作家、文书工作、教育、旅馆饭店业、法律顾问类、音乐、传教与社会事业等。

谈到一个人如何找到适合于自己的工作，我们也许会注意到最近发生的一件让人感到奇怪的事情。

几个月前，长岛报纸上刊登说，当地的一个居民突然遇到了致命的危险。之前，他的咽喉曾因病开过刀，并由医生给他配了一根二寸长的银管子放在嗓子里以帮助呼吸。在一个冬天的夜里，这根银管子忽然下滑到了他的气管里，导致他窒息得既说不出话来又喘不过气来。这个不幸的人倒在了大街的雪堆上，一群人围着他看，但都对他爱莫能助。这时候，有一个年轻的巡警走过来推开众人。虽然他对医道一点都不懂，但是当他看到那个急得要死的人用手指频频指着自己喉咙上的一个开口，并发现从那里还在断断续续地发出一点呼吸，但那个开口被那根掉进去的银管子塞住了，便立刻想到了应该怎么办。只见他取出了他的钢笔，摘下了他的手枪，用枪把将钢笔敲碎，取出了里边的橡皮管，用手巾拭干净，然后放到了那个人喉咙的开口处。效果非常明显，那个病人立刻便呼吸自如了。这个临时的“气管工”一直等到医院的救护车来了，才把病人交给了医生处理。医生迅速把那根银管子取出来，安装回了原处。这个病人因而得救。

在这个案例里，巡警的做法就是思想和行动敏捷的最好表现。世界上有许多工作需要如此的敏捷特性，这类的事情也是我们真有这种特长本领时所会经常遇到的。

在科学个性分析法上，每一种你想得出的面型或者是混合型的人都有。现在，你已经学过了纯粹的凸出型的男女性格——思想敏捷，行动迅速。你也学过了关于纯凹进型的男女性格——思想迟钝，行动缓慢。

那么，既非凸出型也非凹进型的人的性格又该是如何呢？长着直或平面的前额、眼、鼻、嘴、下巴的人的性恪又是怎样的呢？这样的人，他们的侧面形往往是平的。

平直面型

积极意向——介于深思和好动之间

消极意向——易趋于迟疑不决

平直面型

平面型的人——他们的脸与脊椎呈平行线——所代表的性格正好介于纯凸出型的好冲动者与纯凹进型的惯迟疑者之间。这种人时常需要接受督促才能去做更积极的事情。

然后我们再说说混合型的。最常见的是侧面上端凹进下端凸出型的人。其实，我们每个人刚生下来时都曾一度是这样的面型，因为每个婴儿的脑门都是突出的，而眼眉平坦，鼻子扁进，嘴唇伸出，下巴收入——这恰恰是上凹进下凸出型的特点。

你若看见这种面型的成年人，你可以断定他是思想慢而行动快的人。这些人是先去做而后想的。他们的借口常常是“我没有想”——这是一点也不假的。这种人需要很长的时间才能在心中作出决定。他们时常心不在焉，不细心，不实际。他们的精力不足，但行动却极快而且易冲动。千万不要给这种人安排需要决断、负责、劳心力或重实际的工作。事实上，我从来没有见过任何一个行业的能干的首脑人物是这种面型的人。

当然，他们在某些工作上也能取得令人满意的成绩，例如需要精巧的手艺和技能的工作，打字、包装等机械工作，宝石匠、园艺师与某些零售工作，但他们必须有一个能干的执行者时时加以监督。

现在这里是一个极有趣的个性分析的试验。假如你去收集世界名人的相片，把美国历任总统的侧面面型做逐一比较，你会发现一个很惊人的现象。几乎全无例外地，他们每个人的侧面型都是上端凸出下端凹进。这是最理想的行政人物型。

前额后倾呈凸型的人表示注重实际，有观察力，敏捷，思想善决断。鼻子凸型表示有力、主动、进取。嘴及下巴长而形成凹进型表示行动慎重，能自我控制，并且坚毅能忍。

这种人是想得快而行动慢。他或她会习惯地说："我明白你的意见，我明天会回答你的。"

聪明人——真正懂得科学个性分析的人——决不会立刻强迫这种人改变性格。反之，他会拿出自己的智慧来，利用这种人的个性："好极了，明天上午十点我再来看你，成吗？"

养成分析你自己的习惯。忘掉你过去的失败，一个人心中若是装满了过去的回忆，则会很容易变老；若是装满了希望与幻想，则很容易成为空想家；但若是装满决断与一定的目标，则更有可能取得较大成就！

总结之前所述，人们的面貌形状不外乎凸出型、凹进型、平面型或混合型。假如你对自己的面型不能断定，那你可以问你的朋友，或用镜子照，或看你映射在墙上的影子，或是拍一张侧面的相片。

现将各种面貌形象的各种性格与适合做的职业分列于下：

凸出型面貌——前额后倾，眼眉高出，高鼻

梁，唇突出，下巴短缩。积极性格与优点：思想快，富观察力和创造性，行动敏捷。消极性格或弱点：常趋尖刻讥嘲，易怒与好动，缺乏忍耐持久性。职业所宜：需要重实际与速度的工作。

凹进型面貌——前额上端凸出，眼眉平或陷入，鼻子低洼，唇短缩，下巴突出。积极性格与优点：喜思考，态度温和，忍耐，思想与行动均注重。消极性格或弱点：太迟缓，易趋不实际，懒惰与固执。职业所宜：需要审慎、忍耐、坚毅的工作。

平型面貌——前额平直，直鼻子，嘴与下巴均平直。积极性格：介于思想与好动之间。消极性格：易趋犹豫不决。职业所宜：需要平均能力行动的工作。

上凸下凹型面貌——前额后倾，眼眉高出，高鼻梁，嘴唇短缩，下巴长而突出。优点：思想快，重实际，有精力，行动慎重自持。弱点：略趋专制、固执。职业所宜：富领袖执行能力，需要能干、负责与判断的工作。

上凹下凸型面貌——前额上端凸出，眼眉平或陷入，鼻子低洼，唇突出，下巴短缩。优点：思想审慎，勤快，手艺精巧。弱点：不实际，好冲动，缺乏领悟力和耐性。职业所宜：需要敏捷手艺但非太实际或思想快的工作。

第 9 章

你是一位思想家、实干家还是管理者？

最难约束的事情之一就是人类喜欢干预的天性，特别是在我们知道自己确实是对的时候。因此，当我认识的一对夫妇高傲地对我说，他们是怎样迫令 11 岁的儿子出去和别的孩子玩儿时，我咬紧了牙没有说话。

我了解他们对于自己孩子的关心。他不太结实，还有点体重不足，他太好念书，厌恶剧烈运动。但是他的父母硬是想把他纠正到另一面。他是属于智慧型的——是一个十足的思想者。虽然父亲在大学时期是划船好手，母亲每到周日便会去打高尔夫球，但其实他们没必要使儿子也成为运动健将。强迫他去踢足球对他只能是一种痛苦。其实，只要在公园里散散步或去游半个小时泳，就足以供给他所必需的新鲜空气与活动。对于这种情况，现代心理学家往往会对这种父母建议：要和缓，不要在体力方面强迫他去做或者强行训练他的体格，否则很容易损伤他的神经系统，最终的结果只能是，既成不了思想家也成不了实干家。

在这里，我将告诉你如何去避免类似的错误，怎样确切无误地知道男女或者儿童是智慧的、聪明的还是精明的，是思想家、实干家还是管理者。

数年前，我分析过一位年轻的欧洲逃难者。这个人到了纽约后，迫于生计只能当裁缝以赚一点吃饭钱。但是，他对这种工作极为厌恶，所以数年之后他来问我，能否有办法让他脱离这种痛苦的岁月，另找适宜的工作。他知道自己的脑力要比一起工作的每个同事都强很多，但他再努力还是逃不开这个“可怕的”工作。

我一看便立刻知道他是一个很优秀的智慧型的人。他的头很大，前额高而且宽，两颊窄而陷入，下巴伸出，小身量，手指尖削，手脚均小，声音高而尖。他的体质略弱而智力很高。这就是一位真正的思想家型的人。他缺乏交际能力，因此他不适合当医生、传教士或者教育家。他亦不适于艺术，他没有作家、艺术家或者设计家的天赋。然而他却有惊人的领悟力、敏锐的观察力以及极好的推理与批评能力，并且有一个罕见的全神贯注的特长。

智慧型

积极意向——思想灵活，智慧，喜读书，勤奋，富推理力。

消极意向——体质软弱，缺乏活力，故易趋懒惰。

智慧型

经过详细审慎的诊断之后，当时我曾翻开我的研究案卷——其中已详列了 1602 种不同的职业，看一看哪一种最能发挥他的特长而又能避免他的弱点。最后，我劝他破釜沉舟及早改行以免太迟。我劝他去学习植物病理学，研究植物的各种病理。他接受了这个建议。

就这样，他去了一个很好的农业学校，刚开始时还干着裁缝的活儿以维持生活，后来他成为这种专门行业中最成功的一个。虽然他并没有发财，但极为快乐。他成功是因为他做的是自己喜欢的工作。这是一切快乐的精髓所在。

我怎样知道他是智慧型或思想家型的人呢？假如你看见他时你怎么能断定呢？简单地说，是因为我懂得人体构造的第二种特征。大概说来，可以将人分为三种构造不同的类型：

（一）思想家或智慧型（这种人好深思、创造、计划、推理、写作、筹策、发明与设计）。

（二）实干家型（这种人是用他的手和身体，实际去做或执行思想家所计划的事情）。

（三）精干或管理者型（这种人监督或资助思想家与实干家的工作）。

我再进一步仔细地告诉你怎样去辨认智慧型的人。假如你属于智慧型的人，你必定有一个大的脑子，脸与身体却比较小。你看见过英国籍的电影童星巴塞罗密吧？请注意看，他就是智慧型的最好代表。还有女星苏佩兹、女星玛丽·郝余丝都是这种类型的。再看看设计出米老鼠等漫画角色的天才画家迪斯尼，再留心观察你的朋友，特别是艺术家、作家、哲学家、教授、广告师、会计师等脑力工作者，你立刻可以看出他们大多皆是：（一）头大、前额高而宽；（二）脸小、鼻子细、下巴突出；（三）体质文弱；（四）削肩膀；（五）手指细长；（六）嗓音尖而高。

最简易的辨认这种类型的人的方法，就是切记：他们的脸像梨倒置着，梨把向下。这不是很容易看吗？没错！梨形面孔，头大，脸与身子较小，这是极端的智慧型的人。这种人喜欢用脑子，因为比较来说他的脑子是全身结构中最大的一部分。

试看一下威尔逊总统的相片，还有莎士比亚、爱伦·坡、斯蒂芬孙、萧伯纳、皮特瑞斯基、爱因斯坦以及影星李斯廉·霍华——他们都是喜用思想、计划的智慧型人物，脸形像一个倒三角形。

假如你也是这种人，你多半是在智力上灵活而身体上懒惰，你极喜欢做用脑力的工作，甚而厌恶体力工作。

在艺术室、音乐厅，你很容易就能见到这一类人。在学校里，和你一起上课的同学中成绩优异者里也有这一类人。在办公室里，这种类型的人往往做着用脑的工作。在实验室内，在广告部以及在统计室里也能看见他们。

这类人喜好读书学习，假如你有一个这样的孩子，务必设法供他到大学毕业并谋求让他深造。我当然不能太勉强你去这样做，但是人生中最悲惨的事情就是，把智慧型的人或思想家早早地从学校踢出去而未能让他更多地接受教育。你会发现他们总是怀才不遇，郁郁寡欢，对人生不满意，对社会很失望。因为他们的智力并没得到充分的训练，却经常被迫去做体力劳动，而因为他们的体力多不强健，所以才会厌恶这种工作。完全的挫败感和一事无成，使得他们厌世或愤世嫉俗、报复社会。很多事实证明，他们往往会为了逃避现状而堕落犯罪。他们享受不到用智力去工作的乐趣，因为他们的脑子并没有获得发展的机会。

你有一个爱看书、爱计划、爱幻想的孩子。你是经常督促他出去与同伴们踢球，做跑腿的工作，收拾屋子的工作，伐木头或者其他劳力的工作，而不给他一个充分运用智力的机会吗？假如是这样，你最好从现在开始就停止，并且感谢老天，因为现在开始让孩子走适合他的路尚不太晚！假如他是这种如梨形的脸，身体文弱，那么就应该让他去读书，做计划，鼓励他的学业。如此，他就能不断增进其优秀的智慧和才力。当然，他也必须有适当的体育运动和休息，以保持他的体力。

假如你是这样的人，就应该避免那些过分消耗体力的工作，同时也不能忽略你的身体成长，脑子特别大的人的身体也必须保持健康。家庭主妇们：假如你明白你的丈夫是这一类的人，就不要再让他帮你收拾家庭琐物。你屋里的桌椅坏了水管裂了，也别派你的丈夫去修理，你的快乐全在任你的丈夫用他的脑子而少用他的肌肉上面。女孩子们，假如你的朋友是梨形的头，上大下小，就让他去读书，静听并鼓励他的理想。有一天他会创造出一种极有价值的事业。

现在我们已经懂得了如何去认识与衡量智慧型的人的能力。那么，让我们再去讨论一种个性分析的征象，就是我们所要知道的好动的——富有动力的——实干家型的人。

一位智慧型的女子嫁给了一位好动的男子，某天她前来对我说："巴尔肯先生，我丈夫是一位采矿工程师。他每天工作都很累，本来晚上回家后他就应该安静地休息了，但他却不这样，他永远要做这做那的。他在屋里瞎忙，总是不能让自己安静下来。若没有一点事可做时，他便会说：'让我们坐车到朋友家去玩吧。'或者说：'我们出去散散步好吗？'"

"现在我唯一的工作就是管理家务和看着我四岁的女儿。但是巴尔肯先生，这一点点事情就把我累坏了。每到晚上我就只想着躺到床上，然后拿一本书看。这些情形对你来说也许很琐细，却使得我俩都过得很不快活很不美满。你是见过我丈夫吉米的。你对我们有什么好的见解指教吗？”

从个性分析的观点来讲，这位丈夫正是我们将要在本章里讨论的最纯粹的好动型的人。他的形体构造正表示着他是一个好动型的人，一点矛盾的形状也没有，同时这位太太则是十足的文弱勤读的智慧型的人。她憎恶体力劳动，然而她丈夫却认为那是生活的必需。对此问题的解答就是所有美满婚姻必遵的信条——予取予给。比如，你平常可以多陪他干点体力活，也劝你丈夫多休息和少劳作，这样你们二人就能平均一点，从而使彼此都感觉愉快了。

当然，也许你还有更好的办法。一位聪明的女人会烙饼也会吃。设法为这种类型的丈夫找一种嗜好可以使他在家里忙于动作。例如造家具、造船模型、照相或抹墙等工作。许多工程师都是这样而成了极为手巧的业余雕刻家。

下边是这种个性分析的要诀，欲在你的家里或朋友当中，找出这种纯粹或极端好动型的人，就要注意：（一）方形嘴巴；（二）方形前额上端；（三）颧骨突出；（四）高鼻梁；（五）嗓音深沉；（六）肌肉骨骼显著——大手大脚；（七）肩宽而方，手亦方形。

你见过林肯或格兰特将军的相片吗？林肯是高而有棱角，格兰特是矮而胖，但你也能看出，他们都是方下巴，颧骨突出，鼻子高瘦，而前额上端是方形的，肩与手也是方形的，他们脸与身体的构造也都是方的。

你自己也是这种肌肉骨骼都是四方形的人吗？那说明你也是一位好动的实干家。我对你的劝告是，要让自己总在做一些动作。不要总被囿于室内做日常性的工作，或是从事那些需要时时读书、抄写或被束缚在办公桌上的呆板工作。做你天性喜欢的工作如建筑、制造、采矿、植树、工业或航运吧。这种使用体力的欲望，可以把好动的人“锻造”成探险家、军人或运动健将。

好动型

积极意向——独立，精力充足，富创造性，喜户外生活，喜自由，爱运动。

消极意向——精力不集中，不喜读书。

好动型

我从来不曾见过一个出名的足球健将或者各种运动冠军不是好动型的人。例如拳王乔·路易、薛墨林，网球家铁尔登、布奇、瓦因斯、潘雷等人。事实上我还从未遇见过与此观察相反的一个例外。

好动型的人在男子中最多，在女子中较少。因为男性天生比女性好动。但是你若看见一个好动的女人，她也是一样地喜欢自由、独立、好动、精力充沛、喜爱体育。如女飞行家、女游泳家、女网球家莫迪夫人，节育提倡家山格夫人。所有这些女子都是肌肉骨骼结构坚实，充满活力。

你的孩子是这种好动型的吗？那么他的智力方面也许略差。他也许会稍不如意便逃学。他不愿意天天被关在教室里，但他必须发展他的智力并接受相当的教育，否则他将只能成为一个出卖劳动力的工人，赚到很少的工资。在许多的实例中，一个掘沟的工人同一个土木工程师的不同，仅仅是智力训练的有无而已。

这里有一个青年的实例。他本来是一艘运货船上的水手，做着擦船甲板、拭铜活等粗重工作。六年前他来让我替他作职业分析。他对于原有的工作觉得很无趣而打算改行。我劝他不要放弃水上生活，但同时不妨到一个航运学校去读点书——算术、工程等。而今，这个青年已经当上了一艘水果运输船的小官，他感觉非常愉快。

总结起来说：这种好动的、方脸的、肌肉骨骼均显露坚实的男人或女人都是不好安静的、活泼的、有力的、独立的、喜机械的、好运动的，喜户外生活，爱自由与勤奋。他们不怕受苦，却时常忽略学业。他们的体力充沛，活泼好动，智力却懒惰。他们的身体很能耐劳，却不易智力集中。那些好动的人，要看清这些弱点，记住我们需要你们的骨骼肌肉与活动力，但你们也应适当发展自己的智力，我建议你们慎重考虑以下几种职业：运输、铁路、航空、建筑、探险、机械、农业、航运、制造、体育、销售等等。但是不要仅仅以此衡量你的能力，不可以只当一个奉献劳力的工人。你应该使自己这种奇特的好动性格得以平衡，训练你的脑力并成为一个思想家兼实干家。这是增加你的收入的唯一之路！

这里想让这种好动的、肌肉骨骼坚实的人认识一个事实。贾利是轮胎公司的推销员，他很能干，销售业绩也很好，但是某城有一位顾客却极难对付。贾利屡次去拜访他，结果都未成功，他仍然在买别家公司的轮胎。我有一次被这家公司的经理邀请去为他的职员们讲怎样应用个性分析法推销商品。在演讲中我曾形容过这种好动型的人。贾利很注意地听完，之后说道："那个人的面貌形状正是如此。巴尔肯先生，我怎样能劝说并打动这种类型的顾客呢？"

"贾利先生，这很容易。这种人酷爱户外生活。他们喜爱运动游戏如打猎、钓鱼、打球等等。他们懂得机械制造。他们特别会对你公司良好的信用、地位和服务留下较深的印象。"

贾利答道："对极了，下次我再遇见他时一定要试验一下。"贾利果然这样做了。他谈棒球、足球、划船，但对方好像仍没有反应。后来，他说："郊外打猎很有意思吧？带着枪和猎犬。"那人淡然回答道："啊，我对打猎并不内行，不过我得过州里'设陷阱打野兽'的锦标。"

贾利对打野兽的知识一点都不懂，因此他并未多说便告辞了。过了几天，他走进了一家卖运动用品的大商店，向一位店员请教关于打野兽的种种情形，如怎样放假鸽引诱野兽，新式的猎枪子弹等等，他又找了些关于打猎的杂志和书籍仔细阅读，等他准备妥当打猎的丰富知识后，又去拜访了那个人。

进到他的办公室里后，贾利把一袋铅弹放在桌上说："丁先生，你下次再去打猎时试试这个，这是最新式的子弹，比旧式的火力大得多，让我解释给你听……"那人见到新式铅弹立即大悦，并请贾利吃了一顿午饭，从此他们便有了很好的友谊。三个星期后他让贾利替他做了一批轮胎，贾利立刻让工厂赶造送来。这一年，那个人一共买了六万余元的轮胎。

这便是应用个性分析法去增加你的收入的实例。你记住了吗？贾利是通过知道了对方喜好户外运动而投其所好，因而彼此沟通了感情，进而使买卖成功的。

活力型

积极意向——擅管理、行政、司法，理财力极佳。爱吃，活动力充足。

消极意向——太喜享乐，结果使心力体力均懒惰。

活力型

假如你想寻找丰足惬意的人，你就去找胖子，我们通常称胖人为具有充足活力型的人。因为他们都有庞大的身体容量与活力。我说的"活力"，是指静止潜在的能力与复原的力量（活力型的人所需要的，往往是较多一点的动力或活动能力）。

活力型的人很容易辨认。他的脸和身体的构成都基于圆形的定理:（一）圆脸;（二）两颊丰满;（三）宽大的鼻孔;（四）下巴肥或双下巴;（五）圆身躯，中间最胖两端略尖如啤酒桶状;（六）手掌肥厚多肉。

假如你是一位漫画家，去画一个好安逸享乐、衣食住均讲究、谈话响亮的人，你会画一个瘦骨嶙峋如被饥饿所迫的人吗？你肯定不会。你一定会画一个面团般身圆、两颊大而宽、张嘴大笑的人，不是吗？

胖人爱吃好东西。他们感到生活安逸，这是他们发胖的原因！假如你去好莱坞并想知道哪家饭馆的牛排最好吃，你会去向谁请教？去请教李斯廉·霍华，还是大胖子爱德华·亚诺德？而你若想知道哪家馆子的菜好吃，也只需看一看掌柜的。假如掌柜的长得既圆又胖，满脸笑嘻嘻的，他的生意必定很好，顾客肯定很多，这时你大可进去饱餐一顿。

胖人永远是和气、有趣、可亲的，除非他患有背痛风湿或者别的疾病。他也很会过日子。他明白，智慧型的人已经把所有的事情都想好了。

好动型的人已经将一切体力活动都做完了。好啦，剩下的还有什么呢？胖子会说，很简单，需要指导、资助并监督他们的上司！好啦，那就是我的职业。于是他成为了一个管理者。而且最适于当首脑的人也就是他。

因为胖人天性喜欢生活中的舒适——吃好的、穿好的、睡舒服的、娱乐的，于是他就会对这些事物加以研究。他就会对这些东西很用心，并想方设法地去获得它们。他永远在体力与智力上安然惬意。他不受思想家或智慧型的人脑筋的极度紧张与体质的柔弱之苦。他也不受实干者或好动型的人体力的劳动不息与好动的欲望所迫之苦。

因此，胖人有派头，他们多镇静，不易动情感，甚至近于迟钝。活力型的人喜好安逸、舒适，因此他支使别人替他做。他从思想者与实干者的努力中获利。他资助思想家的意见、计划与发明，他又监督实干者的工作与活动。因为他是饮食的鉴赏家，他常当屠夫、面包师、食品店掌柜、厨师或饭店旅馆经理。因为他喜爱奢侈，他便当商人、店主、制造家，而且几乎没有例外——他是上司或首脑人物。

世界大文豪狄更斯在其小说中描写一个英国典型的旅店主人时，他选的是一位胖子。莎士比亚描绘一位声音响亮，想饮麦酒，善选美女的人物时，也选一位胖子。我们每逢想到某银行公司的董事长、银行工业界的巨子时，我们自然而然地会想到一个胖人的形象。漫画家每当讽刺股票持有人时，也都画成摩根式的胖子。

偶然地，胖人们又代表他们自己寻找到了另一个可以享受安逸舒服的领域，那就是政界。假如世界上有一种职业最适合肥胖者——嘴叼雪茄，喜欢拍人的肩，与人握手——这种好享乐的人去做的话，那就是极具诱惑力的政界。你只需要看看美国的大政客如莫费、嘉纳、法雷等胖人，即可明白。

胖人不但有灵敏的政治意识、良好的社会本能，还有敏锐的价值感觉。若其他条件不变，他常常又是一位最理想的商人、实业家、经纪人、买主或卖主。他对于使金钱产生金钱的艺术具有天然的领悟力。

然而他却有一大弱点，就是多趋向于放任纵欲。他时常太贪吃贪睡，结果身体越来越胖，因此不免懒惰。

若是他具有很强的智力，又有正直与自制

力，他便是一位最理想的公正人、评判员与裁判者。

假如你的儿子是属于这种类型的，请记住：他的嗜好同欲望需要给予满足，但你同时又应该防止他吃得过多。他需要多加运动，因此督促他到一个体育训练中心去，鼓励他打棒球踢足球等等，并让他总是不停地工作，否则他将会太过发胖并因此懒惰。

假如你有一个女儿是属于这种类型的，预防的工作似乎更重要。鼓励她多与好动型如喜爱游泳、网球、跳舞等的女朋友常来往。多种体操运动也是她所最需要的。

你们都知道胖人不容易被刺激起来。但你知道原因是什么吗？这很像一件工作。你曾留意你真正发怒的时候吗？在心理同生理上这确实都是一件大工作。你握紧你的拳头，咬紧牙齿，气喘吁吁，牙床伸出，血液涨到脸上，你全身的每一个细胞都紧张了起来。于是你如同发了疯一般！但对于胖子们来说，这全是一种无聊，他决不会为此所烦扰。

几个月前，我分析过一位活力型的电影男明星桂凯华。他所代表的性格是这样的：和蔼、有礼、温良可亲、好脾气易交往。他也有点懒惰倾向。他喜欢吃好的，用精美的东西，而且他天性有活力，聪敏圆滑，使他有机会将他的幽默兴趣与商业天才结合起来，成为好莱坞著名的滑稽影星。然而在不久之前，他还是一位失败的印刷业推销员。我曾同他交谈过两个小时，旧金山某报曾将我们的谈话记录发表了出来。不久后，我接到了这位机警活泼、好安乐寻惬意的胖朋友的一封信，内容如下：

“巴尔肯老兄：我认为我所知道的关于我自己的许多事情是别人不会怀疑到的。但在你这位精明的个性分析专家面前，我的肥圆的脸，就如同仓门一样洞开，因为我的一切都暴露了出来。我实在很惊讶，你把我的种种弱点很快地都指了出来，而且一点也没有错。说实话，我正想定做一个长久的面具将我不便泄露的东西罩起来，不让朋友们见到。谢谢你对我诚挚有趣的分析。桂凯华。”

现在让我们总结一下。假如你是一个胖男子或胖壮的女士，那么就训练你自己做商业、金融、行政、政治或法律事业。下面是你一般最适宜做的事情：贸易商业管理、财政、政治、制造、旅馆或饭店管理、银行、经纪人、零售店经营。

混合型

现在你已经能辨认哪种人的面型属于智慧的、好动的或者活力的，或者更重要的——这三种型的任何两种的混合型。不久你会发现，每种可能想得到的肤色、面貌、结构、比例的混合型都是很有可能的，这使得人类的天性复杂得如同万花筒一般。所以，有一句古老而实在的话说，“人心不同，各如其面”，或者“没有任何两个男人或女人所长的面貌一样、思想一样、举止一样”。

我的一位朋友有一天下午走进我的办公室，笑着对我说，他的家庭发生了一起纷争，其原因就是我。他说：“我的太太很相信你的学说。她判断我属于智慧型的人——就是因为我的前额高而宽，这是你数日之前讲过的。于是她就不明白为什么我每个星期都还会去打几次高尔夫球。她认为我不应该是好动型的。于是，她就用这个论据和论点，强迫我每周末跟她一起到海滨去。这真的快要令我发疯了，因为离海滨几里之内都没有高尔夫球场。”

站在一对夫妇的家庭争端中的任何一方，都不是一个局外人的明智选择，但这回我却做了，纯粹是根据科学与事实的立场。因为我那位朋友狄克实在不是一位纯粹智慧型的人。

事实上，很少人是纯智慧型、纯好动型或纯活力型的人，人们大都是“混合型”的。我们也理应如此——因为造物主也不喜欢极端的人。一个民族若都是纯智慧型的，不久她将死绝——因为他们的身体将在书堆中耗尽。反之，假如我们全都是好动型的人，我们的文明便不能前进，依然会停留在穴居时代的原始文明。又假如人类都是活力型的胖子，谁又肯去做思想家的劳心与实干家的劳力工作呢？那时世界将只有监督者，而无被监督者。

实际上，我们每个人都具有这三种类型的性格的一部分。这就是狄克太太弄错了的原因所在。因为狄克不是完全智慧型。他的耳朵以上部分是智慧型，以下则是好动型。他的前额所代表的相貌是在说“走开，让我构思，让我幻想”。但是他的肌肉骨骼坚实，方下巴宽肩膀。简而言之，他是一个智慧好动混合型的人。

你也是个思想家与实干家的合并，前额高宽属智慧型，方下巴、肌肉骨架结实显露属好动型的人吗？汽车大王亨利·福特就是这样的人，飞行员林德伯、居里夫人、波西将军都是这种混合型的人。去年我曾分析过电影明星贺伯·马修尔，他刚好是智慧好动型性格的均匀混合的代表。假如你是这种混合型的，最理想的职业是一部分时间你坐在办公桌上思考计划和搞创造，余下的时间你要主动去做，把你所想的做出来。毫无例外地，你会发现最成功的工程师，最好的制造业经理，都是这种思想兼实干的人。建筑、科学、农业、发明、记者、推销、外科手术、陆军海军等都是这种智慧好动混合型的人最适宜做的事业。

女士们，假如以上所说的也是你，那么就向前猛进吧：世界上并没有人去阻止你成为有名的建筑家、研究家、飞机设计师、化学工程师或女推销员。苏联研究专家亨德斯曾对我讲，苏联国内50%的审判官，75%的医学学生都是女性。近来，他又发表文章说，有许多苏联女性是最能干的农耕机车驾驶员与集体农场的管理者。去年春，基辅市高中毕业的 1112 名女生中，仅有 10% 的人不愿意再升入大学读书。其余的都选读了文科、冶金化学、航空、建筑、水利工程等科。

此外尚有别种性格的混合型。你一定见过智慧活力混合型的，都是智力极好的胖人，当我们发现一个人的头脑很大、前额宽高、两颊胖圆、身躯也圆时，这个人必定适宜于在教育、金融、法律界担当执行工作的人。哥伦比亚大学校长巴特勒、大学者房龙、青年戏剧导演家维理士都是这种胖而聪明的人。广告、教育、经济、新闻、贸易、推销、政治与法律等事业，都是这类人最适合做的。

再说一种混合型的人，就是好动而体胖的，即好动与活力型的人。这是方与圆的混合体。这种人最适合于担任如铁路、建设、体育、制造、军事等行业的管理者，如扬基棒球队的经理人麦卡锡、巨人球队队长麦文鲁、德国已故总统兴登堡、意大利独裁者墨索里尼、钢铁大王卡内基及其助手斯考伯等，这些人都是这种好动活力混合型的绝好例子。

你还时常遇见相貌极为均衡的男子或者女子，他们是智慧、好动、活力三种类型的混合型，以至于很多人分不清他们的脸是方是圆还是三角形。你若是遇见这种人时，应该仔细地观察，因为你所遇见的正是领袖人物的候选者。这种人将是最理想的组织家兼执行家，他们具有才干，随机应变，拥有伟大的潜在能力。路易·乔治、列宁、美国议员博拉，工人领袖路易斯、约翰森将军，都是这种均衡型的人物。这种类型的人物中最为出色的代表是思想家、实干家、政治家、已故的西奥多·罗斯福总统，一位真正均衡式发展的人物。

现在有一件重要的事，那就是几乎每个行业都可以善加利用各种类型的人。试以法律界为例，智慧型的人可做咨询师去思考案件，对照以往的判例并做研究工作；好动型的人宜当辩护律师；威严的审判官、大法官或检察官，在法庭上为案件争辩；至于胖子呢——他端坐在公堂上，当裁判官，告诉你孰是孰非。

在医学界，智慧型的人往往做研究工作，如细菌研究家、病理诊断家；好动型的人是外科手术大夫；胖子则担任医院经理人。

在销售上，智慧型的人可以售卖意见、服务与无形的东西；好动型的人宜推销机器、汽车与运动器具；活力型的人则适于售卖食品、玩具、衣服与娱乐用品。

至于制造业，智慧型的人是设计家、文书、速记员、广告员、会计员；好动型的人是机械技师、工头、主动推销者；活力型的胖人呢？他当经理，他是理财家与管理者。

但是，哪一种类型最好呢？假如你有能力改造自己的相貌，你愿意当哪一种类型的人？最好是三种类型平衡混合的人。当你是这样的一个人，具有思想创造力，又有能力完成自己所计划的，再有指挥能力使别的人也按你的计划去做，你就是最完全的混合型——你的成就与名声将永垂不朽。

本章摘要

◆ 智慧型

外貌形状：前额高而宽，鼻子细，脸小，身体瘦小，脸形如倒三角或梨形，肩削斜，手指长，嗓音高而尖。

积极个性或优点：智力高，聪明，喜读书，勤勉，善推理。

消极个性或弱点：体质略弱，懒惰，缺乏活力。（假如你是智慧与好动混合型的人，则无以上弱点。）

职业所宜：需要思想、判断、推理与设计而不过于消耗体力的工作。

◆ 好动型

外貌形状：前额上部方形，方下巴，肌肉与骨骼健壮显露，肩方形，手亦呈方形，手脚巨大。嗓音深沉雄厚。

积极个性或优点：能自主，有才干，喜建设，喜户外生活，好自由，喜运动。

消极个性或弱点：智力不能集中，不喜读书，智力懒惰。（假如你是好动与智慧混合型的人，则无上列弱点。）

职业所宜：需要精力、活力与建设力的工作，避免每日埋首室内书案，从事乏味的工作。

◆ 活力型

外貌形状：圆脸，两颊宽而厚，身体圆形，手亦圆形，身躯肥胖，鼻孔宽大。

积极个性或优点：有活力，擅长执行，恢复力强，喜判断，会理财，好吃。

消极个性或弱点：近于纵欲，智力体力均较懒惰。（假如你是智慧与活力混合型，或好动与活力混合型的人则无上列弱点。）

职业所宜：适于商业、财经、政治、执行、管理的事业。

第 10 章

体质结构与个性

有一段传奇故事说，一个国王的太子与远方某国的美丽公主联姻。临到迎娶之期，国门外来了一位美貌的少女，后边跟随着许多仆从，仆从之中一人走上前来，宣称来的就是与该国太子联姻的公主。正说话间，又来了一队皇家人马，其中一个仆从走到前边也宣称他们的公主到了。老国王这时有些迷惑了，看罢这边又看看那边。两位公主都很美丽，两人面上都带着华贵的气派。“将二位公主各送至宫内休息，”老国王下令，“明日早朝我再挑选。”

第二天，老国王坐上宝殿，众大臣分列两旁，两位公主被引导到他面前。“早安，我的两个宝贝。”老国王说道，“昨晚你们睡得都好吗？”一个公主嫣然笑道：“启奏陛下，我如同睡在云端里的摇篮中一般舒服。”但是另一个公主却显得疲倦乏力，并对老国王说道：“国王，我一夜也未能合眼，床上也不知有一样什么东西碰伤了我，使我无力站稳。”

聪明的老国王站起来伸手拉着这位疲倦的公主说：“可爱的公主，昨晚你们二人的床上铺的都是七张最柔软的褥子，但最下边一张里却放了一粒豌豆，这位冒充者，”他望着那位假冒者说，“却不会感觉得出来。而一位被娇生惯养的尊贵的公主是容易感觉得到的！”

我为什么要讲这个童话故事呢？因为我接下来要讲的是，科学个性分析学的第四种形体特征——人的毛发皮肤。形体结构的粗细文雅与否，对科学个性分析异常重要。它是我们在判断人的性格与选择适当的职业上最有用最重要的帮助，而今许多人因职业选择错误与性格根本不适合于自己的工作而苦恼，就是不懂得考虑这种重要的人体特征的因素和体质结构的后果。

数年前，在澳洲我曾分析过悉尼市国营铁路局的全体员工。记住这一点：我发现几乎所有职员的头发都极厚且粗如钢毛，皮肤极为粗糙，体质健壮。你大可预料到，凡是当工程技师、伙夫、司机、信差、工匠与船厂工长的人也都如此，而最奇怪的是，几乎毫无例外地连核账员、速记员、电话电报员与各部主任等也都如此。

体质结构粗壮的男或女很容易辨认。他们必是：（一）头发多而且粗硬如钢；（二）形体粗糙壮大；（三）皮肤毛孔张大；（四）大手大脚；（五）嗓音深沉浑厚；（六）身体多粗壮。形体结构粗糙的人性格也粗糙，他们鲁莽，爽快，健壮，有力。

可是，却不要误解以上所说。结构粗壮的人也是很聪明的，极富同情心与爱幻想，但他们所表现出来的往往是大胆，爽快，不虚饰。近代大雕刻家罗丹就是粗糙的体质，他的杰作《思想者》正是他的雄壮有力的真实表现。美国小说家杰克·伦敦的体质也属于粗糙的，他是一位强壮直爽的冒险家，他的作品所讲的也是他经历的野外生活。可以去读一读他所写的狗的故事，在沙漠中的生活，在南海岛上的故事。有一次，我到南海岛上亲眼见过他住了数年之久的小茅舍，那种原始时代的环境令我印象深刻。这种氛围充分表现在他的作品之中。还有美国哲学家杜威、俄国大文豪托尔斯泰，都是体质结构粗糙的思想家与作家的典型例子。瓦格纳的激动的音乐远比莫扎特文雅温柔的音乐雄壮得多。美国在政治与军事上的粗糙人物的著名例子是强森将军、纽约州长拉戈狄亚、工党首领路易斯。不妨注意一下他们粗鲁笨重的体质，然后听听他们所发表的激烈的见解。

肌肤粗糙的男女对于自己的衣服装饰、指甲或外表并不十分在意。他们的声音高而宏亮，他们从心底里畅快大笑，他们的举止态度多少是粗鲁而欠文雅的。他们往往直言不讳，他们所交往的人也往往是粗犷的，爱看打闹，喜欢激烈的马戏，好说粗野的笑话。

我曾分析过造船厂工人、煤矿工人、油田工人，我也曾考察研究过在山林里砍运木材的工人们的性格，航行于四海大洋的水手们，几乎毫无例外地，他们的身躯都是粗壮巨大、头发粗硬、皮肤坚厚、毛孔粗大、声音深沉、大手大脚，体质结构粗大坚实。他们习惯于自己的粗野生涯与艰险环境。他们在如此艰苦之中仍能泰然处之。他们的目光带着激进，坦白爽直地去争取自由、改善与经济独立。

我有一位朋友在西部某城制造并销售铁道起重机。他雇用了六名推销员，这些人都大学毕业，温文尔雅受过高等教育——但是制品的销路却很不好。总经理继承了他父亲的旧工厂，他所聘用的推销员也都是他大学工程系的同学。于是，他便来问我怎样调整可以使机器产品销路转佳。他的几位推销员都是头脑聪明、满怀希望的青年，很快就对工厂里工程与技术方面的事情完全熟悉了。他们也精于社交，善谈运动场上的新闻，但他们却不会推销铁道用的起重机。我看罢这几位不称职的推销员之后，认为他们都应被辞退。

第二天，我坐在一辆公共汽车中，忽然看了看那位汽车司机，我问他贵姓。“斯蒂夫·凯雷。”他回答。“你多大年纪？”“26 岁。”“开汽车收入很好吗？”“噢！不好！一个星期能赚 16 块钱就算不坏了。”“你念了几年书？”“没有几年，我将就着能写字看书，但却未从学校毕业过。”“你愿意干推销员的工作吗？”“不知道，没做过，但是假如比开汽车赚得多，我就去干！”“好极了，这是我的名片，上面有我的住址。明天上午10点半，请到我的办公室来，我将会给你试一试的机会。”

后来，斯蒂夫·凯雷从一个穷司机变成了美国铁路用品领域最能干的推销员之一。他喜欢抽烟，唾沫“啪”的一口吐得很远，满口土话，不懂文法，言谈粗鲁，但是这位赤手空拳独闯的爱尔兰人却善于与粗鲁的买主们打交道，并且推销了无数的起重机！

最近，他曾经说了他推销货品的妙法之一。纽约伦四米镇某工厂轻便铁道的转轨机突然损坏在了道上，斯蒂夫恰好在那里。他从货车里搬下了他代销的起重机，脱去了上衣，吐了一口唾沫在手心，把起重机搬来放在转轨机的下边，嘴里不住地自喊使劲，巧妙地使用他的起重机给该厂主人与总务主任看。“哈哈，伙计，这架起重机果然不错，把机器带回到轨道上面就像吃包子一样容易。让我试给你们看。”

他这样得意地表演完后，一件衬衫也被扯破了，但他却卖出去了四千元的机器。讲到增加收入吗？最近我见到斯蒂夫·凯雷时，他的收入已经是他当汽车司机时的10倍了。

当你想把货物卖给体质结构粗糙的人时，忘掉那些文绉绉的外表举止吧。同他谈力量、数量与耐久力。对待这种人别太文雅，不要用暗讽或技巧，要直接爽快地进入正题。

但是，切勿以为粗壮的人都是些不学无术或欠诚实缺想象的人。有许多粗壮的人比相貌文绉约的人更有智慧，更加诚实，更有修养。他们不是那么好吹毛求疵难于对付。他们不怕朋友用力拍着他的肩膀大说大笑，他们喜看热闹的戏与听兴奋的音乐而不惯深邃的悲剧与交响曲。

你是这种天生粗壮相的人吗？那么让我告诉你几种你最适宜的工作吧。你极容易使自己融入需要力量、活动与耐久性的工作；你有能力忍受艰苦并能在困难的环境中工作；你不怕操作粗重的物品、巨大的工具与笨重的器具；你应当避免需要极文雅技巧的工作。这种粗壮相的人假如有工程机械的才能，他们就会喜欢设计建筑、铁道、运河、桥梁、海港与工厂。他们愿意推销、制造或处理粗重的钢铁制品、木材、笨重的机器、车辆、船只、煤矿、铁道等用品。

即便他们做用脑子的工作必定也是寻找制造这类产品的工厂事务。他们应该著书或编报纸供大众阅读。他们应当写歌曲，或唱流行歌曲，演时代新剧而不是古典剧。这种生来粗相貌的人若真是艺术家，则他们的文学、音乐艺术作品必定也是强硬有力的。

这种人也常是群众的领袖，不论是在政治上或者其他方面。纽约州长拉戈狄亚就是握紧双拳、勇敢善战的粗相貌的政治家的代表人物。他们也常常是劳工群众的领袖，实际上我以前所分析过的激烈人物个个都是如此。列宁更是平民领袖的最标准的人，他的短小粗壮的身材、粗头发与粗相貌，恰恰代表了有魄力无畏好动的个性，他也终于得到所有俄国民众的热烈拥戴，从各地来的农民们第一眼看见列宁时就会很惊讶地说："哇，他长得跟我们一样！"

电影迷们能立刻想到乔治·朋克洛夫、玛丽·德里莎、麦克伦、卡洛夫、甘里斯·比雷等最著名的爽快粗壮相的明星。还记得甘里斯·比雷在《自由万岁》这部巨片中的神气吗?

记住，让一个火车司机去做绣花的工作与让一个诗人去摇煤球，都是一出悲剧，因为他们被错用了！他们应当另外寻找一条事业成功的正路。

这里有一件小事情，是直接关于体质结构特征与人性了解的课题的。说起来这件事似乎很无关紧要，但从广义上说，这又是一个令人兴奋的爱与鼓励的故事。下面是日前一个刻苦奋斗的青年艺术家来到我的办公室与我谈话的概要。

"巴尔肯先生，"他开口说，"你知道我是一个画像师。我今年26岁，和一个很奇特的女子结了婚。我想我不是一个高明的画家，因为我的画销路不佳。我们只住在一间房子里，有时候我们吃不饱饭，但是我的妻子凯瑟琳毫不抱怨。"这个青年接着说，他打算节省一点钱，去为他的太太买一件生日礼物。需要的数目并不大，只需十块钱，但他却有一个问题不能解决。

他说："凯瑟琳是一个奇怪的女子，她的确并不奢华，但她又实在喜爱美的东西。她最珍爱的一件东西是一只朱砂色的花瓶，去年冬天，她把预备买煤的钱用来买了这只花瓶，因此我们挨了两个星期的冻。现在问题就在这里。凯瑟琳上星期在街上某商店的窗子里看见了一套丝质睡衣，她很喜爱，就同我讲了好几次，并且我知道那套睡衣一定能使她很快活。但她实在更需要鞋袜同内衣。巴尔肯先生，我对你和你的学识很钦佩，希望你能给我意见，我愿意给我最贤德的妻子一件让她非常快乐的生日礼物。”

在一本普通的练习簿上，他给我看了两张他太太的很精细的速写像，我发现她真的可以在舞台上跳芭蕾舞，同时更可以作为体质结构极纤细柔美的代表人物。

现在我先不回答这个青年的问题，到本章末尾再告诉大家。同时我建议读者对这个问题也做出自己的观察与分析。也许，在我没有讲完本章之前，你们自己就能找出这类型的人在性格问题上的正确答案。

现在，首先让我们看看凯瑟琳是一个什么样的人，同时让我们分析那些相貌柔细的人。

我上面已讲完了对于粗相貌的人的种种特征。我说明其本质结构，目的是要发现人们的特别才干，从而指导他们去做最恰当的职业，这是很重要的一点。但是，比这更重要的一种用处是，透过体质结构可以很容易看穿人们的好恶意见或者反应的整个境界。换言之，体质结构能告

诉你关于你及你所遇到的人的很多事情。

细相貌的人很容易被认出来。下边是其特征:(一)头发柔细如丝;(二)轮廓刻画柔美;(三)希腊式的细直鼻子;(四)皮肤毛孔细;(五)说话声音好听;(六)举止态度温柔,体格柔和;(七)衣装考究;(八)手脚均小,手柔美,手指细长。

最纤细柔美的体格结构就是初生的婴儿。你试着留意看初生的婴儿,他的头发是多么的柔细如丝;皮肤上的毛孔是如何的细密,比上等的丝棉还要精细,犹如蔷薇花瓣一般细致。再看他的小耳朵,美妙刻凿的小鼻子,小手小脚同各部轮廓都极精细。成年人的体质结构越近似婴儿,就越算是相貌柔细的。

体质柔细的人的个性要点就是美。他们亦爱好精细、美丽、理想化的东西。他们的收入虽只应该喝啤酒,但他们却生着一张喝香槟的嘴。叫他们在粗糙艰苦的环境中工作是很难的。他会感到极为痛苦。你在制砖厂、牧场、铁矿、屠场、炼钢厂里是找不着他们的。因为兰花不会生在煤堆上。

细相貌的人渴望优美。他们看重质，他们宁愿穿 80 元一双的皮鞋而不买四双 20 元一双的鞋。你若是聪明的售货员——懂得个性心理的人——遇到这类顾客时就应该说："是的，太太，这件大衣的价钱虽然贵了一些，但是料子是上等货，我想你一定会喜欢这件的。"这样也表示他懂得人类的天性，他能用个性分析的知识，去获得莫大的利益。不能对生得相貌柔细的男人或女子说你卖给他或她的这件东西是廉价品，他不喜欢便宜东西。

这里还有一个重要之处。假如你的女朋友是细长的鼻子，面貌轮廓细美，手脚皆小，丝一般柔美的头发，说话声音温柔、皮肤细腻——换言之，你的爱人若是细相貌的，就要避免高声的谈话、粗暴的态度与粗俗的衣饰，并特别小心你的举动言行。不可以提议去看低俗的戏剧。因为她已养成了听音乐演奏会的习惯。当你请她吃饭时，她并不会在乎饭菜的量多或牛排的肥厚，她对这些并无兴趣。她需要优美的氛围、柔美的光线、高雅的音乐、闪耀的银器、洁白的桌布和细柔的话语。你会发现细相貌的人往往会聚集在一定的地方，交响乐演奏会场中有他们，教师会议席间有他们，在社交舞会或大歌剧公演的第一夜，你都可以看见他在礼貌彬彬、态度谦和的人士之间，他们喜欢的就是优美、文雅的环境。

在工业、制造与销售中，肌肤柔细的人喜好处理丝质品、绸缎、花边、珠宝、精美的器具、美术品、照相机、无线电、乐器、精美的钟表等物。肌肤细的青年男女都喜欢参观美术馆，听名人演说，听古典音乐演奏会。这类人对于学术与贵族化的事物最有亲和力。他们的思想细腻，态度好吹毛求疵难被取悦，观点趋向理想化。

真正的细相貌的人皆多敏感，趣味、谈吐、举止、态度温文尔雅，正如粗相貌粗肌肤的人皆多鲁莽直率容易相处一样。这不是很简单吗?

珍小姐不久前来见我，让我为她的职业加以分析指导。她对我说，她的工作极不如意。她要为自己的事业做充分的准备，便用尽了她的储蓄去读完高中，但如今她感觉自己的精力金钱都白费了。

我分析之后对她说，她有做文书工作的才干。珍小姐十分惊异:“怪呀，我正是做这类事情！我现在是某衫裤制造厂总经理的秘书。”

答案就在此！一位肌肤柔细有教养的年轻的女士每天处在制衫裤工厂的环境中，与高楼房、污秽的办公室相处。

这是很容易解决的一个问题。如今，珍小姐不但收入已得到增加，而且她比以前要快乐得多了。珍小姐还是当秘书，然而，她现在的工作是帮助某大广告公司无线电部主任办理文书事宜。她的办公室位于纽约市无线电城洛克菲勒大厦的顶上，她快活吗？你想吧。

注意你自己。养成观察别人的习惯。记得爱默生曾说过：“你喧嚣如雷鸣，使我听不出你说的是什么。”甚至于你去看电影时，注意肌肤细美的男女明星是怎样表现他或她的戏分的。留意看看薛爱黎，曼儿·奥伯兰，狄安娜·杜萍，安妮塔·路易丝。观察孟格曼、巴塞罗米、弗兰·卓东与罗茜·泰勒，以上诸影星都是细肌肤细相貌的人。

但是记住这一点：世界需要各种各样的人。细肌肤细相貌与粗肌肤粗相貌的男女都不可缺少，上述二者若缺其一，则所有的工作都将停顿，人类都要被饿死。让我郑重地说一句，甲类人并不比乙类人优越。他们只是性格不同而已。

由于地域原因，有些人总抱着比别人优越的态度。东方的哲学家看见美国踢足球不要命的运动员及在地铁中奔忙的人们，便会喟然叹曰：“这真是疯狂的民族。”我们需要有干劲、有魄力的民众的勇气与文雅的艺术家的敏感力。世界把人类各个民族看作是其人生织品的各种不同的补缀物。有的是丝，有的是毛，有些细相，有些粗相；但是每一堆人都是互相帮助并把全世界人类合成一体的人。

因此，前边我提到的那位青年画家与他的爱妻和那十块钱应当为了爱而使用。替她买下那件睡衣吧，除非鞋子或内衣对她目前的健康是极其必需的。她的身体与心灵都是属于细相貌的，并且一点奢侈品就可以给她勇气，同你承受任何艰苦，你的肌肤结构——粗毛发，粗皮肤，粗相貌——表示你善迎合，有魄力，粗率直爽，有男子气，喜平等自主。你不好吹毛求疵难取悦，也不过敏。你的举止态度不拘谨而爽快。你多需要些外交能力，机智，文雅，优美。你能做需要力量、精神、忍耐的工作。你能忍受艰难。你适于使用重而有力的物质、机器、工具并能忍受艰难的环境。你决不可做需要柔美纤巧的工作。

现在说到肌肤柔细相貌细的男女。我们重复上述的建议并对他们说：你的细相貌——柔美如丝的头发，面目轮廓纤巧，身躯各部配合匀称，这些表示你爱美，富理想，艺术化，易感染，神经灵敏。你喜爱质的精良与优美的事物，你认为美是你生活中必要的一部分。你是宁肯多花一点钱也要买上等东西的人。你厌恶一切粗鲁笨重的东西，并且时常太神经过敏。你适于做需要处置美的、纤巧的、精良的事情，或者是需要审美的、精巧的、情感的事情的工作，但决不可做需要劳力、艰苦粗劣活动的工作。

现在让我们暂停一刻，向前展望一下我们的目标。我要做的事情是帮助更进一步明了你自己是什么样的人，帮助你发现什么样的工作你最适于做并且能使你最快乐。永远记住每一个人在世事的安排中都各有其位—— 一件他能圆满永久适宜的工作。每一个人在社会中都有其地位，一个使他相处泰然的朋友—— 一个最合他理想的伴侣。快乐是每个人生来具有的权利。个人的、社会的、职业的调整是获得快乐的法门。

本章摘要

细肌肤细相貌——

体质征象：柔软如丝的毛发，细鼻子，面目轮廓细巧，体态优美，声调柔和，举止态度严谨有理，手指细长，皮肤毛孔细小。

个性优点：爱美，富理想，重品质，富审美力，敏感。

个性弱点：神经过敏，易烦恼，缺乏忍耐力，好浪费。

职业所宜：有关美的、巧的、物质的工作或是重品质的、富优美的、氛围良好的工作环境。

粗肌肤粗相貌——

体质征象：毛发粗，身粗躯大，笨拙，声音粗而高，衣装不讲究，手脚皆大。

个性优点：爽直易打交道，有魄力，有精神。

个性弱点：缺乏机警，言行鲁莽。

职业所宜：有关力量和魄力、耐久性的工作，避免纤巧细腻的工作。

附　　注：每一个人的肌肤相貌非粗即细，或者是不粗不细的调和者，若系调和者，则个性也为两种的调和状态，从而性格优劣相对平均。

第 11 章

肌肉骨骼与个性

每逢我被介绍认识一位新朋友时，我必定会马上与他握手。这是一种习惯的客套，更是我的急切愿望。因为这是第五种形体特征最确实的测验法。我要感觉出你的肌肉的松紧与你的骨骼软硬。在心理学上，福尔摩斯学的是科学个性分析术，这两者之间有着很大的关系。

你是柔软顺服的肌肉与软韧的骨骼吗？好的，老兄，答案很明显。这种人的性格是柔和、顺从、易感动的。只需一点压迫他便顺服。这种人缺乏忍耐和毅力。他缺乏身心两种韧力。不要太依赖他，他虽然不是坏人，但却太柔弱无能。

柔软的手，易屈的骨骼，绵软的肉——这一切都表示绵软的性格。不可给这种人以繁难的工作，因为他不能胜任。也不必顾虑他的抗议不满，在极端的情形下他们是抑郁症的患者。

第二种是肌肉骨骼韧力有弹性的人，可庆幸的是这种人占大多数。他们是正常的负责任、正常的热诚、活泼、有生气的人。他们具有如橡皮筋般的韧力、轻快的个性特质，代表一般正常的人。他们容易兴奋热诚，灵敏，进取。他们善变顺应！换言之，他们是正常均衡的人。

肌肉骨骼——有韧力
积极意向——乐观，顺应善变，热心。
消极意向——易变化无常。

肌肉骨骼——坚硬
积极意向——坚决，有毅力，勤劳，经济。
消极意向——易趋固执，顽强，极其守旧。

肌肉骨骼——柔软易屈
积极意向——易感动，多才艺。
消极意向——缺乏能力与积极力量，因循守旧，奢侈。

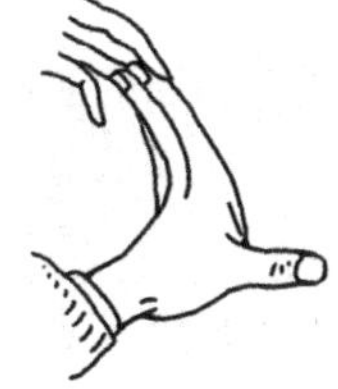

手的类型

现在我们说说第三种人。你是否见过这样的老人：其骨骼与手指都极其干硬，肌肉也是瘦硬而不柔顺的？像这种手干硬的人，十人有九人其生活也是枯燥干硬的，他必是一位农夫或是矿工或是做其他劳力的工作有一定的年头了。并且这种肌肉骨骼干硬的人其观念也是干硬的。他们多是守旧，顽固，有时甚至是反抗的。

他们固执己见，有时真是顽固至极。你不能轻易改变他或影响他。你必须同他在一起，为他工作很久，直到他相信你并接受你的新意见。他却有一点好处——就是如果相信之后，就再也不会轻易改变。

希望你以后与人握手时不要只当做是一种平常相见的礼节，从握手中可以告诉你许多事情。你明白了吗？柔软的人性情也柔软，有韧力的人性情也有韧力，干硬的人性格干硬，这是基本常识。

本章摘要

柔软易屈的肌肉与骨骼——

体质征象：肉极松软，骨骼与骨节极软而易屈。握手时柔软顺服。

性格优点：易动情，易变，多才。

性格弱点：缺乏力量与魄力，易趋踌躇懒惰，好浪费。

职业所宜：需要处理柔的、美的事物的工作。

富韧力的肌肉与骨骼——

体质征象：行走跳动有弹力。握手有韧力。

性格优点：乐观，顺应善变，热诚，有力，易感应。

性格弱点：趋向易变。

职业所宜：需要韧力、忍耐、魄力、进取的工作。

干硬的肌肉与骨骼——

体质征象：肌肉干硬不屈、骨节僵硬、握手干硬不柔顺。

性格优点：坚决、意志力强、经济、有力、勤奋、耐久。

性格弱点：趋向固执、倔犟褊狭、极守旧。

职业所宜：需要吃苦耐劳、毅力、忍耐或保守的工作。

第 12 章

从头的形状判断个性

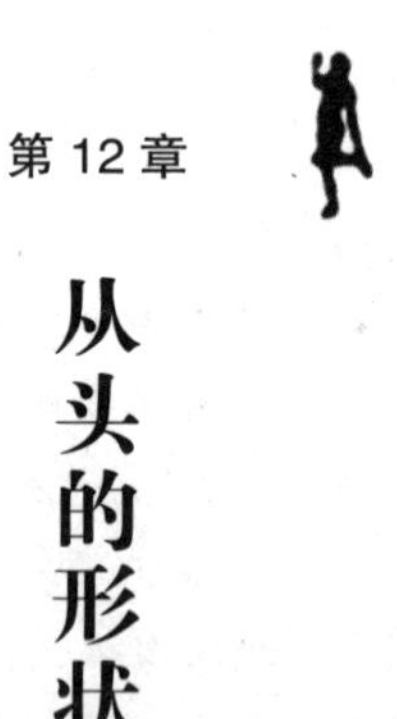

科学个性分析学中最有趣最实用的一项就是头的形状。事实上，我已经很清楚地知道，某种头的形状与某种性格、天性、特长息息相关。在 24 年的研究期间，我曾观察过数千人的头的形状，并且毫无例外地，我发现它与个性的某种特点联系密切。

关于这件事情有两三个研究的原理。由研究人类的头颅骨可以明了人类的进化。人类学家曾采集过很多资料，他们把人类的头颅分为长头与宽头两种。假如你给这种学者一个机会，他将能告诉你很多有趣的事情，例如种族、性别、个性、特长等等——都是由人的头颅骨形状来测知的。

例如他们能看出希腊、意大利、德国人的头都是长的；亚洲人的头多是宽的；西西里人的头是窄小的；阿尔卑斯山一带的人头都是圆的；瑞典人与苏格兰人的头多是方的。

还有一种学理说明头的形状是如何表示性格的，那就是骨相学家的学理。最早的骨相学家发现关于头的形状的许多奇异的事情都是合乎科学道理的。不幸的是，许多过于迷信的平庸学者对于这个问题并没有多加训练因而以讹传讹，结果骨相学家只成为混饭吃的冒充者，从而被科学家们所讥笑，然而骨相学还是有许多道理的。这些道理对于热心的个性分析学者有着很大的用途。

我不想对这些理论多加讨论（你可以参读我著的《个性分析的新科学》一书，其中有讨论个性心理学与这些学理的长篇文字），但是我要对你讲一些关于头的形状的事情，以帮助你对照着了解你自己或朋友们的头的形状与性格的关系。

研究每个人的头，我们可以从耳朵及眼眉以上的部分开始。概括地说，你会发现，共有八种不同的头部形状。

你的头或是长的或是短的；或是宽的或是窄的；或是高的或是低的；或是圆的或是方的。你应当观察你所分析的人的头是属于何种形状的。也许你不能断定，例如你不知道一个人的头是宽还是窄。他的头也许是介于二者之间的，遇到这种情形时你大可不必根据头的形状这种特征做出判断。

练习观察头的形状时，首先要注意极端的形状，让我们先看宽的头，这里有一件极有趣的事情，你可以与我们的比较解剖学相对照。宽形头的动物都是好斗的（往往是贪肉的）、破坏的、凶猛的。它们是斗士与残杀者。窄形头的动物是温和驯服、柔弱易屈服的。这件事实很容易对照。例如，宽头的狮与宽头的虎都是残杀者，窄头的动物如鹿、麇、长颈鹿，都是驯服温顺的。

试拿狗的种类来说，宽头狗（如猎犬）是凶猛好斗的，窄头狗（如灰犬）便不好斗。宽头蛇（如响尾蛇）是极为凶狠的，普通花园里遇见的窄头蛇则不怎么厉害。宽头鸟类如鹰、鹞、兀鹰都是残忍的破坏者，窄头鸟如鸽则代表和平，鸠、鸡则都是容易被宰食者。

现在对照一下人类的情形。工程师如高索尔将军的头是极宽的，于是他敢于把一座山推倒挖成巴拿马运河。法国医生巴斯德是宽头的，他勇敢地在医学界与病菌奋战。

宽型头

积极意向——富精力，操纵，好斗，激进，有力，倘耳前部分极宽则为能干之财政家。

消极意向——易趋过于猛烈，贪心，好辩。

宽型头

纽约市长拉戈狄亚也是宽头的人，他最好争胜辩论，他的眼睛凸出有很强的语言表达能力，他在论辩对答时真是一个天才。威尔逊是一位智慧的战士，他为自己的理想而战。你每次遇到一个宽头的人，你就是遇到了一个战士，不可用武力把他拉回去，否则，你多半要失败。

观察头的宽窄可以从两耳的上边量起。假如你用一把曲度尺实际测量，你会发现他们的左右宽度为六寸半或多于此。

窄型头

积极意向——擅长外交手腕，和气，态度温和，有机智。

消极意向——缺乏力量、执行与争胜心。态度温厚，不善理财。

窄型头

在另一方面，头狭窄的人（自两耳上端量其宽度少于六寸半）态度多是温和的、好脾气、好对付的，他要达到目的，往往用的是他的机警、外交手腕、智慧聪明，而决不会使用武力。

每当我要去雇用一位推销员去创新思路和打开销路时，我总会聘用一位宽头的人。

我不反对雇用窄头的推销员去做其他零售业务，或是需要机警、外交、手腕、礼貌和气与劝说的业务。但是，不要忘记宽头的人是激进操纵的，窄头的人是温和机警的。

高型头

积极意向——心境高，富欲望，理想，高贵公正，意志强。

消极意向——易趋自大，野心太大，固执与专制。

高型头

高头的人——意思是从耳朵眼向上（由此处量至头顶长约五寸八或更多）——心境亦高，这是一个容易记住的方法。高头的人多是公平、正直、诚实、坦白的。他们富理想、希望、乐观、可敬畏。假如自耳朵以上之头部极高，你会发现这个人具有极强的意志力与极大的自尊心。实际上，头太高的人多固执，自大。

试留意看看我们的教育家、传道士、社会服务家、理想的政治家与一些极高超的法官，你会发现他们都是高头的人。高头的人永远在寻求上进。他们对任何一种计划都不会满足。他们的企图心永远在积极地推动他们去寻找满足感。

低型头

积极意向——喜物质，实际，家常，对事实有兴趣。

消极意向——自私，缺乏远大的野心，信用与理想。

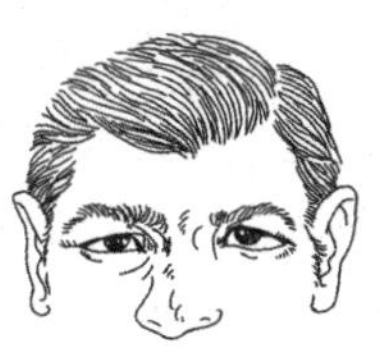
低型头

我的一位求教者是在纺织业界服务的。这个

人原来是他们公司运输部的职员，已经工作了15年之久，但他却总想着辞掉那份工作，希望再找到一个更好的位置。那个人来到我的办公室，希望听听我的意见。他是一位褐肤色、活力好动混合型、高头的人。不，他并非图多赚钱。是的，他原来所在的公司很好，并且他也喜欢那家公司的产品、工作时间和那里的人。那究竟是怎么回事呢？原来他希望他的工作能在定期增薪之外，还要有点别的奖励。

我对那个人说道："我知道你实际上想要的是什么了。你需要一个升迁的机会，对吗？""正是如此，巴尔肯先生！"他回答道。

哈，他现在很快活了！他回到了他原来的公司，不过稍有不同的是，他现在有了一个属于自己的办公室，还有了一位助理、一位书记来帮助他。在他的办公室门外，写着"运输部主任"。

头部低的人的心境也低。这很容易，不是吗？但不要误会了我的意思。那并不是说他们欺诈与不诚实，但是，那确实表示他们大多是自私与重物质的人。你很难用利他主义、理想主义、感情或精神等学说去打动头的形状低的人。任凭你怎么劝说，这种人也只会无动于衷。用他所喜好的实际，如物质利益、好吃、好玩、自私等去打动他，那样你就算是搔着头部低的人的痒处了。

长型头

积极意向——擅交际，交友，心力专一，有先见。

消极意向——对于社交事务费时间过多。

长型头

长头的男与女——意思是说由前额眼眉之间直至头后长约七寸六或更多——好啦，长头的人眼光远大。他们对于未来的收获远比对于目前的利益更感兴趣。

你的男孩子女孩子是这种长头的吗？我担保他会用一些奇怪的问题把你问得头痛。例如，“我们明年夏天到哪里去？”“明年我们去做什么？”“我长大的时候，我一定要做这样做那样。”

头前后长形的男或女，往往愿意投资长期而不想要近前的收获。再者，一个人的后脑勺若是圆大，意思就是自耳朵后边起的头部长形，这种人极喜交际，友善，爱家庭，爱子女，喜群居生活。

他喜欢同多人在一起，你不能把他一人放在田地中单独做工或是与社会远离去作园艺研究，或是把他关在实验室里不与别人常见面。他的社会的和喜群居的天性太强，不能过隐士的生活。

短型头

积极意向——善顺应，多才艺，注意眼前利益。

消极意向——眼光短，自私，心力不能集中，无远大计划。

短型头

在另一方面，短头的人眼光也短，他们不向前看。他们也缺乏心力专一，他们不喜社交，他们只是对自己感兴趣。这种人不好交朋友，因此不要用友谊的事情去打动他。他们的兴趣全在一时的、个人的或自私的得利。这些才是说服短头的人的机关所在。现在从后边看。你若看见一个人的后头部是圆的，毫无棱角，他必是不能安静，总找机会，喜投机。他喜好赌博或冒险性质的事。

你若看见一个人的后脑勺是方形的，从后边看出明显的角，这种人是小心谨慎、保守的。不要想叫他看机会买股票，或投机在地产业。他太谨慎、太柔弱与恐惧。机械人员、工程师、建筑天才，各种东西，小如钟表大至桥梁的制造者，都是前额上边方形。对的——就是前额左右上角。从造玩具车以及小房屋，直至建造设计轮船、火车、飞机，这种方前上额（尤其同时是好动型的）的人是永远不停地在计划、构造、建筑、组织。

这种特征使我想起一件特别的事情，就是观测人的个性并使一个人做他所适于做的工作。

不久以前，一位工业界的人来委托我，他有一个很大的制造厂，他请我为他从一群工人中选择一个有效率的操作起重机的工人。不幸的是，以往所用的工人都发生过意外，原因是，以前所用的起重机的工人，都是易疏忽和不称职的。

圆型头

积极意向——善投机，多智谋，富希望。

消极意向——不顾危险，冒失，易冲动，过于投机。

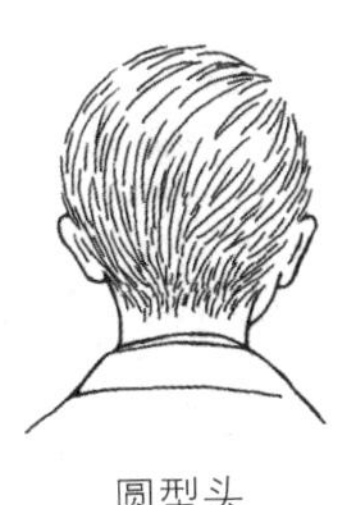

圆型头

制造监督已经新雇了两个工人，都是以谨慎可靠的特长被介绍来的。但奇怪的是，发生意外事件的比例仍在增加，同时由起重机运送的钢产量却日减。我被聘来研究这个问题，我注意看那两个工人，他们都是褐肤色与头后部方形的。这是极端谨慎型的人，实际上他们是太小心了，以至于做每一个动作都会惧怕。

我把他们换下来，换用了一个名叫麦格尔的工人，白肤色，粗相貌，大体格，好动型，短而圆形的头，脸侧影上端凸出下端凹进。

你观察麦格尔这个人的性格如何，简单的回答是，麦格尔善变通，粗鲁爽快，好动，喜机械，好冒险，细心，思想快，行动相当慎重自持。结果，监督的报告说，他在40年的制造工程生涯中，从来未见过像麦格尔这样能将起重机管理得如此精巧、灵敏、稳妥的人！

方型头

积极意向——假如头前额角方形，则擅建设机械，逻辑，喜探究原理，假如后脑勺是方形，则慎重小心。

消极意向——过于小心乃至阻碍创造力。

前高后低型头

积极意向——同情心重，直观，深思，富情感。易感动，机敏。

消极意向——同情过度，更需要尊贵、自重与野心。

前低后高型头

积极意向——高傲，自重，野心，公正，意志力强，专制。

消极意向——过于专横，固执，需要更多的机智手腕，对于人的判断力弱。

方型头

前高后低

前低后高

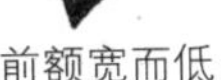

前额宽而低

前额高而窄

前额宽而低型头

积极意向——多才艺，善顺应，心境宽，富建设性，喜音乐。

消极意向——心力分散不能集中。

前额高而窄型头

积极意向——好批评，分析，直观，喜专精研究。

消极意向——过于好批评，心境窄。

本章摘要

宽型头——

形体征象：两耳上端之间头部甚宽，量之约为六寸三或更长。

性格优点：操纵有力，好斗，激进，善理财，猛烈。

性格弱点：趋于过分猛烈，好辩，专横，贪婪。

职业所宜：需要魄力，激进，商业才干优异。

窄型头——

形体征象：两耳上端之间头部甚窄，量之约短于六寸三。

性格优点：态度温和有礼，机警，擅外交手腕。

性格弱点：缺乏力量、执行、奋战力。太温和，不善理财。

职业所宜：需要理想、和平或为他人服务的工作但不宜管理财政。

高型头——

形体特征：自耳朵眼以上头部特高（从耳孔向上量至头顶约以五寸八或更多）

性格优点：心境高，渴望野心，富理想，正直，高尚，意志力强，自尊。

性格弱点：倾向自大，野心太甚，固执与把持。

职业所宜：为他人服务之工作与无限制之升迁机会，具有执行管理才干。

低型头——

形体特征：自耳朵以上头部特低，计量为五寸八以下。

性格优点：重物质，重实际，对事实有兴趣，自由派。

性格弱点：倾向自私。需要更多的雄心、信念与理想。

职业所宜：需要处理物质、实物或各种物品而不是处理人的工作。

长型头——

形体特征：自前额眼眉间至后脑勺长约七寸六或更长。

性格优点：目光远大，专心，喜交际，友善。

性格弱点：耗费太多时间于交际上。

职业所宜：与人交际的才干特优，需要眼光远大或科学才干的工作。

短型头——

形体特征：自前额至后脑勺特短，约少于七寸六。

性格优点：喜好目前的利益，顺应善变，多才艺。

性格弱点：倾向心力分散不能集中。眼光短，易趋自私。

职业所宜：需要有变化而不需要远见或忍耐的工作。

方型头——

形体特征：头前后部均呈方形。

性格优点：前部呈方角的人，擅制造，机械，逻辑，好推求缘由。头后边呈方角的人最小心谨慎。

性格弱点：头后部方角特别明显时则倾向过度小心谨慎而阻碍发动力。

职业所宜：需要制造能力、谨慎可靠、思想

推理的工作。

圆型头——

形体特征：头前后圆形而不显角度。

性格优点：喜投机冒险，多谋，心中富希望。

性格弱点：头后边太圆的人倾向冒失大胆，冲动，太好投机。

职业所宜：才干宜于需要冒险变化与冒险得利或投机性的工作。

附　　注：假如你不能断定头的形状是宽或窄，长或短，高或低，方或圆，那么就不必管这些特点。

第13章

身躯的硕大短小与个性

若别的部分相貌情形相同，则一个人的身量——换言之就是此人高大抑或短小——也是一种重要的个性表现之处。

你曾在电影片中看见过，一艘横渡大西洋的巨轮建成后离开船坞时的情形吗？你是否曾注意过，它是怎样缓慢地移动，以至于几乎觉不出来？它不像是在移动，但确实又是在渐渐地、极缓慢地移动。它发出能量，它产生更多的力量，然后增加速度，在大海中越行驶越快。你又是否曾注意过，在这艘巨轮旁边的一只小拖船响着尖锐的汽笛声？只要一经驶出，这艘巨轮顷刻间就离开那只小船走得很远很远。

类似的情形还有，你注意过20世纪流线型火车开出车站时的情形吗？那架鲍尔温式的机车头开动时也是极慢极稳的。渐渐地发动力量，顷刻间速度增加，以每小时六七十英里的速度如雷电般前进。若是大西洋航船的船长或是20世纪高速火车的司机想突然让这两个机械巨物停止下来，将是一件难度极大的工作。

我想说的就是这句话。每位工程师都知道这样一条机械定律：体积大启动慢。但一旦动起来后，它就会产生出大量的力而且是很难停止住的。体积小的东西动起来快，停止下来也快。你不能希望 12 吨的载重大卡车开动时会像一辆小汽车启动时一样快。小汽车的广告常说它的优点是驶出轻快，加速度大。但你对大载重汽车就不能这样形容。

那么，我说的这些和我们有什么关系呢？关系很大，你会发现在你研究动物时，巨人与巨大的动物行动缓慢，启动也慢，因而情感的、心理的或生理的反应都慢。

此外，每个心理学家都知道，你的身体活动与你的心情状态之间有着密切的关系。其实二者几乎不能分开。心理学家现在已经明白，一般人所认为的心神的状况，其实就是身体的状况。让我们把这一点弄得更清楚一些，不要惧怕心理学这个名称，只需用你的常识即可，并永远对说话总不用简单易解的名词的人存有怀疑的态度。

你在表现喜怒哀乐的情绪时，形体上不可能会没有特别的反应。当你第一次表现出愤怒的情绪时，在你的身心上往往只会留下一点点轻微的痕迹。但重复这种怒的表情，再多做几回，你便会在你的身体的各个部分，自头至脚，留下一个不能磨灭的痕迹。到了相当的时期之后，就已完全清楚地留下痕迹，这个人也就成了一位易怒的人——印痕是如此清楚以至于一个小孩子一望也可以看得明白，并敬而远之。

一个身躯硕大的人发现，要将身心通通唤起，要真正地愤怒起来，那是多么困难的一件事情。他的下意识会说："哎，这真是一件苦事！"这需要很多的时间和体力消耗才能改变他的巨大笨重的身躯，甚至一种高度紧张的狂怒情绪——因此巨大的人不易变，他学会了安逸之术。这就是为什么你发现体格硕大、体重超过200磅的人大多皆是平静温和的人。他们思想审慎，行动也审慎。这就是体格硕大的人与身躯短小的人相比情绪不容易激动的原因。

我通过研究得出结论，证明魁伟的人更能自持，更安详，态度更稳健。你若是替一个这样的人寻找职业，就应切记：避免给他们介绍需要速度、巧妙敏捷与快速反应的工作，把这些工作留给小汽船式的短小的人去做吧。

身躯短小的人是敏捷的——思想快行动也快。他们多较易冲动，较迅疾与易兴奋。在另一方面，一个身躯硕大的人需要较长的时间方能动起来。可是，一旦动了起来，你最好离他远一点，因为他可能会横冲直撞。不过，不可误解这一点，病理的原因时常也会使硕大的人特别容易愤怒与极易受情感刺激而反应。同样，身体的反常状态也能使瘦小的人变得极慢极懒。然而，在正常的人们之中，我的观察结论表明，身躯较大的人比身躯短小的人在行动上缓慢，审慎，安静，情感上不易激动。

身体短小的人多强韧，细而坚。他们富坚持、忍耐力与复原力。他们比巨大的人更为灵活，勤奋，有力。我曾了解到几个个案，几个身体短小的人因为受卑下心理作用的刺激而特别奋发，结果，他们比身材魁梧的人的成就更大。

实际上，拿破仑的成功秘诀就是如此。其他建立勋业的伟人也都是这样成功的。

总之，体格魁伟的人是慎重的、感应迟慢的、态度温和的、喜安适的、和悦可亲的，他安静，端详自持。另一方面，体格细小的人敏捷、活泼、思想行动均快捷。有时候这种人太慌忙，太易激动。在极端情形下，他可能会缺乏自持，并且脾气不好。

说起来也奇怪，这个人类躯体大小的问题竟

有着极大的军事战略重要性，并且最终解决了第一次世界大战。这说起来像是一种奇异的看法，但却十分容易证明。暂且同我回顾一下那一场结束了所有战争的恶战趣剧。

当年，联军的总司令法国福煦将军是一位身材短小的人，德军中路总指挥兴登堡身材硕大魁伟、笨重迟钝得有如重量级的拳击手，而福煦大将则像是一位轻量级拳击手。你还记得最终打败了德军所用的战略吗？那就是一个轻量级拳击手挑斗重量级拳击手时所用的巧妙策略。有一时期，战争好像是不可挽救了。德军看起来简直像是不可战胜的。那可怕的雄壮进军——全体兵力的进攻，正代表着兴登堡的迟缓个性与脾气。经过了长时间的组织准备才开始进攻巴黎及沿海港口。德军曾三次进入到梅恩城，巴黎市民曾三度耳闻德军的炮声。法国的失败似乎是不能避免了。

然而，福煦将军是怎样应对的呢？他是怎样胜利的呢？他就是利用短小精干的人所用的巧妙、敏捷、迅速、机警，在一个行动迟钝的巨型大汉的身边跳动，时而窥取他的这里，时而突击他的那里，随后又跑到别处给他一个冷不防的突击。还记得当年联军的那许多攻势吗？在战争史上曾记载，福煦将军总是忽而此处、忽而彼处地攻击德军阵线。他出其不意地先攻击北方旋即又攻击南端。每天，我们都能听到那些迅疾冒险的攻击。他并没有全线地猛攻，也没调动大量的部队——没有数万人的一齐前进，这是兴登堡所惯用的，不是福煦的。就是这种连续不断的、敏捷游动的奇袭突击，终于扰乱并击破了德军。渐渐地，著名的坚如铁壁的兴登堡防线开始破裂、倾倒，最终崩溃。他们先在比利时败退，旋在法国撤军，此处彼处俱失利，不久即全告结束。

我并不愿意回首这段可怕的大战，但它又真实地证明，个性分析不仅表现在个人的性格上，还表现在国家政治、立法、外交、经济、军事以及世界的种种危机之上。

本章摘要

魁伟身躯——

形体特征：体格巨大，骨骼巨大，体重超过 200 磅。

性格优点：镇静，安详，慎重，自持，好脾气。

性格弱点：行动迟缓，缺乏发动力、忍耐与速度。

职业所宜：需要镇静、慎重、自持，但非敏捷耐久的工作。

短小身躯——

形体特征：体格小，手脚小。

性格优点：智力敏捷，活泼机警，反应迅速。

性格弱点：好冲动，急躁，缺乏自持力，精力低。

职业所宜：需要敏捷迅速、反应快的工作。

第 14 章

人的动作及其意义

大概你也曾听说过“行动较空谈更为明显有力”这句谚语。这句简单的成语恰恰可以作为本章，即人类的第八种特征——表情的主要意旨。

我不必告诉你人们在这方面的不同到了何种程度——他们的行走、声音、态度、外表、姿势，以及细微之处如握手的方式与字迹。我所要明白告诉你的是，人们的每种面部表情、每种身体动作、每种姿势对于细心研究它们的人都有其意义。某种姿势可以表示永久的性格特点，或者表示暂时的心情状态。无论是哪一种你都应该能辨认出来并了解它。

例如，你会相信人们戴帽子的姿势也能表明他的性格吗？呵呵，能够。把帽子戴得极正的人，即帽与头成垂直，表示这个人诚实、迂腐，有时甚至可厌。假如一个人把帽子戴得向前斜，他必定性情轻浮。把帽子向头后斜戴的人表示他必轻率、无远虑、好安逸，且易自满。你从来不会看见一位高贵正直的人把帽子斜戴到后脑勺的吧？这些虽属于人的怪僻，然而每个人都会有这种偶然的习惯与态度，但这些事情对于以客观方法研究它们的人来说却极有意思。你是否听说过，欧洲的母亲们是怎样教育她们的儿子去判断他的新娘候选人吗？她告诉他，要注意观察他所挑选的女郎是如何对待一只摆在地板上的扫帚的。她是任其摆在那里还是把那只扫帚拾起来送到墙角放下呢？还有一件事，看她是怎样削果皮的。浪费的女子削下的果皮极厚，吝啬的女子把皮也吃了，最合理想的女子是那种把皮削得极薄、极小心的女子。

你是否留心观察过，有的人习惯在站立的时候，用脚后跟着地以使身体前后摆动，并用他的手指勾弄衬衣袖口或吊带吗？这是一种夸张自大的明显表现。你不能告诉他任何事，不必费那气力，因为他是听不入耳的，他自以为一切都懂。

再问你，你能从电话中知晓一个人是忧愁、悲苦还是懊丧吗？你能从脚步声中听出来谁是你家中的某某人吗？你能从那个人的脚步声中听出他是欢喜或者失意吗？当然能够。

但是，现在先让我将本章关于表情的主要意思说明一下。最足以表现你所观察的某人的性格与个性的有两种姿势。一种是外向的姿势，另一种是内向的姿势。例如，每逢你高兴欢喜时，你会在屋里跳跃转圈两手高举，肩膀上提，头仰起来，嘴角也向上斜。当你看球类比赛时忽然看见你所支持的一方大胜，或者你所爱看的球队博得满堂彩时，你更会这样表现出你的高兴。换言之，外向的姿势往往是在表现积极、欢喜、热诚的情感。

你可能知道，人们——不分男女，都时常流露出因自己的成就而有的自信、勇敢、雄心。同样，他们喜悦时总是坐得笔直，头部昂起，胸部突出，两手张开放在身前，而且因积极愉快的表现而使得他的嘴角、眼眉以及脸上所有的线条与角度皆向上升。我把这种积极的表情命名为“优胜的姿势”。并且这种姿态是每个海陆军校毕业生所具有的。你决不会看见一位将军慵懒蹒跚地靠在一根电线杆下，也决没有一位战胜者是两腿交叉胳膊抱在胸前、下巴低垂、背部前倾的，因为这些表情都是属于消极与失败的。

另一方面，每逢你悲楚失意时，你肯定走向一个角落去。你蜷缩起来，你的头低垂，并且你的整个身体都因懒散而做出一种消极、灰心、愁苦、失望的姿态。甚至低等动物也懂得这种形体的表情。吩咐你的狗去做一件平常的事，但用严厉的声调去恫吓它，你的表情严肃，握住你的拳头喊它，它便会在你的面前畏缩蜷伏。

再说一例，注意观察一下习惯说谎的人。不论他嘴上怎样讲，留神看他的手，因为手可以表示他所说的真伪。若是他的手或手指无意识地向两边摆动，那么，不管他怎样说，肯定都是假的。喂，小伙子，假如她的手上下动，那么，不管她嘴里怎样说，也是真的。

每逢动作姿势使得手向身子里缩回向下，那

便是表示否认、惧怕、失望或愁苦。最极端的情形则表示隐私或者欺诈。

这里有一个判断性格的最大秘诀我可以转赠给你。我已把这个秘诀传给了数万的执行官与售货员，约有 1200 余家公司。他们都在使用这个方法，每天去衡量雇员与顾客，并且均有效果，假如你由以前学过的性格分析法中并未得到什么，则这个方法必对你有极大的用处。

留心看你打算说服的朋友，注意你预备劝说的买货的顾客们。他们是身子向后仰靠在椅子上两腿交叉着吗？他们是把两臂相交抱在胸前吗？这是确切的拒绝表示。他不相信你，或者说他是在怀疑。再者，这种内向的姿态，两臂交抱胸前，甚至含有拒绝或挑战的性质。你是否见过，两个孩童各不服气将要打架时的姿势，往往都是两臂抱在胸前怒目相视的。

意大利独裁者墨索里尼最惯用这种戏剧性的姿势，每逢他对民众演说时，他的胸脯往往都会向前突出，下巴前伸，头向后仰，两臂抱起，大声疾呼。

每逢你看见一个人在商谈事情的过程中做出消极抵抗的姿态时，就应该停止与他谈论，因为肯定是发生了什么不妥的地方，你需要迅速地找出错误的所在才行。怎样做呢？好啦，我将告诉你，有两种方法可以解开一位持消极闭关态度的人。第一，问他问题——问他是什么原因。继续问他，直到他回答你为止。假如你用这个方法还不能使一个人抱在胸前的双臂放下，那么就使用第二种方法，递给他一件东西—— 一本书、一张画、一幅图表等等，这时他必须要放开手去接。因为一个人只有在身体开放时，他的心才是开放的，而且只要是听你谈话的人继续采取这种开放的接受的态度，尽管讲你的，或是劝他买你的货品或是用建议打动他。但心中须记住，各位推销家，没有一个未来的买主是抱着手签订购货合同的，任何人也不会是用抱着手的姿势给演说家、运动员、明星鼓掌喝彩的，我可以用这种绝对的“否”的表现分辨出听众之中每位怀疑者，不管嘴里是怎样说，这种姿态永远都代表着“不”。

在另一方面，一个人若是身子姿势倾向于你，肢体是放开的，嘴张着，眼睁大，手张开，他肯定是对你发生了兴趣，他不仅是在用耳朵注

意倾听，而且也用他的大脑进行思考，他相信你，他愿意再多知道一些，既然这样，继续讲你的吧。

因此，记住了，一个人表现出关闭着的姿势，那么他的心也是在关闭着；若表现出开放的姿势，那么他的心也是开放着的。

上述两种姿势虽不能完全代表人的性格，却确实可以表现一个人当时的接受状态，除此之外，还有相关的几种表情姿势对你将特别有用。

先说握手。我已经对你讲过这种姿态是如何的重要，它可以告诉你某人的肌肉与骨骼的松紧软硬，但它还能告诉你更多一些事情，它可以告诉你某人的想象与感觉，他的健康状况，他的心情状态。

力弱、松软、无生气的握手，显然表示缺乏活力与热诚，它又时常表明体质的无力与愁苦，因此，你不可依赖这种人，他们的性格是软弱的，就像他们的握手一样无力，此外，这种握手还表示不关心。

你所接到的朋友或一位陌生人的信函也可以表现出他们的性格。笔迹书法是神经波动的表现。我在此不愿详细研讨书法学与性格关系的种种表现，但有几件容易观察的特质可以在你的笔迹上确切窥知。不过你一定不可以忘记，笔迹代表人暂时的心情者多，代表永久天性者少。你现在的书法与你五年或十年前的笔迹就不同。再者，你的笔迹几乎因为你的情感与心情状态而每天各异。

例如，你永远会发现，人在快乐热心时所写的字行必向上斜。在沮丧失意时所写的字行则会向下倾斜。一件值得注意的有趣事情是，白肤色的人写字时多向上斜，至于褐肤色的人若其他情形无二，所写的字行多向下倾。

若是每个字都写得过于向前斜，此人必定富于精力，进取，无耐性，恰如面部凸出型的人的性格。每个字若写得极正直或向后斜，天然地表示其人谨慎小心、精细深虑并且有时是能严守秘密的。

孩子们写的字永远大而散乱，但随着他们的脑力逐渐发达，智慧及心力专一随之增长，他们的笔迹也日渐小而工整。老年人的笔迹常常表现得软弱颤抖，说明其渐失肌肉的操纵力量。

我在新西兰时曾认识一位很富有的商业通讯员，他惯将重要的商业通信写在一张明信片上，而且他的笔迹极细小而拘束，并且把一张明信片的正面和背面都写满了。这种特点永远表示节俭甚而带点吝啬。相反，字写得很大，每行相距甚远且留着很宽的空边的人，多都是浪费的。

能守秘密的人写o，a，d，g等字的上端必封得严而无隙口。若是写这几个字时上端开着口其人必然爽快，他可以把任何事都告诉你，并且时常不能严守自己的秘密。

一个人不论男女，写字时若起初写得极大，随后越写字体越小，他肯定善于应允，但却不善实践自己的诺言。笔迹粗重者表示身体健壮有力。字体一笔一画均匀工整，又如写i或t时的点同横均整齐规矩者，其人肯定做事有次序有规律，精确并能耐劳。

有的人从来不愿意和别人握手。若到迫不得已的时候，他只会将自己的手交给你而不做任何反应，这种握手方式的人多以自我为中心，为人冷淡，也代表着漠不关心与缺乏兴趣。

温暖而有韧力的握手，用力平均，拇指压紧你的手背，这是表示友善、诚恳、信任与胸怀坦诚。

除非是极亲近的朋友，小心那种过分亲昵地握手的男女。这种感情勃发式的握手是表现过火的，而且多半的原因是他要有求于你。再有一种就是拼命用力的握手法，这表示体力过强，性格粗鲁，并且时常缺乏熟虑、机智。

记住，从握手观察人的性格，他们的姿势不但表现了他们的天性，而且还代表了其临时的情绪与感觉。你与一个陌生人握手的方式，决不会跟你与顶要好的朋友或情人握手时一样，你在健壮快乐时的握手法也与你在愁闷病弱时不一样。

一只冷淡的手代表了其冷淡缺乏热情的天性，一个人的手若时常是暖热的，其性格也暖热。这种人具有丰富的情感反应，或者他头脑中有热情与多情。

在结束本章所谈的人的表情问题之前，我要指出极为重要的一点，这一点是人们的形体的九种特征中唯一可以有意识地改变或操纵的。没有一个人能改变自己的面貌，除非用整容手术，也不能改变自己的肌肤或头发的颜色、骨骼构造，但却可以改变他的面部表情与举止态度。因此记住了——要使用本书前几章所讲的基本不能改的各种形体特征去观察人，然后用其他表面可见的如像他的姿态、他的握手法、他的笔迹等再加以比照——永远记在心里，一个人或者由于某些原因以致举动完全与他真正的本性不符，换言之，要切记，动作虽然比空话明显，但也可以如空话一样有虚假，但是其真与伪却瞒不过真正的个性分析学者。

最后，但却不是次要的，我们谈到第九种形体特征——体质状况，而且这一条时常是许多个性分析学者所忽略的。

也许你已慎重地观察了一位朋友，你看明白了他的面型、肤色、身躯、结构等等。你分析之后，断定他应该是活泼、富精力的实干家型的个性，然而他却全无这几种特长。不用失望，也不要立刻认为个性分析学全是无稽之谈，再仔细研究一下他，细看他的体质状况，以及他的健康情形，你会发现，原来他的扁桃腺有毛病、心脏衰弱，或者是因为别的毛病致使应有的性质优点都被完全抵消了。

记住了！假如你发现一个人本来应当是好动的人，但他却懒惰，本来应当是沉静的人，但他却极易受刺激，本当是温和而富机智的人，但他却总是易怒且喜欢争斗，很有可能是他的体质中有了什么毛病。

你自己也可以试着查看一下自己。你曾有过几天或几个星期之间，性情像是完全改变了，你平素的好脾气全改了，你一向喜欢做的事情现在使你感到不愉快了吗？假如这种情形延长了，你应当高度注意，最好去找医生查一查你的健康有无问题。假如你把自己很细心地分析过了，假如你明了你是哪一种的人，应当是怎样的，可是你的现状与此不对，大概必是你把“体质状况”这一项要件给忘记了。

不管你具有哪种成功的才干，若身体不健康，就很容易将这种才干毁坏殆尽。你可以同一位很合理想的人结婚，共享今后的美满生活，然而你的婚姻，也许会因为你身体病弱而被摧毁。你或许找到了一种最适当的职业，而你的健康状况，也会阻碍你不能从事该项事业。

我想起了一个熟人——一位很和善的教授。他在学校中极受师生们爱戴，主要是因为他的脾气太好了。突然有一天，他无缘无故地变得易怒、暴躁，时常大发雷霆。没有一个人能了解他为何突然性情改变。医生检查也未得出究竟。他的家庭生活颇为美满，又无经济不足的难题。这真是一件怪事，最后一位专家医生发现，他的眼皮之下，在眼球的角膜上生长了一点东西，因此扰乱了那位教授的全部神经系统。当医生用适当的手术割治了那个东西之后，这位老教授的好脾气又恢复了。

由此你可以看出，本书所讲的九种形体的变异，互相之间有着密不可分的关系，就像一座桥梁的石柱，共同来支撑桥身，使你安然走向知人知己的境地，但假如抽去其中一根，则整个桥身即将不稳。

个性分析不能从中间跳到结尾，这是一种需要按部就班的科学。这其中一共有九种人类的形体变异，欲明了你自己，或是任何人，这九种情形都应当仔细查明白。

最后有一个问题几乎是每个跟我学习的人都会问到的，就是人的性格是否能改变。一般人都相信人的天性多少是固定的，意思就是不变的。然而现代心理学家却说这是错误的，宇宙间没有一种事物是固定不变的，从最高大的山到蔷薇花的花瓣，每样事物都在不断的变动中，从极微的原子到太空中庞大的星系，每个分子、每种物体都处在无休止的变动之中。

你的性格有改变吗？你的体质构造有改变吗？当然是有的。现在的你同上年、上个月，甚或昨天的你都不是同一个人，主要的问题应当是——你是变得更好还是更坏了呢？

前天我在街上遇见一位老朋友，看见他不免寒暄道："喂，一向还好吧？近来做些什么呢？"他答道："噢，没做什么，我简直是在消磨时间，过一天是一天。"这是不对的，人生是不进则退！

你们在前边已经学过不少关于科学个性分析法的知识，现在试着应用一下吧。这里有一个青年人罗先生，以前我曾分析过他，你们试用想象替他解决一下难题。我先把所有关于他的情形说一下。他说道："我对自己的前途十分迷惘忧虑。我今年 24 岁，知道自己应当走的道路。我从小学毕业之后，到一家建筑公司当工程实习生、铁工与材料股事务员。我节省了一点钱，又去读了两年工程专科学校。但是毕业之后，我却找不到我认为应该能够胜任的工作。我到处奔波，最后没有办法，只能遇到什么工作就干什么工作，于是我先当投递员。我曾当过保安，又当过几个月的铁工，现在我正做着一个饭店里的厨师。但是我的目标呢？我做什么工作才能成功呢？巴尔肯先生，我是脱离了轨道还是未曾走上轨道呢？"

这个青年同许多人一样，对于自己的前途不知何往，我希望你们能代他设想一下。这位健壮的青年，衣装整洁头发光亮，用本书学过的术语来讲，就是他是白净的肤色，侧面形上端凸出，下端凹进，属智慧与好动混合型，肌肤柔细适中，肌肉富韧力，头形高窄，后头方形，前额狭窄。试用心想象他的样子，他现在不如意、懊丧，他和他的朋友生长在不稳定欠温和的环境中，他们憎恨环境。

让我们试做个性分析，在我的面前列出了一张诊察表，我细心地将他与人类形象九种特征做了比较，不久我便得出了结论。

“现在，罗先生，让我们先看你的积极或优势的性格。我们先说使你高兴的。好啦，第一件你肯定很会顺应且多才，你喜好新的意见，新面目，新地方，你决不肯苟安于现状，你好批评但不能分析。你喜欢把东西拆开来做比较研究，观其究竟，你对社交与交友只有中等的能力（且偏重与异性来往），将来是一位好丈夫。你好寻究原因，喜欢想，对将来的所得比对目前的利益更感兴趣。你对音乐韵律颇能欣赏。你诚实，有善于创造的智力，能专心，善观察，勤苦。你天赋聪慧，喜读书，研究，思考事物，你对于意思、地方、事件的记忆甚佳，尤长于思想之连续，你对于数字、系统、次序及推理力有特长，故擅长数学。”

“但是，现在且说几种你应设法纠正的性格弱点。你常把时间用于白日幻想，你常心不在焉，并且你不善于理财。你对于姓名文字记忆力差。再者，你常欠机智地与你认识的人意见相左，你办事需要圆滑手腕，你不懂得了解别人。我不是说你威吓人，其实你还是很需要争强、发动与急进的，你的体质略显懒惰，你的谈话表达能力欠佳，你的态度似太温逊，你太谨慎因而容易产生怯弱。”

“现在我愿意建议你选择以下的几项职业、目标，这些是你应当挑选的也是能胜任的，不要枯坐等候职业机会来寻找你，因为你当总厨师或打铁工匠全是耗费大好精力，你若选择下边的一种工作必定能成功而且愉快：（一）化学技师，（二）电气技师，（三）科学研究员，并且若要我为你建议一种业余的有趣的工作，请研究商业美术。”

“喂，朋友，无论你对现有的工作是如何地讨厌，我也决不建议你立刻放弃它，除非你已得到了别的维持生活的办法。在你的工作期间，请学完你的补习课。去找一个夜校，读一读关于我所建议给你的三项工作的学习。开始去化学、电气或工程界寻找工作。换言之，就是开始向你将来志趣所在的工作圈内深入发展，这样你就将成为一个工程师或者研究家，而不是当总厨师。”

“但是你的那些弱点，让我们看看如何去纠正它们。你要发展你的急进力，纠正你的犹豫不决，因循拖延。第一，立刻开始每日不断地练习深呼吸运动。第二，尝试着在运动场上，去做竞争胜负的游戏比赛。第三，练习快步走、游泳、划船。不要忘记你的最大障碍是懒惰。第四，时时督促自己说：去做，并且立刻做，切勿再拖延！”

“为了保障你的生活，你应当多学习一点关于用钱的方法。你应当谨慎节俭，避免做投机生意，并应当有一个收支预算。不要借别人的钱，也不要借钱给别人。学习著名理财专家的生活方法。我建议你去读一读那本极其有趣且有用的书，就是富兰克林·郝布斯作的《财富之奥秘》。”

“你还需要更多的交际手腕与机智。我建议你加入一两个社交俱乐部，并积极地参加各种活动。你的谈吐能力还不够，应该多读书，高声朗诵，假如可能的话，加入一种非正式的辩论会或演说训练班。你应当发展你的记忆力与构思力，注意读本书以下的数章，我将告诉你很多关于增强记忆力与智力的方法。”

“我建议你以商业美术为业余的工作，而不必要闲暇时仍从事本业。这是因为你的科学才干远优于你的美术天才，在正常工作时能够全心尽力就好了。然而，你的确具有艺术能力，而且你如果能够发展这种业余爱好，必定会感到很愉快。”

“罗先生，以上就是你的计划行程。我愿再对你的要求重述一遍，请相信它，并按之实行。简言之如下：你再当短期厨师毫无意思。你具有一位工程研究员的一切才干。找一件近于化学或电气工程的工作。仍继续在工作之余读书。向你的最适当的职业目标迈进。如果想增加经济收入，就应当发展你在科学方面的技术与效率。罗先生，你会达到目标的，只要你愿意按着我上面的建议，努力去做。记住了，成功的代价是努力！”

诸位，以上你看见了一位人类工程师在工作，测量了另一个人的才干与能力。你看见了一个人生的计划的罗列过程。你看见了如何从纷乱中建立起秩序。你看见了一条康庄大道的筑成。听了我的建议之后，罗先生眼里带着希望之光，开始向前展望了。

但是，以上所说的这些，跟你有什么关系呢？其实我想告诉你的是，你也可以这样做。你也能增加你的快乐。你也可以用本书所讲的科学知识与专门工具，测量你的才干能力。假如你认为这是一个故意单独设立的例子，或只是想象的片段，让我再给你看一封我刚接到的来信吧。

“巴尔肯先生：今天早上我收到了一张 293 元的支票，其中 170 元是我的纯利。这个数目对你也许很微小，但是我要对你说，我只是一个大楼公寓里的电梯司机，每月 80 元的工资，这一笔额外的收入，我应当感谢你。事实如下：”

“你还记得曾代我做过性格分析吗？你说我是凸出面型、褐肤色、好动与智慧混合型、身体短小、肌肤粗糙、高型头、前额上端方形等等。你也许忘记了，我以前是钟表匠，因为眼睛有毛病，所以不能做精细工作，失业数月之后才找到了这份电梯司机的工作。”

“你在分析之后，曾对我讲，应当做关于机械的工作，但不妨做较大的东西，比如制造家具，我以前不曾想过这些，但我却先试着做了几件自己用的家具，因为买现成的价钱很贵。”

“你曾郑重说明，我当钟表师也不对，因为那工作对我来说太纤巧，但是你又说我确实具有机械技巧，很适宜于制作大件的物品。哈，你所说得真是对极了，我就依照你的指示去做，现在已经得到了一笔额外的收入。”

“这所公寓大楼管理者的女儿将要结婚。她与她的未婚夫手中存款不多，买不起商店现售的家具。我听说之后，便去同他们说：‘请到舍下看看我自制的精美价廉的家具，假如你们愿意，我可以代制一份，价格远比家具商店里便宜得多。’起初他们二人以为我是说笑话，最后到我家里看了之后，那位小姐直夸奖我的手艺。于是邀我同去家具店内，看一套最新的式样，回来决定拿出三百元，让我代购一切木料，动手去制作。我每天省出一部分时间，在家中行动了起来。两个月之后，全套家具完成，我雇了一辆载重汽车，送到了他们的新居，当时，我就接到了这张 293 美元的支票。我已经说过，从这数目当中，我的净利是 170 美元，抵我两个月的薪水。哈，这还是刚刚开端……这套家具制成后，现在我又接到了他们的亲友来向我约定代做的五六份订单。我大可以辞掉电梯司机的工作，专门开设一家木器店了。”

“巴尔肯先生，我应当感谢你给我的建议，我感觉制作家具很愉快适意，我就要辞去电梯司机的职务，专造木器。我的前途十分光明，这是我有生以来第一次有如此感觉。我衷心地感激你。艾迪尔敬上。”

现在，假如你对本书的第一篇业已了然，你就具备了获得成功与快乐的工具，你就已经有了这种知识去帮助你发现并利用你一生中最需要的东西。但是切记，世界上一切的工具都不会对你有用的，假如你把它弃置一旁而不用，任其锈毁的话。你应当从现在起就利用这种性格分析的原则……应用于你自己，你所遇到的人，你的职业上、家庭中。你自己坐在屋里说，你有一副会发财的相貌，那是毫无用处的。你应当出去做能发财的工作。

因此，下一步便是如何应用你以前学过的。在此之前，稍停一下审查一番自己，你对于前述九种形体特征都能完全明白吗？好的，让我们开始应用这种惊人的科学个性分析法吧。

第 15 章

应用心理学

我们的心与身体，有着极为密切的联系。凡是足以影响到身体的东西，也能影响到心灵。这种心理的平行性，乃是一切科学个性分析法的基础。大心理学家威廉·詹姆斯曾经说过:“所有情感的主因都是发自生理的。”那意思是说，你的任何情感的表达，如喜、怒、哭、笑、恨、嫉妒或忧戚，无一不连带着要使用身体某一部分的肌肉力量。

还记得我们前面讲过的关于惧怕的内容吗?在惊恐时，你的膝盖便会颤抖，牙齿会相切，身体四肢会失掉操纵力，你的心会跳个不停，脸色会变得苍白。实际上，身体颤抖乃是一种下意识的动作反应，能帮助你将你的血液迅速送到肢体的末端。

著名心理学家都能指出这种心与身体之间的密切关系，个性分析心理学家，更进一步指出这件有趣的事实。你在表现一种情感时，若才一次，是不会给别人留下多大印象的，但是你若重复地表现这种情感，便会给人留下不能磨灭的印象——不是在你的额上或你的手纹上（但有的江湖卜者，则专由这些皮毛而不科学的征象，判断人的个性），而是留在你全身的每一部分，从你的头顶直到你的脚下，你身体的每一小部分都能表明你的许多性格。

在实际应用中，这种事实已经很普遍。为避免形成长期的、忧郁的形体表现，就不要时时搓手、握拳、皱眉、披发，或用愁苦的声调说话。要保持轻快、高兴、积极的态度。要决心以积极的创造性去处理你所遇到的一切问题。然后，深深呼吸，使你的胸部挺起，下巴伸出。笑！在你这样做完之后，你再想做出愁容，便几乎不可能了！

柯教授对他的学生们时常劝导并重复说："我每天的每件事情都越来越好。"并且要笑着说这句话。

噢，是的，我知道强迫你采取一种完全有异于你平常生活的新的态度与习惯是很难的。然而，强行用有益的新习惯代替旧的坏习惯，是增加人的快乐的一个重要步骤。

我每次教学生学基本原理时，都会取出一张硬纸卡片并轻轻地折它一下。这个卡片立刻又张开恢复原状，卡片上的折痕也很轻。但是我用力多折叠它几次，最终它便会合了起来。与此情形一样，当你第一次去做一件事时，它会在你的脑际画一道新的痕，那个印象也许很淡，但再三重复地去做它，最终便会形成一种习惯。最重要的当然是去养成好的习惯，不论是练习早起，吃饭细嚼，守时，养成和气的笑容，或对于一件难题集中心力。想操纵你所希望形成的习惯，其实是很简单很容易的。

我忽然想起了一个故事。有两个相熟的小伙子，一起上前线打仗，第二天早晨便要听号令前进。时间已到，队长吹号发令进攻，他俩跳出战壕，爬过无人荒区，甲转过头望着乙说道："喂，伙计，你的脸白得像一张白纸，你心中肯定害怕极了。"乙固执地回答道："是的，伙计，我很害怕！但是你若有我一半的惧怕，必定早就临阵脱逃了！"那么，这个故事里的这两个人，谁更勇敢呢？显然，乙虽然面带惧怕，却是勇敢的，因为他心中在与惧怕抗争，仍在继续前进，他是在制造勇敢的形体状态。甲则只是盲目大胆，他并没明白当前的危险。

再说一件有趣的事。我们身心每一部分的发育，都与它的营养及使用有关。例如，弯起你的右臂，便会鼓起一块坚硬的腱肌；然后弯起你的左臂，假如你不是习惯使用左手的人，你的右上臂腱肉一定会比你左上臂的大。你若是习惯用右手打网球的运动员，就更会明显地看出，你的右臂前节比左臂粗得多。

让我们由这种简单原则往较深处推论，这里我们有一位惯用右手的人，那么不可避免的结论是，为何不给他一件利用右手的工作？这不是很简单吗？

在这里，我们通过观察，进行一次科学个性分析的简易实验，一如利用一个人的优缺性格做科学择业指导，我们给那个人一件需要跑腿的工作是不对的，应当给他一件利用右手的工作，结果是什么？他喜欢做那件事，他很快乐，他很有效率，他自己高兴，同时也使别人满意。

你也许会说，这个例子太简单了。然而，就是利用这条简易的原则，其合理的结果将会改变你的整个人生。那么，我们该怎样利用呢？

第一，实践练习正确的心与身体的习惯。重复各种积极的正确的情绪——坚信、意志、愉快、决断、热诚等等——的形体上的状态表情，直到成为一种自动的反应动作习惯。

第二，利用你的优秀的体力与心力，让你的长处为职业提供帮助。不要用你的弱点——你的“左手”，要利用你的“右手”。分析你自己！找出你的优点都是些什么。找一件适当的工作，让它正好利用了这些优点。然后，大力发挥你的优点，如你的音乐天才、你的机械技能、你的社交本领、你的艺术能力、你的发明力、你的专一力、你的科学研究等能力。

第 16 章

品格的奥秘

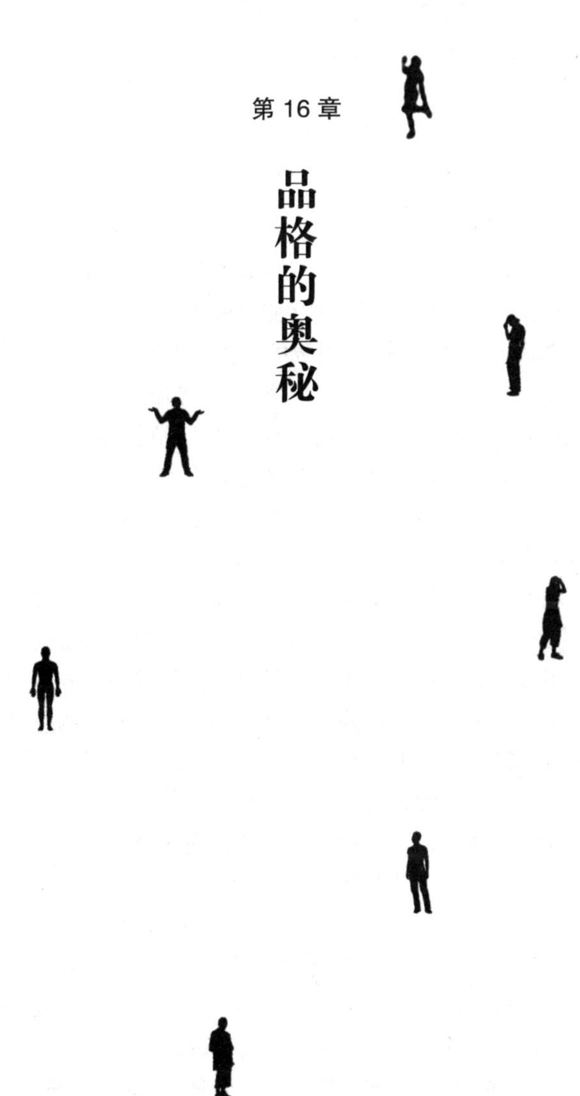

如果一个人具备了一种好的品格，那么即使他没有别的东西，也往往能够取得成功。缺少好的品格，往往是一切失败的主要原因。

我认识一位马太太，她向我诉苦说："巴尔肯先生，我的女儿费丽丝今年 22 岁。她长得很美，人人都这样说。她在大学毕业时代表全班致毕业词，她的智力极好，她的衣服时髦，穿着打扮也很漂亮。但是她却找不到男朋友。我想她是缺乏某种品格。但是她应当怎样去发展这种个性特长呢？如何才能使她找到男朋友呢？就像邻居家的那位小姐那样，虽然不是很美，但却有一位好丈夫，还生了一个可爱的宝宝，并且过着安稳的生活。巴尔肯先生，你能给我一个答案吗？"

哈，是的，马太太，我相信有一个答案。在我答复之前，先让我说说前几天我在俱乐部听到的一段谈话，共有四个人参与了这次交谈。第一位是著名的戏院经理，第二位是精明的商店老板，第三位是头脑极清楚的某公司的人事部主任，第四位是我。谈话不知何时转到了"品格或品性的问题及怎样得到它"这个话题上。

"周先生，"我问那位戏院经理，"每个剧场、舞台、银幕或播音明星都需要一种优美的品格，并且必须有。那么，究竟品格是什么？”他回答道：“巴尔肯，我想这种特性可以称之为俊俏、漂亮、态度大方、体格健美！即好莱坞所谓的‘唔，明星！我们就可以叫它美’。这便是我对于品格的意见。”

那位商店老板立刻插嘴说：“噢，不对！我敢说品格与这全无关系！我的一个最能干的推销员有一种奇异的品格，他却一点也没有你所说的那些特点。但是他却极会讲话。他的谈话是那样的有趣动听，足以使你入迷。他无论走到何处都能带回大批的货物订单。”

那位人事部主任接着说：“我对这个问题的意见却又不然。我若雇用女秘书，必定会细看她的指甲、她的外表与她的衣装，我一直相信整洁、利落以及对装饰的审美力一定与好品格有着极大的关系。噢，还有一件我要添加上去的就是，一副动人的笑容。这就如同点心上加的奶油。”

随后那位老板转过脸来问我：“喂，巴尔肯。你曾经接触过数千人。你曾为各大公司选用过职员，你更曾指导过数千人各得其适当的职业。你对于这一点有何高见呢？”

我相信他们对于我所认为的一种令人可亲的品格表示惊讶。“诸位，”我说道，“我想我国由古至今拥有最伟大可爱的品格的是一位最家常的、最沉静的、最粗鲁的甚至是最拙笨的人，他其貌不扬、头发蓬乱、衣服破旧，心中满怀忧郁以及许多难题，以至于他的脸上都无法强打笑容。然而这个人却有着伟大的品格！”

“你说的这个人是不是林肯？”那个人事部主任问道。“正是他。”我答道。但林肯的伟大的、可敬可爱的品格的奥秘是什么呢？在研究林肯一生的历史时，我常常发现他是粗鲁拙劣的，我们不妨称其为俗野。他时常坐在污秽的旅店中对人们讲用伞把捉老鼠的故事。当有人责备格兰特将军酗酒好饮时，诚实的林肯率直地答道，“看看他喝的是什么，我要照着买一些送给别的将官们喝。”

有一天，林肯和一位上议员在华盛顿的街上散步。一个黑人走上前脱帽向林肯致敬。林肯也照样子举了一下帽子还礼。

“林肯先生！”那位议员愤然地说道，“你为什么对一个黑人行礼？”林肯回答得很妙，“我不能让一个黑人比美国的大总统还要有礼貌，对吗？”

林肯是一位极其家常朴实不修边幅的人。他的两条长腿走路姿势极为难看，他的破旧衣服决够不上“漂亮”二字。但他对于别人来说却有着极大的影响力，为什么会这么说呢？下面是我对于他的品格的真实奥秘的定义。

林肯有一种异乎常人的才干，就是能对别人切身相关并有兴趣的事予以同情和关心。

我认为这就是获得朋友并使人们喜欢你的唯一秘诀。我说的是对于别人的问题、理想与见解的同情、有益的关心。这就是最重要的所在！

化解任何人的漠不关心的态度的最简单方法就是满足男人的自大与女子的虚荣。你若同任何一个人谈关于他的事情——他的生意兴隆，他的政治功绩，他的智慧成就，他的身体健康等等，必可打动他的心并使他满足得意。

学习与别人谈关于他们的事情。记住，现代男女中 99% 的人都具有普通的人性并且是自私的。我们都关心我们自己的家庭、自己的孩子、自己的意见、自己的希望、自己的判断，等等。你如果和我谈我所喜爱的狗，你肯定会引得我异常高兴；但是，你如果和我讲你的狗怎样怎样，恐怕就会使我烦躁而不爱听。你若是眉飞色舞地畅谈你打牌或打球的技术，他们不久便会皱起眉头不再爱听，但他们却喜欢对你讲他是怎样巧妙地打败了对手的。

林肯当年在给儿子命丧沙场的无数母亲写那封在历史上永垂不朽的慰问信时，他流露出了发自内心的同情。在一位母亲因儿子担任夜哨失职而被军法判处枪决向他求情时，他深受感动去阻止行刑，充分表现出了他异常的同情与了解。他一生中都充满了对别人的事情超人的同情与关心。因此，他也被后世认为具备了最伟大的人物品格并被仰望——不管他的形象是如何的粗俗、拙笨、面貌丑陋、衣服古怪、农民出身。

现在你若是感觉自己的品格尚有些欠缺，那么，请培养这种对你所遇见的人们表示关切的伟大习惯吧。若能如此，你必定能处处大受欢迎，无往不利。这就是可帮助你达到一切目的的魔术一般的公式——获得人们的了解。如何去做呢？很简单！只要你对人们谈论他们的事情，学会对别人所关心的事情给予同情的关切！

第 17 章

面貌与个性

你是否尝试过坐在电车里或公共场所中端详别人的面孔并猜测他的性格？好的，研究人的面貌特性并不难，特别是在你已明白了前面所讲的人的九种形体特征的基本要点之后。

当然，你明白我们并非要谈前额，因为所谓人的面部的正确解释是指眼眉与下巴中间的部分。眼皮眼眉在研究个性时都很重要，我将在本章的最后讲，现在我们暂且抛开它，只讲从两颧骨与鼻襟向下到下颌的部分。在研究脸的不同部分时，首先我们把脸分成三部分：（一）鼻部分；（二）嘴部分；（三）下颌部分。

鼻部分是脸上代表能力的部分，假如你分得很准确，它应当占全面部的一半。鼻子吸收氧气到肺里去，所以它是肺部健康情形的表现，鼻子若是长而且显示着健康的淡红色，颧骨高而宽，你的鼻部分便可算是特别大。这是有积极能力与精力的又一证明。假如鼻部是长而不宽则精力是忽张忽弛而无恒的，假如鼻部宽而不长则精力便是潜伏的或欠活动的。

肺部若有任何变化都会立刻影响到脸上的鼻子部分。颧骨一边或两边出现浅红色是肺中有毛病的征象。颧骨上部呈大红色是有肺病的最普通现象，患肺结核的人鼻及两颊部分通常是苍白的。

由鼻子旁边到嘴角现出一条深的面纹也是富有意志、毅力、坚决的明证。我曾分析过一位著名大工厂的经理，他的鼻部分就是长而宽的，这表示具有能力与才干。但有一位学过性格分析的人却说，那位经理决没有丰富的能力，他时常一天坐在办公室里而不去活动。然而，我仔细分析了他的习惯后发现，原来当他坐在办公室里不动的时候，他却供给数以千计的人以伟大的动力。他那运用不停的心正在计划着新的制造方案，开辟着新的国外市场、新的生产策略。他的推动能力就是从那安静的办公桌上灌输给全体组织，并达到每个工作中的员工的，如同电线将电力连到全工厂。

又有一次我分析过一位智慧型的教授，他在某所著名大学的研究部工作，他脸上的鼻子部分也很大。他的身体虽不经常活动，但是他的惊人智能却表现于他的学术研究上。他曾根据对希伯来、希腊、拉丁、法、德、意等文字的研究写过一本书。他对于古文学有着丰富的知识。他的哲学与神学论著均被认为是权威之作。这就是他的惊人能力的表现。

因此，假如你发现一个人鼻子部分表示出他富有能力时，不要误认为他一定是在天天打球或做体力的劳动。他也许那样，但他也许不那样，就像我上面举的两个实例，他们把同样的精力用在了智能方面。

脸上的鼻子部分代表能力并表示肺的情况，另一方面，嘴部分则代表胃及消化系统的情形。医生诊察病人时，第一步就是先看病人的舌头、牙龈、呼吸、嘴唇及牙齿。

一个人的嘴部分大，丰厚，强健，唇色红润，呼吸良好，唾液丰富，牙齿及牙龈均完好，那么他的胃消化功能与营养吸收能力必定较强。这种人富有活力且好吃。

假如脸上的嘴部分生来不大，短而狭窄，牙齿牙龈不佳，这种人必然缺乏活力而且复原力亦薄弱。有时这种情形表示消化不良，假如你就是这种情形，最好赶快去找医生帮你治疗。这种人需要富有营养的饮食，同时要多多休息睡眠。他们易疲倦，易怒，悲观，主要原因就是消化不良所致。你所遇见的每位患消化不良病的人必定是易疲倦的、悲观的，不对吗？这又是心理生理类似现象之一种。

再说一些关于嘴可代表性格的事例。嘴唇愈宽且厚的人，其形体欲望愈大，情欲亦愈浓；嘴唇窄而薄的人则沉着而自持；嘴唇松软的人缺乏意志力；嘴唇过于宽而厚的人肉欲必旺盛；嘴角向下倾的人必抑郁悲观，反之嘴角向上挑的人则乐观而富于希望。关于上嘴唇或长或短所代表的性格可说的很多，因此我将另开一章详述之。

脸的第二部分是下颌（即嘴与下巴），这部分代表人的忍耐力强弱。我在前面已经讲过下巴与心脏的活动直接相关，并且还说明了方而且长的下巴乃是有毅力、勇敢、坚决的表现，下巴短而向后缩的人则易兴奋冲动。因此很明显的是，一个人脸的下巴部分愈长且宽则愈有忍耐力、身体具有持久力。

有人会问我，嘴角上生有笑窝的人有什么特点。为什么女人有酒窝？笑窝通常是属于女性的，表示这个人很多情。她们需要较多的爱情。有时你也会发现一个男人的嘴也有酒窝，但其意义仍是相同的，即此人多情。

你的脸是鼻子下巴部分大而嘴部小吗？那么你富有动力与忍耐，但却缺少蕴藏着的活力，你需要更多的复原力。你的精力很容易用竭。你就像一架好的机器但锅炉里的蒸汽供给不充足。这就是你在工作中呈现出忽张忽歇状态的原因。你的嘴及下巴部分大而鼻子部分小吗？那么，你蕴藏着大量的活力与复原力但却缺乏耐力。换言之，你大概是懒惰。

这里让我们说一点关于耳朵的事情，虽然这似乎是跳出了脸部的范围。你想向别人借钱吗？你觉得什么样的人最大方，你容易向他借到？那么，先看他的耳朵。固然应当找一位肌骨软韧、窄型头、高前额的人，但最好的方法还是寻找耳垂长且与脸部分开的人。这种人一般富有同情心且为人和气。自然，你不可向几乎没有耳垂的男子或女人借任何东西，他们一般是不会答应你的。

一件可做的有趣事情就是给你自己或朋友拍照。然后把每个人的鼻、嘴、下巴等部分与世界名人希特勒、墨索里尼、罗斯福、丘吉尔等人的脸部作一个比较。

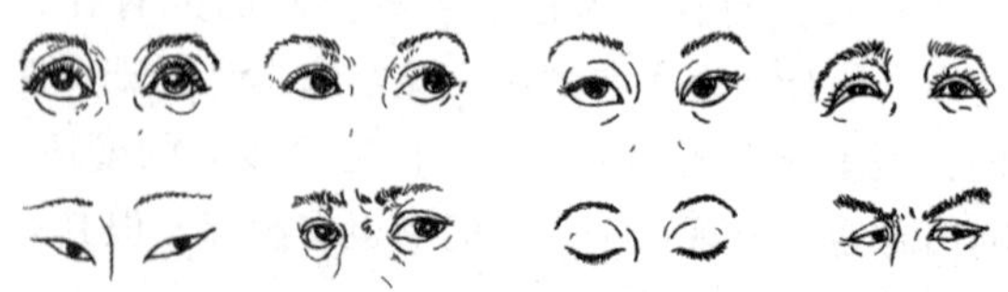

现在讲到眼。“眼睛是心灵的窗户”，古代诗人及现代的科学个性分析学家皆如此说。聪明的人无不认为眼睛代表着一个人的身心状态。它在怒时发出凶光，笑时亮若明星，忧时溶若液体。愚笨的人眼睛呆滞，青春的人眼睛明朗，恋爱者的眼温柔多情，有病的人两眼无神无光。

心怀欺诈的人的眼睛很容易看出来。注意他眼皮微闭，眼珠左右乱转，不敢正眼看人。这样的眼神者必是狡诈、偷摸、欺骗的人。

诚实人的眼睛多是睁大并安静地望着你。眼神也是坦然、张大、自如的。有些诡诈的人故意装作实诚，但他们的眼光并不坦然自信，却装得过火而成了用力瞪着看你。小心这种诡计。须知真诚是不用故意夸大的。

大而圆的眼睛表示领悟力强，对于一般事物皆有兴趣。有这种眼睛的人对于所见的一切事物多能获得一副心中的形象，并且心思灵活。因为他们是在不停地学习。儿童的眼睛则永远张得大而圆。

羞怯或目光向下望的眼睛表示自卑不安或过分拘谨。不可断定凡是不敢用正眼看你的人都是不诚实的，他或许是因为缺乏自信心，或是因为心中有事自己陷在沉思中。

眼珠浅色的人肤色也浅，性格亦属于浅肤色人的。他们喜欢式样变化：新意思、新面孔、新地方。眼珠浅色的人应避免做单调无变化的工作。

深褐色或黑眼珠的人多属于拉丁或东方人。这种眼睛表示有坚持力，情感深厚。黑眼珠的人常是多情的但也多是忠实永久的，假如黑眼珠的人眼睛闭合着，则是怀疑的表示。

两眼中间相距远表示对于形象、式样、景物、面目的记忆力好。世界著名大画家的两眼中间宽得几乎可以再长一只眼睛。诚实的眼睛——忠心、永恒可靠的眼睛，皆睁大，眸子正中上下显得特别长。试看鸽子的眼睛。

好色或多妻妾的人的眼皮显得特别厚、肿胀并且是眼皮微闭着，眼神呆滞，无光。

瞬闪的眼睛，与眼角旁及下边现出皱纹表示

其人的性情幽默、快活。真正幽默有趣的人眼睛中常露着闪光，即便他的嘴唇不会笑。

凶狠的眼睛是上下眼皮平行、半闭上眼、眼皮略硬。眼向上斜，上眼皮似凸垂的人狡猾不可靠。

眼睛线条柔美，眼眉睫毛细柔如丝，表示其人敏感并富艺术鉴赏力。明朗有生气的眼睛眼白晶洁，表示青春、热诚、健康、活泼。

大眼睛表示好动，感性，多敏捷，且常有极深的情感。大眼的鹿便是敏捷灵活的代表。小眼睛的人迟慢，更能深入，思想有坚持力。他们或甚精明，小节谨慎，但不如大眼人那样富有感情。轻信不疑、天真无邪的眼睛是圆而睁大。眼白完全围着瞳仁，这种人常易于受骗。

让我们看看眼眉。凸垂或低悬的眼眉遮盖着眼珠的人领悟力好、观察深刻。他们对于科学研究多有兴趣。眼眉平直的人富男性特质，重实际，对事实有兴趣。极弯的眼眉一般是属于女性的，表示敏感爱美。有时也表示人肤浅琐细。眉毛粗浓、眼皮亦粗的人富于精力、雄健，善顺应，喜户外运动，活泼多艺。眼眉中间相距极近甚而接连，并且眼睛亦接近的人必然暴躁、乖戾，心地亦狭窄。

现在你可以注意你对面的人脸上各部的形象，你很容易就能测知他的性格，不是吗？

第 18 章

嘴唇的长短与个性

容我先说在我办公室里曾发生的一段故事。

我曾雇用过一位极为能干的女秘书，她的品性极可爱，待人的手腕尤其好。但却有一个缺点——是当秘书所不应该有的——写字极不整洁。几乎每一行中都有涂抹，而且这位女士极敏感，不肯接受批评。我在聘用她的时候就已知道了这一层，但问题是我该怎样保留这位能干的女秘书的优点同时又将她的缺点纠正呢？终于有一天，她送给我一封打好了的信函，异常整洁而毫无涂抹。于是我赞扬她说："你这封信写得真好，还非常干净，我要给你道贺！因为这样才是最理想的商业信件。"

从那次起，她打的信件都是极其整洁优美的。现在我要回到正题了。我怎样晓得她是最感性的呢？我怎样知道对付她只能用夸奖而不能用责备的呢？这极简单，因为她的上嘴唇短，表示此人受不得批评，渴望被人称赞。想了解这种特性，注意看鼻子下沿直到上唇红边的那道直沟。假如直沟短，你可以断定此人渴望夸奖，甚至有时喜欢别人的假意恭维。我们平素相交往的人之中总有特别敏感的人，他们有着很优秀的性格，但是他们却喜欢被夸奖。因此你对他们谈话时务必深思熟虑，你说出来的话是否比用真的武器更能损伤他们的感情。只要你注意一下他们的上嘴唇。

现在，让我们将这一点应用于衡量自己与别人，并增加我们的快乐。你太太的上嘴唇短吗？那么对她说话要客气一点，不要怕恭维她，轻轻在她肩上拍一下比什么都能使她高兴。吃完饭坐下看报时仍要不断地说："亲爱的，你做的番茄牛肉真好吃。"或是你们预备一同出门时不要因等她换衣装的时间太久而不耐烦，等她穿好时要说："亲爱的，你真漂亮！真会打扮。"你将获得惊人的效果，她会像度二次蜜月一般快乐。

用称赞代替责备，这是待人的最有效的秘诀，不论是对待何种类型的人，但对上唇短的人尤为有效。见着上嘴唇短的人应将这点记在心中。他们喜爱被称赞，夸奖是他们的雄心的最佳刺激力。他们所以要成功也是为了给他们的家人、朋友或国人知晓他们的能干。你曾听说过一个极无能的男孩子，忽然有女朋友喜欢夸奖他，立刻振奋起来，并在运动场上横冲直撞，最终成为有名的运动员吗？但这里也有一个危险信号，是上唇短的人所应当留神的，你应当知道自己的缺点——太好虚荣。练习去分析你们渴望的夸奖，看它是真的应得的或是假的别有用心的。

当然，你还应该考虑前面我们所讲过的其他

形体特征。假如那位上唇短的人同时肌肤柔细，你的称赞便应温文雅致。与此相反，假如那人是粗肌肤的，那么你大可爽快地尽量夸奖，他什么都能吃得消。你的上司是粗肌肤上唇短的人吗？好啦，你不妨说："你知道吗，你是我从来未曾遇见过的精明强干的人。我想你做这种事真是天才。"他肯定极其喜欢听。

现在让我们总结一下。男人、女人、男孩子或女孩子，凡是上唇短的人都渴望被称赞并欢迎人的恭维。欲使他纠正他的错误，恭维他的优点长处；欲使他继续依你所希望的去做，再多恭维他一些。若是你自己的上嘴唇短——就要留心你那易被恭维所迷惑的倾向。不断地自省，你近来是受你的头脑还是受你的短上唇所支配。

现在你也许在猜想，假如你的上嘴唇长是什么意思。谈到此处使我想起了电影明星乔治·艾

里写给我的那封信。他在信上的谦逊措辞与他所附照片上显著的长上嘴唇给我留下了极深的印象。这里我又想起了曾有一位即将结婚的女郎问我的一个有趣的问题。她问道："我将同一位男子结婚，但他的相貌上有一特别之处——你从照片上可以看出来——就是他的上嘴唇极长。这是什么征象？我想你一定能给我一点指教并使我们将来的生活更加美满。"这个问题实在爽快聪明，极值得立刻给予一个确切而有益的答案。请看下边。

上嘴唇长的人对于称赞或恭维容易怀疑。别人恭维他的话，他有点不相信、反感，经常会问"噢，是真的吗？"这些上唇长的人从人生经验中得到的最大教训，就是他们认为大量的称赞恭维（当然不全是）多是不诚实的，是基于想从你身上得到一些东西。假如你夸奖他的种种方面，如他的家庭或他的专业，他立刻的反应就是怀疑。他认为，你肯定是有求于他或准备卖给他一些什么，直到你证明并无别的用意。

然而这种特性，时常与一种聪明的、善分析的心思相伴而生。愤世嫉俗的人知道理智的最大敌人是感情。而感情中最难支配的一种就是被人夸奖时得意忘形。因此，他的背总是往后仰以防备他的判断被恭维所迷惑。他的目的是要做到不凡而且常常能成功。并且这种人大多皆能避免我们常犯的一种错误——他对于自己的不幸遭遇并不会归咎于别人。

对待这种人最好的方法是正当地批评他而不是称赞他。你若见到这种上嘴唇长的人时，准备挑他的错吧，当然也应该公正恰当，不可故意地吹毛求疵，那样任何人都不能接受。你若真能挑出他有不对的地方，就不可吞吞吐吐，而是应直截了当地对他说。不必道歉，无须在批评他之后再说几句恭维话。最好是与他谈话时不带哪怕一分的恭维。

永远记住，上嘴唇长的人自有其独立的见解。他做事完全是为讨自己喜欢而不是为别人。他好一意孤行，他的自尊自重心很强，但这自尊自大无须外界人士的赞许。他的唯一竞争者就是他自己，他只听怎样能完成计划的意见。这种人心目中有一个他自己应当怎样行动怎样反应的一定形式。他衡量自己的成败就以他自己所定的标准，因此，你无论怎样恭维他也是毫无用处的。

我有一位朋友上嘴唇极长，在某次高尔夫球比赛得胜之后，十足地表现出了这种特性。那一次比赛本来不会请他加入，因一位参赛者临时缺席只好请他出场。对方有好几位是全国知名的球员，但那次却都发挥不佳，结果我的那位朋友竟出人意外地获得了亚军。当我向他庆贺时，他却答道："不要说了。我一生曾参加过的比赛不下800次，平均80次会获得一次冠军。我今天打得并不好，能获得亚军完全是对方的技术发挥得不好。”所以你对于这种人，多恭维是无用的，他们是粗鲁的人，你最好也用粗鲁的方法对待他们。

不久前在一个宴会上我得到了两个极明显的证明。与会的一位画家，愿意为客人画速写像，一位美丽的女歌手先求速写，她坐下来说的第一句是：“先生，不必画得十分像我，只要画得美就可以了。”那位画家低声对我说道：“怪不得她的嘴唇如此短。”画完之后，他又为一位军官速写。这位军官的上嘴唇却特别长，他坐下来说道：“艾先生，不必客气，我脸上有什么就请你画什么，皱纹、疤痕、秃顶，请都画上。”

假如你是售货员，对于这种上唇长的买主要让他自动去买。不可忙着说他有何不对，但须指明他何处错了。把事实与论证摆在他的面前由他自己下结论。不可替他建议，不要同他说别的人都喜爱用某种商品。进言恭维对他是不生效力的。

前几天，我参加了某大公司的董事会，董事长是一位著名的大富商。他的部下对他全是唯唯诺诺，无论他说什么，都只有点头称是。那次开会时我却站起来毫不客气地说：“董事长，你的意见很对，但是你却没弄清楚事实。我来证明给你听。”试想在座的他的下属们是怎样的惊讶，害怕我的这几句话要惹祸了。待我解释明白之后，我又巧妙地结束道，“因此，毕凯先生，除了你的前提事实错误之外，你所说的其他一切都对。”哈，那位先生至今是我顶好的朋友，从那次之后我每逢说什么话他都采纳，就是因为我给他一种有益的恰当的批评而别人却是一味地对他恭维阿谀。他的下属员工都很敬畏他，但假如他们学过科学个性分析学，看见他那长的上嘴唇，便可以洞晓在他的潜意识内十分地敬重那些对他做正确有益批评的人。因此，你的上司若是上嘴唇长，切记不要净说“是，是”，在适当时候你要给他一种恰当有益的批评。喜欢聘用对他唯唯诺诺的员工的上司，大多皆是不能忍受批评的。

你的上唇长吗？假如是的，我对你的劝告是：不要太多疑了，世间也有诚恳的人。你的太太夸你漂亮时不一定就是绕着弯想叫你替她买一件新衣。你的副手说前天你讲演得真动听，也许并不是假的。

至此你又明白了不少关于上唇所代表的种种性格与个性，你又可以应用它去知人知己了。下次你若看到石油大王的照片时，请注意看他的长嘴唇。他的心思完全在石油上，你不必想着拿香蕉油去博得他的欢心。

总结起来说，上唇短的人敏感，怕受批评，而容易被称赞恭维所打动。相反，上唇长的人多疑，对于一切的恭维称赞都不相信，他憎恶对他唯唯诺诺说“是，是”的人。请利用这一点去观察人。当然，你必须用对了。

第 19 章

拇指的长短与个性

在古罗马时代有一个习惯，就是人的大拇指有着异常重要的任务。每逢到了罗马的某一个纪念日，万人空巷，全体市民都来到罗马大竞技场，去看一种犹如今天的足球比赛式的游戏。他们来看的却是被雇用的角斗士们不顾性命地比武争强。在大竞技场中，20 个持剑的武士，每两人一组对挥利刃，鲜血横流。时而残酷好杀的某一组会停下来，那是因为对方武士所持的利剑已被打落或是本人被刺伤，倒在尘埃中等待命运的判决。胜利的武士则将宝剑高举，得意地望着包厢中的国王，等候信号。什么信号呢？就是大拇指的动作姿势。假如国王将拇指向下，地上倒着的战败的武士将会立刻被结果性命；若拇指朝上，那个武士的命就得以保全。

在那个时期，拇指关乎生死。另外，拇指对于人类种族还有极为重要的功能。

假如我让你仔细观察你的拇指，大概你会感到惊异。“人身体上如此无关紧要的一小部分，对于科学的个性分析学有什么关系呢？”你会这样问道。好啦，我告诉你答案吧。我的意见是，还有许多伟大的科学家也认为拇指的发展乃是人类进化到文明的重大原因。听起来像是风马牛不相及，不是吗？不久你就会明白你身上的这个小东西包含了多么令人难以置信的罗曼史、科学历史与人类关系。

耐心听我说，因为我要先从进化论生物学的根据上，然后再从历史观点来与你谈关于拇指的种种特性。大概你也愿意从医学方面知道一些关于拇指的事情，并且也愿意从性格的观点上知道一些。你想过你的大拇指上还有这许多故事吗？

人类与其他动物在形体构造上有的地方区别是极小的，但人类的拇指却是一个显著的例外。“人是动物中唯一真正有拇指的。”最近科学家们发现，人猿的手上也有拇指，但它们却还不能做我将要你立刻做的事情。用你的拇指与同一只手上的其他四根指头相接触。很简单，不是吗？哈，没有别的动物能这样做，人猿也只有一个极小的拇指，生在距掌心很远的地方，在所有动物中，这算是与拇指最相似的，但是即便它也不能用拇指与其余同一只手上的四根指头碰面。好啦，你可能会说：“这有什么？它与我有什么关系呢？”会有的，很快就有！

人们永远声称，他们在体力、智力上都优于其他一切动物。但说实在的，人们如此吹嘘自己优于万物，有些则是荒谬的。例如，有许多动物实际要比人类强壮。一个和人一样大小的猩猩能够将两个拳击运动员轻易地举起，并能把他们的头颅击碎，像你玩番茄一样容易。有的动物行动极为迅速，有的动物的嗅觉或视觉比人类的要敏锐得多。有的则更富有爱家的天性，例如猫。松鼠最能远虑节约，蜜蜂更会合作，狗尤其忠诚。还有的对于后代更加钟爱。鸟类则具有更好的韵律感觉等等。

但是，人类却有两种心力的特点显示出优异来：一是他的意志力或意愿；二是他的推理能力或智慧。除了这两种心智上的意志与推理的不同之外，还有一种形体上的显著区别，就是只有人类有真实的拇指，并且人们还发现，拇指及其发展与一个人的意志力同推理能力有着密切而又直接的关系。

拇指越长，且位置越在手掌之下，那么这个人的推理与意志力便愈强。好啦，现在先看看你自己的拇指。我知道你不能忍住不看。当你看的时候，让我告诉你怎样正确计量拇指的长短。

使你的拇指自然与手并齐。正常的拇指尖端应在食指四分之一的地方。对了，四分之一。这

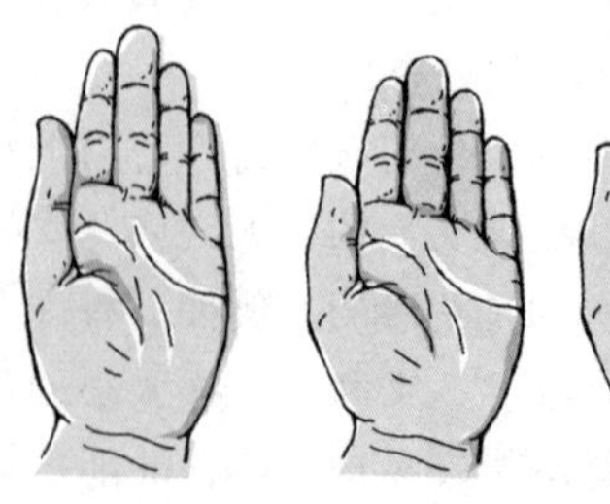

代表普通人的拇指长短。假如你的拇指显得特别短——你应当设法发展你的智力与意志力。偶尔你会发现某人的拇指达到食指关节处甚或有过之。你要明白它是何含义——意志力太强——倾向于固执、顽强。

最理想的拇指是较长并且在手掌上长得靠下。凡是我分析过的每一个能干的行政首领——如西奥多·罗斯福、郝金斯、塔夫脱、威尔逊、摩费特等人都长着靠下的长拇指。

让我们从进化论方面来看这个性格的标识。当原始人类被猛虎或其他野兽袭击时，他必然会拾起眼前任何一种武器，或是石头或是木棒向敌人掷去。朋友，你觉察到了吗？假如没有拇指，他绝对拾不起或拿得住一块石头或木棍。随着进化，他开始寻找出别种攻守的武器。他折下树枝削尖为利枪，由枪改造为矛，后来又制成剑。并且这样继续进化到现代的武器。那么很明显的就是，假如人类没有这个重要的拇指，便永远不能成为会使用工具的动物。人类是首先会制造并利用工具之后方才成为了万物之灵。而且若没有拇指，则几乎使用任何工具皆不可能——不论是原始时代的石器还是现代的锤与锯。

现在回顾一段历史。在古斯巴达与希腊时代，他们最轻视懦弱的人。士兵所犯的最大过错就是见到敌人败北逃回。他们是怎样惩治懦弱者的呢？斯巴达人会使用一种奇特而简单的刑罚。

他们仅仅把罪犯的拇指砍去——如此而已。然而，每个斯巴达军人或武士如果偶然或由其他原因被砍去了拇指，他们便会立刻自杀。因为没有了拇指，他们便再也不能使用枪剑，而在那个好战的时代，人若不能打仗，也就无法生存。

现在让我们再谈一点生物学。你是否见过刚刚生下来的婴儿？每个新生婴儿刚一呱呱落地，往往都会把他那小小的拇指握在掌心。换言之，每一个婴儿刚被生下来时，就具备了意志与推理能力。但自从婴儿的拇指开始伸张并直立在外边后，便永远不再缩回。同医生谈话时他会从医理方面告诉你关于拇指的有趣的事。一位医学界最著名的权威者说："严重的病症如中风、癫痫、瘫痪等影响意志力的病，都会使拇指变得衰弱不堪。"

你是否参观过疯人院？你是否见过先天的残疾人，或观察过失掉意志力的人吗？你会发现这些不幸的人大多数都习惯把拇指放在掌心里抚弄或握着。

这里还有一种医学上的征象。一个身染沉疴之人到底还能否再活过来，这可是一个严肃的问题。这时，经验丰富的诊治医生必定会细心地观察其种种生之征象。他会听呼吸、心的跳动、脉搏，最后还有一件重要的事，就是他会看那个人的拇指。只要病人的拇指还伸在外边，就表示他还有一线生机。他还有意志力，他还有推理能力，还有他对生的渴望。但假如拇指已衰弱无力地倒在了掌心之内，医生便会知晓此人将不久于人世。他是无法救活了。他已经失去了他的意志力和对人生的渴望。

因此，拇指也是衡量你的能力与增加你的快乐的又一公式。例如，你是一位喜欢操纵的商业领袖下面的一个职员吗？看看自己的拇指。假如它的长度越过你食指的关节，你也是一位自己意志坚强、性格固执、不能与你的上司长久相处的人。那么，请放开你的眼界，另外去寻找一件工作吧！

那么，现在且勿玩弄你的拇指，开始利用它们，去寻找你自己与你的快乐吧。

第 20 章

手所代表的性格

世界上有数十亿双手，有数十亿的腕、拳、指节、指甲、手掌、手指。你是否想过，这些身体零件在你日常生活中所发挥的重要作用?

手生来既是用做搬动轻重物品的机械，也是用来安放婴儿的摇篮；既能用来从事沉重的劳役工作，也能创造出艺术的杰作。不仅如此，你的两只手不但是一副灵巧的机械工具，能够完成一项项的任务，它们还是一本能观察性格的天书，通过它们可以窥知你自己和别人的性格特点。因此，把你的心打开来明了这种科学，并且张开你的手放到你睁开的眼前吧。

我对你的手产生兴趣，并不是对所有的相手术都感兴趣。实际上，我并不打算为那些伪科学说话，我也不知道你的过去或预测你的将来。当然，我的科学研究工作确实告诉我，人的手是极可靠与极明确的性格的标记。

科学性格分析学家在系统地观察手时，他会观其颜色、结构、肌肤粗细、柔韧程度、指形、拇指——甚至指甲——并且他如果能从这些观察中得出一个综合的性格图形，他实际上已对那个人的性情、脾气、潜力有了准确的计量。他对于人性的奥秘可算是又多了一种认识。

现在让我们回想一下我们介绍过的三种基本类型的人——智慧型，好动型，动力型——也就是思想家，实干家，领导者。好啦，手的分类大致也划分为这三种。

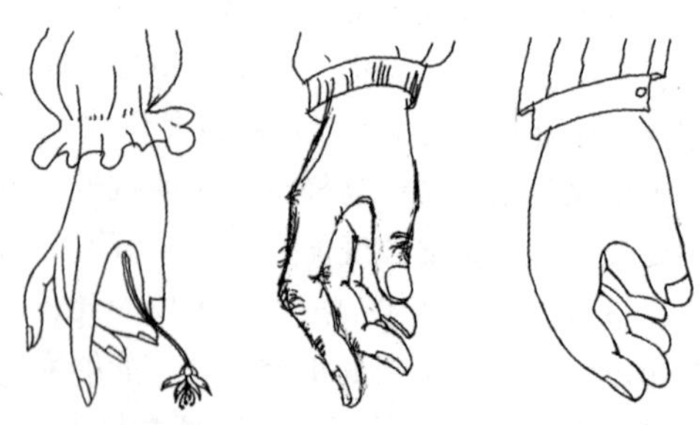

智慧型的手是长，细，尖，呈三角形，纤巧与柔美。这种手表示智力超人，心细，聪明并且有较强的艺术能力。

那种大的、四方的、骨骼显露的手无疑是在表示其好动、活泼的性情，兴趣近于机械工作与体育活动。

那种短、圆、肥的手，肉极厚，代表常见的活力胖人型，他们富有管理能力，善商业、法律，以及好享受的天性。你都明白了吗？

但是，手的构造不管如何分类都可以分成以下六种：

富于理想或精神型的手是小的，手掌长而纤瘦，手指如圆锥形，指尖尤细。皮肤白而柔软，指甲如杏仁形。这是幻想家、诗人、艺术家与文人们的手。他们易敏感，纤巧，爱美，不重实际。

现在谈谈纯圆锥形或富于感情的手，它比上述这一种手要略短并稍宽，手指略尖，他们也是艺术的、敏感的、冲动的、细巧的男人或女人。但这种人喜爱他们自己的安逸舒适。这就是为什么他们常常不肯利用自己具有的优异艺术才干的原因。然而，对于这种类型的手应当细心观察其拇指。拇指坚硬不屈或软弱屈曲则完全代表两种大不同的人，即有成就的人或懦弱无能的人。

第三种是哲学家或多节的手，关节骨骼极为显露。指甲长而整齐，比锥形的略方。拇指大，多骨并坚强。这种人喜欢分解困难，善于处理纷乱的问题。他们喜好推理，穷究哲理，他们是独立的思想者并严正不偏，好批评且勤学。

实干家的手是紧实与方形的。拇指坚实且大，指甲短而方形。这种人好动——拥有机械的或建设的手——勤奋、实际的实干家。

再有一种是平而薄片形的手，这是方形手的扩大，但其手指下部细而指端却宽如桨形。这种人有能力并好动，他们或许是很精明，富有发明力，甚或显露优异的天才。这就是你之所以能在成功的拓疆者、发明家、航海家、特殊的工程师——精明能干的人们中发现这种手的原因。

最后一种类型的手是手掌特厚而紧硬，短棒式的拇指，手指粗硬。这种粗糙的手多见之原始人或做重体力劳动的人群中。这种手代表欠勇敢并少智谋，有时性情粗暴。

以上为六种基本的手型。也有多种类型混合的手。有的手指扁宽，也有的是锥形或方形。生得这种奇形手的人是多才艺与善顺应者。这也表示他们喜变动与变化。

手的颜色可以使你知晓人的热忱、热心与诚挚。永远不变的白色的手（不受室外温度的影响）表示自大、冷酷、沉默、自私、欠同情、欠热诚；浅红色的手表示愉快，有希望，是具有同情、热心、有生气的人；若是血液过多手便呈大红色，表示极度热心诚挚，富生气活力，有时性情暴躁；皮肤颜色褐黄表示体质不健康，或是因肝脏欠健全，这种人多愤世悲观。

现在，信不信由你，指甲的形状是最能代表性格的。小或短的指甲表示喜批评，多疑，矛盾；宽指甲表示体力强，勇敢能忍耐；长且宽度适中的指甲表示其人爱美，是艺术家、理想家型的人。

你也可以从人的指尖观察其性情。指端愈尖，其人愈好理想；指尖愈宽愈重实际。指尖扁如桨形表示富有精力并且特别能干，指尖方形表示重规矩有次序。长手指的人琐细，他们对于任何小事情都有兴趣，他们精确，能忍受并且有条理。你会听一位手指特长的讲师用极长的时间讲些无关重要的事情吗？在有些工作上我们应该聘用长手指的人，比如会计、设计、科学研究、书记员——这些都需要能处理细琐工作的人。

短手指的人易冲动。这种人对于远大的计划，重大的意见，广泛的事情有兴趣。手指滑润的人敏捷智巧，手指多节的人慎重好探究。

你还记得我们讲过关于拇指的一章吗？我们通过简述其历史、生理与医理的重要性，说明只有人类有真实的拇指。好啦，试利用一下你的记忆力，现在略做复习，因为拇指是你的手指中最重要的一个。

你在数小时之前对于你的两手知道多少？举起手来，好的！今晚在你把双手放进棉被之前，先做一件你从未做过的事情。看你的两只手，留心地看，让它们的特点帮助你明了如何尽量利用你的长处，如何革除你的短处弱点，什么职业最适合你做。要恰如其分地了解你身体其他各部分的特点。我们想完成的是一幅完整的图画，但是每一笔画我们都要用心。

现在，你也许记不得这一章前边所讲过的都是什么了，或者所有以前的章节你都忘记了。这我都不会怪你。要知道，这种科学我曾花费了 25 年的时间去学习，所以我不会希冀你能在 25 小时内就完全会运用。我只是希望你时常温习。

这里有一点关于手的事情值得我们注意。我在细心地观察银幕及舞台上的著名人的手之后，发现没有一双手是合乎一般传说关于手的美点：

就是那种十分尖长纤细、柔软无骨、白净的女性小手。真正的艺术家，真正的实干家如保罗·牟尼，海伦·何丝等人都是好动的创造的实干家型的手，大多数人的指尖都是瘦笨的，关节露骨的；那些懒惰的人却多生得一双纤巧尖长的手。

我们学习判断性格并且用以观察鉴别人。你与我之间唯一不同的是，你是在猜想一个人的性格，而我决不是猜想。我做许多归纳，它们都是根据一些准确可靠的观察而来的。

不久前，某著名报纸的副刊编辑前来访问我，请教关于性格分析法的种种知识。我当时因为很忙所以拒绝了他，但是他也是一位能干的记者，具有坚强的毅力。我从未见过他，但是某一天早晨他又化名来访，一直等我来到办公室。他最后说明是来求我给他做一次职业分析，目的是借此写成一篇文章登在报上。他是一个聪明的采访员与著名的新闻记者。在投身报界前他曾是司法部一个秘密工作人员。

我走进办公室后，他站起身来说道:“我的名字叫费斯克。”当时我立刻问他:“你不是一位记者吗？”他的脸上颇显吃惊之状，略迟疑了一下，他反问道:“你怎么会知道？”

“这是我的职业。”我问答。我约他到我的私人谈话室就坐。过了一分钟后我又问他:“请恕我冒昧，你好像平常习惯了使用左手，是不是？”他脸上略显不安然后答道:“是，但你怎么知道？”我随后又问他：“你会拉提琴，对不对？”他更觉奇怪地答道：“你到底是如何知道的？”我说：“哈，这就是个性分析家的奥妙之一！”

过了一会儿，他要求我一定要告诉他，怎样做到只观察片刻就能知道那么多有趣的事情。原来，他确实是一位记者，平素惯用左手，而且他还会拉提琴。我最后对他解释了一两点，而且说出来简单得好笑，若是被你发现了如此简单的秘密后，也许你会失掉对个性分析学家的尊重。

我说：“费斯克先生，当你取下帽子、手套与外衣时，我便开始注意你的手了。我善于留心观察人的每一部分，而且你看看你左手的小指与无名指，你肯定能看出指端生着硬皮。我所分析过的提琴家都是左手小指与无名指尖磨出了硬皮的，但是你因为惯用左手持弓所以用右手小指与无名指按弦。你明白了吗？”

我很想对你们讲述成千上万我所遇见并分析过的有趣人物。其中有害羞的女中学生、傲慢的市长、扶轮社员、犯过罪的人、当地的绅士等。

我如何能忘记那位和蔼而善怀疑的、穿着农夫的破裤子、身上放几条草棍并故意斜披着上衣的神学家呢？他希望我能上他的圈套把他认作是农夫。其实他忽略了一件小而重要的观察点。我永远与我要分析的人握手。我从未分析过一个真正的农夫会有一双白的手、柔软的手掌与圆锥形的指尖。

本章摘要

通常的手——

形状：粗糙，发硬，手指短粗，掌厚。

优点：勤劳，重物质。

弱点：欠聪明，缺乏想象力。

方形或好动者的手——

形状：方手，指尖亦方。

优点：实际，好动，喜建设。

弱点：需要心智集中与想象力。

智慧或圆锥形手——

形状：手掌后根宽，指长或尖圆。

优点：敏感，善顺应，富于艺术鉴赏力。

弱点：易倾向幻想，易变，无恒。

活力或肥胖的手——

形状：手与指均肥圆厚满。

优点：喜舒服，好安逸，好吃，有经商才干。

弱点：易倾向懒惰，纵欲。

扁形手与指——

形状：手指如药刀，指尖扁、后端细。

优点：富于创作力，智力体力均佳。

弱点：多怪僻。

富于情感的手——

形状：手指极尖长，手薄而纤巧。

优点：富于直觉力，重感情，易受感应，爱美。

弱点：体质弱，不实际，不善经商，缺乏忍耐力。

第21章

男女体质与情感差别

很多男人都以为，男人要优于女人。哈，并不一定。为了说明这一点，我想与你们谈谈男女之间的差异这个有趣的问题。首先我要说明三件事。我们要谈的是全体的男子与全体的女子——并不是指某一个男人或某一个女人。我说这话在先，是因为我近来演讲了“怎样使个性特质与工作适宜”的问题之后，接到了很多很多的质问函件，说我所讲的种种对照他们个人完全不是那样。可是，这正好并足以证明我的一种见解，就是女人的一切短处中最普通的一种是，她们总认为某一句广泛的话好像是专门针对她一个人讲的。

让我先举出几种男女体质上的差异，然后再讲一些智力性情方面的差别。最典型的男性是哪一种样子的呢？他往往是黑肤色，脸的侧像上半截凸出下半截凹进，鼻梁高直，脑门后削，下巴突出。此外，男性典型的结构大多是肌肉有力，骨骼与肌肉均极为显露。

至于女性则几乎与男性相反。她们大多是白肤色（西洋女性大多比男子要白一点儿），脸形多为凹入，结构多为神经质并且很活泼。身躯较小，皮肤毛发柔细，骨与肉丰而柔。

男女不但在形体上有着显著的不同，他们在智慧、情感、心理方面也有很大差别。男性多积极，好动，投机，喜运动，惯操纵，善发明，自立，急切。

女性则无上述的男子特质。她们多是被动，接受，爱美，敏感，虚荣，注重情感，仔细，保守，固定，虔信，忍耐。

因为男人喜好统治支配，又因为他们有健壮的体力，于是男子多主动，暴虐，有时甚至残忍自私。

反之，女子习惯于使用她们那伟大有力的“不抵抗律”。利用她们的直觉力、聪慧、魔力，同她们的说服与感化手段去对付男子的暴力与意志。男人惯用直截了当的方法，女子则惯用间接手腕。男子所要的是权力地位，女子要的是无形的影响力。男子喜欢去获得事物，女子喜欢保存事物。男子设法去获取事实与名望，女人只需要爱与美。男子能创造也能破坏，女人懂滋育会保全。男人为知识、财富、成功、权势而奋斗，女人所愿奋斗的是爱情、美丽、和谐与安全。男人爱动物，女人爱子女。男子喜四海漫游，女人爱居于家中。男人不安静并且好投机，女子则谨慎而怯弱。

女子的学习能力也可以如男子一样快而好，有时甚至优于男子。她也能教导人，但迄今为止，她们还是缺乏先驱者的勇气。男子大多急欲担当领袖与支配者，因此人类的种种成就他们都胜利地取得了。不但在科学、战争、工业与开疆拓土上，而且在宗教、哲学、音乐与艺术上也是这样。

但是，在女人起而为女界主张权力之前，我要提出一个极为重要的方面：你很难甚至可以说根本不可能找出一位纯粹男性的男人与纯粹女性的女人。许多男子具有一些女性的特质，如喜欢美术欣赏、多愁善感、不抵抗、虚荣、同情心强、爱子女等。同时也有许多女子具有男性的特点，如重实际、有毅力、自私、爱动物、积极进取、能赚钱等。

有一次，有几位年轻的女士对我说："我要一个真正的男性。"她实际的意思并非如此。这句话只是基于表面的想象，因为一个纯粹男性的男子残暴、自私、生硬、专制且自大。相反，一个纯粹女性的女子是歇斯底里的、病态的、情感无定的、顺服的。真正自尊的男子肯定无法容忍她。

有一点我们业已明白，我们若有明显的证据证明女性特质占优势，那就是一位女性化的女人，或是一位女性化的男人。同理，若是男性的特质占优势，那就是一个无畏、激烈的男子或女子。诸位还记得你在学生时代见过像男孩子一样顽皮的女同学或腼腆得像女孩子一样的男同学吗？

一件值得注意的有趣的事是，女飞行家伊尔

荷德具有不少男性的特点。你难道不会将她与男飞行家林德伯格同等看待吗？她的好动与健壮的肌肉结构正是使她能完成横渡大西洋飞行的主要原因。她是第一位勇敢的有这样成就的女性。你是否注意过横渡英吉利海峡的女游泳家艾德尔？她宽肩膀，好动型体质，肌肤粗糙——这些都是男性的征象。又如著名的妇女运动家安桑尼、比山特、塔拜耳，她们都有着显著的男性特点。另一方面，大艺术家如何夫曼古·比里克、瑞斯基，则是男性中具有艺术的、爱美的、富幻想、敏感、多情的女性特质的代表人物。

女士们，你不打算要一位完全男性的男子吗！噢，不想。我知道你的真实心思。你要一位男性的男子，但他还必须了解你，机智、忠心、同情并且爱家庭和子女，不对吗？然而这些正是女性的优点。

还有男士们，当你挑选女友时，选择一位真正的女性，但还要看看她有没有男性优点，如重实际、意志力、理财力、善交际、进取心、思想先进、勇敢等。

实际上，文明可使男女互相融合。越进化的男子有时越具有较多的女性特点，野蛮时代原始穴居的男子完全是男性的，他就像一匹野性的雄马，不懂得何为情感、美术、恋爱、温柔、人道，或其他后世人所学习得来的社会特性。在另一方面，越进化的女性，则逐渐会具有男性的一些特长，她不再只是负责耕种的动物，只能伏在穴中或家里，到了外界就驯顺而无主张，她现在渐渐拥有了自信，勇敢与实际的人性，进取、探险的天性亦渐显露。

切记，选择一位进化的与和谐的伴侣是走向美满婚姻的第一步。因为男子在进化的女性（具有男性特点的）身上可以获得苦乐与其志同道合的特点。而妻子在一位进化的丈夫（具有一些女性的特点）身上可以获得同情与了解。

因此，假如你是敏感、纤巧、爱美的男子或女子，对这些优点就应特别珍视，不可引以为羞。你完全可以挑选喜欢这种特点的人并与之交往，选择一种可以利用这些特点的职业。总之，要保持本来的你。

同时，希望男子们记住，那种性情似柔丝一般的女子固然很能迷惑你，但到了婚后生活艰难时便不再是福分了，最好的妻子并非是绝对女性的。有一些女性的优点的男人才是最理想的丈夫。

让我们进一步讨论男人的性格与女人的性格。个性分析学是怎样将两性的心理差异与生理差异相联系起来解说的呢？我的科学个性分析法是基于人的个性会表现在他的相貌上这样一种原理，用术语来讲，这本书讲的全部都是这种心理平行论。那么，除了最显著的之外，男女形体的差异都有些什么呢？

也许这个问题有些可笑，但让我们仔细地

观察一下他们的形体。你每天所看到的男人与女人有哪些不同呢？（你可以用这个问题去问问你的朋友们）我说的是形体上显而易见的差异（我知道关于这点我已经说过许多了）。让我们做更进一步的研究，让我们看看，为什么男人的脸上有汗毛而女人的脸上光润呢？——这就是一种差异。你还能想起别的吗？一——二——三——我们想，四——我看你是一时半会儿说不上来了。

你如果明白我的研究所得，知道了男女之间有二十种体型上的差异，这时候你会不会觉得有趣呢？下面略举几种。你会发现，男人的体格比女子的体格要高大、沉重、强壮、多肌肉、粗糙、呈角形，并且肩部宽而臀部小。男人的头颅呈角形且突出，女性的头颅后部较长但少突角而平滑。男子眉毛粗重有棱角，女人的眉毛多弯细。男人的肩膀宽而方，女人的肩狭而削。男子的脊椎骨直而立，女人的脊椎骨弯而倾斜。男子的胸部大而深，女人的胸部（乳房除外）窄而平。男子的腰直，女人的腰两侧曲形。实际上，男子的整个身体结构是以直线为原则的，而女人的身体构造则以曲线为原则。男子的脚、骨节、手、脚皆大，女子的手、脚则小。男子的声音粗而低沉，女子的声音尖而细。据生理学家艾里斯说，西方女子多近于褐肤色，最低限度也比男子的肤色要深一点，而男子倒近于浅肤色。

你若发现上列的诸种特性某个人全部有时，

这个人就是一个极端的人——100%男性的男人与100%女性的女人。

现在我们不仅要辨认出种种的外形差别，我们还要举出它们所代表的性格特点。男女情感、心理与心智方面有何不同呢？女人为了时髦，冬天穿丝袜挨冻也情愿，男人却笑她们傻，除此之外还有什么呢？

好啦，谈到智慧方面男人的心性多重实际，偏重物质、探险、开拓、发明、敏捷与客观。女人的心则是一种全然不同的思想机关，它偏于理论、精神、感情、容忍、爱美与直觉。

男人由观察来推理，他要求事实。女人则由自己的直觉去推理，她习惯说她“觉得”某事物一看她就知道了。但有时候她们的直觉比男人的推理判断更准确，你或许曾听到过有些男人叹一口气说道：“我若是听我太太的话就好了！”

让我们继续往下讲，男人喜欢当领导、上司，他们想要名义上与实际上两方面的支配权。相反，女人则是不抵抗的。也许有的女人想要权力，但很少直接索要名义上的权力。因此，她们达到目的往往是用曲折的方法——用说服——用她们的美貌、机智、计谋，并且如果这些都失败了——好啦，她们只有哭泣。但是男人——男人用拼命——而且100%的硬性男人对普通的外交手腕也很憎恨。大多数男子能从大多数女人身上学到的一件事是——机智。

让我们说明白一件事。一切有知识的人都同意女人自从被现代思潮解放以来，她们完成了不少奇迹，她们证明自己几乎每种事业、每个行业均适宜做而且都能很成功。但是，她们被压迫的历史已有数千年之久，这是不能否认的事实。大约还需数百年之后，才能将过去女子被认为只是生子机器，与外界思想、政治、社会等隔绝所遗留的弱点扫除干净。虽然，过去这种处境的结果以及两性形体的差别这种不平等的确是存在的，但这并不是“好或坏”的问题——这完全是两性间根本的不同。

所以，因为男人是如此构造的，又因为他需要自由地运用其能力，于是他的心智是进步的，并长于发明。例如，你很难列举出六位女发明家，让她们加入到爱迪生、马可尼（无线电发明者）、富尔敦（汽船发明者）等人的行列。女人天生就是不太喜欢机械或发明工作，因此，你不必盼望她们会去玩弄新发明的机器零件，除非她受过充分的技术训练。

女人的智慧能力是比较保守的、消极的与接受的。她们宁愿改善与保守而不去探险和扩张。女人在情感上、心理上对于外界的刺激比男人的感应更快。她们比较重情感，好幻想，重精神与多情。她们比男人更容易落泪，喜欢哭！电影工业很明白这一点，所以才特意制造出一些影片，让你的太太或爱人能够“痛哭”。女人还比男人虔信宗教，你看一下在教堂礼拜的人群就能明白，女信徒远比男信徒多——而男子与男孩去礼拜，往往也是为了陪自己的太太与母亲。

然而，最有趣的一点是，男人事事都要操纵和支配的特点，使之即使在女人最拿手做的事情上，也同样是领袖与统治者。谁是最有名的传道者呢？男人！而当你发现一位著名的女传道者如麦克斐逊时，她却是男性型的女性代表。再看看厨房的烹调术。谁是世界最著名的厨师？男人！育儿一事又如何？好啦，天下的母亲与女看护，固然有几万之多，但最好的妇婴医生98%是男子。学校机关的领导，自然大多是男子，即便是最著名的裁缝与服装设计师，也多是男子。至于为家庭主妇发明洗衣机、烹调机器、电熨斗、削皮机、真空吸尘器的人通常也是男子。

今天，我们向现代新女性提出一件极为重要的事实——你们的遗传性与你们的女性优点，在帮助与处理人上被给予了一种极为重要的天赋才华。你们的主要职业成功在于待人，在于社会工作，在于社会服务，在于人事工作，在于谈话，而不在于处理事物。

让男人去处理机器、零件、工具、物质吧。而去训练自己处理人——男人、女人、婴儿——的能力。训练他们，教育他们。

第 22 章

你才是自己的老板

数年前曾来找我做过个性分析的戴沃德先生，最近给我写来一封信，内容是这样的："巴尔肯先生：我当记账员已有六年之久，我的经理是一个顽固怪戾的人，我因为生计关系也只好伺候他。前年你曾分析过我的个性，并曾对我说过，我适于制造或机械方面的工作，尤其应当干独立的、自主的工作。工作之余，我开始用木质和铁质材料制作现代室内的陈设品。后来我忽然失业，接下来找了几个月工作都没找成。直到有一天，我想起你替我做过的个性分析，于是决心去售卖我自制的东西。结果，我的收入颇为可观，而且比当记账员时的收入增加了一倍。现在，我已雇了两个助手一起工作，并且让我感觉最愉快的是，我不需要再去伺候上司了。——戴沃德"

最近，我翻出旧文件来查看戴沃德先生的个性分析表，各位读者请来为他做一个判断。戴沃德先生是浅肤色，凹进面型，体格硕大好动与活力混合型，肌骨结实，这样的人怎么会适合当记账员呢？这种身体结构的人适宜于利用他的手做工作——并且是为他自己工作。此外，他的头高、长、宽，对这种人发命令支使他无异于用红布斗牛。失掉了枯燥的工作对于这类人反而有利——戴沃德先生就是这样的。

现在，让我们集中来讨论你。你或你的家人，或你的朋友的头是宽的（介于两耳之间）吗？从耳朵中间向上的头部是高的吗？假如是的，你便是一位心中总不满意的助手，不愿屈居人下，不适于当雇员。你更不适于当一个后防小卒。那会惹急你。你总想发号施令——不愿接受命令。你应当有一个改弦更张的计划。你应当立刻开始学习，训练自己，并用经验充实自己，以准备去当执行者、领导或上司。

假如你现时的职务居于人下，那么越快下决心摆脱就越好，去当你自己的上司。只要是为你自己做事，就算是沿街卖报也好。但同时需要记住，你天生虽然宜于当执行者，你自己却应当准备相应的资格和能力。选一门商业管理的专门课程去读，加入演说训练班，选读经济学，修炼商业效率、售货管理、人事管理等基本学识。例如，学习怎样发命令时面带微笑——学习如何当领袖与劝说人。我已说过学习、训练与经验能帮助你，但执行者最重要的特长之一就是能认识明了他人，并懂得如何对待他们。

我现在要给你几种提示，让你知道怎样去打破你的工作桎梏。假如本书与你自己分析的结果都认为你具有执行或管理工作的才干，假如别人在衡量你的能力时，说你应当是一个独立的工作者、领班或上司，那么，取出一支铅笔，记下后边我所讲的。因为我要列出一些任何男人或女人都可以做的工作（只需要极少的资历）。有的职业也许是很不常见的，但是你要明白，在我分析过的一万六千人的职业里，有许多奇特的职业。在我告诉你这些职业之前我要警告你，不可贸然跳到某一种职业中去。

当然你应该先分析你自己，但在应用科学技术之外，还应当应用常识。让我举一个实例来说明。

我认识的一位年轻女子的丈夫失业了。她来找我为她分析个性。我劝她去做艺术的业务——尤其适宜当摄影师。但她知道照相馆已经太多了，何必再去加入竞争？她坐下来用脑子想。后来，她得出了三个要点：（一）她有一台照相机，并略懂一些摄影技术；（二）她在城中有许许多多的朋友；（三）她喜欢孩子并很容易与他们打成一片。

于是，她发出去70封信，分别寄给她的已结婚的朋友们，说她开设了一个照相室，对儿童摄影特别有研究。她把所有认识的朋友家的子女的生日都记了下来，每逢快到孩子的生日之前他们的母亲便会接到一封很客气的信，劝说何不替孩子照一张相片作为纪念。这个生意果然使她发达起来。她的丈夫后来有了工作，但她现在赚的钱比他多得多。

西方有些山清水秀地区的农家，因为自己有一辆大汽车，便在大汽车后边添上了厨房与卧室，专门服务于作野外旅行的年轻人，收费比正式旅馆要便宜很多。结果他们的收入增加了不少。

有一位大学生感觉到文化城中需要一个装饰艺术化、播放音乐唱片、氛围幽静、价格低廉的咖啡店，于是开了一家。结果开张以后，生意兴隆，学生、教授、作家、艺术家们都喜欢光顾这个咖啡店。

艺术家、小说家可以绘画写小说出版卖钱，坐在自己的家里办公永远不必伺候上司，体育家、好动的人可以当各种体育运动的指导，或是设立补习班。

女性们适宜于做的独立职业种类如下——儿童礼品衣装玩具商店，咖啡糖果公司，室内美术陈设装饰设计商店，内衣刺绣帷幔商店，幼儿园托儿所。近代都市妇女大多要去做工，幼儿无人看管，因此极为需要大规模的托儿所，而现在许多中学毕业又无力升入大学的女子很适合做这类事。此外，关于女子职业的有用参考书有凯莎伦·费林著的《妇女职业》，这是 150 位成功的女性的经验谈。还有玛丽·道芝著的《女性小经营五十种》。为男子做参考的书中，瑞德与道斯特合著的《寻找你自己的工作》尤有参考价值。

但是，让我重说一遍，不可贸然去干某种

职业。你准备去选择或去做一项工作前，首先必须确实知道它是真正适合于你去做的。自信可以产生奇迹，而自信往往根据两大要件：其一是相信自己，相信你自己的潜在能力，相信你的职业才干；其二是知识——专门的学识，你将要去做的职业的技术与训练。第一种来自分析与了解自己。第二种来自学习、教育、训练与经验。

有人曾问道：哪种人最怕失业？一位聪明人答道："失了业的国王是最可怜的。第一，因为他的职业就业机会本来就很有限；第二，因为他们一旦失业，他们的头颅也会有丢掉的危险。"

因此，不要丢掉你的头颅——利用它！

第23章

婚后的快乐法门

如果有人问你下面的问题，你会如何回答？

假如有一位美貌的女士，坐在你的对面，对你说：“我已经同一个男子结婚八年，一向都感觉满意，我认为我们是一对很合适的伴侣，但是半年前，我遇到了另外一个男子，他使得我的眼睛睁开，让我看到了什么是真正的爱情，让我意识到，快乐并不仅仅是每日固定一律的满足。不对吗，巴尔肯先生？我现在觉得，它应当是狂喜，是真正的心灵兴奋与情谊。瑞嘉德，我所遇到的这位男子，像是使我得到了对男人所需要的一切，而我的丈夫却有许多缺点，近年来越来越使我难以忍耐，我们尚无子女并且我是一个现代女性，为什么我不可以同瑞嘉德重新开始一种快乐的生活呢？”

若依我的意见，她欲解决这个问题，第一与最重要的步骤应该是——她应当确切地明了她自己，真正的她，而不是在被献媚着迷中她所想象的自己。并且，她必须真正地了解现在她认为极其完美的瑞嘉德的为人。并且同时，她可以和她的丈夫暂时分居，对他的性格和为人再加以深刻的研究，也许他具有一点特长，可以挽回。以下是我对这位美貌的提问者建议的几件事：

“你是否知道，人们在求爱期间几乎是不会显露出真实的自我的？你要对自己坦白，我想你会认为我这话是对的，例如你与你这位新的标准男性瑞嘉德先生见面时，你是否会很小心地打起最好的精神？你是不是要显得极其精明能干（然而你并不是极其精明）？你是否会约束自己的脾气（然而实际上你的脾气很坏），努力使你自己十分大方温柔可亲？”

“你平常在家里或许是一位很不整洁的女子（你确是如此），但是你决不会让瑞嘉德先生知道（决不，直到你同他结婚后）。你的丈夫或者会不满意你的浪费（而且你的确是极奢侈），但是你却装着使瑞嘉德认为你宁愿同他在公园里坐一天，或晚间去看一场电影，也不同任何人去奢华的夜总会。但是，最重要的是——假如以上你都是在演戏，大约他也是一样！”

“所有你钦佩的这个男子的一切事情，或者只是基于我所说的‘求爱期间的性格’，这时常和他（或她）的真实性格截然相反。只需回头看看，你当初与你丈夫结婚时，他似乎是你最理想的人选，不是吗？假如一百分代表完美，他可得 92 分，但是你同他相处几年之后，这 92 分就减到了 78 分，我们姑且这样假定。然而这 78 分还算很高，你的丈夫恐怕已经磨损严重，从你刚才所说，就可以得知！”

“好啦，大问题就在这儿，你已经测验了你的丈夫，你知道他在一百分中能得78分，你也知道他当初曾得到过完美的一百分，但是你不知道这个男人！现在他像是一百分，但是你如何才能判明他的‘求爱期间的性格’？经验会告诉你，这些并不能代表他的真正性格，你喜欢赌博吗？你是准备抛弃这确实可靠而且也不算低的78分，而去希冀未知之数吗？这就是你应当决定的问题。”

而且在这个问题上，形式与内容或许会不一样，我们许多人会被迫要自己做决定，这就是诱惑之物——恋爱所给我们设的陷阱！这几乎比人生的其他任何因素都使我们为难，原因也是如此。我们听说过很多而且也相信，结婚是终身大事，自然我们要明了所选择的终身伴侣是怎样的一个人，然而我们不少人却还不能真的知晓！

因为我是一位性格心理学家，我曾以快慰兼爱惜的心情，看着陷入恋爱的青年，玩弄欺骗与虚伪的手段。我有一次住在一户人家里，那里有两位年轻女郎，我看见她们很自然。我同时又观察她们招待她们的男友，我睁大了眼睛说道：“这样怎么成呢？平常善良寡言的桃拉，变成了外交家桃拉赛；平日懒散的伊利莎，变成了整洁的白蒂。我很想警告那两个青年，他们将成为诡计的牺牲者——不过我知道他们也在玩同样的虚伪手段。我们至今仍无法打倒人类在恋爱时，都把最好的一只脚放在前面的习性！但是，我们应当有一个比较满意的结论，这就是我们现在正要一同研究的这个问题——科学的个性分析法。

你不能愚弄真正的科学个性分析学者，我已经告诉过你们，个性心理学家，把人们的表情（你的举止言行）仅视为第二重要，然而表情一事，在求爱时却很重要——当然，也是很容易假装的。我们研究的是更深一层，我们深入到根本之处，我们观察，我们剖析，之后我们便能得知，假如我们所有的分析的总结论是“此人轻诺易变不可靠”，我们就知道这个人肯定靠不住，无论他或她，现在装得如何专情和忠实。假如我们分析的结论是“关于钱财的智能极差”，你最好对他的经济情况再多打听一下——不管他现在在花钱上表现得如何富有，换言之，个性心理学可以让“求爱期间的性格”显出它的原形来。

学习时常运用这种宝贵的人类科学之术，细看你的太太或情人，她是细皮肤相貌美好吗？——那么，你迟早会体验到的——她不喜欢粗野的事物，那些粗鲁的故事，会使她反感，即使她现在听你讲的时候也会面带微笑。

你的丈夫是四方脸好动型的人吗？星期日他若带你去打球，最好是依从他，或者时常要求他带着孩子去钓鱼。你的女友是美丽圆脸活力型的吗？好啦，现在她的身材即使非常苗条，你也最好有将来会得到一位胖太太的心理准备，假如你要同她结婚的话。

但是，让我们把这件极有用处的个性分析法的工具，拿起来从各方面观察一下。你是凸出面型、思想行动都快的人吗？那么，设法挑选一个思想同样也快的伴侣——但行动却需要能慎重自持一点，你将会发现那种阻止力，可以改正你易冲动的趋势。你是有凸出的眼睛、爱讲话的人吗？若是对方也是这样的人，那么你要小心你的脚步，同时你们两个人都有可能会争着说话，从而破坏和谐。

这又要回归到那条古老而简单的定律“予取予求”，而且不可以因为它古老简单就加以轻蔑，最令人心醉的美丽落日，是每天必有的。

而真实的婚姻，是一个调和、有声色而协调的均衡—— 一碟菜中有香料而仍适口。你对终身伴侣真正需要的，并不只是暂时的刺激兴奋，不是偶尔的一度狂喜，而是需要一个能卫护你的弱点并加强你的优点的人，你需要的一个人的特性不是持续一月或一年，而是永远的。

这种科学的个性分析，揭去了求爱期间一个人真正性格的面具，它同样也能揭去所有的假面具——揭去了将你自己隐藏起来的面具，揭去了骗子或自信者的面具，揭去了世故者惯用的腐化面具。

“我要结婚了！”这句话讲出来用不了几秒钟——但是记住了，它却是一句很长很长的话。

某一个晚上，在打牌的桌上，这个婚配如何适宜的问题被提了出来，不久便开始了争辩，结果那一晚上的牌未能继续下去。打牌的几位之中，有一个 35 岁的单身者，还有两位已同丈夫离婚的女士，其中一位长得极为秀丽肤白，她郑重地说，他们的婚姻破裂的原因，是她选择了同样肤色极白的男子结婚。她解释她的前夫，不但在体质上同她一样，而且他们脾气也相仿。

她说道：“这就像是我自己同我自己结婚，我从来不曾如此苦恼过。”

关于这点，另外那位离过婚的女士的意见，却完全与此不同，她是一个惯于内省的褐色皮肤的人，她同一位白肤色、体质性情完全与她相反的男子结婚，结果仍是一件不幸事，她的生活曾极度地苦恼不安，使她不能忍受。她认为只有性情相投的男女，才能相处融洽，她的丈夫在家里不能坐五分钟，他愿意去热闹的场所消遣，他尤其喜欢看有伤大雅的歌舞大腿戏，但是她却喜好打纸牌。这位女士说：“我喜爱读书，去听音乐会，并且我喜欢看莎士比亚的名剧。起初，我还勉强同他出去，但一个月后我决心留在家里休息了。”

其实，更有趣的事情是这样的：同他们打牌的那位单身汉，像是最明了这个问题的症结所在，他说道：“假如你问我这件事，虽然我好像没有发言资格，我想你们两人都不对。我还没有结婚，但是我知道得很清楚，我若是要结婚，就必定会挑选这样一个女人：凡是我所爱好的事物她也爱，但是她却多少还要有一点与我不同，以使我们之间得到均衡；我愿意她对我所感觉兴趣的事也感觉兴趣，我们也可共同享乐——但是除此之外，我还希望我所不很擅长的事情，她会比我更高明一些。"

说完之后他像是有点歉意地笑了："或许你会说我似乎要求过于苛刻，但我的确是这样想的。我希望她能管束我，不要太浪费，不要让我花掉超过我的收入的钱，我希望她别过于漠不关心，因为假如她是那样的话，我们就会破产。当然，我也不希望她是一个吝啬的人。"

哈哈，就发生的这件事情来说，这位无经验的单身汉真的说对了——假如人人都跟他一样有这种想法，世界各国的离婚案也就不会如此之多了。而且成千上万的人，在挑选终身伴侣时，也不会造成悲惨的错误了。因为不要忘记，在五对结合之中，有两对是失败的，而离婚数字只是一种对当今普遍的不美满的婚姻现象的证明而已。许许多多的夫妇过得不如意时，往往只懂得归咎于子女或其他原因。他们仍继续着夫妻关系，是因为经济上不允许他们彼此分离。在五对伴侣之中，有三对都缺乏真正快乐的要素，并且其实大多数当初就不应该结婚。

他们完全不相宜。把他们长时间放在一起，

就如同将两种可燃的化学物品混在一块，然后划一根火柴，有些结合不久即行爆发，有的只是燃得慢一些，含怨愤恨，感情貌合神离。

让我们先分析所谓的爱与憎的问题，这是很明显的，我相信，假如你与一位和你一样的人结婚，结果肯定是很平淡的。你的优点如果你的伴侣也有，于是就更加强了，但是你自己有的，就已经很好了；另一方面，你的缺点也会更加重了，而且正是这些缺点短处，给了我们一生真正的麻烦。再者，你将成为一把刀子而无磨刀石，一架钢琴而无音键。

但是，另一种见解则是，“两个人体质性格恰恰相反的结合才更理想”也照样错误，这种错误很明显，假如你按逻辑推出结论。按照这种理论，我们就该劝告一位细肌肤、敏感的、富理想的、笑貌的、多姿的年轻女郎，去嫁一位粗肌肤、黑面孔、自私鲁莽的汉子了，这似乎很不像话吧？

那么好啦！正确的答案是什么呢？合理的结论是：你若希望两个人吃、住、工作、玩耍，计划他们一切的共同生活，并白头到老，他们就应当彼此处于相接近的地位而不是相反的地位，正确的就是“和谐”二字。

我们不希望吝啬者与奢侈者相结合，我们也不希望一个不安静喜冒险的人，同一个爱家庭、柔顺小心的女子结婚，但在另一方面，一个吝啬鬼也不会同另一个吝啬鬼相处融洽。

太多的婚姻都产生自错误的判断，并被心灵的惰性所养成。音乐班的老师，拿着指挥棒指挥的是和谐，在婚姻中我们也应当寻求这个目标。

你按同样的一个音符，不会得到和谐！同音符很少会发出和谐声音的；而你按两个正好相反的音符也得不到和谐声音，和谐声音的完成，是你混合两个不同的音符，产生一个和调，它们必须是不同的音符，但却不是根本不能调和的音符。

若是能将争辩不休的婚姻问题归结到一个公式上来，上边说的就是它的公式，当然，关于婚配适宜的问题，还有很多可说的；但是记住我所说的——大多数不美满的婚姻，都是最初判断错误的结果。一方面，他们彼此不会加以分析，他们不明白自己，因此并未充分准备好去挑选一个伴侣；另一方面，他们在下意识中，还彼此玩弄那可恶的互相欺骗的手段。

假如我有权管理，或有力影响，发给结婚证明时，我一定要立下一条规则：每对订婚的男女，在发给结婚证明以前，他们必须去请教一位有经验的个性心理学家，并请教一位医生。

学者弗狄克说过："失败的不是婚姻，是人们自己失败。"所有的婚姻，只是把人们的好坏揭穿了而已。

用很实在的态度总结一下，我们怎样才能得到和谐，我们怎样才能避免现在如此众多的不美满的婚姻呢？当然，世界上没有绝对的完美，但是，我确实相信我们能够走上更和谐的道路，假如我们肯使用一些常识。

现在我们已有了公式，让我们对这个问题多费点思想。你是一个极端白肤色的人吗？那么不可以同极端黑肤色的人结婚。前边有一章曾讲过白肤色的人易变，喜欢新潮，易相处，乐观易激动；如果让他同一个消极、能忍的极端黑肤色的人相接触，他将会发怒烦躁。极端白肤色的人应当同一位比他稍黑一点的人结婚。另一方面，极端黑肤色的人，应当同一位肤色比较白的人结婚，不可与极白的人结婚。

你明白了吗？我们求的是一种均衡，我们找的是不同的，但却不是类型相反的音符。

你是一个极端智慧型的人吗？你的前额高

且宽，身体略弱吗？那么，为了你最终的体质快乐，决不可与另一个体质也弱的人结婚，虽然你们结合在一起很能享受文雅智慧的生活。但那样的综合，将缺乏精神活力，而且所生的子女，体质将会更弱。极端智慧型的男女应当同智慧好动，或智慧活力混合型的人结婚。这是一种极好的结合，这种结合不但产生美满快乐，而且所生的子女也是优秀的。

现在让我们从另一方面——即肌肤相貌的特征——来观察这个问题。报纸上有时候会用大字登载某某名门靓女与某球队健将或著名运动员结婚的消息，你看这种结合怎样？哈！很容易回答："不可！除非女方也是粗相貌爽快的人，或者你确实知道你们的性格真的合宜。"假如你是一位细肌肤相貌的女子，头发柔软如丝，五官刻画纤巧，身躯苗条，务必小心不可嫁给一位粗相貌勇壮的男子。大自然也许愿意使这二者结合，但文明与家庭的和谐也应当顾及。像这样的伴侣或为教堂与习惯所承认，而且常常产生出健壮的子女来，因此优生学家特别赞成。但这种结合的代价太大了，母性中的优美纤巧，将会完全失掉。我也不建议你去挑选一位白面书生为丈夫，这是一个像你一样柔细的人！但我确切地劝告你，勿与过于粗鲁及过于纤细的男人结婚。而应该挑选一位比你的相貌稍粗一点的男子——粗得刚够在你们的结合中加一点硬性。并且假使你是一个粗鲁直爽的男子，你也应当选择一位比你的肌肤相貌稍细一点的女子为妻，假如你娶一位顽皮的丫头，你将永远不懂得何为理想、文化、优美与艺术欣赏。在另一方面，假如你挑一位肌肤相貌太细太美的女子，你将不能笼络住她。相貌稍粗一点的——这是最合适不过的了。

你喜爱的伴侣是极居家、爱家庭生活、忠实的吗？那么，最居家的与最标准的好父母型的人是头后部长圆、丰满的人们。这样的人永远是忠实、爱家庭、爱子女的。

你愿意要一位善理财会赚钱的人为丈夫吗？那么小姐，留心看你的男友的头之太阳穴即鬓角部分（在耳朵以上及前一寸的地方）。此部分若愈宽，则他的赚钱能力愈大。

如葛藤一样纠缠着你的人必是肌肉松软的，还有那些喜漫游，愿意跟随你到任何地方去探险的女子必是白肤色，好动型，头自前至后颇短的人。

你喜欢有毅力的人吗？寻找头部高——自耳朵以上之部分——的人。还有下巴长而突出，鼻子以下到嘴角显出一条很深的脸纹。但是，不论男女，你们都要留神那种嘴唇极厚、后脑勺大、颈后部肥满、眼皮厚而多肉的人。这类人是多欲的、自私的、贪婪的——你绝不会愿意跟这样的一个人相处一辈子。

不论你是做什么的，都切不可愚弄欺骗你自

己。选择伴侣一事尤其重要，应当明白你自己。把你的态度外貌同你的真实性格分开，你知道外貌有许多是不自觉的，例如，你或许认为你自己是属于智慧型的，这会助长你的“自我”。你或者将这种姿态表现得很自然，因此你也许要去找一位智慧型的伴侣，不过，实际上你也许是一位好动型的人而并不是智慧型的，这种潜意识不自觉的自欺行为只有个性分析法可以发现真相。

尚未结婚的男孩与女孩，还有已结婚的男女们，为什么不现在就立志过有计划的生活，却让生活掌控你呢？你知道，生活如同一条大河，里面满是急流旋涡。无计划的人，就如同一块在水上被急流冲得忽前忽后、忽而打转忽而下沉的木头，最终只会被冲往下游。而有生活计划的人，则如同一只稳健向前的船，纵有猛浪急流打来，也能毫无影响地、勇敢地向上游驶去。下游多失败，上游多愉快，你会走哪一条道路呢？

第 24 章

致富的六个步骤

让我们不要再欺骗自己了，其实，许多人在心里都会承认，我们只是为了赚钱而工作。不客气地说，我愿意做现在这种职业有两大原因：（一）我实在喜欢这种工作;（二）我由此可以得到颇丰的收入。这就是两个做任何事情都最值得的原因。

假如我们已经丰衣足食，许多人将根本不会去工作。我们会将闲暇全用在读书、游玩或旅行上。就是那些嘴上说真正爱自己工作的人，假如那工作不能供给他衣食之需，他也许也会怀疑工作的重要性。说白了，我们每个人都难免要为了钱而工作。

因此，我们在前边也曾讲到钱的问题。怎样去判断一个人是否有善于赚钱的本能呢？怎样发展这种本能呢？怎样保障你的家庭将来的经济安定呢？——这些就是本章将要讲到的几个要点。细想一下，你会发现，赚钱也是许多学习个性分析的人的出发点，而我这本书的原名就叫“衡量你的才干与增加你的收入”。

我已发现了关于赚钱才干的一两件有趣的事情。你学过那句“金钱是万恶之源”的话吗？这句话出自《圣经》，但却被格言家所歪曲。实际上，《圣经》里说的是："爱钱是万恶的根源。"这两句话大有分别，不是吗?

赚钱的欲望只是由为谋"自保"的心理本能地转变而来的。爱钱在另一方面，则常常是一种卑鄙的、贪婪的、为恶的坏毛病——它不但对别人有害，对本人更是有害。

当我们说到赚钱的本能——获得金钱的才干时，它其实是人类的正当本能。我们的意思是说，那个人是想得到金钱所能买到的舒适、安全与快乐享受。爱钱则是吝啬。

有些人天生地善于赚钱。他们具有会赚钱的本能，或者说，做什么都能发财。我们时常与朋友谈论说："我真奇怪，某人竟会发财。他并没有许多学识，其貌不扬，然而他现在却赚了多少多少万！"

我们常常遇见或听说，某个孩子十几岁就会做买卖。还有些人的学识并不高也不是什么大学毕业的，然而他却能以很少的资本渐渐发展而成巨富。这种会发财的人怎样就能看得出来呢?

在我对你说出这种秘诀之前，让我们看看世界上那些富有的金融家和实业家们的相片。试把钢铁大王卡内基、石油大王洛克菲勒、汽车大王福特、银行家摩根等人的照片摆在一起，再把你所知道的著名的、成功的银行家、工业家、大公司经理，以及你的相片也放在一处。你首先得承认那些人都有发财致富之术。那么，你自己是否也有这种天才的聪明呢？你自己可以回答这个问题。也许那些百万富翁们的面貌与你不同，但是假如你仔细观察就会发现，他们都具有一种相貌上的相同点。不管他们是高或矮，黑或白，粗或细，瘦或胖，他们都带着能发财的显著征象。

让我帮你看看他们头的形状。仔细观察他们的相片，在耳朵前边及上边各一英寸的地方。对了，正是在鬓角或太阳穴那一块地方，在他们每个人的相片上你都可以看见那块地方特别的宽。一个鬓角宽的人必是会赚钱的人。若是相反，头上这块地方狭窄，或是太阳穴陷入，这种人往往缺乏金钱价值的概念，赚钱与理财能力均较弱。

现在，若是身为职业指导专家，这种理财长处的特征对你有何帮助呢？这种人是天生的银行家、商人、推销员、公关高手——拥有良好的经商才能。假如你发现自己的鬓角极宽，那么不要去研究学术、科学或社会公共事业。你感觉最快乐的工作就是处理钱、谈钱、想着钱或赚钱。但假如你头的这一部分是窄的，则应当相反而为之，不要参加买卖、交易、借贷与经商，不要赌博、投机，与人借贷。你若是这样去做就必定会失败，因为你的天性不谙此道。

很多研习个性心理学的人问我，他们能否发展这种理财的特长。当然能够。生长的定律很简单。你可以发展任何一种特性，就像你能发展肌肉一样。练习它——培养它——使用它！

现在，让我们再谈几件关于赚钱天才的事实。这种致富的本能若是与为社会服务的愿望同时具有，他将是一位大商业家兼社会服务家。著名的传道师康维尔博士曾以他的著名演说《钻石宝地》赚了 400 万美元，他却把这些钱全部都捐做了“贫困儿童求学补助基金”。

由此，我想起我的一位老朋友欧哈莱汗，他的头是理财家宽型头中最宽的一位。某天晚上，在他那华美的湖滨别墅里吃饭，同座的一位客人在谈到每个人的嗜好问题时，带着一点武断的口气说：“世上最有趣的消遣嗜好莫过于收集邮票。”那位主人立刻不耐烦地问道：“你说什么？难道你认为收集钱币没有意思吗？”那个客人赶快改变口气说：“噢，欧先生，收集钱币也是很有趣的，我不知道你喜好收集钱币。”主人接着问道：“哈，你感觉我建造的这所别墅如何呢？”

这件事其实告诉我们，在现代的经济生活情形下，你的成功与快乐大部分要看你的进款多少。你也许认为将来的时代不会太看重钱财，但是，眼下你总得穿衣吃饭吧？简而言之，你若是没有理财能力，最好还是赶快去培养它吧。

因为你若是缺少这一种特性，就将会抵消许多个性分析与科学职业指导术所能完成的好处。假如你把每个月的薪金都任意耗费掉了，而不善于投资也不懂得储蓄，那么把你介绍到一个适合你做的职业位置上又有何益呢？还有女士们，即使你已经对这本个性分析术明白得极为透彻，并且找到了真正合适的伴侣，假如你把你丈夫的进款都耗费干净而使他陷入神经不得安宁的状态，你还是不会快乐美满的。

够了！理财能力的必要性已经说得极为明显，现在让我们来补上这种需要吧。在以前数章中，我已给了你许多关于何种职业是你最适宜做的有益的意见，并且还告诉你应该怎样去得到这个职业。

讲到这最后一章时，我认为你已经达到了上述两种目的。现在我就要给你一个方案，假如你真的能够遵行，那么它不但能帮助你筑下金钱的准备库，并且还能增强你的一般理财能力。这个方案共有六个步骤。

第一步是采取一种新型的心情。单就培养这种理财能力而言，这种心理的技术可以解释如下：姑且假定你的月薪忽然减少了百分之十。假如你的月薪是200元，那么这被减下来的20元另外存起暂时不许动用，专为将来经济上遇到困难时方才允许使用。换句话说，从现在起你应当想着你自己是属于低一级的薪金。

这几乎是一件可惊可悲的事情，但一位很著名的银行家却发现，十个男女之中只有一位知道用钱不能超过他的收入所得，而且这一种人之中大部分还只是把本月省下来的钱留到下个月去使用，而不是真正地储蓄起来。即便是在富余的时候也不该拿出去任意挥霍。不要一心想着租一所较为宽大的房子住，其实刚好够住就行。不要总想着换一辆新车，应当在富余的时候想着艰苦的时期。

第二步是还清你所有的欠债，然后储蓄下半年的薪金。拿你每月存下的百分之十的款子先将旧债还清，不是只还一部分，不要再骗自己。还有，你的储蓄若随时可以取用，它就仍然不是真正的储蓄。你上半年因为孩子患病欠下的医生的钱还了吗？哪怕每月还给医生一点，也比总欠着要好。

现在的储蓄银行家一致劝告，每个人、每个家庭都应当随时至少有半年进款的储蓄，他们叫这种储蓄为“生活保险金”。每逢人们问银行家在有了多少存款之后，才可以去享受其他的奢侈安逸时，他们都拿这个数目作为最低标准。换言之，等到你把债务还清之后，立刻开始储蓄足足半年进款之数。如果你想知道这件事是如何地重要，那么就请问一下你遇到下边几种情形时，你该如何应付：（一）假如你忽然染病，要经过好几个月才能治愈；（二）假如你的月薪忽然被减了许多；（三）假如你的商业行为赔了钱；（四）假如医生劝告你必须长期休养；（五）假如你家中有人患重病，需要你拿出大笔的医疗费用。

上述的事情每天都有可能发生，无论你是贫

是富。那些认为自己的生活很稳当，那些只顾每天够吃够用的人也都会遇到。命运是不公平的。许多勇敢有志气的男女供养着他们的父母或弱小的弟弟妹妹，或者许多你认为不会遭遇不幸的人——突然有一天上述五种不幸的事之一竟然会临到你们的头上。简而言之，没有一个负担养家的人会不忧心这种不幸的发生，除非他已存下了生活的保险金，为这种危难的可能到来做好充分的准备。但是，这笔存款是不能通过变戏法而得来的。这是从你的月薪与所赚款项里随时省出百分之十存起来的。此外再也不会有别的方法了。

以上是养成理财能力的头两个步骤。第一是采取一种心理形式使你生活在你的进款之内，第二是用存款还清债务，然后存起半年进款之数。你要在心里时时记住。一定要练习在你的收入之内过生活——将来一旦你没有了收入时，你也还能生活。

换言之，理财的能力是可以练出来的——就像可以通过训练而增强肌肉力量一样。并且也是用那同样的方法——时时练习。请承认这是事实，因为已有过无数次的证实。法国大政治家米拉布说过："只要是能立志的人就无事不可能。某件事情是必要的吗？那么就去完成它！这是成功的唯一定律。"发展你的理财能力有必要吗？你若认为是必要的，那么就去做吧。现在，我告诉你应该怎样去做！

有人曾说过，善于理财的人大多是悲观的人，虽然这句话所包括的人为数不多，但我却相信它有些道理。至少我们应当承认，善于理财的人慎防自己欠债，是因为他总看着未来的日子也该是安适的。他时常发现安适的日子是不长久的，稍有不慎就容易丧失掉。

但是，让我们继续做方案的第三个步骤。我们现在只花费自己收入的百分之九十。我们已还清了债务。我们的生活保险金已存足了，我们在银行里存下了半年的薪金之数。好啦，下一步是什么呢？进款的百分之十仍照旧存起来，这要记住了，现在我们要进到另一种储蓄所。到底是哪一种呢？人生最难保证的就是生命的长短。有远大眼光的人所最忧虑的，就是死亡说不定何时便会突然降临，不但抛却了全家亲人而且全家到那时候的生活也会成为问题。然而，现代社会文明进步到了可使人“永不死”的程度。他的工作、他的工作报酬可以永不灭绝，仍然能够继续保障他最亲近的人的生活。一个人保了寿险实际上就等于保护了自己的生命一样，而且这是最高贵而不自私的行动。

慎重考虑并及早规定一个人寿保险计划吧，准备出适当的余额到时候交纳便会极为容易，而且它的精神方面的红利尤不可以数计。试想，你每天晚上工作完毕回到家里看见你的妻子与子女时，你能在心中说道：“不管我何时遭遇不幸，你们都有了保障——你们的生活均无问题。”聪明的人们有时还将余资投作疾病意外医疗保险。一位著名的商业家说，购买艺术乃是预料你的需要。注意标准货品的出售，大批地买进大宗主要货品，享有大批购货的折扣。不要只是因为图它价廉而买下你不需要的物品。每月的收支一定要记账。

现在讲到经济安全的第四个步骤，就是合理地投资于有关健康、快乐及消遣的事情上。聪明地用钱可以成为一种科学与艺术。现代生活最大的危险之一就是太过劳心。你注意到猫狗在休息时的样子吗？我们都可以从这些动物身上学习到完全的休息法。杰考森博士曾写过一本书，名为《学习休息》。可能你会反问：“我根本就没有休息的时间，学习休息又有什么用呢？”哈，这的确是个问题，当初休息休养都可以随意，现在却大不相同了。

我们下班之后，仍然逃不出城市的喧嚣，车辆的轰鸣，甚至于吃饭时还在谈紧张刺激的买卖问题以及各种不称心的事。简单言之，而今休息便需要钱。你需要有相当的钱使你离开城市到安静的地方去休养，使你可以放下工作，心无所虑地休息几天。因此，我说的第四个步骤是在你的生活保险金、人寿保险金之外，每月在银行里存一点钱，将来可以供你做短时期的休养之用。这种休息不妨是做短期旅行，去驱除你的疲乏，安静你的脑子，也可以到乡间或风景宜人之地住上一两个月。

总之，从长远来看，这种为自己的健康与家庭的舒适聪明的用钱方法是最合经济原则的。那样他便不会在人生的早年就耗尽自己的身心精力，或者过早衰老而无力负担养家的重任。真正聪明的人是学会用最少的代价享受各种休息娱乐的人。在西欧大城市和名胜之地，都有专门为年轻人设计的对身心有益的娱乐和运动场所。

讲到此处，我们已经还清了欠债；在银行里有半年薪金存款；保了寿险；还有一部分休养的资金——我们的经济情形已经很安定了。现在我要赶快告诉你最后的两种步骤。简单地说就是：你再有余款便投资于可靠的股票。这样做可以使你及你的家人得到一笔多于你的薪金的收入。但是要买信用可靠的股票，利息小一点也无妨。

最后，好啦，恭喜你已经完成了以上五个步骤。最后，是为你自己创造一件工作。但是不论你去做什么，都不可以动用你的生活保险金、寿险金作为你临时周转的资本。而且是做一种你懂得的工作—— 一种最合适于你的工作。

现在让我们复习一下这个致富方案的六个步骤：这个方案是根据许多著名经济理财专家多年来的观察分析结果而得出的。

第一，我们必须练习在我们进款的百分之九十之下过生活。第二，还清我们的欠债并在银行里存下相当于半年薪金之数的生活保险金。第三，我们为妻儿的安全而应早日投保人寿险。第四，再存一部分款用做休息休养之用。第五，投资可靠的股票。第六，最后一步，“假如你有适当的职业才干”，就尽快为你自己创造一份工作。

这是作为你未来岁月的指南的一个理财方案。不要因为你自己觉得天性不适于理财而表示绝望。记住，你能够培养出这种才干。现在且把钱袋放在一边，让我们谈谈我们所要寻觅的快乐。你知道，金钱只能使我们的快乐之路平坦一些，但金钱却不能购买或创造快乐。快乐全在你的内心。

总结起来，在本书的本篇中我打算告诉你的东西，我叫它“成功三角形”，或者叫成功的实践，它给你指出把握住生活艺术之路的三点方案：

职业方面调整你自己——社会家庭方面调整你自己——理财方面调整你自己。

现在只剩下最后一个问题：一条更好的生活之路开放了，你愿意向前迈进吗？

秘密

The Secret of the Ages

【美】罗伯特·柯利尔 著
福 源 译

图书在版编目（CIP）数据

秘密 /（美）罗伯特·柯利尔著；福源译. —哈尔滨：哈尔滨出版社，2009.12（2025.5重印）

（心灵励志袖珍馆）

ISBN 978-7-80753-175-3

I. 秘… II. ①罗… ②福… III. 成功心理学–通俗读物 IV. B848.4–49

中国版本图书馆CIP数据核字（2009）第127771号

书　　名：秘密

MI MI

作　　者：【美】罗伯特·柯利尔 著　福　源 译

责任编辑：李维娜

版式设计：张文艺

封面设计：田晗工作室

出版发行：哈尔滨出版社（Harbin Publishing House）

社　　址：哈尔滨市香坊区泰山路82–9号　**邮编：**150090

经　　销：全国新华书店

印　　刷：三河市龙大印装有限公司

网　　址：www.hrbcbs.com

E–mail：hrbcbs@yeah.net

编辑版权热线：（0451）87900271　87900272

销售热线：（0451）87900202　87900203

开　　本：720mm × 1000mm　1/32　**印张：**43　**字数：**900千字

版　　次：2009 年 12 月第 1 版

印　　次：2025 年 5 月第 2 次印刷

书　　号：ISBN 978-7-80753-175-3

定　　价：120.00元（全六册）

序 言

1933年，我从二十八层的写字楼上望下去，阳光明媚，桃红李白，空气中跳跃着的料峭寒意丝毫没有折损游人们赏花的兴致，可是，我心里却涌起阵阵从头到脚的凉意。

1929年，经济大萧条铺天盖地席卷全球，比历史上任何一次经济衰退都要来得深远、来得恶劣。我们在美国的公司，受到了巨大的震荡，全部崩溃，这种坏情形波及到全球其他所有分公司，业务量急剧下降。

我熟知的一些企业家、银行家们，也遭受了同样的不幸：他们在经历了令人恐慌的华尔街股市暴跌之后，顷刻间不名一文，抑或自杀，抑或发疯，甚至流浪街头，沦为乞丐。经济大萧条的恐惧沉甸甸地压在每个人的心里，它的阴霾笼罩了世界的每一个角落。

最让我措手不及的是，我的前任伊瓦尔·克吕格因为决策失误把公司引向歧途，最后不堪社会各界的舆论压力，于1932年冬天，选择了告别这个肮脏又华丽的世界。可是他的死并不能埋葬什么，刚刚接手公司的我甚感棘手，重建工作无力展开。

而我，心理和生理，跟华尔街股市一样，都全盘跌到最低谷：母亲刚刚离世，妻子身染恶疾，我也因一场车祸差点儿失去右腿，尚在康复期。我多么希望自己是“救世主”，能挽回母亲的生命，还给妻子安康，不再惶恐，也不再困窘。公司赋予我的重任像是一种折磨，逼得我想躲，却又无处藏身，我觉得自己已经走到了崩溃的边缘，再前进一步就是万丈深渊。

疯狂中，我做了自己生命中第一次也是唯一的一次“逃兵”，我执意收拾了简单的行李，离开斯德哥尔摩的公司总部，携妻带子返回乡下的祖屋。我想在这个相对闭塞的地方找到一片属于自己的心灵栖息地，抛弃城市里的纷纷扰扰、灯红酒绿，尽享天伦。

愿望非常美好，却被我仅6岁的儿子出人意料地彻底打碎。

汤姆是一个活泼好动的小家伙，永远精力旺盛，对任何陌生新鲜的事物都有着无穷的探索欲，这种好奇心最直接的表现就是不知疲倦地在祖屋里翻箱倒柜，不停地翻找出各种各样奇奇怪怪的小东西。我严厉禁止他的这种“扰民行为”，不管他如何哭闹，决定把那些破烂玩意彻底清空搬走，以换得片刻的宁静。

当我在整理这些杂乱零碎的东西时，意外发现了一本书——罗伯特·柯里尔的《秘密》，它布满了灰尘，已经有些残破。根据一些模糊的印象，它应该是我几年前带到这里的，却被我漫不经心地丢弃了，甚至都没有发现里面隐藏的秘密。

乡下的日子清静有余，却也苦闷不堪，为了打发时光，我保留了这本邂逅之书重新阅读，不知不觉，我被其吸引住了，并变得兴奋不已。里面的意蕴与哲理让我深感震撼，从字里行间，我发现了一股无坚不摧的神秘力量，它为我指向一条通往成功的道路。很快，我开始了第二次的精细阅读，并对书中的人物和事件进行核实——柏拉图、阿基米德、牛顿、莎士比亚、达·芬奇、雨果、贝多芬、林肯、爱迪生、爱因斯坦、安德鲁·卡内基……结果告诉我，《秘密》里所讲述的一切都曾真实地存在着，这些人早在几百几千年前就窥破了成功和创富的法则，也正因如此，他们才成为了历史上的成功人物、伟大人物，这真让人震惊。

震惊之余，我又不免深觉遗憾：这本《秘密》里隐藏的惊天秘密，居然被世人粗心地错过了，我相信，曾经有许多人和我一样，接触过、看到过这本书，却最终擦肩而过、形同陌路，没有领悟到隐藏于其中的大智慧，从而错过了一次难得的机遇。我与它的重逢，与其说是阴差阳错的幸运，归于我小儿子的顽皮，倒不如说是上天对我的眷顾与厚爱。

我感觉自己被赐予了无穷的力量与信心，曾经那些一度让我害怕的问题像是一瞬间就可以举重若轻，对我的内心不再构成可怕的压力。我作好准备，精神焕发地回到公司总部，并大刀阔斧地对公司进行了一系列颠覆性的改革，终于带领公司起死回生，重铸了过去的辉煌。当然，这都是运用《秘密》里的法则的结果，虽然只是现学现用，却效果非凡。

我不是一个占有欲很强的人，所以从来没有想过要独占这个伟大的秘密，事实上这也是不可能的，因为有许许多多的人已经将它摆放在书柜中，甚至放在很显眼的地方，只是他们和当初的我一样，没有意识到它的核心价值及隐藏的绝世理念。

我真诚地希望，每一个拥有《秘密》的人，以及渴望成功的人，都能静下心来，虔诚地读完这本书。我深信，你也会同我一样豁然开朗，发现那条通往成功与财富的道路，而你自己，也会潜移默化地成为社会精英人士中的一员。

汉斯·T. 霍尔姆

第一章
世界上最伟大的发现

第二章
意志的秘密

第三章
思想的秘密

第四章
财富的秘密

第五章
成功的秘密

第六章
人生的秘密

第七章
健康的秘密

第一章

世界上最伟大的发现

“想得到，就能做得到。思想达不到的地方，你将永远无法跨越；年轻人，如果你对自己还有一丝恐惧、一丝不信任，那么你潜在的能力也只能到此为止。失败大多从一开始便源于内因，若是早些了解到这一点，纵然你面临重重险阻、无数困境，只要你心存信念，深信自己能够做得到，成功便一定属于你。”

——埃德格·A. 盖斯特

The Secret of The Ages

在汹涌的历史潮流中，你觉得什么发现最伟大，又意义深远呢？是传闻中一千万年前便已经存在、发掘于蒙古草原上的恐龙蛋？还是在埃及法老图坦卡蒙陵墓中发现的那些记录过往文明的遗物？

不，这些都不是。人类真正伟大和意义非凡的发现是：人人都可以借助自己的思想，随心所欲地召唤“生命规律”。这就像阿拉伯神话中阿拉丁可以随时召唤的神灯，只要能与之形成一种默契，相互理解、彼此配合，最后就能如愿以偿地得到自己希望得到的健康、幸福、富贵或是成功。

那么，“生命规律”的真谛是什么呢？人类该如何认知、理解并探索这个在地球上已经存在了几亿甚至几十亿年，甚至还要永远存在下去的生命规律呢？

生命的能量，代代传递

人类历史的发轫可以追溯到50万年前，专家称那时的南方猿人已经具有了西方血统。人类不是地球历史上的第一代生命，那些最低级的动植物才是，是它们把某种能造福人类的能量带到了地球。这些动植物，也包括人，经历了几亿年的进化，最终才演变成如今的高级文明。

其实，我们所生存的地球，在最初只是一个满是混沌、雾气氤氲的大火球，这个大火球逐渐孕育了整个自然界的生命——动物、植物、微生物和人。其中，那些看似最卑微、最微不足道的漂浮在水面上的藻类，便是最原始的生命，它们代表着生命的起源和黎明，直到被新的物种代替，一直都在为后来的世界提供着源源不断的氧气。最低等的动物生命体是单细胞的草履虫，它是无脊椎动物，是一种像水母一样的东西，几乎和周围的海水融为一体。继草履虫之后，又出现了成千万、上亿种的生命形式，它们大相径庭又千奇百怪，却能够适应各种各样的生存环境。它们要适应干旱水涝、酷暑严寒，又要对抗洪水的袭击、火山的爆发以及地震的突现。

但是，每一次威胁都代表着一个契机，会产生新的生物品种：恐龙等一些爬行动物出现了又灭绝，永远告别了历史舞台；蛹破茧而成蝶，到如今仍然继续着它绚烂纷呈的精彩。各种各样的生命都在不断地向前进化再进化。一次次的迁徙，一次次的变异，一次次的大海和陆地的变迁，使生命的生理特点也在悄然改变。从简单到复杂、从低等到高等、从水生到陆生，不管怎样，都走过了一个又一个完整的生命历程，显示出它们对环境的适应能力，这种能力与生俱来，无法扼杀。无论火灾多么猖狂，洪水多么肆虐，瘟疫又如何横行，它们依然顽强地呼吸着。困难只不过是练兵的辅助品，只是为了证明它们活着的勇气和实力。也正是这些厄运，唤醒了它们身上的潜能和力量，沧海桑田，唯一不变的正是它们身上的那种“生命意念”，并一直传承至今。这种“生命意念”像是受到了无限资源、无限能力和无限生命力的支持，从此，它们所向披靡，再也没有什么艰难险阻可以让它们停下脚步，也没有任何力量能与它们相抗衡，这种“生命意念”为所有的生命带来了希望，满足了它们的需要。

认识“生命规律”——潜藏在你内心的巨人

生命永远都是运动的，静止的生命无法搭上历史滚滚的车轮，史前历史上消失的物种便是最残酷的例子——100多英尺长的庞然大物飞龙、有着盖世之力的暴龙，虽然它们曾经是世界的主宰，但因为裹足不前，违反了运动的历史规律，而只能被周围的环境所隔离、抛弃，被新生的物种所代替。

埃及、波斯、希腊、罗马，这些文明古国都曾经称霸欧亚大陆，历尽艰辛才创下了瞩目的成就，但自从被对手超越的那天起，它们便在起起落落的战争中落败、消失。硝烟在历史的天空中尚未散去，废墟上便又建立起了一个又一个新的国度。原地踏步便是坐以待毙，这个道理适应动植物、适应国家，也适应于我们每一个人。

这本书，将送给那些生命不息、前进不止、坚持成长的人们，使大家能够了解和开发自身的潜能并恰当地运用，让你们知道如何去掌控“生命规律”。

“生命规律”能帮助某些动物改变生理特点，使其皮肤变色或长出坚刺来保护自己，也可以教会鸟类保持平衡，在天空中自由地盘旋飞翔，还能为喜欢在野地生存的袋鼠身上添加口袋来安放宝宝。“生命规律”是如此强大又如此神奇，在低等生物的身上都能造就如此喜人的成就，试想一下，如果用在有思想、有深度、有内涵、有修养、有道德的、掌握着无数资源的人类身上，又该产生何等的巨大作用？

首先我想告诉大家的，就是要学会拼搏和抗争，学会欢欣鼓舞地与困难作斗争，并把这当做自己每日必修的功课。相信你会一点点地从自己身上看到奇迹的诞生，但你不能让自己静止，也不能倦怠，并要认认真真地完成这第一步，要坚持下去，让“生命规律”与你融为一体，这样你才会离成功更近。

平日里，偶尔去做健身，你会很容易疲劳，甚至感到疼痛，可是如果一直坚持下去，并雷打不动地锻炼，肌肉就会变得结实有型，整个人也会精神饱满、更加健康。

这就是“生命规律”的作用，顺之则昌，逆之则亡。“生命规律”是雨中的伞、雪中的炭，只有在你需要的时候它才会出现，你不需要的时候它就只是安安静静地伴随在你身边，招之即来，呼之也不去。它不会像幸运一样，在不经意间降临，也不会像厄运一样，变幻莫测。

“生命规律”非常乖巧，它就像是一个睡梦中的巨人，在你顺利的时候它不会打扰你，在你需要帮助的时候，无意识地召唤它的时候，它便会警醒，并等待你激发它的指令，准备发挥它无上的威力。

所以，开发你头脑中沉睡的基因，激活它们，唤醒它们。无论你是商人、律师、部长、工程师还是外科医生，你都要时刻记住，那些最伟大的人所做的事和你现在所做的没什么两样。你可以把他们当做目标，但又不仅仅只是目标，而是一种激励、灵感和支柱。唤醒潜意识深处隐藏的智慧，发掘其技巧、判断和创造力，一步一步认识自身的才能，请相信自己可以像他们一样伟大，甚至比他们还伟大，他们做到的你也全能做到。他们所做的一切，学到的一切，获得的所有技能都是从宇宙意识中获取来的，而你自身所蕴含的智慧也与他们别无二致，所以你完全可以通过自己的意识得到它们。伟人身上所储藏的各种能力你也拥有，它们只是在等待你的发掘。

你内心深处的秘密武器

“生命规律”被你的潜意识唤醒之后，便会成为你最忠诚的仆人，它与你并肩作战，助你永远成功，它就像一位常胜将军，而且，它也的确从未战败过。

所以，你要明白，你的成功并不是出于偶然，也不是因为超人的力量。而是在你行动之际，叫醒了身边沉睡中的常胜将军。它们帮你铸就了勇往直前的性格和自信，所以在兴奋和紧张之余，认识一下自己，去和身边的这位专属的“常胜将军”来一个感激的拥抱吧。有许多人都感觉到了这位“常胜将军”的存在，拿破仑也曾将自己在战场上的一次又一次的胜利归功于它。

俄勒冈州奥克兰的W. L. 凯恩曾讲到一个他亲眼所见、亲身经历的故事：

有一次，他看见有一根巨木压在一个男孩子腿上，巨木的直径将近一米，周围没有什么人，小男孩绝望地在那里哭泣着，口中还叫着两个男孩子的名字。这时，从远处跑来两个小男孩，不满 18 岁的样子，就是他口中所呼唤的兄弟俩，居然合力把那根巨木挪走了。可是第二天，还是那根巨木，加上W. L. 凯恩还有另外一个成年人，却怎么也无法将那根巨木抬起一丝一毫，每次尝试都是以失败告终。想当初，那两个未成年的小男孩是如何挪走了4个人都无法抬起的巨木的呢？他们甚至在挪走那根巨木的时候没有任何迟疑和畏惧。其实，他们在千钧一发的那一刻，集中了所有的精力和能量，所发挥出来的便不仅仅是二人之力而是四人甚至是十人之力了，这就是爆发力。

“生命规律”的资源和创造力是无穷无尽的，是提醒你预知危险的第六感，是一种不说一句话、不写一个字也可传递信息的心灵感应。最重要的，“生命规律”还是一个天生的公平派，不分男女老少、高低贵贱，无论你是哪行哪业，官员平民，“生命规律”永远都是独属于你的拥护者。你的需求越急迫，它对你的回应也就越多。

成功，失败，总是会在自己感觉之间兵分两路，像是细胞分裂，开始了两种风格迥异的人生。未来的选择权在自己的手里，如果觉得自己做不到，那你就真的做不到，如果坚信自己有能力做到，你就必然能做到。你的身体里蕴含的强烈愿望才是你所处的真正环境，它里面包含着所有能让你成功或失败的因素。是你创造了自己的内在世界，并通过这样的内在世界创造了相对的外部世界。生命的富饶就在你的心里，你可以选择建造它的材料，如果你过去的选择并不明智，那现在你可以重新选择材料将它改造，只要还能从头再来，就没有人是真正的失败者。

每一个想要成功的人，在最大程度发挥自己的才能之前，首先要有强烈的自我意识，能对自己的能力有客观准确的了解。一个罗马人自夸说，如果给他足够的力量踩踏大地，他会将整个罗马军团都震上天，这份勇气让对手吓破了胆，这个道理对于思维也同样适用。勇敢地迈出你的第一步，然后思维会调动它的一切力量帮助你。但前提是，你要迈出这开始的一步。一旦战争打响，你所拥有的一切内在或外在的力量都会助你一臂之力。

芝麻开门：打开潜能的宝库

在刀耕火种、茹毛饮血的日子里，每一个人都在靠自己的身体吃饭：力量、速度、敏捷度。随着剩余价值的出现，贫富差距开始明显，财富逐渐代替身体力量成为世界的主宰。统治者永远高扬着皮鞭，驱使着底层穷人。尤其是没有任何自由的奴隶，在刀尖和饥饿的夹缝中求生存。从石器时代，到铁器时代，到黄金时代，再到如今的思想时代，人人都是自己的主宰，贫穷和环境不再是决定性的因素。任何人只要通过努力，都有机会获得成功，生存不再是未知数。科学证明：每个人的脑子里都有一个智慧冰山，深不可测，如果把它深挖出来，你会为自己所看到的、所得到的能量惊喜、惊叹不已。

其实，人类本身就是靠着智慧一步步地走到现在。古人怕风怕雨怕雷怕电……今人则有了足以抵御自然灾害的一切；在大自然面前，从无能为力到为己所用，可以说是技术的进步，但也是智慧的延伸，反映了人类思想发展的历程。试想，如果人没有了思考的头脑，便和低级动物无异，只能祈祷天能佑人，战战兢兢地依靠大风和气候的怜悯。

人类触摸到智慧的表层并尝到甜头，就开始有意识地勘测思想深处这丰富的能量，由此创造了一个又一个奇迹。虽然意识到了体内的秘密宝藏，但据哈佛大学的怪才哲学家和心理学家威廉·詹姆斯教授估算：我们每个人（无论男女）都只运用了自己全部智慧力量的十分之一。

许多人平时都哀叹树木的砍伐、矿产资源的减少、水电的浪费，在这些非可再生资源面前无能为力，可是对自己潜在智慧能量浪费的关心则少之又少，每天睡在宝藏上却浑然不觉。只是安于吃饭、睡觉、上班的日子，被生活折磨，被别人折磨，也被自己折磨，拖着沉重的步子，任光阴一去不返。岁月叹息着，叹息你错过了成功的机会，令青云之志终落得白首空悲切。

其实你完全可以逃离平庸人的圈子，也可以成为未来的作家、画家、银行家、商人、军人、工程师……你可以找到属于自己的角色，只要你好好地将体内那股无可抗拒的能量运用起来，你就会惊奇地发现，自己拥有了连做梦都不敢奢望的能量。

你的身体是一个在大脑的指挥下负责践行某

种目的的工具，所以，你的大脑才是整个核心，而你的大脑也只有十分之一是有意识的，其他地方是无意识的，除此之外，你的大脑里还有另外一份神奇的宝藏——潜意识以及意识和潜意识的更高级智慧，我们称之为宇宙意识。无论是意识、潜意识还是宇宙意识，在发挥起作用来都是紧密结合、共为一体，充满无限的能量。

智慧三要素之一——意识

人的意识是人的组成部分，是人体行为表现出来的规定和本质，是人脑产生和发出的指挥人体行为的意向、意念、欲望、理想、方案和命令。

你的任何行为所接受的指令都是由意识发出的，喜怒哀乐的情绪，悲欢离合的感受，乐观或消极的心态，宽容或计较的行为等都是由它来统率，它控制着你所有的能动肌群，帮你辨别东南西北，帮你判断是非黑白，你思考并且它存在。

意识到底是什么样子，每个人对此的认识也不尽相同，有的认为它就像上帝一样慈悲为怀，总是为人们谋得福祉；也有的人认为它专制独裁，让人讨厌。但没有人否认它是肉体的主导，它指导和控制着身体的每一项功能。如果你的身体是一个微缩的宇宙，你的思想便是这个放射式系统的中心；如果你的身体是太阳系，你的意识便像太阳一样给予整个系统光和生命，它周围还环绕一些小“行星”。意识是这个太阳能中心的主宰，就像艾米莉·库特说的，“意识可以帮助潜意识跨过围栏”。

意识虽然是主导，但是并不能完全掌控潜意识。潜意识接收意识传给它的想法，并对此作出合乎逻辑的解释。意识给它灌输健康和力量的想法，它便会在体内产生健康和力量。如果意识给它传递了恐惧和疾病，这种负面影响也会很快地在你身上得到体现。如果你心怀财富、权力、成功的想法，你很可能就会梦想成真；同样，如果你无法摆脱贫穷、落魄的念头，就只会给自己带来痛苦和失望。

每个人的意识都是宇宙意识的一部分，只要能赋予正确的方向，就可以无往不胜。当一个人了解了这一点之后，他就会丢掉所有的焦虑和恐惧。他就会勇于面对，不再畏惧退却。因为他知道应对一切情形的策略都尽在心中。他的意识和宇宙意识是相通的，只要用心，就一定能从心里找到正确的答案。意识就是模子，经过它的考虑、加工，能量就向积极或消极的方面转化——当然，选择权一直都掌握在你的手中。这个世界将向你展示它所蕴藏的巨大财富。只要你从精神上适当地追求，你就能获得这些宝贵的礼物。但是，在你实实在在地体会到它们的美妙之前，你必须先在精神上完成它们。正如莎士比亚告诉我们的：只有思想能让你的身体富有起来。将你希望得到的东西视做已经在你的口袋中了，然后你会发现，你很快就会拥有它们。别为它们烦躁，也别为它们担忧。不要告诉自己它们是你所缺少的。将它们看做你的，就好像已经属于你了，已经是你的财产了。除了意识，你还有潜意识，而你的潜意识中储藏着一切力量，你的意识则只是一个忠诚的看门人。你需要开启这扇门，让智慧的泉水喷洒出无限能量。如果你认识到自身的力量，并坚定地去尝试合理地利用它，那么对任何有价值的成就的追求都不会以失败告终。

智慧三要素之二——潜意识

潜意识，是没有经过后天学习所作出的本能反应。

意识是一种有意识的行为，是一种客观心理，它有选择地作出各种指令，有目的地支配、命令、控制着所有主动性的功能和情感。

潜意识则是一种无意识的行为，是一种主观心理，它掌控着所有无声的、非主动性的功能，它既不作出决策，也不支配、命令，就像是一个自由人。

潜意识也就是我们通常所说的直觉，它就像是一个“闪电计算器”，可以在人的本能的指引下解决各种各样的问题。潜意识还能够预感危险，独挡一面并化险为夷。一旦意识遇到什么解决不了的难题，潜意识就会马上来帮忙。在潜意识的参与下，人们可以做出平时绝对无法做到的事情，无论在什么情况下，只要这事对你来说是必要的，潜意识就会给你力量。

心理暗示对人产生的影响是无法估量的，你的潜意识能力发挥运用得越多，你从这个世界获得无尽资源的可能性就越大。所罗门的智慧，爱迪生的天赋，拿破仑的勇敢……一些成功人士，都是因为他们极大地运用了自己的潜意识。这些能力与你俱在，你随时可以联系，随时可以获得。只要你想获取所需之物，它们就会第一时间与外部世界取得联系，并为你带来期待已久的宝贝。并且，没有人、没有事可以阻挡你使用这种能力，也没有人能剥夺你的这份能力。这份珍贵的礼物没有人可以拿走，除了你自己。

潜意识同样也是把双刃剑，如果使用得当，朝正确方向前进，则会披荆斩棘，反之，朝错误方向运行，则会令自己遍体鳞伤。它可以成为一名训练有素的仆人，也可能成为一名六亲不认的主人。100 年前，或许人们会天真地以为，已经发现了所有可以被发现的事物，已经了解了所有可能为人所知的知识，可是现在这种想法已经被彻底颠覆了。正如我们现在所感觉到的，世界正在日新月异地发展着，人类已经迈入一个崭新的时代。人类在过去的 100 年间发生了翻天覆地的变化，而我们的未来仍是一个未知数，未来永远是超出我们想象的遥远世界的另一方。一旦人类掌握了他们潜意识的智慧，那么智慧将真正发光发热，展现出无穷无尽的力量。我们的意识，通过五种感官，不间断地向潜意识输送各种感受。感觉都是暂时的、转瞬即逝的，然而它却向我们的内心深处传送着信息，因此，我们必须明确而清楚地知道：每当我们产生一种想法、一种感受或者哪怕一种情绪，无论好的还是坏的，都会向内心世界增添一份内容。因而可以说，将来的生活是变得更加富裕、充实、快乐，还是变得落魄、空虚、悲惨，都取决于你现在的想法和行为。潜意识是人有限心智与无穷智慧之间联系的环节。它是中间的媒介，人通过它，可以随时呼唤无穷智慧的力量。只有它才具有修正心智行动的功能，并将其转变为等价的力量。

瓦伦·希尔顿在《应用心理学》中这样说道："潜意识应该算是人脑中身兼二职的部门，它的一个职能是指导身体所有的重要活动，如果你可以在潜意识活动的时候控制你的思想，那么你就可以控制身体基本功能的运行，保证身体的效率。另一个职能则是应兴趣、注意力以及所有当时在意识中不算活跃思想的要求去执行。决定什么样的想法可以从潜意识里面透出来给意识，这样你就可以挑选组成你意识、决断、判断力和感情倾向的材料了。"著名的心理学家威廉·詹姆斯这么认为：人类在100年后取得的最大成就将会是对潜意识能量的发掘和掌控，这会是人类在过去、现在乃至未来的所有时代里取得的最伟大的成就。

智慧三要素之三——宇宙意识

我们说的这些潜意识，其实都是宇宙意识的一部分，宇宙意识隐藏在意识的背后，是一种更为全能更为智慧的才能。无论是意识的客观性还是潜意识的主观性，都是组成宇宙意识的一个小分子。我们知道地球蕴藏着无限的宝藏和奇迹，待我们去寻找，然而宇宙的意识却对这些了如指掌。宇宙意识就像全能的上帝，清醒而冷静地隐藏在你的体内。想象一下，如果能把意识和潜意识与宇宙意识相通，能适时地召唤和利用这个身边随时待命的超级智慧，你能获得怎样的能量？

意识是宇宙意识的一部分，它们有着同质不同积的关系。正如从海里取出一滴水，它必然具有同海水同样的成分、同样的含盐度，一星点儿的电光石火，也具有雷电、霹雳的性质，只是体积不同罢了。而你的意识与宇宙意识之间也是这样的关系：二者都拥有与生俱来的创造力，拥有遍及整个世界的影响力，拥有接受、掌握一切知识的能力。知道这一点，相信这一点，并将其付诸实践，那么就能逐步地成就完美。你能在多大的程度上运用这种意识，就能取得多大程度的成功。宇宙意识就在你的身边，它像空气一样时刻与你同在，像海水环绕着鱼儿一样毫无干扰地包围着你，贯穿你的全身。所罗门说：“无论是谁，他都会允许他们自由地取用生命之水。利用他们所拥有的，去获得理解。”世上出现的任何事、任何想法都存在于宇宙意识之中。你可以像在档案库或图书馆中查找资料一样，从中获取你所需要的一切。因为你就是宇宙意识的一部分。了解了这一点，你便可以顺理成章地掌控任何环境、解决一切问题，找到让所有合理的愿望都得到满足的方法。

宇宙意识给予你一种和谐的期许，你要做的，便是将这种期许牢牢地记在心里，去获得更多你需要的、看不见摸不着的东西。不过，在最初的阶段，你要在自己的宇宙意识中描绘埋藏在大脑中的理想。不论是我们自己，还是其他人都会为了实现这个理想而不懈努力，即使并不完美，它也是我们生命中不可或缺的。

想找到自己的定位吗？想知道自己会在哪个位置上做得最好，生命也能给你最多的回报吗？首先，你必须明确一件事：你的“宇宙意识”是知道那个位置在哪的，而且，它还会通过你的潜意识提醒你，它会为你找出这个隐藏着的位置，并会教你怎么和它建立联系。只要你认真地对待这件事，这个位置就会来到你的面前，或者说，你就会来到这个位置的面前。如果你能将这种方法切实有效地总结出来，你会发现，以前你在苦苦追寻的事情已经开始追寻着你了。

所以，人类完全可以与宇宙意识协同合作并分享宇宙意识的力量，宇宙意识中蕴含着一切的智慧，一切的力量和无限丰富的资源。只要拥有了这种智慧，对你来说就不再有任何难题。我们需要的所有知识都储存在宇宙意识之中，能否把智慧的甘露提取出来完全取决于你自己。了解这一点是第一步，利用才是第二步。只要利用了这种智慧和力量，人类便可以做任何事、拥有任何东西、成为任何想要成为的人了。实际上，你并不只是在为了公司发给你的那点儿微薄的薪水在工作，你是在为你的“宇宙意识”工作，而它也正是你所能见到的最慷慨的雇主。你要记住一件事：所有你期待的、希望的都能从它手中得到。你所要做的就是为它提供你能做到的。我们可以充满欢欣地将它视为我们一生的挚友，它能为我们带来一切美好，引导我们避开一切危险，并且为我们提供最中肯的忠告。

第二章

意志的秘密

城市，以及其中所有的建筑、宫殿、教堂、蒸汽机、庞大的交通系统，所有的喧嚣都不过是一个意念——

千百万个意念融合而成的一个意念。

由这个意念那无可比拟的力量所带来的结果——砖瓦、钢铁、烟尘、议院、马车、船坞，乃至所有的一切，都不过是这个意念在现实中的表现。因为，只有人先想到做一样东西，这个东西才会产生。

——卡莱尔

The Secret of The Ages

人类的起源是什么？在漫漫的历史长河中，人类对宇宙起源的探索始终没有终止过。

这个问题非常具体，但却没有具体答案；这个问题也非常宏观，宏观到整个宇宙人类。有一句离奇的波斯古谚语这样说："地球停在一头大象的背上，大象站在海龟壳上，海龟在牛奶做的海洋里遨游。"但是接下来呢？生命究竟是如何产生的？千千万万的人纠缠于这个问题，在历史长河中前赴后继却仍然没有结果。

宇宙的本源是什么？这个问题曾经困扰了太多哲学家，一元论二元论，古往今来，各种各样的流派为此争执不休，一方刚得出貌似严谨的答案，很快又陷入备受质疑的深海。渐渐地，意识开始在这些争论中处于上风地位。物理学家阿基米德曾豪言壮语过："给我一个支点，我就能撬动地球。"这个支点就源于人类的意识。普通的动物生命总是被温度、气候、季节等自然环境所控制着。只有人类能够靠自己的意识适应诸多不良的自然环境，来使自己在很大程度上摆脱自然环境无形的约束，获得更多的自由。

用信念去掌控命运

我们每一个人生来精力充沛、思维活跃，拥有无穷无尽的意识力量，触角伸到世界的角角落落。我们必须让它有用武之地，有事可干，只有这样，意识才会发挥出它的威力。

几十亿年前，地球上混沌一片，什么也没有，是在一种意识的指引下，才按部就班地经历了各个阶段，得以欣欣向荣、生机盎然。意识是一切事物的起因，所导致的结果就体现在我们的生活环境里。思维先作出大致规划，再进一步思考，描绘出具体的设计蓝图，至于最后成品的优劣，则取决于当初的思路是清晰或紊乱。宇宙的创造性法则就是意识，在意识当中，潜藏着千百万个伟大的想法，不断地创新、发展。而意识所发挥的效力则取决于我们利用它的方式，正如电的效力取决于与它相联的机制、系统一样。

所以，我们要引导思想，使之朝向我们的

目标发展，我们所处的生活状况以及一切的经历都是某些心理活动产生的结果，要获得权力、成功、富裕，首先必须往这些方面去梦想。做任何事，都要先让它在头脑里生根发芽。要学会用这种方式来对周围的环境及我们自身加以塑造。我们只可能成为我们想做的那种人，也只可能拥有我们想要的那些东西。我们所做的、所拥有的以及所处的状态都取决于内心所想，绝不会做出任何从来没有在头脑中出现的事。

所以，你要学会掌控你的命运、未来和欢乐——在最恰当的地方，以最恰当的方式追寻你的快乐，将它们具体化、形象化，真正地领会它们。尤其重要的是，你在任何时候也不要有一丝一毫的担忧和恐惧，那都会使它们的完整和美丽受到损伤。你的思想品质的高下是你的能力的最好衡量标准。清晰而有说服力的思想能为你带来你所需要的力量，这种力量，将会为你带来丰硕的成果。

人类并不处在变化无常的命运之手的统治之下，而是掌握在自己手中。“我思故我在”，我们不可能改变以往的经验，但可以决定今后的事情会如何发展。可以让未来的日子变成我们希望的那样，让今天没有实现的梦想在明天实现。我们的思维就是起因，造就的环境就是结果。一个人永远不可能从怯懦的想法中获得勇气、胆量、风度这些高贵的品质，就像没人能从荆棘中发现饱满的果实一样，一个人也永远不可能在怀疑和恐惧中实现自己的梦想。

我们每个人都是由以往的思想和这些思想所带给我们的结果所塑造的。成功的人从没有时间去考虑失败，他总是忙着思考通向成功的新的途径。他们的思维就像是一个装满水的瓶子，你不可能再倒多余的水进去。胸怀远大的志向吧，你的梦想是最高意识，会铸就你的卓越，并以自己的内在力量去控制、支配你所处的环境。你不必被动地等待机遇的青睐、命运的恩典，你可以自己主宰命运、书写未来。

这样形成的乐观主义绝不是自负，而是一种对纯粹信念的自信，这种自信使威尔森一度成为世界卓越领袖，这种自信也使林肯在美国内战那段最黑暗的日子里深受鼓舞，这种自信曾经引领汉尼拔和拿破仑翻越阿尔卑斯山，激发亚历山大征服世界，支持哥尔顿和他的军队征服整个国家。只要你了解这一点，你的视野将大大扩展，你的能力将全面提升。你将突破自身的局限，使任何困难或是反对都无法成为你前进的羁绊。

世界：梦想还是现实？

唯物主义者说，世界的本质是物质，物质由原子组成，原子又是由带正电的质子和带负电的电子飞速旋转环绕而成。原子被认为是组成物质的最小单位，是能量的源泉，原子说则被认为是有关物质的终极学说，世界中的一切有形物体，都是由这些看不到、摸不着、没有气味又无法称量且无法被破坏被分解的微粒构成。

这些质子和电子在宇宙中形成了一个个高速旋转的能量漩涡，充满活力，从不停滞，总是伴随着生命的存在而跳动。无论你相信与否——我们面前的一切有形无形的实物，吃的喝的穿的住的都是由这些高速旋转的能量漩涡构成，甚至人体本身也是如此。

物质的能量是极为神奇的，如果用一根弦来表现，如果这根弦被弹奏到某个音高时，其引起的共鸣和振动足以使布鲁克林大桥坍塌。自然界中最强大的能量总是看不见的——热、光、空气、电，如果有一天人类可以通过意识控制这些物质能量，便可以掌握巨大的威力。正如自然界中最强大的能量总是看不见的，人类拥有的最强大的能量也是潜藏着的——意识的力量，就像电能使坚硬的石头、钢铁融化一样，我们的意识既可以控制我们的身体，同时，还可以成就我们，毁掉我们。

沃伦·希尔顿在《实用心理学》中写道：同一种刺激因素作用于不同的感觉器官时，就会引起不同的感受。眼睛上被打一下，会眼冒金星；耳朵上挨一下，会如同炸雷；此外，人们还可以产生不同的触觉反应。而我们大脑感受刺激的神经末梢能与外界相联系，并决定着我们对外界事物产生的看法或反应：我们能看到太阳的存在，因为大脑中主管视觉的神经末梢与太阳的光波产生共振；我们能感觉到月光的清冷，是因为主管体内温度平衡的神经末梢能与空气中的温度产生共振。从此，我们才会对周围世界的特性、我们所生存的环境产生种种认识和想法，形成丰富的内心世界。许多科学家都认为，只要努力地向自己的内心和所处的环境里注入所向往的美好想法、美好事物，同时摒弃那些让你畏惧的邪恶因素，那么，渐渐地，展现在你面前的生活就会变得可爱而灿烂。

所以，人类拥有的最强大的能量也是潜藏着

的，就像电能使坚硬的石头、钢铁融化一样，我们的意识也具有巨大的威力，它控制着我们的身体，可以成就也可以毁掉我们。物质本身是没有智慧的，不管是以什么状态存在的物质——石头、金属、木头、动植物，它们都是由能量组成的，宇宙中的所有有形物质都得益于精神的创造。

当我们理解了这一点，我们就不会再因为任何事情而担忧恐惧。当太阳闪烁着耀眼的光芒照射着我们生活中每个黑暗角落时，我们会发现，除了美好，再没有其他。不幸并不是一种实体——它只是由于缺少了美好。大自然物产富饶，资源丰富，太空中无穷无尽的星球在闪烁，那么，自然界既然创造出这一切，难道是要我们过贫穷和困难的生活吗？再瞧瞧太空里，无穷无尽的星球在闪烁，那么，宇宙既然能舍得创造出这样一个无边无际的神奇天空，又怎会吝啬到不赐予我们快乐呢？

纵观历史可以发现，在一个时代被奉为真理、广为传播的学说到了下一个时代，也许就成了愚昧或谬论。而另一方面，新思想出现时，往往会受到传统势力的抵制。《科技服务》杂志的编辑艾德温·斯劳森博士用一段很精辟的话描述了这种现象：“在整个科学发展史上，新学说刚产生时，总是需要披着某种外衣来伪装自己，并几经周折才能为大众所接受，仿佛它们是灾星而不是福音。”

爱默生也曾这样写过，人类社会中被普遍认可的最重要的美德就是遵守常规、中规中矩。特立独行、放任不羁是为大众所厌恶的。这个社会更钟爱名声和习俗，而不是真相和创新。

也许，许多年以后，那时的人类回首现在，会觉得我们这一时期充满了贫穷与痛苦，会觉得我们这一代人很愚蠢，没有充分利用身边充沛的资源。你在任何地方都能够看到，自然界对它的王国中的每一个子民都是非常慷慨大方的。看一看遍布在你周围的植被，低矮的灌木丛和高大的乔木，自然界提供给它们生长和繁殖所需的一切条件。再看看飞翔的鸟儿和奔跑的兽类，地上的爬虫和海中的鱼虾，这些动物生命较人类稍低等，但所需要的东西，自然界无不慷慨给予。还有世界上的各种自然资源——煤、铁、石油和各种金属。这对所有人来说都是足够的。虽然传言煤和石油等资源会被耗尽，但是现存的煤炭资源足够让人类再延续生存上千年。这上千年中，我们还能发现很多未被开发的煤炭资源储备。我们还可以从地层中开采石油，保证人类无穷尽地发展。资源是无限丰富的却并不能让人储藏，你必须要努力奋斗才能好好享用大自然这取之不尽、用之不竭的供给，要去遵从宇宙规律中的供给规律。

同样，我们身体中的能量是我们的私有财产，专属于你自己。如果我们懂得自己努力从中发掘，探索理解你身体里蕴藏着的这种能量，继而学会利用它，便会发现有源源不尽的宝藏，否则，恐怕只能得到一个零，一个让人绝望的零，甚至终其一生，也只不过是一个零。

没有什么是命中注定，你也可以与众不同

有这么一种旧观念：这个世界上总会有一些人富裕，一些人贫穷；苦难和痛苦是命中注定的。人一出生就注定处于一定的社会阶层，局限于一定的制度里，必须去接受，任何反抗抵触的行为都是愚蠢的，出生于地狱的人是打不通开往天堂的大门的，只有妄想。这就是等级，这就是差别。但这也是顽固这也是奴化，是一种可笑的封建主义，这套说法只会把我们引向绝望的深渊，对生活没有任何帮助。

所以，新观念是，没有什么是命中注定，没有人生来就是要安于现状，要接受嘲笑和鄙视。没有人生下来就被预言怎么死去，一眼望穿一眼望到老的生活是不存在的。每个人都有按照自己意愿改变自己命运的权利，每个人都可以有自己的活法，而且每个人都有能力成为自己想做的人，创造出一个想要的世界，只有如此，人类才可以获得进步。

所有人都要开拓一个新世界，即使地位卑

微、资质平庸的人也可以成为人中龙凤，与众不同，成为世界的统治者。如果说你的能力有什么局限的话，那么这唯一的局限也是你强加上去的。正如格林·克拉克在《大西洋月刊》中所写的那样："一切文明都是而且仅仅是他们创造的，进步是他们取得的，真相是他们分辨的；正义若遭践踏、秩序若遭破坏，也是他们一手造成的。"公路铁路等交通、电话电器等设备、汽车火车等工具、图书馆报纸等资源以及其他成千上万种必需品为我们的生活提供了方便和舒适。这些却出自仅占人口20%的创造天才之手，也有数字表明，这个世界80%的财富被20%之人所拥有。问题是他们辉煌的背后是怎么获得成功的？

这就需要你必须有一种哥伦布般的信仰：坚守岗位，是团队的核心，让他的船员深信自己能带他们乘风破浪，冲破茫茫未知的大海，也正是这种信仰让他们成功地发现了新大陆；你也必须有如同华盛顿般的信念，即使被怀疑，即使被击败，即使被几乎所有的追随者抛弃，也仍然能承受这一切的打击，坚持自己的理念。你要学会的是统治，是主宰，是掌控自己的命运！而不是为明天做无谓的担忧，整天将精力浪费在蝇营狗苟的小事上，努力向前探索才是你应有的正确的生活态度，也正因此，才能给自己的发展带来全新的篇章。

“自助者天助”是最简单的常识，也是人类不朽的真理。数数看，那些在世界历史中留有浓墨重彩的人都有一个相似之处——他们相信自己！人类如果一辈子依赖别人浑浑噩噩混日子，凡事不亲力亲为，不付出足够的努力，必然会受到惩罚。诚心、信仰加上努力争取，任何人都可以品尝到心想事成的甜果。适当地放松，将心结打开，并且只要心够诚，就一定能如愿以偿。这就是心灵的力量，亦是信仰的力量。

没有向往，就没有成功

面对一个愿望魔法瓶，能让你梦想成真，你最想实现什么？财富、健康、声誉、家庭、还是其他？必须肯定的是，你要明确心里的愿望，了解自己的意念指向。没有方向的溺水者只能做毫无意义的挣扎，没有目标的奋斗者永远都是徒劳。思想的王国里，只有实实在在的欲望才能生存。问问自己祈祷为何物，祈祷是发自内心的，是心灵的需求，是你潜意识里的想象。想象着有一个富足美满的生活，并且时时感觉到富足，更重要的是相信自己所感觉到的那种富足。

物质世界的关系就如同前文中我们讲到的实体的产生之前一定要有一个意念蓝图、心理模式一样。在日常生活中产生的种种印象，有一些欲望会进入潜意识里，成为无法磨灭的思想烙印。你永远都不会将它们忘记，而你的身体、意识、行为、道德观念都将不知不觉地受其指引，它简直可以完完全全地改变一个人。

是欲望，而不是意志在统治这个世界。当我们神志清畅的时候，我们的意识，通过五种感官，不间断地在向潜意识输送各种感受。感觉都是暂时的、转瞬即逝的，然而它却向我们的内心深处传送着信息，因此，我们必须明确而清楚地知道：每当我们产生一种想法、一种感受或者哪怕一种情绪，无论好的还是坏的，都是在向内心世界增添一份内容。因而可以说，将来的生活是变得更加富裕、充实、快乐，还是变得落魄、空虚、悲惨，都取决于现在的想法和行为。

找到你最强烈的欲望并将它引入脑海，你就已经打开机遇之门了。这个世界本身是由欲望统治的，欲望是支持你内心世界的一种力量。如果你在花园里埋下一粒种子，你不会在一天或是一周之后将它再刨出来看其生长的情况，你会每天为它精心浇水，希望它能破土发芽，茁壮成长。同样，你把自己的欲望埋在潜意识里之后，也要一点点地抓牢它、浇灌它、相信它，最终才会使其变成既定的事实。

但欲望要精不要散，许多人没有办法成功还在于：他们不是没有欲望，他们有许多小愿望，而且不定性，今天要富贵荣华，明天要官运亨通，后天想做一个能成大器的商场管理者，大后天又想过那种懒散度日衣食无忧没有压力的生活。这些，最直接的后果，就是在自己去做一些努力之前，思想中这些过多过杂的愿望之间自己产生了冲突，争个没完没了，结果，一个愿望也没有实现。所以，要把所有的意念和需求全集中到一个占有主导地位的欲望上，凌驾于其他的欲望之上。

成功的秘诀很简单：

第一，要有欲望，有欲则刚。不想当将军的士兵不是好士兵，野心是一种雄心壮志，是人生成功必不可少的，有欲望的人更容易看清自己的方向，找到属于自己的定位。许多科学家都认为，只要努力地向自己的内心和所处的环境里注入所向往的美好想法、美好事物，同时摒弃那些让你畏惧的邪恶因素，那么，渐渐地，展现在你面前的生活就会变得可爱而灿烂。

第二，坚定信念，将思想集中在自己所求之物上，弄清它，想象它，用信心给它雨露、温暖和光明，用信念为它提供养料和催化剂。把欲望深深地刻在脑海里，清晰地勾出你想要的东西。专注也是一种力量。正是这种坚定的信念，深深地烙在你的潜意识里，并传达到万物的思想，你的祈祷才得到了回应。一旦你的潜意识确信你已得到所求，就可以将已得到满足的愿望抛在脑后，并投入到下一个目标，思想将为你实现所有梦想。

所以，要学会控制自己的思想，学会专心去想自己想要的事情。正如帕斯卡儿所说：“今天的成就只不过是昨天思索的累积。”因为思索就是力量，精神想象是集中起来的精力，而集中于特定目标的精力就变成了能量。

第三，相信自己的力量，并付诸行动。人最可靠的是自己，相信大家也知道自己体内有着深不可测的潜力和坚不可摧的信心，只要你的努力达到一定程度，天道必酬勤。

第四，有一颗感恩的心。感谢生命、感谢自己、感谢帮助过你的人，感谢机遇、感谢磨难、也感谢所有与你为敌的人，感谢竞争、感谢合作、也感谢曾经在战场上鏖战厮杀的敌人和战友，正是这一切，成就了你自己。

想象是一种内心的力量——只要有翅膀，就可以飞翔

我们已经有了这么一个范式，而怎么去坚持实现这个范式呢？怎么去产生欲望，集中目标呢？产生欲望其实很简单，首先要学会想象。没有神话的生活是生硬的，没有想象的人是寂寞无望的，而想象不需要太多的摸爬滚打。

是什么给我们带来了飞机、潜水艇、电和无线电？是什么让我们的生活如此丰富多彩？是想象。是什么让我们建起隧道、挖掘运河、架起宏伟的大桥？是想象。是什么让我们成功、快乐，或是贫穷而寡助，是想象或缺乏想象。是想象促使来自西班牙、英国还有法国的探险者，奋勇直前，发现了这个新世界，是想象激发了早期拓荒者不断西行而上，西而再西，上而再上，不断开拓出新家园；是想象构筑起了我们的铁路线，我们的小镇，还有我们的大城市。那些伟大的梦想家，他们为世界插上了想象的翅膀，我们的世界才运动起来，起步、旋转、高飞。没有他们，我们的世界只能止步于最初的落后年代。

想象给我们自己带来梦想，只要有翅膀，就可以飞翔。想象本身就是一种力量，这种力量没有边界的束缚，没有形式的禁锢，没有实实在在的外形。它是一种内心的力量，需要你去唤醒、运用并掌控，是你成功路上的必备利器。如果你能够熟练运用，世界上就没有任何力量能够阻止你的进步和成功。想象就像空气一样唾手可得，但是你却不能依赖别人为你呼吸，所以，亲手放飞想象的翅膀，然后才能尽情飞翔。想象你想做的事，想象你想成为的人，想象你有一个不可思议的明天，想象你会获得的成功……

这些想象是你内心深处不安分的因子，这些因子催促你改变现状，使你无法平静无法安宁，无法坦然地偷奸耍滑，甚至内心深处有点儿“蠢蠢欲动”，还会觉得被驱使，被追逐，不得不去奋斗、追赶和超越。而且也正是这些不安分的小因子，促使哥伦布穿越大西洋，促使汉尼拔翻越阿尔卑斯山，促使爱迪生由一个小列车员成长为19世纪最伟大的发明家，促使亨利·福特由一个40岁的贫穷技工到他60多岁时成为世界上最富有的人之一。

史蒂芬·詹姆斯告诉我们：“脱离实践的信念是毫无生气的。”所以，你要选择一个你最想从生活中获得的东西，无论什么都可以，你知道，这对思维来说没有限定。想象一下你所渴望的东西，然后观察它，感觉它，最后完完全全地信服于它。在精神上创造出属于自己的蓝图，然后脚踏实地开始建造！

所以，在年轻的时候、在还来得及的时候、在还有动力的时候，要牢牢站在想象的翅膀上，不要折下来，保持自己的活力，毫不懈怠地驾驶生命的列车穿越严寒酷暑，穿越春夏秋冬，而不是大把大把地浪费自己的青春年华。是创造力将人类从原始蒙昧的状态中脱离出来，提升到超越其他所有物种的地位，并给了人类对世界的控制力的伟大力量，人类所有创造力的来源和中心就是想象力。

即使你的人生很不如意，梦想一次次地破碎，变得很遥远，雄心壮志不再凌云并开始折损，也不要放弃做梦的权利。相信每一种窘困的境况都只因缺乏相克的东西。贫穷是因为缺乏必要的供应和挣钱的市场；黑暗在光明的驱使下也会销声匿迹；疾病是因为缺少健康，对症下药便可医得。事物总是相生相克，一物降一物。对于你不如意的人生，你的想象你的思想便是制胜的法宝。相信自己享有上天的恩赐，尽力扮演你所希望的角色，倾其所有去扮演，那么，你便会得到老天带来的最珍贵最完美的礼物。无法成功最大的原因就是自我限制，因为当你相信局限性的存在时，你就已经在自己的创造性思维上加上了束缚，而随着我们渐渐抛弃这些束缚，我们的想象力和创造性将慢慢地开始膨胀，我们将变得越来越有活力，而幸运女神也会开始眷顾我们。

专注力，让你所向披靡

欲望明确是第一步，坚定信念是第二步。

谁都会做梦，但如果只是每天变换不同的梦种，即使梦境再清晰，不深入下去，不坚定下去，也只不过是虚无的白日梦。你不要让白日梦一闪而过，不要只是想象财富会从天而降砸到自己头上，财富不会开这种玩笑，它们会择良木而栖。拿破仑为什么在五次反法战争中攻无不克战无不胜？是因为他有神兵相助吗？非也！在大军压境、敌众我寡面前，他的主要致胜法宝就是集中火力攻击敌军的要害，然后给敌军造成重创。

小时候经常玩一个游戏，用一个放大镜把太阳光聚焦在一根火柴棒上，不一会儿，火柴的磷粉头便会燃烧起来。这就是聚焦的作用，把太阳光聚焦在同一个点上，远比分散的太阳光要有力量得多。每个人的力量也一样，如果把所有的力量、时间、智力集中到同一个目标上，所要产生的物理变化或是化学反应都要强烈许多。不过，还有一个先决条件：太阳光是要聚焦在磷粉头上，而我们的精力则要集中在“可燃物”上。

“马上开始你的工作吧，”奥索尼斯说，“好的开始是成功的一半。但是好的开始并不等于成功。你必须坚持不懈，直至工作完成。”不管你的工作看起来是多么的不起眼，它都绝不会是无关紧要的。它在你的“宇宙意识”中所隐含的价值可能要远远大于表面上显现出来的，而别忘了“宇宙意识”在你的世界中的重要地位。但是也不要将你的精力局限在某个或者某项工作上。整个地球无处不是我们的舞台。

所有一切的能量，所有一切的力量，所有能为你的生命带来影响和改变的事物，只要运用好思考的力量，就都能被你掌握在手中。所以永远不要试图在自己的能力上加上任何的限制，那会限制它的发挥。你要相信，任何事情都无法束缚你，你的一切期待和梦想最终都将实现。你曾经无数次听说过的那些神秘的精神力量，现在在你看来都是那么的平常。你要告诉自己，我也能拥有这些能力。你会发现：你的确拥有这些能力。它们就藏在那儿，等着有一天你让它们重现活力，它们将向你证明，它们是你最忠实的仆从。“抛弃你的恐惧！”大声说出你的心愿！你的头脑能为你提供所有的力量和智慧，它就是你的“宇宙意识”。如果你能明白一个领域中最根本的法则，你就能将它置于你的统辖下。坚持你的信念，总有一天它就能实现。

那么，怎么才能学会集中精力呢？

集中精力不是要去学，而是要去做。

如果你对某件事情的渴望足够强烈，就会很容易集中精力。大脑要对自己所向往的事儿朝思暮想，就像蜜蜂渴望花蜜，影迷醉心于最扣人心弦的电影，球迷关注最激烈的球赛。集中了精力便不会为外部琐事所干扰。

不要羡慕那些住豪华别墅的人，花钱如流水的人，乘豪华游轮周游世界的人，驾驶名车旅行的人，他们在如愿以偿之前也曾把所有努力的方向都头脑清晰地锁定于同一个目标，也许坚定于石油，坚定于房地产，坚定于矿物开采等等。

许多人日复一日地做着同样一件事，机械地在一成不变的琐事中打发时日，生活枯燥、奔波劳碌，时间填充得没有了任何其他的活动。他们也有目标，就是挣钱养家糊口，维持温饱，生计无忧，但是这种目标不是那个“可燃物”，没有磷粉的火柴头即使聚再强的光也不起作用。集中于目标，你对它有多忠诚，它也会对你多忠诚，集中于“可燃物”，它会还给你一个美丽的灿烂人生；集中于“不可燃物”，它还给你的只是生命的枯萎。如果总是盯着自己的缺点，就永远不会取得进步；如果总是想着自己的软弱和疾病，就永远得不到力量和健康；如果与一无是处的人做邻居，你就永远不会取得进步。那些只会盯着竞争对手的人不会取得好成绩。

所以，如果一个人想成功，一定要把精力集中于大有可为的目标上。当一个人了解这一点时，他就会丢掉所有的焦虑和恐惧。他会勇于面对，不再畏惧退却。你要做的只是在心中坚定这样一个信念：只要是你想做到的事，你就一定做得到！不存在什么缺少机会，机会也不会只有一次！你要坚信：你的世界里没有限制，你的面前充满了机会，规则是由你制订的，只要你乐意，你可以将它们无限放宽。机会永远都有，而且每时每刻都有，让我们立即把自己所得知的真理付诸于实践。抓住心中的想法，集中注意力，让它在我们的潜意识里打下烙印。心理学家曾发现，最适于向潜意识提出建议的时间是临睡之前。因为那时所有的感觉都变得平和，注意力也逐渐松懈。刻不容缓，就在今夜向潜意识提出我们的愿望和建议吧。足够的渴望，足够的自信，真正相信自己已经拥有了想要的东西，那就必然会拥有想得到的一切。

你的思想能挽救一切

成功的人一定是相信自己的人，负面的心理暗示最终会把人带入泥潭。这就是意识的能动作用。意识总会反映到我们的一举一动当中，并且正是意识上、思维上的这些差别造成了人与人之间的差异。

有一个高空走钢丝的走秀者，他从来都没有失过“脚”，以往的表演以全胜赢得了满堂彩，大家奉若神明。但是有一次挑战在悬崖上走钢丝时，他却直直地跌落下来，尸骨无存。所有的人都去安慰他的妻子，她眼睛干干的，很平静地对前来哀悼的人说：“我知道，他一定躲不过这一关，临出发前，他一直都在担心自己摔下来。”

怕什么来什么，如果担心有坏的事情发生，就一定会有更坏的事情在等着你。如果心里想要变得更富裕，可是心里仍然抱着预感摆脱不了贫穷，对自己的前景持怀疑态度。这种充满疑虑的状态只能导致结果和目标南辕北辙。所以，想成功的时候就不要怀着对失败的恐惧，更不能怀疑自己的能力，这种心态只能磨灭你的付出，葬送你的努力，怨天尤人的本质是在给自己设置障碍，使成功遥不可及。有的时候，理想、天分、潜力往往会由于我们一时的意识迷乱，或没有认识到自己的能力而被遮掩、被埋没。一直以来，辛苦和烦恼，乏味和疲倦，都在折磨着我们，而如果我们还不知道运用我们的智慧，它们还将在未来继续这样折磨着我们。越是不知道运用智慧，不知道抓住问题的关键，在瓶颈上做无用功，就越会一事无成。

思维会带给你无尽的能量，这些能量会根据意识的要求而发挥实际效力。只要对自己的潜力有清醒的认识、有足够的信心、坚定的信念，并不断地给自己加油鼓劲，那么我们的潜能终会被唤醒，理想终会实现。我们从前文中知道，人所有的力量来源于内心的这种思维，是能被我们自己所掌控的。每次思考，无论时间长短，都会渗透到潜意识中，并产生一些印记，从而这些想法就在不知不觉中积累起来，编织了我们所拥有的思想、性格、心态。思维就是模子，会对内心的力量起定型作用，你永远都不会将它们忘记，而你的身体、意识、行为、道德观念都将不知不觉地受其指引，它简直可以完完全全地改变一个人。学会如何运用思想，你就能心想事成。法恩·斯沃斯在《实用心理学》中写道："我可以肯定地说，人可以做自己想做的事，成为自己想做的人。"世界上所有的心理学家都表达了这样一种思想，尽管表述的方式成千上万。

如果对外部世界的观念一直持消极的状态，我们内心所产生的能量也会向消极的方面转化。但如果你总是坚持以积极的眼光来看待周围的世界，那么你就会发现生活的环境越来越接近自己的想象，变得更加舒适宜人了。心怀财富、权力、成功这些想法，你很可能梦想成真；同样，如果无法摆脱贫穷、落魄这些念头，那么只会给你自己带来痛苦和失望。怀着积极的心态，原本拥有很多的人会拥有更多，否则只能一无所有，失去一切。当你能够从容地驾驭思考过程时，就可以游刃有余地面对任何情况了，因为外部世界发生的一切都早被内心世界所预见、早已存在于你心中了。

有目标，要集中于自己的目标，集中于正确的目标，用积极的心态集中于正确的目标，这便是成功之道，也是生命赋予我们的意义。世人嘲笑过伽利略的目标，讥讽过亨利·福特的梦想。但是理智让无数代的人相信地球是平的，无数的汽车工程师也因此而争论过——福特汽车永远不会开动。然而，如今有千万辆的福特汽车正行驶在路上。当你为想得到什么东西而祈祷时，请相信你的祈祷，那么最后就真的会如愿以偿了。只要相信，就会如愿以偿。这是你应当在潜意识里形成的意念，它会带给你所梦寐以求的东西。一旦你意识中对此不含有半点疑虑，你便可想要什么，就会得到什么，因为你通过潜意识沟通了宇宙的意识——而它，是万物的根源。

假如你的人生梦想总是破灭，道路上充满坎坷阻碍，甚至有的时候走投无路；假如关键时刻你的雄心不再。请记住，只要学会利用隐藏在你意识里的10%的能量，而剩下的90%保留在潜意识里，便能逾越任何困难，战胜一切艰难险阻。请记住，你的思想能挽救一切。

第三章

思想的秘密

他不曾犹豫，决不退缩；
宁愿昂首挺胸，勇往直前。
他坚信乌云终将散去，
虽然正义受到羞辱，无耻赢得胜利，
他也决不放弃梦想。
跌倒是为了更好地爬起来，重新开始。
为了更好的生活，
人要不惜一战。
他不会为了沉睡而沉睡，
要用沉睡，去养精蓄锐，
去迎接第二天苏醒那刻的喜悦。

——布朗宁

The Secret of The Ages

你有没有这么一位朋友：他对工作有超乎寻常的能力，他从来都不会说“我不能”“我不行”之类的话，你对他了解越深便越崇拜他。他在成功面前从不沾沾自喜，依然埋头苦干，奋斗不息。他对自己有百分之百的信心，并以此成就轰轰烈烈的伟大事业。

人人都有一座未被开发的金矿

你拥有了一座金矿，未被开发，未被占领，但仍然是一座天然的金矿，你可以随心所欲地把它变成任何你期望的——贫穷或富贵，成功或失败，幸福或悲痛，强势或弱势。莎士比亚说：“没有什么东西生来就是好的或坏的，之所以有好坏的区别，是因为你们思想对其的驾驭。”一旦读懂了莎士比亚的理论，你就可以控制其他的法则，你已经掌握了一把可以打开任何方向通往成功的门。

人类的快乐与否也都在自己的思想中，一个头脑肮脏混乱的人，往往也贼眉鼠眼面目可憎，让人生厌。而一个有教养有素养有修养的人，其气场则是亲切和善或是温婉可人的。人身体中其他的器官也都如实地反映着一个人的精神状态：怒发冲冠、恼羞成怒、面如土色、容光焕发。大病初愈的人会面容憔悴；金榜题名的则气宇轩昂。良好的情绪会维持器官的良好功能；受损的情绪则会使各器官功能扭曲变形。

在东方的实用心理学中有一种卓越的学说，就是关于驱除自己的不良思维的。如果有必要的话，必须达到在一发现它们的时候就立刻把它们杀死。如果你能够把某个想法杀死在你脑中，那么你就可以操控它去做任何你想要它做的事。只有当你不再被某个个别的思想所统治时，只有当你可以对自己无边无际的思想海洋中的大部分个体加以引导和控制，并利用它们来逐个实现你的愿望时，生活才会变成一场豪华的盛宴。而不是仿佛生来就被规定好的那样无趣和循规蹈矩。惟其如此，才能凸显出这力量的非凡之处。这种力量不仅可以将一个人从精神折磨（在人生的各种折磨中至少占据了 90%）中解放出来，而且还能给予人类一种前所未知、前所未有的力量来掌控精神机器的运作。并且这两点是相辅相成的。

不要满足于只是被动地阅读这些文字。要运用这些原理！练习这些技巧！一般来说，艺术是需要练习的，一旦了解了，就不再觉得有什么神秘或者困难。或者可以这样说，只有当你领会了这门艺术，你的人生才算真正开始。练习对于精神发展的重要性甚至大于其对于身体发展的重要性。每天都要坚持不懈地练习。将你的思维触角伸向更远，看看它所能触及的空间有多么辽远，多么无边无际。把你脑中从前存留的那些关于疾病、灰心、失败、焦虑、烦恼……全都当做废气一样呼出体外。深深呼一口气，然后再吸进无限的健康与精力、快乐和成功。学会期待，期待那些美好的事情的发生——更多的健康，更美的体形，更大的快乐，更耀眼的成功。每天都做这种精神上的吐纳，你会看到要控制自己的思想有多么简单，要看到好的结果有多么迅速。

思想总在一刻不停地积累，只要你一直想着你的目标，你的思想总会将它实现。不管是好的还是坏的。所以一定要记得呼出所有关于失败和挫折等等消极的想法，再把那些你想要实现的美好的想法纳入肺腑。思维会带给你无尽的能量，这些能量会根据意识的要求而发挥实际效力。

万能的“心灵巫师”

成功并不是为你带来惊喜的意外访客，它是规律发生作用后理论上应当出现的逻辑结果，是我们想要获得的某种职位、某种荣誉、某种目标，这些都是“心灵巫师”帮你实现的，“心灵巫师”无论是处理小问题还是大问题，都是手到擒来，从容不迫。“心灵巫师”是为解决问题而生，为了使其物尽其用，我们要尽可能充分发挥想象力和创造力。成功就在我们掌控之下，每个人获得幸福的程度取决于对大自然所赠送礼物的利用程度如何。

心理，通过大脑和身体的运转，最后形成了你自己心中的世界。如果你幸福、成功、快乐，是因为你没有辜负大自然的恩赐。充分地运用大自然给你的恩赐，从此你在经济上就不会拮据，至少可以生活得很体面。那些跟你的意识走得如此亲近的烦心事也会消除，或者转变为和平、有序、充足、财富。如果你的世界并不完美，没劲的工作，微薄的薪水，毫无前途可言的未来，没有可以展望的明天，这些其实都是你自己造就的结果。或许是因为想法狭隘、见识短浅，或是因为缺乏自信才最终一文不名，人心如此，老天也无力改变。所以，不要指责这个世界不公，公与不公都是自己刻意求来的，成有因，败亦有因。

老天不会狠心让任何人穷困潦倒，他也从未放纵病魔纠缠任何人。贫穷是人为制造的，是人类为自己的能力套上了枷锁，才不能人尽其才，最终只落得贫困落寞。看看我们身边的大自然，一切都是那么富裕充足、完美无瑕——树上果实累累，枝繁叶茂，百花齐放，争奇斗妍。大自然从来都是公平地将礼物赐予每个人，而不是私自恩宠或冷落。

幸福是一种真诚，不会夹杂做作和虚伪，幸福是流动在内心深处最真实的感受，享有幸福也是每一个人的权利。只要我们有心愿和能力，都能得到它，千万别在不经意中让自己的幸福贬了值。

传说，库麦恩女巫要出售给塔奎宁普罗德九本书，他以价码太高拒绝了。于是，女巫烧掉了其中三本，价钱也以六本为计，塔奎宁普罗德仍是嫌贵。女巫又烧掉了其中三本，价钱不落反升，回到原来第一次的叫价，这次塔奎宁普罗德却答应了。书中写满了预言和寻找罗马无价之宝的策略，遗憾的是只留下三本，缺失了最初的完整性。幸福也如是，如果你边走边取，最后会收获完整美满的幸福。但是，如果你总是拿着现有的支票迟迟不肯去兑现，支票一点点贬值，幸福也会一点点流失，你付出了不对等的代价。

从现在起，开始在心中建立一个理念模式，我们的潜意识会根据这个模式勾勒、刻画、塑造出真正的物质的或者能量的模型，理念模式也会由此转变为活生生的现实。“不管你心中期望什么，不管你何时做到，请一定相信你的梦想会实现的”。这种“信仰”，就是使潜意识发挥作用的反应物。有了这种“信仰”，潜意识就会为你指出实现梦想的途径，最后，你的梦想就真的变成了现实。

大卫·V. 布什在《实用心理与科学生活》一书中说:“思想是能力，思想是磁石：你想什么它就为你吸引什么。成功的时候，思想是开国功臣，失败的时候，思想则是罪魁祸首。如果一个人负了巨债，又不停地在债务上辗转反侧，那么等着他的只能是债台高筑。如果你纠缠贫穷不放，贫穷也会对你不离不弃。换个思维想想，让我们摒弃贫穷、艰难的想法，多想想充足、富裕，还有繁荣，并且让后者时时刻刻萦绕在我们头脑中。”

所以，集中精神，想想你到底想要什么，金钱、财富、地位、和谐还是成长，不要总是纠结于各种各样的坏事情。或许你暂时得不到自己期望的东西，甚至还差了很远的距离，这时也不必过于担心和着急，坚持下来，总有一天就会梦想成真。

因为在成功之前，每个人都要通过考验，金钱、财富、地位、和谐等东西会被悄悄地掩盖起来，如果你肯用心寻找，终会走上通往成功的阳光大道，并发现成功和幸福的大门在一点点地为你启动。你要做的，就是做好一切准备，开始成功，一点点地享用幸福。所以，不管你为梦想付出了多大的代价，洒了多少汗水与眼泪，在最后成功的那一刻都是值得的。但在此期间，如果你的头脑因为害怕失败而畏惧，那么你的汗水也只能是白流了，与成功失之交臂。成功和富有吸引美好，贫穷则排斥美好。奥里森·马登曾说过：“一个不自信却又总怀疑自己能力的人，没有哲理可以帮助他取得成功，只能是一个彻头彻尾的输家。”

成功也并不受限于任何时间或者地点，当我们有意识想要确认它的时候，它自然会显露出来。无忧无虑、毫不紧张，高度放松的意识才是吸引成功的磁石。所以不要给自己任何理由为贫穷担忧，这只不过是庸人自扰。烦心事总在心头，便会越陷越深难以自拔，便越是不会摆脱烦恼。多想想自己所追求的美好事物，而不是幸福路上的坎坎坷坷、曲曲折折，总会找到通向成功的阳光大道的。不过，我们也要采取必要的商业预防措施，并且锁定目标，然后一直坚持着秉承着一份信念与执着，勇往直前。

思考能激发你内在的潜能

你是否有过这样的体验：在你大脑处于积极或兴奋的状态下，你可以完成比平常多三四倍的工作甚至不知疲倦。威廉·詹姆斯说过，“思考的越多，得到的越多”。因为思考可以释放能量，可以帮助你做比从前更多、更出色的工作，能够帮助你获得比现在更丰富的知识。工作于你，已经成为了一种享受，你可以永无止境地奋斗下去。成功所依靠的唯一条件就是思考，当你的思维以最高速度运转时，乐观欢快的情绪就会充斥全身。世界青睐有雄心壮志的人，一个人最完美的作品都是在充满愉快、乐观、深情的状态下完成的。没有人能在消极的思维火光中做好一件事。

精神上的疲惫比实际身体上的疲劳更让人厌倦，只要精神不倒，再弱的身体也会扛起千斤重担。你是否也见过一些体质虚弱不堪重负的人，平时的他们总是病恹恹的，就连一小时的轻体力活儿都不能完成。但是，当他们面临危机，需要肩负重任时，便激发出了惊人的新能量。所以，凡事要相信自己能做到，不要一味寻求外界的帮助，外界只能帮得了一时，帮不了一世。世界上也并没有这种属于懦弱者的力量，宇宙的智慧在担心、胆怯下也会失去本来的法力。

在不同领域中，无论男女，大凡有所成的探索家、发明家，都是那些不落窠臼、藐视成规、敢于打破传统、富于创造的人，他们相信思维有无所不能的强大力量。尽管会有自以为是者奚落嘲笑他们，并抛来讥讽和冷眼，但他们始终坚持自己的信念直至最后成功。甚至无论取得了什么样的成功都不会停下脚步，他们只是把所取得的成就当做一个新的开端。因为他们知道，最初的成功就像从瓶子中拿出第一根橄榄枝，只是一个开始，随后会有越来越多的成功。他们也认识到，自己是宇宙创造性智慧的一部分，但这一小部分却拥有享受所有智慧财富的权利。当你打通与宇宙意识的通道，无穷无尽的智慧就会倾注到你的头脑之中。当你把思考全部集中在自己最感兴趣的事情上时，大量新奇的想法便如泉水般涌现，为你梦寐以求的夙愿打开色彩斑斓的希望之门。了解到这一点，人们便不再仅仅满足于普普通通的成功，而是不停地前进再前进。也正是这些认识赋予了人们努力追求任何美好事物的信念，让他们感觉到自己还有很大的发展空间于自己力所能及的事情上。

他们也深深地知道，创造的规则其实是成长的规则，“逆水行舟，不进则退。”如果选择原地踏步，只会被别人超越。拥有不断超越的激情，“宇宙意识”的力量自然会及时地帮你完成梦想。

唤出你的精神神力

前文中我们提到每个人都拥有“宇宙意识”，一旦你能意识到这一点，意识到自己可以借此呼风唤雨，即使呼来的风只能吹动一棵草，唤来的雨只能浇透一小块干涸的土地，仍然能让你马上变得与众不同。意识到智慧并加以运用，抓住问题的关键，不在瓶颈上做无用功，便能击溃身边的恐惧，不再受辛苦和烦恼、乏味和疲倦的折磨，否则它会继续妖魔般地肆虐。

但是，仅仅发现智慧并去运用它是不够的，你还要继续发掘隐藏在你内心的另一处风景——你智慧中的巨大潜能，这便是你的精神神力。你为此要做的就是：为了一个明确的结果付出坚持不懈的努力。

每个人在想去实践完成重要的事儿尤其是很棘手的事儿的时候，都会不约而同产生一些紧张感，会有间歇性的精神分裂，尤其是在把同一个问题从每个角度都研究一番的时候，你会觉得思维更加混乱。但是如果你把这个问题姑且放在一旁，等过了一段时间，问题却在不知不觉中自然消解，是什么在其中起了作用？就是你的精神神力，它在你不知不觉中替你做了你意识不到的工作！

这些天才的灵感是从你的头脑中来的。通过集中自己的注意力，你就能在大脑中建立起一套宇宙的完整体系，而你的灵感，正是来源于此，人们所有的天赋，所有的进步，都来自这一本源。

多蒙特在《领导的智慧》一书中说道："在这个世界上，在我们每个人的内心深处，都有着这么一种力量，这种力量就是那些数不清的盲点。这些盲点渴望也期待着成为为我们精神上的工作提供帮助的帮手。"我们要有充分的信心去相信它们，精神神力一经启用，便会为你内心深处的精神世界提供帮助，会在我们大脑无意识的过程中仍然坚持不懈地去回忆那些已经被我们遗忘在脑海角落里的名字和事实。我们经常想不起来往事、日子以及人名，便自动放弃，去做别的事情。可是有时，那些在脑子里遗失很久的内容忽然会在某一个电光石火的瞬间迸现。你所需要的信息全盘出现，这就是你内心世界闪出的火花，是你可爱的助手。这种被我们叫做"精神神力"的潜意识帮了我们的忙。这是一种司空见惯的体验。但实际上，这是你脑海里深层次意识在为你服务的最神奇、最完美的体现。这些东西并不是自己一下子蹦出来的，先是潜意识里有了一个加工的过程，然后才会从潜意识中浮现到显意识中，并供我们认识和使用。

用“精神神力”这个比喻来描述每个人的“潜意识储藏室”再合适不过了，虽然初听来有一些奇怪。精神神力无疑是一个很好的帮手，但如何利用它来为你服务呢？首先，我建议你对“潜意识储藏室”中储藏的各种各样的知识做一个图表，这些知识原本只是并不系统地、杂乱无章地堆放在那里，有的来源于你的生活经验，有的来源于种族心理的传承。当有一天，你想找出某个储存的信息，但却找不出其确切的位置时，你就不得不求助于精神神力了，而这些恰恰忠实地反映了你的内心世界。它会接受着你的指令“帮我把它想起来”，并且让运行规律同你的生物钟配合得很好，它会提醒你第二天早上四点要起来赶火车，两点钟还要进行一个需要守时的约会。如果你忘记了约会这件事儿，但是在不经意间抬腕看表的时候，它会称职地提醒你：两点钟你还有一个约会。

汤普森有名言云：“与其浪费时间等那些无意识的过程的完成，不如把这些杂乱的信息收集好，然后让大脑自己去消化，等我需要的时候它们就会自然而然地出现在脑中了。”这种潜意识所起的“消化”过程，正是“精神神力”的功能所在。

不仅如此，如果你想就某一感兴趣的课题进行深入的观察研究，你观察的结果便会同“潜意识储藏室”相关联。这时你就会发现，你的“精神神力”会帮你将原本散乱粗糙的原材料在很短的时间内加工成系统成型的材料。它们会把你传递过来的详细零碎的信息加以分析、整理，去粗取精、去伪存真，最后串成符合逻辑顺序的排列，甚至还会调出原有的可用的相关信息进行参考，并在一起共商大计。所以，我们也可以这么认为，你永远也不会完全忘记任何你脑中所记忆的东西，你会偶尔想不起来，但这并不意味着这些信息丢失了，因为过一段时间，这些曾经以为被忘记的东西又会自然出现在脑海中，就像是外出旅游一段时间又风尘仆仆地打道回府一样。这就是“精神神力”的帮助。

让精神神力为你服务

精神神力的作用很强大，但如何让精神神力发生作用呢？有很多种方法，虽然这些过程可能不是一般人所意识到的。让一个普通人达成愿望的最佳选择就是明确地告诉大脑需要什么信息，然后让这些念头在头脑里翻滚，留给“意识”充分的自主性去咀嚼消化。也就是把这些交给潜意识来思考，并传达这样的指令：“帮我搞定它！我要正确答案！”或是其他明确的指令。这些命令你可以在心里默念，也可以把它们大声地讲出来，哪一种方法都行。然后你可以心安理得地把这些全部忘于脑后，去做其他的事情。结果在预期的时间内，你所要的答案便出现了，即使有的会调皮地等到最后一刻。你还可以给精神神力一个明确的时间指令——“某年某月某日提醒我某事”，它也会如约地提醒你。这些都可以做到，只要你的意识得到系统有效的训练。

和你的意识世界取得联系的方法很简单：第一，让你的大脑填满与问题相关的信息，即使再细微也不要放过。然后去找一张椅子、沙发或床……总之，可以让你舒舒服服地放松自己的地方，能躺在里面彻底地忘记自己身体的地方。第二，让你的大脑安静地凝神片刻。切记，保持安静，不要焦虑，也无须担忧，保持彻底的平静。然后把剩下来的事情交给潜意识，并传递给它这样的信念："哥们儿，你一定行，这是你的责任，你能知道所有的答案，帮我搞定它吧！"然后，你可以彻底地放松，睡一觉，或稍稍闭目养神一会儿，这种半梦半醒的状态能使你不受干扰，并将杂念降到最低。此时的你，就像是阿拉丁一样，召唤出自己的心灵神灯，然后什么事情都由神灯来解决。自己要尽可能地完全撒手不管，要相信你的"神灯精灵"。当你一觉醒来，答案已经在那里了，在你睡觉的那个瞬间。

当然，并不是每个人在最初或头几次都可以很顺手很成功地运用潜意识的力量。这种方法很简单，要想使其有效，最关键的是要对此有深入的理解和坚定的信心，就如同相信数学法则中的原理一样，不能灰心丧气，只要坚持尝试，按照正确的方法坚持尝试，结果一定会成功。如果你想要得到什么，首先应该在脑中将它镜像化，使之详尽到每一个细节、每一个步骤，在心里构建一个完整的故事，一步步地向前发展。自己尽量放松，给你的“精灵”一个完全不被打扰的环境。醒来后，无论答案是否出现，仍然要保持愉快的心境，别让任何不良情绪侵扰你，只要自信成功会出现，成功就真的会如期而至。如果我们在潜意识里总设想着灾难的出现，即使你待在家里，即使你已经有所防备，灾难也可能如期而至。精神图像总是有价值的，不管是好的还是坏的。它能成为摧毁性的力量还是建设性的力量，主要取决于我们自己的选择。

相信在任何一个“宇宙之谜”中，都有一个“宇宙意识”与其相对应，同时探求答案并进行证明的能力也一定存在，无论你需要知道什么，需要做些什么，你都可以知道或做到，但你必须利用“精神神力”为自己服务。所以，你应该每天抽出一些时间，对方法加以练习，这样你就能解决任何一个困扰你的问题。

定一个更高的目标

早在很久之前，在火车、轮船、汽车、飞机这些事物没有出现之前，就已经有人想象模拟出了它们的样子，或是预测到在未来会出现具有这种功能的物件。这便是人的眼光和远见，那些成功人士，无论是后期身价百倍、声名远扬还是功德无量，在曾经默默无闻期间都很有远见，相信未来能跟自己的意念相符。

曾有人说，一个人脖子以下的价值是一天两美元，但是脖子以上的价值却是不可估量、深不可测的。而且其价值大小取决于这个人的目光有多远，目光短浅的人只会把目光盯在自己脚下，价值就甚微，一辈子出头的机会也少而又少。有远见的人则拥有一双智慧的眼睛，有着出色的想象力，能够预知一个月后、一年后甚至多年后的景况。

拿泥瓦匠和雕塑家来举例子吧，他们的区别就在其工作背后所隐藏的精神创造过程。泥瓦匠将砖瓦砌成一成不变的形状，是一种机械性的熟练重复，雕塑家却能依着本来的外形做出令人叹为观止的杰作。创造性的工作也能带来创造性的收益，泥瓦匠的价值是无法与雕塑家的价值相提并论的，他们之间最根本的差异就是创造力的不同。创造力把人类从愚昧无知的状态中提升出来，并以绝对的优势超越了其他物种，创造力是人类控制世界的伟大力量。而人类所有创造力的来源都是想象力，想象力是一切的中心，可以透过表象看到真实。

凡事皆有因果关系，这是世界上普遍认可的真理，放之四海而皆准，这条真理能让人通过自己的努力使梦想成真，也能使人的内心想象变成外部世界的真实存在。想象力是你的“心灵巫师”，能勾勒出一个未来的蓝图，你做的就是把这个蓝图还原在现实中。你应该保证自己想象的清晰度，使之超越现实；你要画出理想的样子，越是精确到细节，就越能在虚无中清晰呈现，也就越容易实现。这条真理适用在任何地方。只要有想象，什么都实现得了。想象就是成功的基础，是有目的的可以实现的白日梦。

张伯伦在《实用心理学之特殊意识》一书中说：“铁路，是现在运力最大的陆地运输系统，在实现之初却是来源于头脑的完美想象，这些想象是由无数微小的工作堆积而成的。只有把每个细节都用心付诸实践，才能建起一件伟大的丰功伟绩。”摩天大楼也是由一块块砖垒起来的，砌每块砖都是一件很简单的工作，但是，把每块砖都严严实实地砌好就成了宏伟的建筑，这是一种由量到质的改变。

任何工作和学习也是同样的道理，用詹姆斯教授的话说：“就像我们喝酒喝得太多就会变成一个醉汉，多读圣贤书再学以致用便可成为圣人。在科学和实践领域变成权威或是专家，靠的也是一点点的累积，一点点的规划，一点点的想象。所以，当今的年轻人不要对似乎并不乐观明朗的受教育结果太心急，不管现在他处于何种水平，只要每天都勤勤恳恳地工作，踏踏实实地努力，做到这些之后就不用太担心什么后果了。说不定哪天在某个美妙的早晨醒来，发现自己已经把同龄人远远地甩在身后。年轻人要好好地明白这个道理：成功之前需要先期就投入漫长的辛苦耕耘，一旦不留意，陷入灰心和懦弱的旋涡便是万劫不复。”不要怀疑自己的能力有什么局限，唯一的局限是自己给自己设定局限。想想吧，“宇宙意识”赠予你的点子就像沙滩上的沙子，数不胜数，你的“宇宙意识”是不吝付出的，要尽情地大胆地利用它们。

杰西·B.瑞汀郝斯有一首小诗，描述的便是人类的自我设限：

“我为了一便士与生活讨价还价，生活并不会多给我一分钱，尽管如此，我还是在夜晚数着我那贫乏可怜的储藏，并向上天乞求。

生活只是一个雇主，你要求什么，它就给予你什么。一旦你定下了固定的酬劳，那你就只能忍受着相应的工作，像仆人一样工作，忙碌而无所作为。终于我沮丧地发现，原来不管我向生活要多高的报酬生活都会将它实现，只是我最初要求得太少。”

我们大多数人都好比是一座工厂，可惜的是三分之二的机器都是空转，里面的工人都无所事事地走来走去，仅仅只做了相当于他们能力十分之一的工作。这就需要有一个高效的负责任的管理者来告诉这些倦怠的工人和空转的机器，他们是在浪费本能，假如能够改变现状，发挥最大的价值，就可以比现在成功十倍。

所以，不妨把目标定高吧，无论你定多高，都可以实现。大胆地说出自己的需要，让自己变得更为完美。你是“宇宙意识”的产物，你的智慧你的头脑也同样隶属于“宇宙意识”的一部分，不要对自己吝啬。你要将所求之物在脑中描绘出清晰的图像，并深深地印在脑海中，在内心中告诉自己要相信这是真的，这样，达成目标的途径便会自然而然地送上门来。

有需要才会有市场，有市场才会有供给，供给总是在需求之后才出现的。命运不是偶然性的，是由自己决定的，应该用自己已有的人生经验来操控自己的人生！当然，每条法则都是客观的，在正反两方面都适用。只可全心想着自己的追求，不可只想着自己的苦恼和烦忧，气可鼓而不可泄，你的苦恼和烦忧会以你所担忧的方式幻化成现实。只有控制自己的思维，你才可以控制自己的处境。

别让恐惧绑架了自己

有一个老女巫，如果她经过你家门前，便会带来坏运气、疾病、不幸和忧郁。你会不会对她心存恐惧？

将记忆倒退到1920年，那个时候，一切还没有征兆，经济前景一如以往的美好，万物繁茂，一派生机，生活像一串串跳动的音符，欢快而幸福。我们有价值数百亿的固定资产，政府的流动资金也达十亿美元。银行的声誉也极其良好，人们仍然按部就班地工作，每月仍然有丰厚的薪水。可是，一些事情发生了，貌似繁荣的生活转眼间被打碎。繁荣过尽是萧条，美好的世界一夜间荡然无存，最令人担心的事情还是发生了。一夜间，所有让人恐惧的事情都发生了：成千上万的人失业流浪在街头，人心惶惶；通货膨胀，人们无力再支付疯狂上涨的货物，物品价格高得离谱，库存过剩导致价格飞涨，政府不得不实施调整，然而，调整的进行却并不是井然有序并顺从自然的，也没有做到最小的损失并恢复到合理的价格水平。总之，矫枉过正的结果很是不尽如人意。这是人类受到的最大的折磨，仿佛在人世经历了地狱中发生的一切罪恶、灾难和悲剧。恐慌开始蔓延，一波接一波，袭击了整个国家。恐惧是商界中唯一一个既不能获得快乐也不能赢取利益的武器，即使你利用它取胜，也体会不出任何满足的快感。

害怕负债的人，最后发现自己彻底陷入了巨债的旋涡，生活举步维艰；害怕失败的人，终会在失败的低谷中无法摆脱，甚至越陷越深，尽管许多事实并没有想象中的那么严重。实际上，主要是自己的胡思乱想失去了对世界的理性认识，使事物从正面走向滑波。因为消极思维而陷入困境的人不能仅仅靠药物来治愈自己，他必须运用自己精神的力量。

心理学上有这么一个故事：有一个人，小的时候听说，如果把樱桃和牛奶放在一起吃便会反胃。他尝试了一下，每次把它们混在一起吃的时候都真的会吐，从此便中了心魔，这个精神问题困扰了他四十五年，他每次都小心翼翼地避开这两样食物。直到有心理医生向他解释，这两种食物不存在相克，所有的牛奶一进到胃里便被消化吸收了，而食物进到胃里只有消化完才可以吸收。心理医生给他做一个疗程的辅导，他从此以后解开了心结，可以安然地把樱桃和牛奶混在一起吃了。所以，比起外部的负面影响，我们更应该注意消除自己内心的恐惧——防止胡思乱想。胡思乱想不但会导致身体的不适，还会摧残掉自己的人生。所以，我们要勇敢地面对这些恐惧，而不让它们扰乱我们的心灵，占据我们的思想。

《圣经》中有一些文章，教给我们如何消除恐惧，它们的核心理念都是“无所畏惧”的忠告，通过精神力量消除精神疾病，一药医百病。如果要“无所畏惧”，最简单直接的办法就是用正面阳光的东西填充到自己的心灵中。所以，前人告诉我们，要多设想一些美好的事物，比如健康、和睦、富裕和幸福，将那些贫困、疾病、恐惧和焦虑驱赶出我们的精神世界，抛弃它们，就像把垃圾倒在离家很远的地方，并且尽可能地远离和避开那些对生活充满抱怨、失去希望的人。我们没有必要去承担由于别人的错误、贪婪和自私造成的恶果。不管任何人或任何事对我们做什么，我们都可以遵从自己的心愿，拒绝每一条不合理的意见。

你曾有过站在湖边凝望水中倒影的经历吗？蓝天白云映在水中的倒影看上去清新可人，栩栩如生。但是如果换成大海，你还能看到这么安静怡人的倒影吗？不能。因为海水不停地潮起潮落，永不平息。这犹如人的心境，如果它一直处于平和，你便会看到安宁、健康和幸福；如果它一直躁动不安，你就永远也难见到奇景异观、海市蜃楼。

将帅带兵的时候都情愿带 18 岁到 20 岁的士兵而不愿带 30 岁到 40 岁的士兵，原因不仅仅是因为老兵在体力上、反应度上稍逊年轻士兵，而是因为年轻士兵更容易抛弃杂念进入状态，也能很快地迎接新的明天，而老兵却会顾虑重重，一天到晚绷着神经。

实际上，你的智慧是“宇宙意识”中浓墨重彩的一笔，你拥有任何年龄段的人所拥有的一切聪明才智。而你所要做的就是去发挥、利用它！

经常为大脑充电

人们每天要为身体摄取食物，以补充营养和能量；我们也要为大脑充电，以补充知识上的不足。因为我们的思维也需要养分。那怎么为思维提供丰盛的晚餐呢？

首先，要放松，试着每天给自己留出几分钟的时间，在沙发上或是舒适的椅子上，让每一寸肌肉和神经都得到放松，从身到心，不去想种种的凡尘琐事，尽量做到完全的放松。如今有太多的人一天到晚都处于持续的紧张状态中，这种紧张感即使离开了工作仍然会处于一种习惯性的状态中，所以，长久不放松会对健康产生干扰。

现在教给你一个小方法帮助你全身放松：用最舒服的方式平躺，让全身伸展，无拘无束地伸展。慢慢抬起右脚和右腿，在空中静止几秒钟，再慢慢放下，根据情况重复几次。接着换作左腿，重复同样的过程。下肢做完了，轮到上肢，先是右臂，后是左臂。要全身心地去做，做完之后，你会感觉全身的每块肌肉都会彻底松弛下来。你可以忘记它们的存在，把注意力转移到别的事物上去。

试着想象自己拥有无穷的力量，在静默的空气中，尝试回忆最美好的事情。相信你的思维对于“宇宙意识”来说不过是其中的一粒分子，但这一粒分子却凝聚了“宇宙意识”所有的性质和特点，数量上不占优势质量上却仍然一等一，你的思维拥有“宇宙意识”的所有性质和特点。

接下来就是信念，坚信自己已经拥有想要得到的一切——并不是将要得到，要觉得自己是什么就是什么。这种话听起来有点自我欺骗，可是用起来结果却非常有效。

最后一点是感激，向赐予你智慧和力量的一切表达感激，向所有帮助你获得东西的人表达感激，也向自己表达感激，自己是自己最重要的人，是最应该感激的人。

想想吧，你的一切疾病是否皆因恐惧？你在脑海中勾画出疾病的形象，感冒、黏膜发炎、发热或消化不良，身体也就依着这些理念一点点地改变。恐惧思维控制着人类身体的各种机能，它让人黑发变白发，皱纹爬满年轻的脸；它使人面容扭曲、心脏停止跳动；使人胃肠纠结，对内分泌系统造成影响。

把思维从身体中抽离，身体就变成一个迟钝

的冷冰冰的躯壳，没有生命没有感觉没有意识。你的身体就像是陶工手中的黏土，黏土没有权利选择以何种形式存在，思维可以把它变成想象的东西。同理，你的身体各个器官各个部位——心肝脾肺肾，肌肉神经和骨骼也没有感情和智慧，只会去影响思维的状态，只能在思维的支配下执行命令，它们运转如何完全听思维的指挥，正像莎士比亚所说的——事物本身不存在好坏，是人们的思想让它们产生了千差万别。只要你坚定地相信自己的力量是无穷的，精力便永不会枯竭。

我们在经历挫折时，内心也会被恐惧、惊慌和不知所措塞得满满的，再无心力去倾听心底最真实的声音和想法，这是一种本末倒置、害人不浅的方法！当我们遇到困难时，要排除掉一切杂念来倾听心里最真实的呼唤，要相信心底最真实的呐喊，或是将问题暂时地搁置下来，这并不意味着我们要放弃了。相反，我们只是稍作休息，积蓄体力迎接新一轮的作战。一旦时机成熟，我们即可全面反攻，收复大好河山。

所以，我们还有什么可恐惧的呢？不要惧怕，不要恐慌，不要惧怕灾难，不要惧怕危机。你的惧怕和恐慌很容易在潜意识中打下烙印，幻生出面目可憎的怪物，结果吞噬了创造者自己，你所有的担忧都会变成现实。当你害怕失去自己最珍惜的东西时，恐惧会让你真的失去它，恐惧就是那个老女巫，自己一手造就的老女巫，它的力量也是我们自己所赋予的。解铃还要系铃人，能将自己从恐惧中拯救出来的唯有自己。自己既是自己的毁灭者，更是自己的避难所。

第四章

财富的秘密

雨雪从天而降，大地贪婪地吮吸感受那份甘甜。于是，雨雪就留在了大地，并在这里生根。为我们带来了朵朵鲜花绽放，处处芳草如茵，耕耘者皆有种子播撒，人人都有面包果腹，世间只有美好。同样，我说的话从头而出，便是一诺千金，我高兴的事势必成功，话音所到之处，处处皆繁荣，时时皆欢喜。

——弥赛亚（希伯来大预言家）

The Secret of The Ages

这个世界是一个光怪陆离的魔术舞台，但并不是努力的人就一定能变出令人惊叹的魔术。对于想取得进步的人，努力的方向与所付出的努力一样重要。如果你想游得远并游得快，那么，你一定是顺势而下，与波涛的起伏相一致。所以，每个人都要借助自然的力量，人是有生命的，自然也是有生命的，这两种生命要相合才能达到一种极致。反之，逆流而上，虽然精疲力竭，但仍收效甚微。

你能否找到相应的财富取决于你是否能“顺势而为”。“顺势而为”是一种智慧，这是在获取成功并寻求财富的道路上的必备智慧。拥有懂得顺应自然之道的“宇宙意识”，是成功的必需因素；做不到这些的人，所迎来的只有失败的痛苦。

不是你缺钱，而是钱缺你

每个人都见证了钱是怎么影响这个时代的——见证了它是怎么影响报纸、杂志、电视台等媒体；见证了它怎么成就或毁灭一个人；见证了它怎么教日月换新天；见证了它怎么颠倒是非黑白；也见证了它怎么让亲人翻脸、朋友反目。

每个人也都体验了钱带给我们的实实在在的好处：能生存、能立足、能娱乐，能为你打开一个别样的人生，为你带来与众不同的生活。

但是，钱是什么？

钱也是一种产品，需要被使用，没有合适的用途，再多的钱也只是废纸一张。钱不会主动去消费自己，它得找个托。所以，不是你缺钱，是钱缺你，没有你，钱只是一堆废物。我们对于钱的态度不是努力赚钱，而是把合适的钱使用在合适的地方。

福特汽车公司的创始人亨利·福特认为钱就是拿来利用的——用来创造更多的产品，创造更有乐趣更为舒服的生活，能生活得更快乐也更健康。而这正是他为什么拥有这么多财富，获得了这么多恩赐的原因所在。

只有你的脑子才能为钱找到用武之地，并把其作用发扬光大。你的头脑是一个大磨坊，钱就是加进去的大豆，你要自己来掌控怎么使其成为成品。你的主意和点子是最重要的，是“钱磨坊”中不可或缺的。钱是用来经营磨坊的，而你的思想则是推动磨的动力，是主要的内在力量。当你的想法渐渐完善的时候，你根本不需要刻意做什么，你就会发现，钱正按着你的想法流转，只要你不去施加额外的压力。

而如何为钱找一个合适的花费的地方，贺瑞斯·格里雷这么认为:“首先，要琢磨出来一个合适的产品，然后大力推广！”这个产品可以是实体，也可以是以服务的形式存在。产品会打开财路——产品流出去，钱不断地涌进来。钱花在有价值的产品上才能产生价值。为值得的产品投资越大，回报收益也就越高。

你要带着一颗“思考的心”开发你大脑中的“宇宙意识”，留心观察生活中的点点滴滴，只有这样，你的财富才会按照正确的方向汩汩流淌，同时源源不断地涌入你的口袋。

神奇的致富术

有这么一个年轻人，他口袋里只有1000块伪币，因为他没有那么多真钱。他把钱用绳子穿起来，然后在适当的场合拿出来，并炫耀地拿给大家看。人们看到他年纪轻轻，随身总是能带这么多钱，笃信他在银行里还有更多的家底。于是，都肯跟他一起合作做生意，他也因此获得了许多机会，而他口袋里的伪币在一段时间之后也悄然换成了真币。又过了一阵，他口袋里除了给服务员小费的现金之外什么也没有装，他已经成功地赢得了别人的信任，建立起了足够的信用来经营自己的生意。

从这个故事中，我们能够明白，一个人成功的根本并不是他在银行有多少存款，而是你给别人留下了什么样的印象：是否守商人的本分，诚实可信，能够长久地互利往来。

闭上眼想一想，你真真切切地最缺什么？诚心诚意最想得到什么？是不是想让大把大把的钱进入你的银行账户？是不是期待取得令人愉悦的成就。此外，你又有什么样的规划，想在事业上如何突破？透过不可视的世界，将你脑海中的奇思妙想像泉水一样汩汩流出。是否想让这些美好的画面变成活生生的现实？那就尽可能地把这些图景收入脑中，使之形象化、具体化吧。这样一来，你就拥有了梦想的雏形，然后集中精神，深信这些东西已经变成现实，你的“心灵巫师”也会于此同时帮你守护这些由你自己亲自创造的东西，并且为你见证这场“大丰收”。

接下来你还有更重要的任务要完成，你要把计划之中的事情按部就班地执行并完成。这些一步步的前进就是你每天工作的意义。当然，梦想也时常会不堪一击，出现支离破碎的情形，使你觉得心有余而力不足，感到精神疲倦。所以，保持身体的健康尤为重要。一个头脑清醒、活力四射的人，一个做事果断、精力旺盛的人，一个雷厉风行、勇往直前的人，一个有足够的能量追求理想的人，更容易到达成功的彼岸。越是成功的人身体越好，因为潜意识告诉他们身体病不得。相反，疾病总是和犹豫不决联系在一起的，疾病是成功的羁绊，会让人变得软弱、渺小、爱发牢骚、没有信仰、缺乏自信，也不肯轻易相信别人。成就伟大事业要有一副好身板，所以，你更没有理由把自己弄得萎靡不振、病恹恹的。潜意识告诉自己你不能病，你就不会病。不断地在潜意识中巩固这个想法，心诚则灵。关于心诚则灵的故事，这儿有一个经典的传说。

在塞浦路斯有一个雕刻家叫皮革梅隆，他雕刻出了一尊美轮美奂的大理石像。石像上的女人堪称完美无瑕，让所有见到它的真正女人都相形见绌。雕刻家自己也是酷爱不已，亲手用鲜花和珠宝装扮它，使得石像女人更增添了百倍的美丽，虽静止无语，却有万般妩媚。雕刻家一日一日深深地望着雕像出神，直到有一天他发现自己已经深深地爱上它，无法自拔。终于，这份执着让天上的众神都为其所动，决定做一善举，将石像变成真正的活人，赐予这个执着的雕刻家。

最伟大的致富秘诀

以前有一个妇女，住在美国东部的一个大城市里。她丈夫去世的时候给她留下一笔1亿美元的遗产。所有的人都羡慕她可以衣食无忧，可以做任何想做的事，买任何想买的东西。但是她却什么都做不了，她不久便精神失常，无法自理，丧失了任何感知美好的能力。她从人人羡慕的幸运星沦为了人人惋惜的可怜虫。

只不过，在为其惋惜的时候，也想想我们自己。对于那位妇女来讲，她不能享受人生的原因可以归咎于突如其来的病。但是我们都是身体健康、思维正常的人，我们却也在犯着同样的错误，忽视了身边的潜力宝藏而不去利用。潜力能给我们带来源源不断的灵感，潜力能赋予我们取之不尽用之不竭的能量，潜力能为我们创造富可敌国的财富。只是如何才能获得这种无所不能、无坚不摧的力量呢？在获得之后又该如何使用呢？事实上，这种力量就来源于我们的内心深处。

使用这种力量的第一步就是真正地相信自己身上有这么一股神奇的力量。巴顿在提到林肯的时候，是这么评价的：“他感觉到在他的心中蕴藏着一股强大的力量，他一直在寻找和等待的就是一个机会……而只有那些有远见卓识的人才能体会到这种力量，才能听到这种神秘力量的召唤。只有那些坚信自己强大的人，才能做出震惊世界的非凡之举。”所以，对自我的认知是必不可少的第一步。

当耶稣告诉他的朋友们和邻居们，他感受到了内心深处存在着无敌至上的力量，这种力量可以帮助他呼风唤雨，化一切不可能为可能，实现任何心愿。但是这种疯狂的想法受到了大多数人的嘲笑，他们认为这简直是痴人说梦，只有疯子和傻子才会冒出这种荒诞不羁的想法，脱离了正常人的世界。

当然，正常人是不会有这种想法的，正常人只满足于平平庸庸、碌碌无为的生活，安于锅碗瓢盆、起早贪黑的日子，即使受尽生活的折磨也不会停下来去反思和寻找开启潜力之门的钥匙，也不会静下心来去倾听一下内心世界的声音，寻找蕴藏在心中的天堂和力量。这种力量同亚伯拉罕·林肯和耶稣所说的是同一种力量，也正是在这种力量的支持下，亚伯拉罕·林肯成功地领导美国人民废除了万恶的奴隶制度；耶稣获得了最后的救赎，得到永生。

我们心中蕴藏的力量不是用来观赏、当做摆设的，而是为了供人们使用，实现他们的心愿的。实际上，一个人已经获得的成功并不能真实完全地反映一个人的能力和实力，因为在他意识到自己心中蕴藏着巨大的能量之前，仅仅凭蛮力获得的成功是无法与神圣的心灵之力相抗衡的。

俗话说："知识就是力量。"知识和智慧都是一种抽象的存在物，是一种静态的力量，其作用需要用动态的手段使其发挥出来。不加以利用的知识和智慧，其价值甚至比不上一个可以使人填饱肚子的馒头。只有这种力量经过中转，用到了实处，才能在动态中显示出无与伦比的价值，这时的知识和智慧的力量是深不可测的。想想看，为什么一个秘书一个月只有 2000 美元，而她的经理一个月却是 2 万美元的薪水？或许她的受教育水平远在经理之上。答案很简单，就是经理动用了思考的力量，将自身的潜力发挥到了极致，秘书却没有。秘书差就差在不懂得将所有的力量为己所用。

等你去填的空白支票

加得那曾对引力法则进行了较高的评价：

“直到最近我才从自己的人生经验中模糊地了解到，我之所以获得金钱是因为我在不断地付出努力。所有快乐和不快乐，都是靠付出来换取的，是付出让生命变得充实。付出就要赢得回报，这是永恒的真理，是自古以来每个人内心遵从的一个潜规则，很少有人能突破它。但没有人会意识到，如果能够超越这个限制，付出而不求回报，他便可以获得更多。

“现在，我对这个法则更是深信不疑，因为我目睹过它的作用，它存在的本身就是真理。你越相信这个法则，就会越清楚地意识到它的作用。神学家把此称做‘因果报应’，人道主义者则称此为‘奉献精神’，商人把它当做常识。无论怎样，它都是一个客观规律，无论我们是否了解，它都会自然地运行，不会被打破！拿撒勒的耶稣之所以能成为至今为止最伟大的商人，从他的名言中可窥见一斑：‘给予而后收获。用什么量器量给人，人也必用什么量器量给你’。而事实也正是如此。

“所以说，上帝是以宇宙法则制造者的名义给了你一张空白支票，由你自己去填写金额并亲手去银行支取！却有许多人不敢行使自己填写的权利，缺少广阔的眼界，为自己设了限，只填下很小的数字。

“我究竟应付出什么呢？很多人也会有这样的疑问，觉得自己并没有什么有价值的东西。其实，你只要付出你所拥有的，把你认为最美好的东西奉献出来，它自然可以最大程度地实现自身价值，同时，也会把最好的东西带给你。把你所拥有的一切都与他人分享，这就是最好的方式。当你灵感突现，有了新奇的想法时，不要只放在心里默默品味，请拿出来与大家分享。我相信，如果一个人能认真地遵守这个法则，依照基本法则工作，即使不懂得商业上的规则，也根本不需要担心自己的事业，自然会一步一步慢慢盈利，会获得合理的报酬并受人尊敬，能成为一个组织的核心。因为法则是永远不会错的，如果一个法则在一段时间内有价值，那它的价值必然是永恒的。请相信这个观点，并把它付诸实践，明智而灵活地应用它，使其在你的生活中起到应有的作用。”

接下来，请用寻找真理的眼睛环顾你的周围，接着把事情放在真理的天平上认真衡量。你会发现有一张空白的支票放在眼前，等待着你去填预期的数字。同时，在你的面前也将会出现一条新的祈愿之路，一条通往你理想的目的地之路。

智慧主宰你的未来

整个宇宙，在最初，混沌着，空天空地空无一物，是“宇宙意识”一点点地创造了世界万物——行星、天空、大地及所有的一切。都说万物生长靠太阳，太阳也是由大自然的主宰——“宇宙意识”创造出来的。

但是却很少有人认识到我们自己的头脑也是这种“宇宙意识”中的一种，就相当于太阳的射线也是太阳的一部分一样。如果太阳射线能从太阳中获取光和热，并把它们带到地球。如果我们能够与自然之道和谐相处，与“宇宙意识”和谐相处，我们便可从中获得无穷的智慧和力量。人类终其一生所要追求的智慧的最高层次，就是一窥“宇宙意识”的真面目。这种智慧深藏于人类的大脑中，它强大的力量至今还没有被人们广泛认识并接受。

所以，我们每个人生来就已经有无穷的潜在的智慧资源，运用这些资源的多少，进而决定着你财富的多寡。没有人能否认智慧的能量，智慧是一只神圣的大手，主宰着世界，推动人类不断进步和发展。正确地运用这种力量，你就可以攻无不克，战无不胜。

仅仅知道智慧的能量是无限的并不够，毕竟这些能量资源都是静态的。想让它们为己所用，一定要将其转化成动态，然后运用到现实中，去解决一个又一个手头的问题和难题。所以我们要将其运用于实践，并保证每时每刻地运用。即使在付诸实践的时候遇到挫折，也不要灰心丧气。就像我们刚开始验算数学题目时总免不了出现大大小小的错误，这时你不会去质疑数学原理，而是会去检查验算的步骤及方法。

我们还要理解一点，在获取“宇宙意识”的力量时，你的头脑只是一个领导者，这个领导者的好坏取决于你的思想。好好运用你的“领导者”，你就可以渐渐提升它的“领导才能”。提升的空间越大，所获得的回报也越多，宇宙中的任何一种天赋都不会置努力的人于不顾的。

不过我们还要清楚的是，我们有能力成就任何好的事情，但是对自己实现目标的能力的质疑，常常会成为阻碍成功的绊脚石。只有当你懂得：在这个世界上只有一种力量——这种力量就是智慧，而不是任何外界的东西——你才可能将你深层的潜能发挥出来，为你自己，也为这个世界创造无限的价值。正如所罗门的那句古老的真理所说："用你的所有智慧，去了解这个神秘的世界吧！"

富人的秘密

我们的世界上所有万物都来自一种资源，在最原始的状态下，它能够渗透、弥漫直至充塞到整个宇宙中的每个角落。这种资源就是我们的思想，我们的思想创造出了整套物质世界。先是人类在自己的脑海中想象创造一个事物，并将其反映到现实世界中。

每一种思想都是美好的、进步的，和谐统一，是一条纽带，维系着我们的内心世界和整个宇宙的联系。思想都能渗透到我们的“宇宙意识”中，“宇宙意识”又能帮我们实现渗透在它里面的思想。这个环节并不麻烦，也不需要特别的方法或手段，通往正确目的地的道路是单行道，你的“宇宙意识自然而然地就会为你带来你想要的结果。“宇宙意识”非常智能，如果你暂时迷失，无法选择，它会自动现身为你指点迷津，只要你能留心“宇宙意识”的忠告，就不会犯错，更不必要为最终的结果担心。

所有的富人都不会无缘无故地富有起来，他们的富有总能从内心找到根源。只有思想才是真正的财富，钱只是物质世界里的表象和代言者。你口里的纸币本身并没有太多的价值，是思想赋予了它价值。厂房、机床、生产的原材料以及最后成型的产品，也只有放在市场上才会体现它的价值。如果它们没有办法表现出应有的价值，一定是背后的思想消耗殆尽。没有了思想的引导，它们的价值只能黯然沦落。

索取之后就能得到回报，探究之后你就会有所发现，鼓起勇气去敲“宇宙意识”的门，它就会径直向你开放，这就是生命的法则。我们的命运并不是注定要挣扎在贫困和苦难中的，活着的真正意义就是努力在“宇宙意识”中获得更多的突破，以至于能够在支配宇宙的伟大力量中获得成功。只有懦夫才会安于逆境和贫困，并且认为它们是拜上天所赐。每一个人都会有自己的宝宝，孩子长大后，你会为他提供优越的环境和资源，希望他能借此一展鸿图，但是他却因为自己本身的问题或是其他原因无视或荒废了这些可利用资源，游离了自己的努力，没有尽到百分百的努力，从而虚度光阴，只是生来白走一遭。你会伤心吗？会的。而上帝作为造物主，它也不想看到它创造的人类最终沦落到食不果腹、形容枯槁、衣衫褴褛的境地。

“有思想的人是非凡的”，一位天才作家曾说过，“因为他们可以掌控自己的思维和感觉”。通常人们都认为，一个人的头脑被某种思想所占据，并成为自己的思维的牺牲品是一件不可避免的事情。但实际上，每个人都能让自己的心灵强大起来，可以抵挡一切风吹雨打，抵御一切诱惑，无论失败倒下多少次，都能重新站起来，都能迅速地恢复过来，整装再出发。人人都拥有这种力量。聪明睿智者懂得对其加以利用，充分发挥其能量，最大限度地发掘自己的潜能。而愚蠢庸俗者只好眼睁睁看着它荒废湮灭。心灵力量是包治百病的灵丹妙药，是生活里快乐的源泉，是通向永恒的桥梁。

如果一个人因为担忧第二天的诉讼，整个晚上都无法入睡，这是一件令人遗憾的事。但是，命令他自己决定自己是否能安心入眠，看起来是一个过分的要求。不停地想象一件即将要发生的坏事无疑是很让人烦恼的，但是就因为我们觉得烦恼，这个念头就更加在你脑海中阴魂不散，想驱逐也是徒劳的。人类，及其以后的世世代代，都将处在一种荒谬可笑的处境中：用他自己头脑中不可信赖的创造物来驱赶恶魔。如果我们鞋里的一粒石子儿硌痛了我们的脚，我们会把它倒掉。同样道理，一旦我们清楚地了解一件事情，那么赶走一个强行闯入的讨厌的念头也是很容易的。关于这一点，我想应该没有人持异议。这一点是很明显、很清楚的，也是正确无误的。要驱逐一个使你烦恼的念头应该如同倒出鞋里的一粒沙子一样简单，而且，除非一个人做到了这一点，否则就不要提什么摆脱自然的控制等等之类的话。做不到这一点，他就只是一个奴隶，一个掠过他头脑的阴暗幻影的牺牲品。我们所见到的千千万万疲倦、麻木、痛苦的面孔（即使是在优越的现代文明的浇灌下），无比清晰地证明了这种对自己的思想进行掌控是多么少见，多么难以做到。要找到一个真正的人有多难！而要找到一个在自己的烦恼、担忧等想法暴君的鞭子统治下畏缩不前的人却那么简单！

做时时刻刻思考的人

永远不要扼杀自己追求财富的想法，而且还要从你自己的内心深处去寻找这些想法，有意识地去利用它们。并且，还要在这些想法的基础上进行建设性思考，而不能仅仅局限于以往的思维模式之中。

杜蒙特在《领导的智慧》里写道：“他们只是任由记忆的溪流漫过自己意识的田野，而他们自己只是懒洋洋地斜倚在岸边看着这一切的发生，然后，他们竟然告诉别人，他们在‘思考’！而事实的真相是：他们根本没有进行任何有实际意义的思考。”

思考不能流于形式，不能像那些在小木屋前晒着太阳逍遥度日的年老的登山家一样，看着太阳西斜，落日余晖，浪漫温婉，打发着时光，大脑却静止不动，仅仅在感官上享受人生的那种美好。问起他们都曾做了些什么，他们会带着一点儿慵懒的神情回答说：“哦，有的时候我躺着思考，有的时候我就只是躺着。”而杜蒙特想告诉我们的思考是：“如果我说到‘思考’，就希望你带着一定的目的性来进行，思考是为了解决一定的问题，你要预见到你思考的结果。在年少时的求学生涯中，你要去解决一道又一道的数学物理题，你要去应付学校里的一件件琐事；长大后，你要去为自己的人生做一些决定，做一些选择，你不得不把思考强加到自己的身上，去做一些有意义的事情，甚至那些超越自己一己之利之外的问题上面。这种思考最为珍贵，也是我们现在最值得思考的思考。”

“财富的国度”其实就是“思考的国度”：我们思考我们的生活，我们的事业，我们的健康，我们的成就，我们的世界……如果想过得再多姿多彩，我们还要在思考的同时更进一步地学习思考。要有创造性地思考，去探索新的世界、新的方法、新的需要、新的发现，并且，比别人更细致，也比别人更深入。事实证明，许多惊人的发现，并不是它们有多么深奥艰涩，其实都是生活中一些稀松平常被人忽视的的平常事。只是很少有人能注意到它们。在别人抓住了它们并获得成功之后，我们才如梦方醒。很多人都面对过巨大的财富和成功的机会，但也有很多人都错过了它们，就是因为没有深入地思考。首先，所有的财富都来源于对一个事实清楚而正确的理解，思维是财富唯一的创造者。生活中最伟大的交易就是思考，只有掌控住自己的想法，你才有可能掌控周围的一切。收获的第一定律是心怀希望。将你所有的观点、欲望、目标和天赋都送进生命的储藏间——虔诚的意识，无限的付出——它让我们拥有了足够的力量。事实上，我们拥有的一切总结起来就是思考，是思考武装了我们。

为什么世界上会有那么多人终其一生都在贫困失败的漩涡里挣扎，摆脱不了痛苦和疾病的纠缠？这是因为，在他们内心深处，陷入了一种困境，因为内心对贫穷、疾病和不幸的想象具体化，而困囿其中，不得脱身。就像是做代数题的时候，突然卡了壳，找不到突破点。如果执迷其中，就永远也解不出来。还有，他们一直都不知道宇宙之中的供求法则。这个法则就是，你一定要有发散性的思维，有开阔的眼界，丰富的情感，智慧的头脑并善于广泛地听取意见，不能让大脑有任何的束缚，然后突破一切障碍，找到成功的方法，并得到自己最渴望的一切。你要在心中将它们具体化，在每天的生活中渐渐将它们实现。

在“宇宙意识”的统筹下，只要顺应自然客观规律，一切都会安然无恙。像种在溪边的树木，它的叶子永不凋谢，它在收获的季节贡献果实。它的青翠和收获都是上天赐予的，它也因此有了无穷的能量，想要做什么都能成功。而那些被祝福的人们，他们的快乐也是上天赐予的。所以，请不要担心，也不要怀疑自己成功的种子有没有问题，更不必一次次地挖出来，以查看它们有没有发芽。你应该自信一些，你的信念会滋养自己的种子。你要让目标坚定一些，永远都不要放弃。无论你受了什么折磨和摧残，不管日子看起来会如何黑暗沉闷，都不要被它们吓倒，也不要被自己打败，只要记住自己的目标，坚持下去，成功就在不远处。

第五章

成功的秘密

一叶扁舟漂向东，而另一叶则荡向西，
漂浮在相同的风中，
方向却是截然不同。
不是肆虐抑或轻柔的风，
而是扬起的船帆，
指出我们前进的航向。
命运的征途如同海上起伏不定的波涛，
而我们人生的航船就在这波涛中，
沉沉浮浮。
不是静默抑或奋争，
而是灵魂的意愿，
决定了生命的归宿。

——埃拉·威勒·威尔库克斯

生活中总有一些最真实的问题，日日夜夜困扰你，却又无法回避，只能认真面对，直到把它解决的那一天。比如，怎么才能改善我们的现状？怎么才能使薪水变得丰厚？如何才能获得成功？这是每个人要终其一生寻求的答案。

你也许发现，许多人在坚持奋斗了很多年后都没有取得成就，却在某一天时来运转实现了理想；你会发现有一些人在本质上并不如自己，但却完成了你都无法完成的事情。你可能会觉得疑惑：是什么力量让他们在成功的道路上拥有了一个新的起点？又是什么力量为他们衰退的欲望提供了新的推动力？这个力量就是信念。成功的不变法则就是信念。把成功当做已有的事实，坚信自己已经获得了成功，这样，你所渴望的一切都将悄然而至，你会得到自己所憧憬的一切。信念，是人们在追求成功时的神奇物质。是一些人，一些事，赋予了他们信念，同时赋予了他们取得成功的力量。然后，他们的事业便突飞猛进，并从看似无法避免的失败中获得了成功。

神奇的护身符

有一个乡下的小男孩，生下来就对自己的影子有一种莫名的恐惧，其他的小伙伴都因此而欺辱他。深爱他的老祖母实在看不过去，就送给他一个小小的护身符。她说，这个护身符是他祖父的遗物，曾经帮助他的祖父在美国内战中一次次地死里逃生。她深信这个小护身符有一种魔力，能让它的拥有者无所不能，他如果戴着它，就再也没有什么能伤害他或与他对抗的了。孱弱的男孩对祖母的话深信不疑。从那以后，他不再任由其他的小伙伴欺侮，他会奋力反抗。渐渐地，他成了孩子王，满足了当将军的幻想。很多年后，他成为上流社会的名人。她的祖母也老了，临终前，她告诉小男孩儿，那个护身符只不过是她顺手从外面捡来的一个小旧舢板，它的神秘是她编出来的。她只是希望能给小孙子带来自信，即使是借助一个谎言。

同样的故事俯拾皆是，只要你相信自己能做

到的事，你就一定能做到。有一位艺术家，发展之初只是一个很普通的画家。一次展会上，他看到一块小石头，样子很奇特，不知道出于什么目的，他收藏了它。从此他觉得自己画画的时候有如神助，有着莫名的自信，他完全信任自己的能力，不仅在自己专攻的画画中，即使在其他的方面他也自信能解决这样那样的难题。但后来，他把那块视若珍宝的石头弄丢了，于是，他脑海中设想的帝国一下子便破灭了，再也回不到从前意气风发、创意无限的日子了。

这是两个异曲同工的例子，它们说明，相信自己就能成功，不相信自己则只能品尝失败的苦果。实际上，是你自身存在的潜意识在帮助你实现任何事情，这是上天赋予你的，你的思维会为你做所有对你有利的事。它会帮你移走阻挡前进的高山，填平妨碍进步的河流。它可以让你无所不能，它可以让你乐观、坚强、能力大增。潜意识是通往幸福安宁的大门，只要不断祈祷，这扇大门就能永远敞开，通行无阻。并且，这种天赋是自然而然地落到你身上的，根本就不需要其他什么渠道和任何方式去尝试。思考会为我们带来健康、生命、无穷的机会和报偿。你要试着去拓宽你的思维、去延展理清你思考的渠道，种下希望的种子，在脑海中勾画出它们成熟时的样子，并用真心培植，用信念浇灌，带着对自身无限的自信，养成一种不断期盼美好未来的精神状态。你应该让自己始终处于全身心投入的接纳姿态之中，同时坚定不移地相信“宇宙意识”会在恰当的时刻向你伸出智慧之手，助你梦想成真。如果你把这种思考方式移植到自己的头脑中，那么胜利会接踵而至。

引力法则

付出最多的人收获也最大。多一点儿价值，多一点儿付出，会使一个人或是一项生意如巨人立于矮人国一样从无数的平庸之辈中脱颖而出，依靠他们额外的努力获得更好的结果。即使是在天平达到平衡的最后一刻，加上最后一根稻草也会使天平完全倾向另外一方。比需要的付出更多，比要求的更加努力，额外的价值总会在最关键的那一刻起决定性的作用。最容易获得成功的人，不是那些只知道获取不知道回报的人，而是那些总在努力创造更多价值，做出更多工作的人。

任何事情的背后都存在着永恒的宇宙规则，而我们每个人都是这种规则作用的结果。你不可能在等待邪恶的时候收获美好，也不可能在寻找贫困的过程中体会富足。所罗门概括了这一规律，他说道："有福之人是那些抱有美好的企盼从而使灵魂得到真正满足的人。播撒的越多，得到的就越多；保留再多也是缺少，还不如大方地给予；自由的灵魂会被滋养，因为在浇灌万物的同时也浇灌了自己。”

这便是引力法则的运行规律。付出就有回报，付出多少就会回报多少，而事实上，我们得到的远远要比付出的更多。如果你想获得更多的金钱，不是靠自己独自去寻找，而是看自己怎样才能让别人得到更多的金钱。在这个过程中，你一定也会为自己赚到更多。有付出就有回报，但前提是，我们先要付出。如果你想获得宇宙更多的恩赐，就必须利用你已拥有的力量，以合适的方式为周围的人提供更多的帮助。如果你是一名商人，就要把所有的货物都卖掉来购买更多的货物；如果你是一位银行家，就要利用已有的金钱去赚更多的金钱；如果你是一名医生，就必须帮助病人来使自己变得更加成熟并富有经验。总之，如果你很有本领，就要为其他人服务，在为别人付出的同时也铸就了自己的伟大。无论你对别人的帮助是大是小，只要用心去做，都能让你所生存的世界变得更加美好。

“宇宙意识”就好像一个充满水的大蓄水池，它不断地寻找自己的出口，为它修建一道沟渠，水就会奔涌而下。同样道理，“宇宙意识”是通过不同个体进行表达的，如果为“宇宙意识”修一道沟渠，让它借助你充分表达，它的天赋和才能就会大量涌出，你也可以在此过程中坐收渔翁之利。

所以，打开“宇宙意识”的储藏和人类需要之间的通道——通过对你的家人、朋友、爱人、邻居或是陌生人提供服务——你一定也会从中受益。你对别人的帮助越多，这个通道也就开凿得越宽，从通道流向你的东西也一定会更多，你的收益也就越大，你本身的价值也越大。如果你想从中获益，便要利用上帝赐予你的天赋亲自去做一些事情，不要缩在自私的灵魂里，苦了自己也迷失了方向。

成功靠一种感觉

成功，失败，往往都在自己的感觉之间兵分两路，像是细胞分裂，开始两种风格迥异的人生。未来的选择权在自己的手里，如果觉得自己做不到，那你就真的做不到，如果坚信自己有能力做到，你就必然能做到。你的身体里蕴含着你所处的真正环境，它里面包含了所有能让你成功或失败的因素。正是你创造了自己的内在世界，并通过这样的内在世界创造了相对的外部世界。生命的富饶就在你的心里，你可以选择建造它的材料。如果你过去的选择并不明智，那现在你可以重新选择材料将它加以改造。只要还能从头再来，就没有人是真正的失败者。

一个人如果想要成功，在最大程度发挥自己的才能之前，先要有强烈的自我意识，能对自己的能力有客观准确的了解，看看自己的优势是货物、服务，还是才能。一个罗马人自夸说，如果给他足够的力量踩踏大地，他能将整个罗马军团都震上天。这份勇气让他的对手吓破了胆，这个道理对于思维也同样适用。勇敢地迈出你的第一步，然后思维会调动它的一切力量帮助你。但前提是，你要迈出这开始的一步。一旦战争打响，你所拥有的一切内在或外在的力量都会助你一臂之力。

开朗的性格容易造就乐观积极的态度，这种处世方式，能为你带来健康和财富。但是，懦弱无力的性格则会带来多舛的命运，这不能责怪什么。你要做的是为设想的空中楼阁找到现实的根基——理解和信仰的根基。无论从哪个角度理解，成功的概率都可以用自己对自己的信仰指数来衡量。

伽利略抬头仰望满天繁星，于是，他发明了望远镜；瓦特每天对着隆隆的蒸汽机思索它更进一步的价值，于是，有了今天的火车头和发动机，把整个世界载入了一个崭新的蒸汽时代；富兰克林看到天上的闪电蕴藏着一股巨大的力量，便有了收集闪电、造福人类的念头，于是，便有了今天的电。可以看出，他们的成功都是因为抓住了最初的感觉，并积极地将它们付诸于实践。

如果想让成功变为现实，就要立刻开始去做任何你认为自己能做到的事，把你的思维集中在适合的事业上，并相信自己“可以做到”，让思维充满创造的活力。幸运总是等在你的不远处，它就像是一匹脱僵的烈马，只能被勇敢和自信所征服。所以，如果想让它完完全全地站在你这一边，就要大胆地抓住它、占有它。但是，如果你在它面前总是畏缩、迟疑、胆怯，幸运就只能轻蔑地与你擦身而过。所以，奋斗的时候要充满激情，这样，“宇宙意识”才会在你遭遇难题时提供解决的办法。

领导者的第一品质是自信

群龙不能无首，这个世界上各行各业的人们都急切地需要无数的领导者。领导者可以鼓舞人心，可以充分发挥每个人最大的潜能和智慧，可以凝聚大家的战斗力。

真正的领导者需要有坚决的自信心，让自己从头到脚都流露出满满的自信。我们无法想象，一个没有自信的领导人怎么可能带领自己的团队勇往直前，有所建树，并声名远扬？又如何能永垂青史？

伟大的领导者都能清醒地认知自己的能力，并充分发挥其作用。他们从不认为自己的能力是有限的，他们充满自信、富有魅力，并创造了一个个成功的神话。

每一个人能力发挥的大小完全取决于他自己，我们的精神状态就像是一块磁石，它能引导我们的事业走向成功。如果对自己的能力充分肯定，磁力就会变强，梦想就会实现，我们就会成功。相反，如果我们对自己的能力表示怀疑或不肯定，磁力则会变弱，我们的梦想也就会破碎。

总之，我们的自信程度要么把我们带上高峰，要么把我们带入低谷。

唐·卡罗斯·缪斯尔在《你是》一书中对这点表达得淋漓尽致。他说道:“因为万有引力定律，苹果从树上坠落于地上；因为生长的法则，一粒橡树种子可以长成一棵参天大树；也正是因为因果联系法则，一个人怎么想，怎么看待自己，将来他就会成为心中所想之人。”

像成功者那样行事

美国国家银行前任主席法兰克·范德立普先生，曾经问过一位已经事业有成的朋友："如果有一个年轻人，急于干出一番大事业，想让全世界知道他的名字，你会建议他必做的一件事是什么？"这位朋友给他的答案是："像成功者那样行事，像成功人士那样看待问题，像成功人士那样穿衣打扮。总而言之，首要的是在潜意识里就将自己看成是成功人士。那么，不用多久，他就会在世界上扬名。"

大卫·布什在其著作《应用心理学与科学生活》中这样写道：

"人类犹如一台无线电发射机，同时也是一台无线电接收机。我们的种种想法观念就是不同频率的电波。如果人类这台无线电接收机接收了过多的电波却无法与之一一调和，便只能崩溃或是消除自己的频率。"想想看，如果一个人受到太多立场不同又彼此牵制的想法的冲击，思维便会混乱，甚至使大脑死机。如果人类这台无线电发射机或接收机，本身频率很低，一旦遇到比它更强的、更高的频率，很可能就会被其替代并覆盖掉。也想想看，如果一个人对自己的想法不够肯定，不相信，就会很容易被那些看起来更合理更狡猾更诡辩的想法所同化，虽然那些想法都是消极可怕的。

一个勇敢的人，其向外发射的电波必定也流露着勇敢，而那些同样拥有勇敢这一品质的人，必定也能接收到这样的电波。同样，内心坚强、勇敢、渴望胜利的人，他们所发射的电波，能够被那些具有和他们相同品质的人所接受。也就是说，积极的大脑只接受积极的思想，消极的大脑只接受消极的思想。

一个人如果向往衣食无忧的富裕生活，并在大脑中频繁播放那些美好的画面，这一念头便会化为电波以一定的频率传送出去，并被那些与他拥有着同样频率、同样梦想的人所接收。这样，他们会聚在一起，做着相同的梦，为着同样的目标而努力，并互相鼓励，共同进步，最后也必然都能实现各自的梦想。所以，拥有健康积极想法的人更容易团结在一起并肩作战，为实现相同的理想而奋斗，并堂堂正正地做出一番事业来。

而那些拥有消极负面想法的人，只会怨天尤人，感叹命运的不公、时运的不济，却不肯付出任何努力去着手改变现状。如果一个被贫困缠身的人，依然不思进取，得过且过，其心态也会以一定的频率传出去，并被同样频率的人所接收。这些人聚在一起只会同病相怜，比谁更无聊，比谁更贫穷，或是羡慕忌妒那些富有者，从而落得终老一生苟且生活的结局。

一个思想水平低级的人，他所表现出来的言行也不会高尚。相反，一个对未来有梦想有追求的人，其最大的受益者便是自己。比如，一个失业的人，如果持着有一天会功成名就的渴望，就一定会有实现的那一天。

所以，一个曾经消极落寞的人，如果心中又燃起了希望之火，找到了新的信仰，对生活有了新的渴望，新的追求，这种变化也会相应地通过电波反映出来，帮助他脱离原来的组织，并找到新的组织。如果一个积极的人，突然自甘堕落，也只能眼睁睁地看着自己沦陷到恐怖恶劣的组织中，而最大的直接受害者也是他们自己。

因此，只要相信自己所做的事，只要相信成功是属于自己的，成功就肯定会如约而来。自己要对自己负责，自己才能决定自己的命运。上天分给每个人的机会和资源都是一样的，只是这些机会和资源不尽相同。之所以，有的人成功，有的人失败，只缘于对力量和能力的充分利用。不过，在开始之前，首先要确定你自己所做之事是正当之事，不会伤害到别人，也不会损人利己。总而言之，每一个成功的人实际上也是普通人，他们的脱颖而出，不是因为超能力，而是因为他们对自身能力的充分开发与善加利用。正如托马斯·爱迪生在谈到亨利·福特所取得的令世人瞩目的成就时所说：“他异于常人之处正在于他更善于利用他的潜意识。”

商业成功法则

在工作中的表现是你迈向成功的第一步，即使是那些富可敌国的成功企业家在最初也是作为打工者受雇于人的，没有人天生就是老板，也没有人可以随随便便就当上老板。从现在起，要自己做自己的老板，就要付出比常人更多的汗水、努力、勤奋和思考。只有这样，你才会比别人更有资格在竞争之路上胜出。

诺瓦尔·霍金斯是福特汽车公司的销售经理，在做了多年之后，他颇有感触地说："目前，福特公司最紧缺而且最需要的就是人才。"这个观点也得到了所有决策者的赞同。其实只要稍加观察和研究就可以发现，所有的企业都是建立在人的基础之上。企业员工素质的好坏是一个公司运营好坏的前提条件。一个企业在招聘员工时，第一想到的不是自己的亲朋好友，而是谁最最适合这个职位，他们随时随地留心并且不会错过可造之材，最看重的还是他们所强调的创新精神。

对于一个企业来讲，拥有了大量人才并不意味着企业就能马上走出低谷、改善公司的经营状态并提高业绩。还需要整个公司有一个文化理念和核心目标，将公司上下都凝聚在一起，出谋划策、荣辱与共。在这个过程中，每个人在顾全大局的同时也要做好分内的事儿，在对整个形势作出详细周密的调查和评价后，拟出切实可行的计划，同时，还要清楚地了解自己在工作中所起的作用，找到自己的位置，充分利用自己的潜力。

在《关于商业的思考》中有这么一段话：

人们评价一个职位，往往看重的只是其地位高低、年薪几何，能掌控多大的权力，享有多少特权等等这些世俗的东西，而很少考虑到其价值，以及对整个公司能做出的贡献。事实上，任何一个职位，重要的都不是其外在的东西。

职位只是为实现其价值而存在的。如果一个人处在某个职位上，每年为公司创造的价值是十万美金，另外一个人却可以在同样的职位上创造一百万美金。显然，老板一定更倾向于用创收一百万美金的人担任此职位。两个人之间为何会有这么大的差别？这是因为他们对待工作的态度不同。一个对工作毫无概念，完全不晓得居其位该谋什么职，另外一个却对自己所要做的项目了然于胸，对业务时时精进，并在积极思考中不断创新。其实，人和人之间并没有太大的不同，差别就在于对工作的付出有所不同。

成功者的秘诀还在于，他是否能从一点一滴的小事做起。看似再庞大无法解决的任务，也能被分解成一个个的环节。如果每个环节都能让其不出差错，最终就会拼合成一个不可分割的整体。

成大事的第一法则

自古以来，成大事者皆有一些必不可少的素质，那就是沉着冷静，富有耐心，在危机面前不急不躁，从容不迫。尽管他内心也有充满激情的渴望，也希望早日达成目标，但是，他不会被这种热切的期待乱了自己的阵脚，依然能保持高度的理智和警觉，因为他清醒地知道欲速则不达。许多行事者之所以功亏一篑，正是因为心浮气躁，不肯静下心来为成功做好准备、扫除障碍。

大凡成功的人，心中早已经做好准备，就像是上了膛的子弹，时刻都在等待合适的时机付诸行动。那些匆忙草率行事的人，只能徒增不必要的麻烦和弯路，甚至使自己的计划全盘崩溃。而成大事者却会像猎鹰一样警觉敏锐，一旦时机来临，就会毫不犹豫地出击。

位高权重的人总是会虚怀若谷，倾心听取下属的意见，无论这些提议是否有价值，是否有各种各样的偏差。他们总是不断渴求知识，谦逊为人，而绝不会自高自大，也不会自视清高、目空一切、对别人的建议不屑一顾。在一位德国将军身上曾发生过这样一个血淋淋的例子：他的士兵诚心诚意地送给他一本书，书中详细地讲解了拿破仑的用兵谋略。但是这位将军却看都不看一眼，便将书扔在一边，大声咆哮道："我根本没有时间和精力去研究过去的战事，我还有无数场战役要打呢。"后来，这位将军在接下来的一场战役中大败而归，身败名裂。如果他肯沉下心来去分析拿破仑的战术，并加以利用，或许便能扭转败局——他忽视了书中的智慧。卡莱说过："书是无价之宝，字里行间皆是人类的思想精华。"书中的智慧是前人历经艰辛、受尽磨难、付出巨额代价才换来的，我们每个人都应该学会珍惜，并从中借鉴。

在商界，学会借鉴前人的经验就更为重要。无论是在销售和购买、生产和运输、资金管理还是人事管理方面，都要悉心学习。现在，关于经营管理的书琳琅满目，我们要做的，就是不能像那位德国将军一样，粗暴地将书拒之门外，而是谦虚大方地接受前辈的教导。对于商人来说，投资知识、投资教育能带来超值的收获。只有善于投资自己的人，在遇到更适合、更好的工作机会时才更能轻松获得，更能在事业上展开拳脚，不断前进，打开一番天地。

葛里翰在其著作《一位白手起家的商人写给儿子的信》里写道：

“我不认为一知半解的知识是毫无用处的，但我的经验却更深刻地告诉我，一个人在他拥有了一门知识的一半时，往往会在关键时刻发现真正有用的却是另外一半。当你正在为自己手中的棍棒暗暗窃喜时，却发现别人拿在手里的是一把锋利的割肉刀。人不可骄傲自满，亦不可轻敌大意。应该时刻保持警觉，关注形势的变化，绝不遗漏任何一丝细微的变化。警醒的人在蚊子第一次靠近他时，就能准确无误地将其拍死，这种迅速灵敏的感知力和准确无误的反应行动力是值得我们学习的。”

这是一个新时代，这个时代对经商者的要求也更为严格苛刻，每个人都只有使出浑身解数才能和这个时代一同发展。这个时代要求经商者在无论遇到多么错综复杂的难题时，都要在短时间内找出最简单、最行之有效的解决办法。这就对知识储备的要求更加苛刻，只有未雨绸缪地计划好一切、做好一切准备的人，才能持久保持自己的竞争力。

成功的三个必备素质

今天、明天或是下个月，许多公司的管理者都可能有一个专门的时间，靠在椅背上，专心致志地研究手里的一份份求职名单，或许其中就有你的一份。这时，求职者的形象会在他脑子里一个个清晰地浮现，他也会在心里一遍遍地权衡着同一个问题：“哪一个才是我要的那个适合的人呢？”管理者究竟最看重求职者的什么素质？一般来说，谁是求职者中最主动的、最勇于承担责任的，谁就最有可能承担这份工作。

想要成为成功者，需要三个必备的条件：第一，要相信自己，肯付出；第二，要有创新的能力，能勇于创新；第三，在困难面前永不低头。这三者是一环扣一环，层层递进的。

达·芬奇曾说过：“你让我们用努力和付出获得了所有的一切。”他对这句话的理解再深刻不过了。作为一个私生子，他的出世让家庭陷入了不幸，他面对的只有嘲笑和冷眼。虽由父亲抚养长大，却丝毫感觉不到亲人的爱和关怀。但是，因为自己的努力付出和不懈追求，最终，达·芬奇成为意大利最伟大的艺术家。多年以后，意大利也因他不朽的作品而备感荣耀。史蒂芬·保罗也曾说过：“不要依靠旁人，要尝试自我拯救。”自我拯救的首要一点是要了解自己的能力。无论是达·芬奇的诡秘，还是伦布兰特的技巧和雷诺的视觉印象，这些都是你可以掌握的。

在逝去的年华中，你所有的经历都会赐予你宝贵的财富，让你的能力日益提高，从而使你蕴含了无穷的潜力。就如惠蒂尔所说的：“过往的一切美好都留存了下来，让我们的时光充满欢乐。”这些无穷的潜力都储存在你的潜意识之中，请唤醒它们，利用它们！

在《商业思维》中我们读道：“每个人潜在的能力都比他们认识的强大，如果他们孜孜不倦地寻找，就会慢慢了解真正的自己。当有一天人们真正开始发现自我，这将是他生命中最值得纪念的时刻。也许会有这样一个人，他拥有一小块土地，用来做牧场。直到有一天，他无意中发现了煤的痕迹。在他开掘土地寻找煤矿的时候又意外地发现了储量丰富的花岗岩，随后，他又找到了铜矿石的矿脉，接着又找到了银矿和金矿。这些宝藏原本一直安静地埋藏于作为牧场的土地之下，直到被发现并开采出来，才会闪现出令人赞叹的光辉，体现真正的价值。”不是每一个牧场下面都有这么丰富的矿藏，但是在每个人潜意识的本质中都存在着这样的宝藏，潜在的能力都比已发现的能力伟大得多，每个人身体里都蕴藏着极大的财富。历史总是由那些发掘出自身财富的人主演的，但历史上还没有人可以把自身的财富完全开掘，把潜力发挥到极致。诚如奥里森·马登所言：“大多数时候，人们失败的根本原因还是出在其本人身上。他们是被自己打败了，被心中的怀疑、恐惧和自卑所打败。他们缺乏强大的心灵支柱，没有坚强的意志。”

如果想将潜力完全开发，就必须对自己的力量满怀信心，谨记上面提到过的三个方面，要主动，要相信自己，要有开创的勇气。不要让胆怯阻碍你进步，胆怯是世上最危险的感觉。就像《科学与健康》中写过的：“谁敢站到黑板前来解决这个问题？所有的数学法则都是我们已经掌握了的，而现在要做的就是利用这些法则解决问题。”

要培养自己的信心，培养一种自己正走向成功的感觉。设想自己拥有足以让一切美好全都实现的无穷力量，利用“宇宙意识”对人间俯视：没有什么事是困难的，没有什么问题不能解决。

不要为自己设定局限，当你遇到一些状况而怀疑自己能力时，你其实是在为“宇宙意识”设定局限，只要你充分了解自己的能力，对无限的“宇宙意识”充满自信，你自然就会展现出主动，自然就会获得开创的勇气。问一问福特，问一问爱迪生，问一问所有已经获得成功的人，他们会明确地告诉你，依靠坚持和信念必然可以让人从失败走向成功。

成功者总是意气风发，志气高昂，生机勃勃。他们明了自己想要达成的目标，对自己的成功深信不疑，并配之以持续不懈的努力。而失败者虽然其心灵也企盼着成功，却不信任自己的能力，做起事来也不尽心尽力，莫名其妙地笃信自己必败无疑，只能靠一点点运气和侥幸来获得成功。但这种成功又有何意义呢？

“有志者事竟成”，这里的“志”指的就是自信心，对自己的能力百分之百的信任。成功之门只向那些自信、勇敢、坚定的有志之士敞开，成功者必备的素质包括：必胜的信念和信心，主宰自己命运的豪情和决心，对自己能力的肯定。如果你不具备以上素质，或是严重缺乏自信心，那么从现在开始就要有意识地培养。为什么许多人明明完全有能力做出一番令世人瞩目的大事业，却最终沦为众多庸人中的一个，只能终日奔波为讨生活而忙碌？原因就在于，他们缺乏自信，缺乏必胜的信念。他们从不相信也不奢望有一天自己能干出惊天动地的大事，使自己摆脱平凡和平庸。可以说，他们是天生的输家。从心态来说，他们就注定成不了大事，成不了赢家。

一块被高度磁化了的铁，能够吸引比其重 9 倍的铁块。然而，一旦其磁性消失，则连一点点如羽毛般轻重的铁屑也无法吸引。这就是拥有强烈的自我意识和信念的人，与没有信仰、内心充满怀疑恐惧的人之间的区别。如果有两个人，能力相同，有无自信心就是一个分水岭：自信心强的人犹如高度磁化的铁，其能力会被百倍千倍地放大加强；而缺乏自信心者，则如消磁的生铁，能力自然会消失无踪，成败也不言而喻。

因此，每个人只要对这三种素质善加培养就会获得统治的权力，统治自己、统治生活、统治命运。请记住，你是“宇宙意识”的一部分，而这一部分却分享着“宇宙意识”全部的财富。无论你想从生活中获取何种美好，取得何种品质、何种地位，只要你全身心地朝它努力，目标明确，充满自信，你就会得到它。

如何提高你的效率

成本是经济学的关键词，宣传是新闻学的关键词，效率是管理学的关键词。提高个人效率以及工作效率是实现个人成功的核心。总结提高效率的奥秘，不外乎以下几点：

明确目标；

深入剖析目标；

提前做好计划；

一次只做一件事；

在开始做下一件事之前，必须把正在做的事完成；

一旦开始，便要一鼓作气地完成。

在遇到拦路虎又苦于无计可施时，先不要过多地、劳心劳力地纠缠，不妨先将其推给潜意识。腓特烈·皮尔斯在其著作《我们不为人知的心灵》里非常详细地为我们讲述了如何借助潜意识的力量。

他在书中讲自己曾经听一位事业有成的经理对一群年轻人传授工作经验，其中的一条建议就是，在完成今天的工作时，为下一天的工作做好安排，把事情按轻重缓急分好等次，在脑海中逐一想个遍，然后便安心地睡觉，潜意识这时便会处于积极的活动状态，开始酝酿有建设性的建议。还有许多小说、诗歌、乐曲、发明和其他许多的创想，都来源于潜意识。所以，遇到难题的时候，迟迟找不到解决方案也无关紧要，可以将其暂时搁置，给潜意识以充分的条件，让它替你思考。只要你能有执着的信念和自信，将其培养成习惯，并持之以恒。在最不经意的时候，你可能就会得到极具价值的信息。这种方法，很多用过的人都屡试不爽，有一位某个领域中的天才，每当遇到棘手的问题时，就会对自己说："小睡一会儿吧。"然后就在办公室的小沙发上休息一会儿。很多时候他都发现，自己睡前一心思索的问题居然在不知不觉中迎刃而解。

第六章

人生的秘密

哦，灵魂，觉醒吧，
是重新振作的时候了！
哪怕死亡就守候在我们的门口，
我们也绝不会贪生怕死，
卑躬屈膝地请求它的饶恕。
我们才是自己命运之舟的船长，
这一点勿庸置疑。

——肯雍

The Secret of The Ages

有一个老人，临终前，将他的孩子叫到床前，想把自己总结的最后一些经验告诉他们，这些经验可是经过时间的千锤百炼所得的智慧结晶。他说：“孩子们，观我一生，遇到的困难数不胜数，遇到的麻烦也一重又一重。可是究其最后，我发现这些困难和麻烦都是我自己投射到我大脑中的镜像，是我自己为自己设置的障碍。”人之将死，其言也善。老人把自己的遗憾全都表达于其中。这个故事虽是一则寓言，但它说明，杞人忧天只不过是庸人自扰，真正消磨掉人的意志力和自信心的却是人自己。

救世军的秘密

在战争期间，为男孩子们提供帮助和社会服务的机构有成千上万，救世军只能算是其中一个小小的角色，可为什么偏偏是救世军获得了很高的拥护、赢得了大部分的光环呢？他们是怎么让广大民众知道并支持认可的呢？原因只出于救世军做了一个很细微的举动：给男孩子提供美味可口的甜甜圈。

一个人，即使是同时只在做两件事，也会因为注意力和精力的分散，导致在最后关头手忙脚乱顾此失彼。对于任何想要获得成功的企业和个人来讲，成功的关键都在于一心一意做好一件事，而不是疲于同时应付40件事。因为相比来讲，一心一意会使效率更高，成功的可能性也更大。

两千年前，波塞斯·卡特从繁荣富裕的迦太基访问回来之后，心中便坚定了一个想法：罗马一定要打败迦太基。不过，这种想法并没有得到国人的响应，甚至遭到了无情的讥笑，笑他太狂妄太天真。可怜的波塞斯·卡特几乎陷入四面楚歌的境地。不过，他不在乎别人的不理解，甚至更加坚定自己的信念，开始说服国民接受他的想法和设想，不厌其烦地重复着自己的观点——必须征服迦太基！功夫不负有心人，渐渐地，国民们接受了他的游说，俨然将征服迦太基当做自己的使命。结果也在大家的意料之中，虽然艰难，罗马人还是将迦太基征服了。迦太基，这座坚固的城池最终毁于一个人的信念——一心一意的信念。信念的力量是如此惊人，可以设想，如果能将其用于事业的打拼，那么必然能超越千千万万的困难，最后赢得成功。

记不记得在你学骑马的时候，一开始教练都会告诉你："马是一根筋的动物，你一次只能教它做一样事，但它每次都能将这件事做到最好。"人也一样，之所以许多人都能成功，就是因为他们把有限的精力放在了同一件事上，并且干一件成一件。反之，把有限的精力分散开摊在不同的事情上，最后只能是哪件都成不了。因此，要时时刻刻警醒自己：做事应该全神贯注，心无旁骛，不要半途而废，认真地完成手头的每一件事。在完全无差错地完成一件事之后，再专心致志地开始下一件事，如此循环往复。

威廉·沃特先生对此还有其独特的想法：

一个人，如果遇事的时候摇摆不定、迟疑不

决，无法决定先从哪件事开始，最后只能导致什么都做不成。长期下来，一辈子也无所作为。还有的人总是在别人的意见中摇摆不定，手足无措，一次次地改变主意。就像风向标一样，毫无主张，风往哪里吹，就往哪儿偏。这种总是在一大堆主意中摇摆的人和第一种没有主意的人毫无差别，最后同样都是一事无成。凡成大事者，在做事之前，必定都会向多方请教，在总体上把握形势，对大局了然于胸，最后再详细地分析比较，然后才作出决定。而事情一旦决定就不再受内心或是其他建议所影响而更改，而是坚定地维持和执行。即使遇到考验，遇到阻挠和障碍也绝不气馁，最终将到达成功的彼岸。

做自己命运的主人

战场边上，一个落荒而逃的胆小鬼，他边逃边拿着手中的剑抱怨："如果我也能拥有一把神剑，跟王子的一样，闪着冷峻的光芒，削铁如泥，一定不会逃到这个鬼地方来。去你的，该死的破剑。"说完，他弃手中的剑于不顾，继续跌跌撞撞地向远处逃去。

这个时候，胆小鬼口中的王子也被追兵逼退到了这里，他手无寸铁，更别说是所谓的"神剑"了。他浑身是伤，憔悴不堪，不小心被脚下的东西绊倒。他摸索着拿到手中，眼睛一亮，是一把剑，虽然残破，却仍然不失为一件有效的防身兵器，尤其是在这生死攸关的紧要时刻。他精神为之一振，很快恢复了战斗的信心和勇气，高喊着斩掉了敌人的头颅。

战争的局势也就由此扭转，王子的英雄壮举中也多了一笔更辉煌的记载。

上面的故事告诉我们，成功要靠自己创造，幸福要靠自己争取，环境要靠自己改变，一味地怨天尤人改变不了任何具体的东西。据美国银行家联盟组织的一份调查报告显示：目前，65 岁以上的老年人中，有 80%以上靠政府和社会救济生活，只有 5%有能力凭己之力安享晚年，既不需要国家的福利也无须再为生计而奔波。我们来想象一下，当你 65 岁的时候，过的会是怎样的一种生活，是仍在为生计奔波还是可以在舒适的心情中安享晚年？是仍然需要靠政府和社会救济还是依然站在世界的巅峰，继续着忙忙碌碌的充实生活？

一个人应该记住，无论过上了怎样的生活，都是由你一手创造的。驾驭命运之舟的就是你自己，只有你自己才有能力规划你的人生，决定你的方向。从现在开始，你的所思所想，所做的决定，所统筹的是是非非，都将决定你半年后或一年后将成为什么样的人。如果你不甘于平庸，不想只过着凡人俗世的生活，想改变自己这只机械运行着的躯壳，那就要在年轻的时候，全力而为，而不仅仅是安于现状，只追求简单轻松。那些在年轻力壮、生产力条件尚佳的时候荒废光阴的人，年老时只能落得贫困潦倒、无依无靠、凄凉悲惨的结局。

如果不想老无所养老无所依，就要从现在起，作好准备，作好接受所有挑战的准备。毕竟，成功路上难免险象环生，让人应接不暇，唯有作好准备之人，才能将其引向内心向往的生活。

有的人在前进的道路上看不到希望，就开始失去信心，怀疑人生。喜悦、欢乐、平和、满足，这些全都不是实物，只是人类的内心感受，但没有人怀疑其存在。电波只是人类根据科学原理分析出来的一个产物，人类却能够通过收听广播真实地感受到其存在。法律是抽象无形的，亦是看不见的，但每天它都以不同的形式宣示着自己的存在。除此之外，还有各式各样的物理、化学、生物上的规律和原理，这些都只是前人研究发现的理论和规律性陈述，也无时无刻不运用在实践中：火车开动时，会应用到动力学原理；飞船发射会应用到万有引力。种种学说就这么不动声色地证明了自己的存在，这些固有的东西根本不需要直接证明自己，只需要等待人类将其发现并挖掘出来被利用，去造福人类。所以，不要因为无法看见、听见，便对自己的前途起怀疑之心，人的命运本来就是由自己决定的。

人类要开拓的世界不仅仅是眼中看到的一切，更应是心中想到的所有。只要清楚心中所想、明确自己的方位，希望就在你的心中，在你对未来的追求当中。

没什么也不能没有梦想

如果你有很高的智商，就应该好好利用，不要将其埋没和浪费。如果你身怀绝技，就要将其发挥到极致，不要让其失传。这样，你自身的价值会得到实现，你的大方也会得到世界的回报。每个人都会经历这样的时刻，仿佛听到一个来自天堂的清晰的声音，充满善意又不失耐心，详细地为我们描述走向成功的光明大道。那一刻，我们内心深处会掀起一阵轩然大波，会有一种难以表述的激动和喜悦。可惜的是，事过境迁，我们会把这段似乎是神来之笔的经历给忘掉，如同年老的人总会忘记青春年少的梦想和欢愉一样。

所以，在狂喜激动的瞬间，要紧紧抓住这份神谕，切勿将其当做一场不堪一击、容易破碎的华丽美梦。真正的强者会深深地记住这个梦，并深入骨髓，将其强化到内心深处，时刻提醒自己、督促自己，使之成为身体的一部分。而弱者只会将其抛之脑后，随着时间的流逝，慢慢淡忘掉梦的内容，虽然仍会在不经意间想起，但也不复当初的清晰、欣喜和逼真了。生活的浪花淘尽过往，梦也就彻底淡出了自己的身体和生命。那段让人心潮澎湃、豪情满怀的日子仿佛一去不复返，像是从来都没有发生过一样，只能留一丝叹息。

做一个有心人吧，记住这些被人嘲弄为白日梦的东西，它们不是荒唐的目标，不是不切实际的指引，而是心灵的旨意。白日梦就像一枚硬币，有的人依靠它来逃避现实、虚度人生；有的人却可以从白日梦的幻影中寻找方向，不断地补充完善和落实自己的目标，直至实现曾经的理想。所以，结果是上天堂还是下地狱，关键在于做梦者本人。美国伟大的发明家特斯拉便是一个典型的成功例子，他的所有发明创造都源于白日梦。每天，他都会在大脑里对其发明进行无数次地改进和完善，直到自己觉得万无一失后才开始动手做模型。莫扎特每一部广为流传的交响曲，都曾在大脑中修改演奏过无数次才谱写出来。一样爱做梦的人，为什么有的人可以成为梦的主人，有的人却只能沦为梦的俘虏？原因就在于做梦者对其负责的程度不同。

一个只做梦，却从未试着去实现哪怕任何一个微小梦想的人，最后都应了这样一个论断："白日梦就是白日梦，再美好也不过是一场过眼云烟。”这样下来，做梦的人便陷入一种恶性循环，越来越忽视梦中的灵感，甚至鄙视和嫌弃这些不切实际的幻想。结局很可悲，他最终失去了做梦的能力。

所以，我们要敢于做梦，并且一心一意、全神贯注地追求自己的梦想。最重要的是，在一味埋头苦干的时候要善于利用思考的力量，并借助它来开启我们心中的宝藏。经常这样做，我们就会发现，人生的许多难题都会在自然而然中迎刃而解。

不要怀疑自己的能力

对人类来讲，历史长河中的战争、瘟疫、洪水、火灾，这些都是家常便饭，始料未及又防不胜防。只有少数一部分有见地的人能意识到，所有这一切都远不如想象中可怕。

那么，我们应该如何做才能有效掌控主动权呢？首先，必须时刻提醒自己，在我们体内蕴藏着无穷无尽的力量；其次，要相信我们渺小脆弱的心灵和大自然无私博爱的心是相通的。正因为相通，我们才能从大自然中源源不断地汲取能量。或者可以说，我们身上无穷无尽的力量正是来源于大自然的馈赠。因为拥有了这种力量，人类就可以平安地渡过一切难关。由此，我们无须害怕任何磨难，无须对任何逆境逆来顺受、忍气吞声。然而，天下没有免费的午餐。如果想当然地认为，只要拥有了这种力量，从此以后便可高枕无忧，那就大错特错了。谁都痛恨那些坐享其成、妄想天上掉馅饼的人。大自然就像是一个调皮的孩子，先是制造一个个大麻烦，然后又把解决的秘笈藏起来，让人类到处寻觅。只有那些具有远见卓识的人才能窥破它的良苦用心。如果大自然事事都替人类代劳，把一切都打理得井井有条，让人类只需饭来张口，衣来伸手，这种溺爱只会给人类带来毁灭。因为生活太安逸了，最容易使人产生惰性，使其前进的脚步受到羁绊。只有那些心存必胜的信念并孜孜不倦地寻求解决之道的人，才有资格接受大自然的挑战，才能不负大自然的期望并在对决中胜出。要知道，人类的想象及思考并不是单纯浪费时间的空想，如果将其运用得当，则会价值连城。想象的创造力能穿越时空的限制，无论何时何地都能为人类所用。只要怀揣着生存下去的信念和无限的渴望，在绝望面前毫不退缩，不被暂时性的阴霾蒙蔽住我们的双眼，那么，一切都会有奇迹。

有一位纽约读者这样写道："我第一次读完这本书时，如醍醐灌顶，获益良多。心灵和精神上好像都得到了启示，使自己重获新生。曾受困扰的精神枷锁，也自然而然地解开。"只是，还是有许多人，中负面思想的毒太深，他们已经陷入一种僵化的思维模式而无可救药，甚至讳疾忌医。所以，我们经常会看到这样一种奇异的现象：胆小怯懦者在真正的死亡到来之前就会由于恐惧而死了上千上万次了，相反，恶贯满盈者反而因其无所畏惧而一生只接受一次死亡的审判。

许多人在生死攸关的时刻，面临重要抉择时，总是会怀疑自己，怀疑自己的能力，怀疑周遭的人和事，怀疑冥冥之中有一股邪恶力量会不择手段地破坏他们的好事、阻挠他们的成功。正是这些漫无边际的荒诞怀疑耗尽了他们的精力，扼杀了他们的热情，剥夺了他们成功的希望。

其实，每个人都有化腐朽为神奇的神秘力量，这种力量唯有相信它存在的人才会拥有，怀疑论者无法拥有一星半点，只有不甘平庸的强者，才能拥有完全的使用权。世界从来都不是一个吝啬鬼，它乐善好施，只有你想不到的，而没有它给不了的。

一切皆有可能

有一位洛克菲勒研究中心的研究员，曾经研究过寄生虫和寄生植物之间的关系。他将盆栽玫瑰搬进一个密闭的房间，里面除了一株玫瑰别无他物。研究人员不给玫瑰浇水，任其慢慢地死去。那些寄生在玫瑰丛中的蚜虫，由于再也无法从寄主中获取食物和养料，只好另谋出路。最后，这些生物圈里最低等最原始的无翼生物，竟然慢慢地生出了双翼，开始飞到窗外去寻找另外一个完美世界。

从实验中我们可以看出，这些昆虫非常聪明，它们意识到了事情的突变——赖以生存的寄主，正在遭受变故即将死去或已经死亡。它们已经无法安然过着寄生的日子，唯一自救的办法就是长出翅膀，通过飞行离开绝境，而事实上它们也是这么做的，最终也做到了。为了生存，它们竭尽全力，利用一切可以利用的资源，而大自然对它们也有求必应，满足了它们的期望，使它们具备了战胜困难所需要的特殊能力。

想想吧，这些生活在大自然最底层、最原

始的生物，尚能得到上天如此的厚爱，何况集千千万万聪明才智于一身的人类呢？人类应该能得到更多的特权，获得更多的馈赠，拥有更多的惊喜和奇迹，这是人类至高无上、任何昆虫都比不了的优越感。

回头再看看玫瑰蚜虫的例子，你会觉得一切皆有可能，所以，遇到任何困难，都应该勇往直前。不过，虽然一切都有可能，却也并不意味着你从此可以一劳永逸，不需辛苦，不需劳碌，也不需努力即可坐等老天的恩赐。所谓“自助者天助”，起关键作用的只有你自己，你仍然要亲力亲为，将理想付诸于行动，把能做的全部都做到，这样，无论结果如何你才可以心安理得。

当年，巴勒斯坦是一个身处战略要地的小国，周围列国都视其为肥肉，前有埃及后有亚述，纷纷争抢。这使得巴勒斯坦腹背受敌，如何保卫国家已经迫在眉睫。他们最理想的方针就是运用合纵连横之计，先是和其中一方联手，把另一方赶出巴勒斯坦，然后全国人民再团结一致把剩下的一方驱逐出本土。但是，先知却给了他们一个忠告：“与任何一方结盟都是不明智不可取的行为，结盟只会引狼入室、引火烧身。本国的安危以及本国的完整从始至终都应该由本国人民来守护和保障，只有自己的力量是最可信也最可靠的。你们需要确保做出正确的选择，如果因为逃避而草率地下决定，最后做错事的可能性反而更大。”

听了先知的忠告，巴勒斯坦广大人民意识到他们需要做的，就是静下心来，看清形势，团结一致，去面对必须面对的。而最终，英勇的巴勒斯坦人民，终于化腐朽为神奇，使自己的国家获得了安全。

对我们来说，每个人的生活都要经历挫折。困难和挫折就犹如苦口良药。它们会磨炼你的意志，考验你的耐力。每战胜一个困难，你就会变强一分。因此，永远不要被困难和挫折所欺骗、所吓倒，须知，一切困难和挫折都是虚张声势的纸老虎。它们所谓的强大和势不可挡，都只不过是用来迷惑胆小怯懦者的烟雾弹罢了。

同样，我们不应得过且过、麻木不仁，相反，应时时刻刻保持警惕，把困难看作是练习的道具，用以磨炼心智，提高利用心灵力量的能力。同时还要擦亮眼睛，绝不让任何学习的机会白白溜走。须知，任何一次与困难和挫折的相遇交锋，都是一次绝佳的学习机遇。这就像以色列三大圣祖之一的雅各，每天都要与所遇见的天使奋力搏斗，不惜一切代价将他们制伏，只为得到天使的祝福。在得到祝福和庇护之前，绝不让任何一个天使溜走。在这一点上，我们都应像雅各一样精明、寸步不让，绝不接受任何的讨价还价，而是坚决地维护自己的一切权益。

还有一点我们也必须记住：无论人类将遭受多大的灾难，无论遭受的损失有多严重，我们仍然都有从灾难和损失中恢复的能力和机会。即使上帝已下定决心，要毁灭其所有创造物，不是还有一条诺亚方舟吗？此时，我们所搭乘的不是“诺亚方舟”，而是“理想之舟”。人们只有深深了解了自己内心深处所蕴藏的强大力量，才有资格登上“理想之舟”，才能躲过毁灭人类的洪峰巨浪。这种力量人人都具备，并深藏其内心深处。只不过有人能意识到其存在并能善加利用，将其力量完美地发挥出来。而有的人尽管意识到其存在，却不能善加利用，只是任其慢慢荒废。最次者，则对这种天然力量的存在一无所知，就如白白地睡在宝藏上却浑然不知，直至终老。

选择决定出路

一天，有一个少女，邂逅了一位拥有神力的小精灵。小精灵将她带到一片玉米地前，指着面前郁郁葱葱的玉米田告诉她，如果她能在其中找到最大最熟的玉米，并将其摘下送给他，那么他就会送给她一份极为珍贵的礼物。不过小精灵对此提出了一个条件：少女可以在玉米地里寻找她认为最大最好的玉米，但却只有一次摘取的机会。一旦她摘下了玉米，但又发现了更合适的，也无能为力了。因此，少女必须深思熟虑、慢慢比较，因为一旦做出决定，就无法更改了。并且，途中她只能一直往前走，不允许往回走或者走岔路，还不可以停下休息。同时，小精灵也向少女承诺，他给的礼物的珍贵程度还要看少女所选的玉米的大小和好坏。总之，少女若想得到世界上最珍贵的礼物，就得确保摘下来的玉米是整片玉米地里最大最好的。

尽管条件很苛刻，少女还是非常高兴地开始了她的寻找玉米大冒险。她一路走着，看到了好多又大又好的玉米。只是心里想着前方一定有比这更好的，便对沿途的一切都不屑采摘。意想不到的是，少女越往前走，却发现土地越贫瘠，生长出来的玉米也越来越小。于是，她开始感到懊恼，有些后悔当初怎么没有摘一个。早知道会这样，那时就不该贪心，挑三拣四，现在可好，连一个稍稍正常大小的玉米都摘不着了。但是，后悔也来不及了，世界上毕竟没有后悔药卖。她转念一想：天无绝人之路，说不定前面会有更大的玉米。她这样安慰着自己，又继续往前走。然而，情况似乎更糟了，她越往前走，所看到的玉米就越小越次。所以，少女依然迟迟不能下定决心。她很不甘心，同时又满怀希望地继续往前走。直到最后她走出了玉米地但手里依然空空如也。就这样，少女白白错失了一次绝好的机会。就是因为她不懂得及时把握机会。

许多人也是这样，在他们追忆往事时，总是满怀遗憾地说："假如当初我能抓住那次机会，好好努力，现在就不会落到如今这般落魄潦倒的境地了。"但是，这遗憾又能怪谁呢？

在人生中，我们总会面临太多的十字路口，无论是进行商业贸易谈判，还是处理社会人际关系，即使是平常的家务事，也不可避免地面临着许许多多的抉择。人生本就是由一个一个的抉择相叠加而成的，面对这如此之多的十字路口，我们该何去何从？如何保证我们做出的抉择是正确的？如何确定我们没有走错路？这些都取决于我们内心。看我们是否相信自己，是否相信内心深处存在着无穷无尽的强大的心灵力量。

战胜烦恼，获得你想要的一切

如何才能梦想成真，完成别人眼中不可能的事，从而成为自己最希望成为的人呢？办法就是从现在开始，带着对未来的期待，将渴望实现的目标一一罗列，并在脑海中将它们从始至终地想象一遍，注意，不要漏掉任何一个微小的细节。然后，放开胆子去做一直想做，但都没有去做的事儿，并且时时刻刻要求自己像所希望成为的人那样努力奋斗，做最真实的自己，去实现内心愿景。

活在当代的我们比古老祖先们的生活要有趣得多，也生动丰富得多，因此心态也大不相同。我们生活的时代充满了活力，日新月异，动态性很强，而我们古老祖先的生活则是静止的、缺少生气的，创新和变革比较少，终日都是沿着既定的生活轨迹运行。

但是，这也是一个充满烦恼的世界，没有一个人能够永远无忧无虑，即使是那些看起来天真烂漫，不被生活所迫的顽童也有自己的烦恼和焦虑。虽然他们小小脑海中的焦虑只是大人们眼中的笑料，无关痛痒，但对于心智尚不成熟、对任何事情都没有还手之力的孩子们来说，这些却是极为郑重的。

烦恼是会自我成长的，从最初的小小苗头，慢慢地像滚雪球一样，越滚越大，最后甚至会把人压得生不如死，许多人因此郁郁而终。但聪明人却不会受此困扰，他们会在烦恼来袭时，保持警觉并且采取相应的措施，不会无视它，也不会回避它，而是在承认其存在的基础上，积极去寻找一个出口和解决之道。他们很清楚：生活，除了阳光之外也包括黑暗，它们是不可或缺、不可分离的。世界就是一个矛盾体，任何东西都存在着另一个辩证的对立面，由此构成了世界的完整与统一。人要做的，就是不要沉溺于黑暗之中并止步不前，而是应该巧妙地建构自己的心情，并将那些复杂、忧郁的东西拒之门外。

看过《辛巴达历险记》的读者可能还记得，其中有一个海上老人，当辛巴达将它背到身上时，一切都正常，没有发生任何怪事。渐渐地，这个老怪物开始一点一点地吸取辛巴达身上的能量和精力。幸好辛巴达发现得早，他依靠顽强的意志力甩掉了身上的怪物。

烦恼就如同海中的怪物一样，会在不经意间

紧紧地依附在我们身上，难以摆脱。等我们最终发现的时候，可能已经酿成了无法挽回的损失和伤害。有的人因为忽视了这种潜在的危险，不对其重视，或是明明知道其中的危害，却仍然睁一只眼闭一只眼，采取鸵鸟态度。最后，他们就被烦恼慢慢地吸尽能量，耗尽精气，摧毁了自己。那么，怎么才能摆脱烦恼对我们的控制？做到这一点，你一定要具备过人的体力和超强的意志力，像经历一场艰苦的战役一样，不断地与烦恼战斗。

同时，保持平和的心态也是重要的。普通人只会为鸡毛蒜皮的小事斤斤计较，并被其羁绊，沦为生活的奴隶。而聪明人却会尽可能地从生活琐事中吸取教训，领悟成功的真谛，最后成为命运的主宰。

人之所以会变老、会满头白发、满脸皱纹，除了生理机能退化等客观原因之外，主要是由于心灵衰老造成的。尤其是那些对将来失去了信心的人，对未来没有追求和打算的人，最终，他们的前程会被自己所扼杀。

永远不要放弃

当暴风雨来临的时候，有经验的老水手绝对不会关掉发动机后，任凭船只在海上飘摇，随意被暴风雨处置。相反，他们会加大马力，勇敢地与暴风雨战斗。在人生当中，放弃一件事是很容易的，但放弃往往意味着死路一条。而斗争却需要无限的勇气，但它却会给我们希望。所以，我们在面临困难和挑战时也应像老水手那样，要满怀抗争的勇气，不要轻言放弃。

在危险来临的时候，强者从一开始就会果断地发动反击，争取抢占先机。而弱者则往往犹豫再三，不但错过了打败对方的最好时机，还无谓地耗尽了自己的体力和精力。待大势已去，束手等待失败或死亡的裁决时，他才意识到自己当初做出了何等错误的选择。与弱者相比，强者还有一个非常优秀的品质：那就是从来不为自己的失误找托辞，即使做错了，也会大大方方地站出来承认。他们有恒心，有毅力，越挫越勇。人类深藏着的潜力，往往是在最后的紧要关头才会被最大程度地激发出来。这就是人能够置之死地而后生的道理。所以，你坚持的可能只是一会儿，但你赢得的或许就是自己的一生。

我们都见过被人弄得四脚朝天的乌龟：四只小腿儿伸出来，在空中使劲地乱蹬，小眼睛滴溜溜向四处看，期望能找到一个好心人来助自己一臂之力。在深感无望后，它开始把希望放在自己身上，一次又一次地尝试，集中全身的力量后，终于翻过身来。人类在遇到难题的时候也是如此，最初都希望能得到贵人相助，可是最后发现，真正能解决问题的只有自己。因为等待别人的帮助带有太多的不确定性，它只会耗尽自己心里残留的最后一点希望。所谓“靠山山倒，靠人人跑”，只有靠自己开发自己的潜力才最实在。所以，我们应该找好自己的着力点，将力量集中到自己最想达成的目标上，坚持不懈、永不放弃，最终，我们就会得到自己期望的结果。

认识真理，获得自由

什么是真理？真理又能让我们获得怎样的自由呢？

其实，真理就在我们身边，存在于现实中的事物之中。例如，它可以是解决数学难题的一个法则——利用它便能找到正确破解数学难题的方法。这个法则便是一种真理。同样，任何事情本身都有一个最佳的解决方案，而这个最佳方案便是真理。掌握了它并加以合理运用之后，便可以助你从麻烦和困境中解脱出来。

我们身体的运行规律也是一个真理。身体的每个组织每个器官都有特定的思想——一个能使它们正常运行的方法。这些思想和方法受宇宙智慧所掌握，你的身体中每一个小细胞和组织的重建都来源于潜意识的杰作。如果相信真理存在于身体之中，那么，就要相信自己的身体是完美的。所谓虚弱、病态和疾病都只不过是完美中的小瑕疵，它们并不会伤害到身体的完美性。如此一来，你的潜意识就会迅速地让你感到自由，让你忘记大大小小的烦心事。相信美好，邪恶就会不见，就如同光明来了黑暗即会消失一样。世上没有绝对的黑暗，只是光线没有播撒到相应的地方而已。世界上也并不存在没有解药的病态和邪恶，只是还没有对症的健康或美好来驱除病态、拯救邪恶而已。

一条数学法则，它总是客观地存在着以便于我们利用。如果用错了，就只能获取一个错误的答案。如果重新合理利用，则会得到一个新的正确的答案。可见，数学法则本身并没有错误，错的只是使用它的人们。所有真理都是如此。

真理总是在冥冥之中存在的，只是缺少善于发现的眼睛。人类终归会正确地利用这些真理为自己服务的。闪电最初给人类带来的是恐惧，但人类最终利用闪电的原理发明了电来为自己服务；溪流河川起初只是白白地流淌，最后人类却能将其发展为服务自己的水利。同样，火和水的破坏力量也在人类的智慧面前折服，并成为我们的帮手。所以，真理如何起作用，关键在于人本身，在于我们如何发现真理、运用真理。

所以，我们要放弃头脑中的思维定式和固执偏见，试着打开眼界去寻找那个真理。然后，你会发现新的世界、新的秘密、新的原理，以及新的阐释，而这些“新”，这些不同，就是未开化的真理，认识这些真理，就能帮助你走得更快、更远。

第七章

健康的秘密

我发现药物比痼疾还要可怕。

——莎士比亚

The Secret of The Ages

是什么导致了斑疹？是人为制造的极为不健康的污秽环境。那么，医生们怎样控制斑疹的蔓延呢？利用清洁手段，创造回归自然的健康的生存环境。

又是什么导致了伤寒？是不洁净的水。而预防的方法只需要将水净化，恢复自然健康的水供应。

大自然充分给予了我们保证健康所必须的东西——清洁的空气，纯净的水，还有明媚的阳光。我们所要做的只是倾尽所能，保持这些东西的纯净与清洁。医护行业为人类带来的最大利益便是发现大自然给予的这些礼物的真正价值，并告诉我们如何善用它们。

除此之外，还有什么会给我们的健康造成巨大的影响？或许很多人都没有明白，在病菌、病毒之外，有时候自己的心灵反而更容易使自己生病，而且还会病得不轻。精神的健康也会影响到人的机体，并使之发生病变。此时，单纯地求医吃药并不见得有效。更简明、更有效果的方法，则是清洁自己的心灵，让它回归自然健康的状态。

精神疗法的巨大作用

很多年以前，街头小报的广告里，那些“特效药”俨然就是“万能药方”，无论对女性劳累、儿童烦躁还是男性疲惫，都有特别的疗效。但实际上这种“特效药”的配方，只不过是廉价的焦糖和水，或者还含有一定量的威士忌。这种“特效药”之所以能产生作用，其实完全是精神的力量。

在俄国，有一位年轻的女内科医师，因纷至沓来的病人使她所有的药物很快告罄，但仍有大量的人涌来购药，无奈中，她不得不自制药物——将少量奎宁放入带颜色的水中勾兑而成，而这种药物的疗效依然显著。在第一次世界大战中，作为消毒剂的碘也产生过同样的神奇效果。

原因何在？药物不仅可以杀死病毒、帮助人体恢复机能，还能治愈人的精神。很久以来，人们一直认为“服用药物是治疗疾病的唯一途径”，因此，人们服用药物之后便会觉得自己可以痊愈、即将痊愈，甚至已经痊愈。出于对药物的一种信任，人的健康也会恢复很快。但实际上，很多时候，生命体在内科或外科医生的帮助下，自己便恢复了健康的生理机能。

有时候，精神才是疾病最终的治疗师，药物只是帮助消灭一些寄生虫，扫清一些障碍，使精神治疗更容易一些。道格拉斯·怀特博士在《传教士》中曾这样总结:“每一种疾病的康复都是精神的作用。但如果不是通过外科或内科医师的努力，治愈是不会自动发生的。”在某种情况下，人体的康复会受到精神控制的影响，而药物疗法仅起到激活免疫系统的作用。

曾经有一个神父，认为“人源自土，终归尘土”，所以，他从波兹诺里附近微红的土壤中提取含有硫黄和铜的红土，将其制作成治疗病痛的药片，结果，还真的治愈了包括结核、内部损伤、心脏病、腮腺炎以及瘫痪和热病等等病。不仅如此，他还认为任何地方的尘土都可以达到这样的效果。当然，我们并不能从此靠红土或任何一种土来治愈疾病。因为我们都知道，真正将人们从无精打采的状态中唤醒的，并不是像尘土这种普通得不能再普通的东西，而是人们自己坚定的精神力量。

福特汉姆大学医学院神经学教授约瑟夫·伯恩斯博士，在1920年9月25日出版的《医学大事记》一书中也确认了这个观点："据保守估计，在所有寻求解脱的病痛中，有90%以上都是通过自我限制达到了目的，从而逐渐康复。或者也可以这样估计，在超过90%的人类疾病治疗中，精神是主导因素。"康复绝不是个纯粹的生理过程，当精神受到的干扰被降到最低限度时，也就是我们全心向自己的精神求助而不是依靠外界力量的时候，我们的精神才会发挥它最大的效力。

从古至今，被疾病困扰的人们始终坚持不懈地向往着健康和力量——他们拖着疲惫疼痛的身体游走在寻医问药的路途中，或是被动地躺在病床上守着瓶瓶罐罐，在煎熬中等待治愈。而实际上，持久的健康并不能在药盒或者药瓶里找到。能为人类带来健康的办法只有一个，那就是利用潜意识的能力。无论古代还是现代，医学文献中都有大量例证证实，精神力量能够对人体的健康产生巨大的正面作用，医学中的很多成功的实践也都是建立在这个原则基础之上的。

不过，长久以来，医生们对这一想法都嗤之以鼻。轻松愉快的治疗方式，充满希望的面容，无比自信的风度，所有这些从一开始就被医学界放在了低于医疗卫生和物质治疗的次要位置，倒是糖衣药片的治疗价值得到了长久认可，哪怕是诊断结果还没确定的情况下。著名医学专家伯内特·雷博士发表过一个题为“精神治愈及医疗科学”的大型演讲，其中“精神治疗”这一术语在被提及时，通常都暗示精神治疗与医学实践不相调和甚至互相背离。但是当精神治疗的有效性被广泛认可，并被一一证实时，他们也不得不承认可以通过精神疗法来缓解精神紧张以及治愈功能性紊乱等疾病。

奥利弗·温德尔·霍尔莫斯博士将这一法则简化成金钱关系：“在当代，精神疗法或者依靠精神的控制力来达到治愈身体疾病的目的，并未获得美国唯一专门从事治疗学研究的全国性组织——美国医生协会的正式认可。但是，它却获得了科学界和医疗行业中最重量级先驱们的热烈支持，诸如弗洛伊德·杨、布莱乌勒、布留尔、普林斯、杰奈特、巴宾斯基、普特南、捷利士、希迪斯、迪布瓦、穆恩斯特博格、琼斯、布里尔、冬利、沃特曼和泰勒等等。”

在病人极度绝望的情况下，一句适时的俏皮话可能打破尴尬的场面，即便是最轻微的调侃，也有益于病人的康复，舒缓他的心情。而模糊不清的双关语，则会给病人带来雪上加霜的刺激。如今，医学名校都会教育学生在临床实践中充分利用精神治疗法的巨大力量来救治病人。经过正规训练的护士，应该给病人创造一个舒适安心的环境，以唤起病人的希望、自信及其他所有精神力量，这些，都能助主治医师一臂之力。同理，称职的医生也可以用鼓舞人心的笑容给病人带来希望之光，他的仁慈和善良可以将患者从绝望的泥沼中拯救出来。

精神作用能够控制整个身体的运转，这一法则已得到几位著名科学家的积极肯定，而且，世界上一些进步的思想家们也接受了这一真理，趋向于认为精神是一股强大的治疗力量，是一种迄今为止人类未曾梦想过的可再生的能量，甚至承认精神力量对疾病的治愈没有上限。正如福特汉姆大学沃尔什博士所言：“据统计分析表明，精神力量对官能性疾病产生的效果要比在所谓的神经性疾病或功能性疾病的效果更加惊人。”

病由心生，然后及于身体

每个人都承认，精神作用会在某种程度上影响并控制身体的状况，生活中有千千万万可以证明的例子：我们都见过一个人因恐惧而面如土色，因愤怒而面红耳赤，甚至有人在遇到突然惊吓时会心脏暂停跳动，兴奋时会呼吸急促、心跳加速。

西方谚语说："当瘟疫到来的时候，可能有五千人死于瘟疫本身，五万人死于对瘟疫的恐惧。"我们生活在一个普遍认为多数疾病都会传染和感染的时代，因此，即使只是看一眼病人，我们也会像缩头乌龟一样望而却步。我们害怕会染上某种病，而疾病所带来的最大危险之一，便是对它们的恐惧。一位著名作家写过："人类，在与外部世界发生交集时，不免会带上恐惧的烙印，终其一生都被疾病和死亡所恐惧。因此，他整个精神世界都是狭窄而灰暗的。由于精神世界狭小，他的身体也受到了局限，在这样的状态下，失去健康也就没有什么好奇怪的。只有当神圣的爱、强劲的生命活力被不断地注入——即便是在无意识的状态下——才能够在某种程度上压制这种病态。”

谚语中说：“一个年过不惑的人，要么是个蠢材，要么是自己的医生，久病成良医。”尤其有关精神的科学越来越被广泛认同的时代，这个谚语会变得更加千真万确。每个人都会在自己体内找到那种精神，那种能够“治愈你一切疾病”的精神，因为你身体的每一个机能都是由自己所掌控的。

你是否曾身受重伤，摔断一条腿或折断一根手指？你觉得自己无法操控它们，却突然有一天，你的精神在迫使下，又可以让受伤的手脚运用自如，不再感到任何痛苦甚或异样，就像从未受过任何伤害一样。这就是因为你身体的外部特征完全被精神所操纵的缘故，这也是我们内在思想的一个反映。

1925 年 3 月 9 日的《纽约时报》上有过类似的报道：有一个人在交通事故中脊椎受损，瘫痪在床达 6 年之久。有一天，他邻床的病人突然发疯并向他袭击，在恐惧的驱使下，这个瘫痪病人竟然自己从床上跳下来，没有借助任何拐杖，跑上一大段楼梯，在这场惊吓中他恢复了正常。而此前，他曾在多家医院就医，都毫无效果。

我们从长辈或师长那里听到，坐在过堂风中会受风着凉，然后我们就感冒或者发烧了；我们吃了一些被告知是不干净的东西后，立即会感到疼痛的困扰。我们看见别人开心或悲伤，自己心里也会产生相似的情绪。当我们听说被疾病包围，头脑里便会把疾病形象具体化，随之产生对疾病的恐惧，于是得上某种疾病。其实这都是心理暗示的作用，这种信息传递到我们的潜意识里，从而产生了作用。

我们的潜意识分担了精神力量的创造性，因此它无时无刻不在改变着我们身体中的微观带电粒子，这些粒子与我们潜意识所持有的形象相一致。这些带电粒子对我们的身体是否患病或残疾，并没有发言权，而是我们的精神在决定这一切。我们的潜意识是一座充满潜在能量的工厂，它可以被好坏双方来利用。如果我们对它非常熟悉，它就能成为人类最宝贵的赞助者。相反，无知和恐惧也会将一个通电电线变成一个毁灭工具，导致沾惹到它的人死亡。

实际上，你是一个完美的人，充满健康、活力、美丽和生命力。当你被疾病侵袭时，你要做的只是回归本初，再次达到健康状态。就像当你解错一道题时，为了寻找原因，会回溯到源头寻找一个个数学公式一样。当你摆脱了脑海中的患病形象，并让潜意识去模仿健康的形象时，你的疾病就会像梦一样消散。

据说意大利有一个著名的圣人，他游走在各个城镇之间，去治愈那些身患残疾的人——跛足的、口吃的、眼盲的。有一天，一个边远的小镇开始传说着那位圣人会来，要大家留意。这时有两个跛足的乞丐匆忙逃走，人们十分奇怪，他们说:“圣人会治好我们，可治好后我们又用什么来谋生呢？”不只是乞丐，很多人身上都会发生类似情形。人们对自己的病情很执着，甚至习惯了这种糟糕的状态，从来没想过消除病痛，因此他们的疾病也就相应地伴随他们一生。

当你的潜意识认为你某个器官患病，这种想法就会不可避免地控制你的身体，然后你的潜意识就会继续按照这个病态模式产生相应的病态细胞。要改变这种不健康的模式，就要改变你的信念，使你的潜意识产生新的抗拒力，使你的身体回到正常的“细胞生产线”上。用乔治·E. 皮泽博士的话说就是:“严格地说，当客观精神和主观精神能彼此在非常和谐的境况中相处时，人的身体便处于健康的正常生命状态。但是，当它们不能很好地相处时，便会使人精神紊乱，引发生理失常、功能或官能上的疾病。”

因此，当疾病和痛苦袭击你时，要拒绝它们！紧紧地抓住那个适用于一切的意念——让你的每一个器官都完美，以健康的意识应对疾病。

不要被身体统治自己

通过前文，你一定相信，你的精神在一定程度甚至影响着你的身体，你生理上的一切疾病、一切瑕疵都只归因于一件事：你屈从于身体生理器官对你的反统治。你认为你的生理器官掌握着主要力量，你相信自己的身体会自发产生疾病，从而令自己感冒或是变弱，所以，你就成了自己身体的奴隶，被这些生理器官所主宰，并任由它们剥夺你对自己潜意识的掌控权。

其实，当你的生理器官出现问题或停工时，你要做的，就是唤醒你的精神来当主治医生，并试着自己进行治疗。

你是否见过那些昼夜不停地工作的印刷机？这些智能机器什么都能自动完成。你只要在机器的一端放入大量裁剪好的白纸，就能从另一端找到印好并且按照层次叠放的报纸。我们都会为其完美的工序和熟练的操作而惊叹，但是想一下，如果切断赋予它们“生命”的电源，这些机器也只能变成生硬的钢铁摆放在那里。是的，离开了人类智慧的指导，再神通广大的机器也无用武之地，它们不会自动运行！

你的身体也是同样的道理。它本身也是一台神奇的机器，是世界上最为复杂、也最为完美的机器。和印刷机一样，完全依赖你的精神而存在，自身没有力量和意识，只是在意识的指导下运行，不可能反控你的意识。试想一下，如果切断你精神发电机的电源，取走保证身体所有器官运行的智慧，你的身体便成了一具空壳，你的器官和肌肉都会罢工。所以，千万不要让你的潜意识放弃对肌肉的控制。

1926 年 1 月 18 日，一封从斯德哥尔摩发往纽约的急件中，提到了一个成效显著的实验，是由斯德哥尔摩的科学家亨利·马库斯博士和厄尼斯特·沙西格林博士共同完成的。这个实验说明，人在催眠状态下，毒药的毒性会被人体自身的生理系统抵消。他们先给三个实验对象催眠，然后再施药，并仔细记录他们的血压和脉搏情况。他们一共进行了两次实验，第一次暗示病人提供用药，第二次不暗示。当为他们注射一种可以提高血压的药物时，却并不暗示用药，他们的血压为 109 ~ 130，脉搏是 54 ~ 100。但是当向他们暗示已经用药时，即使给他们服用的只是些毫无作用的饮用水，他们的血压也会升高，变成

107 ~ 116，脉搏全部高于67。这个实验表明，病人的信念比药物对他们的影响要大得多。

实际上，疾病和疾病之间也并没有什么本质区别，都是由人们的错误信念所导致的。对抗疾病的方法就是，你不要去相信或者留意你身体发出的抱怨信号，不要给恐惧提供可乘之机。只有当你认为你的身体是不健康的时候，它们才会真的不健康。当你的胃向你发出疼痛的信号时，它是想告诉你它不适应你的一些饮食，但是它自己并没有选择权，你不需要多作理会，只要像对待一个不守规矩的仆人那样对待它即可。毕竟，你的胃并没有资格判断食物是否对它有好处，它也没有这种能力。它只是一个渠道，你通过它传递和吸收你吃的食物，它只需作相应的处理和选择。如果你吃了一些不合适的东西，它要做的也只能是尽快地将废物传递到解毒或排泄器官中去。只要你的意念在，你的胃就完全有能力做到这一切。

永远保持年轻的心

摩西去世时是 120 岁，他死的时候，双目依然炯炯有神，与生俱来的力量也没有减少。

“只要我能再活一次”，也许你曾不止一次听到这句话，心里也不止一次地想过这个问题。事实上，每个人都想回到自己年轻的时候——人最健康的时候是在年轻时，最会留下遗憾的时候也是那个阶段。

其实，年轻并不单纯是时间的问题，它也是一种精神上的体验。年轻仅仅是健康的最佳状态，是身体机能条件最好的时期。年轻使你拥有无穷无尽的精力和工作能力，这是天然的，不需要依靠每天的营养膳食或是体育锻炼来维持。其实人的健康、身体上的自由和充沛的精力不会在你 35 岁或 40 岁的时候结束，甚至也不会在你 60 岁或者更老的时候停止。年龄不只是岁月的痕迹，更是一种心理的状态。“老”了的你，也依然可以像 10 年前或是 20 年前一样积极、轻松、愉快。

乔治 · 贝克是一个 85 岁的老人，可仍然同时做着十个人的工作，即使年轻人也未必能身兼十人的工作。一个 85 岁的老人，和别人一样是从 25 岁、35 岁、45 岁一步步走来，但他仍然具有 25 岁时的所有精力和力量，同时又具备 85 岁的技巧、经验和成熟的判断力，他本身的价值是不可估量的。

世界上还有许多伟大的人都在他们年老的时候又做出许多伟大的事业，尽管那个年龄的人大部分都快走到了人生的尽头。柏拉图在 80 岁的时候仍然坚持写作，洪堡德在 90 多岁的时候完成了他的《宇宙》，坦尼森在他 80 岁的时候创作了他的不朽篇章《越过栏杆》，老加图也是在那个年纪学会了希腊语，而乔治 · 卫斯理则在 82 岁的时候说："从我开始觉得有点儿累到现在，也就是 12 年左右吧。"

年轻与年老最大的不同是，年轻时总在期待更美好的东西，而年老时则总是在回顾往事时不由地叹息。年轻的时候，我们可以不成熟，却不能不成长，很少有人会在年轻时达到人生的顶峰，毕竟我们还没有经历完整的人生。我们知道自己还有成长的空间，我们知道自己的身体力量还会不断增长，我们也知道自己的体格还会日趋完美、头脑会更加机敏。这些都是我们期望的，也是相信自己在经历人生风雨后能达到的。我们在相信并努力的过程中，一点点地实现并达到。

所以，随着年龄的增长，我们会有更健康的体魄，更准确的判断力和更成熟的智慧，并且在实践的基础上，更加饱满有活力。岁月带给你的，理应是智慧和健康，而不是衰老，思维也不应变得迟钝，失去创造力。不管你年纪多大，都没有必要坐在壁炉旁的角落里“养老”。

人的身体相当于一个电力运输系统。当发电机在全速运转的时候，每件事都被精确地处理着；而当发电机的速度慢下来的时候，整个电力运输系统的运行速度也就跟着慢了下来。你的大脑就相当于发电机，而你的思想则是这个“发电机”的能量输送中心。倘若你的思想充满了健康和活力，你的整个身体也会精力充沛、生龙活虎；如果你的思想里全都是衰老而迟缓，你的身体的速度也会相应地逐渐变慢，不断减缓你所设定的运行速度。你可以在 30 岁的时候老去，你也可以在 90 岁的时候依然年轻有活力，这一切都取决于你自己。你的实际年龄应该跟你的大脑年龄相同，因为你身体的每个作用、每个活动都是由大脑控制的。大脑产生的能力支撑着体内重要器官的运作，支撑着血液的流动，使其为每个细胞和组织送去重建所需的材料，也支撑着体内的清理过程来清除废物或损坏的组织。

很多人在30岁或40岁的时候，会认为自己已达到了顶峰，对成长的期待已经消退或停滞，甚至不再想遇到什么新的变故，只期望保持目前的状态，却没有办法阻止衰老的步伐。很多历史事实也证明，没有任何一个国家、机构或是个人可以原地踏步，长久地维持同一种状态。要么前进，要么后退，如果不行动，只会被抛弃。而实际上成长是无止境的，心理状态和身体状态无时无刻不在进行着新生命的孕育和重生，这一点你必须意识到，即使病弱的人也一样。不要在意今天的你是什么情形，没有关系，你可以从现在开始就根据自己的方式重建，假以时日，你那些有问题的细胞组织将会更新，变得更强壮，更有活力。

看看安奈特·凯勒曼，小时候的她身患残疾、面部变形，但是她长大后却成为了世界上外形最完美的女性。罗斯福在年轻的时候既虚弱又贫血，可是却拥有让世界羡慕的力量和精力。安奈特·凯勒曼和罗斯福只是千万人中的两个例子，世界上还有许多人和他们一样。你天生的状态，你的年龄和生存现状无论多么不尽如人意，都没有关系，你有漫长的路要走，也有众多的机会可以重获新生，逐渐定型为你自己的专属模式。

你想要怎样改进，是期待自己拥有一个更加完美的体格，还是更加强大的精神力量？就在你的心中清楚地放上一个新的模型，每天都将那个模型植入你的潜意识，然后每晚睡觉前，在你的眼中想象它的样子，并在你的思维之中，把它想成你自己——一个未来的你——这样，你也会成为像那个模型一样的人。

最近的一期《教育日志》中有一篇《王子和雕像》的故事，也说明了这个观点。从前有个骄傲的王子，有着英俊的面容，却是驼背，他不能像他的臣民那样站直，心里经受着难言的苦楚。有一天，他找来全国最知名的雕刻师，对他说："为我制作一个雕像，要跟我一模一样，但不要驼背，我想看看我心里期望的样子。"雕刻师不负所望，最终完成了作品，简直和王子一模一样。他将雕像带到王子面前，问要安放在哪里。一个大臣建议放在城堡门口，让所有人都能瞻仰到王子的英姿。但是王子却苦笑："不，放在后花园找一个不易被人发现的角落吧。"这件事很快就被人遗忘了，但是王子却在每个清晨和黄昏，都独自来到雕像前，静静地端详它，看着这个脊背挺直、眉目高贵的雕像，内心总是隐隐升起一种莫名的感动，血液沸腾，心脏悸动。就这样日复一日，奇迹发生了，王子的脊背一点点变直，头颅也可以高高地昂起，他成为了和那个雕像一样的人。

这个故事并不是虚构的。在神话盛传的雅典王国，那里怀孕的妇女们总会在她们周围放一些美丽的雕像或贴画，其中以可爱的娃娃像居多，这样可以帮助她们生下健康完美的婴儿，而这些婴儿也可以成为完美的人。

最根本的健康法则

忘掉紧张，只让你的眼睛看到自己身体的完美映像，通过对自己身体的完美想象，你就能够使身体快速达到完美的状态。这条法则可以让每个人保持健康。如果你已经有病在身，也可以用同样的方法，这会更有效地协助你接受药物治疗。不管折磨你的是何种病痛，这种治疗都是行之有效的。

你曾经不小心划破手指吗，是什么原理让血液凝固、伤口愈合并长出新的皮肤？是谁召来抗体对细菌进行坚决地抵抗？又是何种智慧，使得我们的心脏和肺发挥作用、肝脏和肾脏正常运行、全身的器官都各司其职呢？大部分人甚至从未听说这些物质的存在，他们对疾病的治愈原理一无所知。

其实，这些都源于头脑中的潜意识。你的潜意识可以让器官发挥最佳功能，使你的身体像时钟一样有规律地运转。你的潜意识对你的身体完全负责，听从你的指引。所以，当你不停地为疾病、环境担忧，担心自己衰老、怀疑某些器官出了状况时，那么你所设想的这一切都会一一反应到你的身上。所以，你要尽可能地修正大脑中种种不完美的想法和恐惧，想象自己非常健康、非常有活力，坚持下去，你自然而然会有一个完美的身体。

每时每刻，你身体的所有细胞和器官都在不停地重建、发生着变化，何必要在那旧的、并不完善的基础上重建呢？你完全可以选择在原始的完美状态的指引下建设全新的自己。只要你的精神能恰当地引导你的器官，它们都能经受任何环境的考验，而不会屈服于任何疾病和伤痛。如果你抵制或否认控制你身体的负面精神力量，你就能摧毁一切的恐惧和疾病。而当恐惧被驱除之后，疾病也便没有了落脚之处。

集中意念，用潜意识配合药物和医生的治疗，只有这样，疾病才会更快地远离你。不要怀疑，不要害怕，勇敢地去面对所遇到的疾病和其他任何不幸。所有的数学题都有一个明确的答案，只要遵循合理正确的数学原理，一切都会迎刃而解，我们的生活和健康也是如此。停止忧虑和烦恼，遵循大自然的“生命规律”，利用与生俱来的智慧，勇敢积极地面对所有棘手的问题，就像做一道数学难题一样，在数学中你知道没有答案的问题是不会存在的。只要你遵循数学原理，方法得当，便能找到所有问题的解决之道，过上自己内心深处真正向往的富有、健康、快乐的生活。